TRAITÉ

DES

FONCTIONS ELLIPTIQUES

ET DE LEURS

APPLICATIONS.

ΑΕΙ Ο ΘΕΟΣ ΓΕΩΜΕΤΡΕΙ

TRAITÉ

DES

FONCTIONS ELLIPTIQUES

ET DE

LEURS APPLICATIONS,

Par G.-H. HALPHEN,

MEMBRE DE L'INSTITUT.

DEUXIÈME PARTIE.

APPLICATIONS A LA MÉCANIQUE, A LA PHYSIQUE, A LA GÉODÉSIE,
A LA GÉOMÉTRIE ET AU CALCUL INTÉGRAL.

PARIS,

GAUTHIER-VILLARS ET FILS, IMPRIMEURS-LIBRAIRES

DU BUREAU DES LONGITUDES, DE L'ÉCOLE POLYTECHNIQUE,

Quai des Grands-Augustins, 55.

1888

TRAITÉ

DES

FONCTIONS ELLIPTIQUES

ET DE LEURS APPLICATIONS.

DEUXIÈME PARTIE.

APPLICATIONS.

CHAPITRE I.

FORMULES ELLIPTIQUES POUR LA ROTATION DES CORPS.

Représentation elliptique des cosinus des angles d'une droite avec trois axes rectangulaires. — Droites perpendiculaires. — Trièdre trirectangle. — Sur la décomposition d'une somme en un produit. — Composition des trièdres trirectangles. — Angles d'Euler. — Expression du produit $\cos az \cos bz \cos cz$. — Expression des cosinus sous forme explicitement réelle. — Formules pour la composition des trièdres. — Expression des angles d'Euler. — Expression des cosinus et des angles par les fonctions ϑ. — Expression des cosinus par des séries. — Développement des angles d'Euler en séries. — Formules de cinématique. — Représentation elliptique d'une rotation.

Représentation elliptique des cosinus des angles d'une droite avec trois axes rectangulaires.

Soient

u, v des arguments elliptiques quelconques;
ω_α une demi-période;
G une quantité arbitraire.

Déterminons trois angles ax, ay, az par les formules

$$(1)\quad \begin{cases} \cos az = \dfrac{\sigma(u-\omega_\alpha)\,\sigma(v-\omega_\alpha)}{\sigma u\,\sigma v}\,e^{\eta_\alpha(v+u-\omega_\alpha)}, \\ \cos ax + i\cos ay = \mathrm{G}\,\dfrac{\sigma(u+v-\omega_\alpha)\,\sigma\omega_\alpha}{\sigma u\,\sigma v}\,e^{\eta_\alpha(v+u-\omega_\alpha)}, \\ \cos ax - i\cos ay = \dfrac{1}{\mathrm{G}}\,\dfrac{\sigma(u-v+\omega_\alpha)\,\sigma\omega_\alpha}{\sigma u\,\sigma v}\,e^{\eta_\alpha(v-u-\omega_\alpha)}. \end{cases}$$

Ces trois angles sont ceux qu'une droite a fait avec trois axes rectangulaires x, y, z. Effectivement, nous pouvons conclure de leurs expressions (1) les égalités suivantes (t. I, p. 191) :

$$(2)\quad \begin{cases} \cos^2 az = \dfrac{pu - e_\alpha}{p(v-\omega_\alpha)-e_\alpha}, \\ \cos^2 ax + \cos^2 ay = \dfrac{p(v-\omega_\alpha)-pu}{p(v-\omega_\alpha)-e_\alpha}; \\ \cos^2 ax + \cos^2 ay + \cos^2 az = 1. \end{cases}$$

Ce mode de représentation, qui joue un rôle dans les applications mécaniques, va donner lieu à une étude approfondie. Nous y considérerons ω_α comme étant une quelconque des trois demi-périodes, u et v comme variables. Dans ces conditions, nous devons d'abord examiner la réalité des trois angles.

La première formule (2) montre d'abord que les racines e_α doivent être réelles. Il s'agit donc de fonctions elliptiques à *discriminant positif*. Les fonctions pu, $p(v-\omega_\alpha)$ doivent être réelles aussi ; les arguments u, v sont donc ou réels ou purement imaginaires, à des *demi-périodes* près (t. I, p. 39).

En posant, comme au Tome I (p. 195),

$$(3)\quad \mathrm{U}_\alpha = \sigma\omega_\alpha\,e^{-\frac{1}{2}\eta_\alpha\omega_\alpha},$$

on peut écrire l'expression (1) de $\cos az$ sous la forme

$$(4)\quad \cos az = \mathrm{U}_\alpha^2\,\frac{\sigma_\alpha u\,\sigma_\alpha v}{\sigma u\,\sigma v}.$$

Suivant la manière dont est choisie la demi-période ω_α, U_α^2 a toujours pour expression

$$\mathrm{U}_\alpha^2 = \pm\frac{1}{\sqrt{(e_\alpha-e_\beta)(e_\alpha-e_\gamma)}},$$

et reproduit, sauf le signe qui peut différer, l'une des trois quantités U^2, U'^2, U''^2 (t. I, p. 194), dont deux sont réelles et l'autre purement imaginaire. Il est donc impossible que u et v soient tous deux réels ou tous deux purement imaginaires, ou l'un réel, l'autre purement imaginaire. En effet, les fonctions σ_α étant paires et σ étant impaire, les trois quantités $\frac{\sigma_\alpha u\, \sigma_\alpha v}{\sigma u\, \sigma v}$ seraient, toutes trois, de même espèce, ou réelles ou purement imaginaires; l'une, au moins, des formes que pourrait prendre le cosinus serait donc imaginaire. Une, au moins, des deux fonctions pu, pv est donc entre e_3 et e_2 ou entre e_2 et e_1. Supposons pu compris entre e_3 et e_2.

Parmi les quatre intervalles $(-\infty, e_3)$, (e_3, e_2), (e_2, e_1), $(e_1, +\infty)$, le troisième seul peut alors contenir pv. C'est ce qu'on voit par la première formule (2). Effectivement, si pv est dans le premier intervalle, alors $p(v-\omega_3)$ est dans ce même intervalle, ω_3 étant la demi-période purement imaginaire, nommée aussi ω'; $pu - e_3$ est positif, $p(v-\omega_3)-e_3$ négatif; $\cos^2 az$ est négatif pour l'hypothèse $\omega_\alpha = \omega_3$. Si pv est dans le second intervalle, $p(v-\omega_2)$ est dans le quatrième et $\cos^2 az$ est négatif pour l'hypothèse $\omega_\alpha = \omega_2$. Si pv est dans le quatrième intervalle, $p(v-\omega_1)$ s'y trouve aussi et $\cos^2 az$ est négatif pour l'hypothèse $\omega_\alpha = \omega_1$. Ces différents cas sont donc impossibles. Au contraire, si pv est dans l'intervalle (e_2, e_1), $p(v-\omega_1)$ et $p(v-\omega_2)$ sont dans le premier intervalle et $\cos^2 az$ est positif, inférieur à l'unité pour $\omega_\alpha = \omega_1$ ou ω_2; $p(v-\omega_3)$ est, dans l'intervalle (e_2, e_1), comme pv, et $\cos^2 az$ est encore positif, inférieur à l'unité pour l'hypothèse $\omega_\alpha = \omega_3$.

En raisonnant d'une manière toute semblable et renversant l'ordre des intervalles, on verra que, si pu est dans l'intervalle (e_2, e_1), pv est alors dans l'intervalle (e_3, e_2).

En résumé, quelle que soit la demi-période ω_α, si l'on prend pu et pv, l'un dans l'intervalle (e_3, e_2), l'autre dans l'intervalle (e_2, e_1), l'angle az, défini par la première formule (1), est réel.

Il est facile de voir comment doit être maintenant choisi G pour la réalité des angles ax, ay. Remarquons d'abord, pour les secondes formules (1), une forme analogue à (4); c'est la suivante :

$$(5)\quad \begin{cases} \cos ax + i\cos ay = -\,\mathrm{G}\mathrm{U}_\alpha^2 \dfrac{\sigma_\alpha(u+v)}{\sigma u\, \sigma v}, \\[2ex] \cos ax - i\cos ay = \dfrac{1}{\mathrm{G}}\mathrm{U}_\alpha^2 \dfrac{\sigma_\alpha(u-v)}{\sigma u\, \sigma v}. \end{cases}$$

On voit par là que l'altération de ω_α, au moyen de l'addition d'une période, peut modifier seulement les signes des seconds membres. Il sera donc permis de raisonner sur trois demi-périodes distinctes, prises à volonté.

En désignant par ω_u et ω_v deux demi-périodes, l'une réelle, l'autre purement imaginaire, on aura, pour u et v, les expressions

$$(6) \qquad u = \omega_u + u', \qquad v = \omega_v + v'.$$

D'après ce qui vient d'être reconnu pour la nature de pu et pv, on voit que u' et v' peuvent être supposés, l'un réel, l'autre purement imaginaire, comme ω_u et ω_v, mais en ordre opposé.

Par le théorème d'addition des périodes dans la fonction σ (t. I, p. 182), on a

$$\sigma(u + v - \omega_v) = \sigma(u' + v' + \omega_u) = -\sigma(u' + v' - \omega_u)\, e^{2\eta_u(u'+v')}.$$

En supposant donc $\omega_\alpha = \omega_v$, on aura

$$\frac{\cos ax + i\cos ay}{\cos ax - i\cos ay} = -G^2 \frac{\sigma(u' + v' - \omega_u)}{\sigma(u' - v' + \omega_u)}\, e^{2\eta_u(u'+v') + 2\eta_v(u'+\omega_u)},$$

Les deux quantités $\cos ax \pm i\cos ay$, ayant leur produit réel (2), sont imaginaires conjuguées sous la seule condition que leur quotient ait pour valeur absolue (module) l'unité. Or, à l'égard du quotient des deux fonctions σ, au second membre, il en est bien ainsi; car les arguments de ces fonctions sont conjugués ou conjugués au signe près, ce qui revient au même, puisque σ est une fonction impaire. Il reste à retenir, dans l'exposant de l'exponentielle, les seuls termes réels, qui sont $2\eta_u v' + 2\eta_v u'$. Ainsi, *pour la réalité des angles ax et ay, on doit choisir* G *de telle sorte que*

$$G e^{\eta_u v' + \eta_v u'}$$

ait l'unité pour valeur absolue.

A cause de la symétrie, cette conclusion subsiste si l'on suppose $\omega_\alpha = \omega_u$. Si enfin on suppose $\omega_\alpha = \omega_u + \omega_v$, on aura

$$\frac{\cos ax + i\cos ay}{\cos ax - i\cos ay} = G^2 \frac{\sigma(u' + v')}{\sigma(u' - v' + 2\omega_u)}\, e^{2(\eta_u+\eta_v)(u'+\omega_u)}$$
$$= -G^2 \frac{\sigma(u' + v')}{\sigma(u' - v')}\, e^{2\eta_v u' + 2\eta_u v' + 2\eta_v\omega_u},$$

et la même conclusion subsiste encore.

Droites perpendiculaires.

Supposons maintenant une seconde droite b, déterminée, en direction, d'une manière analogue, les angles bx, by, bz étant définis par des égalités analogues à (1), où G n'est pas changé, mais où ω_α est remplacé par ω_β.

Nous allons prouver que les droites a et b sont perpendiculaires. Ce sera ici une application de la décomposition des fonctions de seconde espèce en éléments simples, pour le cas d'un pôle unique, mais double (t. I, p. 230).

Prenons la formule de décomposition, savoir :

$$(7)\quad \begin{cases} \dfrac{\sigma(u-a_1)\sigma(u-a_2)}{\sigma a_1 \sigma a_2 \sigma^2 u} e^{\rho u} = -\Phi'(u) + (\rho - \zeta a_1 - \zeta a_2)\Phi(u), \\ \Phi(u) = -\dfrac{\sigma(u-a_1-a_2)}{\sigma(a_1+a_2)\sigma u} e^{\rho u}. \end{cases}$$

Soit d'abord $a_1 = \omega_\alpha$, $a_2 = \omega_\beta$, $\rho = \zeta a_1 + \zeta a_2 = \eta_\alpha + \eta_\beta$. Ce sera le cas signalé (t. I, p. 230) où la formule de décomposition se réduit à un seul terme.

Désignons par $\Psi(u)$ l'élément simple répondant à ces suppositions

$$(8)\qquad \Psi(u) = \frac{\sigma(u-\omega_\alpha-\omega_\beta)}{\sigma u} e^{(\eta_\alpha+\eta_\beta)u}.$$

Nous aurons

$$(9)\qquad \frac{\sigma(\omega_\alpha+\omega_\beta)}{\sigma\omega_\alpha \sigma\omega_\beta} \frac{\sigma(u-\omega_\alpha)\sigma(u-\omega_\beta)}{\sigma^2 u} e^{(\eta_\alpha+\eta_\beta)u} = \Psi'(u).$$

Faisons, dans la formule générale (7), une autre hypothèse : $a_1 = v - \omega_\beta$, $a_2 = \omega_\alpha - v$, $\rho = \eta_\alpha - \eta_\beta$. L'élément simple $\Phi(u)$ peut s'écrire alors sous cette forme (t. I, p. 188)

$$\begin{aligned} \Phi(u) &= -\frac{\sigma(u-\omega_\alpha+\omega_\beta)}{\sigma(\omega_\alpha-\omega_\beta)\sigma u} e^{(\eta_\alpha-\eta_\beta)u} \\ &= -\frac{\sigma(u-\omega_\alpha-\omega_\beta)}{\sigma(\omega_\alpha+\omega_\beta)\sigma u} e^{(\eta_\alpha+\eta_\beta)u} = -\frac{1}{\sigma(\omega_\alpha+\omega_\beta)} \Psi(u). \end{aligned}$$

Nous avons, en conséquence,

$$(10)\quad \left\{\begin{aligned} &\frac{\sigma(\omega_\alpha+\omega_\beta)}{\sigma(v-\omega_\alpha)\sigma(v-\omega_\beta)}\,\frac{\sigma(u-v+\omega_\beta)\sigma(u+v-\omega_\alpha)}{\sigma^2 u}\,e^{(\eta_\alpha-\eta_\beta)u}\\ &\quad= -\Psi'(u)+[\zeta(v-\omega_\beta)-\zeta(v-\omega_\alpha)+\eta_\beta-\eta_\alpha]\Psi(u).\end{aligned}\right.$$

Échangeons les indices α et β, puis ajoutons la nouvelle égalité, membre à membre, avec l'égalité (10); il ne reste au second membre que $\Psi'(u)$. Remplaçons $\Psi'(u)$ par son expression (9) et nous aurons la relation suivante :

$$(11)\quad \left\{\begin{aligned} &\frac{1}{\sigma(v-\omega_\alpha)\sigma(v-\omega_\beta)}\,[\sigma(u-v+\omega_\beta)\sigma(u+v-\omega_\alpha)e^{(\eta_\alpha-\eta_\beta)u}\\ &\qquad\qquad+\sigma(u-v+\omega_\alpha)\sigma(u+v-\omega_\beta)e^{(\eta_\beta-\eta_\alpha)u}]\\ &\qquad\qquad+\frac{2\sigma(u-\omega_\alpha)\sigma(u-\omega_\beta)}{\sigma\omega_\alpha\sigma\omega_\beta}\,e^{(\eta_\alpha+\eta_\beta)u}=0.\end{aligned}\right.$$

Il suffit de chasser les dénominateurs, de diviser par $\sigma^2 u\,\sigma^2 v$, et de multiplier par le facteur commun $e^{-\eta_\alpha\omega_\alpha-\eta_\beta\omega_\beta}$ pour changer l'égalité (11) en celle-ci :

$$(12)\quad \left\{\begin{aligned} &(\cos bx - i\cos by)(\cos ax + i\cos ay)\\ &\quad+(\cos bx + i\cos by)(\cos ax - i\cos ay)+2\cos az\cos bz=0,\end{aligned}\right.$$

qui prouve la perpendicularité des deux droites a et b; car elle se réduit à

$$\cos ax\cos bx+\cos ay\cos by+\cos az\cos bz=0.$$

Trièdre trirectangle.

Dans l'analyse précédente, les deux demi-périodes ω_α, ω_β ont été supposées distinctes, à des périodes près. Sans cette supposition, les résultats seraient inexacts; les raisonnements seraient d'ailleurs sans valeur, la formule (10) devenant illusoire.

Comme il y a trois demi-périodes distinctes, on peut, par le moyen des formules (1) représenter les angles que font avec les trois axes les trois arêtes d'un trièdre trirectangle. Ainsi, *prenant les formules* (1), *puis y changeant successivement a en b ou c*, ω_α *en* ω_β *ou* ω_γ, *avec* η_α *en* η_β *ou* η_γ, *tout en conservant* u, v, G, *on a une représentation des cosinus des neuf angles que font entre eux deux systèmes d'axes rectangulaires a, b, c, et x, y, z.*

Quand on fait correspondre deux à deux les axes de chacun des deux systèmes, comme a avec x, b avec y et c avec z, on peut rencontrer deux cas différents : ou bien les deux systèmes sont *congruents,* c'est-à-dire qu'on peut transporter l'un d'eux de telle sorte que les axes correspondants coïncident en position et en sens ; ou bien cela est impossible et les deux systèmes sont *incongruents.* La distinction de ces deux cas, comme on le sait, se fait au moyen de la quantité

$$\frac{\cos ax \cos by - \cos ay \cos bx}{\cos cz} = \varepsilon, \tag{13}$$

ou d'une quelconque des huit analogues obtenues par permutation circulaire de a, b, c ou de x, y, z. Ces neuf quantités sont toutes égales à $+1$ si les axes sont congruents, à -1 dans le cas opposé. Ainsi l'unité positive ou négative ε est le *caractère de congruence* des deux systèmes d'axes.

Cherchons dans les formules (1) actuelles le caractère de congruence. A cet effet, après avoir, dans la relation (10), échangé α et β, comme précédemment, retranchons les deux égalités membre à membre, au lieu de les ajouter. C'est alors le terme $\Psi'(u)$ qui disparaît et le terme suivant qui se conserve. Transformons d'abord la quantité entre crochets : c'est une fonction doublement périodique ordinaire de v ; exprimons-la en produit de facteurs, ce qui est aisé, ses racines étant évidentes. Nous aurons ainsi

$$\begin{aligned}
&\zeta(v-\omega_\beta)-\zeta(v-\omega_\alpha)+\eta_\beta-\eta_\alpha \\
&\quad=\frac{\sigma(\omega_\alpha-\omega_\beta)}{\sigma\omega_\alpha\sigma\omega_\beta}\,\frac{\sigma v\,\sigma(v-\omega_\alpha-\omega_\beta)}{\sigma(v-\omega_\alpha)\sigma(v-\omega_\beta)} \\
&\quad=-\frac{\sigma(\omega_\alpha+\omega_\beta)}{\sigma\omega_\alpha\sigma\omega_\beta}\,\frac{\sigma v\,\sigma(v-\omega_\alpha-\omega_\beta)}{\sigma(v-\omega_\alpha)\sigma(v-\omega_\beta)}\,e^{2\eta_\beta\omega_\alpha},
\end{aligned}$$

et il en résulte

$$(\cos bx - i\cos by)(\cos ax + i\cos ay) - (\cos bx + i\cos by)(\cos ax - i\cos by)$$
$$= 2e^{\eta_\alpha\omega_\beta - \eta_\beta\omega_\alpha}\frac{\sigma(u-\omega_\alpha-\omega_\beta)\,\sigma(v-\omega_\alpha-\omega_\beta)}{\sigma u\,\sigma v}e^{(\eta_\alpha+\eta_\beta)(u+v-\omega_\alpha-\omega_\beta)}$$
$$= 2e^{\eta_\alpha\omega_\beta - \eta_\beta\omega_\alpha}\frac{\sigma(u+\omega_\alpha+\omega_\beta)\,\sigma(v+\omega_\alpha+\omega_\beta)}{\sigma u\,\sigma v}e^{-(\eta_\alpha+\eta_\beta)(u+v+\omega_\alpha+\omega_\beta)}.$$

Comme il a déjà été fait au tome I (p. 195), nous supposerons, pour la symétrie, les trois demi-périodes ω_α, ω_β, ω_γ liées par la relation

$$\omega_\alpha + \omega_\beta + \omega_\gamma = 0.$$

Sauf la première exponentielle, le dernier membre est alors, d'après (1), $2\cos cz$, et l'on a

$$\frac{\cos ax\cos by - \cos bx\cos ay}{\cos cz} = -\frac{1}{i}e^{\eta_\alpha\omega_\beta - \eta_\beta\omega_\alpha} = \varepsilon. \tag{14}$$

Telle est l'expression du caractère de congruence. On sait (t. I, p. 196) que l'exposant de e est ici un multiple impair de $\frac{i\pi}{2}$. On a donc

$$(15)\qquad \begin{cases} \eta_\alpha\omega_\beta - \eta_\beta\omega_\alpha = (2k-1)\dfrac{i\pi}{2}, \\ \varepsilon = (-1)^k. \end{cases}$$

Sur la décomposition d'une somme en un produit.

L'analyse actuelle nous offre, toute composée, une des innombrables formules particulières que l'on peut déduire des méthodes générales de décomposition. Nous la mentionnons uniquement en vue de l'usage qui va en être fait.

Parmi les relations qui ont lieu entre les neuf cosinus, prenons celle-ci

$$\sum_a(\cos ax + i\cos ay)(\cos ax - i\cos ay) = 2,$$

où le signe sommatoire indique qu'on devra successivement remplacer a par a, b, c. En mettant pour $\cos ax \pm i\cos ay$ l'expression (1) et chassant les dénominateurs, on obtient la formule en question

$$\sum_{\omega} \sigma(u+v-\omega)\,\sigma(u-v+\omega)\,\sigma^2\omega\, e^{2\eta(v-\omega)} = 2\sigma^2 u\, \sigma^2 v.$$

et le signe sommatoire indique qu'on doit mettre successivement $\omega_\alpha, \omega_\beta, \omega_\gamma, \eta_\alpha, \eta_\beta, \eta_\gamma$ pour ω et η.

Cette même formule peut encore s'écrire autrement, si l'on y met v et v_1 au lieu de $v+u$ et $v-u$,

$$(16) \qquad \sum_{\omega} \sigma(v-\omega)\,\sigma(v_1-\omega)\,\sigma^2\omega\, e^{\eta(v+v_1-2\omega)} = -2\sigma^2\frac{v+v_1}{2}\,\sigma^2\frac{v-v_1}{2}.$$

C'est un cas particulier d'une formule plus générale que nous allons obtenir. Prenons la fonction

$$(17) \qquad \varphi(u, v, w) = \frac{\sigma(u-v+w)\,\sigma(u-w)}{\sigma^2 u\, \sigma(v-w)\,\sigma w},$$

qui, relativement à u, diffère seulement par la notation et par un facteur constant de la fonction doublement périodique de seconde espèce (7) envisagée dans ce Chapitre. L'élément simple correspondant $\Phi(u)$ sera

$$\Phi(u) = -\frac{\sigma(u-v)}{\sigma u\, \sigma v}.$$

$$(18) \qquad \varphi(u, v, w) = -\Phi'(u) - [\zeta(v-w) + \zeta w]\,\Phi(u).$$

Multiplions les deux membres par cette fonction de v,

$$(19) \qquad f(v) = \sigma(v-w)\, e^{v\zeta w},$$

et l'on pourra écrire la formule ainsi

$$(20) \qquad f(v)\,\varphi(u, v, w) = -f(v)\,\Phi'(u) - f'(v)\,\Phi(u).$$

Soit A la somme (16); soit aussi S la somme obtenue en prenant successivement pour w les trois demi-périodes et multipliant chacune des fonctions $\varphi(u, v, \omega)$ par le terme correspondant de A. On aura

$$(21) \qquad S = \sum_{\omega} \sigma(v-\omega)\,\sigma(v_1-\omega)\,\sigma^2\omega\, e^{\eta(v+v_1-2\omega)}\,\varphi(u, v, \omega).$$

Dans cette somme, chaque multiplicateur de φ a, relativement à v et sauf un facteur indépendant de v, la forme ci-dessus $f(v)$. On a donc, suivant (20),

$$S = -A\,\Phi'(u) - \frac{dA}{dv}\Phi(u).$$

Remplaçons A par le second membre (16) et nous aurons

$$S = 2\sigma^2\frac{v+v_1}{2}\,\sigma^2\frac{v-v_1}{2}\left[\Phi'(u) + \zeta\left(\frac{v+v_1}{2} + \zeta\frac{v-v_1}{2}\right)\Phi(u)\right]$$

ou, suivant (18),

$$S = -2\sigma^2\frac{v+v_1}{2}\,\sigma^2\frac{v-v_1}{2}\,\varphi\left(u, v, \frac{v-v_1}{2}\right).$$

Si enfin nous remplaçons S et φ par leurs expressions (17, 21), il nous vient, les dénominateurs chassés,

$$\sum_\omega \sigma(u-\omega)\sigma(u-v+\omega)\sigma(v_1-\omega)\,\sigma\omega\, e^{\eta(v+v_1-2\omega)}$$
$$= -2\sigma\frac{v+v_1}{2}\,\sigma\frac{v-v_1}{2}\,\sigma\left(u-\frac{v+v_1}{2}\right)\sigma\left(u-\frac{v-v_1}{2}\right).$$

Cette formule prend un aspect plus symétrique si l'on écrit u, v, w au lieu de u, $v-u$, v_1,

$$(22)\qquad \left\{\begin{aligned} &\sum_\omega \sigma(u-\omega)\sigma(v-\omega)\sigma(w-\omega)\,\sigma\omega\, e^{\eta(u+v+w-2\omega)} \\ &\quad = 2\prod \sigma\frac{u\pm v\pm w}{2}; \end{aligned}\right.$$

le produit, indiqué par Π au second membre, s'applique aux quatre facteurs obtenus par les diverses combinaisons des signes $\pm$.

Composition des trièdres trirectangles.

Soient trois systèmes d'axes rectangulaires a, b, c; x_0, y_0, z_0; x_1, y_1, z_1. On donne les cosinus des angles que font les axes a, b, c avec les six autres axes, et l'on demande les cosinus des angles que font entre eux ces six autres axes. C'est ce problème que, pour abréger, l'on désigne par le mot de *composition des trièdres trirectangles,* problème résolu par des formules élémentaires de Géométrie analytique, mais qu'il s'agit de résoudre explicitement au moyen de la représentation elliptique précédente.

On supposera les cosinus exprimés, par les formules ci-dessus, au moyen des mêmes fonctions elliptiques dans les deux cas, mais avec des quantités G_0, u_0, v_0 pour les axes x_0, y_0, z_0 et des quantités différentes G_1, u_1, v_1 pour les axes x_1, y_1, z_1.

Pour résoudre le problème, on cherchera ici trois quantités seulement

$$\cos z_0 x_1 + i \cos z_0 y_1, \quad \cos z_1 x_0 + i \cos z_1 y_0, \quad \cos z_1 z_0,$$

qui suffisent à déterminer les neuf cosinus. En premier lieu, les conjuguées des deux premières s'en déduisent par les relations

$$(23) \quad \begin{cases} (\cos z_0 x_1 + i \cos z_0 y_1)(\cos z_0 x_1 - i \cos z_0 y_1) \\ \quad = (\cos z_1 x_0 + i \cos z_1 y_0)(\cos z_1 x_0 - i \cos z_1 y_0) = 1 - \cos^2 z_1 z_0. \end{cases}$$

Quant aux autres cosinus, ils se déterminent aussi, sans ambiguïté, par la quadruple relation suivante, où i et j prennent à volonté et séparément les valeurs $\pm\sqrt{-1}$,

$$(24) \quad \begin{cases} \cos x_0 x_1 + i \cos x_0 y_1 + j \cos y_0 x_1 + ij \cos y_0 y_1 \\ \quad = -\dfrac{(\cos z_0 x_1 + i \cos z_0 y_1)(\cos z_1 x_0 + j \cos z_1 y_0)}{ij - \cos z_0 z_1}. \end{cases}$$

Ce défaut d'ambiguïté tient à ce que, dans le cas actuel, les caractères de congruence des deux systèmes x_0, y_0, z_0 et x_1, y_1, z_1 par rapport à a, b, c coïncident, puisqu'ils dépendent seulement des demi-périodes. Les deux systèmes ont donc entre eux le caractère $+1$. Dans le cas, au contraire, où l'on aurait deux systèmes incongruents, il faudrait, au dénominateur de la formule (24), remplacer ij par $-ij$.

Nous ne nous arrêterons pas à prouver ici la formule (24), qui est une conséquence facile des relations analogues à la relation de congruence (13).

D'après une formule élémentaire de Géométrie analytique, on a

$$(25) \qquad \cos z_0 x_1 \pm i \cos z_0 y_1 = \sum_a \cos a z_0 (\cos a x_1 \pm i \cos a y_1).$$

En prenant le signe *plus*, nous aurons, suivant les formules (1),

$$\cos z_0 x_1 + i \cos z_0 y_1$$
$$= \frac{G_1}{\sigma u_0 \sigma v_0 \sigma u_1 \sigma v_1} \sum_\omega \sigma(u_0 - \omega)\sigma(v_0 - \omega)\sigma(u_1 + v_1 - \omega) e^{\eta(v_0 + u_1 + v_1 + u_1 - 2\omega)}.$$

La formule de sommation (22) donne donc immédiatement

$$(26) \quad \cos z_0 x_1 + i \cos z_0 y_1 = \frac{2 G_1}{\sigma u_0 \sigma v_0 \sigma u_1 \sigma v_1} \prod \sigma \frac{u_1 + v_1 \pm u_0 \pm v_0}{2}.$$

Semblablement, en prenant le signe *moins*, on trouvera

$$(27) \quad \cos z_0 x_1 - i \cos z_0 y_1 = -\frac{2}{G_1 \sigma u_0 \sigma v_0 \sigma u_1 \sigma v_1} \prod \sigma \frac{u_1 - v_1 \pm u_0 \pm v_0}{2}.$$

Semblablement aussi, $\cos z_1 x_0 \pm i \cos z_1 y_0$ s'obtiendra par les mêmes formules, où il suffit de transposer les indices 0 et 1.

Par cet échange, on retrouve les huit mêmes facteurs, mais groupés différemment; d'après la double égalité (23), ceci constitue une seule et même expression pour $1 - \cos^2 z_0 z_1$, savoir

$$\sin^2 z_0 z_1 = -\frac{4}{(\sigma u_0 \sigma v_0 \sigma u_1 \sigma v_1)^2} \prod \sigma \frac{u_0 \pm v_0 \pm u_1 \pm v_1}{2}.$$

Nous allons par là arriver à l'expression de $\cos z_0 z_1$. Tout d'abord, en posant

$$(28) \quad p\frac{u_0 + u_1}{2} = \alpha, \quad p\frac{v_0 + v_1}{2} = \beta, \quad p\frac{u_0 - u_1}{2} = \alpha', \quad p\frac{v_0 - v_1}{2} = \beta',$$

on peut transformer l'expression du sinus au moyen de la formule fondamentale (t. I, p. 171) et écrire

$$\sin^2 z_0 z_1 = -4 \frac{(\alpha - \beta)(\alpha' - \beta')(\alpha - \beta')(\alpha' - \beta)}{(\alpha - \alpha')^2 (\beta - \beta')^2},$$
$$\cos^2 z_0 z_1 = 1 - \sin^2 z_0 z_1 = \left[\frac{(\alpha - \beta)(\alpha' - \beta') + (\alpha - \beta')(\alpha' - \beta)}{(\alpha - \alpha')(\beta - \beta')}\right]^2.$$

En extrayant la racine carrée, il reste à fixer le signe, qui est déterminé, puisqu'on pourrait obtenir aussi $\cos z_0 z_1$ par la formule

$$\cos z_0 z_1 = \sum_a \cos a z_0 \cos a z_1.$$

Si l'on observe que les deux systèmes d'axes coïncident moyennant l'hypothèse $u_0 = u_1$, $v_0 = v_1$, $G_0 = G_1$, et que cette hypothèse rend α' et β' infinis, $\cos z_0 z_1 = +1$, on voit qu'il faut conclure

$$(29) \qquad \cos z_0 z_1 = -\frac{(\alpha-\beta)(\alpha'-\beta')+(\alpha-\beta')(\alpha'-\beta)}{(\alpha-\alpha')(\beta-\beta')}.$$

Le problème de la composition des trièdres trirectangles se trouve ainsi résolue.

Voici quelques transformations utiles de $\cos z_0 z_1$. On a tout d'abord

$$(30) \qquad \left\{ \begin{aligned} 1+\cos z_0 z_1 &= -2\frac{(\alpha-\beta')(\alpha'-\beta)}{(\alpha-\alpha')(\beta-\beta')}, \\ 1-\cos z_0 z_1 &= +2\frac{(\alpha-\beta)(\alpha'-\beta')}{(\alpha-\alpha')(\beta-\beta')}, \end{aligned} \right.$$

Changeant les différences de fonctions p en produits de fonctions σ par la formule fondamentale, on obtient

$$1 \pm \cos z_0 z_1 = \mp \frac{2}{\sigma u_0\, \sigma v_0\, \sigma u_1\, \sigma v_1} \prod{}' \sigma \frac{u_0 \pm v_0 \pm u_1 \pm v}{2};$$

il faudra, dans le produit Π', prendre seulement les quatre facteurs où le nombre des signes *moins* est impair ou pair suivant que le signe, au premier membre, sera *plus* ou *moins*.

La troisième forme que nous allons donner à $\cos z_0 z_1$, dissymétrique par rapport aux lettres u et v, est celle qu'on rencontrera dans les applications. Posons un instant

$$(31) \qquad \alpha = p a, \qquad \alpha' = p a', \qquad \beta = p b, \qquad \beta' = p b',$$

d'où résulte

$$\frac{(\alpha-\beta')(\alpha'-\beta)}{(\alpha-\alpha')(\beta-\beta')} = \frac{\sigma(a+b')\sigma(a-b')\sigma(a'+b)\sigma(a'-b)}{\sigma(a+a')\sigma(a-a')\sigma(b+b')\sigma(b-b')} = F.$$

Envisageons à part le produit

$$\frac{\sigma(a'+b)\sigma(a'-b)}{\sigma(a+a')\sigma(a-a')},$$

fonction de a', doublement périodique, que nous décomposerons en éléments simples ainsi (t. I, p. 206) :

$$\frac{\sigma(a'+b)\sigma(a'-b)}{\sigma(a+a')\sigma(a-a')}$$
$$= \frac{\sigma(a-b)\sigma(a+b)}{\sigma 2a}[\zeta(a+a')+\zeta(a-a')-\zeta(a+b)-\zeta(a-b)].$$

Dans cette égalité échangeons a' et b', puis divisons membre à membre ; il viendra

$$F = -\frac{\zeta(a+a')+\zeta(a-a')-\zeta(a+b)-\zeta(a-b)}{\zeta(a+b')+\zeta(a-b')-\zeta(a+b)-\zeta(a-b)}.$$

Suivant la première égalité (30), on a

$$\cos z_0 z_1 = -1 - 2F.$$

Chassant le dénominateur, puis remettant, conformément aux égalités (28 et 31), pour a, a', b, b', leurs expressions $\frac{u_0+u_1}{2}$, $\frac{u_0-u_1}{2}$, $\frac{v_0+v_1}{2}$, $\frac{v_0-v_1}{2}$, nous aurons

$$(32) \quad \cos z_0 z_1 = \frac{2\zeta u_0 + 2\zeta u_1 - \sum \zeta \frac{u_0+u_1 \pm v_0 \pm v_1}{2}}{\sum \zeta \frac{u_0+u_1 \pm (v_0 - v_1)}{2} - \sum \zeta \frac{u_0+u_1 \pm (v_0+v_1)}{2}}.$$

Angles d'Euler.

Les angles d'Euler, ainsi nommés parce qu'ils figurent dans les formules données par Euler pour le changement des coordonnées rectangulaires, sont ceux que l'intersection de deux plans, l'un des nouvelles coordonnées, l'autre des anciennes, fait avec un des axes situés dans un de ces plans. On en considère habituellement deux, ceux, par exemple, qui sont formés par l'intersection des plans ab et xy avec les axes a et x, et c'est par ces deux angles, avec l'angle cz, qu'on détermine les huit angles ax, ay, ... Il y a dix-huit angles d'Euler, suivant la définition qu'on vient d'en donner ; chacun d'eux n'est déterminé qu'à un multiple près de la demi-circonférence, quand même on suppose les sens de rotation bien définis, et nous le supposerons toujours, en prenant pour positifs les sens habituels de x vers y, de y vers z, de z vers x, de a vers b, etc. Effectivement il est impossible de préciser le sens pris pour positif sur l'intersection de deux plans coordonnés. Toutefois, neuf de ces angles peuvent être précisés (à des circonférences près) si l'on a précisé les neuf autres. Il suffit de convenir que le sens positif de l'intersection de deux plans, par exemple ab et xy, est pris de la même manière pour compter les angles de cette intersection avec a et avec x.

On peut dénoter ces dix-huit angles ainsi (cz, a), (cz, x), ..., la notation cz indiquant qu'il s'agit de l'intersection des plans perpendiculaires à c et à z, c'est-à-dire ab et xy, et la dernière lettre a ou x indiquant l'axe à partir duquel est compté cet angle.

Il est très aisé de démontrer les formules suivantes relatives à ces angles

$$(33) \qquad e^{\pm i(cz, a)} = \pm i \frac{\cos az \pm i \cos bz}{\sin cz}, \qquad e^{\pm i(cz, x)} = \mp i\varepsilon \frac{\cos cx \pm i \cos cy}{\sin cz}.$$

Dans ces formules, toutes les conventions précédentes sont observées, et l'arbitraire qui subsiste dans le signe de $\sin cz$ correspond à l'indétermination des deux angles. Pour avoir les seize autres formules, il faut avoir soin, sans changer ε, de permuter *circulairement* a, b, c ou x, y, z.

A l'égard des angles doubles, l'indétermination n'est plus que de circonférences entières, comme il apparaît dans les formules

$$(34) \qquad e^{2i(cz, a)} = -\frac{\cos az + i \cos bz}{\cos az - i \cos bz}, \qquad e^{2i(cz, x)} = -\frac{\cos cx + i \cos cy}{\cos cx - i \cos cy},$$

Les formules (1), où l'axe z est mis à part, ne font apparaître d'expression simple que pour les angles formés par l'intersection du plan xy et des autres plans; ces angles sont au nombre de six. Trois d'entre eux sont immédiatement donnés par les formules (1)

$$(35) \qquad e^{2i(az, x)} = -G^2 \frac{\sigma(u + v - \omega_\alpha)}{\sigma(u - v + \omega_\alpha)} e^{2\eta_\alpha u} = G^2 \frac{\sigma_\alpha(u + v)}{\sigma_\alpha(u - v)},$$

avec deux analogues obtenues par le changement de a en b ou c. Les trois autres n'apparaissent pas d'abord; mais nous allons les trouver, et ce sont les formules de la composition des trièdres qui les fourniront.

Dans les formules (1), supposons $u = \omega_\beta$, $v = \omega_\alpha$, $G = e^{-\eta_\alpha \omega_\beta}$. Elles donnent

$$\cos az = 0, \qquad \cos ax \pm i \cos ay = 1.$$

L'axe a coïncide avec l'axe x. Prenons maintenant les formules relatives à l'axe b, changeant, pour cela, α en β dans les formules (1); nous avons alors, d'après (14),

$$\cos bz = 0, \qquad \cos bx + i \cos by = e^{\eta_\beta \omega_\alpha - \eta_\alpha \omega_\beta} = i\varepsilon.$$

L'axe b coïncide avec l'axe y ou avec son opposé en sens, suivant le signe de $\varepsilon = \pm 1$. Il en résulte que l'axe c coïncide avec l'axe z.

Ces suppositions, que nous venons de faire pour u, v, G, faisons-les maintenant pour u_1, v_1, G_1, et employons les formules (26, 27) en y supprimant l'indice zéro. Nous aurons

$$\cos az + i\varepsilon \cos bz = \frac{2 e^{-\eta_\alpha \omega_\beta}}{\sigma u \, \sigma v \, \sigma \omega_\alpha \, \sigma \omega_\beta} \prod \sigma \frac{\omega_\alpha + \omega_\beta \pm u \pm v}{2},$$

$$\cos az - i\varepsilon \cos bz = - \frac{2 e^{\eta_\alpha \omega_\beta}}{\sigma u \, \sigma v \, \sigma \omega_\alpha \, \sigma \omega_\beta} \prod \sigma \frac{\omega_\alpha - \omega_\beta \pm u \pm v}{2},$$

formules où l'on pourra permuter a, b, c entre eux et, en même temps, α, β, γ. On en déduira trois angles d'Euler par des formules telles que celle-ci

$$(36) \qquad e^{2i(cz, a)} = e^{-2\eta_\alpha \omega_\beta} \prod \frac{\sigma \dfrac{\omega_\alpha + \omega_\beta \pm u \pm v}{2}}{\sigma \dfrac{\omega_\alpha - \omega_\beta \pm u \pm v}{2}}.$$

Si l'on avait fait la supposition des valeurs particulières sur u_0, v_0, G_0 et supprimé l'indice 1, on aurait trouvé de nouvelles formes pour $\cos cx \pm i \cos cy$ et les similaires. Ces formes nouvelles se ramènent immédiatement aux formes initiales (1) par la formule de duplication de l'argument dans la fonction σ (t. I, p. 197). Quant à la forme nouvelle de $\cos cz$ à déduire de (30), elle présente de l'intérêt en ce qu'il y figure seulement des fonctions $\wp$; mais nous ne voulons pas y insister.

Expression du produit $\cos az \cos bz \cos cz$.

Si l'on prend $\cos az$ et ses semblables sous la forme (4), pour les multiplier entre eux, les arguments u et v n'apparaissent plus que par les fonctions p', comme il résulte d'une formule démontrée au Tome I (p. 196),

$$(37) \qquad \cos az \cos bz \cos cz = \tfrac{1}{4}\,U_\alpha^2 U_\beta^2 U_\gamma^2\, p'u\, p'v.$$

La quantité U_α^2 reste inaltérée en valeur absolue, mais peut changer de signe, quand on modifie ω_α par l'addition d'une période. Si l'on prenait, pour les trois demi-périodes, ω, ω', ω'', le produit des trois quantités U_α^2 serait

$$U^2 U'^2 U''^2 = \frac{i}{(e_1 - e_2)(e_2 - e_3)(e_3 - e_1)}.$$

On peut démontrer sans difficulté qu'on a, d'une manière générale,

$$(38) \qquad U_\alpha^2 U_\beta^2 U_\gamma^2 = \frac{\varepsilon i}{(e_\alpha - e_\beta)(e_\beta - e_\gamma)(e_\gamma - e_\alpha)},$$

ε étant la même quantité ± 1, qui est déjà intervenue (15). Mais, sans faire de démonstration directe, nous pouvons l'établir indirectement par la conséquence qui nous importe ici et qui est relative à la formule (37). Cette formule deviendra

$$(39) \qquad (e_\alpha - e_\beta)(e_\beta - e_\gamma)(e_\gamma - e_\alpha) \cos az \cos bz \cos cz = -\frac{\varepsilon}{4i}\, p'u\, p'v;$$

il y reste seulement jusqu'ici une incertitude sur le signe du second membre, puisque la formule (38) n'est pas établie.

Pour faire disparaître cette incertitude, supposons

$$u = \omega_\beta + u', \qquad v = \omega_\alpha + v'.$$

Ainsi qu'on l'a déjà vu au paragraphe précédent, si u' et v' étaient nuls, $\cos az$ et $\cos bz$ seraient nuls, et $\cos cz$ serait l'unité. En supposant donc u' et v' infiniment petits, on aura, pour la partie principale du produit des trois cosinus, celle du produit $\cos az \cos bz$ Les parties principales sont les suivantes :

$$\cos az = \frac{\sigma(\omega_\beta - \omega_\alpha)}{\sigma\omega_\alpha\,\sigma\omega_\beta} e^{\eta_\alpha\omega_\beta} v',$$

$$\cos bz = \frac{\sigma(\omega_\alpha - \omega_\beta)}{\sigma\omega_\alpha\,\sigma\omega_\beta} e^{\eta_\beta\omega_\alpha} u' = -\frac{\sigma(\omega_\alpha + \omega_\beta)}{\sigma\omega_\alpha\,\sigma\omega_\beta} e^{-\eta_\beta\omega_\alpha} u',$$

$$\cos az \cos bz = -(p\omega_\alpha - p\omega_\beta) e^{\eta_\alpha\omega_\beta - \eta_\beta\omega_\alpha} u'v' = i\varepsilon(e_\alpha - e_\beta) u'v'.$$

La partie principale du premier membre (39) est donc

$$i\varepsilon(e_\alpha - e_\beta)^2 (e_\beta - e_\gamma)(e_\gamma - e_\alpha) u'v' ;$$

celle du second membre est

$$-\frac{\varepsilon}{4i} p''\omega_\alpha\, p''\omega_\beta\, u'v'.$$

Or on a

$$p'^2 u = 4(pu - e_\alpha)(pu - e_\beta)(pu - e_\gamma),$$

$$\left(\frac{dp'^2 u}{dpu}\right)_{u=\omega_\alpha} = 2\,p''\omega_\alpha = 4(e_\alpha - e_\beta)(e_\alpha - e_\gamma).$$

En conséquence,

$$-\frac{\varepsilon}{4i} p''\omega_\alpha\, p''\omega_\beta = i\varepsilon(e_\alpha - e_\beta)^2 (e_\beta - e_\gamma)(e_\gamma - e_\alpha),$$

et l'on voit que les parties principales sont les mêmes dans l'un et l'autre membre de l'égalité (39).

Expression des cosinus sous forme explicitement réelle.

Pour l'analyse générale, la forme (1) de l'expression des cosinus est la meilleure à cause de la symétrie. Mais, pour le calcul numérique, cette symétrie doit disparaître; il y a, en effet, une demi-période dont le rôle est particulier, celle qui est une imaginaire proprement dite.

Les arguments u et v ont, pour parties constantes, à des périodes près, les demi-périodes ω et ω', l'une réelle, l'autre purement imaginaire. Pour préciser entièrement, nous supposerons que ω'

appartienne à u et ω à v, en sorte que la partie variable de u soit réelle, celle de v purement imaginaire. Nous poserons, en outre,

$$
(40)\quad \left\{\begin{array}{ll}
u = \omega' + 2\omega_u + u', & \omega_u = s_u\omega + s'_u\omega', \\
v = \omega + 2\omega_v + v', & \omega_v = s_v\omega + s'_v\omega'; \\
\multicolumn{2}{c}{\omega_\alpha = \omega + 2s_\alpha\omega + 2s'_\alpha\omega',} \\
\multicolumn{2}{c}{\omega_\beta = \omega' + 2s_\beta\omega + 2s'_\beta\omega';}
\end{array}\right.
$$

u' sera réel, v' purement imaginaire; ils pourront être, quand il en sera besoin, limités dans l'étendue d'une période 2ω pour le premier, $2\omega'$ pour le second. Nous poserons, en outre,

$$
(41)\quad \left\{\begin{array}{l}
G' = (-1)^{s_u s'_v + s_v s'_u}\, G\, e^{2\eta_u(v-\omega_v) + 2\eta_v(u-\omega_u) + \eta\left(u'+\frac{\omega'}{2}\right) + \eta'\left(v'+\frac{\omega}{2}\right)}, \\
a = s'_\alpha + s'_u + s'_v + 1, \\
b = s_\beta + s_u + s_v + 1, \\
c = s_\alpha + s'_\alpha + s_\beta + s'_\beta + s_u + s'_u + s_v + s'_v.
\end{array}\right.
$$

Les formules (1) et leurs similaires se transforment ainsi en les suivantes :

$$
(42)\quad \left\{\begin{array}{l}
\cos az = (-1)^a \dfrac{e^{\frac{i\pi}{4}}U''}{UU'} \dfrac{\sigma_2 u'}{\sigma_3 u'} \dfrac{\sigma v'}{i\sigma_1 v'}, \\[2ex]
\cos bz = (-1)^b \dfrac{e^{\frac{i\pi}{4}}U''}{UU'} \dfrac{\sigma u'}{\sigma_3 u'} \dfrac{\sigma_2 v'}{\sigma_1 v'}, \\[2ex]
\cos cz = (-1)^c \dfrac{\sigma_1 u'}{\sigma_3 u'} \dfrac{\sigma_3 v'}{\sigma_1 v'};
\end{array}\right.
$$

$$
(43)\quad \left\{\begin{array}{l}
\cos ax + i\cos ay = (-1)^a\; G' e^{\frac{i\pi}{4}} \dfrac{\sigma_3(u'+v')}{\sigma_3 u'\,\sigma_1 v'}, \\[2ex]
\cos ax - i\cos ay = (-1)^a\; \dfrac{1}{G'} e^{-\frac{i\pi}{4}} \dfrac{\sigma_3(u'-v')}{\sigma_3 u'\,\sigma_1 v'}, \\[2ex]
\cos bx + i\cos by = (-1)^b\; G' e^{-\frac{i\pi}{4}} \dfrac{\sigma_1(u'+v')}{\sigma_3 u'\,\sigma_1 v'}, \\[2ex]
\cos bx - i\cos by = (-1)^b\; \dfrac{1}{G'} e^{\frac{i\pi}{4}} \dfrac{\sigma_1(u'-v')}{\sigma_3 u'\,\sigma_1 v'}, \\[2ex]
\cos cx + i\cos cy = (-1)^{c+1}\, G' \dfrac{U''}{UU'} \dfrac{\sigma(u'+v')}{\sigma_3 u'\,\sigma_1 v'}, \\[2ex]
\cos cx - i\cos cy = (-1)^{c+1} \dfrac{1}{G'} \dfrac{iU''}{UU'} \dfrac{\sigma(u'-v')}{\sigma_3 u'\,\sigma_1 v'}.
\end{array}\right.
$$

D'après les notations (40), la quantité ε (15) se réduit à

$$(-1)^{s_\alpha+s'_\beta+1},$$

ce que l'on peut, suivant (41), écrire ainsi :

$$\varepsilon = (-1)^{a+b+c+1}. \tag{44}$$

Il est utile de noter ici les hypothèses par lesquelles on amène en coïncidence les axes a, b, c avec les axes x, y, z dans un ordre quelconque. Les voici, faciles à vérifier sur les formules (42, 43),

$$u' = 0, \qquad v' = 0, \qquad G' = e^{-\frac{i\pi}{4}}, \qquad a = 0, \qquad b = 1: \tag{45}$$

x, y, z coïncident dans cet ordre avec a, b et εc (c'est-à-dire le sens positif ou négatif de c suivant que $\varepsilon = \pm 1$);

$$u' = 0, \qquad v' = \omega', \qquad G' = e^{\frac{i\pi}{4}}, \qquad b = 0, \qquad c = 1: \tag{46}$$

x, y, z coïncident dans cet ordre avec b, c, εa;

$$u' = \omega, \qquad v' = 0, \qquad G' = e^{\frac{i\pi}{4}}, \qquad a = 0, \qquad c = 1: \tag{47}$$

x, y, z coïncident dans cet ordre avec c, a, εb.

On doit avoir soin d'observer, dans les formules (42, 43), que U' est une quantité purement imaginaire et U'' le produit d'une quantité réelle par $e^{\frac{i\pi}{4}}$ (t. I, p. 194).

Après avoir calculé directement les formules relatives à la droite a, celles qui donnent $\cos az$ et $\cos ax \pm i \cos ay$, on peut obtenir les autres par des changements fort simples : pour passer de a à b, on échange ω et ω' ainsi que u et v, en observant de changer i en $-i$, à cause de la quantité $\eta\omega' - \eta'\omega = \frac{i\pi}{4}$, qui échange son signe ; pour passer de b à c, on change ω' en $\omega' + \omega$, sans changer ω, u, v ; u' se remplace alors par $u' - \omega$.

Formules pour la composition des trièdres.

Nous allons faire les transformations analogues dans les formules (26, 27) de la composition des trièdres. Pour ce but, nous transformons d'abord l'identité (22).

Dans la formule de sommation (22), posons

$$v = \omega_\alpha + v', \qquad u = \omega_\beta + u', \qquad w = \omega_\gamma + w' \qquad (\omega_\alpha + \omega_\beta + \omega_\gamma = 0),$$

et transformons d'abord le premier membre par les calculs suivants :

$$\sigma(v - \omega_\alpha) = \sigma v', \qquad e^{\eta_\alpha(v - 2\omega_\alpha)} = e^{\eta_\alpha v' - \eta_\alpha \omega_\alpha},$$

$$\begin{aligned} \sigma(u - \omega_\alpha) e^{\eta_\alpha u} &= -\sigma(u + \omega_\alpha) e^{-\eta_\alpha u} \\ &= -\sigma(u' - \omega_\gamma) e^{-\eta_\alpha u} = \sigma_\gamma u' \sigma \omega_\gamma e^{\eta_\beta u' - \eta_\alpha \omega_\beta}, \end{aligned}$$

et, de même,

$$\sigma(w - \omega_\alpha) e^{\eta_\alpha w} = \sigma_\beta w' \sigma \omega_\beta e^{\eta_\gamma w' - \eta_\alpha \omega_\gamma}.$$

Si, dans le terme de la somme (22)

$$\sigma(u - \omega_\alpha)\sigma(v - \omega_\alpha)\sigma(w - \omega_\alpha)\sigma\omega_\alpha e^{\eta_\alpha(u + v + w - 2\omega_\alpha)}$$

on fait ces substitutions, on trouve

$$\sigma v' \sigma_\gamma u' \sigma_\beta w' . \sigma\omega_\alpha \sigma\omega_\beta \sigma\omega_\gamma e^{\eta_\alpha v' + \eta_\beta u' + \eta_\gamma w'},$$

produit où les facteurs séparés par un point sont, les premiers variables d'un terme à l'autre, les seconds fixes.

Pour le second membre (22), le facteur $\sigma \frac{u + v + w}{2}$ devient $\sigma \frac{u' + v' + w'}{2}$. Le facteur $\sigma \frac{u + v - w}{2}$ se transforme en celui-ci :

$$\begin{aligned} &\sigma \frac{\omega_\alpha + \omega_\beta - \omega_\gamma + u' + v' - w'}{2} \\ &= \sigma\left(\frac{u' + v' - w'}{2} - \omega_\gamma\right) = -\sigma\omega_\gamma \sigma_\gamma \frac{v' + u' - w'}{2} e^{-\eta_\gamma \frac{v' + u' - w'}{2}}. \end{aligned}$$

Permutant circulairement les lettres v, u, w et α, β, γ, on obtient deux transformations analogues.

Dans le produit des trois quantités analogues, l'exponentielle contient son exposant, $\frac{v'}{2}(-\eta_\gamma + \eta_\alpha - \eta_\beta) = \eta_\alpha v'$, et ainsi des autres. La transformation de l'égalité (22) donne donc (les accents supprimés)

$$(48) \quad \left\{ \begin{aligned} &\sigma v \sigma_\gamma u \sigma_\beta w + \sigma u \sigma_\alpha w \sigma_\gamma v + \sigma w \sigma_\beta v \sigma_\alpha u \\ &\quad = 2\sigma \frac{v + u + w}{2} \sigma_\gamma \frac{v + u - w}{2} \sigma_\alpha \frac{u + w - v}{2} \sigma_\beta \frac{w + v - u}{2}. \end{aligned} \right.$$

Dans la somme $\sum_a \cos a z_0 (\cos a x_1 + i \cos a y_1)$, qui compose $\cos z_0 x_1 + i \cos z_0 y_1$ (25), employons pour chaque terme les expressions (42, 43), avec des indices *zéro* et *un* pour distinguer les quantités afférentes aux deux systèmes d'axes. Nous trouverons justement la somme (48) où v'_0, u'_0, $u'_1 + v'_1$ remplacent v, u, w, où, de plus, $\alpha = 1$, $\beta = 3$, $\gamma = 2$; cette somme est multipliée par le facteur commun $G'_1 \frac{U''}{UU'}$; mais, en outre, les termes ont des signes différents, étant affectés des facteurs respectifs $(-1)^{a_0+a_1}$, $(-1)^{b_0+b_1}$, $(-1)^{c_0+c_1+1}$. Cette circonstance n'introduit aucune difficulté: la somme (48) se change en la somme actuelle si l'on prend $v = (-1)^{a_0+a_1} v'_0$, $u = (-1)^{b_0+b_1} u'_0$, $w = (-1)^{c_0+c_1+1}(u'_1 + v'_1)$. Observons maintenant que $a_0 + b_0 + c_0$ et $a_1 + b_1 + c_1$ sont de même parité (44), et posons

$$(-1)^{a_0+a_1} = \mu, \qquad (-1)^{b_0+b_1} = \nu$$

pour conclure

$$(49) \quad \begin{cases} \cos z_0 x_1 + i \cos z_0 y_1 \\ = -\mu\nu 2 G'_1 \dfrac{U''}{UU'} \left[\dfrac{\sigma\dfrac{u'_1 + v'_1 - \mu u'_0 - \nu v'_0}{2}\,\sigma_2 \dfrac{u'_1 + v'_1 + \mu u'_0 + \nu v'_0}{2} \times \sigma_1 \dfrac{u'_1 + v'_1 - \mu u'_0 + \nu v'_0}{2}\,\sigma_3 \dfrac{u'_1 + v'_1 + \mu u'_0 - \nu v'_0}{2}}{\sigma_3 u'_1\, \sigma_3 u'_0\, \sigma_1 v'_1\, \sigma_1 v'_0} \right] \end{cases}$$

La quantité conjuguée s'en déduit par le changement des signes devant v'_1 et v'_0, le changement de G'_1 en son inverse et la multiplication par le facteur i.

On a vu précédemment que la quantité $\cos z_0 x_1 + i \cos z_0 y_1$ permet de calculer un *angle d'Euler* (33). Prenons, en même temps, l'analogue avec échange des indices 0 et 1, et déterminons les deux angles $(z_0 z_1, x_1)$, $(z_0 z_1, x_0)$ de telle sorte qu'ils se rapportent à un même sens de la droite $z_0 z_1$. Nous avons pour cela les deux formules (33)

$$(50) \quad \begin{cases} e^{i(z_0 z_1, x_1)} = i \dfrac{\cos z_0 x_1 + i \cos z_0 y_1}{\sin z_0 z_1}, \\ e^{i(z_0 z_1, x_0)} = -i \dfrac{\cos z_1 x_0 + i \cos z_1 y_0}{\sin z_0 z_1}. \end{cases}$$

Le facteur réel

$$\sigma_3 u'_1 \sigma_3 u'_0 \sigma_1 v'_1 \sigma_1 v'_0^{\,-\mu\nu}$$

ne change pas quand on échange les indices. Son produit par l'inverse de $\sin z_0 z_1$ a un signe arbitraire, comme le sinus lui-même ; mais ce signe arbitraire sera le même pour les deux formules. Soient maintenant θ_0 et θ_1 les arguments des imaginaires G'_0 et G'_1 ; soient Ψ_1 et Ψ_0 les arguments du produit $\sigma\sigma_2\sigma_1\sigma_3$ au numérateur du second membre (49) et du produit analogue avec permutation des indices o et 1.

Nous conclurons des deux formules (50) celles-ci :

$$(51)\quad \begin{cases} (z_1 z_0, x_1) - \dfrac{\pi}{2} = -\dfrac{\pi}{4} + \theta_1 + \Psi_1 + k_1\pi, \\ (z_1 z_0, x_0) + \dfrac{\pi}{2} = -\dfrac{\pi}{4} + \theta_0 + \Psi_0 + k_0\pi, \end{cases}$$

avec cette condition

$$k_1 + k_0 = \text{un nombre pair.}$$

Expression des angles d'Euler.

En faisant, dans la formule (49), sur u'_1, v'_1, G'_1 une quelconque des hypothèses particulières (45, 46, 47), et supprimant les indices zéro, on obtient

$$(52)\quad \begin{cases} \cos az + i\cos bz = (-1)^{b+1}\, 2\, \dfrac{e^{-\frac{i\pi}{4}}\,U''}{UU'}\, \dfrac{\Pi_c}{\sigma_3 u'\sigma_1 v'}, \\ \Pi_c = \sigma\dfrac{u'+\lambda v'}{2}\,\sigma_2\dfrac{u'+\lambda v'}{2}\,\sigma_1\dfrac{u'-\lambda v'}{2}\,\sigma_3\dfrac{u'-\lambda v'}{2}, \qquad \lambda = (-1)^{a+b+1}. \\ \cos bz + i\cos cz = (-1)^{b}\, 2\, \dfrac{e^{\frac{i\pi}{4}}\,U''}{UU'}\, \dfrac{\Pi_a}{\sigma_3 u'\sigma_1 v'\sigma_1 \omega'}, \\ \Pi_a = \sigma\dfrac{u'+\lambda v'+\mu\omega'}{2}\,\sigma_2\dfrac{u'+\lambda v'-\mu\omega'}{2}\,\sigma_1\dfrac{u'-\lambda v'+\mu\omega'}{2}\,\sigma_3\dfrac{u'-\lambda v'-\mu\omega'}{2}, \\ \lambda = (-1)^{c+1}, \qquad \mu = (-1)^{b+c}. \\ \cos cz + i\cos az = (-1)^{a+c+1}\, 2\, \dfrac{e^{\frac{i\pi}{4}}\,U''}{UU'}\, \dfrac{\Pi_b}{\sigma_3 u'\sigma_1 v'\sigma_3 \omega}, \\ \Pi_b = \sigma\dfrac{u'+\mu\omega+\lambda v'}{2}\,\sigma_2\dfrac{u'-\mu\omega+\lambda v'}{2}\,\sigma_1\dfrac{u'+\mu\omega-\lambda v'}{2}\,\sigma_3\dfrac{u'-\mu\omega-\lambda v'}{2}, \\ \lambda = (-1)^{c+1}, \qquad \mu = (-1)^{a+1}. \end{cases}$$

En rapprochant ces dernières formules (52) de celles (43) qui donnent $\cos cx + i \cos cy, \ldots$, et raisonnant comme on l'a fait à la fin du dernier paragraphe, on obtient, sous la forme ci-après, les six angles d'Euler.

Soient

$\varphi_a, \varphi_b, \varphi_c$ les arguments des imaginaires Π_a, Π_b, Π_c;
ψ_a, ψ_b, ψ_c les arguments des imaginaires $\sigma_3(u'+v'), \sigma_1(u'+v'), \sigma(u'+v')$;
θ l'argument de G';

on a

$$(53)\quad \left\{\begin{array}{ll}
\left.\begin{array}{l}
(cz, a) = \varphi_a + h\pi, \\
(cz, x) = -\dfrac{\varepsilon\pi}{2} - \dfrac{\pi}{4} + \theta + \psi_c + h'\pi,
\end{array}\right\} & \begin{array}{l} h + h' + b + c \\ \quad = \text{un nombre pair;}\end{array} \\[2ex]
\left.\begin{array}{l}
(az, b) = \dfrac{\pi}{2} + \varphi_a + k\pi, \\
(az, x) = -\dfrac{\varepsilon\pi}{2} + \dfrac{\pi}{4} + \theta + \psi_a + k'\pi,
\end{array}\right\} & \begin{array}{l} k + k' + a + b \\ \quad = \text{un nombre pair;}\end{array} \\[2ex]
\left.\begin{array}{l}
(bz, c) = \dfrac{\pi}{2} + \varphi_b + p\pi, \\
(bz, x) = -\dfrac{\varepsilon\pi}{2} - \dfrac{\pi}{4} + \theta + \psi_b + p'\pi,
\end{array}\right\} & \begin{array}{l} p + p' + a + b + c + 1 \\ \quad = \text{un nombre pair.}\end{array}
\end{array}\right.$$

Expression des cosinus et des angles par les fonctions $\mathfrak{S}$.

Les formules du début (1) ne comportaient aucune distinction entre les trois demi-périodes. En nous préoccupant de la réalité des angles, nous avons dû mettre à part la demi-période complexe ω''; la symétrie a subsisté entre les demi-périodes ω, ω', l'une réelle, l'autre purement imaginaire, et cette symétrie s'offre encore dans les formules (42 et 43); car, si l'on y échange ω et ω', u' et v', a et b, i et $-i$, G' et son inverse, ces formules se reproduisent inaltérées.

Mais voici maintenant où chaque demi-période va jouer un rôle spécial : l'emploi des fonctions $\mathfrak{S}$. Suivant qu'on formera ces fonctions avec l'une ou l'autre des quantités q ou q_1

$$q = e^{\frac{\pi\omega' i}{\omega}}, \qquad q_1 = e^{-\frac{\pi\omega i}{\omega'}}$$

on aura deux groupes de formules. L'échange des périodes fera passer de l'un à l'autre des groupes, mais non d'une formule à une autre formule d'un même groupe. Voici ces formules, que l'on obtient par les substitutions données au Tome I (p. 251 et 266), pour la quantité q,

$$\frac{u'}{2\omega} = \mathrm{u}, \qquad \frac{v'}{2\omega} = \mathrm{v},$$

$$(54) \quad \left\{ \begin{aligned} \cos az &= (-1)^a \frac{1}{i} \frac{\vartheta_3 \mathrm{u}\, \vartheta_1 \mathrm{v}}{\vartheta_0 \mathrm{u}\, \vartheta_2 \mathrm{v}}, \\ \cos bz &= (-1)^b \frac{\vartheta_1 \mathrm{u}\, \vartheta_3 \mathrm{v}}{\vartheta_0 \mathrm{u}\, \vartheta_2 \mathrm{v}}, \\ \cos cz &= (-1)^c \frac{\vartheta_2 \mathrm{u}\, \vartheta_0 \mathrm{v}}{\vartheta_0 \mathrm{u}\, \vartheta_2 \mathrm{v}}, \\ \cos ax + i \cos ay &= (-1)^a G' e^{4\eta\omega \mathrm{uv} + \frac{i\pi}{4}} \frac{\vartheta_2 \mathrm{o}\, \vartheta_0(\mathrm{u}+\mathrm{v})}{\vartheta_0 \mathrm{u}\, \vartheta_2 \mathrm{v}}, \\ \cos bx + i \cos by &= (-1)^b G' e^{4\eta\omega \mathrm{uv} - \frac{i\pi}{4}} \frac{\vartheta_0 \mathrm{o}\, \vartheta_2(\mathrm{u}+\mathrm{v})}{\vartheta_0 \mathrm{u}\, \vartheta_2 \mathrm{v}}, \\ \cos cx + i \cos cy &= (-1)^{c+1} G' e^{4\eta\omega \mathrm{uv} - \frac{i\pi}{4}} \frac{\vartheta_3 \mathrm{o}\, \vartheta_1(\mathrm{u}+\mathrm{v})}{\vartheta_0 \mathrm{u}\, \vartheta_2 \mathrm{v}}, \\ \cos z_0 x_1 + i \cos z_0 y_1 &= -\mu\nu G'_1 e^{4\eta\omega \mathrm{u}_1 \mathrm{v}_1 - \frac{i\pi}{4}} \frac{\vartheta_1 \frac{\mathrm{u}_1 + \mathrm{v}_1 - \mu \mathrm{u}_0 - \nu \mathrm{v}_0}{2}\, \vartheta_3 \vartheta_2 \vartheta_0}{\vartheta_0 \mathrm{u}_1\, \vartheta_0 \mathrm{u}_0\, \vartheta_2 \mathrm{v}_1\, \vartheta_2 \mathrm{v}_0}. \end{aligned} \right.$$

Dans cette dernière formule, on a, pour abréger, omis les arguments de ϑ_3, ϑ_2, ϑ_0; ce sont les mêmes que pour σ_2, σ_1, σ_3 respectivement dans (49), sauf remplacement de $u'_1, \ldots$ par $\mathrm{u}_1, \ldots$; μ, ν ont même signification que dans (49).

Si l'on veut avoir maintenant les formules analogues avec la quantité q_1, on peut transformer les fonctions ϑ directement (t. I, p. 264), ou encore échanger a et b, ω et ω', u' et v', en changeant le signe de i.

Par suite de cette opération, les indices 1 et 3 des fonctions ϑ se conservent, les indices 0 et 2 s'échangent.

Les lettres u, v n'ont plus la même signification que dans les dernières égalités (54), mais celles-ci

$$\frac{u'}{2\omega'} = \mathrm{u}, \qquad \frac{v'}{2\omega'} = \mathrm{v}.$$

Voici, par exemple, deux formules :

$$(55) \quad \begin{cases} \cos az = (-1)^a \dfrac{\vartheta_1 \mathrm{v}\, \vartheta_3 \mathrm{u}}{\vartheta_0 \mathrm{v}\, \vartheta_2 \mathrm{u}}, \\ \cos ax + i \cos ay = (-1)^a G' e^{4\eta'\omega'\mathrm{uv} + \frac{i\pi}{4}} \dfrac{\vartheta_0 0\, \vartheta_2(\mathrm{v}+\mathrm{u})}{\vartheta_0 \mathrm{v}\, \vartheta_2 \mathrm{u}}. \end{cases}$$

Dans ces dernières (55), v est réel et u purement imaginaire, tandis que l'inverse a lieu dans les formules (54).

Expression des cosinus par des séries.

On peut, dans les formules qui précèdent, développer les fonctions ϑ ou σ par les divers moyens donnés au Tome I. A titre d'exemple, nous formerons ici les développements qui sont donnés au Chapitre XIII de ce Tome I. C'est précisément pour développer les quantités $\cos ax + i \cos ay$ et les analogues, que Jacobi a trouvé les séries générales de ce Chapitre XIII, relatives aux fonctions doublement périodiques de seconde espèce. En outre, le même Chapitre donne, pour les logarithmes des fonctions σ, des développements qui conduisent à des expressions tout à fait explicites des angles d'Euler eux-mêmes.

Le développement des formules (42) qui donnent $\cos az$, ... se fait par les formules du Tome I, pages 431 et 451. Voici la préparation du calcul pour l'une d'elles

$$\begin{aligned} \cos az &= (-1)^a \frac{e^{\frac{i\pi}{4}} \mathrm{U}''}{\mathrm{UU}'} \frac{\sigma_2 u'}{\sigma_3 u'} \frac{\sigma v'}{i\sigma_1 v'} \\ &= (-1)^a \left(\frac{2\omega}{\pi} \frac{e^{\frac{i\pi}{4}} \mathrm{U}''}{\mathrm{UU}'} \frac{\sigma_2 u'}{\sigma_3 u'} \right) \left(\frac{2\omega}{\pi} \frac{1}{\mathrm{U}^2} \frac{\sigma v'}{i\sigma_1 v'} \right) \frac{1}{\left(\dfrac{2\omega}{\pi} \dfrac{1}{\mathrm{U}} \right)^2}. \end{aligned}$$

Comme v' est purement imaginaire, il faut remplacer les lignes trigonométriques, dans le second facteur, par des exponentielles réelles. On posera

$$(56) \qquad e^{\frac{iv'\pi}{2\omega}} = \mathrm{V}, \qquad \frac{u'\pi}{2\omega} = \mathfrak{u},$$

et l'on aura

$$(57) \qquad \begin{cases} \cos az = (-1)^a \dfrac{\mathrm{A}(\mathfrak{u})\,\mathrm{A}'(\mathrm{V})}{\mathrm{A}''(q)}, \\ \cos bz = (-1)^b \dfrac{\mathrm{B}(\mathfrak{u})\,\mathrm{B}'(\mathrm{V})}{\mathrm{B}''(q)}, \\ \cos cz = (-1)^c \dfrac{\mathrm{C}(\mathfrak{u})\,\mathrm{C}'(\mathrm{V})}{\mathrm{C}''(q)}, \end{cases}$$

$$(58) \qquad \begin{cases} \mathrm{A}(\mathfrak{u}) = 1 + 4\sum \dfrac{q^{\frac{m}{2}}}{1+q^m}\cos m\mathfrak{u}, \\ \mathrm{B}(\mathfrak{u}) = \sum \dfrac{\sqrt{q^n}}{1-q^n}\sin n\mathfrak{u}, \\ \mathrm{C}(\mathfrak{u}) = \sum \dfrac{\sqrt{q^n}}{1+q^n}\cos n\mathfrak{u}; \\ \mathrm{A}'(\mathrm{V}) = \dfrac{1-\mathrm{V}^2}{1+\mathrm{V}^2} + 2\sum (-1)^{\frac{m}{2}} \dfrac{q^m}{1+q^m}\,\dfrac{1-\mathrm{V}^{2m}}{\mathrm{V}^m}, \\ \mathrm{B}'(\mathrm{V}) = \dfrac{2\mathrm{V}}{1+\mathrm{V}^2} + 2\sum (-1)^{\frac{n-1}{2}} \dfrac{q^n}{1-q^n}\,\dfrac{1+\mathrm{V}^{2n}}{\mathrm{V}^n}, \\ \mathrm{C}'(\mathrm{V}) = \dfrac{2\mathrm{V}}{1+\mathrm{V}^2} - 2\sum (-1)^{\frac{n-1}{2}} \dfrac{q^n}{1+q^n}\,\dfrac{1+\mathrm{V}^{2n}}{\mathrm{V}^n}; \\ \mathrm{A}''(q) = 1 + 4\sum (-1)^{\frac{m}{2}} \dfrac{mq^m}{1+q^m}, \\ \mathrm{B}''(q) = \sum \dfrac{n\sqrt{q^n}}{1-q^n}, \\ \mathrm{C}''(q) = \sum (-1)^{\frac{n-1}{2}} \dfrac{n\sqrt{q^n}}{1+q^n}; \end{cases}$$

$$m = 2, 4, 6, \ldots, \qquad n = 1, 3, 5, \ldots.$$

L'angle réel $\mathfrak{u}$ peut être quelconque, mais la quantité réelle V doit, pour la convergence, être comprise entre q et $\frac{1}{q}$. Ceci oblige à limiter v' entre $-2\omega'$ et $2\omega'$, dans l'étendue d'une double période ; mais on peut, sans restriction, renfermer v' dans l'étendue d'une période entre $-\omega'$ et ω' et supposer ainsi V entre $\sqrt{q}$ et $\frac{1}{\sqrt{q}}$.

Le développement des formules (43), qui donnent

$$\cos ax + i\cos ay \ldots,$$

se fait au moyen des fonctions figurées au Tableau de la page 425 du Tome I. Voici la préparation du calcul pour l'une d'elles, sous deux formes différentes :

$$
\begin{aligned}
&\frac{(-1)^a}{G'} e^{-\frac{\eta u'v'}{\omega}-\frac{i\pi}{4}}(\cos ax + i\cos ay)\\
&= \left[\frac{2\omega}{\pi}\,\frac{i\,\sigma_3(u'+v')}{\sigma_3 u'\,\sigma v'}\,e^{-\frac{\eta u'v'}{\omega}}\right]\left(\frac{2\omega}{\pi}\,\frac{1}{U^2}\,\frac{\sigma v'}{i\sigma_1 v'}\right)\frac{1}{\left(\frac{2\omega}{\pi}\,\frac{1}{U}\right)^2}\\
&= \left[\frac{2\omega}{\pi}\,\frac{e^{-\frac{i\pi}{4}}U'}{UU''}\,\frac{\sigma_3(u'+v')}{\sigma_2 u'\,\sigma_1 v'}\,e^{-\frac{\eta u'v'}{\omega}}\right]\left(\frac{2\omega}{\pi}\,\frac{e^{\frac{i\pi}{4}}U''}{UU'}\,\frac{\sigma_2 u'}{\sigma_3 u'}\right)\frac{1}{\left(\frac{2\omega}{\pi}\,\frac{1}{U}\right)^2}.
\end{aligned}
$$

Dans chaque forme, les deux dernières fonctions ont déjà apparu pour le calcul de $\cos az$; le premier facteur, d'après le Tableau de la page 425, se trouve (p. 422) tel quel pour la première forme, et sauf changement de u et v en $u+\omega$ et $v+\omega$ pour la seconde. On obtient ainsi

$$
(59)\quad\left\{
\begin{aligned}
&\frac{\cos ax + i\cos ay}{(-1)^a G' e^{\frac{\eta u'v'}{\omega}+\frac{i\pi}{4}}} = \frac{A'''(u,V)A'(V)}{A''(q)} = \frac{A^{\text{IV}}(u,V)A(u)}{A''(q)},\\
&\frac{\cos bx + i\cos by}{(-1)^b G' e^{\frac{\eta u'v'}{\omega}-\frac{i\pi}{4}}} = \frac{B'''(u,V)B'(V)}{B''(q)} = \frac{B^{\text{IV}}(u,V)B(u)}{B''(q)},\\
&\frac{\cos cx + i\cos cy}{(-1)^{c+1} G' e^{\frac{\eta u'v'}{\omega}-\frac{i\pi}{4}}} = \frac{C'''(u,V)C'(V)}{C''(q)} = \frac{C^{\text{IV}}(u,V)C(u)}{C''(q)},
\end{aligned}
\right.
$$

$$
(60)\quad\left\{
\begin{aligned}
&A'''(u,V) = \frac{2V}{1-V^2} + 2\sum q^{\frac{mn}{2}}\left(V^n e^{miu} - \frac{1}{V^n}e^{-miu}\right),\\
&A^{\text{IV}}(u,V) = \frac{2V}{1+V^2} + 2\sum(-1)^{\frac{m+n-1}{2}} q^{\frac{mn}{2}}\left(V^n e^{miu} + \frac{1}{V^n}e^{-miu}\right);\\
&B'''(u,V) = \frac{1}{2}\sum\sqrt{q^{nn'}}\,(-1)^{\frac{n-1}{2}}\left(V^n e^{n'iu} + \frac{1}{V^n}e^{-n'iu}\right),\\
&B^{\text{IV}}(u,V) = -i\frac{1-V^2}{1+V^2} + \cot u - 2i\sum(-1)^{\frac{m}{2}} q^{\frac{mm'}{2}}\left(V^m e^{m'iu} - \frac{1}{V^m}e^{-m'iu}\right);\\
&C'''(u,V) = -\frac{i}{2}\sum\sqrt{q^{nn'}}\left(V^n e^{n'iu} - \frac{1}{V^n}e^{-n'iu}\right),\\
&C^{\text{IV}}(u,V) = i\frac{1-V^2}{1+V^2} + \operatorname{tang} u + 2i\sum(-1)^{\frac{m+m'}{2}} q^{\frac{mm'}{2}}\left(V^m e^{m'iu} - \frac{1}{V^m}e^{-m'iu}\right)\\
&\qquad n, n' = 1, 3, 5, \ldots; \qquad m, m' = 2, 4, 6, \ldots.
\end{aligned}
\right.
$$

Les séries doubles peuvent être remplacées par des séries simples, comme on l'a vu au Chapitre XIII du tome I, au moyen du groupement des termes par rapport à l'un des indices variables m, m', n, n'.

A peine est-il besoin de dire comment ces séries donnent explicitement les cosinus. Si l'on pose

$$(61)\qquad G' e^{\frac{\eta u' v'}{\omega} + \frac{i\pi}{4}} = e^{i\theta'},$$

on aura, par exemple,

$$(62)\quad \left\{\begin{aligned} &(-1)^a \cos ax \\ &\quad = \frac{A'(V)}{A''(q)} \left\{ \frac{2V}{1-V^2} \cos\theta' + 2\sum q^{\frac{mn}{2}} \left[V^n \cos(\theta' + m\mathfrak{u}) - \frac{1}{V^n} \cos(\theta' - m\mathfrak{u}) \right] \right\}, \\ &(-1)^a \cos ay \\ &\quad = \frac{A'(V)}{A''(q)} \left\{ \frac{2V}{1-V^2} \sin\theta' + 2\sum q^{\frac{mn}{2}} \left[V^n \sin(\theta' + m\mathfrak{u}) - \frac{1}{V^n} \sin(\theta' - m\mathfrak{u}) \right] \right\}. \end{aligned}\right.$$

Pour obtenir maintenant les développements analogues au moyen de q_1 au lieu de q, il n'est pas besoin de recommencer le calcul. Voici ce qu'on doit observer : si l'on met, dans les expressions (40), à la place de

$$\omega,\quad \omega',\quad s_\alpha,\quad s'_\alpha,\quad s_\beta,\quad s'_\beta,\quad s_u,\quad s'_u,\quad s_v,\quad s'_v,\quad u',\quad v'$$

respectivement

$$\omega',\quad -\omega,\quad s'_\beta,\quad -s_\beta,\quad s'_\alpha,\quad -s_\alpha - 1,\quad s'_v,\quad -s_v - 1,\quad s'_u,\quad -s_u,\quad v',\quad u',$$

ω_α et ω_β s'échangent ainsi que u et v. Les droites a et b s'échangent donc. Les exposants a, b, c (41) se remplacent par $b+1$, a, c ; la quantité G' se remplace par iG' (41).

Si donc on pose

$$(63)\qquad e^{\frac{i u' \pi}{2\omega'}} = U, \qquad \frac{v'\pi}{2\omega'} = \mathfrak{v},$$

on obtient

$$(64)\quad \begin{cases} \cos az = (-1)^a \dfrac{B(v)B'(U)}{B''(q_1)}, \\ \cos bz = (-1)^{b+1} \dfrac{A(v)A'(U)}{A''(q_1)}, \\ \cos cz = (-1)^c \dfrac{C(v)C'(U)}{C''(q_1)}, \end{cases}$$

$$(65)\quad \begin{cases} \dfrac{\cos ax + i\cos ay}{(-1)^a G' e^{\frac{\eta' u' v'}{\omega'} + \frac{i\pi}{4}}} = \dfrac{B'''(v, U)B'(U)}{B''(q_1)} = \dfrac{B^{\text{IV}}(v, U)B(v)}{B''(q_1)}, \\ \dfrac{\cos bx + i\cos by}{(-1)^b G' e^{\frac{\eta' u' v'}{\omega'} - \frac{i\pi}{4}}} = \dfrac{A'''(v, U)A'(U)}{A''(q_1)} = \dfrac{A^{\text{IV}}(v, U)A(v)}{A''(q_1)}, \\ \dfrac{\cos cx + i\cos cy}{(-1)^{c+1} G' e^{\frac{\eta' u' v'}{\omega'} + \frac{i\pi}{4}}} = \dfrac{C'''(v, U)C'(U)}{C''(q_1)} = \dfrac{C^{\text{IV}}(v, U)C(v)}{C''(q_1)}. \end{cases}$$

Par l'emploi de l'un ou l'autre des systèmes (57 et 59 ou 64 et 65), on peut, comme on sait, supposer q ou q_1 inférieur à $e^{-\pi} = 0{,}04321\ldots$.

Développement des angles d'Euler en séries.

Soit à calculer (cz, x) conformément à la formule (53). On a pour cela besoin de ψ_c, argument de $\sigma(u' + v')$, c'est-à-dire

$$(66)\qquad \psi_c = \frac{1}{2i} \log \frac{\sigma(u' + v')}{\sigma(u' - v')}.$$

L'égalité (36) de la page 428 (t. I) donne ainsi

$$\psi_c = \frac{\eta u' v'}{i\omega} + \operatorname{arc\,tang}\left(\frac{1 - V^2}{1 + V^2} \cot u\right) + 2 \sum \frac{q^m}{m(1 - q^m)} \, \frac{1 - V^{2m}}{V^m} \sin m u.$$

Cet arc ψ_c n'est indéterminé qu'à la circonférence entière près, non à la demi-circonférence, comme l'indiquerait la fonction arctang, qui y figure. C'est qu'en effet cette fonction s'y présente comme l'argument de l'imaginaire

$$\sin \frac{\pi(u' + v')}{2\omega} = \frac{V e^{iu} - V^{-1} e^{-iu}}{2i} = \frac{1}{2V}\left[(1 + V^2)\sin u + i(1 - V^2)\cos u\right].$$

Ainsi $\operatorname{arctang}\left(\frac{1-V^2}{1+V^2}\cot\mathfrak{u}\right)$ a son cosinus du même signe que $\sin\mathfrak{u}$ (V étant positif). De même, $\operatorname{arctang}\left(\frac{1-V^2}{1+V^2}\operatorname{tang}\mathfrak{u}\right)$, qui va apparaître, a son cosinus du même signe que $\cos\mathfrak{u}$.

Voici d'abord les trois angles ψ_c, ψ_a, ψ_b, exprimés chacun de deux manières :

$$m = 2,\ 4,\ 6,\ \ldots;$$

$$(67)\quad \left\{\begin{aligned}
\psi_c &= \frac{\eta u' v'}{i\omega} + \operatorname{arctang}\left(\frac{1-V^2}{1+V^2}\cot\mathfrak{u}\right) + 2\sum \frac{q^m}{m(1-q^m)}\,\frac{1-V^{2m}}{V^m}\sin m\mathfrak{u}\\
&= \frac{\pi}{2} + \frac{\eta' u' v'}{i\omega'} + \operatorname{arctang}\left(\frac{1-U^2}{1+U^2}\cot\mathfrak{v}\right) + 2\sum \frac{q_1^m}{m(1-q_1^m)}\,\frac{1-U^{2m}}{U^{2m}}\sin m\mathfrak{v};\\
\psi_a &= \frac{\eta u' v'}{i\omega} + 2\sum \frac{q^{\frac{m}{2}}}{m(1-q^m)}\,\frac{1-V^{2m}}{V^m}\sin m\mathfrak{u}\\
&= \frac{\eta' u' v'}{i\omega'} - \operatorname{arctang}\left(\frac{1-U^2}{1+U^2}\operatorname{tang}\mathfrak{v}\right) + 2\sum \frac{(-1)^{\frac{m}{2}} q_1^m}{m(1-q_1^m)}\,\frac{1-U^{2m}}{U^m}\sin m\mathfrak{v};\\
\psi_b &= \frac{\eta u' v'}{i\omega} - \operatorname{arctang}\left(\frac{1-V^2}{1+V^2}\operatorname{tang}\mathfrak{u}\right) + 2\sum \frac{(-1)^{\frac{m}{2}} q^m}{m(1-q^m)}\,\frac{1-V^{2m}}{V^m}\sin m\mathfrak{u}\\
&= \frac{\eta' u' v'}{i\omega'} + 2\sum \frac{q_1^{\frac{m}{2}}}{m(1-q_1^m)}\,\frac{1-U^{2m}}{U^m}\sin m\mathfrak{v}.
\end{aligned}\right.$$

Dans la seconde expression de ψ_c, le terme $\frac{\pi}{2}$ provient de ce que, en intervertissant u' et v', on doit écrire

$$(66\,a)\qquad \psi_c = \frac{1}{2i}\log\left[-\frac{\sigma(v'+u')}{\sigma(v'-u')}\right] = \frac{1}{2i}\log\frac{\sigma(v'+u')}{\sigma(v'-u')} + \frac{\pi}{2},$$

sauf un multiple de la demi-circonférence. Mais, si l'on suppose $u' = \omega$, $v' = \omega'$ et, par conséquent, $\mathfrak{u} = \mathfrak{v} = \frac{\pi}{2}$, les deux fonctions arctang se réduisent à zéro, ainsi que les deux séries (67); les deux expressions (66, 66 a) se réduisent à $\frac{1}{i}\eta\omega'$ et $\frac{\pi}{2} + \frac{1}{i}\eta'\omega$, quantités effectivement égales entre elles.

Le calcul des séries pour les trois angles (cz, a), (az, b), (bz, c) donne lieu à des réductions remarquables. Pour les développer avec clarté, nous prendrons quelques formules intermédiaires en développant les quatre fonctions suivantes :

$$(68)\quad \begin{cases} f(u',v') = \dfrac{1}{2i}\log\dfrac{\sigma(u'+v')\,\sigma_1(u'+v')}{\sigma(u'-v')\,\sigma_1(u'-v')}, \\ f'(u',v') = \dfrac{1}{2i}\log\dfrac{\sigma(u'+v')\,\sigma_1(u'-v')}{\sigma(u'-v')\,\sigma_1(u'+v')}, \\ \varphi(u',v') = \dfrac{1}{2i}\log\dfrac{\sigma_3(u'+v')\,\sigma_2(u'+v')}{\sigma_3(u'-v')\,\sigma_2(u'-v')}, \\ \varphi'(u',v') = \dfrac{1}{2i}\log\dfrac{\sigma_3(u'+v')\,\sigma_2(u'-v')}{\sigma_3(u'-v')\,\sigma_2(u'+v')}. \end{cases}$$

Avec les notations actuelles (56), les séries de la page 428 (t. I) donnent, pour les fonctions, les développements suivants :

$$m = 2,\ 4,\ 6,\ \ldots,\qquad n = 1,\ 3,\ 5,\ \ldots.$$

$$f(u',v') = \frac{2\eta u'v'}{i\omega} + \operatorname{arc\,tang}\left(\frac{1-V^4}{1+V^4}\cot 2u\right) + 2\sum\frac{q^{2m}}{m(1-q^{2m})}\,\frac{1-V^{4m}}{V^{2m}}\sin 2mu,$$

$$f'(u',v') = \operatorname{arc\,tang}\left(\frac{1-V^4}{2V^2}\,\frac{1}{\sin 2u}\right) + 2\sum\frac{q^{2n}}{n(1-q^{2n})}\,\frac{1-V^{4n}}{V^{2n}}\sin 2nu,$$

$$\varphi(u',v') = \frac{2\eta u'v'}{i\omega} + 2\sum\frac{q^{m}}{m(1-q^{2m})}\,\frac{1-V^{4m}}{V^{2m}}\sin 2mu,$$

$$\varphi'(u',v') = 2\sum\frac{q^{n}}{n(1-q^{2n})}\,\frac{1-V^{4n}}{V^{2n}}\sin 2nu.$$

Si l'on prend la somme $f'(u',v') + \varphi'(u',v')$, en réunissant les deux séries terme à terme, on a, dans le coefficient du terme général, la réduction suivante :

$$\frac{q^{2n}}{1-q^{2n}} + \frac{q^n}{1-q^{2n}} = \frac{q^n(1+q^n)}{1-q^{2n}} = \frac{q^n}{1-q^n}.$$

Des réductions analogues ont lieu dans les autres combinaisons ci-dessous, et l'on obtient

$$(69)\quad\left\{\begin{aligned}
f'(u',v')+\varphi'(u',v') &= \operatorname{arc\,tang}\left(\frac{1-V^4}{2V^2}\,\frac{1}{\sin 2u}\right)\\
&\quad+2\sum\frac{q^n}{n(1-q^n)}\,\frac{1-V^{4n}}{V^{2n}}\sin 2nu,\\
f(u',v')-\varphi(u',v') &= \operatorname{arc\,tang}\left(\frac{1-V^4}{1+V^4}\cot 2u\right)\\
&\quad-2\sum\frac{q^m}{m(1+q^m)}\,\frac{1-V^{4m}}{V^{2m}}\sin 2mu,\\
f'(u',v')-\varphi'(u',v') &= \operatorname{arc\,tang}\left(\frac{1-V^4}{2V^2}\,\frac{1}{\sin 2u}\right)\\
&\quad-2\sum\frac{q^n}{n(1+q^n)}\,\frac{1-V^{4n}}{V^{2n}}\sin 2nu.
\end{aligned}\right.$$

Si l'on veut développer les mêmes quantités en employant q_1 au lieu de q, il faut observer que σ_1 et σ_3 s'échangent. De cette façon

$$f'(u',v')+\varphi'(u',v')$$

s'échange avec

$$f(u',v')-\varphi(u',v')$$

tandis que

$$f'(u',v')-\varphi'(u',v')$$

se reproduit. Il en résulte

$$(70)\quad\left\{\begin{aligned}
f'(u',v')+\varphi'(u',v') &= \frac{\pi}{2}+\operatorname{arc\,tang}\left(\frac{1-U^4}{1+U^4}\cot 2v\right)\\
&\quad-2\sum\frac{q_1^m}{m(1+q_1^m)}\,\frac{1-U^{4m}}{U^{2m}}\sin 2mv,\\
f(u',v')-\varphi(u',v') &= \frac{\pi}{2}+\operatorname{arc\,tang}\left(\frac{1-U^4}{2U^2}\,\frac{1}{\sin 2v}\right)\\
&\quad+2\sum\frac{q_1^n}{n(1-q_1^n)}\,\frac{1-U^{4n}}{U^{2n}}\sin 2nv,\\
f'(u',v')-\varphi'(u',v') &= \frac{\pi}{2}+\operatorname{arc\,tang}\left(\frac{1-U^4}{2U^2}\,\frac{1}{\sin 2v}\right)\\
&\quad-2\sum\frac{q_1^n}{n(1+q_1^n)}\,\frac{1-U^{4n}}{U^{2n}}\sin 2nv.
\end{aligned}\right.$$

Les nouvelles fonctions arc tang qui figurent dans les égalités (69) sont définies, à la circonférence près, par le calcul qui les amène, ainsi qu'il a été expliqué plus haut pour les analogues : ces deux arcs ont leur cosinus du même signe que $\sin 2u$. De même, les deux nouveaux arcs, qui figurent dans les relations (70), ont des cosinus du même signe que $\sin 2v$. Quant à ceux qui apparaissent dans la deuxième égalité (69) et dans la première égalité (70), ils sont précisés, comme plus haut (p. 31) l'a été

$$\operatorname{arc\,tang}\left(\frac{1-V^2}{1+V^2}\cot u\right).$$

Arrivons maintenant au calcul des angles auxiliaires φ_c, φ_a, φ_b, arguments des quantités imaginaires Π_c, Π_a, Π_b (52). On a d'abord

$$\varphi_c = f'\left(\frac{u'}{2}, \frac{\lambda v'}{2}\right) - \varphi'\left(\frac{u'}{2}, \frac{\lambda v'}{2}\right).$$

La lettre λ représente ± 1. Remarquons que le changement du signe de v' correspond au changement de V en son inverse. D'après le sens précis de la fonction arc tang, on a

$$\operatorname{arc\,tang}\left(\frac{1-V^{-4}}{2V^{-2}}\,\frac{1}{\sin 2u}\right) = -\operatorname{arc\,tang}\left(\frac{1-V^4}{2V^2}\,\frac{1}{\sin 2u}\right).$$

On peut donc écrire plus simplement

$$\varphi_c = \lambda\left[f'\left(\frac{u'}{2}, \frac{v'}{2}\right) - \varphi'\left(\frac{u'}{2}, \frac{v'}{2}\right)\right].$$

Une remarque semblable s'applique aux deux autres formule que nous allons composer.

Pour ramener l'argument de Π_a à l'une des combinaisons (69), employons les formules d'addition des demi-périodes (t. I, p. 196) ainsi ([1])

$$\sigma(u+v\pm\omega') = \pm e^{\pm\eta'(u+v\pm\frac{1}{2}\omega')}\,U'\sigma_3(u+v),$$

$$\sigma_3(u-v\mp\omega') = \pm e^{\mp\eta'(u-v\mp\frac{1}{2}\omega')}\,\frac{1}{U'}\sigma(u-v),$$

$$\sigma_2(u+v\pm\omega') = e^{\pm\eta'(u+v\pm\frac{1}{2}\omega')}\,\frac{U}{U''}\sigma_1(u+v)\,e^{-\frac{i\pi}{4}},$$

$$\sigma_1(u-v\mp\omega') = e^{\mp\eta'(u-v\mp\frac{1}{2}\omega')}\,\frac{U''}{U}\sigma_2(u-v)\,e^{-\frac{i\pi}{4}}.$$

([1]) Le lecteur n'aura garde de confondre ici les deux acceptions de la lettre U. Ce défaut de notation n'a pu être évité.

Nous en concluons

$$\sigma\,(u+v\pm\omega')\,\sigma_3(u-v\mp\omega') = e^{\eta'(\omega'\pm 2v)}\,\sigma_3(u+v)\,\sigma\,(u-v),$$

$$\sigma_2(u+v\pm\omega')\,\sigma_1(u-v\mp\omega') = e^{\eta'(\omega'\pm 2v)}\,\sigma_1(u+v)\,\sigma_2(u-v)\,e^{-\frac{i\pi}{2}}.$$

Si l'on suppose v purement imaginaire, comme ω' et η', il en résulte

(71) $$\left\{\begin{aligned}&\text{Argument de } \sigma\,(u+v\pm\omega')\,\sigma_3(u-v\mp\omega')\\ &\quad=\text{Argument de } \sigma\,(u-v)\,\sigma_3(u+v),\end{aligned}\right.$$

(72) $$\left\{\begin{aligned}&\text{Argument de } \sigma_2(u+v\pm\omega')\,\sigma_1(u-v\mp\omega')\\ &\quad=-\frac{\pi}{2}+\text{Argument de } \sigma_1(u+v)\,\sigma_2(u-v).\end{aligned}\right.$$

En prenant ensemble le premier et le quatrième facteur dans Π_a, on peut écrire

$$\sigma\frac{u'+\lambda v'+\mu\omega'}{2}\,\sigma_3\frac{u'-\lambda v'-\mu\omega'}{2}$$
$$=\sigma\left[\frac{u'+\lambda(v'+\omega')}{2}+\frac{\mu-\lambda}{2}\,\omega'\right]\sigma_3\left[\frac{u'-\lambda(v'+\omega')}{2}-\frac{\mu-\lambda}{2}\,\omega'\right].$$

Si λ et μ, tous deux égaux à ± 1, sont de signes opposés, appliquons le résultat (71) et nous aurons à prendre l'argument de

$$\sigma\frac{u'-\lambda(v'+\omega')}{2}\,\sigma_3\frac{u'+\lambda(v'+\omega')}{2}.$$

Si, au contraire, λ et μ sont de même signe, c'est l'argument de

$$\sigma\frac{u'+\lambda(v'+\omega')}{2}\,\sigma_3\frac{u'-\lambda(v'+\omega')}{2}$$

qui s'offre naturellement. C'est donc, en une seule formule propre aux deux cas, l'argument de

$$\sigma\frac{u'+\mu(v'+\omega')}{2}\,\sigma_3\frac{u'-\mu(v'+\omega')}{2}$$

qu'il faut prendre. Considérons maintenant les deux autres facteurs composant Π_a,

$$\sigma_2\left[\frac{u'+\lambda(v'+\omega')}{2}-\frac{\lambda+\mu}{2}\omega'\right]\sigma_1\left[\frac{u'-\lambda(v'+\omega')}{2}+\frac{\lambda+\mu}{2}\omega'\right].$$

Si λ et μ sont de même signe, appliquons le résultat (72); l'argument du produit sera

$$-\frac{\pi}{2}+\text{argument de }\sigma_1\frac{u'+\lambda(v'+\omega')}{2}\sigma_2\frac{u'-\lambda(v'+\omega')}{2}.$$

Si λ et μ sont de signes opposés, on doit prendre

$$\text{Argument de }\sigma_1\frac{u'-\lambda(v'+\omega')}{2}\sigma_2\frac{u'+\lambda(v'+\omega')}{2}.$$

Ces deux formules se réunissent en celle-ci :

$$-\mu(\lambda+\mu)\frac{\pi}{4}+\text{argument de }\sigma_1\frac{u'+\mu(v'+\omega')}{2}\sigma_2\frac{u'-\mu(v'+\omega')}{2}.$$

L'argument de Π_a se trouve donc exprimé par cette formule unique :

$$\begin{aligned}\varphi_a &= -\mu(\lambda+\mu)\frac{\pi}{4}\\ &\quad+\text{arg. de }\sigma\frac{u'+\mu(v'+\omega')}{2}\sigma_1\frac{u'+\mu(v'+\omega')}{2}\sigma_2\frac{u'-\mu(v'+\omega')}{2}\sigma_3\frac{u'-\mu(v'+\omega')}{2}\\ &=\mu\left[-(\lambda+\mu)\frac{\pi}{4}+f\left(\frac{u'}{2},\frac{v'+\omega'}{2}\right)-\varphi\left(\frac{u'}{2},\frac{v'+\omega'}{2}\right)\right].\end{aligned}$$

Par un calcul tout semblable, on obtient

$$\varphi_b=(3+\mu)\frac{\pi}{4}-\lambda\mu\left[f'\left(\frac{u'-\omega}{2},\frac{v'}{2}\right)+\varphi'\left(\frac{u'-\omega}{2},\frac{v'}{2}\right)\right].$$

Mettant maintenant les développements trouvés plus haut

(69, 70), nous avons les formules ci-après

$$m = 2, 4, 6, \ldots; \qquad n = 1, 3, 5, \ldots$$

(73)
$$\left\{\begin{aligned}
&(-1)^{a+b+1}\varphi_c = \operatorname{arc\,tang}\left(\frac{1-V^2}{2V}\,\frac{1}{\sin u}\right) - 2\sum \frac{q^n}{n(1+q^n)}\,\frac{1-V^{2n}}{V^n}\sin n u \\
&\quad = \frac{\pi}{2} + \operatorname{arc\,tang}\left(\frac{1-U^2}{2U}\,\frac{1}{\sin v}\right) - 2\sum \frac{q_1^n}{n(1+q_1^n)}\,\frac{1-U^{2n}}{U^n}\sin n v; \\
&(-1)^{b+c}\left[\varphi_a + \frac{1+(-1)^{b+1}}{4}\pi\right] = \operatorname{arc\,tang}\left(\frac{1-qV^2}{1+qV^2}\cot u\right) - 2\sum \frac{q^{\frac{m}{2}}}{m(1+q^m)}\,\frac{1-q^m V^{2m}}{V^m}\sin m u \\
&\quad = \frac{\pi}{2} + \operatorname{arc\,tang}\left(\frac{1-U^2}{2U}\,\frac{1}{\cos v}\right) + 2\sum \frac{(-1)^{\frac{n-1}{2}} q_1^n}{n(1-q_1^n)}\,\frac{1-U^{2n}}{U^n}\cos n v; \\
&(-1)^{c+a}\left[\varphi_b - \frac{3-(-1)^a}{4}\pi\right] = \operatorname{arc\,tang}\left(\frac{1-V^2}{2V}\,\frac{1}{\cos u}\right) + 2\sum \frac{(-1)^{\frac{n-1}{2}} q^n}{n(1-q^n)}\,\frac{1-V^{2n}}{V^n}\cos n u \\
&\quad = -\frac{\pi}{2} - \operatorname{arc\,tang}\left(\frac{1-q_1U^2}{1+q_1U^2}\cot v\right) + 2\sum \frac{q_1^{\frac{m}{2}}}{m(1+q_1^m)}\,\frac{1-q_1^m U^{2m}}{U^m}\sin m v.
\end{aligned}\right.$$

Si l'on remonte aux formules (53), on a maintenant les développements des six angles d'Euler par le moyen des angles ψ_c, ψ_a, ψ_b, développés dans les égalités (67) et φ_a, φ_b, φ_c dans les égalités actuelles (73).

Formules de Cinématique.

Dans les Chapitres suivants, on fera plusieurs fois usage des formules fondamentales de la Cinématique, relatives à la rotation des corps solides. Nous allons les rappeler.

Soient a, b, c des axes rectangulaires et p, q, r les composantes d'une rotation instantanée autour d'une droite passant à leur origine. Soient α, β, γ les coordonnées d'un point de l'espace et t le temps. Par l'effet de la rotation, le point (α, β, γ) se déplace et les composantes de sa vitesse instantanée sont les suivantes :

$$\frac{d\alpha}{dt} = q\gamma - r\beta, \qquad \frac{d\beta}{dt} = r\alpha - p\gamma, \qquad \frac{d\gamma}{dt} = p\beta - q\alpha.$$

Les sens de rotation positifs autour des axes a, b, c sont ici supposés conformes aux conventions habituelles.

Supposons maintenant trois axes rectangulaires x, y, z, de même origine que a, b, c et entraînés dans la rotation. Prenons d'abord le point (α, β, γ) sur l'axe z à distance unité de l'origine ; les égalités précédentes donnent celles-ci :

$$(74) \qquad \left\{ \begin{aligned} \frac{d \cos az}{dt} &= q \cos cz - r \cos bz, \\ \frac{d \cos bz}{dt} &= r \cos az - p \cos cz, \\ \frac{d \cos cz}{dt} &= p \cos bz - q \cos az. \end{aligned} \right.$$

En prenant le point (α, β, γ) sur les axes x ou y, on aurait des égalités toutes semblables où z serait remplacé par x ou y. Posons, pour abréger,

$$\begin{aligned} \mathcal{A} &= \cos ax + i \cos ay, & \mathcal{A}_0 &= \cos ax - i \cos ay; \\ \mathcal{B} &= \cos bx + i \cos by, & \mathcal{B}_0 &= \cos bx - i \cos by; \\ \mathcal{C} &= \cos cx + i \cos cy, & \mathcal{C}_0 &= \cos cx - i \cos cy. \end{aligned}$$

On déduit de ces égalités, par exemple,

$$\frac{d\mathcal{A}}{dt} = q\mathcal{C} - r\mathcal{B}, \qquad \frac{d\mathcal{A}_0}{dt} = q\mathcal{C}_0 - r\mathcal{B}_0$$

et, par suite,

$$(75) \qquad \mathcal{A}_0 \frac{d\mathcal{A}}{dt} - \mathcal{A}\frac{d\mathcal{A}_0}{dt} = q(\mathcal{A}_0\mathcal{C} - \mathcal{A}\mathcal{C}_0) - r(\mathcal{A}_0\mathcal{B} - \mathcal{A}\mathcal{B}_0);$$

mais on a, suivant (13),

$$\mathcal{A}_0\mathcal{B} - \mathcal{A}\mathcal{B}_0 = 2i(\cos ax \cos by - \cos ay \cos bx) = 2i\varepsilon \cos cz,$$

ε étant le caractère ± 1 de congruence pour les deux systèmes d'axes. Semblablement, par permutation circulaire,

$$\mathcal{C}_0 \mathcal{A} - \mathcal{C} \mathcal{A}_0 = 2 i \varepsilon \cos bz.$$

Au lieu de l'égalité (75), on peut donc écrire

$$\mathcal{A}_0 \frac{d\mathcal{A}}{dt} - \mathcal{A} \frac{d\mathcal{A}_0}{dt} = -2 i \varepsilon (q \cos bz + r \cos cz),$$

ou bien, divisant par $\mathcal{A}\mathcal{A}_0 = \sin^2 az$,

$$(76) \quad \left\{ \begin{aligned} \frac{1}{\mathcal{A}} \frac{d\mathcal{A}}{dt} - \frac{1}{\mathcal{A}_0} \frac{d\mathcal{A}_0}{dt} &= -2 i \varepsilon \frac{q \cos bz + r \cos cz}{\sin^2 az}, \\ \frac{1}{\mathcal{B}} \frac{d\mathcal{B}}{dt} - \frac{1}{\mathcal{B}_0} \frac{d\mathcal{B}_0}{dt} &= -2 i \varepsilon \frac{r \cos cz + p \cos az}{\sin^2 bz}, \\ \frac{1}{\mathcal{C}} \frac{d\mathcal{C}}{dt} - \frac{1}{\mathcal{C}_0} \frac{d\mathcal{C}_0}{dt} &= -2 i \varepsilon \frac{p \cos az + q \cos bz}{\sin^2 cz}. \end{aligned} \right.$$

Les équations (74) et ces dernières (76) sont celles que nous voulions rappeler ici. Dans ces dernières, on peut faire apparaître trois angles d'Euler d'après la formule (34), qui donne

$$\begin{aligned} \frac{d}{dt}(az, x) &= -\varepsilon \frac{q \cos bz + r \cos cz}{\sin^2 az}, \\ \frac{d}{dt}(bz, x) &= -\varepsilon \frac{r \cos cz + p \cos az}{\sin^2 bz}, \\ \frac{d}{dt}(cz, x) &= -\varepsilon \frac{p \cos az + q \cos bz}{\sin^2 cz}. \end{aligned}$$

Représentation elliptique d'une rotation.

Dans la représentation elliptique des cosinus des angles que font entre eux les axes des deux systèmes a, b, c et x, y, z, on peut supposer, pour les arguments u, v et la quantité G, des fonctions arbitraires du temps. On aura ainsi une rotation quelconque. Nous allons chercher les expressions des composantes de la vitesse de cette rotation. Appliquant à cette recherche les formules de Cinématique qui viennent d'être rappelées, nous avons besoin d'abord des dérivées de $\cos az$, etc.

La formule (9) montre déjà que la dérivée de $\cos az$ par rapport à u est le produit de $\cos bz \cos cz$ et d'un facteur indépendant de u, et il n'y aurait pas de difficulté à trouver, par cette voie, ce facteur. Mais voici un moyen plus rapide.

La formule (2) nous donne (t. I, p. 37)

$$2\cos az\,\frac{d\cos az}{du}=-\frac{p'u}{p(v-\omega_\alpha)-e_\alpha}=\frac{p'u(pv-e_\alpha)}{(e_\alpha-e_\beta)(e_\alpha-e_\gamma)},$$

tandis que nous avons, d'autre part (39),

$$(e_\alpha-e_\beta)(e_\beta-e_\gamma)(e_\gamma-e_\alpha)\cos az\cos bz\cos cz=\frac{\varepsilon i}{4}p'u\,p'v.$$

Ces deux égalités, divisées membre à membre, fournissent celle-ci :

$$\begin{aligned}\frac{1}{2i\varepsilon\cos bz\cos cz}\,\frac{d\cos az}{du}&=\frac{(e_\beta-e_\gamma)(pv-e_\alpha)}{p'v}\\&=\frac{1}{4}\left(\frac{p'v}{pv-e_\beta}-\frac{p'v}{pv-e_\gamma}\right).\end{aligned}$$

La symétrie, qui existe entre les demi-périodes et aussi entre les deux arguments u, v, permet de conclure comme il suit :

Posons

$$(77)\qquad\left\{\begin{aligned}&A=\frac{i\varepsilon}{2}\,\frac{p'v}{pv-e_\alpha}, && B=\frac{i\varepsilon}{2}\,\frac{p'v}{pv-e_\beta}, && C=\frac{i\varepsilon}{2}\,\frac{p'v}{pv-e_\gamma},\\&A'=\frac{i\varepsilon}{2}\,\frac{p'u}{pu-e_\alpha}, && B'=\frac{i\varepsilon}{2}\,\frac{p'u}{pu-e_\beta}, && C'=\frac{i\varepsilon}{2}\,\frac{p'u}{pu-e_\gamma},\\&A''=A\frac{du}{dt}+A'\frac{dv}{dt}, && B''=B\frac{du}{dt}+B'\frac{dv}{dt}, && C''=C\frac{du}{dt}+C'\frac{dv}{dt},\end{aligned}\right.$$

et nous aurons

$$(78)\qquad\left\{\begin{aligned}\frac{d\cos az}{dt}&=(B''-C'')\cos bz\cos cz,\\\frac{d\cos bz}{dt}&=(C''-A'')\cos cz\cos az,\\\frac{d\cos cz}{dt}&=(A''-B'')\cos az\cos bz.\end{aligned}\right.$$

Avant de poursuivre, remarquons que ces équations attirent l'attention sur les combinaisons

$$A\cos^2 az+B\cos^2 bz+C\cos^2 cz$$
$$A'\cos^2 az+B'\cos^2 bz+C'\cos^2 cz,$$

qui doivent être indépendantes, l'une de u, l'autre de v. Effectivement, d'après l'expression (2) de $\cos^2 az$, la première combinaison peut s'écrire ainsi :

$$\frac{i\varepsilon}{2}p'v\sum_\alpha \frac{pu - e_\alpha}{(pv - e_\alpha)[p(v-\omega_\alpha) - e_\alpha]} = \frac{i\varepsilon}{2}p'v\sum_\alpha \frac{pu - e_\alpha}{(e_\alpha - e_\beta)(e_\alpha - e_\gamma)},$$

ce qui est zéro d'après une proposition élémentaire d'Algèbre. Le même résultat a lieu pour la seconde combinaison. On a donc

$$(79) \qquad A''\cos^2 az + B''\cos^2 bz + C''\cos^2 cz = 0.$$

La comparaison des équations (78) avec les équations générales (74) montre que les rapports respectifs de p, q, r à $\cos az$, $\cos bz$, $\cos cz$ diffèrent de A'', B'', C'' par une même quantité ρ, en sorte qu'on a

$$(80) \qquad p = (A'' + \rho)\cos az, \qquad q = (B'' + \rho)\cos bz, \qquad r = (C'' + \rho)\cos cz.$$

Cette quantité ρ a une signification bien simple ; c'est la composante de la rotation sur l'axe z ; car, d'après (79), on a

$$(81) \qquad \rho = p\cos az + q\cos bz + r\cos cz.$$

Il s'agit de trouver ρ. Pour ce but, prenons l'une quelconque des équations (76), la première par exemple. Son premier membre s'obtient immédiatement par la différentiation logarithmique dans l'expression (1) de $\mathcal{A}$ et $\mathcal{A}_0$:

$$(82) \qquad \left\{\begin{aligned} \frac{1}{\mathcal{A}}\frac{d\mathcal{A}}{dt} - \frac{1}{\mathcal{A}_0}\frac{d\mathcal{A}_0}{dt} &= \frac{2}{G}\frac{dG}{dt} \\ &+ \frac{du}{dt}[\zeta(u+v-\omega_\alpha) - \zeta(u-v-\omega_\alpha)] \\ &+ \frac{dv}{dt}[\zeta(v+u-\omega_\alpha) - \zeta(v-u-\omega_\alpha)]. \end{aligned}\right.$$

Son second membre, d'après (81), peut s'écrire

$$-2i\varepsilon\frac{\rho - p\cos az}{\sin^2 az} = -2i\varepsilon\left(\rho - \frac{A''\cos^2 az}{1-\cos^2 az}\right).$$

D'après l'expression (2) de $\cos^2 az$ et celle (77) de A', on a

$$\frac{A'\cos^2 az}{1-\cos^2 az} = \frac{i\varepsilon}{2}\frac{p'u}{pu - e_\alpha}\frac{pu - e_\alpha}{p(v-\omega_\alpha)-e_\alpha}\frac{p(v-\omega_\alpha)-e_\alpha}{p(v-\omega_\alpha)-pu}$$
$$= \frac{i\varepsilon}{2}\frac{p'u}{p(v-\omega_\alpha)-pu}.$$

Cette fonction de v, décomposée en éléments simples, prend la forme (t. I, p. 138)

$$\frac{A'\cos^2 az}{1-\cos^2 az} = -\frac{i\varepsilon}{2}[\zeta(v+u-\omega_\alpha)-\zeta(v-u-\omega_\alpha)-2\zeta u].$$

Le même calcul étant répété avec échange de u et v, on obtient

$$2i\varepsilon\frac{A''\cos^2 az}{1-\cos^2 az} = \frac{du}{dt}[\zeta(u+v-\omega_\alpha)-\zeta(u-v-\omega_\alpha)]$$
$$+\frac{dv}{dt}[\zeta(v+u-\omega_\alpha)-\zeta(v-u-\omega_\alpha)] - 2\left(\zeta v\frac{du}{dt}+\zeta u\frac{dv}{dt}\right).$$

Ce sont justement les deux derniers termes du second membre (82) qui sont ici mis en évidence, de sorte qu'il reste

(83) $$\frac{1}{G}\frac{dG}{dt} = -i\varepsilon\rho - \zeta v\frac{du}{dt} - \zeta u\frac{dv}{dt};$$

de là l'inconnue ρ

(84) $$\rho = i\varepsilon\left(\frac{1}{G}\frac{dG}{dt}+\zeta v\frac{du}{dt}+\zeta u\frac{dv}{dt}\right),$$

par où, avec les formules (80), le problème proposé se trouve résolu.

CHAPITRE II.

LES MOUVEMENTS A LA POINSOT (¹).

Mouvements à la Poinsot. — Rotation d'un corps qui n'est soumis à aucune force. — Éléments géométriques du mouvement à la Poinsot. — Représentation des mouvements à la Poinsot par des fonctions elliptiques. — Distinction des divers cas relativement à la base. — Sur la période du mouvement. — Détermination des éléments géométriques et des éléments elliptiques les uns par les autres. — Équations de l'herpolhodie. — Angle sous-tendu par un arc complet de l'herpolhodie. — Points d'inflexion de l'herpolhodie. — Diverses formes de l'herpolhodie. — Développements en séries pour les divers éléments d'un mouvement à la Poinsot. — Résumé de la représentation d'un mouvement à la Poinsot par des séries. — Cas particuliers. — Composition d'un mouvement à la Poinsot avec une rotation uniforme autour de la perpendiculaire au plan roulant. — Définition des mouvements à la Poinsot concordants. — Relations entre les éléments variables de deux mouvements concordants. — Sur un cas particulier de la concordance. — Herpolhodies fermées et herpolhodies algébriques.

Mouvements à la Poinsot.

Nous appellerons *mouvement à la Poinsot* une rotation continue dont, à chaque instant, les composantes sur trois axes fixes sont dans des rapports constants avec les coordonnées d'un point mobile dans l'espace, mais invariable dans la figure en rotation.

Comment cette définition se rattache immédiatement à celle qu'a donnée Poinsot pour la rotation des corps solides qui ne sont soumis à aucune force, c'est ce qu'on va d'abord faire voir.

(¹) Auteurs à consulter : Poinsot, *Théorie nouvelle de la rotation des corps* (*Journal de Math.*, 1re série, t. XVI; 1851). — Jacobi, *Sur la rotation d'un corps* (*Journal de Crelle*, t. XXXIX, 1849, et *Œuvres complètes*, t. II). — Somoff, *Journal de Crelle*, t. XLII. — Brill, *Annali di Matematica*, serie II, t. III. — Siacci, *Memorie della Societa italiana delle Scienze*, série III, t. III. — Hermite, *Sur quelques applications des fonctions elliptiques*. Paris, Gauthier-Villars; 1885. — Wilhelm Hess, *Das Rollen einer Fläche zweiten Grades auf einer invariabeln Ebene*. Thèse, Munich: 1880.

Quant à la manière dont cette définition ramène aussitôt l'étude de ces mouvements aux matières du Chapitre précédent, c'est ce qu'on exposera un peu plus loin.

Rotation d'un corps solide qui n'est soumis à aucune force.

Soient $\frac{1}{a^2}$, $\frac{1}{b^2}$, $\frac{1}{c^2}$ les moments d'inertie du corps solide autour de ses trois axes principaux, axes a, b, c; soient p, q, r les composantes, prises sur ces axes, de la rotation instantanée, *changée de sens*. Les équations différentielles du mouvement, connues depuis Euler, sont les suivantes :

$$(1)\qquad \left\{\begin{aligned} \frac{1}{a^2}\frac{dp}{dt} &= \left(\frac{1}{c^2}-\frac{1}{b^2}\right)qr,\\ \frac{1}{b^2}\frac{dq}{dt} &= \left(\frac{1}{a^2}-\frac{1}{c^2}\right)rp,\\ \frac{1}{c^2}\frac{dr}{dt} &= \left(\frac{1}{a^2}-\frac{1}{b^2}\right)pq. \end{aligned}\right.$$

Les sens de rotation sont supposés ici les mêmes que dans le Chapitre I (p. 38). Les lettres p, q, r, d'après la convention faite, peuvent être considérées comme les composantes de la rotation relative de l'espace par rapport au corps supposé fixe. Si l'on suppose trouvées ces composantes en fonction du temps, pour avoir ensuite les cosinus des angles que a, b, c font avec une droite z arbitraire, fixe dans l'espace, on emploiera les équations (I, 74). Ce sont des équations différentielles et linéaires. Il est clair que l'on peut prendre, pour les trois cosinus, trois quantités proportionnelles à celles qui forment un système quelconque de solutions; par ce moyen, en effet, on choisit la droite z dans l'espace. Or la comparaison des équations actuelles (1) et des équations dont nous venons de parler (I, 74) fournit le système de solutions suivant :

$$(2)\qquad \frac{a^2\cos az}{p} = \frac{b^2\cos bz}{q} = \frac{c^2\cos cz}{r} = \text{const.}$$

La rotation relative de l'espace par rapport à un corps solide qui n'est soumis à aucune force extérieure est donc un mouvement à la Poinsot, tel qu'il vient d'être défini. Effectivement, a^2, b^2, c^2 sont des constantes, et les trois cosinus sont les coordonnées, par rapport aux axes a, b, c, d'un point fixe dans le système d'axes x, y, z.

La proposition inverse n'est pas exacte sans restriction : un mouvement à la Poinsot n'est pas toujours la rotation relative de l'espace par rapport à un corps solide qui n'est soumis à aucune force. En effet, les moments d'inertie, non seulement sont positifs, mais encore soumis à une condition d'inégalité très connue, consistant en ce que les trois quantités, telles que $\frac{1}{a^2}+\frac{1}{b^2}-\frac{1}{c^2}$, soient positives. En d'autres termes, a^2, b^2, c^2 sont les carrés des axes d'un ellipsoïde, et cet ellipsoïde est soumis encore à des restrictions, sans quoi il ne pourrait être ellipsoïde d'inertie.

Éléments géométriques du mouvement à la Poinsot.

Dans l'étude des mouvements à la Poinsot, nous continuerons à figurer par les égalités (2) la proportionnalité des cosinus aux composantes de la rotation; mais il sera entendu que a^2, b^2, c^2 seront des quantités réelles quelconques, positives ou négatives. Toutefois, l'une au moins pourra être censée positive; car il suffit de changer le sens de l'axe z pour changer les signes de ces quantités. Ainsi a^2, b^2, c^2 seront les carrés des axes d'une surface du second degré à centre et réelle, ayant pour équation

$$\frac{\xi^2}{a^2}+\frac{\eta^2}{b^2}+\frac{\zeta^2}{c^2}=1.$$

Cette surface, qui est fixe dans le mouvement considéré, sera dite *la base* du mouvement à la Poinsot, et nous allons reconnaître son rôle.

Deux intégrales immédiates des équations (1) font connaître que les deux quantités

$$\frac{p^2}{a^2}+\frac{q^2}{b^2}+\frac{r^2}{c^2}, \qquad \frac{p^2}{a^4}+\frac{q^2}{b^4}+\frac{r^2}{c^4}$$

sont constantes. En désignant par h et n deux longueurs, on pourra poser

$$\frac{p^2}{a^2} + \frac{q^2}{b^2} + \frac{r^2}{c^2} = \frac{1}{n^2},$$

$$\frac{p^2}{a^4} + \frac{q^2}{b^4} + \frac{r^2}{c^4} = \frac{1}{n^2 h^2}.$$

Si, en outre, on prend trois longueurs a', b', c' proportionnelles à p, q, r,

$$(3) \qquad \frac{a'}{p} = \frac{b'}{q} = \frac{c'}{r} = n,$$

on aura, au lieu des égalités précédentes, celles-ci :

$$(4) \qquad \left\{ \begin{aligned} \frac{a'^2}{a^2} + \frac{b'^2}{b^2} + \frac{c'^2}{c^2} &= 1, \\ \frac{a'^2}{a^4} + \frac{b'^2}{b^4} + \frac{c'^2}{c^4} &= \frac{1}{h^2}, \end{aligned} \right.$$

dont la première nous apprend que a', b', c' sont les coordonnées d'un point variable sur la *base* du mouvement, et la seconde que le plan tangent de la base en ce point est à une distance constante h du centre de la base.

Les équations (2, 3, 4) nous donnent ensuite

$$(5) \qquad \cos az = \frac{ha'}{a^2}, \qquad \cos bz = \frac{hb'}{b^2}, \qquad \cos cz = \frac{hc'}{c^2},$$

et font voir que l'axe z est constamment perpendiculaire à ce plan tangent.

Voici donc la conclusion :

Si un plan roule sur une surface du second degré en restant à une distance fixe du centre, et avec une vitesse de rotation constamment proportionnelle à la distance du centre au point de contact, sa rotation constitue, de la manière la plus générale, un mouvement à la Poinsot.

Représentation des mouvements à la Poinsot par des fonctions elliptiques.

Les formules du Chapitre I nous offrent immédiatement la représentation des mouvements à la Poinsot. Si l'on suppose, en effet, l'un des arguments u, v constant, l'autre variant proportionnellement au temps; si, en outre, on prend pour G une exponentielle dont l'exposant soit une fonction linéaire du temps, alors les quantités ρ, A'', B'', C'' (I, 84, 77) sont des constantes, et (I, 80) p, q, r ont, avec $\cos az$, $\cos bz$, $\cos cz$ respectivement, des rapports constants.

Soit un mouvement à la Poinsot ainsi représenté, cherchons l'expression elliptique des constantes géométriques.

En premier lieu, nous avons (I, 81)

$$(6)\qquad \rho = p\cos az + q\cos bz + r\cos cz = \frac{h}{n}\left(\frac{a'^2}{a^2} + \frac{b'^2}{b^2} + \frac{c'^2}{c^2}\right) = \frac{h}{n}.$$

Les rapports de p, q, r aux trois cosinus sont les suivants :

$$\frac{p}{\cos az} = \frac{a^2}{nh}, \qquad \frac{q}{\cos bz} = \frac{b^2}{nh}, \qquad \frac{r}{\cos cz} = \frac{c^2}{nh}.$$

Ces rapports doivent reproduire (I, 80) les quantités $A''+\rho$, $B''+\rho$, $C''+\rho$. On a donc

$$\frac{a^2}{nh} = A''+\rho, \qquad \frac{b^2}{nh} = B''+\rho, \qquad \frac{c^2}{nh} = C''+\rho.$$

Ainsi se trouvent exprimées sans difficulté les quantités $\frac{h}{n}$, $\frac{a^2}{nh}$, $\frac{b^2}{nh}$, $\frac{c^2}{nh}$, seuls éléments géométriques que l'homogénéité permette de déterminer. Voici les expressions explicites obtenues en remplaçant A'', B'', C'' par leurs expressions actuelles. La constante $\frac{du}{dt}$ sera représentée par $\frac{\mu}{n}$.

$$(6)\qquad \left\{\begin{aligned} &G = ke^{\lambda u}, \qquad \frac{du}{dt} = \frac{\mu}{n};\\ &\frac{h}{n} = \frac{i\varepsilon\mu}{n}(\lambda + \zeta v); \qquad G = ke^{-\left(\frac{i\varepsilon h}{\mu} + \zeta v\right)u}.\end{aligned}\right.$$

$$(7)\qquad \left\{\begin{aligned} \frac{a^2-h^2}{nh} &= \frac{i\varepsilon\mu}{2n}\,\frac{\wp' v}{\wp v - e_\alpha},\\ \frac{b^2-h^2}{nh} &= \frac{i\varepsilon\mu}{2n}\,\frac{\wp' v}{\wp v - e_\beta},\\ \frac{c^2-h^2}{nh} &= \frac{i\varepsilon\mu}{2n}\,\frac{\wp' v}{\wp v - e_\gamma}.\end{aligned}\right.$$

Nous supposerons, comme dans les développements formés au Chapitre I, u à partie variable réelle, en sorte que μ soit une longueur réelle comme n, et tout à fait arbitraire.

Il s'agit maintenant de trouver inversement les éléments elliptiques, étant donnés $\frac{h}{n}$, $\frac{a^2}{nh}$, $\frac{b^2}{nh}$, $\frac{c^2}{nh}$.

Multipliant trois à trois ou deux à deux les équations (7) membre à membre, on obtient

$$(8)\quad \left\{\begin{aligned} \frac{(a^2-h^2)(b^2-h^2)(c^2-h^2)}{n^3h^3} &= \frac{\varepsilon}{2}\left(\frac{\mu}{n}\right)^3\frac{p'v}{i}, \\ \frac{(a^2-h^2)(b^2-h^2)}{n^2h^2} &= \left(\frac{\mu}{n}\right)^2(e_\gamma-pv), \\ \frac{(b^2-h^2)(c^2-h^2)}{n^2h^2} &= \left(\frac{\mu}{n}\right)^2(e_\alpha-pv), \\ \frac{(c^2-h^2)(a^2-h^2)}{n^2h^2} &= \left(\frac{\mu}{n}\right)^2(e_\beta-pv). \end{aligned}\right.$$

Ces équations déterminent, en fonction des données et de l'arbitraire $\frac{\mu}{n}$, les trois racines e_α, e_β, e_γ (dont la somme est nulle), ainsi que pv et $p'v$. L'argument v est ainsi défini, à une période près. Il reste encore à déterminer l'argument variable u en fonction des éléments géométriques variables du mouvement.

Tirons d'abord une conséquence des équations (8), savoir

$$(9)\quad \frac{(a^2-b^2)(c^2-h^2)}{n^2h^2} = -\left(\frac{\mu}{n}\right)^2(e_\alpha-e_\beta),$$

avec deux similaires. Multipliant membre à membre les trois pareilles égalités et tenant compte de la première (8), on conclut

$$(10)\quad \left\{\begin{aligned} &\left(\frac{\mu}{n}\right)^3(e_\alpha-e_\beta)(e_\beta-e_\gamma)(e_\gamma-e_\alpha) \\ &\quad = -\frac{\varepsilon}{2}\frac{(a^2-b^2)(b^2-c^2)(c^2-a^2)}{n^3h^3}\frac{p'v}{i}. \end{aligned}\right.$$

Cette équation, rapprochée de cette autre, trouvée précédemment (I, 39),

$$\cos az \cos bz \cos cz\,(e_\alpha-e_\beta)(e_\beta-e_\gamma)(e_\gamma-e_\alpha) = -\frac{\varepsilon}{4}p'u\frac{p'v}{i},$$

donne

$$(11) \qquad \frac{(a^2-b^2)(b^2-c^2)(c^2-a^2)}{n^3h^3}\cos az \cos bz \cos cz = \frac{1}{2}\left(\frac{\mu}{n}\right)^3 \wp' u.$$

On a, d'autre part (I, 2, et t. I, p. 37),

$$\cos^2 az = \frac{(\wp u - e_\alpha)(\wp v - e_\alpha)}{(e_\alpha - e_\beta)(e_\alpha - e_\gamma)}$$

et, par conséquent, d'après (8) et (9),

$$(12) \qquad \frac{(a^2-b^2)(a^2-c^2)}{n^2h^2}\cos^2 az = \left(\frac{\mu}{n}\right)^2 (e_\alpha - \wp u),$$

avec deux similaires. Par ces égalités (11) et (12) se trouve déterminé l'argument u à des périodes près.

Il y a cependant une observation à faire encore sur la détermination des arguments u, v. Dans la formule (12) apparaît le carré seulement de $\cos^2 az$, en sorte que le choix de u par cette formule et la précédente (11) n'assure pas de trouver, pour les trois cosinus de az, bz, cz, les mêmes valeurs que par les formules (I, 1) primitives, mais seulement les mêmes valeurs au signe près. D'ailleurs, quand les signes de deux cosinus sont fixés, la formule (11) assure le signe du troisième en conformité avec les formules primitives. D'après ce qu'on a vu au Chapitre I (p. 19), on change à volonté les signes d'un des cosinus en ajoutant à $u+v$ une période 2ω, et le signe d'un autre cosinus en ajoutant encore à $u+v$ une période $2\omega'$. Donc, en résumé, u et v sont déterminés chacun à des périodes près, mais leur somme à une double période près. Sur ce point de détail, on gagnera en précision et en clarté si l'on fixe les indices α, β, γ, et c'est ce que nous allons faire en nous conformant au choix déjà fait dans le Chapitre I (p. 19).

Distinction des divers cas relativement à la base.

Nous supposons, comme au Chapitre I (p. 19), $\alpha = 1$, $\beta = 3$, $\gamma = 2$. L'argument v est purement imaginaire, à une demi-période réelle près, en sorte que $\wp v$ est entre e_2 et e_1.

La distinction des cas est fondée sur le signe de la quantité (6, 10)

$$i\varepsilon\mu h \wp' v = \mu^2 \frac{\lambda + \zeta v}{i} \frac{\wp' v}{i} = 2\mu^4 h^4 \frac{(e_1 - e_3)(e_2 - e_3)(e_1 - e_2)}{(a^2 - b^2)(b^2 - c^2)(c^2 - a^2)}.$$

En supposant d'abord données les formules elliptiques, prenons la seconde expression de cette quantité. Si l'on a égard aux grandeurs et aux signes des dénominateurs (7), à savoir

$$\wp v - e_3 > \wp v - e_2 > 0 > \wp v - e_1,$$

on reconnaît que :

1° Si $\frac{\lambda + \zeta v}{i} \frac{\wp' v}{i} > 0$, il en résulte

$$c^2 > b^2 > h^2 > a^2;$$

2° Si $\frac{\lambda + \zeta v}{i} \frac{\wp' v}{i} < 0$, il en résulte

$$c^2 < b^2 < h^2 < a^2.$$

Par la troisième expression de $i\varepsilon\mu h \wp' v$, on voit que son signe, le même que celui de $(a^2 - b^2)(b^2 - c^2)(c^2 - a^2)$, est bien, comme on vient de le trouver, *plus* dans le premier cas, *moins* dans le second.

Si l'on se place au point de vue opposé, supposant donnée la figure géométrique, on devra dénommer b^2 le carré moyen des demi-axes; cela étant, le carré h^2 de la distance du plan roulant au centre est compris entre b^2 et l'un des carrés des demi-axes extrêmes; c'est ce dernier qu'on désignera par a^2. La distinction des deux cas dépend ensuite du signe de $(a^2 - b^2)(b^2 - c^2)(c^2 - a^2)$. Il y correspond une distinction géométrique dont nous allons dire un mot.

On appelle *polhodie* le lieu du point de contact du plan roulant, sur la base. C'est une courbe du quatrième degré, formée de deux anneaux ou *roues* symétriques par rapport au centre, et il suffit de considérer une de ces roues qui a, elle-même, pour axe de symétrie ou *essieu* un axe de la surface base.

Dans le premier cas, $c^2 > b^2 > h^2 > a^2$, b^2 et c^2, supérieurs à h^2, sont positifs, a^2 peut être positif ou négatif. La base est un ellipsoïde ou un hyperboloïde à une nappe. Si c'est un ellipsoïde, la distance du centre au plan roulant est moindre que le demi-axe moyen, et la polhodie a pour essieu le petit axe. Si c'est un hyperboloïde, la polhodie a pour essieu l'axe non transverse; elle ne traverse pas l'ellipse de gorge.

Dans le second cas, $c^2 < b^2 < h^2 < a^2$, la base peut être ellipsoïde, hyperboloïde à une nappe ou hyperboloïde à deux nappes. Si c'est un ellipsoïde, la polhodie a pour essieu le grand axe ; si c'est un hyperboloïde à une nappe, la polhodie a pour essieu le grand axe de l'ellipse de gorge. Au cas de l'hyperboloïde à deux nappes, l'essieu est nécessairement l'axe transverse.

En résumé, le choix des indices $\alpha = 1$, $\beta = 3$, $\gamma = 2$ a pour effet d'affecter la lettre b à l'axe moyen et la lettre a à l'axe qui est l'essieu de la polhodie. Dans ce qui va suivre, nous nous conformerons à ce choix des indices.

Sur la période du mouvement.

Prenons les formules (42) du Chapitre I, en y supposant l'argument réel u' variable. Sa variation est proportionnelle au temps; nous pouvons, d'ailleurs, sans restriction, la borner dans l'étendue d'une période, de zéro à 2ω. Nous pouvons aussi supposer $\frac{v'}{i}$ compris entre zéro et $\frac{2\omega'}{i}$. Dans ces conditions, $\frac{\sigma v'}{i}$, $\sigma_1 v'$, $\sigma_2 v'$ sont des quantités positives, $\sigma_3 v'$ est positif ou négatif en même temps que $\frac{\omega' - v'}{i}$. De même, $\sigma_2 u'$, $\sigma_3 u'$ sont toujours positifs, $\sigma u'$ va de zéro à zéro en passant par des valeurs positives et $\sigma_1 u'$ a le même signe que $(\omega - u')$.

Pendant que u' varie de zéro à 2ω, $\cos bz$ va de zéro à zéro en passant par des valeurs toutes de même signe que $(-1)^b$, $\cos az$ conserve toujours le signe de $(-1)^a$ et $\cos cz$ prend d'abord des valeurs, soit de même signe que $(-1)^c$, soit de signe opposé, suivant la grandeur de v', puis devient nul pour $u' = \omega$ et prend ensuite des valeurs de signes opposés. La droite z, partant du plan perpendiculaire à b, exécute ainsi une demi-révolution autour de l'axe a et se trouve, à la fin, dans une position symétrique, par rapport à cet axe, de celle qu'elle occupait d'abord.

Pour la suite du mouvement, il faut faire repasser u' par les mêmes valeurs, mais s_u est augmenté d'une unité; donc (I, 41) les quantités $(-1)^b$ et $(-1)^c$ changent leurs signes et l'axe z repasse par des positions symétriques des précédentes par rapport à l'axe a. Quand l'argument u s'est augmenté de 4ω, la position initiale de l'axe z est reprise. Ainsi 4ω est la période du mouvement de l'axe z. La période de temps est $4\omega\frac{n}{\mu}$. Bien entendu, le mouvement des autres axes x, y, dont il sera parlé plus loin, n'est pas périodique.

Pour préciser les arguments u et v de la manière la plus complète, c'est-à-dire à une double période près, la considération de $\cos az$ et $\cos bz$ suffit donc. Ayant pris les mêmes notations qu'au Chapitre Ier (I, 40) et supposant u' compris entre zéro et 2ω, $\frac{v'}{i}$ compris entre zéro et $\frac{2\omega'}{i}$, on voit que toujours $\cos az$ a le signe de $(-1)^a$, et $\cos bz$ le signe de $(-1)^b$.

Détermination des éléments géométriques et des éléments elliptiques les uns par les autres.

La première question à résoudre est celle-ci : Étant données les demi-périodes ω_α, ω_β, ω_γ, la quantité G, les arguments u, v et le rapport constant $\frac{\mu}{n} = \frac{du}{dt}$, déterminer les éléments géométriques du mouvement à la Poinsot, défini par les formules, et la position de la figure mobile qui correspond à l'argument u.

Pour résoudre cette question, prenons une longueur à volonté n, positive ou négative, et par les formules (6, 7), déterminons h, a^2, b^2, c^2. Nous avons ainsi la surface base du mouvement; soient a, b, c ses axes dans des sens *ad libitum*. Par rapport à ces axes, la situation actuelle des axes mobiles x, y, z est donnée par les formules (I, 1). Le diamètre conjugué des plans perpendiculaires à z est l'axe de la rotation instantanée, et cette rotation est entièrement déterminée par ce fait que sa projection sur z est $\frac{h}{n}$ (p. 47).

La deuxième question à résoudre est inverse : Étant donnés les nombres $\left(\frac{a}{n}\right)^2$, $\left(\frac{b}{n}\right)^2$, $\left(\frac{c}{n}\right)^2$, les axes a, b, c en direction, la position actuelle des axes mobiles x, y, z et la projection ρ de la rotation instantanée sur z, trouver les formules elliptiques. Pour résoudre cette question, rappelons-nous que $h = n\rho$. Choisissons donc les lettres a, b, c, de telle sorte que ρ soit compris entre $\left(\frac{a}{n}\right)^2$ et $\left(\frac{b}{n}\right)^2$, ce qui sera toujours possible, sans quoi les données seraient incompatibles avec un mouvement à la Poinsot. Prenons *ad libitum* $\frac{\mu}{n}$ et déterminons par les formules (8, 9, 11, 12) les racines e_1, e_2, e_3, puis les arguments u et v, tous deux à des périodes près, par exemple et provisoirement, $u - \omega'$ entre zéro et 2ω; $\frac{v-\omega}{i}$ entre zéro et $\frac{2\omega'}{i}$. De cette manière les formules (I, 42) donnent, pour $\cos az$, $\cos bz$, des quantités ayant les mêmes signes respectivement que $(-1)^a$ et $(-1)^b$. Mais ces cosinus sont donnés, et ont, par conséquent, des signes connus. On devra donc prendre $(-1)^a$ et $(-1)^b$ des mêmes signes respectifs que les cosinus donnés $\cos az$, $\cos bz$. Par là, si l'on a déjà choisi les deux périodes ω_α ω_β, qui doivent différer de ω et ω' par des périodes seulement, on détermine $s'_u + s'_v$ et $s_u + s_v$, c'est-à-dire la somme $(u + v)$ à une double période près. Quant aux demi-périodes ω_α, ω_β, elles doivent satisfaire à la condition que $(-1)^{a+b+c+1}$ reproduise le caractère de congruence ± 1 des axes donnés, c'est-à-dire $(-1)^{s_\alpha + s'_\beta + 1} = \varepsilon$. On pourra, par exemple, prendre

$$\omega_\alpha = \omega, \qquad \omega_\beta = \varepsilon\omega'$$

et ajouter à l'un des arguments provisoires u et v la période $2\omega'$ si $\cos az$ est positif, et la période 2ω si $\cos bz$ est positif.

L'argument v étant fixé, la formule (6) donne le coefficient λ. La grandeur actuelle de G est donnée par l'une des quantités $\cos ax \pm i \cos ay$, et, puisque u est choisi, on en déduit la quantité k.

Équations de l'herpolhodie.

Si l'on considère le mouvement relatif de la base par rapport au plan roulant, qu'on envisage ainsi la surface comme roulant sur ce plan supposé fixe, le lieu du point de contact est, dans ce plan, une courbe, généralement transcendante, nommée *herpolhodie*.

A ce point de vue, les axes x, y, z sont censés fixes et les axes a, b, c mobiles. Nous envisagerons alors les axes x, y comme ayant leur origine dans le plan, au pied de la perpendiculaire menée du centre. Soient, par rapport à ces axes, x_1, y_1 les coordonnées du point de contact, point qui engendre l'herpolhodie, et dont les coordonnées sont a', b', c' par rapport aux axes a, b, c. Nous avons

$$x_1 + iy_1 = \Sigma a'(\cos ax + i \cos ay),$$

ce qu'on peut écrire, d'après (5),

$$x_1 + iy_1 = \sum \frac{a^2 - h^2}{h} \cos az (\cos ax + i \cos ay),$$

car la somme $\Sigma \cos az(\cos ax + i \cos ay)$ est nulle. Substituant, pour $\frac{a^2 - h^2}{h}$ et ses semblables, les expressions (7), nous obtenons

$$(13) \qquad x_1 + iy_1 = \frac{i\varepsilon\mu}{2} \sum \frac{p'v}{pv - e_\alpha} \cos az(\cos ax + i \cos ay).$$

Écrivant le produit $\cos az(\cos ax + i \cos ay)$ sous la forme suivante (I, 1)

$$\frac{1}{G} \cos az(\cos ax + i \cos ay)$$
$$= \frac{\sigma(u + v - \omega_\alpha)\sigma(u + \omega_\alpha)\sigma(v + \omega_\alpha)\sigma\omega_\alpha}{\sigma^2 u \sigma^2 v} e^{-2\eta_\alpha \omega_\alpha},$$

nous avons une fonction doublement périodique de seconde espèce (t. I, Chap. VII), dont la décomposition, par rapport à u, se fait, au moyen de l'élément simple $\frac{\sigma(u + v)}{\sigma u \sigma v}$, et donne le résultat suivant:

$$(pv - e_\alpha)\sigma^4 \omega_\alpha e^{-2\eta_\alpha \omega_\alpha} \left\{ \frac{d}{du} \frac{\sigma(u + v)}{\sigma u \sigma v} - [\zeta(v - \omega_\alpha) + \eta_\alpha] \frac{\sigma(u + v)}{\sigma u \sigma v} \right\}.$$

Observons d'abord que la somme des trois quantités $\sigma^4 \omega_\alpha e^{-\eta_\alpha \omega_\alpha}$ est nulle (t. I, p. 194). Il en résulte que, en transportant cette expression dans la formule (13), on voit disparaître la dérivée de l'élément simple. D'autre part, on a

$$\sigma^4 \omega_\alpha e^{-2\eta_\alpha \omega_\alpha} = \frac{1}{(e_\alpha - e_\beta)(e_\alpha - e_\gamma)} = \frac{2}{p'' \omega_\alpha}.$$

L'élément simple, dans la somme (13), est donc multiplié par $p'v$ et par la somme

$$-2\sum \frac{1}{p''\omega_\alpha}[\zeta(v-\omega_\alpha)+\eta_\alpha].$$

Ceci n'est autre que la décomposition en éléments simples de la fonction $-\frac{2}{p'v}$, qui a les trois racines simples ω_α, avec les résidus $-\frac{2}{p''\omega_\alpha}$, et devient nulle avec v. Il reste donc la formule bien simple

$$(14)\qquad x_1+iy_1=-i\varepsilon\mu\,G\frac{\sigma(u+v)}{\sigma u\,\sigma v}.$$

Comme d'ailleurs le changement de v en $-v$ et de G en $\frac{1}{G}$ équivaut, dans les formules initiales (I, 1), au changement de i en $-i$, on a en même temps

$$(15)\qquad x_1-iy_1=i\varepsilon\mu\frac{1}{G}\frac{\sigma(u-v)}{\sigma u\,\sigma v};$$

d'où, multipliant membre à membre, on obtient le carré du rayon vecteur sous la forme

$$(16)\qquad x_1^2+y_1^2=\mu^2\frac{\sigma(u+v)\,\sigma(u-v)}{\sigma^2 u\,\sigma^2 v}=\mu^2(pv-pu).$$

Pour mettre les formules (14), (15) sous forme explicitement réelle, supposons d'abord $u=\omega'+u'$, $v=\omega+v'$; il vient ainsi

$$x_1+iy_1=-i\varepsilon\mu\frac{U''}{UU'}\frac{\sigma_2(u'+v')}{\sigma_3 u'\,\sigma_1 v'}\,G e^{\eta\left(u'+\frac{1}{2}\omega'\right)+\eta'\left(v'+\frac{1}{2}\omega\right)},$$

c'est-à-dire, en supposant $\omega_u=0$ et $\omega_v=0$ dans l'expression de G′ (I, 41),

$$(17)\qquad x_1+iy_1=-i\varepsilon\mu\,G'\frac{U''}{UU'}\frac{\sigma_2(u'+v')}{\sigma_3 u'\,\sigma_1 v'}.$$

Mais, d'après la marche suivie pour parvenir à x_1+iy_1, on reconnaît que cette formule est générale, quels que soient u et v. On a de même

$$(18)\qquad x_1-iy_1=-\varepsilon\mu\frac{1}{G'}\frac{U''}{UU'}\frac{\sigma_2(u'-v')}{\sigma_3 u'\,\sigma_1 v'}.$$

La quantité fixe pv est comprise entre e_2 et e_1, tandis que la quantité variable pu oscille entre e_3 et e_2. Le carré du rayon vecteur (16) passe périodiquement par la suite des valeurs comprises entre le minimum $\mu^2(pv - e_2)$ et le maximum $\mu^2(pv - e_3)$, obtenus tous deux au passage de u par une demi-période. Soit $\tilde{\omega}$ une de ces demi-périodes; si l'on donne à u l'une ou l'autre des valeurs $\tilde{\omega} \pm u''$, on obtient une seule et même valeur de $x_1^2 + y_1^2$.

L'angle polaire χ se déduit de la relation

$$e^{2i\chi} = \frac{x_1 + iy_1}{x_1 - iy_1} = -G^2 \frac{\sigma(u+v)}{\sigma(u-v)};$$

d'où l'on conclut (6)

$$(19) \qquad \left\{ \begin{aligned} \frac{d\chi}{du} &= \frac{1}{iG}\frac{dG}{du} + \frac{1}{2i}[\zeta(u+v) - \zeta(u-v)] \\ &= -\varepsilon\frac{h}{\mu} + \frac{1}{2i}[\zeta(u+v) - \zeta(u-v) - 2\zeta v] \end{aligned} \right.$$

ou encore (t. I, p. 138)

$$(19a) \qquad \frac{d\chi}{du} = -\frac{2h}{\mu} + \frac{1}{2i}\frac{p'v}{pv - pu}.$$

Cette dérivée, elle aussi, prend une seule et même valeur, si l'on y met, pour u, l'une ou l'autre des quantités $\tilde{\omega} \pm u''$. On conclut de là que l'herpolhodie a pour axe de symétrie chacun des rayons vecteurs maxima et chacun des rayons vecteurs minima. Elle se reproduit ainsi périodiquement, quant à la grandeur et au temps, par arcs successifs. Un arc complet est décrit pendant que u varie dans l'étendue d'une période 2ω; il est compris, par exemple, entre deux rayons vecteurs minima successifs. L'arc qui répond à une période du mouvement de l'axe z est double.

Angle sous-tendu par un arc complet de l'herpolhodie.

L'expression (14) de $x_1 + iy_1$ fait voir que, par l'addition de 2ω à l'argument u, $x_1 + iy_1$ se reproduit multiplié par

$$e^{2\left(\eta v - \omega\zeta v - \frac{i\varepsilon h}{\mu}\omega\right)}.$$

L'angle sous-tendu par un arc complet de l'herpolhodie est donc

$-\frac{2\varepsilon h}{\mu}\omega+\frac{2}{i}(\eta v-\omega\zeta v)$, sauf un multiple de 2π. Cette indétermination est nécessaire et résulte elle-même de l'indétermination de v. Pour la faire disparaître, recourons à l'intégration dans la formule (19). Soit χ_0 l'angle compris entre un rayon maximum et le rayon minimum voisin, obtenus en faisant varier successivement u depuis $(2s'_u+1)\omega'+2s_u\omega$ jusqu'à $(2s'_u+1)\omega'+(2s_u+1)\omega$. Si l'on fait aller u jusqu'à $(2s'_u+1)\omega'+(2s_u+2)\omega$, on aura l'angle $2\chi_0$ sous-tendu par l'arc complet. Ainsi, d'après (19),

$$2\chi_0=-2\left(\frac{\varepsilon h}{\mu}+\frac{1}{i}\zeta v\right)\omega+\frac{1}{2i}\int_0^{2\omega}\zeta(u'+v_1)\,du'$$
$$-\frac{1}{2i}\int_0^{2\omega}\zeta(u'+v_2)\,du';$$

$$v_1=(2s'_u+1)\omega'+2s_u\omega+v=(2s'_u+2s'_v+1)\omega'+(2s_u+2s_v+1)\omega+v',$$
$$v_2=(2s'_u+1)\omega'+2s_u\omega-v=(2s'_u-2s'_v+1)\omega'+(2s_u-2s_v-1)\omega-v'.$$

Supposons, ce qui est permis, $\frac{v'}{i}$ compris entre $-\frac{\omega'}{i}$ et $+\frac{\omega'}{i}$. Nous aurons alors (t. I, p. 201)

$$\int_0^{2\omega}\zeta(u'+v_1)\,du'=2\eta(v_1+\omega)-(2s'_u+2s'_v+1)i\pi,$$

$$\int_0^{2\pi}\zeta(u'+v_2)\,du'=2\eta(v_2+\omega)-(2s'_u-2s'_v+1)i\pi;$$

$$2\chi_0=-2\left(\frac{\varepsilon h}{\mu}+\frac{1}{i}\zeta v\right)\omega+\frac{\eta(v_1-v_2)}{i}-2s'_v\pi$$
$$=-2\left(\frac{\varepsilon h}{\mu}+\frac{1}{i}\zeta v\right)\omega+\frac{2\eta v}{i}-2s'_v\pi,$$

$$\chi_0=-\frac{\varepsilon h}{\mu}\omega+\frac{1}{i}(\eta v-\omega\zeta v)-s'_v\pi, \tag{20}$$

formule où l'on suppose essentiellement

$$-\frac{\omega'}{i}<\frac{v-(2s_v+1)\omega-2s'_v\omega'}{i}<\frac{\omega'}{i}. \tag{21}$$

Dans un paragraphe précédent, il a été dit que le mouvement à la Poinsot n'est pas périodique par rapport aux axes x, y. Dans ce mouvement, le rayon vecteur de l'herpolhodie reprend, à la fin d'une période, la position qu'il avait au début de cette période. Il est dès lors visible que la rotation relative $4\chi_0$ est produite par le mouvement des axes x, y. Ainsi, dans le mouvement à la Poinsot, les axes x, y tournent périodiquement autour de l'axe z d'un angle qui est, en valeur absolue, $4\chi_0$, à un multiple près de la circonférence.

Nous aurons tout à l'heure, en étudiant la forme de l'herpolhodie, à employer les valeurs de $\frac{d\chi}{du}$ aux sommets de la courbe. La comparaison des égalités ($19a$, 7) nous donne à cet égard les résultats suivants

$$(22) \qquad \left(\frac{d\chi}{du}\right)_1 = -\frac{\varepsilon a^2}{\mu h}, \qquad \left(\frac{d\chi}{du}\right)_2 = -\frac{\varepsilon c^2}{\mu h}, \qquad \left(\frac{d\chi}{du}\right)_3 = -\frac{\varepsilon b^2}{\mu h},$$

où $\left(\frac{d\chi}{du}\right)_r$ désigne la valeur de $\frac{d\chi}{du}$ pour $pu = e_r$. La première de ces quantités, celle d'indice 1, ne joue aucun rôle ici ; les deux autres sont relatives aux sommets.

Points d'inflexion de l'herpolhodie.

Soit posé, pour abréger,

$$x_1 + iy_1 = \mathrm{X}, \qquad x_1 - iy_1 = \mathrm{Y},$$
$$\mathrm{T} = \frac{\mathrm{X'Y'' - Y'X''}}{2i\mathrm{XY}} = \frac{y'_1 x''_1 - x'_1 y''_1}{x_1^2 + y_1^2},$$

les accents servant à dénoter les dérivées prises par rapport à u.

Le signe de T décide le sens de la convexité en chaque point ; l'évanouissement de T correspond aux points d'inflexion. Pour calculer T, considérons les deux fonctions

$$\mathrm{X}e^{\frac{i\varepsilon h}{\mu}u} = -i\varepsilon\mu k \frac{\sigma(u+v)}{\sigma u \sigma v} e^{-u\zeta v},$$
$$\mathrm{Y}e^{\frac{-i\varepsilon h}{\mu}u} = \frac{i\varepsilon\mu}{k} \frac{\sigma(u-v)}{\sigma u \sigma v} e^{u\zeta v},$$

dont chacune satisfait à l'équation différentielle (t. I, p. 235)

$$\varphi''(u) = (2pu + pv)\varphi(u).$$

Soit, pour abréger,

$$\frac{\varepsilon h}{\mu} = -m, \tag{23}$$

on aura, en substituant dans l'équation différentielle,

$$\mathrm{X}'' = 2mi\mathrm{X}' + (2\wp u + \wp v + m^2)\mathrm{X},$$
$$\mathrm{Y}'' = -2mi\mathrm{Y}' + (2\wp u + \wp v + m^2)\mathrm{Y},$$

$$\mathrm{T} = -2m\frac{\mathrm{X}'}{\mathrm{X}}\frac{\mathrm{Y}'}{\mathrm{Y}} + \frac{1}{2i}(2\wp u + \wp v + m^2)\left(\frac{\mathrm{X}'}{\mathrm{X}} - \frac{\mathrm{Y}'}{\mathrm{Y}}\right). \tag{24}$$

D'autre part,

$$\frac{\mathrm{X}'}{\mathrm{X}} = mi + \frac{1}{2}\frac{\wp' u - \wp' v}{\wp u - \wp v},$$

$$\frac{\mathrm{Y}'}{\mathrm{Y}} = -mi + \frac{1}{2}\frac{\wp' u + \wp' v}{\wp u - \wp v},$$

$$\frac{\mathrm{X}'}{\mathrm{X}}\frac{\mathrm{Y}'}{\mathrm{Y}} = \frac{1}{4}\frac{\wp'^2 u}{(\wp u - \wp v)^2} - \left(mi - \frac{1}{2}\frac{\wp' v}{\wp u - \wp v}\right)^2$$
$$= \frac{\wp^2 u + \wp v\,\wp u + \wp^2 v - \frac{1}{4}g_2 + mi\,\wp' v}{\wp u - \wp v} + m^2,$$

$$\frac{\mathrm{X}'}{\mathrm{X}} - \frac{\mathrm{Y}'}{\mathrm{Y}} = 2mi - \frac{\wp' v}{\wp u - \wp v} = 2i\frac{d\chi}{du}.$$

En substituant $\frac{\mathrm{X}'}{\mathrm{X}}\frac{\mathrm{Y}'}{\mathrm{Y}}$ et $\frac{\mathrm{X}'}{\mathrm{X}} - \frac{\mathrm{Y}'}{\mathrm{Y}}$ dans le second membre (24) et réduisant au dénominateur commun, on voit disparaître, dans le numérateur, le carré de $\wp u$. Ce numérateur devient linéaire en $\wp u$; une seule valeur de $\wp u$ le fait évanouir. Il s'agit de reconnaître si cette valeur de $\wp u$ est comprise, comme il convient, entre e_2 et e_3. A cet effet, on prendra les valeurs de T pour $\wp u = e_2$ et pour $\wp u = e_3$, et l'on examinera si ces valeurs ont un même signe ou des signes opposés. Quand on prend ainsi, pour u, une demi-période, $\wp' u$ est nul et l'on a

$$\frac{\mathrm{X}'}{\mathrm{X}} = -\frac{\mathrm{Y}'}{\mathrm{Y}} = i\frac{d\chi}{du},$$

en sorte que, pour $u = \omega_\alpha$, il vient (24)

$$\mathrm{T}_\alpha = \left(\frac{d\chi}{du}\right)_{u=\omega_\alpha}\left[2e_\alpha + \wp v + m^2 - 2m\frac{d\chi}{du}\right]_{u=\omega_\alpha}.$$

Les trois quantités telles que T_α s'expriment fort élégamment, au moyen des axes de la base, par le calcul suivant (8, 23)

$$(25)\quad \begin{cases} 2e_\alpha + pv = -(e_\beta - pv + e_\gamma - pv - e_\alpha + pv) \\ \quad = -\dfrac{1}{\mu^2 h^2}[(c^2-h^2)(a^2-h^2) \\ \qquad\qquad + (b^2-h^2)(a^2-h^2) - (b^2-h^2)(c^2-h^2)] \\ \quad = \dfrac{a^2b^2c^2}{\mu^2h^2}\left(\dfrac{1}{a^2} - \dfrac{1}{b^2} - \dfrac{1}{c^2}\right) + \dfrac{2a^2}{\mu^2} - \dfrac{h^2}{\mu^2} \\ \quad = \dfrac{a^2b^2c^2}{\mu^2h^2}\left(\dfrac{1}{a^2} - \dfrac{1}{b^2} - \dfrac{1}{c^2}\right) - m^2 + 2\dfrac{a^2}{\mu^2}. \end{cases}$$

D'autre part, d'après les égalités (22) et (23), on a

$$(26)\qquad \frac{a^2}{\mu^2} = -\frac{\varepsilon h}{\mu}\left(\frac{d\chi}{du}\right)_{u=\omega_\alpha} = m\left(\frac{d\chi}{du}\right)_{u=\omega_\alpha}.$$

Nous tirons donc de (25) le résultat suivant :

$$2e_\alpha + pv + m^2 - 2m\left(\frac{d\chi}{du}\right)_\alpha = \frac{a^2b^2c^2}{\mu^2h^2}\left(\frac{1}{a^2} - \frac{1}{b^2} - \frac{1}{c^2}\right).$$

Revenant à T_α, nous concluons, avec l'aide des égalités (22),

$$T_1 = -\varepsilon\frac{a^4b^2c^2}{\mu^3h^3}\left(\frac{1}{a^2} - \frac{1}{b^2} - \frac{1}{c^2}\right),$$

$$T_3 = -\varepsilon\frac{a^2b^4c^2}{\mu^3h^3}\left(\frac{1}{b^2} - \frac{1}{c^2} - \frac{1}{a^2}\right),$$

$$T_2 = -\varepsilon\frac{a^2b^2c^4}{\mu^3h^3}\left(\frac{1}{c^2} - \frac{1}{a^2} - \frac{1}{b^2}\right).$$

C'est T_2 et T_3 qui serviront à l'examen des cas où les points d'inflexion existent.

Bien que cela ne soit pas nécessaire, nous ajoutons ici le calcul complet de T, dont le résultat est très élégant. En écrivant T sous la forme

$$T = T' + \frac{T''}{pu - pv};$$

on déterminera aisément T' et T'' au moyen des suppositions $pu = e_\alpha$, qui donnent pour T les valeurs connues T_α. Soit maintenant $R^2 = x_1^2 + y_1^2$ le carré du rayon vecteur de l'herpolhodie; c'est, à un facteur constant près (16), le dénominateur $pu - pv$.

En chassant ce dénominateur, puis revenant à la variable t, au lieu de u, on trouve finalement

$$\frac{dy_1}{dt}\frac{d^2x_1}{dt^2} - \frac{dx_1}{dt}\frac{d^2y_1}{dt^2}$$
$$= \varepsilon\frac{a^2b^2c^2}{n^3h}\left[\left(\frac{1}{a^2}+\frac{1}{b^2}+\frac{1}{c^2}-\frac{2}{h^2}\right)R^2-\left(\frac{1}{a^2}+\frac{1}{b^2}+\frac{1}{c^2}\right)\frac{(a^2-h^2)(b^2-h^2(c^2-h^2)}{h^4}\right],$$

Ainsi, le carré du rayon vecteur d'un point d'inflexion, quand il existe, a pour expression

$$\frac{\frac{1}{a^2}+\frac{1}{b^2}+\frac{1}{c^2}}{\frac{1}{a^2}+\frac{1}{b^2}+\frac{1}{c^2}-\frac{2}{h^2}}\;\frac{(a^2-h^2)(b^2-h^2)(c^2-h^2)}{h^4}.$$

Rappelons encore, d'après (16, 8), que les carrés des rayons vecteurs maxima et minima sont respectivement

$$-\frac{(a^2-h^2)(c^2-h^2)}{h^2},\qquad -\frac{(a^2-h^2)(b^2-h^2)}{h^2}.$$

Diverses formes de l'herpolhodie.

C'est uniquement dans le cas où b^2 et c^2 sont de signes opposés que $\frac{d\chi}{du}$ ne conserve pas un signe invariable tout le long de la courbe, comme on le voit par les égalités (22). Ce cas se présente seulement si l'on a (p. 50)

$$c^2 < 0 < b^2 < h^2 < a^2.$$

En ce cas, il est visible que T_2 et T_3 ont tous deux le signe de ε.

Suivant que χ_0 a le signe de $\left(\frac{d\chi}{du}\right)_3$ ou le signe opposé, la courbe présente la forme représentée par la *fig.* 1 ou la *fig.* 2, offrant, si on la prolonge, une boucle dont le point double est sur les rayons minima ou maxima.

Ces deux cas peuvent se présenter. Supposons, en effet, $\frac{v-\omega+\omega'}{i}$ infiniment petit positif, de sorte que $\frac{p'v}{i}$ soit infiniment petit négatif (t. I, p. 43). Les expressions (7) de b^2 et c^2, étant écrites ainsi

$$\left.\begin{aligned} b^2 &= \mu^2 m \left(m + \frac{1}{2i}\,\frac{\wp' v}{\wp v - e_3}\right) \\ c^2 &= \mu^2 m \left(m + \frac{1}{2i}\,\frac{\wp' v}{\wp v - e_2}\right) \end{aligned}\right\} \quad m = -\frac{\varepsilon h}{\mu},$$

donnent lieu à l'observation suivante. Les deux quantités

$$\frac{1}{2i}\,\frac{\wp' v}{\wp v - e_3}, \qquad \frac{1}{2i}\,\frac{\wp' v}{\wp v - e_2}$$

sont négatives : la première infiniment petite, la seconde infiniment grande. Si l'on donne donc à m une valeur positive quel-

Fig. 1.

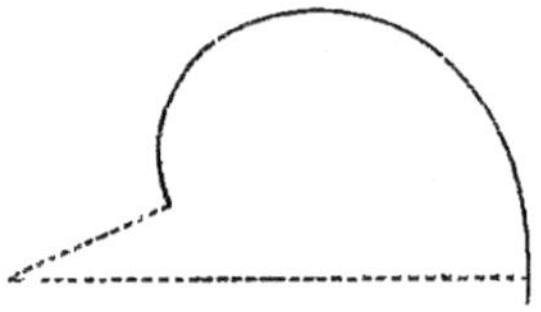

Fig 2.

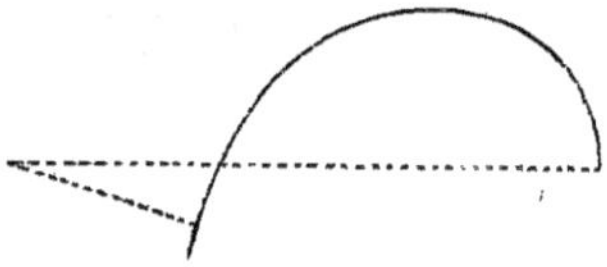

conque, b^2 sera effectivement positif et c^2 négatif. D'autre part, l'expression (20) de χ_0 devient

$$\chi_0 = m\omega + \frac{1}{i}[\eta(\omega - \omega') - \omega(\eta - \eta')] = m\omega - \frac{\pi}{2}.$$

On peut donc prendre à volonté m positif de manière à assigner à χ_0 un signe arbitraire, tandis que $\left(\frac{d\chi}{du}\right)_3 = m\frac{b^2}{h^2}$ (26) est une quantité positive.

Ainsi, les deux cas représentés par les *fig.* 1 et 2 s'offrent effectivement quand la base est un hyperboloïde à une nappe et que l'essieu de la polhodie est le grand axe de l'ellipse de gorge.

Ces deux cas exceptés, l'herpolhodie affecte nécessairement une des formes représentées par les *fig.* 3 et 4, suivant qu'elle a ou non des points d'inflexion (1).

(1) Les formes représentées par les *fig.* 1, 2, 3, 4 se modifient profondément,

Au cas de l'hyperboloïde à une nappe, où l'on doit avoir

$$c^2 > b^2 > h^2 > 0 > a^2,$$

si l'on fait $a^2 = -a'^2$, on reconnaît que $-\varepsilon\mu^3 h^3 T_3$ a le signe

Fig. 3.

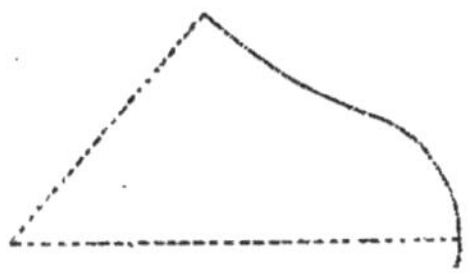

Fig. 4.

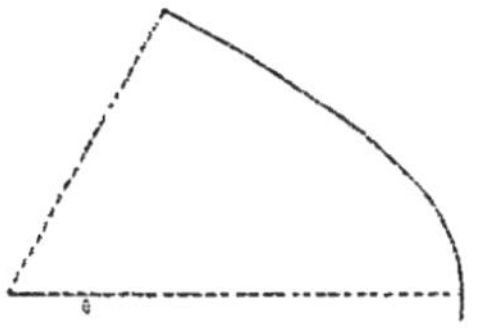

moins, tandis que $-\varepsilon\mu^3 h^3 T_2$ a le signe de $\frac{1}{b^2} - \frac{1}{c^2} - \frac{1}{a'^2}$. Ainsi, quand la base est un hyperboloïde à une nappe

$$-\frac{\xi^2}{a'^2} + \frac{\eta^2}{b^2} + \frac{\zeta^2}{c^2} = 1,$$

et que l'essieu de la polhodie est l'axe non transverse, la condition pour l'existence des points d'inflexion est

$$\frac{1}{b^2} - \frac{1}{a'^2} - \frac{1}{c^2} > 0 \qquad (b^2 < c^2).$$

Au cas de l'hyperboloïde à deux nappes, b^2 et c^2 doivent être négatifs; soient $b^2 = -b'^2$, $c^2 = -c'^2$ et $b'^2 < c'^2$. Les deux quantités $-\varepsilon\mu^3 h^3 T_3$ et $-\varepsilon\mu^3 h^3 T_2$ ont, la première, toujours le signe *plus*; la seconde, le signe de $\frac{1}{a^2} + \frac{1}{c'^2} - \frac{1}{b'^2}$. Ainsi, quand la base est un hyperboloïde à deux nappes

$$\frac{\xi^2}{a^2} - \frac{\eta^2}{b'^2} - \frac{\zeta^2}{c'^2} = 1,$$

quant à l'apparence, si l'angle χ_0 atteint une ou plusieurs circonférences. La courbe fait alors une ou plusieurs circonvolutions entre deux sommets consécutifs. Cet angle χ_0 peut acquérir une valeur quelconque, comme on vient de le voir et comme on le reconnaîtra aussi plus loin au moyen de son développement en série (37). La courbe peut se fermer, ce qui arrive lorsque χ_0 est commensurable avec π.

la condition pour l'existence des points d'inflexion est

$$\frac{1}{a^2} + \frac{1}{c'^2} - \frac{1}{b'^2} < 0 \qquad (b'^2 < c'^2).$$

Au cas de l'ellipsoïde, si l'on a $c^2 > b^2 > h^2 > a^2$, les deux quantités $-\varepsilon\mu^3 h^3 T_3$ et $-\varepsilon\mu^3 h^3 T_2$ sont toutes deux négatives; mais, si l'on a $c^2 < b^2 < h^2 < a^2$, la première est négative; la seconde a le même signe que $\frac{1}{c^2} - \frac{1}{a^2} - \frac{1}{b^2}$. Donc, quand la base est un ellipsoïde et que la polhodie a pour essieu le petit axe, l'herpolhodie n'a pas de points d'inflexion; si la polhodie a pour essieu le grand axe, la condition pour l'existence des points d'inflexion (c étant le demi-petit axe) est

$$\frac{1}{c^2} - \frac{1}{a^2} - \frac{1}{b^2} > 0.$$

On a rappelé (p. 45) que, dans un ellipsoïde d'inertie, cette quantité $\frac{1}{c^2} - \frac{1}{a^2} - \frac{1}{b^2}$ est, au contraire, toujours négative. Ainsi, l'herpolhodie qui répond au mouvement d'un corps solide en l'absence de toute force extérieure, celle que Poinsot a considérée seule, n'a jamais de point d'inflexion (¹).

Développements en séries pour les divers éléments d'un mouvement à la Poinsot.

Les développements en séries qui ont été formés dans le Chapitre I s'appliquent aux mouvements à la Poinsot, pourvu qu'on y suppose les angles θ et u variant proportionnellement au temps. Nous avons à y joindre les développements propres à représenter les éléments nouveaux, axes de la surface base, éléments de l'herpolhodie, puis à mettre tous ces développements sous les formes extérieures les mieux appropriées à l'objet considéré.

Nous considérerons tout d'abord l'angle χ_0.

(¹) L'étude des points d'inflexion de l'herpolhodie a été faite, pour la première fois, par M. W. Hess dans la thèse citée au début de ce Chapitre. Le fait que cette courbe, dans le cas du mouvement des corps, n'a jamais de point d'inflexion offre cette particularité historique que Poinsot, dans une des planches jointes à son célèbre Mémoire, représente l'herpolhodie comme une courbe sinueuse. Ce fait a été trouvé aussi par M. de Sparre (*Comptes rendus* de 1884); mais la priorité appartient à M. Hess.

Employant les mêmes notations qu'au Chapitre I (p. 19, 27, 29), nous avons (t. I, p. 425)

$$(27)\quad \left\{\begin{aligned} &\frac{1}{i}\,[\eta(\omega+v')-\omega\zeta(\omega+v')] \\ &= \frac{\pi}{2}\,\frac{1-V^2}{1+V^2} - \pi\sum\frac{(-1)^{\frac{m}{2}}q^m}{1-q^m}\,\frac{1-V^{2m}}{V^m} \\ &= \mathfrak{v} + 2\pi\frac{i\omega}{\omega'}\sum\frac{q_1^{\frac{m}{2}}}{1-q_1^m}\sin m\mathfrak{v}. \end{aligned}\right\}\qquad m = 2, 4, 6, \ldots.$$

Supposant v' entre $-\omega'$ et ω', c'est-à-dire V entre $\sqrt{q}$ et $\frac{1}{\sqrt{q}}$, $\mathfrak{v}$ entre $-\frac{\pi}{2}$ et $\frac{\pi}{2}$, nous concluons, d'après la formule (20), le développement de $\chi_0 + \varepsilon\frac{h}{\mu}\omega$. C'est précisément ce développement (27).

Au Chapitre I, on a désigné par θ l'argument de la quantité G'. D'après la composition de G' en fonction de G (I, 41) et la nature actuelle (6) de G, on voit que θ est une fonction linéaire de u'. Soit arg. de $G' = \theta = \theta_1 + \theta_0\frac{u'}{\omega}$.

Soit ψ l'argument de l'imaginaire $\sigma_2(u'+v')$. La formule (17) nous donne

$$\chi = (1-\varepsilon)\frac{\pi}{2} + \frac{\pi}{4} + \psi + \theta;$$

car l'angle χ est l'argument de $x_1 + iy_1$, et, de plus, on doit s'en souvenir, les arguments de U, U', U'' sont o, $\frac{\pi}{2}$, $\frac{\pi}{4}$.

L'argument ψ de $\sigma_2(u'+v')$ se calcule par la formule (39) du Tome I, p. 428, comme il a été fait au Chapitre I (p. 31) pour les analogues ψ_a, ψ_b, ψ_c :

$$(28)\quad \left\{\begin{aligned} \psi - \frac{\eta_1 u' v'}{i\omega} &= 2\sum\frac{(-1)^{\frac{m}{2}}q^{\frac{m}{2}}}{m(1-q^m)}\,\frac{1-V^{2m}}{V^m}\sin m\mathfrak{u} \\ &= -\frac{2}{\pi}\mathfrak{u}\mathfrak{v} + 2\sum\frac{(-1)^{\frac{m}{2}}q_1^{\frac{m}{2}}}{m(1-q_1^m)}\,\frac{1-U^{2m}}{U^m}\sin m\mathfrak{v}. \end{aligned}\right.$$

De là se conclut l'angle χ. Donnant à u' les deux valeurs o et

ω, par conséquent à $\mathfrak{u}$ les valeurs $0, \frac{\pi}{2}$, on conclut, par différence, l'angle χ_0 exprimé ainsi

$$\chi_0 = \theta_0 + \frac{\eta_1 v'}{i}.$$

C'est l'angle χ_0, bien nettement caractérisé par une signification géométrique, qu'il convient d'introduire dans les formules, et l'on écrira l'expression de χ sous la forme

$$\chi = \varphi + (1 - \varepsilon)\frac{\pi}{2} + \frac{2}{\pi}\chi_0 \mathfrak{u} + \left(\psi - \frac{\eta u' v'}{i\omega}\right).$$

Dans cette formule, φ est un angle arbitraire dont le changement se rapporte au changement qu'on peut faire sur la direction des axes x, y. Il diffère de θ_1 par l'angle $\frac{\pi}{4}$. L'angle θ', qui figure dans les formules (62) du Chapitre I, n'est autre que

$$\theta' = \varphi + \chi_0 \frac{u'}{\omega} = \varphi + \frac{2}{\pi}\chi_0 \mathfrak{u} = \theta + \frac{\pi}{4} + \frac{\eta u' v'}{i\omega}.$$

Pour développer les coordonnées x_1, y_1 d'un point de l'herpolhodie, d'après la formule (17), on emploiera les développements du Tome I, Chap. XIII (p. 422).

On trouve ainsi

$$(29)\quad \begin{cases} x_1 + iy_1 = -\dfrac{\varepsilon\mu\pi}{\omega} e^{i\theta'} \left[\dfrac{V}{1+V^2} + \sum (-1)^{\frac{n-1}{2}} q^{\frac{nm}{2}} (V^n e^{im\mathfrak{u}} + V^{-n} e^{-im\mathfrak{u}})\right] \\ \quad = -\dfrac{\varepsilon\mu\pi i}{\omega'} e^{i\left(\theta' - \frac{2}{\pi}\mathfrak{u}\mathfrak{v}\right)} \left[\dfrac{U}{1+U^2} + \sum (-1)^{\frac{n-1}{2}} q_1^{\frac{nm}{2}} (U^n e^{im\mathfrak{v}} + U^{-n} e^{-in} \end{cases}$$

$$n = 1, 3, 5, \ldots; \quad m = 2, 4, 6, \ldots.$$

La présence du terme $-\frac{2}{\pi}\mathfrak{u}\mathfrak{v}$ dans les formules (28, 29) provient de l'échange des périodes, qui amène la quantité

$$\frac{\eta' u' v'}{\omega'} - \frac{\eta u' v'}{\omega} = \frac{u' v'}{\omega\omega'}(\eta'\omega - \eta\omega') = -\frac{i\pi u' v'}{2\omega\omega'} = -\frac{2i}{\pi}\mathfrak{u}\mathfrak{v}.$$

On retrouvera ce même terme quand, appliquant les formules du Chapitre I pour $\cos ax + i \cos ay$ et les analogues, on passera des développements (I, 59) composés avec q aux développements (I, 65), composés avec q_1.

Pour développer les carrés des axes d'après les égalités (7), on aura recours à la décomposition

$$\frac{1}{2}\frac{p'v}{pv-e_\alpha}=\zeta(v+\omega_\alpha)-\zeta v-\eta_\alpha. \tag{30}$$

D'après les développements de la fonction ζ (t. I, p. 425 et 426) se souvenant que $v=\omega+v'$, sauf des périodes qui ne jouent ici aucun rôle, on trouve

$$(31)\left\{\begin{aligned}
& i\left(\zeta v-\frac{\eta v}{\omega}\right) = \frac{\pi}{\omega}\left[\frac{1}{2}\frac{1-V^2}{1+V^2}-\sum(-1)^{\frac{m}{2}}\frac{q^m}{1-q^m}\frac{1-V^{2m}}{V^m}\right],\\
& i\left[\zeta(v+\omega)-\frac{\eta v}{\omega}-\eta\right]=\frac{\pi}{\omega}\left[\frac{1}{2}\frac{1+V^2}{1-V^2}-\sum\frac{q^m}{1-q^m}\frac{1-V^{2m}}{V^m}\right],\\
& i\left[\zeta(v+\omega'')-\frac{\eta v}{\omega}-\eta''\right]=-\frac{\pi}{\omega}\sum\frac{(-1)^{\frac{m}{2}}q^{\frac{m}{2}}}{1-q^m}\frac{1-V^{2m}}{V^m},\\
& i\left[\zeta(v+\omega')-\frac{\eta v}{\omega}-\eta'\right]=-\frac{\pi}{\omega}\sum\frac{q^{\frac{m}{2}}}{1-q^m}\frac{1-V^{2m}}{V^m};\\
& \qquad m=2,4,6,\ldots.
\end{aligned}\right.$$

Pour avoir les développements où figure q_1, au lieu de q, on écrira

$$\zeta v-\frac{\eta v}{\omega}=\zeta(v'+\omega)-\frac{\eta(v'+\omega)}{\omega}=\zeta(v'-\omega)-\frac{\eta' v'}{\omega'}+\eta-\frac{i}{\omega}\mathfrak{v},$$

$$\zeta(v+\omega)-\frac{\eta v}{\omega}-\eta=\zeta v'-\frac{\eta(v'+\omega)}{\omega}+\eta=\zeta v'-\frac{\eta' v'}{\omega'}-\frac{i}{\omega}\mathfrak{v},$$

$$\begin{aligned}
\zeta(v+\omega')-\frac{\eta v}{\omega}-\eta' &=\zeta(v'+\omega'-\omega)-\frac{\eta'(v'+\omega')}{\omega'}+\eta-\frac{i}{\omega}\left(\mathfrak{v}+\frac{\pi}{2}\right)+\frac{\eta\omega'}{\omega}-\eta'\\
&=\zeta(v'+\omega'-\omega)-\frac{\eta'(v'+\omega')}{\omega}+\eta-\frac{i}{\omega}\mathfrak{v}.
\end{aligned}$$

Les développements de la fonction ζ, ceux mêmes que nous venons d'employer, donnent ainsi par l'échange des périodes

$$(32)\left\{\begin{aligned}
& i\left(\zeta v-\frac{\eta v}{\omega}\right)=\frac{\mathfrak{v}}{\omega}+\frac{2\pi i}{\omega'}\sum\frac{q_1^{\frac{m}{2}}}{1-q_1^m}\sin m\mathfrak{v},\\
& i\left[\zeta(v+\omega)-\frac{\eta v}{\omega}-\eta\right]=\frac{\mathfrak{v}}{\omega}+\frac{\pi i}{2\omega'}\cot\mathfrak{v}+\frac{2\pi i}{\omega'}\sum\frac{q_1^m}{1-q_1^m}\sin m\mathfrak{v},\\
& i\left[\zeta(v+\omega'')-\frac{\eta v}{\omega}-\eta''\right]=\frac{\mathfrak{v}}{\omega}-\frac{\pi i}{2\omega'}\operatorname{tang}\mathfrak{v}+\frac{2\pi i}{\omega'}\sum\frac{(-1)^{\frac{m}{2}}q_1^m}{1-q_1^m}\sin m\mathfrak{v},\\
& i\left[\zeta(v+\omega')-\frac{\eta v}{\omega}-\eta'\right]=\frac{\mathfrak{v}}{\omega}+\frac{2\pi i}{\omega'}\sum\frac{(-1)^{\frac{m}{2}}q_1^{\frac{m}{2}}}{1-q_1^m}\sin m\mathfrak{v}.
\end{aligned}\right.$$

Au moyen de ces séries (31) ou (32) on formera, d'après les formules (7, 30), les développements des carrés des axes.

Résumé de la représentation d'un mouvement à la Poinsot par des séries.

Nous allons réunir les développements précédemment obtenus, en y faisant disparaître toute trace des notations elliptiques, de sorte que cet ensemble soit facilement intelligible pour un lecteur étranger à la théorie des fonctions elliptiques.

Nous prendrons

$$q,\quad V,\quad \frac{\varepsilon h\omega}{\mu\pi} = K,\qquad \frac{\varepsilon\mu\pi}{\omega} = l$$

comme des données.

Les données sont : 1° trois nombres K, V, q, le premier K quelconque, et

$$0 < q < 1,\qquad \sqrt{q} < V < \frac{1}{\sqrt{q}};$$

2° Une longueur positive ou négative l.

En fonction de ces données, voici les développements des constantes géométriques :

h, distance du plan tangent au centre de la surface base (distance affectée d'un signe), a^2, b^2, c^2, carrés des axes de la surface base :

$$h = Kl,$$

$$(33)\quad \left\{\begin{aligned} K\left(\frac{a^2}{h^2}-1\right) &= \frac{2V^2}{1-V^4} - 2\sum \frac{q^{2n}}{1-q^{2n}}\,\frac{1-V^{4n}}{V^{2n}},\\ K\left(\frac{b^2}{h^2}-1\right) &= -\frac{1}{2}\,\frac{1-V^2}{1+V^2} - \sum \frac{q^p}{1+(-q)^p}\,\frac{1-V^{4p}}{V^{2p}},\\ K\left(\frac{c^2}{h^2}-1\right) &= -\frac{1}{2}\,\frac{1-V^2}{1+V^2} - \sum \frac{(-q)^p}{1+q^p}\,\frac{1-V^{4p}}{V^{2p}}, \end{aligned}\right.$$

$$n = 1, 3, 5, \ldots;\quad p = 1, 2, 3, \ldots.$$

Au lieu de ces développements, on peut en prendre d'autres où figure, au lieu de q, un autre nombre q_1, également positif et moindre que l'unité, savoir

$$(34)\qquad q_1 = e^{-\frac{\pi^2}{\log\frac{1}{q}}},$$

en sorte que $\log \frac{1}{q_1}$ et $\log \frac{1}{q}$ ont π^2 pour produit. Dans ces nouveaux développements apparaît, au lieu de V, un angle $\mathfrak{v}$, savoir

(35) $$\mathfrak{v} = -\frac{\pi \log V}{\log \frac{1}{q}}.$$

Voici ces développements :

(36) $$\left\{\begin{aligned} \frac{1}{\pi} K \log \frac{1}{q} \cdot \left(\frac{a^2}{h^2} - 1\right) &= \frac{1}{2} \cot \mathfrak{v} - 2 \sum \frac{q_1^p}{1 + q_1^p} \sin 2p\mathfrak{v}, \\ \frac{1}{\pi} K \log \frac{1}{q} \cdot \left(\frac{b^2}{h^2} - 1\right) &= -4 \sum \frac{q_1^n}{1 - q_1^n} \sin 2n\mathfrak{v}, \\ \frac{1}{\pi} K \log \frac{1}{q} \cdot \left(\frac{c^2}{h^2} - 1\right) &= -\frac{1}{2} \operatorname{tang} \mathfrak{v} - 2 \sum \frac{q_1^p}{1 + (-q_1)^p} \sin 2p\mathfrak{v}; \end{aligned}\right.$$
$$n = 1, 3, 5, \ldots; \qquad p = 1, 2, 3, \ldots.$$

En choisissant, des deux nombres q, q_1, le plus petit, on est assuré que ce nombre est inférieur à $e^{-\pi} = 0,043\ldots.$

Voici maintenant le développement de l'angle χ_0, compris, dans l'herpolhodie, entre un rayon vecteur minimum et le rayon vecteur maximum voisin (27),

(37) $$\left\{\begin{aligned} \frac{\chi_0}{\pi} + K &= \frac{1}{2} \frac{1 - V^2}{1 + V^2} - \sum \frac{(-1)^{\frac{m}{2}} q^m}{1 - q^m} \frac{1 - V^{2m}}{V^m} \\ &= \frac{\mathfrak{v}}{\pi} + \frac{2\pi}{\log \frac{1}{q}} \sum \frac{q_1^{\frac{m}{2}}}{1 - q_1^m} \sin m\mathfrak{v}; \end{aligned}\right.$$
$$m = 2, 4, 6, \ldots.$$

Nous arrivons maintenant aux développements des éléments variables du mouvement. La variable indépendante qui sert à les figurer est un angle $\mathfrak{u}$ *proportionnel au temps*. Les lignes trigonométriques de cet angle paraissent dans les développements où l'on emploie q. Dans les développements où l'on emploie q_1, les lignes trigonométriques disparaissent, et la variable $\mathfrak{u}$ est représentée par la quantité U ci-après

(38) $$U = e^{-\frac{\pi \mathfrak{u}}{\log \frac{1}{q}}} = e^{-\frac{\mathfrak{u}}{\pi} \log \frac{1}{q_1}}.$$

Il suffira, comme on l'expliquera plus loin, de faire varier u entre $-\frac{\pi}{2}$ et $\frac{\pi}{2}$; de cette manière U sera compris entre $\sqrt{q_1}$ et $\frac{1}{\sqrt{q_1}}$.

Les axes de coordonnées liés avec la surface base sont dénommés a, b, c; ils coïncident avec les axes de symétrie dont les carrés sont désignés par a^2, b^2, c^2; ils ont des sens positifs arbitraires. Les axes de coordonnées liés avec le plan roulant sont dénommés x, y, z; le dernier z est perpendiculaire à ce plan, les deux autres lui sont parallèles. Leur direction dépend d'un angle constant et arbitraire φ. Dans les formules apparaît un angle θ', qui varie proportionnellement au temps, à savoir

$$(39)\qquad \theta' = \varphi + \frac{2\chi_0 u}{\pi}.$$

Les sens positifs des axes x, y, z sont arbitraires et on laisse subsister dans les formules trois unités positives ou négatives $(-1)^a$, $(-1)^b$, $(-1)^c$. Le caractère ε de congruence des deux systèmes d'axes est

$$(40)\qquad \varepsilon = (-1)^{a+b+c+1}.$$

Voici d'abord les cosinus des angles de l'axe z avec a, b, c (I, 57 et 64), représentés par les combinaisons de neuf séries développées dans le Chapitre I (I, 58), et qu'il est inutile de reproduire ici :

$$(41)\qquad \begin{cases} (-1)^a \cos az = \dfrac{A(u)A'(V)}{A''(q)} = +\dfrac{B(v)B'(U)}{B''(q_1)}, \\ (-1)^b \cos bz = \dfrac{B(u)B'(V)}{B''(q)} = -\dfrac{A(v)A'(U)}{A''(q_1)}, \\ (-1)^c \cos cz = \dfrac{C(u)C'(V)}{C''(q)} = +\dfrac{C(v)C'(U)}{C''(q_1)}. \end{cases}$$

Les cosinus des angles des axes x et y avec a, b, c sont donnés par les combinaisons $\cos ax + i\cos ay$ et les analogues. Chacune de ces combinaisons est développée de deux manières avec q et de deux manières avec q_1; les séries employées se trouvent au

Chapitre I (I, 60) :

$$(42)\quad \begin{cases} (-1)^a(\cos ax + i\cos ay)e^{-i\theta'} \\ = \dfrac{A'''(u,V)A'(V)}{A''(q)} = \dfrac{A^{IV}(u,V)A(u)}{A''(q)} \\ = e^{-\frac{2iuv}{\pi}} \dfrac{B'''(v,U)B'(U)}{B''(q_1)} = e^{-\frac{2iuv}{\pi}} \dfrac{B^{IV}(v,U)B(v)}{B''(q_1)}. \end{cases}$$

Il est inutile de transcrire ici les expressions analogues de $\cos bx + i\cos by$, $\cos cx + i\cos cy$, qu'on trouve au Chapitre I (I, 59 et 65), et où l'on doit mettre $e^{i\theta'}$, $e^{i\left(\theta' - \frac{2uv}{\pi}\right)}$ au lieu de $G'e^{\frac{\eta u'v'}{\omega} + \frac{i\pi}{4}}$, $G'e^{\frac{\eta' u'v'}{\omega'} + \frac{i\pi}{4}}$.

A ce dernier groupe de formules s'adjoint naturellement celle qui donne les coordonnées x_1, y_1 d'un point de l'herpolhodie (29)

$$(43)\quad \begin{cases} \dfrac{1}{l}(x_1 + iy_1)e^{-i\theta'} \\ = -\dfrac{V}{1+V^2} - \sum (-1)^{\frac{n-1}{2}} q^{\frac{nm}{2}} (V^n e^{miu} + V^{-n} e^{-miu}) \\ = -\dfrac{\pi}{\log \frac{1}{q}} e^{-\frac{2iuv}{\pi}} \left[\dfrac{U}{1+U^2} + \sum (-1)^{\frac{n-1}{2}} q_1^{\frac{nm}{2}} (U^n e^{miv} + U^{-n} e^{-miv}) \right]; \end{cases}$$

$$n = 1, 3, 5, \ldots; \quad m = 2, 4, 6, \ldots.$$

Le dernier groupe de formules est celui qui donne directement certains angles, déterminés à un multiple près de la circonférence entière ou de la demi-circonférence suivant les cas. Dans ces formules apparaît le caractère ε de congruence des axes (40). C'est d'abord l'angle χ, angle polaire dans l'herpolhodie (28)

$$(44)\quad \begin{cases} \chi - (1-\varepsilon)\dfrac{\pi}{2} - \theta' = 2\sum \dfrac{(-q)^{\frac{m}{2}}}{m(1-q^m)} \dfrac{1-V^{2m}}{V^m} \sin mu \\ \qquad = -\dfrac{2uv}{\pi} + 2\sum \dfrac{(-q_1)^{\frac{m}{2}}}{m(1-q_1^m)} \dfrac{1-U^{2m}}{U^m} \sin mv, \end{cases}$$

puis les angles d'Euler (cz, x), (az, x), (bz, x), dans les expressions desquels (I, 53 et 67) $\theta + \frac{\eta u'v'}{i\omega}$ sera remplacé par $\theta' - \frac{\pi}{4}$;

enfin les angles (cz, a), (az, b), (bz, c) donnés sans modification par les formules (1, 53 et 73).

Tous les développements où figurent, avec q, les lignes trigonométriques de u, permettent de faire varier u arbitrairement. Ils font apparaître aussi les modifications très simples que subissent les diverses quantités quand on change u en $u + \pi$. Par exemple, $\cos az$ se reproduit sans changement; $\cos bz$, $\cos cz$ se reproduisent changés de signe; $x_1 + iy_1$ se reproduit multiplié par $e^{2i\chi_0}$; χ se reproduit augmenté de $2\chi_0$, etc. En un mot, ces développements représentent le mouvement dans toute la suite des temps, mais ils mettent aussi en évidence sa quasi-périodicité. Au contraire, les développements où figure, avec q_1, la quantité U, doivent être envisagés pour des valeurs limitées de u; mais la quasi-périodicité du mouvement laisse ce défaut sans conséquence.

Cas particuliers.

Poinsot, dans son Mémoire célèbre, s'est arrêté spécialement sur les *cas particuliers qui n'exigent pas l'emploi des transcendantes elliptiques* (¹). Nous retrouverons ici ces cas en supposant les fonctions elliptiques dégénérées, en supposant donc $q = 0$ ou bien $q_1 = 0$.

L'hypothèse $q = 0$ entraîne $b^2 = c^2$ (33). La surface base est de révolution; l'herpolhodie est un cercle décrit d'un mouvement uniforme.

L'hypothèse $q_1 = 0$ entraîne $b^2 = h^2$ (36). C'est le cas où l'une des positions du point de contact du plan roulant est au sommet de l'axe moyen sur la surface base. Il faut alors prendre partout les formules où figure q_1 et y réduire cette quantité à zéro. La quantité q est l'unité; $\log\frac{1}{q}$ est infiniment petit, $K \log\frac{1}{q}$ est une quantité finie. La formule (37) montre que χ_0 est infini. Toute périodicité disparaît; l'herpolhodie fait une infinité de circonvolutions autour de la projection du centre sur le plan tangent; ce point est asymptotique.

On voit par là que, dans les cas où, sans être nulle, q_1 est une

(¹) *Journal de Math.*, 1re série, t. XVI, p. 298.

quantité très petite, le mouvement de l'axe z est à longue période. Les formules où figure q sont peu propres à l'étude du mouvement; celles, au contraire, où figure q_1 y sont parfaitement appropriées.

Composition d'un mouvement à la Poinsot avec une rotation uniforme autour de la perpendiculaire au plan roulant.

A la première inspection des formules fondamentales (I, 1) du Chapitre I, on a reconnu que le changement de la quantité G équivaut à une rotation autour de l'axe z. Si l'on remplace, en effet, G par $Ge^{i\psi}$, en supposant les axes a, b, c immobiles, ceci revient à faire tourner le système x, y, z autour de z d'un angle égal à $-\psi$.

Dans le mouvement à la Poinsot, la quantité G est une exponentielle dont l'exposant est du premier degré par rapport au temps; si l'on change dans cet exposant le coefficient du terme variable, sans modifier en rien les autres données elliptiques, on obtient un autre mouvement à la Poinsot qui diffère du premier par une rotation uniforme autour de l'axe z. Ainsi le résultat de la composition d'un mouvement à la Poinsot avec une telle rotation est un autre mouvement à la Poinsot.

La partie variable, dans l'exposant de l'exponentielle G, est (6)

$$-\left(\frac{i\varepsilon h}{\mu} + \zeta\rho\right)\frac{\mu}{n}t.$$

Soient donc considérés deux mouvements, définis l'un et l'autre par les mêmes formules, sauf changement de G; si l'on distingue par les indices 0, 1 les quantités afférentes à ces deux mouvements M_0, M_1, on aura (7)

$$(45) \qquad \frac{a_0^2 - h_0^2}{a_1^2 - h_1^2} = \frac{b_0^2 - h_0^2}{b_1^2 - h_1^2} = \frac{c_0^2 - h_0^2}{c_1^2 - h_1^2} = \frac{n_0 h_0}{n_1 h_1},$$

et le mouvement M_1 résulte de la composition du mouvement M_0 avec une rotation uniforme autour de z, de vitesse $\varepsilon\left(\frac{h_1}{n_1} - \frac{h_0}{n_0}\right)$ dans le sens direct.

Ces faits apparaissent tout aussi nettement dans les développements du dernier paragraphe; on y voit que les deux mouvements sont définis l'un et l'autre par les mêmes formules, sauf changement de la seule constante K. Au point de vue de la Cinématique, tout aussi bien que pour les formules, cette constante K peut être changée sans que le mouvement soit profondément altéré.

C'est pour cette raison que nous n'avons pas rangé, dans le paragraphe précédent, au nombre des cas particuliers, ceux qui sont caractérisés par des valeurs particulières de la constante K. Il y a cependant lieu, au point de vue géométrique, de signaler ceux où — K est choisie égale à la valeur de l'une des séries (33). Si, par exemple, on a

$$-K = \frac{2V^2}{1-V^4} - 2\sum \frac{q^{2n}}{1-q^{2n}} \frac{1-V^{4n}}{V^{2n}},$$

il en résulte $a^2 = 0$. La surface base est aplatie, se réduit à une simple conique. En ce cas, on a nécessairement $c^2 > b^2 > h^2$. Cette conique est une ellipse et le point de contact du plan roulant la décrit tout entière. Si — K est égal à la seconde série (33), la courbe est une hyperbole dont a est le demi-axe transverse, et le point de contact du plan roulant décrit sur cette courbe un arc limité : cet arc, en effet, contient seulement les points où la tangente de la courbe est à une distance du centre inférieure à h. Si enfin — K est égal à la troisième série (33), la courbe est une ellipse; mais le point de contact du plan roulant décrit sur la courbe un arc limité.

Ces cas particuliers sont plus simples au point de vue géométrique que le cas général, surtout si l'on envisage le plan comme fixe, la base comme mobile. On voit alors une ellipse ou une hyperbole, de centre fixe, rouler sur un plan. Ce mouvement, combiné avec une rotation du plan autour de la perpendiculaire menée du centre fixe, peut donner une idée nette du mouvement le plus général.

On vient de considérer simultanément deux mouvements à la Poinsot, dont les éléments sont liés par trois relations (45). Ceci conduit à une généralisation naturelle dont nous allons parler.

Définition des mouvements à la Poinsot concordants.

Soient deux mouvements à la Poinsot, que l'on considère simultanément. Nous les dirons *concordants* si les fonctions elliptiques qui y correspondent ont un même invariant absolu et si, en outre, les deux mouvements sont *isochrones*, ont une même période de temps.

La *concordance*, ainsi définie, s'exprime par deux relations entre les éléments des deux mouvements. Nous allons trouver ces relations.

Rappelons-nous qu'un mouvement à la Poinsot est défini par quatre nombres $\left(\frac{a}{n}\right)^2$, $\left(\frac{b}{n}\right)^2$, $\left(\frac{c}{n}\right)^2$, $\frac{h}{n}$ (p. 52).

Nous distinguerons les deux mouvements par les indices 0 et 1, affectant toutes les lettres relatives à l'un ou à l'autre.

Dans les formules relatives à chacun d'eux, figurent deux constantes entièrement arbitraires, μ_0, μ_1, qui sont des constantes d'homogénéité. Nous en pouvons disposer de telle sorte que, pour les fonctions elliptiques, l'invariant étant unique, les *racines* e_1, e_2, e_3 soient, de part et d'autre, les mêmes. Ainsi, la coïncidence de l'invariant absolu est exprimée si l'on dit que l'on peut choisir μ_0 et μ_1 de telle sorte, que les trois différences analogues à celle-ci,

$$(46) \qquad \frac{(a_0^2-h_0^2)(b_0^2-h_0^2)}{\mu_0^2 h_0^2} = \frac{(a_1^2-h_1^2)(b_1^2-h_1^2)}{\mu_1^2 h_1^2}$$

soient égales entre elles. En effet, d'après les formules (8), ces différences sont, toutes trois, égales à $p v_1 - p v_0$.

D'autre part, la période du temps est, en valeur absolue, $4\omega\frac{n_0}{\mu_0}$ pour l'un des mouvements, $4\omega\frac{n_1}{\mu_1}$ pour l'autre (p. 52). L'isochronisme exige donc l'égalité des rapports $\frac{n_0}{\mu_0}$, $\frac{n_1}{\mu_1}$ en valeur absolue. Dans les différences (46), on peut donc remplacer μ_0^2, μ_1^2 par n_0^2, n_1^2. Dès lors, *la concordance est exprimée si l'on dit que les trois différences analogues à celle-ci,*

$$(47) \qquad \frac{(a_0^2-h_0^2)(b_0^2-h_0^2)}{n_0^2 h_0^2} = \frac{(a_1^2-h_1^2)(b_1^2-h_1^2)}{n_1^2 h_1^2},$$

sont égales entre elles.

Au point de vue de la Cinématique, on peut prendre ces relations pour définition de la *concordance*.

Relations entre les éléments variables de deux mouvements concordants.

Considérant deux mouvements concordants, on doit chercher les relations qui existent entre les positions des deux figures mobiles, prises en un même instant quelconque. Dans la solution de cette question, il entre une constante nouvelle : on peut supposer, en effet, que l'une des figures occupe une quelconque de ses positions en un instant initial, où l'autre figure occupe une position déterminée. Cette supposition faite, la correspondance entre les positions des deux figures se trouve complètement établie.

Les deux figures mobiles sont les deux systèmes d'axes x_0, y_0, z_0; x_1, y_1, z_1. Nous supposerons, dans la notation, un seul système d'axes fixes a, b, c, comme si les deux surfaces bases avaient les mêmes plans de symétrie.

Les différentielles des arguments variables du_0, du_1 sont respectivement $\frac{\mu_0}{n_0}dt$, $\frac{\mu_1}{n_1}dt$ (6). Elles sont donc égales entre elles, en valeur absolue, comme $\frac{\mu_0}{n_0}$, $\frac{\mu_1}{n_1}$. La somme $u_0 \pm u_1$ est donc constante. Il est d'ailleurs indifférent de supposer constante soit la somme, soit la différence; car les formules fondamentales (I, 1) restent inaltérées si l'on change u, v, G en $-u$, $-v$, $-$G. Pour la symétrie, nous supposerons la *somme* constante, et nous poserons

$$(48)\qquad \left\{\begin{aligned} \frac{\mu_1}{n_1} &= -\frac{\mu_0}{n_0} = \tau,\\ u_0 + u_1 &= v. \end{aligned}\right.$$

La relation entre les éléments *elliptiques* variables des deux mouvements est ainsi trouvée. C'est à l'addition des arguments dans les fonctions elliptiques qu'il faut maintenant demander les relations entre les éléments géométriques.

Pour ce but, on devra considérer les quantités suivantes :

$$(49)\quad \left\{\begin{aligned} \tau^2\,\mathrm{p}\,u_0 &= -\frac{1}{3n_0^2h_0^2}\,\Sigma(a_0^2-b_0^2)(a_0^2-c_0^2)\cos^2 az_0,\\ \tau^2\,\mathrm{p}\,u_1 &= -\frac{1}{3n_1^2h_1^2}\,\Sigma(a_1^2-b_1^2)(a_1^2-c_1^2)\cos^2 az_1,\\ -\tau^3\,\mathrm{p}'u_0 &= \frac{2}{n_0^3h_0^3}(a_0^2-b_0^2)(b_0^2-c_0^2)(c_0^2-a_0^2)\cos az_0\cos bz_0\cos cz_0,\\ \tau^3\,\mathrm{p}'u_1 &= \frac{2}{n_1^3h_1^3}(a_1^2-b_1^2)(b_1^2-c_1^2)(c_1^2-a_1^2)\cos az_1\cos bz_1\cos cz_1. \end{aligned}\right.$$

Ces quantités ont effectivement la signification elliptique que la notation leur attribue, comme on voit par les formules (11, 12).

Ceci posé pour deux mouvements concordants, il existe deux constantes $\tau^2\,\mathrm{p}v$, $\tau^3\,\mathrm{p}'v$, donnant lieu aux deux relations (t. I, p. 30)

$$(50)\qquad \frac{\tau^3\,\mathrm{p}'u_0+\tau^3\,\mathrm{p}'v}{\tau^2\,\mathrm{p}\,u_0-\tau^2\,\mathrm{p}\,v} = \frac{\tau^3\,\mathrm{p}'u_1+\tau^3\,\mathrm{p}'v}{\tau^2\,\mathrm{p}\,u_0-\tau^2\,\mathrm{p}\,v},$$

$$(51)\qquad \tau^2\,\mathrm{p}\,u_0+\tau^2\,\mathrm{p}\,u_1+\tau^2\,\mathrm{p}\,v = \left(\frac{1}{2}\,\frac{\tau^3\,\mathrm{p}'u_0+\tau^3\,\mathrm{p}'v}{\tau^2\,\mathrm{p}\,u_0-\tau^2\,\mathrm{p}\,v}\right)^2.$$

Ces deux relations ne sont pas indépendantes; les deux constantes $\tau^2\,\mathrm{p}v$, $\tau^3\,\mathrm{p}'v$ ne sont pas toutes deux arbitraires. Cette circonstance, on va le voir, constitue un avantage, et nous allons, pour préciser entièrement, envisager encore d'autres relations.

Considérons l'angle que font entre eux les deux axes mobiles z_0, z_1. Son cosinus est donné par une formule du Chapitre I (I, 32) sous la forme suivante, où nous écrivons v au lieu de u_0+u_1 (48) :

$$(52)\qquad \cos z_0z_1 = \frac{2\zeta u_0+2\zeta u_1-\sum\zeta\dfrac{v\pm v_1\pm v_0}{2}}{\sum\zeta\dfrac{v\pm(v_0-v_1)}{2}-\sum\zeta\dfrac{v\pm(v_0+v_1)}{2}}.$$

Par le théorème d'addition des fonctions ζ (t. I, p. 138), on a

$$(53)\qquad \zeta u_0+\zeta u_1-\zeta v = -\frac{1}{2}\,\frac{\mathrm{p}'u_0-\mathrm{p}'u_1}{\mathrm{p}\,u_0-\mathrm{p}\,u_1}.$$

Le second membre peut être exprimé, par le moyen des quantités (49), comme il suit. Posons, suivant l'égalité (12),

$$(54)\quad \left\{\begin{aligned} \Lambda &= \frac{(a_0^2-b_0^2)(a_0^2-c_0^2)}{n_0^2 h_0^2}\cos^2 az_0 \\ &\quad - \frac{(a_1^2-b_1^2)(a_1^2-c_1^2)}{n_1^2 h_1^2}\cos^2 az_1 = \tau^2(\wp u_1 - \wp u_0), \end{aligned}\right.$$

en observant que cette quantité variable Λ ne change pas par le changement des lettres a, b, c; puis

$$(55)\quad \left\{\begin{aligned} \mathrm{N} &= \frac{1}{\Lambda}\left[\frac{(a_0^2-b_0^2)(b_0^2-c_0^2)(c_0^2-a_0^2)}{n_0^3 h_0^3}\cos az_0 \cos bz_0 \cos cz_0\right. \\ &\quad \left.+ \frac{(a_1^2-b_1^2)(b_1^2-c_1^2)(c_1^2-a_1^2)}{n_1^3 h_1^3}\cos az_1 \cos bz_1 \cos cz_1\right] \\ &= \frac{1}{2}\tau\,\frac{\wp' u_0 - \wp' u_1}{\wp u_0 - \wp u_1}. \end{aligned}\right.$$

Désignons encore par A et B les deux constantes

$$(56)\quad \left\{\begin{aligned} \mathrm{A} &= \tau\left[\sum \zeta\frac{v \pm (v_0 - v_1)}{2} - \sum \zeta\frac{v \pm (v_0 + v_1)}{2}\right], \\ \mathrm{B} &= \tau\left[\sum \zeta\frac{v \pm v_1 \pm v_0}{2} - 2\zeta v\right]. \end{aligned}\right.$$

L'égalité (52) nous fournit la relation

$$(57)\quad \mathrm{A}(\cos az_0 \cos az_1 + \cos bz_0 \cos bz_1 + \cos cz_0 \cos cz_1) + 2\mathrm{N} + \mathrm{B} = 0.$$

En différentiant, nous allons avoir une nouvelle relation contenant la seule constante A.

Pour faire cette différentiation, on a d'abord (48, 54)

$$\frac{d}{dt}(\zeta u_1 + \zeta u_0) = \tau\left(\frac{d\zeta u_1}{du_1} - \frac{d\zeta u_0}{du_0}\right) = \tau(\wp u_0 - \wp u_1) = -\frac{\Lambda}{\tau},$$

d'où résulte, d'après (53, 55)

$$\frac{d\mathrm{N}}{dt} = \mathrm{A}.$$

On a, d'autre part (1, 3, 5),

$$\frac{d\cos az_0}{dt} = \frac{b_0^2 - c_0^2}{n_0 h_0}\cos bz_0 \cos cz_0,$$

et ainsi des autres analogues. L'égalité (57) donne donc, par différentiation,

$$(58)\quad \left\{\begin{aligned} &A\sum\left(\frac{b_0^2-c_0^2}{n_0h_0}\cos bz_0\cos cz_0\cos az_1\right.\\ &\qquad\left.+\frac{b_1^2-c_1^2}{n_1h_1}\cos bz_1\cos cz_1\cos az_0\right)+2A=0. \end{aligned}\right.$$

Après avoir établi ces formules, envisageons la question importante de déterminer les positions correspondantes des deux figures mobiles dans deux mouvements concordants.

Ce qui justifie l'emploi des relations surabondantes (50, 51, 57, 58), c'est la nécessité de fixer les signes des cosinus. On pourrait assurément y parvenir en suivant la variation de ces cosinus : on devrait, à cet effet, se rappeler seulement que $\cos az$ conserve un signe invariable, tandis que $\cos bz$ change son signe quand l'argument u passe par une période, et $\cos cz$ quand cet argument passe par une demi-période. Mais, sauf des cas particuliers relativement à l'argument v, on ne pourrait ainsi tirer aucune conclusion.

Si l'on suppose connues les constantes $\tau^2 pv$, $\tau^3 p'v$, A, B, on peut déterminer entièrement les cosinus de az_1, bz_1, cz_1 correspondant à des cosinus donnés pour az_0, bz_0, cz_0. Effectivement, la relation (51) donne $\tau^2 pu_1$, par conséquent A (54) et les carrés des cosinus. La relation (50) donne $\tau^3 p'u_1$ et, par conséquent, N (55); puis l'une ou l'autre des relations (57, 58) permet de fixer les signes des cosinus eux-mêmes.

Il n'y a d'ailleurs aucun embarras pour choisir les constantes $\tau^2 pv$, $\tau^3 p'v$, A, B si l'on veut composer un exemple. Ayant pris, en effet, deux mouvements à la Poinsot dont les données satisfassent aux relations de concordance (47), on peut choisir à volonté, dans ces deux mouvements, les axes z_0 et z_1 pour correspondants. Les valeurs de A et N, pour cette position, se trouvent déterminées; par la relation (58), on en conclut A, puis B par la relation (57) et, par les relations (51, 50), $\tau^2 pv$, $\tau^3 p'v$.

On le voit donc, si l'on définit deux mouvements à la Poinsot concordants par la position des deux figures mobiles en un même instant, les constantes A, B, $\tau^2 pv$, $\tau^3 p'v$ peuvent être envisagées comme des données; de plus, pour chaque position ultérieure d'un des axes, z_0, par exemple, celle de l'autre axe z_1 est déterminée complètement par des formules explicites.

Sur un cas particulier de la concordance.

Le cas particulier suivant doit être signalé surtout à cause de l'application qui en sera faite dans le Chapitre suivant : c'est celui où les deux arguments variables u_0, u_1 ont pour somme une période. Ici les cosinus de bz_0 et bz_1 changent ensemble leurs signes, et de même ceux de cz_0 et cz_1. Cette circonstance est mise en évidence dans l'égalité (54), où A est nul. Si l'on tient compte de la convention d'après laquelle b^2 est le carré du demi-axe moyen, c'est-à-dire b^2 compris entre a^2 et c^2, on aura, en ne considérant que des radicaux réels et positifs,

$$\frac{\sqrt{(a_0^2-b_0^2)(a_0^2-c_0^2)}}{n_0 h_0}\cos az_0 = \varepsilon' \frac{\sqrt{(a_1^2-b_1^2)(a_1^2-c_1^2)}}{n_1 h_1}\cos az_1,$$

$$\frac{\sqrt{(a_0^2-b_0^2)(b_0^2-c_0^2)}}{n_0 h_0}\cos bz_0 = \varepsilon'' \frac{\sqrt{(a_1^2-b_1^2)(b_1^2-c_1^2)}}{n_1 h_1}\cos bz_1,$$

$$\frac{\sqrt{(c_0^2-a_0^2)(c_0^2-b_0^2)}}{n_0 h_0}\cos cz_0 = \varepsilon''' \frac{\sqrt{(c_1^2-a_1^2)(c_1^2-b_1^2)}}{n_1 h_1}\cos cz_1;$$

ε', ε'', ε''' pourront indifféremment être pris séparément égaux à ± 1, sous la condition toutefois $\varepsilon'\varepsilon''\varepsilon''' = +1$, exigée par les relations (49).

Herpolhodies fermées et herpolhodies algébriques.

Si l'angle χ_0 est commensurable avec la circonférence, l'herpolhodie est une courbe fermée. On obtient ce cas, en prenant convenablement K dans la formule (37).

Si, en même temps, on prend aussi $u = \chi_0$, l'herpolhodie est une courbe algébrique. L'expression (14) de $x + iy$ est alors, en effet, une de ces fonctions (t. I, p. 224), qui sont des racines de polynômes entiers en pu et $p'u$, en sorte que $(x+iy)^m$ et $(x-iy)^m$ s'expriment algébriquement tous deux au moyen de pu. C'est un sujet sur lequel on reviendra, à propos des lignes géodésiques.

CHAPITRE III.

ROTATION D'UN CORPS GRAVE DE RÉVOLUTION, SUSPENDU PAR UN POINT DE SON AXE [1]. — LA COURBE ÉLASTIQUE GAUCHE.

Équations différentielles. — Inversion. — Calcul de $\cos AZ \pm i \cos BZ$. — Calcul de $\cos CX \pm i \cos CY$. — Expressions elliptiques des constantes mécaniques. — Cas particulier où l'ellipsoïde d'inertie est une sphère. — Expression des éléments elliptiques par les constantes mécaniques. — Décomposition de la rotation. — Étude du théorème de Jacobi. — Relations entre les deux mouvements composants. — Les éléments du mouvement composé, déduits des mouvements composants. — Propriétés particulières des mouvements composants dans le cas où l'ellipsoïde d'inertie est une sphère. — Les constantes des mouvements composants, déduites de celles du mouvement composé. — Sur un cas particulier. — Mouvement de l'axe du corps grave. — Mouvement relatif de la verticale par rapport au corps. — Le moyen mouvement du plan vertical mesuré dans l'herpolhodie. — Le mouvement du plan vertical mesuré dans l'herpolhodie. — Expression des composantes de la rotation. — Expressions des constantes au moyen du mouvement initial. — Mouvement pendulaire : rotation du plan vertical. — Réaction de la tige du pendule. — Digression sur un cas de l'équation de Lamé. — Sur une distinction entre le pendule à tige et le pendule à fil. — Représentation du mouvement par des séries : moyen mouvement. — Mouvement du plan vertical. — Développement des constantes. — La courbe élastique gauche.

Équations différentielles.

Par *corps de révolution*, on entend ici un solide dont l'ellipsoïde central d'inertie est de révolution. On suppose fixé un point de l'axe de révolution; le corps, animé d'un mouvement initial quelconque, est abandonné à l'action de la seule pesanteur. Le

[1] Auteurs à consulter : LAGRANGE, *Mécanique analytique*, 3ᵉ édition, publiée par M. J. Bertrand, t. II, p. 233. — TISSOT, *Thèse de Mécanique* (*Journal de Math.*, 1ʳᵉ série, t. XVII). — JACOBI, *Œuvres complètes*, t. II. — HERMITE, *Sur quelques applications des fonctions elliptiques*. — DARBOUX, *Cours de Mécanique de M. Despeyrous*, t. II. Paris, Hermann; 1886. — PUISEUX, *Note sur le mouvement d'un point matériel pesant sur une sphère* (*Journal de Math.*, 1ʳᵉ série, t. VII).

problème qui consiste à trouver le mouvement de ce corps a été ramené aux quadratures elliptiques par Lagrange.

Soient A, B, C les axes rectangulaires, fixes dans le corps, ayant leur origine au point de suspension, et le dernier C, passant par le centre de gravité. Soient aussi π le poids du corps, et c l'ordonnée du centre de gravité, comptée suivant l'axe C; soit enfin Z un axe fixe et vertical, dirigé dans le sens de la pesanteur. Les moments de la pesanteur par rapport aux axes A et B sont respectivement $-\pi c \cos BZ$ et $+\pi c \cos AZ$. Par rapport à l'axe C, le moment est nul, puisque cet axe contient le centre de gravité. Faisant, un instant, abstraction de ce fait que le corps est de révolution, dénotant par P, Q, R les moments d'inertie et par p, q, r les composantes de la rotation instantanée autour de A, B, C, par t le temps, on aurait les équations différentielles

$$P\frac{dp}{dt} = (Q-R)qr - \pi c \cos BZ,$$

$$Q\frac{dq}{dt} = (R-P)rp + \pi c \cos AZ,$$

$$R\frac{dr}{dt} = (P-Q)pq.$$

Le corps étant de révolution, les deux moments d'inertie P et Q sont égaux entre eux, quel que soit le point de suspension sur l'axe du corps. La dernière équation montre donc que r est une constante.

Écrivant, pour abréger,

$$\text{(1)} \qquad \frac{R}{P} = \frac{\alpha}{r}, \qquad \frac{\pi c}{P} = \tfrac{1}{2}\beta,$$

on a les équations différentielles

$$\text{(2)} \qquad \begin{cases} \dfrac{dp}{dt} = \left(1 - \dfrac{\alpha}{r}\right) rq - \tfrac{1}{2}\beta \cos BZ, \\ \dfrac{dq}{dt} = \left(\dfrac{\alpha}{r} - 1\right) rp + \tfrac{1}{2}\beta \cos AZ. \end{cases}$$

En y joignant les équations cinématiques (I, 74), où p, q, r doivent être changés de signe pour représenter les composantes de la rotation relative de l'espace par rapport au corps,

$$(3)\qquad \frac{d\cos \mathrm{CZ}}{dt} = q\cos \mathrm{AZ} - p\cos \mathrm{BZ},$$

$$(4)\qquad \frac{d\cos \mathrm{AZ}}{dt} = r\cos \mathrm{BZ} - q\cos \mathrm{CZ},$$

$$(5)\qquad \frac{d\cos \mathrm{BZ}}{dt} = p\cos \mathrm{CZ} - r\cos \mathrm{AZ},$$

on parvient, comme il suit, à l'intégration.

Multipliant respectivement par p et q aux deux membres dans les équations (2) et ajoutant, on obtient, suivant (3),

$$p\frac{dp}{dt} + q\frac{dq}{dt} = \tfrac{1}{2}\beta\,\frac{d\cos \mathrm{CZ}}{dt}$$

et, par conséquent,

$$(6)\qquad p^2 + q^2 = \beta(\cos \mathrm{CZ} + \gamma).$$

Multipliant respectivement par $\cos \mathrm{AZ}$ et $\cos \mathrm{BZ}$ dans les équations (2), par p et q dans les équations (4, 5) et ajoutant, on obtient encore, suivant (3),

$$\frac{d}{dt}(p\cos \mathrm{AZ} + q\cos \mathrm{BZ}) = -\alpha\,\frac{d\cos \mathrm{CZ}}{dt},$$

d'où résulte

$$(7)\qquad p\cos \mathrm{AZ} + q\cos \mathrm{BZ} = \delta - \alpha\cos \mathrm{CZ}.$$

D'après l'identité

$$(p\cos \mathrm{AZ} + q\cos \mathrm{BZ})^2 + (q\cos \mathrm{AZ} - p\cos \mathrm{BZ})^2 = (p^2+q^2)(\cos^2 \mathrm{AZ} + \cos^2 \mathrm{BZ})$$

et la relation

$$\cos^2 \mathrm{AZ} + \cos^2 \mathrm{BZ} + \cos^2 \mathrm{CZ} = 1,$$

les équations (3, 6, 7) donnent maintenant

$$(8)\qquad \left(\frac{d\cos \mathrm{CZ}}{dt}\right)^2 = \beta(1-\cos^2 \mathrm{CZ})(\cos \mathrm{CZ} + \gamma) - (\delta - \alpha\cos \mathrm{CZ})^2.$$

On voit par là que $\cos \mathrm{CZ}$ est une fonction elliptique du temps t.

Inversion.

Désignant par τ une constante d'homogénéité, posons

$$\cos CZ = \frac{4}{\beta}\tau^2(\rho - pu). \tag{9}$$

La constante ρ doit être choisie de telle sorte que le polynôme en pu, transformé du polynôme (8), manque du second terme et les invariants elliptiques doivent être pris de telle sorte que le polynôme reproduise $p'^2 u$, à un facteur constant près.

On sera ainsi conduit à une identité de la forme suivante

$$\left\{\begin{array}{l} 4(pu - pa)(pu - pa_1)(pu - pa_2) \\ \quad + 4(pa + pa_1 + pa_2)(pu - \nu)^2 = p'^2 u, \end{array}\right. \tag{10}$$

où chaque facteur $(pu - pa)$ correspond à l'un des facteurs linéaires de la première partie du polynôme (8), tandis que $(pu - \nu)^2$ correspond à $(\delta - \alpha \cos CZ)^2$.

Faisant successivement $u = a$ et $u = a_1$ dans l'égalité (10), on conclut

$$\left\{\begin{array}{l} 2\sqrt{pa + pa_1 + pa_2}\,(pa - \nu) = p'a, \\ 2\sqrt{pa + pa_1 + pa_2}\,(pa_1 - \nu) = p'a_1, \end{array}\right. \tag{11}$$

d'où résulte

$$4(pa + pa_1 + pa_2) = \left(\frac{p'a - p'a_1}{pa - pa_1}\right)^2;$$

donc (t. I, p. 30)

$$a_2 \equiv \pm (a + a_1).$$

Il était permis de choisir *ad libitum* les signes dans (11); car les signes de a, a_1 sont arbitraires. Celui de a_2 est arbitraire aussi Nous supposerons donc

$$a + a_1 + a_2 \equiv 0, \tag{12}$$

à quoi il faut ajouter, pour ν, cette expression qui reste inaltérée par l'échange des indices

$$\nu = \frac{p'a\,pa_1 - p'a_1\,pa}{p'a - p'a_1}. \tag{13}$$

Les deux relations (12, 13) suffisent à assurer l'exactitude de l'identité (10). Pour le vérifier, prenons les deux fonctions

$$fu = 4(pu - pa)(pu - pa_1)(pu - pa_2),$$
$$f_1 u = \left[p'u - \frac{p'a - p'a_1}{pa - pa_1}(pu - v)\right]\left[p'u + \frac{p'a - p'a_1}{pa - pa_1}(pu - v)\right].$$

Le premier facteur de $f_1 u$, par construction, a les racines a et a_1. Comme la somme de ses racines doit faire une période, la troisième racine est a_2. De même, le second facteur a les racines $-a$, $-a_1$, $-a_2$. On en conclut immédiatement l'égalité $fu = f_1 u$, c'est-à-dire l'identité (10).

Pour identifier le polynôme (10) avec le transformé du polynôme (8), établissons l'égalité deux à deux des racines des binômes du premier degré correspondant; posons ainsi

$$(14)\qquad \begin{cases} 1 = \dfrac{4}{\beta}\tau^2(\rho - pa), \\ -1 = \dfrac{4}{\beta}\tau^2(\rho - pa_1), \\ -\gamma = \dfrac{4}{\beta}\tau^2(\rho - pa_2), \\ \dfrac{\delta}{\alpha} = \dfrac{4}{\beta}\tau^2(\rho - v). \end{cases}$$

Nous avons de la sorte

$$(15)\qquad \begin{cases} 1 - \cos CZ = \dfrac{4}{\beta}\tau^2(pu - pa), \\ 1 + \cos CZ = -\dfrac{4}{\beta}\tau^2(pu - pa_1), \\ \gamma + \cos CZ = -\dfrac{4}{\beta}\tau^2(pu - pa_2), \\ \delta - \alpha\cos CZ = \dfrac{4\alpha}{\beta}\tau^2(pu - v). \end{cases}$$

Il faudra poser, en outre,

$$(16)\qquad \alpha = \frac{\tau}{i}\,\frac{p'a - p'a_1}{pa - pa_1},$$

moyennant quoi le polynôme (8) reproduit le polynôme (10) multiplié par le facteur $\frac{4^2\tau^6}{\beta^2}$, et l'on a

$$\left(\frac{d\cos CZ}{dt}\right)^2 = \frac{4^2\tau^6}{\beta^2}\,p'^2 u.$$

Mais, suivant (9),

$$\frac{d\cos CZ}{dt} = -\frac{4\tau^2}{\beta}\,p'u\,\frac{du}{dt}.$$

On a donc

$$du = \tau\,dt. \tag{17}$$

Des deux premières égalités (14) se conclut

$$\rho = \frac{pa + pa_1}{2}, \qquad \tfrac{1}{2}\beta = \tau^2(pa_1 - pa), \tag{18}$$

et l'expression (9) de cos CZ devient

$$\cos CZ = \frac{2pu - pa - pa_1}{pa - pa_1}. \tag{19}$$

On en tire

$$\begin{cases} 1 + \cos CZ = 2\,\dfrac{pa_1 - pu}{pa_1 - pa} = 2\,\dfrac{\sigma^2 a\,\sigma(u - a_1)\,\sigma(u + a_1)}{\sigma(a - a_1)\,\sigma(a + a_1)\,\sigma^2 u}, \\ 1 - \cos CZ = -2\,\dfrac{pa - pu}{pa_1 - pa} = -2\,\dfrac{\sigma^2 a_1\,\sigma(u - a)\,\sigma(u + a)}{\sigma(a - a_1)\,\sigma(a + a_1)\,\sigma^2 u}. \end{cases} \tag{20}$$

Calcul de $\cos AZ \pm i \cos BZ$.

Des relations (4, 5) on tire

$$\frac{d}{dt}(\cos AZ + i\cos BZ) = i(p + iq)\cos CZ - ir(\cos AZ + i\cos BZ)$$

et des équations (3, 7)

$$(\cos AZ - i\cos BZ)(p + iq) = \delta - \alpha\cos CZ + i\frac{d\cos CZ}{dt}.$$

Éliminant $p + iq$ et remplaçant $\cos^2 AZ + \cos^2 BZ$ par $1 - \cos^2 CZ$, nous concluons

$$(21)\quad \left\{\begin{aligned}&\frac{1}{i}\frac{d}{dt}\left[\log(\cos AZ + i\cos BZ) - \tfrac{1}{2}\log(1-\cos^2 CZ)\right] + r\\&\quad = \frac{\cos CZ(\delta - \alpha\cos CZ)}{1-\cos^2 CZ}.\end{aligned}\right.$$

Décomposant, par rapport à $\cos CZ$, le second membre en fractions simples, on lui donne la forme

$$(22)\qquad \alpha + \frac{\delta-\alpha}{2(1-\cos CZ)} - \frac{\delta+\alpha}{2(1+\cos CZ)}.$$

En faisant dans la dernière égalité (15) successivement $u = a$ et $u = a_1$, puis remplaçant ν par son expression (13), on obtient des expressions elliptiques de $\delta \mp \alpha$, savoir

$$\delta - \alpha = \frac{4\alpha}{\beta}\tau^2\frac{p'a(pa - pa_1)}{p'a - p'a_1},$$
$$\delta + \alpha = \frac{4\alpha}{\beta}\tau^2\frac{p'a_1(pa - pa_1)}{p'a - p'a_1}.$$

En y substituant, au lieu de α, l'expression (16), nous obtenons

$$\delta - \alpha = \frac{4}{\beta}\tau^3\frac{p'a}{i},$$
$$\delta + \alpha = \frac{4}{\beta}\tau^3\frac{p'a_1}{i}$$

et, d'après les expressions (15) de $1 \mp \cos CZ$,

$$(23)\qquad \frac{\delta-\alpha}{1-\cos CZ} = \frac{\tau}{i}\frac{p'a}{pu - pa},\qquad \frac{\delta+\alpha}{1+\cos CZ} = -\frac{\tau}{i}\frac{p'a_1}{pu-pa_1}.$$

Substituons aussi, dans (22), au lieu de α, l'expression (16), remplaçons $\varepsilon\, dt$ par du et nous avons, au lieu de l'égalité (21), celle-ci

$$\frac{d}{du}\left[\log(\cos AZ + i\cos BZ) - \tfrac{1}{2}\log(1-\cos^2 CZ)\right] + \frac{ir}{\tau}$$
$$= \frac{p'a - p'a_1}{pa - pa_1} + \frac{1}{2}\frac{p'a}{pu - pa} + \frac{1}{2}\frac{p'a_1}{pu - pa_1}.$$

L'intégration se fera par le moyen des formules (t. I, p. 138)

$$(24)\quad \begin{cases} \dfrac{p'a}{pu - pa} = -\zeta(u+a) + \zeta(u-a) + 2\zeta a, \\ \dfrac{p'a_1}{pu - pa_1} = -\zeta(u+a_1) + \zeta(u-a_1) + 2\zeta a_1, \\ \dfrac{p'a - p'a_1}{pa - pa_1} = 2\zeta(a+a_1) - 2\zeta a - 2\zeta a_1, \end{cases}$$

qui transforment le second membre en celui-ci

$$\begin{aligned} &2\zeta(a+a_1) - \zeta a - \zeta a_1 \\ &\quad + \tfrac{1}{2}[\zeta(u-a) + \zeta(u-a_1) - \zeta(u+a) - \zeta(u+a_1)]. \end{aligned}$$

D'autre part, les formules (20) donnent par différentiation

$$(25)\quad \begin{cases} \dfrac{1}{2}\dfrac{d}{du}\log(1 - \cos^2 CZ) \\ \quad = \tfrac{1}{2}[\zeta(u-a) + \zeta(u-a_1) + \zeta(u+a) + \zeta(u+a_1) - 4\zeta u]. \end{cases}$$

Il nous vient donc

$$\begin{aligned} &\frac{d}{du}\log(\cos AZ + i\cos BZ) + \frac{ir}{\tau} \\ &\quad = 2\zeta(a+a_1) - \zeta a - \zeta a_1 + \zeta(u-a) + \zeta(u-a_1) - 2\zeta u; \end{aligned}$$

puis, en intégrant et donnant à la constante arbitraire une forme convenable E,

$$(26)\quad \begin{cases} \cos AZ + i\cos BZ \\ \quad = \dfrac{2E\,\sigma a\,\sigma a_1\,\sigma(u-a)\,\sigma(u-a_1)}{\sigma(a-a_1)\,\sigma(a+a_1)\,\sigma^2 u}\, e^{\left[2\zeta(a+a_1) - \zeta a - \zeta a_1 - \frac{ir}{\tau}\right]u}. \end{cases}$$

La quantité conjuguée s'obtient immédiatement par cette considération que le produit doit donner $1 - \cos^2 CZ$:

$$(26a)\quad \begin{cases} \cos AZ - i\cos BZ \\ \quad = -\dfrac{2\,\sigma a\,\sigma a_1\,\sigma(u+a)\,\sigma(u+a_1)}{E\,\sigma(a-a_1)\,\sigma(a+a_1)\,\sigma^2 u}\, e^{-\left[2\zeta(a+a_1) - \zeta a - \zeta a_1 - \frac{ir}{\tau}\right]u}. \end{cases}$$

Calcul de $\cos CX \pm i\cos CY$.

Soient

$$\begin{aligned} \mathfrak{S} &= \cos CX + i\cos CY, \\ \mathfrak{S}_0 &= \cos CX - i\cos CY, \end{aligned}$$

on a, par les éléments de Cinématique (I, 76) (on suppose les axes congruents, donc $\varepsilon = +1$, et l'on change les signes de p, q par la même raison qu'au début du Chapitre),

$$\Theta_0 \frac{d\Theta}{dt} - \Theta \frac{d\Theta_0}{dt} = 2i(p \cos \mathrm{AZ} + q \cos \mathrm{BZ}).$$

Divisant par $\Theta\Theta_0 = 1 - \cos^2 \mathrm{CZ}$ et remplaçant le second membre d'après (7), on obtient

$$(27) \qquad \frac{1}{2i} \frac{d}{dt} \log \frac{\Theta}{\Theta_0} = \frac{\delta - \alpha \cos \mathrm{CZ}}{1 - \cos^2 \mathrm{CZ}} = \frac{\delta - \alpha}{2(1 - \cos \mathrm{CZ})} + \frac{\delta + \alpha}{2(1 + \cos \mathrm{CZ})}.$$

De là, d'après les égalités (17, 23, 24),

$$(28) \qquad \left\{ \begin{aligned} \frac{d}{du} \log \frac{\Theta}{\Theta_0} &= \frac{p'a}{pu - pa} - \frac{p'a_1}{pu - pa_1} \\ &= 2\zeta a - 2\zeta a_1 + \zeta(u-a) \\ &\quad + \zeta(u + a_1) - \zeta(u+a) - \zeta(u - a_1). \end{aligned} \right.$$

Ajoutant la dérivée logarithmique (25) de $1 - \cos^2 \mathrm{CZ} = \Theta\Theta_0$ et divisant par 2, nous avons ainsi

$$\frac{d}{du} \log \Theta = \zeta a - \zeta a_1 + \zeta(u - a) + \zeta(u + a_1) - 2\zeta u.$$

L'intégration donne maintenant, si l'on met sous une forme convenable la constante arbitraire E_1,

$$(29) \qquad \cos \mathrm{CX} + i \cos \mathrm{CY} = - \frac{2 \mathrm{E}_1 \sigma a \, \sigma a_1 \, \sigma(u - a) \, \sigma(u + a_1)}{\sigma(a - a_1) \, \sigma(a + a_1) \, \sigma^2 u} e^{(\zeta a - \zeta a_1) u},$$

avec la quantité conjuguée

$$(30) \qquad \cos \mathrm{CX} - i \cos \mathrm{CY} = \frac{2 \sigma a \, \sigma a_1 \, \sigma(u + a) \, \sigma(u - a_1)}{\mathrm{E}_1 \sigma(a - a_1) \, \sigma(a + a_1) \, \sigma^2 u} e^{-(\zeta a - \zeta a_1) u}.$$

Expressions elliptiques des constantes mécaniques.

Les données comprennent cinq constantes α, β, γ, δ, r, dont les quatre premières ont reçu des expressions elliptiques, que nous allons récapituler d'après les égalités ci-dessus (14, 16, 13),

$$(31)\quad \begin{cases} \alpha = \dfrac{\tau}{i}\,\dfrac{p'a_1 - p'a}{pa_1 - pa}, \\[2mm] \delta = \dfrac{\tau}{i}\,\dfrac{p'a_1 + p'a}{pa_1 - pa}, \\[2mm] \beta = 2\tau^2(pa_1 - pa), \\ \beta\gamma = 2\tau^2(2pa_2 - pa - pa_1) = 2\tau^2[2\,p(a + a_1) - pa - pa_1]. \end{cases}$$

Au lieu des quatre constantes α, β, γ, δ apparaissent, dans les formules, les arguments a, a_1 qui, avec les invariants des fonctions elliptiques, constituent quatre constantes équivalentes. La constante d'homogénéité τ est *ad libitum*.

Il s'agit de reconnaître la nature des fonctions elliptiques, c'est-à-dire le signe de leur discriminant, celle des arguments a, a_1 et de l'argument variable u.

Le polynôme (8) doit nécessairement être positif pour des valeurs de $\cos CZ$ comprises entre deux limites entre lesquelles oscillera ce cosinus; mais ce polynôme est négatif pour $\cos CZ = \pm 1$. Les deux limites sont donc comprises entre -1 et $+1$, et ce sont deux racines du polynôme. Les racines sont donc réelles et le discriminant est positif. La troisième racine est inférieure à -1 ou supérieure à $+1$, suivant que β est positif ou négatif.

D'après la relation (9), pu décroît quand $\cos CZ$ croît si β est positif, ou croît avec $\cos CZ$ si β est négatif. La troisième racine du polynôme correspond donc toujours à $pu = e_1$; les deux autres correspondent aux valeurs e_2 et e_3 de pu. Donc l'argument u, diminué d'un multiple impair de la demi-période purement imaginaire ω', est réel.

D'autre part, pa et pa_1 correspondent à $\cos CZ = \pm 1$. L'un d'eux est entre e_2 et e_1, l'autre entre $-\infty$ et e_3. Les fonctions $p'a$, $p'a_1$ sont purement imaginaires, et les arguments sont l'un purement imaginaire, l'autre purement imaginaire sauf une demi-période réelle ω, le tout, bien entendu, sauf des périodes.

Si l'on prend effectivement de cette manière les arguments a et a_1, on voit, par les formules (31), que α, δ, β, γ seront réels. On peut donc prendre arbitrairement les invariants des fonctions elliptiques et les arguments a et a_1, ces derniers sous les formes qu'on vient de dire; les formules représenteront un cas du problème mécanique proposé. La cinquième constante r est arbitraire aussi, mais astreinte à une condition d'inégalité. En effet, les moments d'inertie P et R doivent satisfaire à la condition $P > \frac{1}{2} R$. On devra donc toujours prendre, suivant l'égalité (1),

$$\frac{r}{\alpha} > \frac{1}{2}.$$

Cas particulier où l'ellipsoïde d'inertie est une sphère.

La supposition de la forme sphérique pour l'ellipsoïde d'inertie ne particularise pas le corps, mais le point de suspension. Sur l'axe d'un corps de révolution, il y a toujours, en effet, un point pour lequel les moments d'inertie sont égaux dans tous les sens.

Cette même supposition altère d'une manière peu profonde le mouvement que nous étudions. Par les formules (26) et (26a), on voit, en effet, que si l'on change seulement r sans altérer les autres constantes, ceci revient simplement à multiplier $\cos AZ + i \cos BZ$ par un facteur de la forme e^{iku} : c'est donc simplement composer le mouvement avec une rotation uniforme autour de l'axe C. On peut donc réduire le mouvement à l'ensemble d'une telle rotation et à un mouvement particulier pour lequel r ait une valeur à volonté, par exemple $r = \alpha$, et cette hypothèse, d'après la relation (1), correspond à $R = P$, c'est-à-dire à l'égalité des moments d'inertie autour du point de suspension.

Ce cas particulier, signalé par M. Darboux, donne lieu à plusieurs belles propriétés, que nous mentionnerons en leur lieu. En voici une qui s'offre tout d'abord. L'expression (31) de α peut s'écrire ainsi (t. I, p. 138) :

$$\alpha = 2\frac{\tau}{i}[\zeta(a + a_1) - \zeta a - \zeta a_1].$$

Si l'on suppose $r = \alpha$, l'exposant de l'exponentielle, dans l'expression (26) de $\cos AZ + i \cos BZ$, devient $(\zeta a + \zeta a_1) u$. De cette manière, l'expression de $\cos AZ + i \cos BZ$ se déduit de celle de $\cos CX + i \cos CY$ par le seul changement de a_1 en $-a_1$, sans parler de l'échange insignifiant des constantes E, E_1. Ce changement ne modifie point $\cos CZ$. Il en résulte, pour ce cas particulier, cette conséquence cinématique : *Le mouvement relatif de l'espace par rapport au corps coïncide avec le mouvement d'un corps grave suspendu par un point de son axe.*

Pour ce second mouvement, les constantes analogues à α, δ, β, γ sont aisées à trouver. On voit, par les formules (31), que α, δ, β se changent en $-\delta$, $-\alpha$, β, quand on change a_1 en $-a_1$. Pour la nouvelle constante γ' qui remplace γ, on aura (31)

$$\frac{1}{\tau^2}(\beta\gamma' - \beta\gamma) = 4\,p(a-a_1) - 4\,p(a+a_1)$$
$$= \left(\frac{p'a + p'a_1}{pa - pa_1}\right)^2 - \left(\frac{p'a - p'a_1}{pa - pa_1}\right)^2 = \frac{\alpha^2 - \delta^2}{\tau^2}.$$

Ainsi, pour le second mouvement, voici les constantes :

$$(32)\qquad \alpha' = -\delta, \qquad \delta' = -\alpha, \qquad \beta' = \beta, \qquad \gamma' = \gamma + \frac{\alpha^2 - \delta^2}{\beta}.$$

On vérifiera aisément que ces changements, apportés dans le polynôme (8), laissent ce polynôme inaltéré.

Expressions des éléments elliptiques par les constantes mécaniques.

En vertu du théorème d'addition

$$p(a+a_1) + pa + pa_1 = \frac{1}{4}\left(\frac{p'a_1 - p'a}{pa_1 - pa}\right)^2,$$

on a, d'après (31),

$$(33)\qquad p(a+a_1) + pa + pa_1 = -\frac{1}{4}\frac{\alpha^2}{\tau^2};$$

il en résulte (31)

$$(34)\qquad \begin{cases} \tau^2(pa_1 + pa) = -\frac{1}{6}(\beta\gamma + \alpha^2), \\ \tau^2(pa_1 - pa) = \frac{1}{2}\beta; \end{cases}$$

ces égalités font connaître pa_1 et pa. On a d'ailleurs, par les égalités (31), les valeurs correspondantes de la fonction p' déjà trouvées plus haut,

$$(35)\qquad \tau^3\,p'a = i\,\frac{\beta(\delta - \alpha)}{4}, \qquad \tau^3\,p'a_1 = i\,\frac{\beta(\delta + \alpha)}{4}.$$

Nous aurons plus loin à faire usage des fonctions p et p' pour les deux arguments suivants

(36) $$v_1 = -(a + a_1), \qquad v_0 = a - a_1,$$

dont le premier n'est autre que a_2. Pour celui-ci, on a d'abord la relation (33) qui donne la fonction p, puis celle-ci, qui donne p',

$$\frac{2\,p'v_1 - p'a_1 - p'a}{2\,pv_1 - pa_1 - pa} = \frac{p'a_1 - p'a}{pa_1 - pa}.$$

Il en résulte

(37) $$\begin{cases} \tau^2\, pv_1 = \dfrac{2\beta\gamma - \alpha^2}{12}, \\ \tau^3\, p'v_1 = \dfrac{i}{4}\beta(\delta + \alpha\gamma). \end{cases}$$

Pour l'argument v_0, on a les formules

$$pv_0 + pa_1 + pa = \frac{1}{4}\left(\frac{p'a_1 + p'a}{pa_1 - pa}\right)^2,$$
$$\frac{2\,p'v_0 - p'a_1 + p'a}{2\,pv_0 - pa_1 - pa} = \frac{p'a_1 + p'a}{pa_1 - pa},$$

et l'on en conclut

(38) $$\begin{cases} \tau^2\, pv_0 = \frac{1}{6}(\beta\gamma + \alpha^2) - \frac{1}{4}\delta^2, \\ \tau^3\, p'v_0 = -\dfrac{i}{4}[\delta^3 - \delta(\beta\gamma + \alpha^2) - \alpha\beta]. \end{cases}$$

Voici des combinaisons qui seront utilisées plus loin :

(39) $$4\tau^2(pv_1 - pv_0) = \delta^2 - \alpha^2,$$

(40) $$\frac{\tau}{i}(\alpha\, p'v_1 - \delta\, p'v_0) = 2(pv_1 - pv_0)[\tfrac{1}{4}\delta^2 - \tau^2(2\,pv_1 + pv_0)].$$

Décomposition de la rotation.

Dans la composition des trièdres (p. 10), supposons

(41) $$u_1 = -u_0 = u,$$

et mettons A, B, C au lieu de x_1, y_1, z_1; X, Y, Z au lieu de

x_0, y_0, z_0. On a d'abord (I, 28, 29) (la quantité désignée, en cet endroit, par α étant infinie),

$$\cos CZ = \frac{2pu - p\frac{v_0+v_1}{2} - p\frac{v_0-v_1}{2}}{p\frac{v_0-v_1}{2} - p\frac{v_0+v_1}{2}}.$$

Si l'on suppose, comme il vient d'être dit,

$$v_1 = -(a+a_1), \qquad v_0 = a - a_1,$$

d'où résulte

$$(42) \qquad \frac{v_0+v_1}{2} = -a_1, \qquad \frac{v_0-v_1}{2} = a,$$

on obtient

$$\cos CZ = \frac{2pu - pa - pa_1}{pa - pa_1},$$

ce qui est justement la formule (19).

Prenons maintenant l'égalité (I, 26) de la composition des trièdres. Elle donne ici

$$\cos AZ + i\cos BZ = -\frac{2G_1}{\sigma^2 u\,\sigma v_0\,\sigma v_1}\,\sigma\frac{v_1+v_0}{2}\,\sigma\frac{v_1-v_0}{2}\,\sigma\left(u+\frac{v_1+v_0}{2}\right)\sigma\left(u+\frac{v_1-v_0}{2}\right)$$
$$= \frac{2G_1}{\sigma^2 u\,\sigma(a-a_1)\,\sigma(a+a_1)}\,\sigma a\,\sigma a_1\,\sigma(u-a_1)\,\sigma(u-a).$$

Elle coïncide avec notre formule actuelle (26) si l'on pose

$$(43) \qquad G_1 = \mathrm{E}e^{\left[2\zeta(a+a_1)-\zeta a-\zeta a_1-\frac{ir}{\tau}\right]u}.$$

Il n'est pas nécessaire de vérifier la coïncidence des formules donnant, de part et d'autre, la quantité conjuguée, puisque, de part et d'autre, on a, pour le produit des conjuguées, les quantités $1-\cos^2 CZ$, déjà reconnues identiques.

Dans la composition des trièdres, la quantité $\cos CX + i\cos CY$ se déduit de $\cos AZ + i\cos BZ$ par l'échange des indices sur G, u, v. Pour échanger u_1 et u_0, v_1 et v_0, il faut ici changer u et a en $-u$ et $-a$.

On aura donc

$$\cos CX + i\cos CY = -\frac{2G_0}{\sigma^2 u\,\sigma(a-a_1)\,\sigma(a+a_1)}\,\sigma a\,\sigma a_1\,\sigma(u+a_1)\,\sigma(u-a).$$

C'est justement notre formule (29), pourvu qu'on prenne

$$G_0 = E_1 e^{(\zeta a - \zeta a_1)u}. \tag{44}$$

La rotation du corps grave se trouve décomposée en deux autres. Les arguments u_1, u_0, égaux à $\pm u$, dans ces rotations composantes, sont proportionnels au temps. De plus, les deux quantités G_1, G_0 sont des exponentielles du premier degré en u_1, u_0. Les deux rotations composantes sont donc des *mouvements à la Poinsot*. Nous sommes donc en possession de ce théorème, trouvé par Jacobi : *Le mouvement d'un corps grave de révolution, suspendu par un point de son axe, se décompose en deux mouvements à la Poinsot.*

L'étude approfondie de cette décomposition va maintenant nous occuper.

Étude du théorème de Jacobi. — Relations entre les deux mouvements composants.

Les deux mouvements à la Poinsot sont *concordants* (p. 75). Entre les *huit* éléments de deux mouvements concordants, il existe *deux* relations, en sorte que leur ensemble dépend de *six* constantes. Ici il n'en existe que *cinq*. Il y a donc encore une relation de plus entre les deux mouvements composants. C'est cette relation que nous allons rechercher tout d'abord.

Il suffit pour l'obtenir d'éliminer α entre les deux relations (39, 40). En effet, ces deux égalités contiennent seulement des éléments immédiats des deux mouvements composants et la quantité δ. Mais cette dernière, nous allons le reconnaître, est aussi un de ces éléments immédiats.

Dans l'exponentielle G_0, le coefficient de $u_0 = -u$ est $\zeta a_1 - \zeta a$. Relativement au mouvement composant, ce coefficient doit être (II, 6)

$$-\zeta v_0 - i\varepsilon\frac{h_0}{\mu_0} = -\zeta v_0 + i\varepsilon\frac{h_0}{n_0}\frac{1}{\tau}.$$

Effectivement, la quantité τ est ici la même qu'au Chapitre II (p. 76) et l'on a (II, 48)

$$\frac{\mu_1}{n_1} = -\frac{\mu_0}{n_0} = \tau.$$

La double expression de G_0 donne donc l'égalité

$$\zeta a_1 - \zeta a = -\zeta v_0 + i\varepsilon \frac{h_0}{n_0} \frac{1}{\tau}$$

ou bien

$$(45) \qquad \tau(\zeta v_0 + \zeta a_1 - \zeta a) = i\varepsilon \frac{h_0}{n_0}.$$

Les arguments v_0, a_1, $-a$ ayant zéro pour somme, on a

$$\zeta v_0 + \zeta a_1 - \zeta a = -\frac{1}{2} \frac{p'a_1 + p'a}{pa_1 - pa} = -\frac{1}{2} i \frac{\delta}{\tau}.$$

Par conséquent,

$$(45a) \qquad \delta = -2\varepsilon \frac{h}{n} \text{ (1)},$$

relation bien remarquable entre deux éléments fondamentaux du mouvement composé et de l'un des mouvements composants.

Par un calcul tout semblable, on obtient $\frac{h_1}{n_1}$. Dans l'exponentielle G_1, le coefficient de $u_1 = u$ est

$$2\zeta(a + a_1) - \zeta a - \zeta a_1 - \frac{ir}{\tau}.$$

Il doit être, relativement au mouvement composant,

$$-\zeta v_1 - i\varepsilon \frac{h_1}{\mu_1} = -\zeta v_1 - i\varepsilon \frac{h_1}{n_1} \frac{1}{\tau}.$$

Comme on a $a + a_1 = -v_1$, il en résulte

$$\tau(\zeta v_1 + \zeta a_1 + \zeta a) = i\left(\varepsilon \frac{h_1}{n_1} - r\right).$$

Mais on a

$$\zeta v_1 + \zeta a_1 + \zeta a = -\frac{1}{2} \frac{p'a_1 - p'a}{pa_1 - pa} = -\frac{1}{2} \frac{i\alpha}{\tau}.$$

Il en résulte donc

$$(46) \qquad \alpha - 2r = -2\varepsilon \frac{h_1}{n_1}.$$

(1) Ici, et dans toute la suite, nous supprimons l'indice o pour les éléments du premier mouvement.

Venons maintenant à la recherche de la relation entre les deux mouvements composants. Nous devons, avons-nous dit, éliminer α entre les équations (39, 40), ce qui donne

$$(47)\quad \begin{cases} -\tau^2 \wp'^2 v_1[\delta^2 + 4\tau^2(\wp v_0 - \wp v_1)] \\ = \left\{ -\frac{\tau}{i}\,\delta \wp' v_0 + 2(\wp v_0 - \wp v_1)\left[\frac{1}{4}\delta^2 - \tau^2(2\wp v_1 + \wp v)\right] \right\}^2. \end{cases}$$

Pour abréger l'écriture, posons ([1])

$$\frac{(a^2-h^2)(b^2-h^2)}{n^2h^2} = \mathbf{c}^2,$$

$$\frac{(b^2-h^2)(c^2-h^2)}{n^2h^2} = \mathbf{a}^2,$$

$$\frac{(c^2-h^2)(a^2-h^2)}{n^2h^2} = \mathbf{b}^2.$$

Pour la symétrie, mettons encore une lettre $\mathbf{h}$ au lieu de $\frac{h}{n}$,

$$\mathbf{h} = \frac{h}{n}.$$

L'expression (II, 8) de $\tau^2 \wp v_0$ pourra s'écrire sous la forme

$$(48)\qquad \tau^2 \wp v_0 = -\tfrac{1}{3}(\mathbf{a}^2 + \mathbf{b}^2 + \mathbf{c}^2).$$

D'après la condition de concordance (II, 47), chacune des quantités analogues à $\mathbf{a}^2$, $\mathbf{b}^2$, $\mathbf{c}^2$, pour le second mouvement composant, diffère de sa correspondante par une même quantité. Si l'on pose

$$(49)\qquad \tau^2(\wp v_0 - \wp v_1) = \lambda,$$

les quantités analogues à $\mathbf{a}^2$, $\mathbf{b}^2$, $\mathbf{c}^2$, pour le second mouvement, sont respectivement $\mathbf{a}^2 + \lambda$, $\mathbf{b}^2 + \lambda$, $\mathbf{c}^2 + \lambda$.

L'expression (II, 8) de $\tau^3 \wp' v_0$, savoir

$$(50)\qquad \tau^3 \frac{\wp' v_0}{i} = -2\varepsilon \frac{(a^2-h^2)(b^2-h^2)(c^2-h^2)}{n^3h^3},$$

([1]) Le lecteur ne confondra pas les *arguments* a, a_1, employés précédemment et qui n'apparaîtront plus, avec les axes a, a_1 des surfaces du second degré.

peut s'écrire sous la forme suivante

(51) $$\tau^3 \frac{p'v_0}{i} = 2\varepsilon \mathrm{abc}$$

et, de même,

$$\tau^3 \frac{p'v_1}{i} = \pm 2\sqrt{(\mathrm{a}^2+\lambda)(\mathrm{b}^2+\lambda)(\mathrm{c}^2+\lambda)}.$$

Dans la relation (47), substituons à $\tau^2 p v_0$, $\tau^2 p v_1$, $\tau^3 p' v_0$, $\tau^3 p' v_1$ les expressions (48, 49, 50, 51), et mettons aussi, au lieu de δ, sa valeur (45 *a*), c'est-à-dire

$$\delta = -2\varepsilon \mathrm{h}.$$

Le facteur d'homogénéité τ disparaît et il reste

(52) $$\left\{\begin{array}{l}(\mathrm{a}^2+\lambda)(\mathrm{b}^2+\lambda)(\mathrm{c}^2+\lambda)(\mathrm{h}^2+\lambda)\\ \quad = [\mathrm{abch} + \frac{1}{2}(\mathrm{a}^2+\mathrm{b}^2+\mathrm{c}^2+\mathrm{h}^2)\lambda + \lambda^2]^2.\end{array}\right.$$

C'est la relation demandée ; car il n'y paraît plus que des éléments des deux mouvements composants. Mais le calcul peut être poussé beaucoup plus loin et fournir explicitement les éléments du second mouvement.

Tout d'abord, l'équation (52) offre une réduction notable par la disparition des termes en λ^4, en λ^3 et du terme indépendant de λ. Après suppression du facteur λ, elle se réduit au premier degré

(53) $$\mathrm{d}\lambda + 4\mathrm{e} = 0,$$

avec ces expressions des coefficients, symétriques en a, b, c, h,

$$\mathrm{d} = \Sigma \mathrm{a}^4 - 2\Sigma \mathrm{a}^2\mathrm{b}^2 + 8\mathrm{abch},$$
$$\mathrm{e} = \mathrm{abch}\,\Sigma \mathrm{a}^2 - \Sigma \mathrm{a}^2\mathrm{b}^2\mathrm{c}^2.$$

Nous allons maintenant, dans ces coefficients, mettre de nouveau en évidence a^2, b^2, c^2, h, n, en faisant apparaître les fonctions symétriques suivantes de a, b, c :

$$s_1 = \sum\left(1 - \frac{a^2}{h^2}\right),$$
$$s_2 = \sum\left(1 - \frac{a^2}{h^2}\right)\left(1 - \frac{b^2}{h^2}\right),$$
$$s_3 = \left(1 - \frac{a^2}{h^2}\right)\left(1 - \frac{b^2}{h^2}\right)\left(1 - \frac{c^2}{h^2}\right).$$

Par la comparaison des égalités (50, 51), nous avons déjà

$$\mathbf{abc} = \left(\frac{h_0}{n_0}\right)^3 s_3, \qquad \mathbf{h} = \frac{h}{n};$$

nous avons aussi

$$\mathbf{c}^2 = \left(\frac{h}{n}\right)^2 \left(1 - \frac{a^2}{h^2}\right)\left(1 - \frac{b^2}{h^2}\right), \qquad \mathbf{h}^2 = \left(\frac{h}{n}\right)^2.$$

Il en résulte

$$\sum \mathbf{a}^2 = \left(\frac{h}{n}\right)^2 (s_2 + 1),$$

$$\sum \mathbf{a}^2\mathbf{b}^2\mathbf{c}^2 = \left(\frac{h}{n}\right)^6 (s_3^2 + s_1 s_3);$$

par conséquent,

$$\mathbf{e} = \left(\frac{h}{n}\right)^6 s_3 (s_2 + 1 - s_3 - s_1).$$

Si l'on prend le polynôme

$$\varphi(\xi) = \xi^3 - s_1\xi^2 + s_2\xi - s_3,$$

on a

$$\mathbf{e} = \left(\frac{h}{n}\right)^6 s_3 \varphi(1).$$

Mais les racines de $\varphi(\xi)$ sont connues; ce sont les quantités $1 - \frac{a^2}{h^2}$; donc

$$\varphi(1) = \frac{a^2 b^2 c^2}{h^6},$$

$$(53\,a) \qquad \mathbf{e} = \frac{a^2 b^2 c^2 (h^2 - a^2)(h^2 - b^2)(h^2 - c^2)}{n^6 h^6}.$$

De la même manière, on obtient

$$\mathbf{d} = \left(\frac{h}{n}\right)^4 (s_2^2 - 4 s_1 s_3 + 8 s_3 - 2 s_2 + 1).$$

Si l'on pose

$$-\varphi(1 - \xi) = \xi^3 - s'_1\xi^2 + s'_2\xi - s'_3,$$

les coefficients de cette équation, d'après les racines, sont

$$s'_1 = \frac{a^2 + b^2 + c^2}{h^2}, \qquad s'_2 = \frac{a^2 b^2 + b^2 c^2 + c^2 a^2}{h^4}, \qquad s'_3 = \frac{a^2 b^2 c^2}{h^6}.$$

Mais la comparaison de $\varphi(\xi)$ et $\varphi(1-\xi)$ donne

$$s_1 = 3 - s'_1, \qquad s_2 = 3 - 2s_1 + s'_2, \qquad s_3 = 1 - s'_1 + s'_2 - s'_3.$$

Il en résulte

$$s_2^2 - 4s_1s_3 + 8s_3 - 2s_2 + 1 = s_2'^2 - 4s'_1s'_3 + 4s'_3,$$

$$\mathrm{d} = \frac{(a^2b^2 + b^2c^2 + c^2a^2)^2 - 4a^2b^2c^2(a^2 + b^2 + c^2 - h^2)}{n^6h^6}.$$

Des expressions de d, e, on conclut

$$n^6h^2\left[\frac{(h^2-a^2)(h^2-b^2)}{n^2h^2}\mathrm{d} - 4\mathrm{e}\right]$$
$$= (h^2-a^2)(h^2-b^2)(a^2c^2 + b^2c^2 - a^2b^2)^2.$$

D'après l'expression (53) de λ, la quantité analogue à c^2, pour le second mouvement, est la suivante

$$\frac{(a_1^2 - h_1^2)(b_1^2 - h_1^2)}{n_1^2h_1^2} = \frac{(a^2-h^2)(b^2+h^2)}{n^2h^2} + \lambda$$
$$= \frac{1}{\mathrm{d}}\left[\frac{(h^2-a^2)(h^2-b^2)}{n^2h^2}\mathrm{d} - 4\mathrm{e}\right],$$

c'est-à-dire

$$(54) \qquad \frac{(a_1^2 - h_1^2)(b_1^2 - h_1^2)}{n_1^2h_1^2} = \frac{(a^2-h^2)(b^2-h^2)}{n^2h^2}\,\frac{(a^2c^2 + b^2c^2 - a^2b^2)^2}{\Omega^2},$$

égalité où Ω désigne la racine carrée, prise avec un signe arbitraire, du numérateur de d,

$$(55) \qquad \Omega = \pm\sqrt{(a^2b^2 + b^2c^2 + c^2a^2)^2 - 4a^2b^2c^2(a^2 + b^2 + c^2 - h^2)}.$$

Posons encore, pour abréger,

$$(56) \qquad \begin{cases} a^2b^2 + a^2c^2 - b^2c^2 = \mathrm{A}, \\ b^2c^2 + b^2a^2 - a^2c^2 = \mathrm{B}, \\ c^2a^2 + c^2b^2 - a^2b^2 = \mathrm{C}. \end{cases}$$

Il y a trois égalités analogues à (54). Multipliant deux d'entre elles membre à membre et divisant par la troisième, puis extrayant la racine carrée, on obtient les trois équations suivantes

$$(57) \qquad \frac{\mathrm{A}^2(a_1^2 - h_1^2)}{a^2 - h^2} = \frac{\mathrm{B}^2(b_1^2 - h_1^2)}{b^2 - h^2} = \frac{\mathrm{C}^2(c_1^2 - h_1^2)}{c^2 - h^2} = \frac{n_1h_1}{nh}\,\frac{\mathrm{ABC}}{\Omega}.$$

Ainsi est résolue la question proposée : les trois relations (57) sont celles qui existent entre les éléments des deux mouvements ; la double relation de *concordance* s'y trouve comprise.

Les éléments du mouvement composé, déduits des mouvements composants.

Il s'agit de calculer α, β, γ, δ, r en fonction des éléments des deux mouvements composants.

Pour obtenir α, nous calculerons d'abord la quantité suivante :

$$\frac{h^2}{n^2} + \lambda = \frac{1}{\mathrm{d}}\left(\frac{h^2}{n^2}\mathrm{d} - 4\,\mathrm{e}\right).$$

On trouve facilement.

$$\frac{h^2}{n^2}\mathrm{d} - 4\,\mathrm{e} = \frac{1}{n^6 h^6}[2a^2b^2c^2 - (a^2b^2 + b^2c^2 + c^2a^2)h^2]^2.$$

En extrayant la racine carrée, on en conclut

$$(58) \qquad \sqrt{\frac{h^2}{n^2} + \lambda} = \frac{1}{nh\Omega}[2a^2b^2c^2 - (a^2b^2 + b^2c^2 + c^2a^2)h^2].$$

D'après les relations (39, 49) et l'expression (45 a) de δ, on voit que cette racine carrée est précisément $\pm\frac{1}{2}\alpha$. Mais α peut être calculé sans ambiguïté par l'égalité (40). Il reste donc à décider si l'expression (58) fournit $\frac{1}{2}\alpha$ ou $-\frac{1}{2}\alpha$.

Pour ce but, observons l'expression de $\tau^3 p'v_1$. C'est (II, 8), à cause de $\frac{\mu_1}{n_1} = \tau$,

$$\tau^2 \frac{p'v_1}{i} = 2\varepsilon \frac{(a_1^2 - h_1^2)(b_1^2 - h_1^2)(c_1^2 - h_1^2)}{n_1^3 h_1^3},$$

ou, d'après (50, 57),

$$p'v_1 = -p'v_0 \frac{ABC}{\Omega^3}.$$

Faisons, pour simplifier la vérification, la supposition $a = 0$. La quantité Ω se réduit à $\pm b^2c^2$, soit $\Omega = \varepsilon' b^2c^2$. Alors $p'v_1$ devient $\varepsilon' p'v_0$. La quantité λ s'évanouit et l'égalité (40) donne

$\alpha = \varepsilon'\delta$. Mais l'égalité (58) fournit pour $\sqrt{\frac{h^2}{n^2} + \lambda}$ la valeur $-\varepsilon'\frac{h}{n} = \varepsilon\varepsilon'\frac{\delta}{2}$ (45 a). L'expression (58) est donc celle de $\frac{1}{2}\varepsilon\alpha$. Conséquemment, nous avons

$$\alpha = \frac{2\varepsilon}{nh\Omega}[2a^2b^2c^2 - (a^2b^2 + b^2c^2 + c^2a^2)h^2]. \tag{59}$$

Pour calculer β, des équations (38) nous tirerons

$$3\delta\tau^2 p v_0 - 2\tau^3 \frac{p' v_0}{i} = -\tfrac{1}{4}\delta^3 - \tfrac{1}{2}\alpha\beta,$$

et, en remplaçant δ, $\tau^2 p v_0$, $\tau^3 p' v_0$ par leurs expressions (45 a, 48 et 50),

$$\begin{aligned} -\tfrac{1}{2}\alpha\beta &= 2\varepsilon\frac{h}{n}\sum\frac{(h^2-a^2)(h^2-b^2)}{n^2h^2} + 4\varepsilon\frac{(a^2-h^2)(b^2-h^2)(c^2-h^2)}{n^3h^3} - 2\varepsilon\frac{h^3}{n^3} \\ &= \frac{2\varepsilon}{n^3h^3}[h^2\Sigma(h^2-a^2)(h^2-b^2) + 2(a^2-h^2)(b^2-h^2)(c^2-h^2) - h^6] \\ &= \frac{2\varepsilon}{n^3h^3}[2a^2b^2c^2 - (a^2b^2 + b^2c^2 + c^2a^2)h^2]. \end{aligned}$$

On reconnaît, au second membre, le numérateur (59) de α, de sorte qu'il reste

$$\beta = -\frac{2\Omega}{n^2h^2}. \tag{60}$$

Pour le calcul de γ, prenons cette combinaison des équations (38 et 39)

$$\tau^2(2pv_1 + pv_0) = \tfrac{1}{2}\beta\gamma - \tfrac{1}{4}\delta^2 = 3\tau^2 p v_0' - 2\lambda,$$

et concluons

$$\left\{\begin{aligned} \beta\gamma = 2\frac{h^2}{n^2} - 2\sum\frac{(h^2-a^2)(h^2-b^2)}{n^2h^2} \\ + 16\frac{a^2b^2c^2(h^2-a^2)(h^2-b^2)(h^2-c^2)}{n^2h^2\Omega^2}. \end{aligned}\right. \tag{61}$$

Enfin et r sont connus par les équations déjà données (45 a et 46)

$$\delta = -2\varepsilon\frac{h}{n}, \qquad r = \tfrac{1}{2}\alpha + \varepsilon\frac{h_1}{n_1}. \tag{62}$$

Un dernier calcul reste à faire pour exprimer explicitement l'élément variable $\cos CZ = \cos z_0 z_1$ en fonction des éléments variables du premier mouvement composant.

Des équations (57) on tire

$$\frac{a_1^2 - b_1^2}{n_1 h_1} = \frac{C}{nh\Omega AB}[(a^2 - h^2)B^2 - (b^2 - h^2)A^2].$$

Mais, suivant une identité facile à vérifier, on a

$$(a^2 - h^2)B^2 - (b^2 - h^2)A^2 = (a^2 - b^2)\Omega^2,$$

en sorte que les équations (57) conduisent à celles-ci

$$(63) \qquad \frac{a_1^2 - b_1^2}{C^2(a^2 - b^2)} = \frac{b_1^2 - c_1^2}{A^2(b^2 - c^2)} = \frac{c_1^2 - a_1^2}{B^2(c^2 - a^2)} = \frac{\Omega}{ABC}.$$

Considérons maintenant les deux égalités (II, 12)

$$(64) \qquad \begin{cases} \tau^2(e_\alpha - p u_0) = \dfrac{(a^2 - b^2)(a^2 - c^2)}{n^2 h^2}\cos^2 a z_0, \\ \tau^2(e_\alpha - p u_1) = \dfrac{(a_1^2 - b_1^2)(a_1^2 - c_1^2)}{n_1^2 h_1^2}\cos^2 a z_1. \end{cases}$$

Les deux premiers membres sont égaux entre eux, puisque u_0 et u_1 diffèrent seulement par le signe. Le rapport constant des deux cosinus, exprimé par le moyen des égalités (63), devient carré parfait. Extrayant les racines carrées et faisant $\varepsilon_a = \pm 1$, on en déduit

$$\frac{\cos a z_1}{\cos a z_0} = \varepsilon_a \frac{A}{\Omega}.$$

De même les rapports des cosinus de $b z_1$ et $b z_0$, de $c z_1$ et $c z_0$ seront $\varepsilon_b \frac{B}{\Omega}$, $\varepsilon_c \frac{C}{\Omega}$, les lettres ε désignant ± 1. Il en résulte

$$\begin{aligned} \cos z_1 z_0 &= \Sigma \cos a z_1 \cos a z_0 \\ &= \frac{1}{\Omega}(\varepsilon_a A \cos^2 a z_0 + \varepsilon_b B \cos^2 b z_0 + \varepsilon_c C \cos^2 c z_0). \end{aligned}$$

Cette expression de $\cos z_1 z_0$ doit reproduire celle (9) de cos CZ,

$$\cos CZ = \frac{4}{\beta}(\tau^2 \rho - \tau^2 p u).$$

D'après l'expression (60) de β, on en déduit

$$\tau^2 \rho - \tau^2 \mathrm{p}\, u = -\frac{1}{2n^2h^2}(\varepsilon_a \mathrm{A} \cos^2 a z_0 + \varepsilon_b \mathrm{B} \cos^2 b z_0 + \varepsilon_c \mathrm{C} \cos^2 c z_0).$$

Mettons, au second membre, pour les carrés des cosinus, les expressions (64), telles que

$$\cos^2 a z_0 = \tau^2 (e_\alpha - \mathrm{p}\, u) \frac{n^2 h^2}{(a^2 - b^2)(a^2 - c^2)}$$

et prenons, aux deux membres, les termes en $\tau^2 \mathrm{p}\, u$; il reste

$$1 = -\frac{1}{2} \sum \frac{\varepsilon_a \mathrm{A}}{(a^2 - b^2)(a^2 - c^2)},$$

ou bien

$$\begin{gathered} 2(a^2 - b^2)(b^2 - c^2)(c^2 - a^2) \\ = \varepsilon_a \mathrm{A}(b^2 - c^2) + \varepsilon_b \mathrm{B}(c^2 - a^2) + \varepsilon_c \mathrm{C}(a^2 - b^2). \end{gathered}$$

On reconnaît sans peine que cette identité a lieu si les trois ε sont égaux à $+1$ et non autrement. Ainsi nous avons

$$(65) \quad \left\{ \begin{aligned} & \frac{\cos a z_1}{\mathrm{A} \cos a z_0} = \frac{\cos b z_1}{\mathrm{B} \cos b z_0} = \frac{\cos c z_1}{\mathrm{C} \cos c z_0} = \frac{1}{\Omega}. \\ & \cos z_1 z_0 = \frac{1}{\Omega} \Sigma \mathrm{A} \cos^2 a z_0. \end{aligned} \right.$$

Nous avons vu (p. 91) que les constantes sont astreintes à une restriction unique; $\frac{r}{\alpha}$ doit être supérieur à $\frac{1}{2}$. D'après (62), cette condition exige que α et $\varepsilon \frac{h_1}{n_1}$ soient de même signe, ou bien (59) que les deux quantités

$$(66) \qquad \frac{h_1}{n_1} \frac{h}{n} \Omega, \qquad 2a^2b^2c^2 - (a^2b^2 + b^2c^2 + c^2a^2)h^2$$

aient un même signe. Cette restriction est la seule qui soit ici imposée; elle servira à fixer le signe de Ω si l'on s'est donné celui de $\frac{h_1}{n_1}$.

Il existe ici plusieurs indéterminations qui sont sans influence sur le mouvement composé.

En premier lieu, a, b, c, h, n restant inaltérés, changeons Ω en $-\Omega$ et $\frac{h_1}{n_1}$ en $-\frac{h_1}{n_1}$, ce qui est conforme à la condition (66). Le second mouvement n'est pas changé ; les sens seuls des axes y sont modifiés : l'axe z_1 a changé de sens. C'est donc aussi des changements de sens dans les axes A, B, C, fixes dans le corps grave, que l'on doit ainsi trouver. Effectivement, c'est ce qu'on aperçoit dans les formules du début, comme on va le reconnaître.

D'après les formules (59, 60, 62 et 65), le changement des signes de Ω et de $\frac{h_1}{n_1}$ entraîne le même changement pour α, β, r et $\cos CZ$, tandis que $\beta\gamma$ et δ restent inaltérés (61 et 62). Remarquons que les deux systèmes d'axes A, B, C et X, Y, Z sont supposés congruents. Avec le sens de C, il faut donc aussi changer celui d'un autre axe, B par exemple. On doit donc changer en même temps les signes des composantes q, r, prises sur ces axes. Ces changements de signe apportés à $\cos CZ$, $\cos BZ$, α, β, r, q, tandis que $\cos AZ$, p, $\beta\gamma$, δ restent inaltérés, laissent subsister toutes les équations du début.

Si, par exemple, on veut que l'axe C soit dirigé positivement du point de suspension au centre de gravité, que β soit positif par conséquent (1), on devra prendre Ω négativement.

En second lieu, la quantité $\varepsilon = \pm 1$ n'a d'influence que sur la comparaison des mouvements composants avec les axes a, b, c, lesquels n'ont pas de rôle dans le mouvement composé. Il est donc clair *a priori* qu'on pourra prendre, à volonté, l'une ou l'autre détermination de ε. Effectivement, si l'on change à la fois les signes de ε, de $\frac{h}{n}$ et de $\frac{h_1}{n_1}$ sans modifier les valeurs absolues, toutes les constantes du mouvement composant restent inaltérées ; seuls les sens des deux mouvements composés sont, à la fois, renversés. Si l'on changeait seulement le signe de ε, ce changement équivaudrait à celui du sens d'un axe dans chaque système, par exemple le changement du sens des axes A et X avec un changement des sens de rotation.

On voit par là que l'on ne restreindrait nullement la généralité en supposant à Ω et ε les signes que l'on voudrait.

En résumé, voici la proposition finale :

Deux mouvements à la Poinsot caractérisés par les constantes $\frac{a^2}{n^2}, \frac{b^2}{n^2}, \frac{c^2}{n^2}, \frac{h}{n}$ *pour l'un,* $\frac{a_1^2}{n_1^2}, \frac{b_1^2}{n_1^2}, \frac{c_1^2}{n_1^2}, \frac{h_1}{n_1}$ *pour l'autre, étant liés par les relations* (57, 65) *et s'effectuant autour de deux surfaces du second degré dont les axes coïncident en position et en sens,* a, b, c *respectivement avec* a_1, b_1, c_1;

Le mouvement relatif des axes x_1, y_1, z_1 *(axes mobiles du second mouvement) par rapport aux axes* x, y, z *(axes mobiles du premier mouvement) est celui d'un corps grave de révolution suspendu par un point de son axe. L'axe* z *est dirigé suivant la pesanteur, l'axe* z_1 *est l'axe du corps grave.*

Les constantes $\alpha, \beta, \gamma, \delta, r$ *du mouvement du corps grave sont données par les égalités* (59, 60, 61, 62).

Propriétés particulières des mouvements composants dans le cas où l'ellipsoïde d'inertie est une sphère.

Ce cas, dont il a été question déjà (p. 91), est caractérisé par la relation $r = \alpha$, d'où (62, 59)

$$\frac{h_1}{n_1} = \frac{1}{2}\varepsilon\alpha = \frac{S}{nh\Omega}, \qquad S = 2a^2b^2c^2 - (a^2b^2 + b^2c^2 + c^2a^2)h^2.$$

D'après cette valeur de $\frac{h_1}{n_1}$, on conclut de (57)

$$\frac{a_1^2}{n_1 h_1} = \frac{h_1}{n_1} + \frac{(a^2 - h^2)BC}{A\Omega nh} = \frac{AS + (a^2 - h^2)BC}{nhA\Omega}.$$

On vérifiera aisément l'identité

$$AS + (a^2 - h^2)BC + a^2\Omega^2 = 0,$$

d'après laquelle la relation précédente et ses analogues deviennent

$$\frac{Aa_1^2}{a^2} = \frac{Bb_1^2}{b^2} = \frac{Cc_1^2}{c^2} = -\frac{n_1 h_1}{nh}\Omega.$$

Ces dernières, comparées aux relations (65), donnent

$$\frac{a_1^2 \cos az_1}{a^2 \cos az} = \frac{b_1^2 \cos bz_1}{b^2 \cos bz} = \frac{c_1^2 \cos cz_1}{c^2 \cos cz} = -\frac{n_1 h_1}{nh}.$$

Si l'on se rappelle maintenant que $\frac{a^2 \cos az}{nh}$ est la composante de la rotation dans le premier mouvement à la Poinsot, prise sur l'axe a, on conclut que, *à chaque instant, dans les deux mouvements composants, les rotations sont égales et contraires.* Cette belle propriété, découverte par M. Darboux, a servi à ce géomètre de point de départ pour exposer la théorie dont nous nous occupons.

Les constantes des mouvements composants, déduites de celles du mouvement composé.

Nous avons à résoudre le problème inverse, qui consiste à trouver les éléments des deux mouvements à la Poinsot en fonction de α, β, γ, δ, r. Déjà les deux quantités $\frac{h_0}{n_0}$, $\frac{h_1}{n_1}$ sont données par les égalités (62). Cherchons maintenant les quantités, telles que

$$\frac{a_0^2 - h_0^2}{n_0 h_0}, \qquad \frac{a_1^2 - h_1^2}{n_1 h_1}.$$

En appliquant les relations caractéristiques (II, 8) des deux mouvements composants, on a

$$(67) \qquad \begin{cases} \dfrac{h_0^2 - a_0^2}{n_0 h_0}(\tau^2 e_\alpha - \tau^2 p v_0) = \quad \varepsilon\tau^3 \dfrac{p' v_0}{2i}, \\[2ex] \dfrac{h_1^2 - a_1^2}{n_1 h_1}(\tau^2 e_\alpha - \tau^2 p v_1) = -\varepsilon\tau^3 \dfrac{p' v_1}{2i}. \end{cases}$$

D'après l'expression (9) de cos CZ, les racines e_α correspondent aux racines ξ_α du polynôme (8)

$$(68) \qquad F(\xi) = \beta(1 - \xi^2)(\xi + \gamma) - (\delta - \alpha\xi)^2$$

suivant la formule

$$\xi_\alpha = \frac{4}{\beta}\tau^2(\rho - e_\alpha).$$

Si l'on pose

$$\tau^2 e_\alpha - \tau^2 p v_0 = z_\alpha,$$
$$\tau^2 e_\alpha - \tau^2 p v_1 = z'_\alpha,$$

on aura

$$\xi_\alpha = \frac{4}{\beta}(\tau^2 \rho - \tau^2 p v_0 - z_\alpha) = \frac{4}{\beta}(\tau^2 \rho - \tau^2 p v_1 - z'_\alpha),$$

ou bien, suivant (18, 37, 38)

$$\xi_\alpha = -\frac{4}{\beta}\left(z_\alpha + \frac{\beta\gamma + \alpha^2 - \delta^2}{4}\right) = -\frac{4}{\beta}\left(z'_\alpha + \frac{\beta\gamma}{4}\right).$$

Substituant enfin à $p'v_0$ et $p'v_1$, dans (67), leurs expressions (37, 38), on peut conclure ainsi :

Soient z_α, z_β, z_γ les racines de l'équation

$$F\left[-\frac{4}{\beta}\left(z + \frac{\beta\gamma + \alpha^2 - \delta^2}{4}\right)\right] = 0;$$

les constantes du premier mouvement à la Poinsot sont données par les formules

$$(68)\left\{\begin{aligned} &\frac{h_0^2 - a_0^2}{n_0 h_0} z_\alpha = \frac{h_0^2 - b_0^2}{n_0 h_0} z_\beta = \frac{h_0^2 - c_0^2}{n_0 h_0} z_\gamma = \frac{\varepsilon}{8}\left[\alpha\beta + \delta(\beta\gamma + \alpha^2) - \delta^3\right],\\ &\frac{h_0}{n_0} = -\frac{1}{2}\varepsilon\delta;\end{aligned}\right.$$

soient z'_α, z'_β, z'_γ les racines de l'équation

$$F\left[-\frac{4}{\beta}\left(z' + \frac{\beta\gamma}{4}\right)\right] = 0,$$

les constantes du second mouvement à la Poinsot sont données par les formules

$$(69)\left\{\begin{aligned} &\frac{h_1^2 - a_1^2}{n_1 h_1} z'_\alpha = \frac{h_1^2 - b_1^2}{n_1 h_1} z'_\beta = \frac{h_1^2 - c_1^2}{n_1 h_1} z'_\gamma = -\frac{\varepsilon\beta}{8}(\delta + \alpha\gamma),\\ &\frac{h_1}{n_1} = \varepsilon\left(r - \frac{1}{2}\alpha\right).\end{aligned}\right.$$

Il est entendu que, pour les racines des deux équations, les indices α, β, γ appartiennent, de part et d'autre, à des racines se correspondant suivant la condition

$$z - z' = \frac{\delta^2 - \alpha^2}{4}.$$

Le dernier membre (68) se déduit du dernier membre (69) par le changement de α, β, γ, δ en $-\delta$, β, $\gamma + \frac{\alpha^2 - \delta^2}{\beta}$, $-\alpha$, résultat conforme aux propriétés du mouvement (p. 92). Au cas $r = \alpha$, les expressions de $\frac{h_0}{n_0}$, $\frac{h_1}{n_1}$ s'échangent si l'on échange α et $-\delta$, comme, en effet, on devait s'y attendre.

Sur un cas particulier.

On doit signaler à l'attention les cas où $\alpha = \pm \delta$, où, par conséquent, ± 1 est racine du polynôme (8). Ces cas appartiennent à deux espèces différentes, suivant que cette racine ± 1 est une de celles qu'atteint cos CZ ou ne l'est pas. La distinction de ces deux espèces se fait immédiatement, comme on va voir.

Nous pouvons, sans restreindre la généralité, supposer β positif. Supposons $\alpha = -\delta$; le polynôme (8), qui devient

$$\beta(1-\xi^2)(\xi+\gamma) - \delta^2(1+\xi)^2,$$

atteint la racine -1 en croissant ou en décroissant, suivant que $\gamma - 1$ est positif ou négatif. Étant positif pour $\xi = -\infty$ et négatif pour $\xi = +\infty$, il a, dans le premier cas $\gamma > 1$, une racine inférieure et une autre supérieure à -1; dans le second cas, $\gamma < 1$; s'il était tout à fait quelconque, il pourrait avoir ou bien deux racines inférieures à -1, ou des racines supérieures à -1, ou nulle autre racine. Mais il est astreint à cette condition de devenir positif pour des valeurs de ξ comprises entre -1 et $+1$; il a donc deux racines supérieures à -1, inférieures à $+1$. Ainsi, dans le cas $\gamma > 1$, la racine -1 est une des valeurs extrêmes de cos CZ; dans le cas $\gamma < 1$, elle ne l'est pas. Le cas limite $\gamma = 1$, où la racine est double, doit être rangé avec le cas $\gamma > 1$.

Supposons maintenant $\alpha = \delta$, le polynôme (8) est alors

$$\beta(1-\xi^2)(\xi+\gamma) - \delta^2(1-\xi)^2.$$

On doit remarquer que γ est nécessairement supérieur à -1, comme le montre l'égalité (6) du début. Le polynôme atteint donc la racine 1 en décroissant. Il a alors deux autres racines de part et d'autre de -1. La racine $+1$ est une des valeurs extrêmes de cos CZ. Elle ne peut être double si toutefois on laisse de côté le cas singulier, dénué d'intérêt, où, l'axe du corps restant vertical, le corps lui-même tourne autour de cet axe d'un mouvement uniforme.

En résumé, nous pouvons distinguer trois cas particuliers répondant à l'hypothèse $\alpha = \pm \delta$:

1° $\alpha = -\delta$, $\gamma < 1$, cas où $\cos CZ$ n'atteint pas la valeur -1: l'axe du corps ne passe pas sur la verticale;

2° $\alpha = -\delta$, $\gamma \geqq 1$, cas où $\cos CZ$ atteint la valeur -1: l'axe du corps passe périodiquement sur la verticale, le centre de gravité *au-dessus* du point de suspension;

3° $\alpha = \delta$, où $\cos CZ$ atteint la valeur $+1$: l'axe du corps passe périodiquement sur la verticale, le centre de gravité *au-dessous* du point de suspension.

Dans l'hypothèse limite $\gamma = 1$ appartenant au second cas, la racine -1 est double et les fonctions elliptiques dégénèrent.

Il s'agit maintenant de distinguer ces cas au point de vue de la nature qu'affectent, pour chacun d'eux, les mouvements composants. On doit se souvenir que nous avons supposé β positif, par conséquent (60) Ω négatif. Si l'on faisait la supposition inverse, les signes de δ et de γ devraient être intervertis pour la distinction des divers cas.

On a déjà vu (39, 49) que la différence $(\alpha^2 - \delta^2)$ est égale à 4λ, en sorte que tous ces cas sont caractérisés ensemble par la condition $e = 0$ (53) ou par l'une des conditions telles que $a^2 = 0$ ou $h^2 - a^2 = 0$ (53 a).

A l'égard de la condition $h^2 - a^2 = 0$, observons tout de suite qu'elle se rapporte au cas où les fonctions elliptiques dégénèrent, comme on le sait par la théorie des mouvements à la Poinsot (p. 72), et, laissant de côté ce cas, examinons ceux où l'un des axes a est nul.

Pour le premier mouvement à la Poinsot, où l'axe a est nul, nous avons ici ce cas particulier dont il a déjà été parlé (p. 74), et où la surface du second degré, *aplatie*, se réduit à une ellipse ou à une hyperbole.

L'hypothèse $a^2 = 0$ réduit Ω à $\varepsilon' b^2 c^2 (\varepsilon' = \pm 1)$, comme on l'a déjà vu (p. 101), et donne $\alpha = \varepsilon' \delta$. Le signe de ε' doit être pris de telle sorte que Ω soit négatif. Donc, au cas de l'hyperbole, on a $\varepsilon' = +1$; c'est donc le troisième cas ci-dessus, $\alpha = \delta$. Au contraire, pour l'ellipse, on aura $\varepsilon' = -1$, ce sera le premier ou le second cas ci-dessus, $\alpha = -\delta$.

D'autre part, les égalités (57, 65) deviennent

$$\frac{a_1^2-h_1^2}{a^2-h^2}=\frac{b_1^2-h_1^2}{b^2-h^2}=\frac{c_1^2-h_1^2}{c^2-h^2}=-\varepsilon'\frac{n_1 h_1}{nh},$$

$$-\frac{\cos a z_1}{\cos a z_0}=\frac{\cos b z_1}{\cos b z_0}=\frac{\cos c z_1}{\cos c z_0}=\varepsilon'.$$

Nous reportant à la théorie générale des mouvements à la Poinsot (p. 73, 80), envisageons le mouvement auxiliaire défini par les égalités

$$\frac{a'^2-h'^2}{a^2-h^2}=\frac{b'^2-h'^2}{b^2-h^2}=\frac{c'^2-h'^2}{c^2-h^2}=\frac{n'h'}{nh},$$

$$\frac{\cos a z'}{\cos a z_0}=\frac{\cos b z'}{\cos b z_0}=\frac{\cos c z'}{\cos c z_0},$$

qui, on le sait, diffère seulement du premier mouvement par une rotation uniforme autour de l'axe z'. Supposons, en outre, $\frac{h'}{n'}=-\varepsilon'\frac{h_1}{n_1}$.

Nous avons ici trois mouvements à la Poinsot M, M_1, M'. Les deux mouvements M_1 et M' ont pour base commune une seule et même surface du second degré. La comparaison des cosinus de az_1, bz_1, cz_1 et de az', bz', cz' montre dès lors que ces deux mouvements sont symétriques l'un de l'autre, soit par rapport à un plan principal si $\varepsilon'=+1$, soit par rapport à un axe principal si $\varepsilon'=-1$.

Ces deux modes de symétrie peuvent être ramenés à un seul si, au lieu d'une figure, on considère sa symétrique par rapport au centre, ce qui revient d'ailleurs à changer le signe de ε', à ne plus astreindre β, par conséquent, à être toujours positif. Si l'on prend, par exemple, dans les deux cas, la symétrie par rapport au plan, β sera positif dans le cas de l'ellipse, négatif dans le cas de l'hyperbole.

Ainsi, les cas particuliers du mouvement d'un corps grave de révolution suspendu par un point de son axe et pour lesquels ± 1 est racine du polynôme (8) en cos CZ, s'obtiennent tous de la manière suivante : *Considérez un système d'axes* X, Y, Z *animé d'un mouvement à la Poinsot autour d'une ellipse ou d'une hyperbole, et son image* X_1, Y_1, Z_1 *par rapport au plan de la courbe.*

Par rapport à X, Y, Z, *le mouvement relatif de* X_1, Y_1, Z_1, *composé avec une rotation uniforme arbitraire autour de* Z_1, *est celui d'un corps grave dans l'un quelconque des cas particuliers envisagés, l'axe* Z *étant dirigé dans le sens de la pesanteur et l'axe* Z_1 *étant l'axe du corps dirigé du point de suspension vers le centre de gravité si la base est une hyperbole, ou en sens inverse si la base est une ellipse.*

Au cas de l'hyperbole, l'axe Z passe périodiquement dans le plan de cette courbe; par conséquent Z_1 et Z coïncident périodiquement. Au cas de l'ellipse, cette circonstance se présente seulement si la distance du plan tangent au centre est comprise entre les longueurs des demi-axes (p. 74). C'est là ce qui distingue les deux premiers cas ci-dessus ($\alpha = -\delta$, $\gamma < 1$ ou $\gamma > 1$), comme on le vérifiera aisément par le moyen des expressions de β et $\beta\gamma$ (60, 61).

Mouvement de l'axe du corps grave.

Pour se faire une idée du mouvement qui anime l'axe du corps grave, on peut considérer, en premier lieu, son mouvement dans le plan vertical qui le contient et, en second lieu, la rotation de ce plan vertical.

Le mouvement dans le plan vertical est fort simple. Laissons de côté les cas particuliers dont on vient de parler, ceux où cos CZ acquiert les valeurs 1 ou -1, et qui exigent, pour un des arguments a, a_1, une demi-période. Ces cas omis, on voit par la formule (19) que l'axe du corps a, dans le plan vertical, un mouvement périodique, au cours duquel son angle avec la verticale croît alternativement et décroît dans un intervalle compris entre zéro et la demi-circonférence. Pour préciser, nous supposerons la direction positive de l'axe du corps prise du point de suspension vers le centre de gravité; β sera positif (1) et, d'après (31), $\wp a_1$ supérieur à $\wp a$. Par conséquent, le minimum de cos CZ correspond à $\wp u = e_2$, le maximum à $\wp u = e_3$. L'angle formé par les deux droites, dirigées toutes deux dans leurs sens positifs, est ainsi *minimum* pour $\wp u = e_3$, *maximum* pour $\wp u = e_2$.

Soit ψ l'angle que le plan vertical mobile fait avec l'axe fixe X. On a

$$e^{2i\psi} = \frac{\cos CX + i \cos CY}{\cos CX - i \cos CY}$$

et, par conséquent (27),

$$\frac{d\psi}{dt} = \frac{\delta - \alpha \cos CZ}{1 - \cos^2 CZ}. \tag{70}$$

Par cette égalité, on reconnaît l'existence de deux cas fort distincts au point de vue de la manière dont varie l'angle ψ. Dans l'un de ces cas, cet angle ψ varie toujours dans un même sens : c'est ce qui arrive si $\frac{\delta}{\alpha}$ n'est pas une des valeurs que puisse acquérir $\cos CZ$. L'autre cas est inverse : si $\frac{\delta}{\alpha}$ est compris dans le champ des valeurs de $\cos CZ$, l'angle ψ ne varie pas toujours dans un même sens et le plan vertical mobile a un mouvement oscillatoire. Mais cette oscillation se conserve-t-elle dans le mouvement moyen, ou bien, tout en se reproduisant périodiquement, laisse-t-elle subsister un mouvement de rotation périodiquement progressif? C'est pour répondre à cette question que nous allons examiner l'expression de $\frac{d\psi}{dt}$ en fonction elliptique du temps. Quant aux conditions d'existence de ce mouvement oscillatoire, il suffit d'envisager le polynôme (8) pour les reconnaître sous la forme

$$1 - \frac{\delta^2}{\alpha^2} > 0, \qquad \beta\left(\gamma + \frac{\delta}{\alpha}\right) > 0. \tag{71}$$

En vue de la discussion que nous avons à faire, examinons d'abord les limites entre lesquelles varie la quantité $A = \frac{1}{i}(\omega\zeta a - \eta a)$ quand a est purement imaginaire.

Supposons, pour fixer les idées, $\frac{a}{i}$ compris entre zéro et $-\frac{\omega'}{i}$, et soit $a = -ia'$. On a

$$\frac{dA}{da'} = -i\frac{dA}{da} = \omega p a + \eta. \tag{72}$$

Quand a' croît de zéro à $\frac{\omega'}{i}$, pa croît constamment depuis $-\infty$ jusqu'à e_3. La dérivée (72) croît constamment aussi depuis $-\infty$ jusqu'à $\omega e_3 + \eta$. Mais cette valeur finale est négative, comme on peut le prouver facilement par les moyens employés au Tome I, chap. IX, p. 315, comme on le reconnaît aussi par le développement

$$\omega(\omega e_3 + \eta_1) = -2\pi^3 \sum \frac{q^n}{(1-q^n)^2} \qquad (n = 1, 3, 5, \ldots),$$

établi au Tome I, p. 404; car tous les termes du second membre sont négatifs, q étant réel et positif quand le discriminant est positif. On trouve, au même endroit, la preuve que $\omega e_2 + \eta_1$ est, au contraire, positif, ce que nous invoquerons tout à l'heure.

De ces observations résulte que la dérivée (72) est toujours négative; A est donc une fonction décroissante. Son maximum est la valeur initiale $+\infty$ répondant à $a = 0$; son minimum, correspondant à $a = -\omega'$, est $\frac{1}{i}(-\omega\eta_1' + \eta_1\omega') = \frac{\pi}{2}$.

Ainsi, avec l'hypothèse $-\frac{\omega'}{i} < \frac{a}{i} < 0$, on a $A > \frac{\pi}{2}$.

Nous n'avons pas besoin de considérer d'autres valeurs de a; mais, si l'on désirait le faire, la réponse serait immédiate; car ajouter à a une période, c'est altérer A en y ajoutant un multiple de π; changer le signe de a, c'est aussi changer celui de A.

Supposant toujours $\frac{a}{i}$ compris entre $-\frac{\omega'}{i}$ et zéro, prenons la quantité A' déduite de A par le changement de $\frac{a}{i}$ en $\frac{a+\omega'}{i}$. Ce nouvel argument étant compris entre zéro et $\frac{\omega'}{i}$, A' sera inférieur à $-\frac{\pi}{2}$ et $-$A' sera supérieur à $\frac{\pi}{2}$. Donc A $-$ A' est supérieur à π. Ainsi

$$\left.\begin{aligned} &(73) \qquad \frac{1}{i}[\omega\zeta a - \omega\zeta(a+\omega') + \eta_1\omega'] > \pi;\\ &(74) \qquad \frac{1}{i}(\omega\zeta a - \eta_1 a) > \frac{\pi}{2};\end{aligned}\right\} \; -\frac{\omega'}{i} < \frac{a}{i} < 0.$$

Si l'on remplace $\omega\zeta(a+\omega')$ par

$$\omega\zeta(a-\omega') + 2\eta_1'\omega = \omega\zeta(a-\omega') + 2\eta_1\omega' - i\pi,$$

puis qu'on change a en $-a$, on obtient

$$\left.\begin{aligned} &(75) \qquad \frac{1}{i}[\omega\zeta a - \omega\zeta(a+\omega') + \eta_1\omega'] < 0;\\ &(76) \qquad \frac{1}{i}(\omega\zeta a - \eta_1 a) < -\frac{\pi}{2};\end{aligned}\right\} \; 0 < \frac{a}{i} < \frac{\omega'}{i}.$$

Formons deux inégalités analogues, mais relatives à un argument a_1, tel que $a_1 - \omega$ soit purement imaginaire. Supposons $\frac{a_1 - \omega}{i}$ compris entre $-\frac{\omega'}{i}$ et zéro, et soit $A_1 = -\frac{1}{i}(\omega\zeta a_1 - \eta a_1)$. Posons $a_1 = \omega - ia'_1$; nous aurons

$$\frac{dA_1}{da'_1} = -i\frac{dA_1}{da_1} = -\omega p a_1 - \eta. \tag{77}$$

Supposons $\frac{a'_1}{i}$ variant de zéro à $-\frac{\omega'}{i}$; pa_1 varie, toujours dans un même sens, de e_1 à e_2, et la dérivée (77), d'après une remarque précédente, est toujours négative. La fonction a donc pour minimum sa valeur finale, et l'on a $A_1 > -\frac{\pi}{2}$.

De là se déduisent, tout comme les inégalités ci-dessus, les suivantes :

$$\left.\begin{aligned} &(78) \qquad -\frac{1}{i}(\omega\zeta a_1 - \eta a_1) > -\frac{\pi}{2}, \\ &(79) \quad -\frac{1}{i}[\omega\zeta a_1 - \omega\zeta(a_1 + \omega') + \eta\omega'] > -\pi, \end{aligned}\right\} \quad -\frac{\omega'}{i} < \frac{a_1 - \omega}{i} < 0.$$

$$\left.\begin{aligned} &(80) \qquad -\frac{1}{i}(\omega\zeta a_1 - \eta a_1) < \frac{\pi}{2}, \\ &(81) \quad -\frac{1}{i}[\omega\zeta a_1 - \omega\zeta(a_1 + \omega') + \eta\omega'] < 0. \end{aligned}\right\} \quad 0 < \frac{a_1 - \omega}{i} < \frac{\omega'}{i}.$$

Les suppositions qu'on vient de faire sur a et a_1 sont permises dans le problème actuel et ne restreignent en rien la généralité. Nous avons, en effet, renfermé chacun de ces arguments dans l'intervalle d'une période; de plus, la nature supposée des arguments a, a_1 est conforme à la convention déjà faite $pa_1 > pa$, c'est-à-dire $\beta > 0$.

L'égalité (28) nous donne la dérivée de ψ sous la première forme

$$2\frac{d\psi}{du} = \frac{1}{i}\frac{p'a}{pu - pa} - \frac{1}{i}\frac{p'a_1}{pu - pa_1}. \tag{82}$$

Les dénominateurs $pu - pa$, $pu - pa_1$ sont, le premier positif, le second négatif. Si donc $\frac{1}{i}p'a$ et $\frac{1}{i}p'a_1$ sont de même signe, le signe de $\frac{d\psi}{du}$ est certainement invariable. Cette circonstance se présente quand $\frac{a}{i}$ et $\frac{a_1-\omega}{i}$ sont de signes opposés, les arguments étant tous deux renfermés dans les limites ci-dessus. C'est ce qui se voit immédiatement au Tome I, p. 42. Nous avons à examiner maintenant les cas où, au contraire, $\frac{a}{i}$ et $\frac{a_1-\omega}{i}$ sont de même signe. Prenons la dérivée (82) pour $u=\omega'$, mais en nous servant de la seconde forme (28)

$$(83) \qquad 2i\frac{d\psi}{du} = 2(\zeta a - \zeta a_1) + \zeta(u-a) \\ + \zeta(u+a_1) - \zeta(u+a) - \zeta(u-a_1),$$

qui nous donne

$$(84) \qquad \left(\frac{d\psi}{du}\right)_{u=\omega'} = \frac{1}{i}\left[\zeta a - \zeta a_1 - \zeta(a+\omega') + \zeta(a_1+\omega')\right].$$

Comme $\frac{a}{i}$ et $\frac{a_1-\omega}{i}$ sont de même signe, nous devons considérer simultanément, soit les inégalités (73, 79), soit les inégalités (75, 81), dont l'addition membre à membre amène la conséquence suivante, applicable aussi au cas où le signe de $\frac{d\psi}{du}$ reste invariable :

La quantité $\left(\frac{d\psi}{du}\right)_{u=\omega'}$ a le signe opposé à celui de $\frac{a}{i}$.

Considérons maintenant l'angle $2\psi_0$, accroissement de ψ correspondant à un accroissement d'une période pour u. Supposons $u-\omega'$ réel, ce qui n'entraîne aucune restriction, et désignant $u-\omega'$ par u', nous avons, d'après (83),

$$4i\psi_0 = 4(\zeta a - \zeta a_1)\omega + \int_0^{2\omega} [\zeta(u'+\omega'-a) + \zeta(u'+\omega'+a_1) \\ - \zeta(u'+\omega'+a) - \zeta(u'+\omega'-a_1)]\,du'.$$

Les intégrales complètes, au second membre, se calculent comme il a été expliqué au Tome I (p. 201). Les coefficients de i dans $\omega'-a$, $\omega'+a_1$, $\omega'+a$, $\omega'-a_1$ sont tous entre zéro et $\frac{2\omega'}{i}$; pour chaque intégrale, l'entier analogue à celui qui est désigné par

m à l'endroit cité est donc zéro, et nous obtenons

$$(85) \qquad \psi_0 = \frac{1}{i}[(\zeta a - \zeta a_1)\omega - \eta(a - a_1)].$$

Prenons les inégalités (74, 78) ou les inégalités (76, 80) et ajoutons-les membre à membre, pour conclure encore que ψ_0 a le signe opposé à celui de $\frac{a}{i}$.

Comme le second membre (82) a une même valeur pour deux valeurs de u également distantes et de part et d'autre d'une demi-période, l'accroissement ψ_0 correspond à un accroissement d'une demi-période pour u. Cet angle ψ_0, en conclusion finale, a toujours le même signe que $\left(\frac{d\psi}{du}\right)_{u=\omega'}$, et ce signe est précisément celui de $\frac{1}{i}p'a$.

Nous pouvons, de plus, conclure de notre analyse que ψ_0 ne saurait être nul, sauf le cas où, à la fois, $\omega\zeta a - \eta a$ et $\omega\zeta a_1 - \eta a_1$ atteindraient tous deux leurs valeurs limites $\pm\frac{\pi}{2}$, où, par conséquent, a et a_1 seraient tous deux des demi-périodes. Dans ce cas, tout à fait exceptionnel, $p'a$ et $p'a_1$ sont nuls et $\frac{d\psi}{dt}$ est nul aussi (82).

Le mouvement du plan vertical, que nous avions en vue, donne lieu à cette conclusion : *Le moyen mouvement du plan vertical contenant l'axe du corps n'est jamais nul* (sauf dans le cas particulier où ce plan est absolument immobile); *la rotation moyenne a lieu dans un sens constant, qui est aussi celui dans lequel ce plan tourne effectivement au moment où l'axe du corps fait avec la verticale l'angle minimum.* Cet angle, moindre qu'une demi-circonférence, est, rappelons-le, compris entre les deux droites *dirigées*, la première du point de suspension au centre de gravité, la seconde dans le sens de la pesanteur.

La constante α est exprimée ainsi (31)

$$\alpha = \frac{\tau}{i}\frac{p'a_1 - p'a}{pa_1 - pa};$$

son signe peut être quelconque quand $\frac{p'a}{i}$ et $\frac{p'a_1}{i}$ sont de même signe. Mais, dans le cas opposé, le signe de α est contraire à celui de $\tau \frac{p'a}{i}$, contraire, par conséquent, à celui de $\tau \frac{d\psi}{du} = \frac{d\psi}{dt}$ (17) au moment où CZ est minimum.

C'est donc un caractère du mouvement oscillatoire que la rotation r (du même signe que α) y soit toujours de sens opposé à celui de la rotation moyenne du plan vertical, tandis que, dans le mouvement non oscillatoire, r peut avoir un sens quelconque. Au reste, cette circonstance est évidente aussi dans l'expression (70) de $\frac{d\psi}{dt}$. Soient, en effet, θ_0 le minimum, θ_1 le maximum de CZ, et, par suite, $\cos\theta_0 > \cos\theta_1$. Si le mouvement est oscillatoire, les deux valeurs correspondantes de $\frac{d\psi}{dt}$ doivent être de signe opposé; donc

$$\sin^2\theta_0\left(\frac{d\psi}{dt}\right)_0 - \sin^2\theta_1\left(\frac{d\psi}{dt}\right)_1 = -\alpha(\cos\theta_0 - \cos\theta_1)$$

doit avoir le même signe que $\frac{d\psi}{dt_0}$; donc α doit avoir le signe opposé.

Le fait remarquable que $\left(\frac{d\psi}{du}\right)_{u=\omega'}$ a toujours le même signe que $\frac{p'a}{i}$ peut encore être prouvé par l'analyse suivante.

Soit v un argument tel que a ou a_1, c'est-à-dire pour lequel pv soit réel, ainsi que $\frac{p'v}{i}$; considérons la fonction

$$f(v) = \frac{1}{i}\,\frac{p'v}{e_\alpha - pv}.$$

Supposons, en outre, $\frac{p'v}{i}$ de même signe que $e_\alpha - pv$, dont le signe est invariable, puisque pv est limité dans un des intervalles $(-\infty, e_3)$ ou (e_2, e_1). Ainsi f est une quantité positive. Nous voulons étudier sa variation. Prenons sa dérivée par rapport à pv:

$$(86)\qquad \frac{df}{dpv} = \frac{1}{p'v}\,\frac{df}{dv} = -\frac{1}{\frac{p'v}{i}(e_\alpha - pv)}\left(p''v + \frac{p'^2v}{e_\alpha - pv}\right),$$

$$(87)\qquad \left\{\begin{array}{l}\frac{1}{2}\left(p''v + \frac{p'^2v}{e_\alpha - pv}\right) = (pv - e_\alpha)^2 - (e_\alpha - e_\beta)(e_\alpha - e_\gamma)\\ \qquad\qquad \alpha, \beta, \gamma = 1, 2, 3.\end{array}\right.$$

Les racines pv de ce polynôme du second degré correspondent aux arguments v, qui sont les moitiés de ω_α (t. I, p. 51). Ces racines sont imaginaires si e_α est la racine moyenne, si $e_\alpha = e_2$. En ce cas, la dérivée (86) est toujours négative, la fonction f toujours décroissante. Que l'on suppose donc pv variant, comme pa, de $-\infty$ à e_3, ou, comme pa_1, de e_2 à e_1, f décroît constamment dans les deux cas, de $+\infty$ à zéro. On voit nettement que l'on peut, pour chaque valeur de pa, choisir d'une seule manière pa_1, de sorte que la quantité

$$\left(\frac{d\psi}{du}\right)_{u=\omega+\omega'} = f(a) - f(a_1), \qquad (e_\alpha = e_2)$$

prenne telle valeur que l'on voudra au-dessous de $f(a)$ jusqu'à $-\infty$.

Supposons maintenant $e_\alpha = e_3$. Le polynôme (87) a deux racines réelles, correspondant aux moitiés de l'argument ω'. L'une de ces racines est dans l'intervalle $(-\infty, e_3)$, l'autre dans l'intervalle (e_2, e_1). En ce cas, $f(a)$ varie de $+\infty$ à $+\infty$ en passant par un minimum, qui est (t. I, p. 54),

$$2\left(\sqrt{e_1 - e_3} + \sqrt{e_2 - e_3}\right);$$

$f(a_1)$ varie de zéro à zéro en passant par un maximum, qui est (*ibid.*)

$$2\left(\sqrt{e_1 - e_3} - \sqrt{e_2 - e_3}\right).$$

Donc $\left(\frac{d\psi}{du}\right)_{u=\omega'}$ a pour minimum $4\sqrt{e_2 - e_3}$, c'est-à-dire une quantité positive quand on a supposé $\frac{p'a}{i}$ de même signe que $e_3 - pa$, c'est-à-dire positif. C'est ce qu'on voulait établir.

On remarquera, de plus, que $\left(\frac{d\psi}{du}\right)_{u=\omega'}$ n'est jamais nul, sauf si $e_2 = e_3$, sous réserve, bien entendu, de ce cas singulier signalé plus haut où le plan vertical est immobile. Le cas $e_2 = e_3$ n'offre aucun intérêt : c'est celui où l'axe du corps reste immobile dans la position verticale, et où le corps tourne autour de cet axe d'un mouvement uniforme.

Mouvement relatif de la verticale par rapport au corps.

Comme le précédent, ce mouvement peut être caractérisé par celui de la verticale dans le plan qui la contient avec l'axe, et par le mouvement relatif de ce plan autour de l'axe du corps. Le mouvement de la verticale, caractérisé par la variation de l'angle CZ, est le même que celui de l'axe dans le plan vertical. Quant à la rotation de plan autour de l'axe du corps, elle est caractérisée par l'angle φ, que fait ce plan avec l'axe A, et l'on a (26)

$$e^{2i\varphi} = \frac{\cos AZ + i \cos BZ}{\cos AZ - i \cos BZ},$$

$$(88) \quad \frac{d\varphi}{dt} = -r + \frac{\cos CZ(\delta - \alpha \cos CZ)}{1 - \cos^2 CZ} = \frac{(r - \alpha)\cos^2 CZ + \delta \cos CZ - r}{1 - \cos^2 CZ}.$$

Ici il y a deux valeurs de la variable qui font évanouir $\frac{d\varphi}{dt}$ et, suivant le nature de ces valeurs, cette dérivée peut être effectivement deux fois, une fois ou n'être jamais nulle. Ainsi, dans ce mouvement relatif, la rotation du plan peut être oscillatoire dans deux sens différents pendant l'intervalle d'une demi-période.

Ces caractères, qui rendent le mouvement actuel différent de celui qu'on a examiné précédemment, disparaissent si l'on suppose $r = \alpha$. Nous savons déjà (p. 92) que, pour ce cas particulier, le mouvement relatif a même définition que le mouvement absolu. Il y a seulement lieu de remarquer que les deux mouvements ne peuvent jamais être tous deux à la fois oscillatoires. On a reconnu, en effet, la condition $\delta^2 > \alpha^2$ (71) comme nécessaire pour que le premier mouvement soit oscillatoire. Le second correspond à l'échange de δ^2 et α^2 ; il exige donc, pour être oscillatoire, la condition opposée $\delta^2 < \alpha^2$. Quant au cas $\delta^2 = \alpha^2$, examiné déjà, il ne s'y présente pas d'oscillation.

Le mouvement relatif du plan vertical par rapport au corps se compose, comme on l'a vu, de ce mouvement même envisagé pour une valeur arbitraire de r, et d'une rotation uniforme. Il est aisé par là de concevoir comment, en prenant à volonté cette dernière rotation, on peut faire disparaître ou faire naître les oscillations, et il n'est pas nécessaire de s'y arrêter davantage.

Le moyen mouvement du plan vertical mesuré dans l'herpolhodie.

Reprenons la formule (85) qui donne le moyen mouvement ψ_0. Tenant compte de ce que $v_0 = a - a_1$ (36) et employant la formule (45) qui donne $\frac{h}{n}$, nous avons

$$\psi_0 = \frac{1}{i}\left(\omega\zeta v_0 - \eta v_0 + i\varepsilon \frac{h}{\mu}\omega\right).$$

Comparant avec la formule (II, 20) qui donne l'angle χ_0 dans l'herpolhodie relative au premier mouvement composant, nous reconnaissons de suite que ψ_0 est égal à $-\chi_0$ ou à $-\chi_0 \pm \pi$ suivant la grandeur du coefficient de i dans v_0. Cette coïncidence peut être expliquée par la nature même du sujet. Prenons, en effet, dans les mouvements à la Poinsot composants, deux positions des figures, distantes d'une période de l'argument. Pour l'une et l'autre de ces positions, le plan des axes z_0, z_1 a la même situation ; mais les axes x_0, y_0 ont tourné, quand on passe de l'une à l'autre, d'un angle $2\chi_0$ en valeur absolue (p. 58). Dans le mouvement relatif du plan $z_0 z_1$ par rapport à ces axes, mouvement qui est celui du corps grave, le plan a donc tourné, en sens inverse, de l'angle $2\chi_0$, à un multiple près de la circonférence.

A peine est-il besoin d'ajouter que le moyen mouvement relatif du plan vertical par rapport au corps a la même relation avec l'angle analogue à χ_0, mais se rapportant au second mouvement à la Poinsot composant.

Ces relations entre le mouvement du corps grave et les herpolhodies peuvent être précisées bien davantage par l'analyse qui va suivre.

Le mouvement du plan vertical mesuré dans l'herpolhodie.

L'expression (29) de $\cos CX + i \cos CY$ est celle d'une fonction doublement périodique de seconde espèce, qui se décompose en éléments simples par la formule suivante (t. I, p. 230)

$$\frac{1}{\sigma a\,\sigma a_1}\,\frac{\sigma(u-a)\,\sigma(u+a_1)}{\sigma^2 u}\,e^{(\zeta a-\zeta a_1)u} = -\frac{d}{du}\left[\frac{\sigma(u-a+a_1)}{\sigma(a-a_1)\,\sigma u}\,e^{(\zeta a-\zeta a_1)u}\right].$$

Remplaçons u par $-u_0$ (41), $a-a_1$ par v_0 et $\zeta a_1 - \zeta a$ par son expression (45), puis désignons par F une constante, et nous aurons

$$\cos CX + i\cos CY = F\,\frac{d}{du_0}\left[\frac{\sigma(u_0+v_0)}{\sigma v_0\,\sigma u_0}\,e^{-\left(\zeta v_0 + i\varepsilon\frac{h}{\mu_0}\right)u_0}\right].$$

Cette fonction, dont la dérivée figure ici prise par rapport à u_0, n'est autre, sauf un facteur constant, que l'expression de $x_1 + iy_1$ (II, 14) relative à un point quelconque de l'herpolhodie pour le premier mouvement à la Poinsot. Le rapport $\frac{\cos CY}{\cos CX} = \operatorname{tang}\psi$ est donc égal à $\frac{dy_1}{dx_1}$. Par conséquent, *la rotation du plan vertical contenant l'axe du corps est constamment égale à la rotation de la tangente dans l'herpolhodie relative au premier mouvement à la Poinsot composant.*

Cette proposition éclaire d'un jour nouveau toute cette théorie : on voit d'abord que le mouvement oscillatoire du plan vertical correspond aux points d'inflexion de l'herpolhodie, et, en second lieu, que l'angle ψ_0 est précisément égal, en valeur absolue, à χ_0, quand, dans l'herpolhodie, l'angle χ varie toujours dans un même sens ; au contraire, si l'angle χ varie avec oscillation, ψ_0 diffère de χ_0 par une demi-circonférence. Enfin le fait si remarquable que la rotation moyenne ψ_0 est toujours de même sens que la rotation effective au moment où l'angle CZ est minimum, ce fait se retrouve ici tout naturellement. En effet, le minimum de CZ ($u=\omega'$) correspond au maximum du rayon vecteur dans l'herpolhodie, et, d'après la forme de cette courbe, il est évident que la rotation périodique de la tangente s'effectue toujours dans le sens même où cette tangente tourne effectivement quand son point de contact passe en un sommet où le rayon vecteur est maximum.

A peine est-il besoin d'ajouter que, pour le cas où l'ellipsoïde d'inertie est une sphère, la même relation a lieu entre le mouvement relatif du plan vertical par rapport au corps et la rotation de la tangente dans l'herpolhodie du second mouvement à la Poinsot.

Expression des composantes de la rotation.

Dans les calculs du début, nous avons éliminé, sans les calculer, les composantes p, q de la rotation. On peut calculer $p+iq$ par l'une ou l'autre des équations (p. 86) entre lesquelles on a éliminé cette quantité. Il est visible ainsi que $p+iq$ est une fonction doublement périodique, de seconde espèce, ayant mêmes multiplicateurs que $\cos AZ + i\cos BZ$. Mais, après cette observation, on obtient $p+iq$ par un autre moyen plus simple.

En employant pour α la même expression qu'à la page 91, on obtient, sous la forme suivante, l'expression de $\cos AZ + i\cos BZ$, analogue à celle que l'on vient d'employer pour $\cos CX + i\cos CY$:

$$(\cos AZ + i\cos BZ)e^{-\frac{i}{\tau}(\alpha-r)u}$$
$$= \frac{d}{du}\left[\frac{2E}{pa_1 - pa}\,\frac{\sigma(u-a-a_1)}{\sigma(a+a_1)\sigma u}\,e^{(\zeta a+\zeta a_1)u}\right].$$

Les équations (2) donnent, d'autre part,

$$\frac{d(p+iq)}{dt} = i(\alpha-r)(p+iq) + \tfrac{1}{2}i\beta(\cos AZ + i\cos BZ)$$

ou, sous une autre forme (17),

$$\frac{d}{du}\left[(p+iq)e^{-\frac{i}{\tau}(\alpha-r)u}\right] = \frac{1}{2}\,\frac{i\beta}{\tau}(\cos AZ + i\cos BZ)e^{-\frac{i}{\tau}(\alpha-r)u}.$$

De la comparaison résulte

$$p+iq = \frac{i\beta}{\tau}\,\frac{E}{pa_1 - pa}\,\frac{\sigma(u-a-a_1)}{\sigma(a+a_1)\sigma u}\,e^{\left[\zeta a+\zeta a_1+\frac{i}{\tau}(\alpha-r)\right]u}$$

et, de même,

$$p-iq = -\frac{i\beta}{\tau E}\,\frac{1}{pa_1 - pa}\,\frac{\sigma(u+a+a_1)}{\sigma(a+a_1)\sigma u}\,e^{-\left[\zeta a+\zeta a_1+\frac{i}{\tau}(\alpha-r)\right]u},$$

sans aucune constante à déterminer dans l'intégration, puisque la forme ainsi trouvée est bien celle d'une fonction ayant les multiplicateurs connus d'avance. Sans que nous voulions y insister, on ne manquera pas d'observer que *les composantes de la rotation*

*sont proportionnelles aux coordonnées du point correspondant
sur l'herpolhodie du second mouvement composant.* De même,
dans le mouvement relatif de l'espace par rapport au corps grave,
les composantes de la rotation sont proportionnelles aux coordonnées du point correspondant sur l'herpolhodie du premier
mouvement composant.

Expression des constantes au moyen du mouvement initial.

Pour compléter les notions que nous venons d'exposer, nous
allons dire quelques mots des conditions expérimentales qui permettent de réaliser les divers cas du mouvement. On sait qu'il
existe, à cet effet, un appareil imaginé par M. Gruey, et composé
d'un tore monté sur un axe autour duquel le tore peut recevoir un
mouvement de rotation. L'axe du tore est suspendu au moyen
d'une suspension à la Cardan. Nous appellerons son extrémité la
pointe de l'appareil.

Nous supposerons le tore animé de la rotation r autour de son
axe quand on vient à suspendre cet axe ; on donne à cet axe une
inclinaison arbitraire sur la verticale, inclinaison qui peut être
supérieure à $90°$ (auquel cas l'appareil a *la pointe en l'air*) et
on l'abandonne en imprimant à la pointe une vitesse arbitraire w,
perpendiculaire à l'axe.

L'impulsion, par laquelle est communiquée cette vitesse, est
supposée donnée perpendiculairement à l'axe pour tous les points
du corps. On peut la concevoir comme une rotation dont l'axe est
normal à l'axe de l'appareil. Les composantes de cette rotation
sur les axes A, B du corps sont les valeurs initiales de p, q ; la
rotation r est la constante désignée jusqu'à présent par cette
lettre. La constante α s'en déduit (1) ; la valeur initiale de l'angle
CZ est connue, enfin β est une donnée relative à l'appareil. Nous
avons à trouver par là γ et δ.

Prenons pour unité la longueur de l'axe. Les composantes de la
vitesse w de la pointe sur A, B, C sont alors q, $-p$, o. On a donc (6)

$$(89) \qquad\qquad w^2 = \beta(\cos CZ + \gamma) ;$$

de là l'expression de $\beta\gamma$

$$\beta\gamma = w^2 - \beta \cos CZ.$$

D'autre part, d'après les égalités (7, 70), nous avons

$$p\cos AZ + q\cos BZ = \frac{d\psi}{dt}\sin^2 CZ = \delta - \alpha\cos CZ,$$

d'où résulte

$$\delta = \alpha\cos CZ + p\cos AZ + q\cos BZ,$$

ce qui détermine δ.

Pour préciser complètement, on peut choisir la position initiale des axes et supposer B coïncidant avec Y, en position et en sens. L'axe C du tore est alors situé dans le plan XZ et l'on peut supposer positive sa projection sur X. Comme les deux systèmes d'axes doivent être congruents, le sens de l'axe A est alors fixé. Il est situé dans le plan XZ, et l'on a

$$AZ = CZ + \frac{\pi}{2}, \qquad \cos AZ = -\sin CZ,$$

ce sinus étant positif.

Il est plus commode de considérer, au lieu de p, q, les composantes de w sur les axes fixes X, Y, Z; ces composantes sont

$$w_x = q\cos CZ, \qquad w_y = -p, \qquad w_z = -q\sin CZ.$$

L'expression de δ devient ainsi

$$\delta = \alpha\cos CZ + w_y\sin CZ.$$

Nous pouvons enfin supposer l'axe Y pris dans le sens de la composante w_y, en sorte que w_y soit positif. La rotation actuelle du plan vertical contenant l'axe est également positive. La constante α, qui a le signe de r, est positive ou négative, suivant le sens de la rotation du tore autour de son axe.

Les données relatives à l'expérience que l'on veut faire sont, comme on voit, tout à fait claires et sont traduites par les nombres α, w, w_y et par l'angle CZ. On peut s'en servir aisément pour étudier le mouvement du corps.

Cherchons, par exemple, les conditions du mouvement oscillatoire. Soit d'abord $\alpha > 0$. La première inégalité (71) se réduit à $\delta < \alpha$, c'est-à-dire

$$(90) \qquad w_y < \alpha \operatorname{tang} \tfrac{1}{2} CZ.$$

Quant à la seconde inégalité (71), on a

$$\beta\left(\gamma+\frac{\delta}{\alpha}\right)=w^2+\frac{\beta}{\alpha}w_y\sin CZ,$$

quantité positive. La condition (90) est donc la seule pour le cas où la rotation du tore autour de son axe est du même sens que celle du plan vertical autour de la verticale.

Soit, en second lieu, $\alpha<0$. On trouve immédiatement que w_y doit être inférieur aux deux quantités

$$-\alpha\cot\tfrac{1}{2}CZ,\qquad \frac{-\alpha}{\beta\sin CZ}w^2.$$

Comme w_y est inférieur à w, cette condition sera remplie en particulier si w est moindre que les mêmes quantités, c'est-à-dire si l'on a

$$(91)\qquad -\alpha\cot\tfrac{1}{2}CZ>w>\frac{\beta\sin CZ}{-\alpha}.$$

Ces conditions exigent celle-ci :

$$\alpha^2>2\beta\sin^2\tfrac{1}{2}CZ.$$

Il est à remarquer que les conditions (91) sont nécessaires si l'on suppose $w_y=w$, c'est-à-dire si la vitesse w est horizontale, si donc on prend pour l'instant initial celui où la pointe est, soit au plus haut, soit au plus bas. Mais, comme α est négatif, on peut être certain que, les conditions (91) étant remplies, la pointe sera au plus bas. C'est ce qui résulte de l'observation faite précédemment (p. 118) sur le signe de α dans le cas du mouvement oscillatoire.

Mouvement pendulaire : rotation du plan vertical.

Un pendule conique est un corps grave de révolution suspendu par un point de son axe et dont on suppose négligeables les dimensions dans les sens perpendiculaires à cet axe. Il est donc caractérisé par la supposition que le moment d'inertie R autour de cet axe est nul. Cette supposition se traduit dans les formules par $\alpha=0$ (1).

On doit remarquer que l'hypothèse $\alpha=0$ convient également au cas d'un corps grave de révolution quelconque, pourvu qu'on suppose $r = 0$ (1). Ainsi un corps de révolution prend le mouvement pendulaire quand la rotation constante autour de son axe n'existe point.

A l'égard des mouvements à la Poinsot composants, l'hypothèse $\alpha = 0$ donne (59)

$$(92)\qquad \frac{2}{h^2} = \frac{1}{a^2} + \frac{1}{b^2} + \frac{1}{c^2}.$$

Telle est la supposition qu'on doit faire sur le premier mouvement à la Poinsot pour obtenir le mouvement pendulaire.

La formule relative aux points d'inflexion dans l'herpolhodie (p. 61) montre que $\frac{d}{dt}\frac{dy_1}{dx_1}$ a pour numérateur une constante. Par la formule (70), on voit aussi que $\frac{d\psi}{dt}$ a pour numérateur une constante, en sorte que la rotation du plan vertical contenant le pendule se fait toujours dans un même sens; mais, en outre, la rotation moyenne ψ_0, celle qui correspond à une demi-période, est comprise entre deux limites fixes : c'est ce que nous allons établir.

Des deux arguments a, a_1, un seul est arbitraire; car, en vertu de la condition $\alpha = 0$, on a (31)

$$(93)\qquad \mathrm{p}'a_1 = \mathrm{p}'a.$$

Posons $a_1 = \omega + ia'_1$, en sorte que a'_1 soit une variable réelle, et formons la dérivée de ψ_0 par rapport à a'_1. D'après (93), nous avons

$$\mathrm{p}''a_1\, da_1 = \mathrm{p}''a\, da$$

et, par suite (85),

$$\frac{d\psi_0}{da'_1} = i\frac{d\psi_0}{da_1} = \omega\,\mathrm{p}a_1 + \eta - (\omega\,\mathrm{p}a + \eta)\frac{\mathrm{p}''a_1}{\mathrm{p}''a},$$

$$\mathrm{p}''a\frac{d\psi_0}{da'_1} = \mathrm{p}''a(\omega\,\mathrm{p}a_1 + \eta) - \mathrm{p}''a_1(\omega\,\mathrm{p}a + \eta).$$

Remplaçons p'' par $6\,\mathrm{p}^2 - \frac{1}{2}g_2$, et nous obtiendrons

$$(94)\qquad \frac{\mathrm{p}''a}{\mathrm{p}a_1 - \mathrm{p}a}\frac{d\psi_0}{da'_1} = -[\omega(6\,\mathrm{p}a\,\mathrm{p}a_1 + \tfrac{1}{2}g_2) + 6\eta(\mathrm{p}a + \mathrm{p}a_1)].$$

Avec les arguments a, a_1 satisfaisant à la relation (93), il en existe un troisième a_2, donnant aussi

$$p'a = p'a_1 = p'a_2,$$

et l'on a (t. I, p. 114)

$$(95) \qquad \begin{cases} pa + pa_1 + pa_2 = 0, \\ pa\,pa_1 = p^2 a_2 - \frac{1}{4} g_2. \end{cases}$$

Soit posé $pa_2 = x$, l'égalité (94) devient

$$\frac{-p''a}{pa_1 - pa}\frac{d\psi_0}{da'_1} = (6\omega x^2 - \eta x - \tfrac{1}{6} g_2).$$

Les trois arguments a, a_1, a_2 ont pour somme une période. Le premier, a, est purement imaginaire ; le second, a_1, est de la forme $\omega + ia'_1$, avec a'_1 réel ; le troisième, a_2, est de cette même forme, et, si l'on fait varier pa_1 depuis e_1 jusqu'à e_2, pa_2 varie en sens inverse depuis e_2 jusqu'à e_1.

Le polynôme $\omega x^2 - \eta x - \frac{1}{6} g_2$, étudié au Tome I (p. 315), est négatif pour les valeurs extrêmes $x = e_2$, $x = e_1$. Il est donc négatif pour toutes les valeurs intermédiaires, c'est-à-dire ici toujours négatif. Quant au coefficient de la dérivée, au premier membre, il est négatif ; car $pa_1 - pa$ et $p''a$ sont positifs. Donc $\frac{d\psi_0}{da'_1}$ est toujours positif. La fonction ψ_0 est donc croissante, comprise, par conséquent, entre ses deux valeurs extrêmes. Supposons a'_1 allant de zéro à $\frac{\omega'}{i}$. Les valeurs extrêmes correspondantes sont, pour a, a_1 et ψ_0, les suivantes (85)

$$\begin{array}{llll} a'_1 = 0, & a_1 = \omega, & a = -\omega' & \psi_0 = \frac{\pi}{2} \\ a'_1 = \frac{\omega'}{i}, & a_1 = \omega + \omega', & a = -\omega' & \psi_0 = \pi. \end{array}$$

Ainsi, quand $\frac{a_1 - \omega}{i}$ est positif, on a

$$(96) \qquad \frac{\pi}{2} < \psi_0 < \pi.$$

De même, si l'on supposait a'_1 allant de zéro à $-\frac{\omega'}{i}$, on trouverait que ψ_0 est compris entre $-\frac{\pi}{2}$ et $-\pi$. Ce cas ne diffère pas au fond du précédent; on peut même en faire abstraction si l'on suppose τ pris à volonté, positif ou négatif.

Les deux limites (96) entre lesquelles ψ_0 reste toujours renfermé montrent la généralité d'un phénomène reconnu d'abord par l'observation et dont nous allons parler.

Quand cos CZ ne passe pas par zéro, c'est-à-dire quand le pendule ne traverse pas le plan horizontal de suspension, la projection de la trajectoire de son extrémité sur un plan horizontal présente une suite de sommets, en chacun desquels le rayon vecteur issu du pied de la verticale est successivement maximum et minimum, en même temps que l'angle CZ lui-même.

Si ψ_0 était égal à $\frac{\pi}{2}$, la courbe serait un ovale avec deux axes de symétrie. Comme ψ_0 n'est pas égal à $\frac{\pi}{2}$, l'apparence est celle d'un ovale décrit par le point et tournant lui-même. Mais, comme ψ_0 est supérieur à $\frac{\pi}{2}$, *l'ovale semble tourner toujours dans le sens même où l'extrémité du pendule, en projection, décrit cet ovale*. En outre, comme ψ_0 est inférieur à π, *le moyen mouvement de l'ovale est toujours moindre que le moyen mouvement du point sur cette courbe*. La première de ces propositions a été démontrée, pour la première fois, par Puiseux, en 1842.

Réaction de la tige du pendule.

Si l'on avait traité directement le problème du pendule, on aurait considéré le mouvement de l'extrémité comme celui d'un point pesant, astreint à rester sur une sphère. En désignant par X, Y, Z les coordonnées de ce point, par N la réaction normale à la sphère, ou réaction de la tige; par g l'accélération de la pesanteur, on eût posé les équations suivantes (supposant la longueur du pendule égale à l'unité)

$$(97)\qquad \frac{d^2X}{dt^2} = NX, \qquad \frac{d^2Y}{dt^2} = NY, \qquad \frac{d^2Z}{dt^2} = NZ + g.$$

Calculons N par la dernière équation, en observant que g est justement la valeur que prend ici la constante $\frac{1}{2}\beta$ (1), et que Z coïncide avec cos CZ (19), la longueur de pendule étant prise pour unité :

(98) $$Z = \frac{p a_1 + p a - 2 p u}{p a_1 - p a} = -\frac{p a_2 + 2 p u}{p a_1 - p a}, \qquad du = \tau dt.$$

Nous avons donc (97)

$$NZ = \tau^2 \frac{d^2 Z}{du^2} - \frac{1}{2}\beta = -\tau^2 \left(\frac{2 p'' u}{p a_1 - p a} + p a_1 - p a \right).$$

Suivant (95), on a

$$(p a_1 - p a)^2 = g^2 - 3 p^2 a_2;$$

comme, de plus, $2 p'' u = 12 p^2 u - g_2$, il vient

$$NZ = -\frac{3\tau^2}{p a_1 - p a} (4 p^2 u - p^2 a_2)$$

et enfin

(99) $$N = 3\tau^2 (2 p u - p a_2).$$

Nous envisagerons un peu plus loin les conséquences mécaniques.

Digression sur un cas de l'équation de Lamé.

Les coordonnées X, Y du dernier paragraphe ne sont autres que cos CX et cos CY, en sorte que les deux fonctions cos CX $\pm i$ cos CY vérifient toutes deux l'équation différentielle linéaire déduite de (97, 99)

$$\frac{d^2 z}{du^2} = (6 p u - 3 p a_2) z.$$

Nous avons déjà parlé (t. I, p. 235) d'une équation analogue

$$\frac{d^2 z}{du^2} = (2 p u + p v) z.$$

Toutes deux sont comprises dans la forme commune

(100) $$\frac{d^2 z}{du^2} = n(n+1)\left(p u + \frac{1}{2}\alpha \right) z,$$

où α est une constante quelconque et n un entier positif. Connue sous le nom d'*équation de Lamé,* cette équation sera, en son lieu, l'objet d'une étude spéciale. Le cas $n = 1$ est celui que nous avons rencontré au Tome I; le cas $n = 2$ se rencontre ici avec sa solution, qu'on peut présenter ainsi : *La constante α étant écrite sous la forme $-\wp a_2$, soient a et a_1 deux arguments différents de a_2 et satisfaisant à la condition*

$$\wp' a = \wp' a_1 = \wp' a_2, \tag{101}$$

on a, pour l'inconnue z, dans l'équation (100) *avec $n = 2$,*

$$\left\{\begin{aligned} z &= C\frac{\sigma(u-a)\,\sigma(u+a_1)}{\sigma^2 u}\,e^{(\zeta a-\zeta a_1)u} \\ &= C'\frac{d}{du}\left[\frac{\sigma(u-a+a_1)}{\sigma u}\,e^{(\zeta a-\zeta a_1)u}\right]. \end{aligned}\right. \tag{102}$$

Cette fonction z a deux déterminations distinctes, en sorte qu'elle fournit la solution complète : effectivement a et a_1 peuvent y être échangés.

La solution devient explicite si l'on forme l'équation du second degré dont les deux racines sont $\wp a_1$ et $\wp a$. Soit désigné $\wp a_2$ par $-\alpha$; cette équation est la suivante

$$4\xi^3 - g_2\xi - g_3 = -4\alpha^3 + g_2\alpha - g_3$$

ou bien

$$\xi^2 - \alpha\xi + \alpha^2 - \frac{1}{4}g_2 = 0. \tag{103}$$

Ainsi, *au cas $n = 2$, l'équation* (100) *de Lamé a pour solution la fonction z* (102), *dans laquelle a et a_1 sont choisis par la condition que $\wp a$ et $\wp a_1$ soient les racines de l'équation* (103) *et que $\wp' a$ et $\wp' a_1$ aient un même signe.*

Voici maintenant une autre manière de présenter cette solution. En posant $a_1 - a = v$, on écrira, au lieu de (102),

$$z = \frac{d}{du}\left[\frac{\sigma(u+v)}{\sigma u}\,e^{(x-\zeta v)u}\right], \tag{104}$$

x étant une constante qu'il faut trouver. C'est la forme même qui s'est offerte en un paragraphe précédent (page 122), pour $\cos CX + i\cos CY$.

Pour obtenir v, nous avons d'abord (101)

$$\wp v + \wp a_1 + \wp a = \left(\frac{1}{2}\frac{\wp' a_1 + \wp' a}{\wp a_1 - \wp a}\right)^2 = \left(\frac{\wp' a_2}{\wp a_1 - \wp a}\right)^2.$$

En remplaçant $\wp a_1 + \wp a$ et $\wp a_1 - \wp a$ par la somme et la différence des racines de l'équation (103) et, en outre, $\wp'^2 a_2$ par $-4\alpha^3 + g_2\alpha - g_3$, on obtient

$$\wp v = \frac{\alpha^3 + g_3}{3\alpha^2 - g_2}. \tag{105}$$

On a ensuite a par le calcul suivant (t. I, p. 138)

$$x = \zeta(a_1 - a) + \zeta a - \zeta a_1 = \frac{1}{2}\frac{\wp'(a - a_1) + \wp' a}{\wp(a - a_1) - \wp a}$$
$$= \frac{1}{2}\frac{\wp'(a - a_1) - \wp' a_1}{\wp(a - a_1) - \wp a_1} = \frac{\wp'(a - a_1) + \wp' a - \wp' a_1}{2\wp(a - a_1) - \wp a - \wp a_1} = -\frac{\wp' v}{2\wp v - \alpha},$$

$$x = -\frac{\wp' v}{2\wp v - \alpha}. \tag{106}$$

L'équation de Lamé (100), *au cas* $n = 2$, *se résout par la fonction* (104), *où* v *est un argument déterminé par l'égalité* (105), *puis* x *par l'égalité* (106).

Sur une distinction entre le pendule à tige et le pendule à fil.

Revenons à la réaction N (99), que nous avons appelée *réaction de la tige du pendule*. Si le pendule est formé par un poids suspendu à un fil, N changé de signe est la tension de ce fil. Le poids ne reste sur la sphère que si le fil est effectivement tendu : si donc N est une quantité négative, il en est toujours ainsi aux points les plus bas de la course ; car ces points correspondent au maximum de Z, c'est-à-dire à $\wp u = e_3$: comme e_3 est négatif et moindre que e_2, minimum de $\wp a_2$, $2e_3$ est *a fortiori* moindre que $\wp a_2$ et N est négatif. Mais il peut en être autrement aux points les plus hauts si e_2 est positif. En ce cas, le mouvement du pendule, s'il est suspendu par un fil, ne suivra pas les lois marquées par les formules. En effet, au moment où la tension devient nulle, le poids commence à tomber comme s'il était libre, et son mouvement suit dès lors une autre loi.

Cette distinction physique entre les mouvements pour lesquels N change de signe et ceux où N conserve un signe invariable correspond aussi à une distinction géométrique entre les trajectoires de l'extrémité du pendule. En effet, d'après l'équation (7), on a

$$X \frac{dY}{dt} - Y \frac{dX}{dt} = \delta :$$

c'est l'intégrale des aires ; puis on conclut de (97)

$$\frac{dY}{dt}\frac{d^2X}{dt^2} - \frac{dX}{dt}\frac{d^2Y}{dt^2} = \delta N.$$

Par conséquent, lorsque la réaction devient nulle, le plan osculateur de la trajectoire est vertical ou, en d'autres termes, la projection horizontale de la trajectoire présente une inflexion.

La condition pour que cette circonstance ait lieu effectivement, c'est que N soit positif quand $\wp u = e_2$; c'est donc (99)

$$\wp a_2 < 2 e_2. \tag{107}$$

Lorsque cette condition est remplie, Z (98) passe aussi du positif au négatif. En effet, $\wp a_2$ devant être supérieur à e_2, l'inégalité (107) exige que e_2 soit positif; par conséquent, $-\frac{1}{2}\wp a_2$ est négatif, moindre donc que e_2. De plus, $-\frac{1}{2}\wp a_2$ étant, d'après (107), supérieur à $-e_2$, est, par cela même, supérieur à e_3 ; car $-e_2 = e_3 + e_1$.

Ainsi, dans le cas qui nous occupe, les points les plus hauts sont au-dessus du plan horizontal de suspension. Les points les plus bas, en tous les cas, sont au-dessous de ce plan; car $\wp a_2 + 2e_3$, moindre que $e_3 - e_2$, est toujours négatif. Il est donc possible de caractériser la condition (107) par les éléments du mouvement, relatifs à une position de l'extrémité du pendule au-dessus de l'horizon de suspension.

Le carré de la vitesse, que l'on peut tirer aussi des équations (97) par l'intégrale des forces vives, nous est fourni par l'égalité (89)

$$w^2 = 4\tau^2(\wp a_2 - \wp u),$$

tandis que la hauteur $H = -Z$, au-dessus de l'horizon de suspension, est

$$H = \frac{pa_2 + 2pu}{pa_1 - pa} = \frac{2\tau^2}{\beta}(pa_2 + 2pu) = \frac{\tau^2}{g}(pa_2 + 2pu).$$

De là résulte

$$v^2 - gH = 3\tau^2(pa_2 - 2pu) = -N.$$

Par conséquent, *si l'extrémité du pendule est abandonnée à l'action de la pesanteur à une hauteur* H *au-dessus du point de suspension et avec une vitesse dont le carré soit moindre que* gH, *la courbe décrite par la projection horizontale de cette extrémité présente des points d'inflexion.*

Représentation du mouvement par des séries ; moyen mouvement.

Occupons-nous d'abord du moyen mouvement du plan vertical contenant l'axe et calculons, à cet effet, les séries qui représentent les deux angles auxiliaires ci-après

$$(108) \qquad \begin{cases} \psi'_0 = i(\omega\zeta a_1 - \eta a_1), \\ \psi''_0 = i(\omega\zeta a \ - \eta a). \end{cases}$$

Pour le premier ψ'_0, nous avons à faire usage des séries mêmes qui ont été employées au Chapitre II, p. 65. En posant donc

$$a_1 = \omega + a'_1, \qquad A_1 = e^{\frac{i\pi a'_1}{2\omega}}, \qquad \mathfrak{a}_1 = \frac{\pi a'_1}{2\omega'},$$

on a immédiatement

$$\frac{1}{\pi}\psi'_0 = \frac{1}{2}\,\frac{1-A_1^2}{1+A_1^2} - \sum(-1)^{\frac{m}{2}}\,\frac{q^m}{1-q^m}\,\frac{1-A_1^{2m}}{A_1^m}$$

$$= \frac{\mathfrak{a}_1}{\pi} + \frac{2\pi}{\log\frac{1}{q}}\sum\frac{q_1^{\frac{m}{2}}}{1-q_1^m}\sin m\mathfrak{a}_1 \qquad \left(m = 2, 4, 6, \ldots;\ \log\frac{1}{q_1}\log\frac{1}{q} = \pi^2\right)$$

Il est bon d'adjoindre au premier de ces développements une

autre forme qui mette en évidence le cas particulier $a_1 = \pm \omega'$, savoir

$$\frac{1}{\pi}\psi'_0 = \frac{1}{2} - \sum \frac{q^{\frac{m}{2}}}{1-q^m}\,\frac{1-A_1'^{2m}}{A_1'^{m}} \qquad \left(A'_1 = \frac{A_1}{\sqrt{q}} \quad = e^{\frac{i\pi(a'_1-\omega')}{2\omega}}\right);$$

$$\frac{1}{\pi}\psi'_0 = -\frac{1}{2} - \sum \frac{q^{\frac{m}{2}}}{1-q^m}\,\frac{1-A_1''^{2m}}{A_1''^{m}} \qquad \left(A''_1 = A_1\sqrt{q} = e^{\frac{i\pi(a'_1+\omega')}{2\omega}}\right).$$

L'argument a_1, comme l'argument v du Chapitre II, est égal à ω augmenté d'une imaginaire pure, en sorte qu'on a pris là les séries mêmes des pages 65, 67, en mettant a_1 au lieu de v. Pour calculer ψ''_0, on mettra a au lieu de $v - \omega$. On obtiendra de la sorte les développements ci-après

$$A = e^{\frac{i\pi a}{2\omega}}, \qquad \mathfrak{a} = \frac{\pi a}{2\omega'},$$

$$\begin{aligned}
\frac{1}{\pi}\psi''_0 &= \frac{1}{2}\,\frac{1+A^2}{1-A^2} - \sum \frac{q^m}{1-q^m}\,\frac{1-A^{2m}}{A^m} \\
&= \frac{1}{2} - \sum \frac{(-1)^{\frac{m}{2}} q^{\frac{m}{2}}}{1-q^m}\,\frac{1-A'^{2m}}{A'^m} \qquad \left(A' = \frac{A}{\sqrt{q}} \quad = e^{\frac{i\pi(a-\omega')}{2\omega}}\right) \\
&= -\frac{1}{2} - \sum \frac{(-1)^{\frac{m}{2}} q^{\frac{m}{2}}}{1-q^m}\,\frac{1-A''^{2m}}{A''^m} \qquad \left(A'' = A\sqrt{q} = e^{\frac{i\pi(a+\omega')}{2\omega}}\right) \\
&= \frac{\mathfrak{a}}{\pi} + \frac{2\pi}{\log\frac{1}{q}}\left(\frac{1}{4}\cot\mathfrak{a} + \sum \frac{q_1^m}{1-q_1^m}\sin m\mathfrak{a}\right).
\end{aligned}$$

D'après la formule (85), nous avons

$$\psi_0 = \psi'_0 - \psi''_0.$$

Les angles auxiliaires ψ'_0, ψ''_0 servent aussi à calculer le moyen mouvement φ_0 apparent du plan vertical par rapport au corps. Effectivement, la formule (88) peut s'écrire

$$\frac{d\varphi}{dt} = \alpha - r + \frac{\delta\cos CZ - \alpha}{1-\cos^2 CZ},$$

et l'on a déjà observé que le changement de δ, α en $-\alpha$, $-\delta$ équivaut au changement de a_1 en $-a_1$. Soit donc t_0 le temps qui correspond à la demi-période de l'argument; on aura

$$\varphi_0 = (\alpha - r)t_0 - \psi'_0 - \psi''_0.$$

Mouvement du plan vertical.

Pour développer en série le mouvement angulaire du plan vertical, nous prendrons encore deux angles auxiliaires ψ', ψ'' :

$$(109)\quad \begin{cases} \dfrac{1}{i}\dfrac{d\psi'}{du} = \zeta a_1 + \frac{1}{2}\zeta(u-a_1) - \frac{1}{2}\zeta(u+a_1), \\ \dfrac{1}{i}\dfrac{d\psi''}{du} = \zeta a + \frac{1}{2}\zeta(u-a) - \frac{1}{2}\zeta(u+a). \end{cases}$$

Afin de développer et d'intégrer commodément ces formules, il est opportun de mettre sous la forme ci-après les séries (31, 33) du Tome I (p. 425, 426). Soient

$$B = e^{\frac{i\pi b}{2\omega}}, \qquad C = e^{\frac{i\pi c}{2\omega}},$$

on a, d'après les séries citées,

$$(110)\quad \begin{cases} \zeta(b-c) - \zeta(b+c) + \dfrac{2\eta}{\omega}c \\ = \dfrac{2}{i}\dfrac{d}{db}\left(\operatorname{arctang}\dfrac{B+\frac{1}{B}}{B-\frac{1}{B}}\,\dfrac{C-\frac{1}{C}}{C+\frac{1}{C}}\,\dfrac{1}{i}\right) - \dfrac{\pi}{i\omega}\sum\dfrac{q^m}{1-q^m}\left(B^m+\dfrac{1}{B^m}\right)\left(C^m-\dfrac{1}{C^m}\right) \end{cases}$$

$$(111)\quad \begin{cases} \zeta(b-c+\omega') - \zeta(b+c+\omega') + \dfrac{2\eta}{\omega}c \\ = -\dfrac{\pi}{i\omega}\sum\dfrac{q^{\frac{m}{2}}}{1-q^m}\left(B^m+\dfrac{1}{B^m}\right)\left(C^m-\dfrac{1}{C^m}\right). \end{cases}$$

Il faut remarquer que, dans la première, on peut écrire aussi, au lieu du premier terme, cet autre qui lui est égal,

$$\frac{2}{i}\frac{d}{db}\left(\operatorname{arctang}\frac{B-\frac{1}{B}}{B+\frac{1}{B}}\,\frac{C-\frac{1}{C}}{C+\frac{1}{C}}\,\frac{1}{i}\right).$$

On doit se souvenir aussi que ω, ω' constituent un système arbitraire de demi-périodes primitives. On pourra donc, dans ces formules, remplacer ω par ω' et ω' par $-\omega$.

Prenons le premier membre (111) en y faisant

$$b = u' + \omega, \qquad c = a'_1, \qquad u = \omega' + u', \qquad a_1 = \omega + a'_1.$$

Ce premier membre devient

$$\zeta(u' + \omega - a'_1 + \omega') - \zeta(u' + \omega + a'_1 + \omega') + \frac{2\eta}{\omega} a'_1$$
$$= \zeta(u - a_1 + 2\omega) - \zeta(u + a_1) + \frac{2\eta}{\omega} a'_1$$
$$= \zeta(u - a_1) - \zeta(u + a_1) + \frac{2\eta}{\omega} a'_1;$$

d'où résulte (108, 109) que la série (111) représente

$$\frac{2}{i}\left(\frac{d\psi'}{du} - \frac{\psi'_0}{\omega}\right).$$

Prenons la série (110), en supposant

$$b = u' + \omega, \qquad c = a'_1 + \varepsilon\omega', \qquad \varepsilon = \pm 1.$$

Le premier membre (110) devient

$$\zeta(u' + \omega - a'_1 - \varepsilon\omega') - \zeta(u' + \omega + a'_1 + \varepsilon\omega') + \frac{2\eta}{\omega}(a'_1 + \varepsilon\omega')$$
$$= \zeta(u - a_1) + 2\eta - (1 + \varepsilon)\eta' - \zeta(u + a_1) + (1 - \varepsilon)\eta' + \frac{2\eta}{\omega}(a'_1 + \varepsilon\omega')$$
$$= \zeta(u - a_1) - \zeta(u + a_1) + \frac{2\eta}{\omega} a_1 - \frac{\varepsilon\pi}{i\omega}.$$

La série (110) représente donc ainsi

$$\frac{2}{i}\left(\frac{d\psi'}{du} - \frac{\psi'_0 + \frac{1}{2}\varepsilon\pi}{\omega}\right).$$

Dans le premier membre (111), après avoir remplacé ω et ω' par ω' et $-\omega$, posons

$$b = u', \qquad c = a'_1 + \omega';$$

ce premier membre devient

$$\zeta(u' - a'_1 - \omega' - \omega) - \zeta(u' + a'_1 + \omega' - \omega) + \frac{2\eta'}{\omega'}(a'_1 + \omega')$$
$$= \zeta(u - a_1) - \zeta(u + a_1) - 2\eta' + 2\eta + \frac{2\eta'}{\omega'}(a'_1 + \omega')$$
$$= \zeta(u - a_1) - \zeta(u + a_1) + \frac{2\eta}{\omega} a_1 + \frac{\pi a'_1}{i\omega\omega'}.$$

Le second membre (111), moyennant l'échange des périodes, représente alors (109)

$$(112)\qquad \frac{2}{i}\left(\frac{d\psi'}{du}-\frac{\psi'_0-a_1}{\omega}\right).$$

Enfin, dans le premier membre (110), après avoir encore échangé les périodes, prenons

$$b=u'\pm\omega,\qquad c=a'_1+\omega',$$

et la série (110) représentera encore la même quantité (112).

Ces divers modes de développement sont ici considérés à la fois pour mettre en évidence les cas particuliers, comme on l'a déjà observé à propos de ψ'_0, ψ''_0.

De même, pour développer $\frac{d\psi''}{du}$, nous obtenons les résultats ci-après :

Supposons $b=u'$, $c=a$; la série (111) représente

$$\frac{2}{i}\left(\frac{d\psi''}{du}-\frac{\psi''_0}{\omega}\right).$$

Supposons $b=u'$, $c=a+\varepsilon\omega'$, $\varepsilon=\pm 1$; la série (110) représente

$$\frac{2}{i}\left(\frac{d\psi''}{du}-\frac{\psi''_0+\frac{1}{2}\varepsilon\pi}{\omega}\right).$$

Enfin, après avoir changé les périodes, si l'on suppose dans la série (110) $b=u'$, $c=a+\omega'$, cette série représente

$$\frac{2}{i}\left(\frac{d\psi''}{du}-\frac{\psi''_0-a}{\omega}\right);$$

c'est aussi la même quantité que représente la série (111), si, après l'échange des périodes, on suppose $b=u'\pm\omega$, $c=a+\omega'$.

Passant de ces développements à leurs intégrales et posant

$$\mathfrak{u}=\frac{\pi u'}{2\omega}=\frac{\pi(u-\omega')}{2\omega},\qquad U=e^{\frac{i\pi u'}{2\omega}},\qquad U'=U\sqrt{q_1}=e^{\frac{i\pi(u'-\omega)}{2\omega'}},$$

on obtient les séries ci-après, qui correspondent, par ordre, aux séries ci-dessus :

$$\psi' = \frac{2\psi'_0}{\pi}u + 2\sum \frac{(-q)^{\frac{m}{2}}}{m(1-q^m)}\,\frac{1-A_1^{2m}}{A_1^m}\sin m u$$

$$= \left(\frac{2\psi'_0}{\pi} - 1\right)u + \operatorname{arctang}\left(\frac{A_1'^2-1}{A_1'^2+1}\operatorname{tang} u\right) + 2\sum \frac{(-1)^{\frac{m}{2}}q^m}{m(1-q^m)}\,\frac{1-A_1'^{2m}}{A_1'^m}\sin m u$$

$$= \left(\frac{2\psi'_0}{\pi} + 1\right)u + \operatorname{arctang}\left(\frac{A_1''^2-1}{A_1''^2+1}\operatorname{tang} u\right) + 2\sum \frac{(-1)^{\frac{m}{2}}q^m}{m(1-q^m)}\,\frac{1-A_1''^{2m}}{A_1''^m}\sin m u$$

$$= \frac{2(\psi'_0 - a_1)}{\pi}u + 2\sum \frac{(-q_1)^{\frac{m}{2}}}{m(1-q_1^m)}\,\frac{1-U^{2m}}{U^m}\sin m a_1$$

$$= \frac{2(\psi'_0 - a_1)}{\pi}u + \operatorname{arctang}\left(\frac{U'^2-1}{U'^2+1}\operatorname{tang} a_1\right) + 2\sum \frac{(-1)^{\frac{m}{2}}q_1^m}{m(1-q_1^m)}\,\frac{1-U'^{2m}}{U'^m}\sin m a_1 ;$$

$$\psi'' = \frac{2\psi''_0}{\pi}u + 2\sum \frac{q^{\frac{m}{2}}}{m(1-q^m)}\,\frac{1-A^{2m}}{A^m}\sin m u$$

$$= \left(\frac{2\psi''_0}{\pi} - 1\right)u + \operatorname{arctang}\left(\frac{A'^2+1}{A'^2-1}\operatorname{tang} u\right) + 2\sum \frac{q^m}{m(1-q^m)}\,\frac{1-A'^{2m}}{A'^m}\sin m u$$

$$= \left(\frac{2\psi''_0}{\pi} + 1\right)u + \operatorname{arctang}\left(\frac{A''^2+1}{A''^2-1}\operatorname{tang} u\right) + 2\sum \frac{q^m}{m(1-q^m)}\,\frac{1-A''^{2m}}{A''^m}\sin m u$$

$$= \frac{2(\psi''_0 - a)}{\pi}u + \operatorname{arctang}\left(\frac{U^2-1}{U^2+1}\operatorname{tang} a\right) + 2\sum \frac{(-1)^{\frac{m}{2}}q_1^m}{m(1-q_1^m)}\,\frac{1-U^{2m}}{U^m}\sin m a$$

$$= \frac{2(\psi''_0 - a)}{\pi}u + a + 2\sum \frac{(-q_1)^{\frac{m}{2}}}{m(1-q_1^m)}\,\frac{1-U'^{2m}}{U'^m}\sin m a.$$

$$m = 2, 4, 6, \ldots.$$

Dans ces deux groupes de formules, on peut préciser les fonctions arctang en les supposant réduites à zéro en même temps que leurs arguments. Dans la dernière formule, il est explicitement supposé que $\frac{a'}{i}$ est compris entre $-\frac{\omega'}{i}$ et $\frac{\omega'}{i}$, c'est-à-dire a entre $-\frac{\pi}{2}$ et $\frac{\pi}{2}$, sans quoi le second terme $+a$ devrait être remplacé par $a + k\pi$, l'entier k choisi de telle sorte que $a + k\pi$ soit dans l'intervalle $-\frac{\pi}{2}$ et $\frac{\pi}{2}$. On se rend aisément compte de ces circonstances en envisageant la valeur particulière zéro de l'argument variable u.

Le mouvement angulaire du plan vertical contenant l'axe du corps nous est connu par la formule (83)

$$\psi = \psi' - \psi''.$$

Le mouvement angulaire apparent de ce même plan par rapport au corps est connu par la formule analogue

$$\varphi = (\alpha - r)t - \psi' - \psi''.$$

Les angles ψ', ψ'' sont exprimés en fonction du temps si l'on suppose u dans un rapport constant et arbitraire avec le temps t. On se rappelle, d'autre part, que r est aussi une constante quelconque, en sorte qu'on en peut dire autant de $(\alpha - r)$. Désignons par α' cette constante et énonçons le résultat suivant :

Soient prises à volonté les constantes q, A, A_1, sous les conditions

$$0 < q < 1, \quad \sqrt{q} < A < \frac{1}{\sqrt{q}}, \quad \sqrt{q} < A_1 < \frac{1}{\sqrt{q}};$$

soit α' une constante quelconque, u un angle variable proportionnel au temps. Si l'on détermine des angles variables ψ', ψ'' par les séries ci-dessus, et que l'on prenne

$$\psi = \psi' - \psi'', \qquad \varphi = \alpha' t - \psi' - \psi'';$$

les angles ψ et φ représenteront le mouvement angulaire du plan vertical contenant l'axe d'un corps grave de révolution suspendu par un point de cet axe; ψ est le mouvement angulaire dans l'espace, φ le mouvement angulaire relatif par rapport au corps.

Développement des constantes.

Il reste à exprimer en fonction de q, A, A_1, α' les constantes qui se sont offertes dès l'abord, α, β, γ, δ, r. Sans insister sur ces nouvelles formules, que l'on peut beaucoup varier, donnons seulement les suivantes à vérifier aisément d'après les égalités (31), et où figure le rapport constant $\frac{u}{t}$.

$$\beta = +\frac{4}{\pi}\left(\frac{u}{t}\right)^2\left(\frac{d\psi_0''}{d\log A} - \frac{d\psi_0'}{d\log A_1}\right),$$

$$\alpha\beta = +\frac{4}{\pi}\left(\frac{u}{t}\right)^3\left[\frac{d^2\psi_0''}{(d\log A)^2} - \frac{d^2\psi_0'}{(d\log A_1)^2}\right],$$

$$\beta\delta = -\frac{4}{\pi}\left(\frac{u}{t}\right)^3\left[\frac{d^2\psi_0''}{(d\log A)^2} + \frac{d^2\psi_0'}{(d\log A_1)^2}\right],$$

$$r = \alpha - \alpha'.$$

Considérons encore deux autres angles auxiliaires constants

$$\psi_0''' = i[\omega\,\zeta(a_1 + a) - \eta(a_1 + a)],$$

$$\psi_0^{\text{IV}} = i[\omega\,\zeta(a_1 - a) - \eta(a_1 - a)].$$

Leurs développements se déduisent de ceux de ψ_0' par le changement de A_1 en $A_1 A$ ou $\frac{A_1}{A}$:

$$\frac{\psi_0'''}{\pi} = \frac{1}{2}\,\frac{1 - A_1^2 A^2}{1 + A_1^2 A^2} - \sum (-1)^{\frac{m}{2}} \frac{q^m}{1 - q^m}\,\frac{1 - A_1^{2m} A^{2m}}{A_1^m A^m}$$

$$= \frac{a_1 + a}{\pi} + \frac{2\pi}{\log\frac{1}{q}} \sum \frac{q_1^{\frac{m}{2}}}{1 - q_1^{\frac{m}{2}}} \sin m(a_1 + a),$$

$$\frac{\psi_0^{\text{IV}}}{\pi} = \frac{1}{2}\,\frac{A^2 - A_1^2}{A^2 + A_1^2} - \sum (-1)^{\frac{m}{2}} \frac{q^m}{1 - q^m}\,\frac{A^{2m} - A_1^{2m}}{A_1^m A^m}$$

$$= \frac{a_1 - a}{\pi} + \frac{2\pi}{\log\frac{1}{q}} \sum \frac{q_1^{\frac{m}{2}}}{1 - q_1^{\frac{m}{2}}} \sin m(a_1 - a).$$

Nous omettons, pour abréger, les développements de ψ_0''' où figurerait, au lieu de $A_1 A$, l'un quelconque des produits de A_1, A_1', A_1'' par A, A', A''. De même, pour ψ_0^{IV} on pourrait écrire neuf séries où figureraient les quotients de A_1, A_1', A_1'' par A, A', A''.

Les formules (31) qui donnent α et δ peuvent s'écrire ainsi :

$$\alpha = 2\tau i[\zeta a_1 + \zeta a - \zeta(a_1 + a)],$$

$$\delta = 2\tau i[\zeta a_1 - \zeta a - \zeta(a_1 - a)].$$

La constante τ est égale au rapport de u' au temps; c'est donc $\frac{2\omega}{\pi}\frac{u}{t}$. On en déduit

$$\alpha = \frac{4}{\pi}\frac{u}{t}(\psi'_0 + \psi''_0 - \psi'''_0),$$

$$\delta = \frac{4}{\pi}\frac{u}{t}(\psi'_0 - \psi''_0 - \psi^{\text{IV}}_0).$$

La courbe élastique gauche.

La courbe élastique gauche dont nous allons parler est la figure d'équilibre d'un ressort naturellement cylindrique et de très petite section, subissant l'action de forces extérieures quelconques appliquées seulement à ses extrémités.

M. Kirchhoff a montré [1] que la découverte de cette courbe dépend de l'intégration des mêmes équations que la découverte du mouvement d'un corps grave autour d'un point fixe. La forme de la section du ressort joue ici le même rôle que, dans l'autre problème, la nature de l'ellipsoïde d'inertie. Au corps grave de révolution suspendu par un point de son axe correspond le ressort à section circulaire. Ainsi, d'après la belle proposition de M. Kirchhoff, nous allons pouvoir trouver ici la courbe élastique gauche pour un ressort à section circulaire. Nous n'emploierons pas le théorème de M. Kirchhoff, nous prendrons les équations différentielles de la courbe telles qu'elles étaient connues auparavant, et nous ferons voir la concordance des résultats avec ceux qui sont relatifs au mouvement du corps grave.

Les équations différentielles [2] sont les suivantes, où x, y, z sont les coordonnées d'un point de la courbe; la variable indépendante est l'arc de cette courbe; α, β, δ sont des constantes :

$$y'z'' - y''z' = \delta x' + \tfrac{1}{2}\beta y,$$
$$z'x'' - z''x' = \delta y' - \tfrac{1}{2}\beta x,$$
$$x'y'' - x''y' = \delta z' - \alpha.$$

(1) *Vorlesungen über mathematische Physik*, p. 421.

(2) Voyez LAGRANGE, *Mécanique analytique*; édition de M. J. Bertrand, t. I, p. 401. — HERMITE, *Sur quelques applications des fonctions elliptiques*. — Les lignes qui suivent sont textuellement empruntées à ce dernier ouvrage (p. 93).

« Observons, en premier lieu, que, si on les ajoute après les avoir multipliées respectivement, d'abord par x', y', z', puis par x'', y'', z'', on obtient

$$\delta(x'^2 + y'^2 + z'^2) + \tfrac{1}{2}\beta(x'y - xy') - \alpha z' = 0,$$
$$\delta(x'x'' + y'y'' + z'z'') + \tfrac{1}{2}\beta(x''y - xy'') - \alpha z'' = 0.$$

» Or la première de ces relations donne, par la différentiation,

$$2\delta(x'x'' + y'y'' + z'z'') + \tfrac{1}{2}\beta(x''y - xy'') - \alpha z'' = 0;$$

nous avons donc, par comparaison avec la première,

$$x'x'' + y'y'' + z'z'' = 0,$$

résultat conforme à l'hypothèse que l'axe est pris pour variable indépendante et qui est traduite par la relation

$$x'^2 + y'^2 + z'^2 = 1.$$

» Les deux équations peuvent donc être écrites ainsi

$$\tfrac{1}{2}\beta(xy' - x'y) = \delta - \alpha z',$$
$$\tfrac{1}{2}\beta(xy'' - x''y) = -\alpha z''.$$

» Nous en déduisons

$$\tfrac{1}{2}\beta[(xy' - x'y)z'' - (xy'' - x''y)z'] = \delta z'';$$

mais le premier membre, étant écrit ainsi

$$\tfrac{1}{2}\beta[(y'z'' - y''z')x + (z'x'' - z''x')y],$$

se réduit à

$$\tfrac{1}{2}\beta[(\delta x' + \tfrac{1}{2}\beta y)x + (\delta y' - \tfrac{1}{2}\beta x)y] = \tfrac{1}{2}\beta\,\delta(xx' + yy'),$$

de sorte que nous avons

$$\tfrac{1}{2}\beta(xx' + yy') = z'',$$

puis, par l'intégration, en désignant par γ une constante arbitraire,

$$\tfrac{1}{4}\beta(x^2 + y^2) = z' + \gamma.$$

» Nous remplaçons le système des équations à intégrer par celui-ci

$$\begin{gathered}\tfrac{1}{4}\beta(x^2+y^2)=z'+\gamma,\\ \tfrac{1}{2}\beta(xx'+yy')=z'',\\ x'^2+y'^2=1-z'^2,\\ \tfrac{1}{2}\beta(xy'-x'y)=\delta-\alpha z'. \text{ »}\end{gathered}$$

Voici maintenant où va apparaître l'identité de ce problème avec celui qui nous a occupés dans le présent Chapitre.

Posons

$$x=\frac{2}{\beta}p,\qquad y=\frac{2}{\beta}q,\qquad z'=\cos CZ,\qquad x'=-\cos BZ,\qquad y'=\cos AZ.$$

Les trois angles AZ, BZ, CZ sont ceux qu'une droite Z fait avec trois axes rectangulaires, comme il résulte de la troisième équation différentielle.

On a d'abord

$$p'=-\tfrac{1}{2}\beta\cos BZ,\qquad q'=\tfrac{1}{2}\beta\cos AZ;$$

puis les trois équations différentielles qui subsistent deviennent, par ordre,

$$\begin{gathered}p^2+q^2=\beta(\cos CZ+\gamma),\\ q\cos AZ-p\cos BZ=(\cos CZ)',\\ p\cos AZ+q\cos BZ=\delta-\alpha\cos CZ.\end{gathered}$$

Ce sont là précisément les équations du mouvement du corps grave, numérotées (2), (6), (3), (7), et prises dans le cas particulier $r=\alpha$. Ainsi est vérifié le théorème de M. Kirchhoff.

L'intégration est faite par les formules établies précédemment. L'argument u varie ici proportionnellement à l'arc de la courbe, qui remplace le temps. On aura encore, pour obtenir z, à intégrer $\cos CZ$ (19), ce qui donne

$$z=\frac{2\zeta u+(\mathrm{p}a+\mathrm{p}a_1)u}{\mathrm{p}a_1-\mathrm{p}a}+\text{const.}$$

Quant à x et y, d'après (31) et suivant l'expression de $p\pm iq$

(p. 123), on a

$$x + iy = \frac{2iE}{\tau(pa_1 - pa)} \frac{\sigma(u - a - a_1)}{\sigma(a + a_1)\sigma u} e^{(\zeta a + \zeta a_1)u},$$

$$x - iy = -\frac{2i}{\tau E(pa_1 - pa)} \frac{\sigma(u + a + a_1)}{\sigma(a + a_1)\sigma u} e^{-(\zeta a + \zeta a_1)u}.$$

Cette courbe, on le voit, *est tracée sur un cylindre dont la section droite est une herpolhodie;* elle se compose d'une série d'arcs égaux dont les points homologues sont situés sur une hélice.

CHAPITRE IV.

MOUVEMENT D'UN CORPS SOLIDE DANS UN LIQUIDE INDÉFINI, EN L'ABSENCE DE FORCE ACCÉLÉRATRICE (¹).

Équations différentielles.

Le mouvement d'un corps solide dans un liquide indéfini, en l'absence de toute force accélératrice, est défini par un système d'équations différentielles à six inconnues établi pour la première fois par M. Kirchhoff.

Dans ces équations, la variable indépendante, qui est le temps, ne figure pas explicitement; on a, de plus, trois intégrales immédiates et l'on connaît le *dernier multiplicateur*. Les principes du Calcul intégral nous enseignent donc que la connaissance d'une seule intégrale nouvelle conduit à la solution complète.

On connaît cette nouvelle intégrale dans trois cas particuliers; l'un d'eux conduit à des quadratures elliptiques. C'est de ce cas que nous nous occuperons ici. On verra plus loin la définition précise de ce cas, malaisé à définir en langage ordinaire, à cause du peu de connaissance que nous possédons sur certains élé-

(¹) Auteurs à consulter : KIRCHHOFF, *Vorlesungen über mathematische Physik : Mechanik* (p. 236 à 247). — CLEBSCH, *Ueber die Bewegung eines Körpers in einer Flüssigkeit* (*Mathematische Annalen*, t. III, p. 238).

ments du problème. Avertissons seulement que le cas où le solide est homogène et de révolution est un cas plus spécial, contenu dans celui que nous envisagerons. Ce cas particulier a été signalé par M. Kirchhoff.

Voici les variables que, d'habitude, dans ces problèmes on prend pour inconnues.

On considère, dans l'espace, trois axes rectangulaires mobiles, lesquels sont fixes dans le corps. Les composantes de la vitesse de l'origine de ces axes, prises sur ces axes eux-mêmes, sont trois des inconnues U, V, W. En second lieu, les composantes de la rotation instantanée du corps autour de cette origine mobile, prises sur ces mêmes axes, sont les trois autres inconnues P, Q, R.

Au lieu de ces six variables, Clebsch en a employé d'autres, dont nous ferons usage. La *force vive* T du corps et du liquide, pris ensemble, est une *forme quadratique*, c'est-à-dire un polynôme homogène et du second degré, composé avec les six variables U, V, W, P, Q, R. Les dérivées partielles de cette forme quadratique sont six fonctions linéaires de ces mêmes variables. Ce sont elles que Clebsch prend pour inconnues; nous les désignerons, comme Clebsch, par les lettres x_1, x_2, x_3; y_1, y_2, y_3 :

$$x_1 = \frac{\partial T}{\partial U}, \qquad x_2 = \frac{\partial T}{\partial V}, \qquad x_3 = \frac{\partial T}{\partial W};$$

$$y_1 = \frac{\partial T}{\partial P}, \qquad y_2 = \frac{\partial T}{\partial Q}, \qquad y_3 = \frac{\partial T}{\partial R}.$$

Les formes quadratiques ont la propriété suivante, bien facile à démontrer : soit T une telle forme et soit z_1, z_2, ... un système de variables avec lesquelles elle est composée. Prenons pour nouveau système de variables Z_1, Z_2, ..., en posant

$$Z_\lambda = \frac{\partial T}{\partial z_\lambda}, \qquad \lambda = 1, 2, \ldots;$$

on aura inversement

$$z_\lambda = \frac{\partial T}{\partial Z_\lambda}, \qquad \lambda = 1, 2, \ldots.$$

En observant cette propriété si simple et si remarquable, Clebsch transforme immédiatement les équations du problème actuel. Ces équations ont absolument la même forme extérieure que celles du mouvement d'un corps solide dans le vide. La force vive seule a une expression différente. Il y en a trois de chacun des deux types suivants (¹) :

$$\frac{d}{dt}\frac{\partial T}{\partial U} = R\frac{\partial T}{\partial V} - Q\frac{\partial T}{\partial W},$$

$$\frac{d}{dt}\frac{\partial T}{\partial P} = W\frac{\partial T}{\partial V} - V\frac{\partial T}{\partial W} + R\frac{\partial T}{\partial Q} - Q\frac{\partial T}{\partial R}.$$

Avec les variables de Clebsch, ces équations s'écriront ainsi :

$$\frac{dx_1}{dt} = x_2\frac{\partial T}{\partial y_3} - x_3\frac{\partial T}{\partial y_2},$$

$$\frac{dy_1}{dt} = x_2\frac{\partial T}{\partial x_3} - x_3\frac{\partial T}{\partial x_2} + y_2\frac{\partial T}{\partial y_3} - y_3\frac{\partial T}{\partial y_2}.$$

Clebsch change tous les signes dans les seconds membres; c'est un détail sans importance, mais auquel il faut cependant avoir égard. Ce changement équivaut à celui des signes de P, Q, R. C'est donc un changement dans le sens convenu pour les rotations autour des axes. Nous conserverons la forme employée par Clebsch, sans changer la convention habituelle pour les sens de rotation ; alors P, Q, R, données par les égalités

$$(1) \qquad P = \frac{\partial T}{\partial y_1}, \qquad Q = \frac{\partial T}{\partial y_2}, \qquad R = \frac{\partial T}{\partial y_3},$$

sont les composantes de la rotation du corps changées de signes, ou, ce qui revient au même, les composantes de la rotation relative de l'espace autour du corps.

Voici donc les équations que nous envisagerons avec Clebsch

$$(2) \qquad \begin{cases} \dfrac{dx_1}{dt} = x_3\dfrac{\partial T}{\partial y_2} - x_2\dfrac{\partial T}{\partial y_3}, \\ \dfrac{dx_2}{dt} = x_1\dfrac{\partial T}{\partial y_3} - x_3\dfrac{\partial T}{\partial y_1}, \\ \dfrac{dx_3}{dt} = x_2\dfrac{\partial T}{\partial y_1} - x_1\dfrac{\partial T}{\partial y_2}; \end{cases}$$

$$(3) \qquad \begin{cases} \dfrac{dy_1}{dt} = x_3\dfrac{\partial T}{\partial x_2} - x_2\dfrac{\partial T}{\partial x_3} + y_3\dfrac{\partial T}{\partial y_2} - y_2\dfrac{\partial T}{\partial y_3}, \\ \dfrac{dy_2}{dt} = x_1\dfrac{\partial T}{\partial x_3} - x_3\dfrac{\partial T}{\partial x_1} + y_1\dfrac{\partial T}{\partial y_3} - y_3\dfrac{\partial T}{\partial y_1}, \\ \dfrac{dy_3}{dt} = x_2\dfrac{\partial T}{\partial x_1} - x_1\dfrac{\partial T}{\partial x_2} + y_2\dfrac{\partial T}{\partial y_1} - y_1\dfrac{\partial T}{\partial y_2}. \end{cases}$$

(¹) Voyez l'ouvrage de M. Kirchhoff, cité précédemment.

Les trois intégrales, communes à tous les cas, sont les suivantes :

$$(4)\qquad 2T = \text{const.} = l,$$

$$(5)\qquad x_1^2 + x_2^2 + x_3^2 = \text{const.} = m,$$

$$(6)\qquad x_1 y_1 + x_2 y_2 + x_3 y_3 = \text{const.} = n.$$

Le cas particulier, dont nous nous occuperons, est celui dans lequel, par un choix convenable des axes, on peut réduire l'expression de la force vive à la forme spéciale suivante :

$$(7)\qquad \left\{\begin{aligned} T = \tfrac{1}{2}p(x_1^2 + x_2^2) + \tfrac{1}{2}p'x_3^2 + q(x_1y_1 + x_2y_2) \\ + q'x_3y_3 + \tfrac{1}{2}r(y_1^2 + y_2^2) + \tfrac{1}{2}r'y_3^2. \end{aligned}\right.$$

Quand le corps est homogène et de révolution, les coefficients q et q' sont nuls. En signalant ce cas plus général (7), Clebsch se contente de dire que l'intégration se fait d'une manière toute semblable à celle qu'a employée M. Kirchhoff pour le cas plus particulier où le corps est de révolution. Nous allons faire cette intégration, ramener ainsi le problème à des quadratures elliptiques ; après quoi, effectuant l'inversion, nous exprimerons toutes les inconnues en fonction explicite du temps.

Réduction du problème à une intégrale elliptique.

Le second membre de la dernière équation (3) se réduit à zéro, en sorte que y_3 est une constante. C'est là l'intégrale nouvelle que l'on possède en ce cas.

L'intégrale (6) et la troisième équation (2) nous donnent

$$(8)\qquad \left\{\begin{aligned} x_1y_1 + x_2y_2 &= n - x_3y_3, \\ x_2y_1 - y_2x_1 &= \frac{1}{r}\,\frac{dx_3}{dt}. \end{aligned}\right.$$

A cause de l'identité

$$(x_1y_1 + x_2y_2)^2 + (x_2y_1 - y_2x_1)^2 = (x_1^2 + x_2^2)(y_1^2 + y_2^2),$$

nous concluons de (8)

$$(9)\qquad \frac{1}{r^2}\left(\frac{dx_3}{dt}\right)^2 + (n - x_3y_3)^2 = (x_1^2 + x_2^2)(y_1^2 + y_2^2).$$

En second lieu, l'intégrale (5) donne

$$(10) \qquad x_1^2 + x_2^2 = m - x_3^2$$

et l'intégrale (4), au moyen des équations (8), (9),

$$(11) \qquad y_1^2 + y_2^2 = \frac{p' - p}{r}(m_1 - h x_3 - x_3^2),$$

avec ces notations abrégées

$$(12) \qquad \begin{cases} m_1 = \dfrac{pm + 2qn + r' y_3^2 - l}{p - p'}, \\ h = 2\dfrac{q - q'}{p - p'} y_3. \end{cases}$$

Les expressions (10) et (11) étant substituées au second membre de (9), il en résulte

$$(13) \qquad \left(\frac{dx_3}{dt}\right)^2 = r(p' - p)(m_1 - h x_3 - x_3^2)(m - x_3^2) - r^2(n - y_3 x_3)^2.$$

Comme y_3 est une constante, nous avons ici une équation différentielle où les variables sont séparées; le temps, par conséquent, exprimé par une quadrature elliptique.

Expression des constantes par des fonctions elliptiques.

L'inversion, dans l'égalité (13), se fera par le procédé général développé au Tome I (p. 118). Considérant les deux invariants $\mathfrak{S}$ et $\mathfrak{T}$ du polynôme (13) et introduisant, en outre, un facteur d'homogénéité arbitraire ρ, on prendra, pour invariants des fonctions elliptiques,

$$g_2 = \frac{1}{\rho^4} \frac{\mathfrak{S}}{r^2(p' - p)^2}, \qquad g_3 = \frac{1}{\rho^6} \frac{\mathfrak{T}}{r^3(p' - p)^3},$$

on déterminera un argument v constant (t. I, 54, p. 120), et l'on posera

$$(14) \qquad \begin{cases} x_3 = -\frac{1}{4} h + \rho z, \\ z = \dfrac{1}{2} \dfrac{\wp' u - \wp' v}{\wp u - \wp v}, \end{cases}$$

moyennant quoi on obtiendra

$$(15)\quad \begin{cases} \sqrt{f(x_3)} = \sqrt{r(p'-p)(m_1-hx_3-x_3^2)(m-x_3^2)-r^2(n-y_3x_3)^2} \\ \qquad = \rho^2\sqrt{r(p'-p)}\,[\mathrm{p}u-\mathrm{p}(u+v)], \end{cases}$$

$$\frac{dx_3}{dt} = \rho\sqrt{r(p'-p)}\,\frac{dx_3}{du},$$

$$(16)\qquad du = \rho\sqrt{r(p'-p)}\,dt.$$

L'argument u varie proportionnellement au temps.

Par ce moyen l'inversion est effectuée, les invariants et l'argument auxiliaire v sont exprimés en fonction des constantes données. On sait déjà, par les applications précédentes, que l'expression inverse des constantes au moyen des fonctions elliptiques est nécessaire et s'obtient plus aisément par des moyens directs, comme nous allons le faire.

La fonction z (14) a cette autre expression (t. I, p. 138)

$$(17)\qquad z = \zeta(u+v) - \zeta u - \zeta v.$$

Soit a un argument quelconque, que nous mettons au lieu de u, en écrivant

$$(18)\qquad z_a = \zeta(a+v) - \zeta a - \zeta v.$$

La différence $(z - z_a)$, considérée comme fonction de u, a les pôles simples $u = -v$ et $u = 0$ avec les résidus ± 1, les racines $u = a$ et $u = -a - v$; elle se représente donc par le produit

$$(19)\qquad z - z_a = \frac{\sigma v\,\sigma(u-a)\,\sigma(u+a+v)}{\sigma u\,\sigma(u+v)\,\sigma a\,\sigma(a+v)}.$$

Il est clair que tout binôme $x_3 + \mathrm{A}$ s'exprime, d'après (14), sous la forme $\rho(z - z_a)$, l'argument a étant convenablement choisi. En désignant donc par a, b, a_1, b_1 certains arguments, on aura

$$(20)\qquad x_3^2 - m = \rho^2(z - z_a)(z - z_b),$$

$$(21)\qquad x_3^2 + hx_3 - m_1 = \rho^2(z - z_{a_1})(z - z_{b_1}).$$

Nous aurons alors, suivant (15),

$$(22)\qquad \left\{\begin{aligned} &(z-z_a)(z-z_b)(z-z_{a_1})(z-z_{b_1})\\ &\quad = [pu - p(u+v)]^2 - \frac{s^2}{\rho^4}\left(x_3 - \frac{n}{y_3}\right)^2; \end{aligned}\right.$$

on a posé, pour abréger,

$$(23)\qquad s = iry_3\,\frac{1}{\sqrt{r(p'-p)}}.$$

Pour préciser, nous supposons la quantité $\sqrt{r(p'-p)}$ prise avec une même détermination dans les égalités (16) et (23).

Le second membre (22) peut être décomposé en deux facteurs Φ et Φ_1, savoir

$$(24)\qquad \left\{\begin{aligned} \Phi &= pu - p(u+v) - \frac{s}{\rho^2}\left(x_3 - \frac{n}{y_3}\right),\\ \Phi_1 &= pu - p(u+v) + \frac{s}{\rho^2}\left(x_3 - \frac{n}{y_3}\right). \end{aligned}\right.$$

Si l'on substituait à $\frac{1}{\rho}\left(x_3 - \frac{n}{y_3}\right)$ une expression telle que $z - z_c$, on aurait là, pour Φ et Φ_1, des décompositions en éléments simples, mettant en évidence la nature de ces fonctions. Chacune d'elles a les doubles pôles $u = 0$ et $u = -v$, chacune d'elles peut se décomposer sous la forme

$$C\,\frac{\sigma(u-\alpha)\sigma(u-\beta)\sigma(u-\gamma)\sigma(u-\delta)}{\sigma^2 u\,\sigma^2(u+v)} \qquad (\alpha+\beta+\gamma+\delta+2v=0).$$

Les huit arguments racines α, β, γ, δ de l'une et l'autre fonction Φ, Φ_1 reproduisent, dans un certain ordre, a, b, a_1, b_1, $-(a+v)$, $-(b+v)$, $-(a_1+v)$, $-(b_1+v)$. C'est ce qui résulte de l'identité (22).

La quantité $\zeta(u+v) - \zeta u$ reste inaltérée quand on change u en $-(u+v)$, tandis qu'alors $p(u+v) - pu$ se reproduit changée de signe. Dans ce changement, Φ et Φ_1 s'échangent donc. Si donc le numérateur de Φ contient le facteur $\sigma(u-a)$, celui de Φ_1 contient le facteur complémentaire $\sigma(u+a+v)$. Ainsi le numérateur de Φ contient un des facteurs du numérateur de chacune des quatre différences telles que $(z-z_a)$; le numérateur de Φ_1 contient les facteurs complémentaires. Il n'y a d'ailleurs jusqu'ici aucune distinction entre deux facteurs complémentaires, et nous pouvons prendre à volonté les facteurs du numérateur de Φ, sans restreindre la généralité. On aura donc, en tenant compte de ce que $\lim(u^2\Phi) = 1$ pour $u = 0$,

$$(25)\quad \left\{\begin{aligned} \Phi &= \frac{\sigma^2 v\,\sigma(u-a)\,\sigma(u-a_1)\,\sigma(u+b+v)\,\sigma(u+b_1+v)}{\sigma a\,\sigma a_1\,\sigma(b+v)\,\sigma(b_1+v)\,\sigma^2 u\,\sigma^2(u+v)},\\ \Phi_1 &= \frac{\sigma^2 v\,\sigma(u-b)\,\sigma(u-b_1)\,\sigma(u+a+v)\,\sigma(u+a_1+v)}{\sigma b\,\sigma b_1\,\sigma(a+v)\,\sigma(a_1+v)\,\sigma^2 u\,\sigma^2(u+v)}.\end{aligned}\right.$$

Mais, dans ces fonctions, la somme des racines doit être égale à la somme des pôles ; les arguments a, a_1, b, b_1 doivent donc vérifier la condition

$$(26)\qquad a + a_1 = b + b_1.$$

Une autre condition est encore imposée d'après les égalités (24). Les deux fonctions Φ et Φ_1 doivent toutes deux avoir

$$-\frac{1}{(u+v)^2}$$

pour partie principale, au pôle $u = -v$. D'après les expressions (25), ceci fournit une équation unique

$$(27)\qquad \frac{\sigma(a+v)\,\sigma(a_1+v)\,\sigma b\,\sigma b_1}{\sigma(b+v)\,\sigma(b_1+v)\,\sigma a\,\sigma a_1} = -1.$$

Ces deux conditions (26) et (27) sont suffisantes pour que Φ et Φ_1 se décomposent en éléments simples sous la forme (24), donnent lieu, par conséquent, à une identité telle que l'identité (22). Ce sont donc les seules conditions imposées à des arguments, d'ailleurs arbitraires, a, a_1, b, b_1, v, pour qu'ils puissent servir à exprimer les constantes de notre problème.

Avant de poursuivre, il est bon de s'arrêter un instant sur les deux conditions (26), (27). La première est satisfaite si l'on prend

$$(28)\quad \left\{\begin{aligned} a_1 &= c + a', & a &= c - a',\\ b_1 &= c + b', & b &= c - b',\end{aligned}\right.$$

en sorte que a', b', c sont trois arguments arbitraires. Soit maintenant

$$v = w - c; \tag{29}$$

la relation (27) devient

$$\frac{\sigma(w-a')\sigma(w+a')\sigma(c-b')\sigma(c+b')}{\sigma(w-b')\sigma(w+b')\sigma(c-a')\sigma(c+a')} = -1; \tag{27a}$$

elle peut se traduire par l'égalité harmonique

$$\frac{(pw - pa')(pc - pb')}{(pw - pb')(pc - pa')} = -1, \tag{30}$$

qui donne pw en fonction de pa', pb', pc.

Voici une conséquence qui va intervenir tout à l'heure. Considérons la somme $(z_a + z_b + z_{a_1} + z_{b_1})$. C'est le coefficient du terme en z^3 dans le polynôme en z, transformé de $f(x_3)$. Cette somme est donc nulle (t. I, p. 119). Ainsi, comme conséquence, des relations (26) et (27), on a

$$z_a + z_b + z_{a_1} + z_{b_1} = 0. \tag{31}$$

Revenons maintenant aux égalités (20) et (21) pour en déduire les expressions des coefficients en fonction des arguments introduits. Remplaçant x_3 par l'expression (14), nous aurons, d'après l'égalité (20),

$$\left\{\begin{aligned} x_3 - \sqrt{m} &= \wp(z - z_a) = -\tfrac{1}{4}h + \wp z - \sqrt{m}, \\ x_3 + \sqrt{m} &= \wp(z - z_b) = -\tfrac{1}{4}h + \wp z + \sqrt{m}; \end{aligned}\right. \tag{32}$$

d'où résulte

$$\left\{\begin{aligned} \wp z_a &= \tfrac{1}{4}h + \sqrt{m}, & \wp z_b &= \tfrac{1}{4}h - \sqrt{m}, \\ \tfrac{1}{2}h &= \wp(z_a + z_b), & 2\sqrt{m} &= \wp(z_a - z_b). \end{aligned}\right. \tag{33}$$

Nous aurons de même, d'après (21),

$$x_3 + \tfrac{1}{2}h - \sqrt{\tfrac{1}{4}h^2 + m_1} = \wp(z - z_{a_1}) = \tfrac{1}{4}h + \wp z - \sqrt{\tfrac{1}{4}h^2 + m_1},$$

$$x_3 + \tfrac{1}{2}h + \sqrt{\tfrac{1}{4}h^2 + m_1} = \wp(z - z_{b_1}) = \tfrac{1}{4}h + \wp z + \sqrt{\tfrac{1}{4}h^2 + m_1},$$

$$\left\{\begin{aligned} \wp z_{a_1} &= -\tfrac{1}{4}h + \sqrt{\tfrac{1}{4}h^2 + m_1}, & \wp z_{b_1} &= -\tfrac{1}{4}h - \sqrt{\tfrac{1}{4}h^2 + m_1}, \\ \tfrac{1}{2}h &= -\wp(z_{a_1} + z_{b_1}), & 2\sqrt{\tfrac{1}{4}h^2 + m_1} &= \wp(z_{a_1} - z_{b_1}). \end{aligned}\right. \tag{34}$$

Les deux expressions (33) et (34) de $\frac{1}{2}h$ concordent, comme il résulte de l'égalité (31).

Il est bien entendu que, dans les égalités (33), (34), on ne doit attacher aucun sens particulier à l'une ou l'autre des deux déterminations prises pour un des radicaux, $\sqrt{m}$ par exemple, qui peut aussi bien être positif que négatif.

Décomposant en éléments simples (t. I, p. 228) la fonction Φ donnée sous la forme (25), on y trouve, pour le coefficient de l'élément ζu, l'expression

$$-\zeta a - \zeta a_1 + \zeta(b+v) + \zeta(b_1+v) - 2\zeta v.$$

Mais, d'après (24), ce coefficient doit être $\frac{s}{\rho}$. On a donc

$$s = \rho[\zeta(b+v) + \zeta(b_1+v) - \zeta a - \zeta a_1 - 2\zeta v]. \tag{35}$$

La considération analogue de la fonction Φ_1 donnerait aussi pour s cette autre expression

$$s = -\rho[\zeta(a+v) + \zeta(a_1+v) - \zeta b - \zeta b_1 - 2\zeta v], \tag{35a}$$

qui coïncide avec la précédente suivant la relation (31).

En faisant $u = a$ dans l'expression (24) de Φ et $u = b$ dans celle de Φ_1, et observant que, d'après (32), il y correspond $x_3 = \pm\sqrt{m}$, nous avons

$$\tag{36} \left\{ \begin{aligned} &p a - p(a+v) = \frac{s}{\rho^2}\left(\sqrt{m} - \frac{n}{y_3}\right), \\ &p b - p(b+v) = \frac{s}{\rho^2}\left(\sqrt{m} + \frac{n}{y_3}\right), \\ &s\sqrt{m} = \tfrac{1}{2}\rho^2[p b + p a - p(a+v) - p(b+v)], \\ &\frac{sn}{y_3} = \tfrac{1}{2}\rho^2[p b - p a + p(a+v) - p(b+v)]. \end{aligned} \right.$$

Expression des variables par des fonctions elliptiques.

Pour la suite de notre calcul, nous aurons à décomposer en éléments simples la fonction

$$\varphi(u) = \frac{x_3\left(x_3 - \dfrac{n}{y_3}\right)}{x_3^2 - m};$$

faisons d'abord cette décomposition.

Cette fonction, d'après (14) et (20), a les pôles a, $-(a+v)$, b, $-(b+v)$, dont il nous faut chercher les résidus. Un tel résidu est la valeur prise par

$$\frac{x_3\left(x_3-\frac{n}{y_3}\right)}{\frac{d(x_3^2-m)}{du}} = \frac{x_3-\frac{n}{y_3}}{2\frac{dx_3}{du}} = \frac{1}{2\rho}\frac{x_3-\frac{n}{y_3}}{pu-p(u+v)}$$

au pôle considéré. Les pôles sont, tous quatre, des racines de Φ ou de Φ_1, comme on le voit d'après les égalités (25). Par les relations (24), on voit donc que les résidus sont $\pm\frac{\rho}{2s}$, suivant qu'il s'agit de racines de Φ ou de Φ_1. On a donc

$$\varphi(u) = \frac{\rho}{2s}[\zeta(u-a)+\zeta(u+b+v)-\zeta(u-b)-\zeta(u+a+v)+\mathrm{D}]$$

avec une constante D, qu'il faut encore trouver. Pour ce but, observons que l'hypothèse $u=0$ rend x infini (14) et donne ainsi $\varphi(0)=1$. Donc

$$(37)\qquad -\zeta a+\zeta(b+v)+\zeta b-\zeta(a+v)+\mathrm{D}=\frac{2s}{\rho}.$$

Mettons, au second membre, pour $2s$, la somme des deux expressions (35) et (35a), et nous obtiendrons

$$(37a)\qquad \mathrm{D}=\zeta(b_1+v)+\zeta b_1-\zeta(a_1+v)-\zeta a_1.$$

En multipliant $\varphi(u)$ par $iry_3\,dt$ et observant les relations (16), (23), nous avons

$$\frac{irx_3(y_3x_3-n)}{x_3^2-m}dt$$
$$=\tfrac{1}{2}[\zeta(u-a)+\zeta(u+b+v)-\zeta(u-b)-\zeta(u+a+v)+\mathrm{D}]\,du.$$

Considérons, en second lieu, la demi-différentielle de $\log(x_3^2-m)$. D'après (10), (19) et (20), elle donne lieu à la relation

$$\frac{x_1\,dx_1+x_2\,dx_2}{x_1^2+x_2^2}$$
$$=\tfrac{1}{2}[\zeta(u-a)+\zeta(u+a+v)$$
$$+\zeta(u-b)+\zeta(u+b+v)-2\zeta u-2\zeta(u+v)]\,du.$$

En combinant ces deux égalités, nous avons la suivante, dont nous allons avoir besoin :

$$(38)\quad \begin{cases} \dfrac{x_1\,dx_1 + x_2\,dx_2 - ir\,x_3(n - x_3 y_3)\,dt}{x_1^2 + x_2^2} \\ = [\zeta(u+a+v) + \zeta(u-b) - \zeta u - \zeta(u+v) - \tfrac{1}{2}\mathrm{D}]\,du. \end{cases}$$

Arrivons maintenant à la première intégration que nous avons à effectuer. Pour ce but, formons, d'après les équations différentielles (2), la quantité

$$x_1\frac{dx_2}{dt} - x_2\frac{dx_1}{dt} = (x_1^2 + x_2^2)\frac{\partial \mathrm{T}}{\partial y_3} - x_3\left(x_1\frac{\partial \mathrm{T}}{\partial y_1} + x_2\frac{\partial \mathrm{T}}{\partial y_2}\right).$$

En mettant, pour T, son expression (7) et utilisant l'intégrale (6), nous avons

$$(39)\quad \begin{cases} \dfrac{x_1\,dx_2 - x_2\,dx_1}{x_1^2 + x_2^2} = \left[(q'-q)x_3 + r'y_3 - \dfrac{r\,x_3(n - x_3 y_3)}{x_1^2 + x_2^2}\right]dt \\ = \dfrac{1}{i}\left(\dfrac{\alpha}{\rho} + \beta z\right)du - \dfrac{r\,x_3(n - x_3 y_3)}{x_1^2 + x_2^2}\,dt. \end{cases}$$

On a ici posé, pour abréger,

$$(40)\quad \begin{cases} \alpha = \dfrac{s}{r}\left[r' - \dfrac{h(q'-q)}{4y_3}\right], \\ \beta = \dfrac{s(q'-q)}{r y_3} = -\dfrac{h}{2s}. \end{cases}$$

D'après les égalités (38) et (39), nous concluons

$$\begin{aligned} d\log(x_1 + ix_2) &= \frac{x_1\,dx_1 + x_2\,dx_2 + i(x_1\,dx_2 - x_2\,dx_1)}{x_1^2 + x_2^2} \\ &= \left[\frac{\alpha}{\rho} - \tfrac{1}{2}\mathrm{D} + \beta z + \zeta(u+a+v) + \zeta(u-b) - \zeta u - \zeta(u+v)\right]du \end{aligned}$$

et, en remplaçant z par son expression en éléments simples,

$$\begin{aligned} \frac{d}{du}\log(x_1 + ix_2) = {}& \frac{\alpha}{\rho} - \tfrac{1}{2}\mathrm{D} + \beta[\zeta(u+v) - \zeta u - \zeta v] \\ & + \zeta(u+a+v) + \zeta(u-b) - \zeta u - \zeta(u+v). \end{aligned}$$

Par une intégration, nous avons maintenant

$$x_1 + i x_2 = \mathrm{K}\left[\frac{\sigma(u+v)}{\sigma u}\,e^{-u\zeta v}\right]^{\beta}\frac{\sigma(u+a+v)\,\sigma(u-b)}{\sigma u\,\sigma(u+v)}\,e^{\left(\frac{\alpha}{\rho}-\frac{1}{2}\mathrm{D}\right)u},$$

égalité où K désigne une constante arbitraire, et qu'il sera préférable d'écrire ainsi, en modifiant la constante,

$$(41)\qquad x_1 + i x_2 = \rho\,\mathrm{E}\left[\frac{\sigma(u+v)}{\sigma u}\,e^{-u\zeta v}\right]^{\beta}\frac{\sigma v\,\sigma(u+a+v)\,\sigma(u-b)}{\sigma(a+v)\,\sigma b\,\sigma u\,\sigma(u+v)}\,e^{\left(\frac{\alpha}{\rho}-\frac{1}{2}\mathrm{D}\right)u},$$

pour en déduire ensuite $x_1 - i x_2$. A cet effet, on divisera par l'expression (41) la quantité $x_1^2 + x_2^2 = m - x_3^2$, exprimée par les égalités (19), (20). On aura ainsi

$$(42)\qquad x_1 - i x_2 = -\frac{\rho}{\mathrm{E}}\left[\frac{\sigma u}{\sigma(u+v)}\,e^{u\zeta v}\right]^{\beta}\frac{\sigma v\,\sigma(u+b+v)\,\sigma(u-a)}{\sigma(b+v)\,\sigma a\,\sigma u\,\sigma(u+v)}\,e^{\left(\frac{1}{2}\mathrm{D}-\frac{\alpha}{\rho}\right)u}.$$

Cette intégration faite, nous trouverons maintenant les deux autres inconnues y_1, y_2 sans intégration, par le calcul suivant, où interviennent les relations (8)

$$\begin{aligned}(x_1 \pm i x_2)(y_1 \mp i y_2) &= x_1 y_1 + x_2 y_2 \pm i(x_2 y_1 - y_2 x_1)\\ &= n - x_3 y_3 \pm \frac{i}{r}\frac{dx_3}{dt}.\end{aligned}$$

D'après (14), (16) et (23), ceci peut s'écrire encore

$$(x_1 \pm i x_2)(y_1 \mp i y_2) = \mp\frac{\rho^2 y_3}{s}\left[p u - p(u+v) \pm \frac{s}{\rho^2}\left(x_3 - \frac{n}{y_3}\right)\right].$$

Par conséquent, suivant les relations (24),

$$(43)\qquad \begin{cases}(x_1 + i x_2)(y_1 - i y_2) = -\dfrac{\rho^2 y_3}{s}\,\Phi_1,\\[2mm] (x_1 - i x_2)(y_1 + i y_2) = +\dfrac{\rho^2 y_3}{s}\,\Phi.\end{cases}$$

Employant les expressions (25) de Φ et Φ_1, nous trouvons maintenant ces nouvelles formules, analogues à (41) et (42) :

$$(44)\qquad \begin{cases} y_1 + i y_2 = -\rho\dfrac{\mathrm{E}y_3}{s}\left[\dfrac{\sigma(u+v)}{\sigma u}\,e^{-u\zeta v}\right]^{\beta}\dfrac{\sigma v\,\sigma(u+b_1+v)\,\sigma(u-a_1)}{\sigma(b_1+v)\,\sigma a_1\,\sigma u\,\sigma(u+v)}\,e^{\left(\frac{\alpha}{\rho}-\frac{1}{2}\mathrm{D}\right)u}\\[3mm] y_1 - i y_2 = \rho\dfrac{y_3}{\mathrm{E}s}\left[\dfrac{\sigma u}{\sigma(u+v)}\,e^{u\zeta v}\right]^{\beta}\dfrac{\sigma v\,\sigma(u+a_1+v)\,\sigma(u-b_1)}{\sigma(a_1+v)\,\sigma b_1\,\sigma u\,\sigma(u+v)}\,e^{\left(\frac{1}{2}\mathrm{D}-\frac{\alpha}{\rho}\right)u}\end{cases}$$

On retrouve bien, en les multipliant membre à membre, l'expression (11) de $y_1^2 + y_2^2$, comme il résulte des relations (21) et (23).

Rotation du corps solide.

Ici, comme au Chapitre III, nous désignerons par X, Y, Z les axes fixes dans l'espace et par A, B, C les axes fixes dans le corps.

Les trois dérivées $\frac{\partial T}{\partial y_\lambda}$ sont les composantes de la rotation instantanée relative de l'espace par rapport au corps (1). D'après la théorie de la rotation, on a donc, en considérant la rotation relative de l'axe Z (I, 74)

$$\frac{d}{dt}\cos AZ = \frac{\partial T}{\partial y_2}\cos CZ - \frac{\partial T}{\partial y_3}\cos BZ,$$

avec deux équations analogues obtenues par permutation circulaire des lettres A, B, C. Les coefficients $\frac{\partial T}{\partial y_\lambda}$ sont maintenant des fonctions connues du temps t, en sorte que ces équations sont différentielles, linéaires, sans second membre. Les inconnues sont les trois cosinus. L'intégration générale comporte trois arbitraires, dont une seulement est déterminée par la condition que la somme des carrés des cosinus soit l'unité. Mais on peut à volonté fixer les deux autres en choisissant arbitrairement la direction de l'axe Z.

Comparant alors les équations actuelles aux équations (2), on voit qu'il existe une solution où les inconnues sont proportionnelles à x_1, x_2, x_3. On peut donc prendre, d'après (33, 19),

$$(45)\qquad \frac{\cos AZ}{x_1} = \frac{\cos BZ}{x_2} = \frac{\cos CZ}{x_3} = \frac{1}{\sqrt{m}} = \frac{2}{\rho(z_a - z_b)} = \frac{2}{\rho}\,\frac{\sigma a\,\sigma b\,\sigma(a+v)\,\sigma(b+v)}{\sigma v\,\sigma(a-b)\,\sigma(a+b+v)}.$$

D'après les égalités (14, 33, 41, 42), nous concluons

$$(46)\qquad \cos CZ = \frac{2z - z_a - z_b}{z_a - z_b},$$

$$(47)\qquad \begin{cases} \cos AZ + i\cos BZ \\ \qquad = 2E\left[\dfrac{\sigma(u+v)}{\sigma u}e^{-u\zeta v}\right]^\beta \dfrac{\sigma a\,\sigma(b+v)\,\sigma(u+a+v)\,\sigma(u-b)}{\sigma(a-b)\,\sigma(a+b+v)\,\sigma u\,\sigma(u+v)}\,e^{\left(\frac{\alpha}{\rho}-\frac{1}{2}D\right)u}, \\ \cos AZ - i\cos BZ \\ \qquad = -\dfrac{2}{E}\left[\dfrac{\sigma u}{\sigma(u+v)}e^{u\zeta v}\right]^\beta \dfrac{\sigma b\,\sigma(a+v)\,\sigma(u+b+v)\,\sigma(u-a)}{\sigma(a-b)\,\sigma(a+b+v)\,\sigma u\,\sigma(u+v)}\,e^{\left(\frac{1}{2}D-\frac{\alpha}{\rho}\right)u}. \end{cases}$$

Soient maintenant

$$\mathfrak{C} = \cos CX + i \cos CY,$$
$$\mathfrak{C}_0 = \cos CX - i \cos CY.$$

Appliquons l'équation cinématique (I, 76), en supposant les deux systèmes d'axes congruents et remplaçant les composantes de la rotation par leurs expressions (1) et les cosinus de AZ, BZ, CZ par les quantités proportionnelles (45) x_1, x_2, x_3. Nous avons ainsi

$$\frac{1}{\mathfrak{C}}\frac{d\mathfrak{C}}{dt} - \frac{1}{\mathfrak{C}_0}\frac{d\mathfrak{C}_0}{dt} = -2i\sqrt{m}\,\frac{x_1\dfrac{\partial T}{\partial y_1} + x_2\dfrac{\partial T}{\partial y_2}}{x_1^2 + x_2^2}$$
$$= -2i\sqrt{m}\left(q + r\frac{x_1 y_1 + x_2 y_2}{x_1^2 + x_2^2}\right).$$

Par conséquent,

$$\frac{1}{\mathfrak{C}}\frac{d\mathfrak{C}}{du} - \frac{1}{\mathfrak{C}_0}\frac{d\mathfrak{C}_0}{du} = -2\left[\frac{qs\sqrt{m}}{ry_3\rho} + \frac{s\sqrt{m}}{\rho}\,\frac{x_3 - \dfrac{n}{y_3}}{x_3^2 - m}\right].$$

Pour décomposer en éléments simples le dernier terme, on a ici un calcul analogue à celui qui concernait précédemment $\varphi(u)$. Les résidus ont pour expression

$$\frac{-s\sqrt{m}}{\rho}\,\frac{x_3 - \dfrac{n}{y_3}}{x_3\dfrac{dx_3}{du}} = \frac{-s\sqrt{m}}{\rho}\,\frac{x_3 - \dfrac{n}{y_3}}{x_3[p u - p(u + v)]},$$

et il faut y substituer, à la place de u, successivement a et $-(b + v)$, racines de Φ, puis b et $-(a + v)$, racines de Φ_1. Pour le premier et le quatrième pôle, x_3 est égal à $\sqrt{m}$; pour le deuxième et le troisième, x_3 est égal à $-\sqrt{m}$; c'est ce qu'on voit par les équations (32). Les résidus sont donc successivement -1, $+1$, -1, $+1$. En outre, la fonction s'évanouit pour x_3 infini, c'est-à-dire pour $u = 0$. Donc

$$-\frac{2s\sqrt{m}}{\rho}\,\frac{x_3 - \dfrac{n}{y_3}}{x_3^2 - m}$$
$$= \zeta(u + a + v) + \zeta(u + b + v) - \zeta(u - a) - \zeta(u - b) - D_1,$$

(48) $$D_1 = \zeta a + \zeta b + \zeta(a + v) + \zeta(b + v).$$

Si l'on pose aussi, pour abréger,

$$(49) \qquad \gamma = \frac{qs\sqrt{m}}{ry_3},$$

on aura, par intégration,

$$\log\frac{\Theta}{\Theta_0} = -\left(\frac{2\gamma}{\rho} + D_1\right)u + \log\frac{\sigma(u+a+v)\,\sigma(u+b+v)}{\sigma(u-a)\,\sigma(u-b)} + \text{const.}$$

D'autre part, le produit $\Theta\Theta_0$ est égal à celui des deux facteurs $\cos AZ \pm i\cos BZ$. Prenant pour ces derniers leurs expressions (47), on a

$$\log\Theta\Theta_0 = \log\frac{\sigma(u+a+v)\,\sigma(u-b)\,\sigma(u+b+v)\,\sigma(u-a)}{\sigma^2 u\,\sigma^2(u+v)} + \text{const.}$$

De là résulte $\log\Theta^2$, et enfin Θ et Θ_0 comme il suit, en écrivant convenablement la constante d'intégration,

$$(50) \quad \begin{cases} \cos CX + i\cos CY = 2E_1 \dfrac{\sigma a\,\sigma b\,\sigma(u+a+v)\,\sigma(u+b+v)}{\sigma(a-b)\,\sigma(a+b+v)\,\sigma u\,\sigma(u+v)}\, e^{-\left(\frac{\gamma}{\rho}+\frac{1}{2}D_1\right)u}, \\[2ex] \cos CX - i\cos CY = -\dfrac{2}{E_1}\,\dfrac{\sigma(a+v)\,\sigma(b+v)\,\sigma(u-a)\,\sigma(u-b)}{\sigma(a-b)\,\sigma(a+b+v)\,\sigma u\,\sigma(u+v)}\, e^{\left(\frac{\gamma}{\rho}+\frac{1}{2}D_1\right)} \end{cases}$$

E_1 désigne, comme précédemment E, une constante arbitraire.

On sait (p. 11) que la connaissance de $\cos CZ$, $\cos AZ \pm i\cos BZ$, $\cos CX \pm i\cos CY$ détermine entièrement et sans ambiguïté la position relative des deux systèmes d'axes, quand on connaît le caractère de congruence. Ici nous avons supposé les axes congruents. La rotation du corps est donc actuellement déterminée.

Translation du corps solide.

Il faut maintenant trouver, en fonction du temps ou de l'argument proportionnel u, les coordonnées X, Y, Z de l'origine des axes fixes dans le corps. Les deux premières coordonnées sont données explicitement en fonction des quantités précédentes; la troisième exige une intégration. Pour les deux premières ([1]), on a les formules

$$X = \frac{1}{\sqrt{m}}(y_1 \cos AY + y_2 \cos BY + y_3 \cos CY),$$

$$Y = -\frac{1}{\sqrt{m}}(y_1 \cos AX + y_2 \cos BX + y_3 \cos CX),$$

d'où nous conclurons [I, 13; $\varepsilon = 1$ et éq. (45) de ce Chap.]

$$\begin{aligned}(X + iY)(\cos CX - i \cos CY) \\ = \frac{1}{\sqrt{m}}\Big[&y_1(\cos BZ + i \cos AZ \cos CZ) \\ &+ y_2(-\cos AZ + i \cos BZ \cos CZ) - iy_3(1 - \cos^2 CZ)\Big]\end{aligned}$$

ou bien, d'après (45),

$$\begin{aligned}(X + iY)(\cos CX - i \cos CY) \\ = \frac{1}{\sqrt{m}}\left[\frac{x_2 y_1 - x_1 y_2}{\sqrt{m}} + i x_3 \frac{x_1 y_1 + x_2 y_2}{m} - i y_3\left(1 - \frac{x_3^2}{m}\right)\right],\end{aligned}$$

ou encore, suivant les relations (8),

$$(X + iY)(\cos CX - i \cos CY) = \frac{1}{\sqrt{m}}\left[\frac{1}{r\sqrt{m}}\frac{dx_3}{dt} + i\left(\frac{n}{m}x_3 - y_3\right)\right],$$

à quoi il faudra joindre l'équation conjuguée pour avoir X et Y. Remplaçant $\frac{dx_3}{dt}$ par son expression elliptique, nous avons

$$(51)\quad \left\{\begin{aligned}&(X \pm iY)(\cos CX \mp i \cos CY) \\ &\quad = \frac{i\rho^2 y_3}{sm}\left[\wp u - \wp(u + v) \mp \frac{s}{\rho^2}\left(\sqrt{m} - \frac{x_3}{\sqrt{m}}\frac{n}{y_3}\right)\right].\end{aligned}\right.$$

Le facteur $\cos CX \mp i \cos CY$ est une fonction doublement périodique de seconde espèce, tandis que le second membre est doublement périodique. Donc $X \pm iY$ est doublement périodique de seconde espèce. Les deux quantités conjuguées $\cos CX \mp i \cos CY$ ont des multiplicateurs réciproques, puisque leur produit $1 - \cos^2 CZ$ est doublement périodique. Donc $X + iY$ a les mêmes multiplicateurs que $\cos CX + i \cos CY$. Nous allons décomposer $X + iY$ en

([1]) KIRCHHOFF, *Vorlesungen über mathematische Physik*, p. 240. Au lieu de X, Y, Z, la notation, dans cet Ouvrage, est α, β, γ.

éléments simples. L'élément simple type se déduit de la forme (50) de $\cos CX + i \cos CY$; c'est

$$\frac{\sigma(u+a+b+v)}{\sigma u} e^{-\left(\frac{\gamma}{\rho}+\frac{1}{2}D_1\right)u}.$$

Les pôles de $X + iY$ sont $u = 0$ et $u = -v$; ce sont des pôles simples, attendu qu'ils sont doubles au second membre (51) et simples dans le facteur $\cos CX - i \cos CY$. Leur résidu est $\pm \frac{i\rho^2 y_3}{s\mathfrak{m}}$, coefficient de pu et $p(u+v)$ au second membre (51), divisé par le résidu de $\cos CX - i \cos CY$. Il n'y a pas d'autres pôles, comme on va voir.

Observons les valeurs du second membre (51) pour les valeurs de u ci-après : a, $-(a+v)$, b, $-(b+v)$. Pour les deux premières, on a $x_3 = \sqrt{m}$; pour les deux autres, $x_3 = -\sqrt{m}$ (32). Par conséquent, pour les deux premières, $\sqrt{m} - \frac{x_3}{\sqrt{m}} \frac{n}{y_3}$ se confond avec $x_3 - \frac{n}{y_3}$; pour les dernières, avec $-\left(x_3 - \frac{n}{y_3}\right)$. D'autre part, suivant les égalités (24, 25), $\frac{s}{\rho^2}\left(x_3 - \frac{n}{y_3}\right)$ est alors égal à $\pm[pu - p(u+v)]$, le signe *plus* convenant à $u = a$ et $u = -(b+v)$; le signe *moins*, à $u = b$ et $u = -(a+v)$.

Il en résulte, pour la quantité entre crochets, dans (51), les valeurs suivantes :

$$u = a, \qquad pu - p(u+v) \mp \frac{s}{\rho^2}\left(x_3 - \frac{n}{y_3}\right) = \begin{cases} 0, \\ 2[pa - p(a+v)]; \end{cases}$$

$$u = -(a+v), \qquad pu - p(u+v) \mp \frac{s}{\rho^2}\left(x_3 - \frac{n}{y_3}\right) = \begin{cases} 2[p(a+v) - pa], \\ 0; \end{cases}$$

$$u = b, \qquad pu - p(u+v) \pm \frac{s}{\rho^2}\left(x_3 - \frac{n}{y_3}\right) = \begin{cases} 0, \\ 2[pb - p(b+v)]; \end{cases}$$

$$u = -(b+v), \qquad pu - p(u+v) \pm \frac{s}{\rho^2}\left(x_3 - \frac{n}{y_3}\right) = \begin{cases} 2[p(b+v) - pb]; \\ 0. \end{cases}$$

On voit par là que le second membre (51) s'évanouit pour $u = a$ et $u = b$ quand on prend le signe supérieur; pour $u = -(a+v)$ et $u = -(b+v)$ quand on prend le signe inférieur. Il en est tout de même pour $\cos CX \mp i \cos CY$. Il s'ensuit que $X \pm iY$ n'a que les pôles $u = 0$ et $u = -v$. La décomposition en éléments simples est donc la suivante :

$$(52)\quad \left\{ \begin{aligned} &\frac{2sm}{i\rho^2 y_3 E_1}(X + iY)e^{\left(\frac{\gamma}{\rho}+\frac{1}{2}D_1\right)u} \\ &\quad = -\frac{\sigma(a-b)\sigma v}{\sigma(a+v)\sigma(b+v)}\left[\frac{\sigma(u+a+b+v)}{\sigma a\,\sigma b\,\sigma u} - \frac{\sigma(u+a+b+2v)}{\sigma(a+v)\sigma(b+v)\sigma(u+v)}\right], \\ &\frac{2smE_1}{i\rho^2 y_3}(X - iY)e^{-\left(\frac{\gamma}{\rho}+\frac{1}{2}D_1\right)u} \\ &\quad = -\frac{\sigma(a-b)\sigma v}{\sigma a\,\sigma b}\left[\frac{\sigma(u-a-b-v)}{\sigma(a+v)\sigma(b+v)\sigma u} - \frac{\sigma(u-a-b)}{\sigma a\,\sigma b\,\sigma(u+v)}\right]. \end{aligned} \right.$$

On remarquera que les seconds membres, dans ces deux égalités, se déduisent l'un de l'autre par le changement du signe, accompagné du changement de a et b en $-(a+v)$, $-(b+v)$. C'est ce dont on se rend aisément compte par les expressions de $\cos CX \pm i \cos CY$ et celles des constantes.

La coordonnée Z de l'origine des axes mobiles exige une quadrature; elle est donnée par la formule

$$\frac{dZ}{dt} = U \cos AZ + V \cos BZ + W \cos CZ.$$

Par des transformations successives, cette formule devient

$$\begin{aligned} \frac{dZ}{dt} &= \frac{1}{\sqrt{m}}[x_1(px_1 + qy_1) + x_2(px_2 + qy_2) + x_3(p'x_3 + q'y_3)] \\ &= \frac{1}{\sqrt{m}}[(p'-p)x_3^2 + (q'-q)y_3x_3 + pm + qn] \\ &= \frac{1}{\sqrt{m}}[(p'-p)(x_3 + \tfrac{1}{4}h)^2 + pm + qn - \tfrac{1}{16}h^2(p'-p)], \end{aligned}$$

$$\begin{aligned} \frac{dZ}{du} &= \frac{s}{iry_3\rho\sqrt{m}}[pm + qn - \tfrac{1}{16}h^2(p'-p)] \\ &\quad + \frac{s\rho(p'-p)}{iry_3\sqrt{m}}[\wp u + \wp(u+v) + \wp v]. \end{aligned}$$

En intégrant et figurant par δ et δ_1 les deux constantes, nous avons

$$(53)\qquad Z + \text{const.} = \delta t + \delta_1 \rho[\zeta(u+v) + \zeta u - u p v];$$

$$(54)\qquad \begin{cases} \delta = \dfrac{1}{\sqrt{m}}[pm + qn - \frac{1}{16}h^2(p'-p)], \\ \delta_1 = -\dfrac{s(p'-p)}{iry_3\sqrt{m}} = \dfrac{y_3}{is\sqrt{m}}. \end{cases}$$

Nous avons, on le voit, résolu le problème qui consiste à déterminer explicitement, en fonction du temps, la position du solide.

Notions générales sur le mouvement du corps solide.

Indépendamment de toute discussion approfondie sur les formules que l'on vient d'établir, on peut se faire une idée sommaire du mouvement que ces formules représentent.

Soit θ le rapport de l'accroissement du temps à celui de $\frac{u}{\rho}$ (16),

$$(55)\qquad \theta = \frac{1}{\sqrt{r(p'-p)}} = \frac{s}{iry_3}, \qquad t = \theta\frac{u}{\rho} + \text{constante}.$$

Nous supposerons réelle la constante arbitraire ρ. L'argument u ou, du moins, sa partie variable prend des valeurs soit réelles, soit purement imaginaires, suivant que θ est lui-même ou réel ou purement imaginaire, suivant donc que $(p'-p)$ est positif ou négatif (r est positif, car la force vive T est nécessairement représentée par une *forme positive*).

Comme les invariants sont réels, il y a une période déterminée $2\bar{\omega}$, de même espèce, réelle ou imaginaire, que les valeurs de l'accroissement de u; il y correspond une période de temps $t_0 = \frac{2\theta\bar{\omega}}{\rho}$.

Considérons d'abord le mouvement angulaire de l'axe C ou *axe du corps*. Le cosinus de l'angle CZ (46) est une fonction doublement périodique, dont une période intervient seulement. L'angle CZ reprend donc la même valeur à la fin de chaque période de temps.

Considérons maintenant l'angle ψ que le plan des axes C et Z fait avec l'axe X. Cet angle est donné par la formule

$$e^{2i\psi} = \frac{\cos CX + i \cos CY}{\cos CX - i \cos CY}.$$

On voit par là qu'à chaque période de temps l'angle ψ se reproduit, augmenté d'une constante ψ_0, de telle sorte que les fonctions doublement périodiques de seconde espèce $\cos CX \pm i \cos CY$ admettent les multiplicateurs $e^{\pm i\psi_0}$ correspondant à la période 2ϖ.

Ces deux angles CZ et ψ définissent complètement le mouvement angulaire de l'axe C du corps. C'est un mouvement varié, mais qui coïncide périodiquement avec une rotation uniforme, de vitesse $\frac{\psi_0}{t_0}$, autour de l'axe Z.

Envisageons actuellement le mouvement de l'origine des axes mobiles ou *centre du corps*. La coordonnée Z est représentée par une fonction (53) qui se reproduit, à chaque période de temps, augmentée d'une constante Z_0. Les deux quantités $X \pm i Y$ (52) se reproduisent, multipliées chacune par une constante; mais, comme on l'a vu, ces fonctions ont les mêmes multiplicateurs respectivement que $\cos CX \pm i \cos CY$, c'est-à-dire $e^{\pm i\psi_0}$. Le mouvement du centre est varié, mais coïncide périodiquement avec un mouvement hélicoïdal uniforme, dont l'axe est Z et dans lequel au temps t_0 correspond une progression Z_0, parallèle à l'axe, et une rotation ψ_0 autour de cet axe.

En réunissant les circonstances relatives au mouvement angulaire de l'axe et au mouvement du centre, concluons que le mouvement de l'axe lui-même coïncide périodiquement avec un mouvement hélicoïdal uniforme, ou mieux, se compose de ce mouvement et d'un mouvement périodique.

Considérons enfin l'angle φ que le plan des axes C et Z fait avec l'axe A du corps. Cet angle est donné par la formule

$$e^{2i\varphi} = \frac{\cos AZ + i \cos BZ}{\cos AZ - i \cos BZ}.$$

Les deux fonctions $\cos AZ \pm i \cos BZ$ ne sont pas, suivant l'acception ordinaire, doublement périodiques de seconde espèce, sauf si l'exposant β est un nombre entier. Mais, dans tous les cas, elles ont la propriété de se reproduire, à chaque période, multipliées par des facteurs constants. L'angle φ se reproduit donc augmenté d'une constante φ_0. Cette circonstance, jointe aux précédentes, permet de tirer la conclusion suivante :

Le mouvement du solide se compose : 1° *d'un mouvement hélicoïdal uniforme autour de l'axe* Z ; 2° *d'une rotation uniforme* $\left(\text{à vitesse } \frac{\varphi_0}{t_0}\right)$ *autour de l'axe du corps ; 3° d'un mouvement périodique* (à période t_0).

Énumération des constantes. Homogénéité.

Dans la suite des calculs qu'on vient de parcourir, il importe de ne pas perdre de vue les constantes primitives et leur liaison avec celles qu'on a été conduit à mettre en leur place.

Les constantes données sont au nombre de dix, savoir : 1° les six coefficients de l'expression (7) de la force vive p, p', q, q', r, r' ; 2° les quatre constantes d'intégration l, m, n, y_3 (4, 5, 6).

Dans nos formules, on voit figurer implicitement les deux invariants des fonctions elliptiques et explicitement les trois arguments constants v, a, b. Les arguments a_1 et b_1 peuvent être omis comme déterminés par les précédents. Ce sont donc là cinq constantes.

La constante d'homogénéité ρ peut être omise comme entièrement arbitraire, ou bien l'on peut encore observer que les fonctions elliptiques interviennent, dans toutes les formules, avec le facteur ρ de manière à respecter l'homogénéité : toutes les combinaisons qui s'offrent sont, à ce point de vue, du degré zéro, ρ et chaque argument étant censés du degré 1.

Avec ces cinq constantes elliptiques, les formules présentent cinq autres constantes que nous devons distinguer, savoir : α, γ, θ, δ, δ_1.

Nous allons reconnaître que ce second système de dix constantes détermine complètement et sans ambiguïté le premier.

En premier lieu, au moyen des cinq constantes elliptiques, on détermine m, $\frac{n}{y_3}$ et les constantes auxiliaires m_1, h, s, par les formules (33, 34, 36), que nous transcrivons ici :

$$(56)\quad \begin{cases} 2\sqrt{m} = \rho(z_a - z_b), \\ \frac{1}{2}h = \rho(z_a + z_b), \\ 2\sqrt{\frac{1}{4}h^2 + m_1} = \rho(z_{a_1} - z_{b_1}), \\ s\sqrt{m} = \frac{1}{2}\rho^2[pb + pa - p(a+v) - p(b+v)], \\ \frac{sn}{y_3} = \frac{1}{2}\rho^2[pb - pa + p(a+v) - p(b+v)]. \end{cases}$$

L'exposant β, qui figure dans les formules (47), est déterminé par les quantités précédentes, puisqu'on a (40)

$$(57)\qquad \beta = -\frac{h}{2s}.$$

Les constantes auxiliaires m_1, h, s sont liées aux constantes primitives par les relations (12, 23)

$$(58)\quad \begin{cases} m_1 = \dfrac{pm + 2qn + r'y_3^2 - l}{p - p'}, \\ h = 2\dfrac{q - q'}{p - p'}y_3, \\ s = \dfrac{iry_3}{\sqrt{r(p'-p)}}. \end{cases}$$

Quant aux constantes que nous avons distinguées dans les formules, elles s'expriment ainsi (40, 49, 54, 55) :

$$(59)\quad \begin{cases} \alpha = \dfrac{s}{r}\left[r' - \dfrac{h(q'-q)}{4y_3}\right] = \dfrac{sr'}{r} + \dfrac{1}{8}\dfrac{h^2}{2s}, \\ \gamma = \dfrac{qs\sqrt{m}}{ry_3}, \\ \theta = \dfrac{1}{\sqrt{r(p'-p)}} = \dfrac{s}{iry_3}, \\ \delta = \dfrac{1}{\sqrt{m}}\left[pm + qn - \frac{1}{16}h^2(p'-p)\right], \\ \delta_1 = -\dfrac{s(p'-p)}{iry_3\sqrt{m}} = \dfrac{y_3}{is\sqrt{m}}. \end{cases}$$

Nous venons de reconnaître que, par les constantes elliptiques, sont déterminés $\sqrt{m}$, $\frac{n}{y_3}$, m_1, h, s. Maintenant, au moyen de δ_1, sont déterminés y_3 et, par conséquent, n. Au moyen de θ et γ sont ensuite déterminés r et q, puis q' par la relation

$$h = 2ry_3(q' - q)\theta^2; \tag{60}$$

r' au moyen de α, p et p' au moyen de s et de δ, enfin l au moyen de m_1.

Il est donc établi que la connaissance complète du mouvement du corps entraîne aussi la connaissance des constantes qui figurent dans les équations différentielles et les intégrales.

Il n'en serait pas de même si l'on connaissait seulement la rotation du corps, non sa translation. Et d'abord, il est évident que la connaissance de la rotation ne peut entraîner celle d'aucune longueur. La rotation ne peut déterminer donc que des combinaisons de degré zéro entre les constantes, ce qui en réduit le nombre d'une unité: En outre, δ et δ_1 n'interviennent pas dans les formules de rotation. La rotation dépend donc seulement de *sept* constantes, et c'est ce qu'en effet on reconnaîtra plus loin.

Il est aisé de trouver, à ce point de vue, les degrés des diverses constantes. Par rapport à l'unité de longueur, la force vive est homogène et du degré 2, les vitesses U, V, W sont du degré 1, les vitesses de rotation P, Q, R sont du degré zéro. Il en résulte, pour x_1, x_2, x_3, le degré 1 ; pour y_1, y_2, y_3, le degré 2 ; pour p, p', le degré zéro ; q, q', le degré -1 ; r, r', le degré -2.

Les degrés des autres constantes en résultent, savoir :

$$\left\{\begin{array}{ccccccccccccc} l, & m, & n, & m_1, & h, & \dfrac{n}{y_3}, & s, & \theta, & \delta, & \delta_1, & \alpha, & \gamma, & \beta, \\ 2, & 2, & 3, & 2, & 1, & 1, & 1, & 1, & 1, & 0, & 1, & 1, & 0. \end{array}\right. \tag{61}$$

Si les arguments elliptiques sont considérés comme de simples nombres, ρ est une longueur.

Expression des éléments elliptiques en fonction des données.

Pour avoir plus de symétrie dans les formules, nous emploierons, au lieu de m, m_1, n, h, les notations suivantes :

$$\frac{1}{4}h = \nu_1, \qquad \frac{n}{y_3} = \nu, \qquad \sqrt{m} = \mu, \qquad \sqrt{\frac{1}{4}h^2 + m_1} = \mu_1. \tag{62}$$

Ces quantités, ainsi que s, sont toutes des longueurs. Par leur emploi, le polynôme (13) s'écrit ainsi

$$(x_3^2 + 4\nu_1 x_3 - \mu_1^2 + 4\nu_1^2)(x_3^2 - \mu^2) + s^2(x_3 - \nu)^2.$$

Si, pour faire disparaître le second terme, on pose $x_3 = y - \nu_1$, ce polynôme devient,

$$(y^2 + 2\nu_1 y + \nu_1^2 - \mu_1^2)(y^2 - 2\nu_1 y + \nu_1^2 - \mu^2) + s^2(y - \nu - \nu_1)^2,$$

et doit (t. I, p. 119) être identique à cet autre

$$y^4 - 6y^2\rho^2 pv + 4y\rho^3 p'v + \rho^4(g_2 - 3p^2 v).$$

De la comparaison se tirent immédiatement

$$(63)\qquad \begin{cases} 6\rho^2 pv = 2\nu_1^2 + \mu^2 + \mu_1^2 - s^2, \\ 2\rho^3 p'v = \nu_1(\mu_1^2 - \mu^2) - s^2(\nu + \nu_1) \end{cases}$$

et cette combinaison, qui servira plus loin,

$$(63\,a)\qquad \begin{aligned} \rho^4(12p^2 v - g_2) = {} & \tfrac{1}{4}(2\nu_1^2 + \mu^2 + \mu_1^2 - s^2)^2 \\ & - (\nu_1^2 - \mu^2)(\nu_1^2 - \mu_1^2) - s^2(\nu + \nu_1)^2. \end{aligned}$$

Par le théorème d'addition (t. I, p. 30) on a

$$pa + p(a + v) + pv = \frac{1}{4}\left(\frac{p'a - p'v}{pa - pv}\right)^2 = z_a^2;$$

donc, d'après (33) et (63),

$$(64)\qquad \begin{aligned} \rho^2[pa + p(a + v)] &= \tfrac{1}{6}[6(\nu_1 + \mu)^2 - 2\nu_1^2 - \mu^2 - \mu_1^2 + s^2] \\ &= \tfrac{1}{6}[(2\nu_1 + 5\mu)(2\nu_1 + \mu) + s^2 - \mu_1^2]; \end{aligned}$$

nous avons ensuite, d'après (36),

$$(64\,a)\qquad \rho^2[pa - p(a + v)] = s(\mu - \nu).$$

Par ces deux dernières relations sont connus pa et $p(a + v)$. D'après les mêmes égalités (33) et (63), nous avons de même, en changeant les signes devant s et μ,

$$(65)\qquad \begin{cases} \rho^2[pb + p(b + v)] = \tfrac{1}{6}[(2\nu_1 - 5\mu)(2\nu_1 - \mu) + s^2 - \mu_1^2], \\ \rho^2[pb - p(b + v)] = s(\mu + \nu). \end{cases}$$

De ces relations (64) et (65) se concluent les suivantes :

$$\begin{aligned}&\rho^2[\mathrm{p}a+\mathrm{p}(a+v)-2\mathrm{p}v]\\&\quad=(\nu_1+\mu)^2-\tfrac{1}{2}(2\nu_1^2+\mu^2+\mu_1^2-s^2)=\tfrac{1}{2}(\mu^2-\mu_1^2+s^2+4\nu_1\mu),\\&\rho^2[\mathrm{p}b+\mathrm{p}(b+v)-2\mathrm{p}v]=\tfrac{1}{2}[\mu^2-\mu_1^2+s^2-4\nu_1\mu].\end{aligned}$$

Par le théorème d'addition, on a

$$2z_a=\frac{\mathrm{p}'a-\mathrm{p}'v}{\mathrm{p}a-\mathrm{p}v}=\frac{-\mathrm{p}'(a+v)-\mathrm{p}'v}{\mathrm{p}(a+v)-\mathrm{p}v}=\frac{\mathrm{p}'a+\mathrm{p}'(a+v)}{\mathrm{p}a-\mathrm{p}(a+v)}=\frac{\mathrm{p}'a-\mathrm{p}'(a+v)-2\mathrm{p}'v}{\mathrm{p}a+\mathrm{p}(a+v)-2\mathrm{p}v}$$

Remplaçant ρz_a par $\mu+\nu_1$ (33), on conclura, au moyen de (63) et (64 a),

$$\begin{aligned}\rho^3[\mathrm{p}'a+\mathrm{p}'(a+v)]&=2s(\mu-\nu)(\mu+\nu_1),\\\rho^3[\mathrm{p}'a-\mathrm{p}'(a+v)]&=s^2(\mu-\nu)+\mu(\mu^2-\mu_1^2)+4\nu_1\mu(\nu_1+\mu).\end{aligned}$$

Semblablement, nous aurons

$$\begin{aligned}\rho^3[\mathrm{p}'b+\mathrm{p}'(b+v)]&=\quad 2s(\nu+\mu)(\nu_1-\mu),\\\rho^3[\mathrm{p}'b-\mathrm{p}'(b+v)]&=-s^2(\mu+\nu)-\mu(\mu^2-\mu_1^2)-4\nu_1\mu(\nu_1-\mu).\end{aligned}$$

Des calculs analogues donnent les fonctions p et p' d'arguments a_1, b_1, a_1+v, b_1+v. Voici les formules pour les fonctions p :

$$(66)\quad\left\{\begin{aligned}\rho^2[\mathrm{p}b_1+\mathrm{p}(b_1+v)]&=\;(\nu_1+\mu_1)^2-\tfrac{1}{6}(2\nu_1^2+\mu^2+\mu_1^2-s^2),\\\rho^2[\mathrm{p}b_1-\mathrm{p}(b_1+v)]&=s(\mu_1+2\nu_1\;+\nu).\\\rho^2[\mathrm{p}a_1+\mathrm{p}(a_1+v)]&=\;(\nu_1-\mu_1)^2-\tfrac{1}{6}(2\nu_1^2+\mu^2+\mu_1^2-s^2),\\\rho^2[\mathrm{p}a_1-\mathrm{p}(a_1+v)]&=s(\mu_1-2\nu_1\;-\nu),\end{aligned}\right.$$

Nous aurons tout à l'heure besoin de connaître aussi les fonctions p et p' pour les deux arguments $-(a+b+v)$ et $(a-b)$, que nous désignerons par v_0 et v_1,

$$v_0=-(a+b+v),\qquad v_1=a-b.$$

Le calcul n'offre aucune difficulté par le moyen des formules précédentes, mais il contient des réductions remarquables. On trouve d'abord, dans ce calcul, les résultats suivants :

$$(67)\quad\left\{\begin{aligned}&\frac{\rho}{2}\,\frac{\mathrm{p}'(b+v)-\mathrm{p}'a}{\mathrm{p}(b+v)-\mathrm{p}a}=\mu-\frac{1}{2}\,\frac{s\nu}{\mu}, &&\frac{\rho}{2}\,\frac{\mathrm{p}'(a+v)-\mathrm{p}'b}{\mathrm{p}(a+v)-\mathrm{p}b}=-\mu-\frac{1}{2}\,\frac{s\nu}{\mu},\\&\frac{\rho}{2}\,\frac{\mathrm{p}'a+\mathrm{p}'b}{\mathrm{p}a-\mathrm{p}b}=\mu+\tfrac{1}{2}s, &&\frac{\rho}{2}\,\frac{\mathrm{p}'(a+v)+\mathrm{p}'(b+v)}{\mathrm{p}(a+v)-\mathrm{p}(b+v)}=-\mu+\tfrac{1}{2}s.\end{aligned}\right.$$

On a ensuite

$$(68)\quad \begin{cases} \rho^2(\wp v_0 - \wp v) = -\nu_1^2 + \dfrac{1}{4}\dfrac{s^2\nu^2}{\mu^2}, \qquad \rho^2(\wp v_1 - \wp v) = -\nu_1^2 + \frac{1}{4}s^2, \\ \rho^3 \wp' v_0 = \nu_1 s\left(\mu + \dfrac{\nu\nu_1}{\mu}\right) + \dfrac{1}{4}\dfrac{s\nu}{\mu}\left(\mu^2 - \mu_1^2 + s^2 - \dfrac{s^2\nu^2}{\mu^2}\right), \\ \rho^3 \wp' v_1 = \nu_1 s(\nu + \nu_1) + \frac{1}{4}s(\mu^2 - \mu_1^2). \end{cases}$$

Sur un cas particulier.

Les formules de la rotation se simplifient d'une manière remarquable dans le cas particulier où l'argument constant v est supposé nul, et nous allons nous arrêter un instant à ce cas.

Par la théorie générale de l'inversion, on sait déjà (t. I, p. 133) que c'est ici le cas où le polynôme (13) se réduit au troisième degré, où l'on a, par conséquent,

$$p = p'.$$

D'après l'intégrale (5), $(m - x_3^2)$ est une quantité positive; le polynôme (13) prend donc des valeurs positives pour des valeurs de x_3 comprises entre $\sqrt{m}$ et $-\sqrt{m}$, tandis que, pour $x_3 = \pm\sqrt{m}$, il est négatif. Ce polynôme a donc trois racines réelles. Le discriminant est donc positif.

L'hypothèse $v = 0$ rend infinie la fonction z(17). Mais, si l'on prend la différence de deux pareilles fonctions, d'arguments différents, on a

$$\lim_{v=0} \frac{z_a - z_b}{v} = \lim \frac{\zeta(a+v) - \zeta a - \zeta(b+v) + \zeta b}{v} = \wp b - \wp a.$$

La formule (46a), qui donne $\cos CZ$, se réduit à celle-ci

$$\cos CZ = \frac{2\wp u - \wp a - \wp b}{\wp a - \wp b},$$

toute semblable à celle (III, 19) qu'on a rencontrée dans le mouvement d'un corps grave de révolution. Les deux formules coïncident entre elles si l'on remplace les arguments actuels b et a par $\pm a_1$ et $\pm a$.

En cherchant ainsi les formules de ce cas particulier comme limites des formules propres au cas général, il faut d'abord faire en sorte que la relation entre le temps et l'argument variable u soit composée en termes finis. Supposant $p' - p$ infiniment petit du second ordre, il faudra donc supposer ρ infiniment grand du premier ordre (55).

La quantité s est ici infiniment grande du premier ordre (58); m_1 et h sont infiniment grands du second ordre, ainsi que ν_1 et μ_1 (62). En outre, μ_1 a même partie principale que $\pm 2\nu_1$, suivant le signe choisi devant le radical $\sqrt{\frac{1}{4}h^2 + m_1^2}$. Disons que la partie principale de μ_1 est $2\varepsilon\nu_1$ ($\varepsilon = \pm 1$).

Dans les formules (63), les parties principales des seconds membres sont alors $2\nu_1^2 + \mu_1^2$ ou $6\nu_1^2$ pour la première et $\nu_1\mu_1^2$ ou $4\nu_1^3$ pour la seconde. Il faut en conclure que $\frac{\rho}{\varphi}$ a pour partie principale $-\nu_1$ et que φ est infiniment petit du premier ordre.

Les formules (64, 65) donnent, pour pa et pb, des expressions finies, à cause des termes $4\nu_1^2 - \mu_1^2$, dont les parties principales se détruisent dans les seconds membres. Ainsi la formule qui donne $\cos CZ$ a un sens bien déterminé dans ce cas limite.

Quant aux arguments a_1 et b_1, on voit par les formules (66) que l'un d'eux est nul; c'est b_1, si $\mu_1 = 2\nu_1$; c'est, au contraire, a_1, si $\mu_1 = -2\nu_1$. Celui des deux qui n'est pas nul est égal à $\pm(a - b)$, comme il résulte de la relation générale (26) entre les quatre arguments. Enfin, la relation harmonique (30) est satisfaite par la coïncidence de trois éléments.

Examinons maintenant la limite des formules (50), qui donnent $\cos CX \pm i \cos CY$. En y remplaçant D_1 et γ par leurs expressions (48, 49), on a, pour limite de ces formules,

$$\cos CX + i\cos CY = 2E_1 \frac{\sigma a\, \sigma b\, \sigma(u+a)\, \sigma(u+b)}{\sigma(a-b)\, \sigma(a+b)\, \sigma^2 u}\, e^{-(\zeta a + \zeta b)u}\, e^{-q\sqrt{m}\, it},$$

$$\cos CX - i\cos CY = -\frac{2}{E_1} \frac{\sigma a\, \sigma b\, \sigma(u-a)\, \sigma(u-b)}{\sigma(a-b)\, \sigma(a+b)\, \sigma^2 u}\, e^{(\zeta a + \zeta b)u}\, e^{q\sqrt{m}\, it}.$$

Si, au lieu de b et a, on met a_1 et $-a$, ces formules diffèrent des similaires, obtenues au Chapitre III (III, 29, 30), par le seul facteur $e^{\mp q\sqrt{m}\, it}$.

La limite des formules (47) se trouve d'une manière un peu plus compliquée. Il faut, pour l'obtenir, connaître les deux premiers termes du développement de ζv. Pour les avoir facilement, prenons la formule (33)

$$\frac{h}{2\rho}=\frac{2\nu_1}{\rho}=z_a+z_b=\zeta(a+v)-\zeta a+\zeta(b+v)-\zeta b-2\zeta v.$$

En supposant v infiniment petit, elle donne

$$-\zeta v=\frac{\nu_1}{\rho}+\tfrac{1}{2}v(pb+pa)+\ldots.$$

On a de même, par une autre des formules (33),

$$\frac{2\sqrt{m}}{\rho}=v(pb-pa)+\ldots,$$

en sorte qu'on peut écrire

$$-\zeta v=\frac{\nu_1}{\rho}+\frac{\sqrt{m}}{\rho}\,\frac{pb+pa}{pb-pa}+\ldots.$$

De là résulte (40)

$$-\beta\zeta v=\frac{1}{4}\,\frac{hs(q'-q)}{\rho r y_3}+\frac{s}{\rho r y_3}\sqrt{m}(q'-q)\frac{pb+pa}{pb-pa}+\ldots,$$

$$\frac{\alpha-s}{\rho}-\beta\zeta v=\frac{s}{\rho r y_3}\left[\sqrt{m}(q'-q)\,\frac{pb+pa}{pb-pa}+y_3(r'-r)\right],$$

$$\left(\frac{\alpha-s}{\rho}-\beta\zeta v\right)u=\left[\sqrt{m}(q'-q)\,\frac{pb+pa}{pb-pa}+y_3(r'-r)\right]it=ift,$$

la lettre f désignant, pour abréger, la quantité réelle entre crochets.

D'autre part, en mettant $-\frac{\rho}{\nu_1}$ pour la partie principale de v, on a

$$\left[\frac{\sigma(u+v)}{\sigma u}\right]^\beta=\left[1-\frac{\rho}{\nu_1}\zeta u\ldots\right]^\beta,$$

$$\lim_{v=0}\left[\frac{\sigma(u+v)}{\sigma u}\right]^\beta=e^{-\frac{\rho\beta}{\nu_1}\zeta u}=e^{2y_3\frac{\rho}{s}\zeta u},$$

où il faut observer que $\frac{\rho}{s}$ est une quantité finie.

Si l'on tient compte de l'expression (37) donnée pour D, on obtient ainsi la limite des formules (47) :

$$\cos AZ + i\cos BZ = 2E\, e^{2y_3 \frac{\rho}{s} \zeta u} \frac{\sigma a\, \sigma b\, \sigma(u+a)\, \sigma(u-b)}{\sigma(a-b)\, \sigma(a+b)\, \sigma^2 u} e^{(\zeta b - \zeta a)u} e^{ift},$$

$$\cos AZ - i\cos BZ = -\frac{2}{E} e^{-2y_3 \frac{\rho}{s} \zeta u} \frac{\sigma a\, \sigma b\, \sigma(u+b)\, \sigma(u-a)}{\sigma(a-b)\, \sigma(a+b)\, \sigma^2 u} e^{(\zeta a - \zeta b)u} e^{-ift}.$$

Si l'on y met encore a_1 et $-a$ au lieu de b et a, on a encore ici des formules très semblables aux similaires obtenues dans le Chapitre III (III, 26, 26a). Mais, dans les équations actuelles, la première exponentielle constitue cependant une différence bien notable. Cette exponentielle disparaît quand on suppose $q = q'$ dans l'expression (7) de la force vive. L'hypothèse $q = q'$ est une de celles que l'on peut faire, en effet, et elle répond à un cas important, comme nous le dirons plus loin ; mais il n'y a pas lieu de la faire en même temps que la supposition $p = p'$ dont nous nous occupons actuellement. En effet, ces hypothèses, faites à la fois, ont pour conséquence de réduire au second degré le polynôme (13) et de faire dégénérer les fonctions elliptiques.

C'est donc seulement à l'égard des formules qui donnent $\cos CZ$ et $\cos AX \pm i \cos AY$ que le rapprochement avec les formules du Chapitre III a de l'intérêt. On conclut de ce rapprochement que, pour le cas $p = p'$, la rotation de l'axe du corps et celle de l'axe d'un solide pesant de révolution, dans le vide, diffèrent seulement par une rotation uniforme (de vitesse $q\sqrt{m}$).

Discussion des formules.

La discussion que nous allons faire a pour but de préciser la nature des constantes figurant dans les formules, en distinguant les divers cas qui peuvent se présenter.

Dans tous les cas, la constante m est positive et la variable x_3 ne peut acquérir que des valeurs comprises entre $-\sqrt{m}$ et $+\sqrt{m}$; c'est ce qui résulte de l'intégrale (5). D'autre part, la même variable x_3 doit prendre des valeurs qui rendent positif le polynôme $F(x_3)$ (13), tandis que les valeurs $\pm\sqrt{m}$ rendent ce polynôme négatif. Il y a donc toujours, entre $\sqrt{m}$ et $-\sqrt{m}$, au moins deux racines réelles de F, et c'est entre ces deux racines qu'oscille la variable x_3.

Nous distinguerons trois cas principaux, suivant les signes de $(p'-p)$ et du discriminant.

I. $p'-p>0$.

D'après l'égalité (11), les valeurs que prend x_3 rendent négatif le polynôme $(x_3^2+hx_3-m_1)$. La constante r est, en effet, positive comme coefficient d'un carré dans la forme quadratique positive T (force vive). Il en est donc ici de ce polynôme comme de (x_3^2-m) : ses racines sont réelles et comprennent les deux racines de F entre lesquelles oscille x_3.

Le coefficient de x_3^4, dans F, est ici positif. Le polynôme F est négatif pour les valeurs de x_3 égales aux racines de (x_3^2-m) et de $(x_3^2+hx_3-m_1)$. Donc F a encore deux racines réelles comprenant entre elles les quatre racines des polynômes du second degré. Soient x', x'', x''', x^{IV} les racines de F; on aura ainsi

$$x'<\left\{\begin{matrix}-\sqrt{m},\\ \frac{1}{2}h-\sqrt{\frac{1}{4}h^2+m_1}\end{matrix}\right\}<x''<x'''<\left\{\begin{matrix}\sqrt{m},\\ \frac{1}{2}h+\sqrt{\frac{1}{4}h^2+m_1}\end{matrix}\right\}<x^{\text{IV}}.$$

Les quatre racines de F étant réelles, le discriminant est positif et ν est réel (t. I, p. 123); en outre (t. I, p. 129), $u+\frac{\nu}{2}-\omega'$ varie d'un multiple impair à un multiple pair de la demi-période réelle quand x_3 varie de x''' à x''. La relation précise entre t et u doit s'écrire

$$u=\omega'-\frac{\nu}{2}+\frac{\rho}{\theta}t, \tag{69}$$

de manière que l'origine des temps corresponde à $x_3=x''$.

Les arguments a et b correspondent aux racines de (x_3^2-m); l'une est entre x' et x'', l'autre entre x''' et x^{IV}. Ces arguments ont donc (t. I, p. 129) les formes suivantes, si l'on suppose $\sqrt{m}$ pris positivement dans la formule (32),

$$a=-\frac{\nu}{2}+ia'', \qquad b=-\frac{\nu}{2}+\omega+ib'', \tag{70}$$

où a'' et b'' sont réels. De même, pour a_1 et b_1,

$$(71)\qquad a_1 = -\frac{v}{2} + ia''_1, \qquad b_1 = -\frac{v}{2} + \omega + ib''_1.$$

Suivant (28) et (29), on aura

$$a'' + a''_1 = b'' + b''_1 = 2c'',$$

$$c = -\frac{v}{2} + ic'', \qquad a' = i\frac{a''_1 - a''}{2},$$

$$w = +\frac{v}{2} + ic'', \qquad b' = i\frac{b''_1 - b''}{2}.$$

En prenant arbitrairement les deux arguments purement imaginaires a', b', dont les fonctions p seront réelles, puis $c + \frac{v}{2}$ purement imaginaire et arbitraire, on aura, par la relation harmonique (30), pw conjugué de pc; d'où résulte, pour w, la forme $\frac{v}{2} + ic''$, celle de c étant $-\frac{v}{2} + ic''$. De là résultent a, b, a_1, b_1, v sous les formes ci-dessus.

Les caractères que nous venons de mettre en évidence ne se reproduiront dans aucun autre cas; aussi peut-on conclure ainsi : *Prenant des fonctions elliptiques à discriminant positif, v réel, u, a, b, a_1, b_1 sous les formes* (69), (70), (71), *avec les constantes α, γ purement imaginaires et θ, δ, δ_1 réelles, on aura, par les formules trouvées précédemment, la représentation du mouvement dans l'un quelconque des cas où $p' - p$ est positif.*

II. $p' - p < 0$, $\Delta > 0$.

Le polynôme F, dans ce cas encore, a quatre racines réelles. Supposons ces racines dénommées, comme tout à l'heure, x', x'', x''', x^{IV} et rangées ainsi par ordre de grandeur, mais *dans l'ordre,* à volonté, *croissant ou décroissant.* La variable x_3 reste comprise entre deux des racines extrêmes, que nous supposons être x''' et x^{IV}. Les deux quantités $\pm\sqrt{m}$ sont l'une au delà de x^{IV}, l'autre soit entre x'' et x''', soit en deçà de x'. De là deux cas fort distincts.

Dans le premier de ces cas, le binôme $(m - x_3^2)$ est négatif quand x_3 est compris dans l'intervalle $(x'x'')$, intervalle où F est positif. Comme $(p' - p)$ est aussi négatif, il faut que $(m_1 - hx_3 - x_3^2)$

soit positif dans cet intervalle, sans quoi le polynôme (13) F ne pourrait être positif. De là résulte que les racines du trinôme $(x_3^2 + hx_3 - m_1)$ sont réelles et comprises, l'une entre x'' et x''', l'autre en deçà de x'.

Dans le second cas, au contraire, celui où les deux quantités $\pm\sqrt{m}$ comprennent entre elles les quatre racines de F, les racines du trinôme $(x_3^2 + hx_3 - m_1)$ peuvent être imaginaires. Si elles sont réelles, elles sont toutes deux, soit entre x'' et x''', soit au delà de x^{IV}, soit en deçà de x'.

Nous allons facilement reconnaître comment on peut choisir les arguments a, b, a_1, b_1 pour que les formules correspondent à un quelconque de ces cas. Il suffit, à cet effet, de se reporter à la discussion qui a été faite dans le tome I (p. 127 à 129).

En premier lieu, v est réel et u est de l'une ou l'autre des deux formes

$$(72)\qquad u = \begin{cases} -\dfrac{v}{2} + \dfrac{i\rho t}{\theta'} \\[2mm] -\dfrac{v}{2} + \omega + \dfrac{i\rho t}{\theta'} \end{cases} \qquad \frac{\theta'}{i} = \theta,$$

où θ' est réel.

Premier cas. — *L'une des deux quantités $\pm\sqrt{m}$ est dans l'intervalle (x'', x''').* — En ce cas, l'un des arguments a, b est réel, l'autre égal à $\pm\omega'$, plus une quantité réelle; il en est tout de même pour a_1 et b_1. Sans restreindre la généralité, on peut supposer $a + a_1 = b + b_1$ réel. Alors les arguments auxiliaires (28, 29) w et c sont réels; a' et b' sont l'un réel, l'autre réel $\pm\omega'$. On obtient donc les formules propres à ce cas, *en prenant les termes de la proportion harmonique* (30), *de telle sorte que pw, pc et pa' ou pb' soient supérieurs à e_1 et le quatrième compris entre e_2 et e_3. L'argument variable a l'une des formes* (72); *les constantes α, γ sont réelles.*

Deuxième cas. — *Les deux quantités $\pm\sqrt{m}$ comprennent entre elles les quatre racines du polynôme* F. — Les trois arguments a, b, v sont alors réels. Les arguments a_1 et b_1 sont des imaginaires quelconques si les racines de $(x_3^2 + hx_3 - m_1)$ sont imaginaires; ils sont tous deux réels ou tous deux réels $\pm\omega'$, si les racines de ce trinôme sont réelles.

Il s'agit de trouver, de la manière la plus générale, les arguments a, b, a_1, b_1, v pour satisfaire ainsi aux conditions (26, 27). Posons, à cet effet,

$$(73)\quad \begin{cases} u'_0 = \frac{1}{2}(\;\;w - c - a' + b') = \frac{1}{2}(\;\;v + a \;- b), \\ u'_1 = \frac{1}{2}(-w + c - a' + b') = \frac{1}{2}(-v + a \;- b), \\ v'_0 = \frac{1}{2}(-w - c + a' + b') = \frac{1}{2}(-v - a \;- b), \\ v'_1 = \frac{1}{2}(\;\;w + c + a' + b') = \frac{1}{2}(\;\;v + a_1 + b_1). \end{cases}$$

Il en résulte

$$\begin{aligned} u'_0 - v'_0 &= \;\;w - a', & u'_1 - v'_1 &= -(w + a'), \\ u'_0 + v'_0 &= -(c - b'), & u'_1 + v'_1 &= c + b', \\ u'_0 - v'_1 &= -(c + a'), & u'_1 - v'_0 &= c - a', \\ u'_0 + v'_1 &= \;\;w + b', & u'_1 + v'_0 &= -(w - b'). \end{aligned}$$

Le rapport (27 a) conserve donc la même forme avec les arguments u'_0, u'_1, v'_0, v'_1 remplaçant respectivement w, c, a', b', et l'on a, entre les fonctions p, la relation analogue à (30),

$$(74)\quad (pu'_0 - pv'_0)(pu'_1 - pv'_1) + (pu'_0 - pv'_1)(pu'_1 - pv'_0) = 0.$$

Puisque a, b, v sont réels, u'_0, u'_1, v'_0 sont réels aussi. On devra donc prendre pu'_0, pu'_1, pv'_0 réels et supérieurs à e_1, quelconques d'ailleurs. Le quatrième terme pv'_1 en résulte. Il est réel. Les arguments a_1 et b_1 sont alors déterminés par les deux égalités

$$a_1 - b_1 = b - a, \qquad a_1 + b_1 = 2v'_1 - v.$$

Si pv'_1 est supérieur à e_1, v'_1 est réel; a_1 et b_1 sont réels aussi. Si pv'_1 est entre e_2 et e_1 ou inférieur à e_3, v'_1 est purement imaginaire ou purement imaginaire à une demi-période réelle près; alors a_1 et $-b_1$ sont imaginaires conjugués; si pv'_1 est entre e_3 et e_2, v'_1 est réel sauf une demi-période imaginaire, et a_1, b_1 sont réels $\pm\omega'$.

Les trois particularités, relatives aux racines de

$$(x_3^2 + hx_3 - m_1)$$

et signalées plus haut, se retrouvent nettement : *on obtient les formules propres au cas envisagé en supposant a, b, a_1, b_1, v déterminés par les arguments auxiliaires u'_0, u'_1, v'_0, v'_1* (73) *dont les trois premiers sont réels et le quatrième déterminé par la relation* (74). *Les constantes θ, δ, δ_1 sont purement imaginaires, α et γ réels ; u a la forme* (72).

III. $p' - p < 0, \qquad \Delta < 0$.

Le discriminant étant négatif, le polynôme F a seulement deux racines réelles x', x'', comprises entre les deux quantités $\pm\sqrt{m}$. Le trinôme $(x_3^2 + hx_3 - m_1)$ a ses racines ou imaginaires, ou réelles et ne comprenant pas x' et x'' dans leur intervalle.

On obtient les constantes propres à ce cas par les mêmes formules que dans le dernier cas; il faut supposer $\wp u'_0, \wp u'_1, \wp v'_0$ supérieurs à e_2 : suivant que $\wp v'_1$, déterminé par l'égalité (74), est supérieur ou inférieur à e_2, les racines du trinôme $(x_3^2 + hx_3 - m_1)$ sont réelles ou imaginaires.

Décomposition de la rotation.

Dans les formules (47, 50, 46), changeons les notations comme il suit :

$$(75)\quad \left\{\begin{aligned} & u = -u_0, \qquad v = u_1 + u_0, \\ & b = -\tfrac{1}{2}(v_0 + v_1 + u_0 + u_1), \qquad a = -\tfrac{1}{2}(v_0 - v_1 + u_0 + u_1), \\ & G_1 = -E\frac{\sigma a\, \sigma(b+v)}{\sigma b\, \sigma(a+v)}\left[\frac{\sigma(u+v)}{\sigma u} e^{-u\zeta v}\right]^{\beta} e^{\left(\frac{\alpha}{\rho} - \frac{1}{2}D\right)u}, \\ & G_0 = -E_1 e^{-\left(\frac{\gamma}{\rho} + \frac{1}{2}D_1\right)u}. \end{aligned}\right.$$

Ces formules s'écrivent alors ainsi :

$$\cos AZ + i\cos BZ = \frac{2G_1}{\sigma u_0\, \sigma v_0\, \sigma u_1\, \sigma v_1} \prod \sigma \frac{u_1 + v_1 \pm u_0 \pm v_0}{2},$$

$$\cos AZ - i\cos BZ = -\frac{2}{G_1\, \sigma u_0\, \sigma v_0\, \sigma u_1\, \sigma v_1} \prod \sigma \frac{u_1 - v_1 \pm u_0 \pm v_0}{2};$$

$$\cos CX + i\cos CY = \frac{2G_0}{\sigma u_0\, \sigma v_0\, \sigma u_1\, \sigma v_1} \prod \sigma \frac{u_0 + v_0 \pm u_1 \pm v_1}{2},$$

$$\cos CX - i\cos CY = -\frac{2}{G_0\, \sigma u_0\, \sigma v_0\, \sigma u_1\, \sigma v_1} \prod \sigma \frac{u_0 - v_0 \pm u_1 \pm v_1}{2};$$

$$\cos CZ = \frac{2[\zeta(u+v) - \zeta u - \zeta v] - [\zeta(a+v) - \zeta a - \zeta v] - [\zeta(b+v) - \zeta b -}{\zeta(a+v) - \zeta a - \zeta v - [\zeta(b+v) - \zeta b - \zeta v]}$$

$$= \frac{2\zeta u_0 + 2\zeta u_1 - \sum \zeta \frac{u_0 + u_1 \pm v_0 \pm v_1}{2}}{\sum \zeta \frac{u_0 + u_1 \pm (v_0 - v_1)}{2} - \sum \zeta \frac{u_0 + u_1 \pm (v_0 + v_1)}{2}}.$$

On reconnaît là les formules (I, 26, 27, 32) de la composition des trièdres ; les lettres X, Y, Z remplacent x_0, y_0, z_0 et A, B, C remplacent x_1, y_1, z_1. De plus, dans la composition des trièdres, les deux systèmes d'axes sont congruents ; ici il en est de même pour X, Y, Z et A, B, C.

On est donc en droit de conclure (p. 11) que la figure composée des six axes X, Y, Z, A, B, C coïncide entièrement avec celle qui est composée de deux systèmes d'axes définis, comme il a été dit dans la composition des trièdres, par rapport à un troisième système a, b, c au moyen des arguments u_0, v_0, u_1, v_1 et des quantités G_0, G_1, telles que nous les donnent les formules du Chapitre I. Ces formules représentent deux mouvements M_0, M_1, pour lesquels les éléments variables sont les arguments u_0, u_1.

L'argument u_0 varie proportionnellement au temps.

La quantité G_0 (75) est une exponentielle du premier degré par rapport à u_0. Donc M_0 est un *mouvement à la Poinsot*. Il n'est réel toutefois que si le discriminant est positif, la variation de u_0 réelle et si v_0 est purement imaginaire à un multiple impair près de ω. Ces conditions sont satisfaites effectivement dans un cas, le premier de ceux qui ont été discutés plus haut, celui où $(p'-p)$ est positif. Dans le cas opposé, la décomposition n'est point réelle, et c'est un fait bien digne de remarque, quoique sans intérêt cinématique, que la décomposition d'un mouvement effectif en deux mouvements imaginaires.

Nous avons donc à étudier la décomposition dans le seul cas $p'-p > 0$. Quand la constante β est nulle, le second mouvement composant est encore un mouvement à la Poinsot. Mais, en général, décomposons G_1 en deux facteurs, dont l'un soit une exponentielle du premier degré. En ne prenant que ce dernier facteur, nous aurions pour M_1 un mouvement à la Poinsot, dans lequel les axes X_1, Y_1, Z_1, différents de A, B, C, seraient les axes mobiles, liés au plan roulant. Pour faire coïncider X_1, Y_1, Z_1 avec A, B, C, il suffira ensuite de faire tourner les premiers autour de Z_1 d'un angle ψ, tel que $e^{i\psi}$ soit égal au facteur négligé.

Nous pouvons donc décomposer la rotation actuelle en deux mouvements à la Poinsot, en y joignant une rotation variée, mais effectuée toujours autour d'une même droite. Cette décomposition, qui nous offre un théorème analogue à celui de Jacobi sur la rotation d'un corps grave (p. 95), va être examinée en détail.

Les éléments du premier mouvement M_0 sont entièrement déterminés par les formules (75). Quant au second mouvement à la Poinsot, que nous appellerons M'_1, nous avons à choisir, pour lui, la quantité G'_1, exponentielle du premier degré en u_1, et nous poserons

$$G'_1 = -E\frac{\sigma a\,\sigma(b+v)}{\sigma b\,\sigma(a+v)}\,e^{\left(\frac{\varkappa+s}{\rho}-\frac{1}{2}D\right)(u_1-v)}, \tag{76}$$

en désignant par $\varkappa$ une quantité arbitraire.

La rotation ψ est alors définie par l'égalité

$$e^{i\psi} = \left[\frac{\sigma(u+v)}{\sigma u}\,e^{-u\zeta v}\right]^{\beta} e^{\frac{\alpha-\varkappa-s}{\rho}};$$

d'où, en différentiant,

$$i\frac{d\psi}{du} = \beta[\zeta(u+v)-\zeta u-\zeta v]+\frac{\alpha-\varkappa-s}{\rho},$$

ou bien (69 et 46)

$$\frac{d\psi}{dt} = \frac{\rho\beta}{i\theta}\,\frac{(z_a-z_b)\cos Z_1Z + z_a+z_b}{2}+\frac{\alpha-\varkappa-s}{i\theta}.$$

Ainsi la vitesse de cette rotation est de la forme

$$\frac{d\psi}{dt} = M\cos Z_1Z + N,$$

et les deux constantes M, N ont pour expression

$$\left\{\begin{aligned} M &= \frac{1}{2}\frac{\rho\beta}{i\theta}(z_a-z_b),\\ N &= \frac{1}{2}\frac{\rho\beta}{i\theta}(z_a+z_b)+\frac{\alpha-\varkappa-s}{i\theta}.\end{aligned}\right. \tag{77}$$

Il est manifeste que les deux mouvements M_0, M'_1 *concordants* (p. 75) sont d'ailleurs tout à fait arbitraires. Étant donnés, ils déterminent les arguments a, b, v et les constantes γ, $\varkappa+s$. Si l'on prenait arbitrairement M et N, les constantes β et $\alpha-\varkappa-s$ se trouveraient par là déterminées. Mais β est liée aux autres constantes; de plus, on peut prendre N nul. On a donc la proposition suivante :

Par rapport à des axes fixes a, b, c (axes de symétrie de deux ellipsoïdes ou hyperboloïdes), *deux systèmes d'axes* X, Y, Z *et* X_1, Y_1, Z_1 *sont animés de deux mouvements* CONCORDANTS *à la Poinsot. Un autre système* A, B, C, *où l'axe* C *coïncide avec* Z_1, *est animé autour de* Z_1 *d'une rotation dont la vitesse instantanée est*

$$\frac{d\psi}{dt} = \mathrm{M} \cos Z_1 Z.$$

Si la constante M *est convenablement choisie, le mouvement relatif de* A, B, C *par rapport à* X, Y, Z *n'est autre que la rotation* R *d'un solide dans un liquide, dans le cas où, la force vive ayant la forme* (7) *envisagée ici, $p' - p$ est positif.*

Nous devons traiter maintenant les deux questions suivantes :

1° Trouver les constantes de la rotation R, c'est-à-dire les coefficients de la force vive, etc., en supposant les deux mouvements composants donnés;

2° Inversement, trouver les mouvements composants, étant données les constantes de la rotation R.

La solution de ces deux questions doit, bien entendu, être entièrement dégagée des fonctions elliptiques.

Détermination des constantes par celles des mouvements composants.

Dans ce premier problème, les données sont deux mouvements à la Poinsot *concordants* M_0, M'_1.

Ces deux mouvements sont définis séparément et la correspondance entre eux est établie, comme il a été expliqué au Chapitre II (p. 79), au moyen d'une position donnée pour les deux systèmes d'axes X_0, Y_0, Z_0 et X_1, Y_1, Z_1.

Les notations relatives à ces deux mouvements seront ici les mêmes qu'au Chapitre II (p. 76 à 79).

La quantité τ, constante arbitraire d'homogénéité, est liée à la quantité analogue ρ, qui a été employée ici. On a

$$\frac{du_1}{dt} = \tau = \frac{du}{dt} = \frac{\rho}{\theta}; \qquad \tau = \frac{\rho}{\theta}.$$

Tout d'abord les deux constantes A et B (II, 56) fournissent immédiatement deux de nos inconnues. On a, en effet (33)

$$A = \frac{\rho}{\theta}[\zeta(a+v) - \zeta a - \zeta(b+v) + \zeta b] = \frac{\rho}{\theta}(z_a - z_b) = \frac{2\sqrt{m}}{\theta},$$

$$B = \frac{\rho}{\theta}[\zeta(a+v) - \zeta a + \zeta(b+v) - \zeta b - 2\zeta v] = \frac{\rho}{\theta}(z_a + z_b) = \frac{1}{2}\frac{h}{\theta}.$$

Pour continuer la recherche, employons les formules (63) à (68), qui donnent $\rho^2 p v$, $\rho^3 p' v$, $\rho^2 p v_0$, ... en fonction des cinq constantes μ, μ_1, ν, ν_1, s, dont nous reproduisons, à l'égard des quatre premières, la signification (62)

$$\frac{1}{4}h = \nu_1, \qquad \frac{n}{y_3} = \nu, \qquad \sqrt{m} = \mu, \qquad \sqrt{\frac{1}{4}h^2 + m_1^2} = \mu_1.$$

Ce sont seulement les rapports de ces inconnues à θ qui pourront être déterminés; deux d'entre eux viennent d'être trouvés, savoir :

$$(78) \qquad \frac{\mu}{\theta} = \frac{1}{2}A, \qquad \frac{\nu_1}{\theta} = \frac{1}{2}B.$$

Des équations (63), (68) on tire

$$\mu_1^2 + \mu^2 - 2\nu_1^2 = 2\rho^2(2p v_1 + p v),$$

par conséquent

$$(79) \qquad \frac{\mu_1^2}{\theta^2} = -\frac{1}{4}(A^2 - 2B^2) + 2(2\tau^2 p v_1 + \tau^2 p v).$$

Prenant ensuite les deux combinaisons suivantes

$$\rho(s p' v_1 + 2\nu_1 p' v) = (p v - p v_1)(\mu_1^2 - \mu^2),$$

$$\rho(\nu_1 p' v_1 + \tfrac{1}{2} s p' v) = (p v - p v_1)(\nu + \nu_1)s,$$

on en conclut

$$(80) \qquad \begin{cases} \dfrac{s}{\theta}\tau^3 p' v_1 + B\tau^3 p' v = (\tau^2 p v_1 - \tau^2 p v)\left(\dfrac{\mu^2}{\theta^2} - \dfrac{\mu_1^2}{\theta^2}\right), \\ B\tau^3 p' v_1 + \dfrac{s}{\theta}\tau^3 p' v = 2(\tau^2 p v - \tau^2 p v_1)\left(\dfrac{\nu}{\theta} + \dfrac{\nu_1}{\theta}\right)\dfrac{s}{2\theta}, \end{cases}$$

équation dont la première donne $\frac{s}{\theta}$, puis la seconde $\frac{\nu}{\theta}$.

Ainsi, déjà sont déterminés sans ambiguïté les rapports de $\sqrt{m}, h_1, s, \frac{n}{y_3}$ à θ et celui de m_1 à θ^2.

Considérons maintenant les deux exponentielles G_0 et G'_1 qui achèvent de caractériser les mouvements composants. Elles ont, comme on sait (II, 6), les expressions suivantes

$$G_0 = k_0 e^{-\left(i\varepsilon\frac{h_0}{\mu_0}+\zeta v_0\right)u_0}, \qquad G'_1 = k_1 e^{-\left(i\varepsilon\frac{h_1}{\mu_1}+\zeta v_1\right)u_1},$$

où k_0, k_1 sont des constantes arbitraires, qui n'ont à jouer aucun rôle. En mettant, pour u_0 et u_1 leurs expressions (75) $-u$ et $u+v$, on voit que le coefficient de u, dans l'exponentielle G_0, est

$$i\varepsilon\frac{h_0}{\mu_0}+\zeta v_0 = \frac{1}{\tau}\left(-i\varepsilon\frac{h_0}{n_0}+\tau\zeta v_0\right),$$

tandis que, dans l'exponentielle G'_1, ce coefficient est

$$-\left(i\varepsilon\frac{h_1}{\mu_1}+\zeta v_1\right) = -\frac{1}{\tau}\left(i\varepsilon\frac{h_1}{n_1}+\tau\zeta v_1\right);$$

c'est ce qui résulte de l'égalité (II, 48)

$$\frac{\mu_1}{n_1} = -\frac{\mu_0}{n_0} = \tau.$$

D'autre part, d'après (75) et suivant l'expression (48) de D_1, ce coefficient, dans G_0, doit être

$$-\left(\frac{\gamma}{\rho}+\tfrac{1}{2}D_1\right) = -\frac{1}{\tau}\left\{\frac{\gamma}{\theta}+\frac{\tau}{2}[\zeta a+\zeta b+\zeta(a+v)+\zeta(b+v)]\right\};$$

tandis que, d'après (76) et suivant l'expression (37) de D, le coefficient analogue, dans G'_1, doit avoir pour expression

$$\frac{\varkappa+s}{\rho}-\tfrac{1}{2}D = \frac{1}{\tau}\left\{\frac{\varkappa}{\theta}+\frac{\tau}{2}[\zeta b-\zeta a+\zeta(b+v)-\zeta(a+v)]\right\}.$$

Nous avons donc les deux équations suivantes :

$$\frac{\gamma}{\theta} = i\varepsilon\frac{h_0}{n_0}-\frac{\tau}{2}[\zeta a+\zeta b+\zeta(a+v)+\zeta(b+v)+2\zeta v_0)],$$

$$\frac{\varkappa}{\theta} = -i\varepsilon\frac{h_1}{n_1}-\frac{\tau}{2}[\zeta b-\zeta a+\zeta(b+v)-\zeta(a+v)+2\zeta v_1)].$$

D'après (75), les arguments a, $b+v$ et v_0 ont zéro pour somme, et aussi les arguments b, $a+v$, v_0. Par le théorème d'addition des fonctions ζ (t. I, p. 138), on a donc, suivant (67),

$$\zeta a+\zeta(b+v)+\zeta v_0=-\frac{1}{2}\frac{p'(b+v)-p'a}{p(b+v)-pa}=\frac{1}{\rho}\left(-\mu+\frac{1}{2}\frac{s\nu}{\mu}\right)=-\frac{1}{\tau}\left(\frac{\mu}{\theta}-\frac{1}{2}\frac{s\nu}{\theta\mu}\right)$$

$$\zeta b+\zeta(a+v)+\zeta v_0=-\frac{1}{2}\frac{p'(a+v)-p'b}{p(a+v)-pb}=\frac{1}{\rho}\left(\mu+\frac{1}{2}\frac{s\nu}{\mu}\right)=\frac{1}{\tau}\left(\frac{\mu}{\theta}+\frac{1}{2}\frac{s\nu}{\theta\mu}\right)$$

Nous avons, par conséquent,

$$(81)\qquad \frac{\gamma}{\theta}+\frac{1}{2}\frac{s\nu}{\theta\mu}=i\varepsilon\frac{h_0}{n_0}.$$

De même, en considérant b, $-a$, v_1, dont la somme est nulle, et $b+v$, $-(a+v)$, v_1, dont la somme est nulle également (75), on a

$$\zeta b-\zeta a+\zeta v_1=-\frac{1}{2}\frac{p'b+p'a}{pb-pa}=\frac{1}{\rho}\left(\mu+\frac{1}{2}s\right)=\frac{1}{\tau}\left(\frac{\mu}{\theta}+\frac{1}{2}\frac{s}{\theta}\right),$$

$$\zeta(b+v)-\zeta(a+v)+\zeta v_1=-\frac{1}{2}\frac{p'(b+v)+p'(a+v)}{p(b+v)-p(a+v)}=\frac{1}{\rho}\left(\mu-\frac{1}{2}s\right)=\frac{1}{\tau}\left(-\frac{\mu}{\theta}+\frac{1}{2}\frac{s}{\theta}\right)$$

$$(82)\qquad \frac{\varkappa}{\theta}+\frac{1}{2}\frac{s}{\theta}=-i\varepsilon\frac{h_1}{n_1}.$$

La quantité purement imaginaire $\varkappa$, qui se trouve ainsi déterminée, n'est nullement liée au mouvement résultant, mais elle va servir à déterminer $\frac{\alpha}{\theta}$. C'est en prenant enfin les expressions (77) des constantes M, N, dernières données du problème, que nous achevons la solution. Nous aurons, en effet, d'après les équations (78),

$$\beta=2\frac{iM}{A},$$

$$\frac{\alpha-\varkappa-s}{i\theta}=\frac{NA-MB}{A}.$$

Nous concluons de là d'abord, β devant être égal à $-\frac{h}{2s}$: la constante M doit être prise égale à

$$(83)\qquad M=\frac{1}{2}AB\frac{i\theta}{s}.$$

En second lieu, prenant $N = 0$, nous avons

$$\frac{\alpha - \frac{1}{2}s}{i\theta} = -\varepsilon \frac{h_1}{n_1} - \frac{1}{2} B^2 \frac{i\theta}{s}, \tag{84}$$

à quoi il faut joindre

$$\beta = -B\frac{\theta}{s}. \tag{85}$$

Par les égalités (81, 84) sont déterminées les constantes purement imaginaires $\frac{\gamma}{\theta}$, $\frac{\alpha}{\theta}$ en fonction des données et de la constante purement imaginaire $\frac{s}{\theta}$. Cette dernière est fournie par l'égalité (80). Les cinq constantes trouvées en premier lieu et ces deux dernières $\frac{\gamma}{\theta}$, $\frac{\alpha}{\theta}$, constituent le système de sept constantes, relatives à la rotation, que l'on a prévu plus haut (p. 169).

Détermination des mouvements composants au moyen du mouvement composé.

Des égalités (II, 7), appliquées successivement aux deux mouvements à la Poinsot, on conclut, en remplaçant $\frac{\mu_0}{n_0}$, $\frac{\mu_1}{n_1}$ par $-\tau$ et τ, puis τ par $\frac{\rho}{\theta}$,

$$\frac{h_0^2 - a_0^2}{n_0 h_0}(\rho^2 e_\alpha - \rho^2 p v_0) = \frac{\varepsilon}{\theta}\frac{\rho^3 p' v_0}{2i},$$

$$\frac{h_1^2 - a_1^2}{n_1 h_1}(\rho^2 e_\alpha - \rho^2 p v_1) = -\frac{\varepsilon}{\theta}\frac{\rho^3 p' v_1}{2i}.$$

Écrivons ces égalités sous la forme suivante :

$$\frac{h_0^2 - a_0^2}{n_0 h_0}[\rho^2(e_\alpha - p v) - \rho^2(p v_0 - p v)] = \frac{\varepsilon}{\theta}\frac{\rho^3 p' v_0}{2i}, \tag{86}$$

$$\frac{h_1^2 - a_1^2}{n_1 h_1}[\rho^2(e_\alpha - p v) - \rho^2(p v_1 - p v)] = -\frac{\varepsilon}{\theta}\frac{\rho^3 p' v_1}{2i}, \tag{87}$$

et observons que les trois quantités $\rho^2(e_\alpha - p v)$ sont racines de l'équation

$$4(X + \rho^2 p v)^3 - \rho^4 g_2(X + \rho^2 p v) - \rho^6 g_3 = 0,$$

c'est-à-dire

$$4X^3 + 12\rho^2 p v X^2 + \rho^4(12 p^2 v - g_2)X + \rho^6 p'^2 v = 0.$$

On a calculé plus haut (63, 63a) les coefficients de cette équation, en sorte que l'on a immédiatement l'équation résolvante

$$
\begin{aligned}
&4X^3 + 2(2\nu_1^2 + \mu^2 + \mu_1^2 - s^2)X^2 \\
&+ \left[\frac{1}{4}(2\nu_1^2 + \mu^2 + \mu_1^2 - s^2)^2 - (\nu_1^2 - \mu^2)(\nu_1^2 - \mu_1^2) - s^2(\nu + \nu_1)^2\right]X \\
&+ \frac{1}{4}[\nu_1(\mu_1^2 - \mu^2) - s^2(\nu + \nu_1)]^2 = 0.
\end{aligned}
$$

Remplaçant $\rho^2(p v_0 - p v)$ et $\rho^3 p' v_0$ par leurs expressions (68) dans l'égalité (86) et posant, pour abréger,

$$\xi_0 = \nu_1^2 - \frac{1}{4}\frac{s^2\nu^2}{\mu^2},$$

nous concluons la détermination du mouvement composant M_0, comme il suit.

Soient X_α, X_β, X_γ les racines de l'équation résolvante, on aura

$$
\begin{aligned}
(X_\alpha + \xi_0)\frac{h_0^2 - a_0^2}{n_0 h_0} &= (X_\beta + \xi_0)\frac{h_0^2 - b_0^2}{n_0 h_0} = (X_\gamma + \xi_0)\frac{h_0^2 - c_0^2}{n_0 h_0} \\
&= \frac{\varepsilon s}{2 i\theta}\left[\nu_1\left(\mu + \frac{\nu\nu_1}{\mu}\right) + \frac{1}{4}\frac{\nu}{\mu}\left(\mu^2 - \mu_1^2 + s^2 - \frac{s^2\nu^2}{\mu^2}\right)\right],
\end{aligned}
$$

à quoi il faut joindre l'égalité (81)

$$\frac{h_0}{n_0} = \varepsilon\left(\frac{\gamma}{i\theta} + \frac{1}{2}\frac{s\nu}{i\theta\mu}\right).$$

Par un calcul tout pareil et en prenant

$$\xi_1 = \nu_1^2 - \frac{1}{4}s^2,$$

on détermine le mouvement composant M'_1 au moyen des égalités

$$
\begin{aligned}
(X_\alpha + \xi_1)\frac{h_1^2 - a_1^2}{n_1 h_1} &= (X_\beta + \xi_1)\frac{h_1^2 - b_1^2}{n_1 h_1} = (X_\gamma + \xi_1)\frac{h_1^2 - c_1^2}{n_1 h_1} \\
&= -\frac{\varepsilon s}{2 i\theta}\left[\nu_1(\nu + \nu_1) + \frac{1}{4}(\mu^2 - \mu_1^2)\right], \\
\frac{h_1}{n_1} &= -\varepsilon\,\frac{\alpha - \frac{1}{2}s + \beta\nu_1}{i\theta}.
\end{aligned}
$$

En outre, la concordance des deux mouvements M_0, M'_1 comporte la détermination des constantes A, B, $\tau^2 \wp v$, $\tau^3 \wp' v$ (II, 56); voici leurs expressions (78, 63) :

$$A = 2\frac{\mu}{\theta}, \qquad B = 2\frac{\nu_1}{\theta},$$

$$\tau^2 \wp v = \frac{1}{6}\frac{2\nu_1^2 + \mu^2 + \mu_1^2 - s^2}{\theta^2}, \qquad \tau^3 \wp' v = \frac{1}{2}\frac{\nu(\mu_1^2 - \mu_1^2) - s^2(\nu + \nu_1)}{\theta^3}.$$

Enfin, la constante M du troisième mouvement est donnée par l'égalité (83)

$$M = \frac{\beta\mu}{i\theta} = 2\frac{\mu\nu_1 i}{s\theta}.$$

Cas où le corps solide est de révolution.

Quand le corps solide est homogène et de révolution et dans d'autres cas encore ([1]), l'expression de la force vive peut être mise sous la forme simple de la somme des carrés U^2, V^2, W^2, P^2, Q^2, R^2 avec les mêmes coefficients pour U^2 et V^2, ainsi que pour P^2 et Q^2. Quand il en est ainsi, les rectangles disparaissent dans l'expression (7) de la force vive avec les variables x_1, ..., y_1, ... Les coefficients q, q' sont nuls, et, par conséquent, la constante $h = \frac{1}{4}\nu_1$ (12) est nulle ainsi que β, ce qui fait disparaître la rotation variée autour de l'axe Z_1. Ainsi, dans le cas où le corps solide est de révolution, sa rotation est la résultante de deux mouvements à la Poinsot.

Sur une propriété du mouvement relative à l'herpolhodie.

Reprenons l'expression (50) de $\cos CX + i \cos CY$ et décomposons-la en éléments simples. L'élément simple est

$$f(u) = \frac{\sigma(u + a + b + v)}{\sigma u\, \sigma(a + b + v)}\, e^{-\left(\frac{\gamma}{\rho} + \frac{1}{2}D_1\right)u},$$

et l'on a

$$(88)\quad \left\{ \begin{aligned} &\cos CX + i \cos CY \\ &\quad = 2E_1 \frac{\sigma a\, \sigma b\, \sigma(a + v)\, \sigma(b + v)}{\sigma(a - b)\, \sigma(a + b + v)\, \sigma v}\left[f(u) - \frac{\sigma a\, \sigma b\, e^{\left(\frac{\gamma}{\rho} + \frac{1}{2}D_1\right)v}}{\sigma(a + v)\, \sigma(b + v)} f(u + v)\right]. \end{aligned} \right.$$

([1]) *Voir* KIRCHHOFF, *Vorlesungen über mathematische Physik*, p. 243.

D'après les égalités (75), on peut écrire $f(u)$ sous la forme

$$E_1 f(u) = -G_0 \frac{\sigma(u_0+v_0)}{\sigma u_0 \, \sigma v_0}.$$

C'est justement, sauf un facteur constant qui dépend de l'unité de longueur, l'expression de x_1+iy_1 (II, 14) dans l'herpolhodie relative au premier mouvement à la Poinsot que nous avons considéré. De même $E_1 f(u+v)$ est aussi l'expression de x_1+iy_1 dans la même herpolhodie, mais prise pour un point de cette herpolhodie correspondant à une différence v de l'argument, c'est-à-dire à une différence constante du temps.

Examinons maintenant le facteur qui multiplie $f(u+v)$ dans le second membre (88), et considérons d'abord l'exponentielle que ce facteur contient. D'après l'expression (48) de D_1, l'exposant peut s'écrire ainsi

$$\tfrac{1}{2} v[\zeta a + \zeta(a+v) + \zeta b + \zeta(b+v-2\omega)] + \eta v.$$

Les quantités ζa et $-\zeta(a+v)$ sont conjuguées, ainsi que ζb et $-\zeta(b+v-2\omega)$, comme on voit par les égalités (70). L'exponentielle a donc la forme $e^{\eta v} e^{i\varphi}$, φ étant un angle réel.

D'autre part, en tenant compte de (70), on a

$$\begin{aligned} -\frac{\sigma a \, \sigma b}{\sigma(a+v)\sigma(b+v)} &= \frac{\sigma a \, \sigma b}{\sigma(a+v)\sigma(b+v-2\omega)} e^{-2\eta(b+v-\omega)} \\ &= \frac{\sigma a \, \sigma b}{\sigma(a+v)\sigma(b+v-2\omega)} e^{-\eta v} . e^{-2ib''\eta}. \end{aligned}$$

Les quantités σa et $-\sigma(a+v)$ sont conjuguées ainsi que σb et $-\sigma(b+v-2\omega)$: ce facteur a donc la forme $e^{-\eta v} e^{i\varphi'}$, φ' étant aussi un angle réel.

Le facteur total envisagé a donc la forme $e^{i\Phi}$, Φ étant un angle réel. De là découle la conclusion suivante :

Sur une herpolhodie, on prend deux points M *et* M′ *qui varient ensemble et correspondent à une différence constante du temps. On fait tourner d'un angle constant, autour du centre* O *de l'herpolhodie, le rayon vecteur qui va de ce centre au point* M′; *soit* M″ *l'extrémité du rayon vecteur ainsi obtenu, de longueur égale à* OM′. *La rotation de la droite* MM″ *repro-*

duit la rotation du plan contenant l'axe C du corps et la droite fixe Z de l'espace, dans le mouvement d'un corps solide en un liquide, pour l'un quelconque des cas où, la force vive ayant la forme (7), la différence $(p' - p)$ est positive. Cette herpolhodie appartient au premier mouvement à la Poinsot composant celui qui concerne les axes X, Y, Z (p. 183). La différence constante des temps, relative aux points M et M', est égale à la différence des temps relative aux deux mouvements à la Poinsot concordants.

D'après la proposition de la page 183, on voit que c'est là, en définitive, une propriété des mouvements à la Poinsot concordants.

Bien que l'angle dont on fait tourner le rayon OM' soit arbitraire, on reconnaît, par ce qui précède, que cet angle s'évanouit avec v. La proposition actuelle dégénère de la sorte en celle qui a été établie, pour le cas $v = 0$, au Chapitre III (p. 122).

CHAPITRE V.

LA COURBE ÉLASTIQUE PLANE SOUS PRESSION NORMALE UNIFORME (¹).

Équation différentielle de la courbe. — Intégration. — Inversion. — Nature des arguments. — Rayons maxima et minima; axes de symétrie. — Points d'inflexion. — Sens de la pression normale. — Sens de la convexité par rapport au centre des forces élastiques. — Variation de l'angle polaire. — Angle compris entre deux rayons consécutifs, l'un maximum, l'autre minimum. — Diverses formes de la courbe, le discriminant étant négatif. — Diverses formes de la courbe, le discriminant étant positif. — Courbe élastique sans pression, déduite de la précédente. — Courbe élastique sans pression trouvée directement. — Prisme droit chargé debout. — Anneau comprimé normalement.

Équation différentielle de la courbe.

Le problème dont nous allons nous occuper concerne la recherche de la figure d'équilibre d'une verge élastique dans le cas suivant : 1° la verge est supposée, dans son état naturel, de forme circulaire (ou droite); 2° outre des forces ou couples quelconques agissant en ses extrémités, dans le plan de la fibre moyenne, elle supporte une pression uniformément répartie sur cette fibre, normale à cette courbe et dans son plan, et lui restant toujours normale dans les déformations. Ce problème a été traité, pour la première fois, par M. Maurice Lévy, suivant une méthode que nous allons rappeler.

Considérons la courbe plane suivant laquelle est fléchie la fibre moyenne dans une position d'équilibre et suivons cette courbe dans un sens déterminé. Si nous envisageons un point A sur la courbe, le sens adopté pour suivre la courbe nous sert à distinguer

(¹) A consulter : Maurice Lévy, *Sur un nouveau cas intégrable du problème de l'élastique et l'une de ses applications* (*Comptes rendus*, t. XCVII, p. 694, et *Journal de Mathématiques*, 3ᵉ série, t. X, p. 1). — Halphen, *Sur une courbe élastique* (*Journal de l'École Polytechnique*, 54ᵉ cahier, p. 183).

.a portion de la courbe *en deçà* du point A et la portion qui est *au delà* de ce point.

La portion qui est au delà du point A exerce, sur la portion qui est en deçà, des réactions élastiques. Ces réactions ont pour résultantes : 1° une force F appliquée en A ; 2° un couple M. D'après la théorie de l'élasticité, voici l'expression du couple M, nommé *couple de flexion* ou *moment fléchissant :*

$$M = EI\left(\frac{1}{\rho} - \frac{1}{\rho'}\right). \tag{1}$$

Les lettres E, I désignent deux constantes positives, le coefficient d'élasticité de la substance et le moment d'inertie de la section droite autour de la normale au plan, menée en A; ρ est le rayon de courbure actuel, ρ' le rayon de courbure primitif.

Dans l'expression (1), le signe de ρ est arbitraire; mais ρ' doit être pris avec un signe déterminé, le même que celui de ρ ou le signe opposé, suivant que le sens primitif de la courbure est conservé ou renversé.

Toutefois, le signe de ρ est déterminé si l'on a choisi le sens positif des moments. Il est naturel de choisir, à l'égard des moments, le même sens positif que pour les rotations dans le plan de la figure. Supposons qu'il en soit ainsi.

Sur la courbe, nous avons déjà choisi un sens pour la décrire. Si nous confondons la courbe au point A avec son cercle osculateur, le sens dans lequel on la décrit correspond, sur ce cercle, à une rotation positive ou négative, dont le signe est bien déterminé.

Ce dernier signe est justement celui qu'il faut attribuer à ρ dans l'expression (1), d'après les conventions qui viennent d'être posées.

En deçà du point A, considérons un point A_0 assez voisin pour que la courbure de l'arc A_0A soit partout de même sens. La portion de la verge au delà de A_0 exerce des réactions ayant des résultantes F_0, M_0 analogues à F et M. Par conséquent, la portion en deçà exerce des réactions ayant pour résultantes $-F_0$ et $-M_0$. Si l'on envisage l'arc A_0A comme un solide, ce solide doit être en équilibre sous l'action de F, M, $-F_0$, $-M_0$ et de la pression.

Une pression normale à un arc de courbe et répartie uniformément sur la longueur de cet arc donne lieu à des composantes et à des moments qui ne dépendent pas de la forme de cet arc, mais seulement des extrémités. Menons en A_0 et en A les perpendiculaires à F et F_0; soit O leur point de rencontre. Substituons le contour A_0OA à l'arc A_0A; soient r_0, r les rayons OA_0 et OA. On peut remplacer la pression sur l'arc par les deux pressions pr_0, pr perpendiculaires sur les deux rayons en leurs milieux. Les sens de ces pressions sont d'ailleurs déterminés sans ambiguïté, comme on voit en déformant le contour. Il suffit qu'on sache de quel côté s'exerce la pression sur l'arc. On peut préciser d'une manière générale en observant que la pression pr et la pression sur l'arc ont, par rapport au point A, des moments de même signe.

Les deux pressions pr_0, pr doivent ensemble faire équilibre à $-F_0$ et F, qui leur sont respectivement parallèles. On en conclut que F est égale à pr et dirigée en sens opposé. De même pour $-F_0$ et pr_0.

Les forces F et pr forment un couple. Le moment de ce couple est $\pm\frac{1}{2}pr^2$; il a le même signe que le moment de pr par rapport au point A, le même signe donc que le moment de la pression sur l'arc A_0A par rapport à ce même point A. Manifestement, ce signe résulte, à la fois, du sens de rotation sur la courbe en A et du sens de la pression; c'est le signe *plus*, si le sens de rotation est positif et si la pression est du côté de la concavité. Ainsi le couple (pr, F) et le couple M ont le même signe quand la pression est du côté de la concavité, le signe opposé dans le cas contraire.

Les quatre couples M, $-M_0$, (pr, F), $(pr_0, -F_0)$ doivent se faire équilibre; donc

$$M - M_0 \pm \tfrac{1}{2}(pr^2 - pr_0^2) = 0.$$

En posant

$$\frac{p}{8EI} = A, \tag{2}$$

on conclut l'égalité

$$\frac{1}{\rho} = 4Ar^2 + 2B, \tag{3}$$

dans laquelle A est une constante positive, B une constante de signe quelconque, et dans laquelle aussi le rayon de courbure ρ est positif ou négatif suivant que la pression est du côté de la convexité ou de la concavité.

Le point O, origine des rayons vecteurs r, a été nommé par M. Maurice Lévy *centre des forces élastiques.*

Le cas où la pression normale n'existe point n'échappe pas à cette analyse. Les forces F et $-F_0$ doivent se faire équilibre; elles sont égales et de sens opposé. La force élastique F est donc partout constante de grandeur et de sens. Si l'on prend sa direction pour celle de l'axe des y, le moment du couple $(F, -F_0)$ est alors proportionnel à la différence des abscisses de A_0 et A. On conclut donc que la courbure est une fonction linéaire de l'abscisse.

Intégration.

Dans l'identité

$$\begin{aligned}(a'^2+b'^2)(ab''-ba'')\\ -(a'a''+b'b'')(ab'-ba') = (aa'+bb')(a'b''-b'a''),\end{aligned}$$

prenons

$$a=x,\quad b=y,\quad a'=\frac{dx}{ds},\quad b'=\frac{dy}{ds},\quad a''=\frac{d^2x}{ds^2},\quad b''=\frac{d^2y}{ds^2},$$

x et y désignant les coordonnées d'un point de la courbe et s l'arc correspondant; il vient

$$x\frac{d^2y}{ds^2}-y\frac{d^2x}{ds^2}=\left(x\frac{dx}{ds}+y\frac{dy}{ds}\right)\left(\frac{dx}{ds}\frac{d^2y}{ds^2}-\frac{dy}{ds}\frac{d^2x}{ds^2}\right)$$

ou bien

$$(4)\quad \frac{dx}{ds}\frac{d^2y}{ds^2}-\frac{dy}{ds}\frac{d^2x}{ds^2}=\frac{2d\left(x\frac{dy}{ds}-y\frac{dx}{ds}\right)}{d(r^2)},\qquad r^2=x^2+y^2.$$

Le premier membre représente, comme on sait, la courbure. Son signe, d'après cette expression (4), est le même que celui de la rotation sur la courbe, au point (x, y), quand on suppose cette courbe décrite dans le sens où s est croissant. En choisissant donc ce sens, on peut prendre l'expression (4) pour celle de la courbure telle que la formule (3) l'exige. Il en résulte

$$d\left(x\frac{dy}{ds}-y\frac{dx}{ds}\right)=(2Ar^2+B)\,d(r^2),$$

d'où, par intégration,

$$x\frac{dy}{ds}-y\frac{dx}{ds}=Ar^4+Br^2+C. \tag{5}$$

On a d'ailleurs

$$\left(x\frac{dy}{ds}-y\frac{dx}{ds}\right)^2=r^2-\frac{1}{4}\left(\frac{dr^2}{ds}\right)^2;$$

il en résulte

$$\frac{1}{4}\left(\frac{dr^2}{ds}\right)^2=r^2-(Ar^4+Br^2+C)^2. \tag{6}$$

La dérivée de r^2 par rapport à s étant ainsi la racine carrée d'un polynôme du quatrième degré en r^2, nous concluons que r^2 est une fonction elliptique de l'arc s.

En désignant par θ l'angle polaire, on a, d'après (5),

$$\frac{d\theta}{ds}=\frac{Ar^4+Br^2+C}{r^2}; \tag{7}$$

puis, à l'égard des quantités

$$x\pm iy=re^{\pm i\theta},$$

$$d\log(x\pm iy)=\frac{1}{2}\frac{dr^2}{r^2}\pm i\,d\theta. \tag{8}$$

En désignant par λ l'angle de la normale et du rayon vecteur, on peut représenter la quantité (5) par $r\cos\lambda$, en sorte qu'on a aussi

$$\begin{cases} r\cos\lambda=Ar^4+Br^2+C,\\ r\sin\lambda=\sqrt{r^2-(Ar^4+Br^2+C)^2}. \end{cases} \tag{9}$$

Inversion.

La forme du polynôme du quatrième degré (6), comparée à celle du polynôme Y (t. I, p. 118) qui a servi de type pour l'inversion, conduit à faire l'inversion comme il suit :

Soit (en employant la lettre z, au lieu de y comme au tome I, p. 118)

$$(10) \qquad z = \frac{1}{2}\frac{p'u - p'v}{pu - pv};$$

désignons par α une longueur constante et positive et posons (t. I, p. 118, éq. 48 a et b)

$$(11) \qquad r^2 = \alpha^2(pv - pu)[pv - p(u+v)] = \frac{\alpha^2}{2}(p''v - 2zp'v),$$

$$(12) \qquad Ar^4 + Br^2 + C = \frac{\alpha}{2}(z^2 - 3pv) = \frac{\alpha}{2}[p(u+v) + pu - 2pv].$$

Pour déterminer par là A, B, C en fonction des quantités elliptiques équivalentes, on tirera z de l'équation (11), on substituera dans l'équation (12) et l'on identifiera les deux polynômes en r^2. Il vient ainsi

$$(13) \qquad A = \frac{1}{2\alpha^3 p'^2 v}, \qquad B = -\frac{p''v}{2\alpha p'^2 v}, \qquad C = \frac{\alpha}{2}\left[\left(\frac{p''v}{2p'v}\right)^2 - 3pv\right].$$

Cette expression de C est à remarquer ; on y retrouve la fonction caractéristique de la multiplication par 3 (t. I, p. 95, 96, 197, 198)

$$\psi_3(v) = \frac{\sigma(3v)}{\sigma^9 v} = p'^2 v(pv - p2v) = -p'^2 v\left[\left(\frac{p''v}{2p'v}\right)^2 - 3pv\right],$$

$$(14) \qquad C = -\frac{\alpha}{2}\frac{\psi_3(v)}{p'^2 v}.$$

D'après les égalités (11, 12) et conformément à ce qui a été dit au tome Ier (p. 118, 120), on a maintenant

$$r^2 - (Ar^4 + Br^2 + C)^2 = -\frac{\alpha^2}{4}[p(u+v) - pu]^2 = -\frac{\alpha^2}{4}\left(\frac{dz}{du}\right)^2$$

Donc, suivant (6),

$$(15) \qquad \frac{i\,ds}{du} = \alpha p'v$$

De l'égalité (7) nous concluons

$$(16)\qquad \begin{cases} \dfrac{d\theta}{du} = \dfrac{p'v}{2i}\,\dfrac{p(u+v)+pu-2pv}{(pu-pv)[p(u+v)-pv]} \\ \quad = \dfrac{1}{2i}\left[\dfrac{p'v}{pu-pv}+\dfrac{p'v}{p(u+v)-pv}\right]. \end{cases}$$

L'égalité (8) donne ensuite

$$\frac{d}{du}\log(x\pm iy) = \frac{1}{2}\left[\frac{p'u\pm p'v}{pu-pv}+\frac{p'(u+v)\pm p'v}{p(u+v)-pv}\right]$$

et, d'après la formule d'addition pour les fonctions ζ (t. I, p. 138)

$$\frac{d}{du}\log(x+iy) = \quad 2\zeta v+\zeta(u-v)-\zeta(u+v),$$
$$\frac{d}{du}\log(x-iy) = -2\zeta v+\zeta(u+2v)-\zeta u.$$

D'où, par intégration, en désignant par E une constante arbitraire complexe, dont la forme se précisera plus loin,

$$(17)\qquad \begin{cases} x+iy = \dfrac{\alpha E}{\sigma^2 v}\,\dfrac{\sigma(u-v)}{\sigma(u+v)}\,e^{2u\zeta v}, \\ x-iy = \dfrac{\alpha}{E\,\sigma^2 v}\,\dfrac{\sigma(u+2v)}{\sigma u}\,e^{-2u\zeta v}; \end{cases}$$

égalités conformes à l'expression (11) de r^2; car elles donnent (t. I, p. 171)

$$x^2+y^2 = \alpha^2\,\frac{\sigma(u-v)\,\sigma(u+v)}{\sigma^2 u\,\sigma^2 v}\,\frac{\sigma(u+2v)\,\sigma u}{\sigma^2(u+v)\,\sigma^2 v}$$
$$= \alpha^2(pv-pu)[pv-p(u+v)].$$

On en conclut

$$(18)\qquad e^{2i\theta} = \frac{x+iy}{x-iy} = E^2\,\frac{\sigma u\,\sigma(u-v)}{\sigma(u+v)\,\sigma(u+2v)}.$$

Les formules (9) donnent les suivantes :

$$(19)\qquad \begin{cases} re^{i\lambda} = \alpha(pu-pv) \\ re^{-i\lambda} = \alpha[p(u+v)-pv]. \end{cases}$$

Pour l'expression du rayon de courbure, nous tirons des égalités (12, 11)

$$4Ar^2+2B = 2\alpha z\,\frac{dz}{dr^2} = -\frac{2}{\alpha p'v}\,z.$$

D'où, suivant (3),

$$\frac{1}{\rho} = -\frac{2z}{\alpha p'v} = -\frac{1}{\alpha p'v}\,\frac{p'u - p'v}{pu - pv}. \tag{20}$$

Nature des arguments.

Le discriminant Δ des fonctions elliptiques peut ici être positif ou négatif. S'il est négatif, on sait que l'argument v est réel (t. I, p. 122). Si le discriminant est positif, le polynôme du quatrième degré (6) a ses racines ou toutes réelles, ou toutes imaginaires. Mais le dernier cas est impossible, car ce polynôme serait alors toujours négatif, tandis qu'au contraire r^2 doit prendre seulement des valeurs qui rendent ce polynôme positif. Si donc le déterminant est positif, les quatre racines sont réelles, et v est encore un argument réel (t. I, p. 123). Ainsi v, dans tous les cas, est un argument réel.

Si le discriminant est *négatif*, $u + \frac{v}{2}$ doit être purement imaginaire (t. I, p. 130). Si le discriminant est *positif*, $u + \frac{v}{2}$ ou bien $u + \frac{v}{2} - \omega$ est purement imaginaire (*ibid.*). Ces deux formes ne sont distinctes que si on limite v dans l'étendue de la période réelle. On peut les réunir, en limitant v dans l'étendue d'une double période, et poser, t étant une variable réelle,

$$u = -\frac{v}{2} + it. \tag{21}$$

Les deux quantités u et $-(u + v)$ sont conjuguées, en sorte qu'on voit bien apparaître la réalité de r (11). La quantité $\frac{r}{\alpha}$ est la valeur absolue (module) de $pv - pu$. On voit aussi que la constante E (17) doit avoir la forme $e^{v\zeta v + i\varphi}$, φ étant un angle réel, en sorte que les formules (17) deviennent

$$x \pm iy = \alpha e^{\pm i\varphi}\,\frac{\sigma\left(-\frac{3v}{2} \pm it\right)}{\sigma^2 v\,\sigma\left(\frac{v}{2} \pm it\right)}\,e^{\pm 2it\zeta v}. \tag{22}$$

L'angle arbitraire φ se rapporte au choix de la direction des axes.

La liaison entre la variable t et l'arc s est donnée par l'égalité (15), qui devient

$$\frac{ds}{dt} = \alpha p' v. \tag{23}$$

Soit $2\omega'$ la période purement imaginaire. En faisant varier t depuis zéro jusqu'à $\frac{2\omega'}{i}$, on obtient une portion de courbe, qui se répète ensuite pour les autres valeurs de t; car r^2 est une fonction périodique.

On peut aussi, pour simplifier la discussion, restreindre le champ de l'argument v. Le changement de u, t, v en $-u$, $-t$, $-v$ n'altère pas l'expression de r^2, il n'altère pas non plus les formules (21) et (23). Ainsi le champ de l'argument v, au lieu d'une double période, peut être pris égal à une période seulement, de zéro à 2ω. Au cas du discriminant négatif, on peut le restreindre davantage. La demi-période réelle étant ω_2 et la demi-période purement imaginaire ω'_2, on sait (t. I, p. 74) que $\omega_2 \pm \omega'_2$ est une période. Si l'on change donc u et v en $-u$ et $2\omega_2 - v$, la formule (21) devient

$$u = \omega_2 - \frac{v}{2} - it \equiv -\frac{v}{2} - i\left(t \pm \frac{\omega'_2}{i}\right);$$

elle reste inaltérée si l'on change en même temps la variable réelle t en $-\left(t \pm \frac{\omega'_2}{i}\right)$ qui est réelle aussi. Ainsi, pour le cas $\Delta < 0$, on pourra restreindre le champ de v entre zéro et ω_2.

Rayons maxima et minima; axes de symétrie.

Aux valeurs de t, multiples de $\frac{\omega'}{i}$, répondent les racines du polynôme (6) (t. I, p. 121) et, par suite, les maxima et minima de r^2. C'est ce qu'on voit en prenant la dérivée de r^2. Pour distinguer les maxima des minima, prenons aussi la dérivée seconde :

$$\frac{d(r^2)}{du} = -\alpha^2 p' v \frac{dz}{du} = \alpha^2 p' v [p(u+v) - pu],$$

$$\frac{d^2(r^2)}{du^2} = \alpha^2 p' v [p'(u+v) - p'u].$$

A cause de l'égalité $u = -\frac{v}{2} + it$, il en résulte

$$(24)\quad \begin{cases} \left[\dfrac{d^2(r^2)}{dt^2}\right]_{t=0} = -2\alpha^2 p' v\, p' \dfrac{v}{2}, \\ \left[\dfrac{d^2(r^2)}{dt^2}\right]_{t=\frac{\omega'}{i}} = -2\alpha^2 p' v\, p'\left(\dfrac{v}{2} + \omega'\right). \end{cases}$$

Les deux quantités $p'\frac{v}{2}$ et $p'\left(\frac{v}{2} + \omega'\right)$, dont les arguments diffèrent d'une demi-période, sont toujours de signes opposés. En conséquence, les maxima et les minima du rayon vecteur sont alternés.

Soit ω la demi-période réelle. La première quantité (24) est positive ou négative, suivant que le nombre impair immédiatement inférieur à $\frac{v}{\omega}$ est de la forme $4n + 1$ ou de la forme $4n - 1$.

Quand le discriminant est négatif, nous avons restreint le champ de v entre zéro et ω_2. D'après cette convention, pour $\Delta < 0$, le maximum correspond à $t = 0$.

Pour les discriminants positifs, il nous faut étendre le champ de v entre zéro et 2ω. Par cette convention, pour $\Delta > 0$, il y a deux cas à distinguer : v étant entre zéro et ω, à $t = 0$ correspond le maximum; c'est, au contraire, le minimum si v est entre ω et 2ω.

Si l'on prend, pour t, deux valeurs symétriquement placées par rapport à un multiple de $\frac{\omega'}{i}$, r^2 prend une seule et même valeur. Chaque rayon vecteur maximum ou minimum est donc un axe de symétrie.

Points d'inflexion.

Dans l'expression (20) de la courbure, le dénominateur n'est jamais nul ni infini, sauf un cas particulier dont nous parlerons plus loin. C'est uniquement de l'évanouissement du numérateur $(p'u - p'v)$ que dépend l'existence des points d'inflexion.

L'étude des racines de l'équation $p'u = p'v$ a été faite au tome I (p. 110-113); elle conduit à distinguer les cas suivants :

1° Discriminant négatif.

A. $g_2 > 0,\quad g_3 < 0,\quad -\frac{g_2}{3}\sqrt{\frac{g_2}{3}} - g_3 < p'^2 v < \frac{g_2}{3}\sqrt{\frac{g_2}{3}} - g_3.$

Il n'y a pas d'inflexion. En effet, l'équation $\wp' u = \wp' v$ a ses racines réelles; elle n'a pas de racine de la forme (21).

B. Dans tout autre cas, le discriminant étant négatif, *il y a une inflexion entre deux rayons consécutifs, l'un maximum, l'autre minimum.* L'équation admet, en effet, une racine réelle, qui est v, et deux autres (à des périodes près) de la forme $-\frac{v}{2} \pm it$.

2° Discriminant positif.

C. $\wp'^2 v < \frac{g_2}{3}\sqrt{\frac{g_2}{3}} - g_3.$

Il n'y a pas d'inflexion. Car l'équation, outre la racine v, en admet deux autres dont la partie imaginaire est une demi-période et dont la partie réelle n'est pas $-\frac{v}{2}$.

D. $\wp'^2 v > \frac{g_2}{3}\sqrt{\frac{g_2}{3}} - g_3.$

Il y a une inflexion entre deux rayons consécutifs, l'un maximum, l'autre minimum. Car l'équation admet, outre la racine v, deux racines imaginaires ayant la forme $-\frac{v}{2} \pm it$.

Nous allons encore trouver une confirmation de ces résultats en considérant les signes de la courbure pour $u = -\frac{v}{2}$ et $u = -\frac{v}{2} + \omega'$. Prenons, à cet effet, les deux quantités

$$\xi_0 = \wp'' \frac{v}{2}, \qquad \xi_1 = \wp''\left(\frac{v}{2} - \omega'\right).$$

La première, ξ_0, est toujours positive. Effectivement, elle ne saurait être négative que dans un cas, celui où la fonction $\wp''$ a deux racines réelles. Ces racines existent dans le seul cas $\Delta < 0$, $g_2 > 0$, $g_3 > 0$ (t. I, p. 107-109); on en trouve deux, v_0, v_1, dans l'intervalle $(\frac{1}{2}\omega_2, \omega_2)$,

$$\tfrac{1}{2}\omega_2 < v_0 < v_1 < \omega_2.$$

Les arguments réels pour lesquels la fonction $\wp$ est égale à

pv_0 ou à pv_1 se succèdent ainsi par ordre de grandeur :

$$(25)\quad \left\{\begin{array}{l} \dots\quad -2\omega_2+v_0, \underset{-}{\ } -2\omega_2+v_1, \underset{+}{\ } -v_1, \underset{-}{\ } -v_0, \underset{+}{\ } v_0, \underset{-}{\ } v_1, \underset{+}{\ } \\ \qquad 2\omega_2-v_1, \underset{-}{\ } 2\omega_2-v_0, \underset{+}{\ } 2\omega_2+v_0, \underset{-}{\ } 2\omega_2+v_1, \quad \dots \end{array}\right.$$

Au-dessous de chaque intervalle est figuré le signe de la fonction p''.

Nous avons restreint le champ de v, pour le cas $\Delta < 0$, entre zéro et ω_2. Celui de $\frac{v}{2}$ est donc limité entre zéro et $\frac{1}{2}\omega_2$, où la fonction p'' est positive. Ainsi, comme on l'a annoncé, ξ_0 est toujours une quantité positive.

Envisageons maintenant ξ_1. Soit d'abord $\Delta < 0$. La demi-période purement imaginaire ω'_2 ne diffère de la demi-période réelle ω_2 que par une période. La quantité ξ_1 peut donc, ainsi que ξ_0, être considérée comme étant la valeur de p'' pour un argument réel $\frac{v}{2} + \omega_2$. Donc, en premier lieu, si p'' n'a pas de racine réelle, c'est-à-dire si l'on n'a pas $g_2 > 0$, $g_3 < 0$, ξ_1 est positive comme ξ_0. Dans le cas opposé, ξ_1 peut être une quantité négative. Le champ de $\frac{v}{2} + \omega_2$ s'étend de ω_2 à $\frac{3}{2}\omega_2$. Il comprend, parmi les intervalles (25), celui-ci, $(2\omega_2 - v_1,\ 2\omega_2 - v_0)$, où p'' est négatif. On aura donc $\xi_1 < 0$ au cas

$$2\omega_2 - v_1 < \frac{v}{2} + \omega_2 < 2\omega_2 - v_0,$$

c'est-à-dire

$$2\omega_2 - 2v_1 < v < 2\omega_2 - 2v_0,$$
$$p'^2 2v_0 < p'^2 v < p'^2 2v_1.$$

D'après les résultats établis au tome I (p. 107), cette double inégalité est précisément celle que nous avons supposée pour distinguer le cas A. Ainsi, dans les cas ci-dessus, on a

A. $\xi_1 < 0$.
B. $\xi_1 > 0$.

Soit maintenant $\Delta > 0$. La fonction p'' a une racine v_1 de la forme $a + \omega'$, où a est réel, et ξ_1 est négatif si $p\left(\frac{v}{2} - \omega'\right)$ est supérieur à $\mathfrak{p}v_1$. D'après la formule d'addition de la demi-période, on a

$$\mathfrak{p}\left(\frac{v}{2}-\omega'\right)-\mathfrak{p}(a+\omega')=(e_1-e_3)(e_2-e_3)\left(\frac{1}{\mathfrak{p}\frac{v}{2}-e_3}-\frac{1}{\mathfrak{p}a-e_3}\right)$$
$$=\frac{(e_1-e_3)(e_2-e_3)\left(\mathfrak{p}a-\mathfrak{p}\frac{v}{2}\right)}{\left(\mathfrak{p}\frac{v}{2}-e_3\right)(\mathfrak{p}a-e_3)};$$

d'où résulte que ξ_1 est négatif si $\mathfrak{p}\frac{v}{2}$ est inférieur à $\mathfrak{p}a$. L'argument a est compris entre zéro et $\frac{1}{2}\omega$ (t. I, p. 108). Dans le champ $(0, \omega)$, où est restreint $\frac{v}{2}$, ce sont les arguments supérieurs à a pour lesquels la fonction $\mathfrak{p}$ est inférieure à $\mathfrak{p}a$. Ainsi, ξ_1 sera négatif si v est supérieur à $2a$, négatif dans le cas opposé.

La supposition $v > 2a$ entraîne celle-ci $\mathfrak{p}'^2 v < \mathfrak{p}'^2 2a$; elle coïncide (t. I, p. 108) avec celle qui distingue le cas C. Nous avons donc, pour les cas ci-dessus,

C. $\xi_1 < 0$.
D. $\xi_1 > 0$.

La distinction de ces quatre cas, au lieu d'être faite comme plus haut, au moyen de $\mathfrak{p}'^2 v$, peut, nous venons de le voir, être faite plus simplement au moyen de $\mathfrak{p}v$ ou de v, comme il suit :

$$\Delta < 0.\left\{\begin{array}{l} \text{A.}\quad g_2 > 0, \quad g_3 < 0, \quad 2\omega_2 - 2v_1 < v < 2\omega_2 - 2v_0;\\ \qquad -\sqrt{\frac{g_2}{3}} < \mathfrak{p}v < \sqrt{\frac{g_2}{3}}.\\ \text{B.}\quad \text{Tous les autres cas.}\end{array}\right.$$

$$\Delta > 0.\left\{\begin{array}{l} \text{C.}\quad v > 2a; \quad \mathfrak{p}v < \sqrt{\frac{g_2}{3}}.\\ \text{D.}\quad v < 2a; \quad \mathfrak{p}v > \sqrt{\frac{g_2}{3}}.\end{array}\right.$$

En un mot, dans tous les cas, la condition nécessaire et suffisante pour qu'il n'y ait pas d'inflexion, c'est

$$g_2 > 0, \qquad \mathfrak{p}^2 v < \frac{g_2}{3}.$$

Nous venons de reconnaître que la distinction des divers cas, relativement au signe de ξ_1, est la même que relativement à l'existence des points d'inflexion. En voici la raison. On a (t. I, p. 107)

$$\frac{p'\frac{v}{2} + p'v}{p\frac{v}{2} - pv} = \frac{p''\frac{v}{2}}{p'\frac{v}{2}}.$$

D'après l'expression (20) de la courbure, il en résulte

$$\text{Pour } u = -\frac{v}{2}\dots\dots\dots \quad \frac{1}{\rho_0} = \frac{1}{\alpha\, p'v\, p'\frac{v}{2}}\, p''\left(\frac{v}{2}\right);$$

$$\text{Pour } u = -\frac{v}{2} + \omega'\dots\dots \quad \frac{1}{\rho_1} = \frac{1}{\alpha\, p'v\, p'\left(\frac{v}{2} - \omega'\right)}\, p''\left(\frac{v}{2} - \omega'\right).$$

Les dénominateurs de $\frac{1}{\rho_0}$ et $\frac{1}{\rho_1}$ sont de signes opposés, comme on l'a déjà observé à l'occasion des expressions (24). Il s'ensuit donc que les deux courbures sont de même signe ou de signes opposés, suivant que ξ_0 et ξ_1 sont de signes opposés ou de même signe. C'est donc une confirmation des résultats déjà obtenus.

On doit noter que ρ_0 est positif dans tous les cas, sauf un seul, celui où, Δ étant positif, v est compris entre ω et 2ω. Ce cas doit être classé dans la catégorie C, car $2a$ est moindre que ω. Il y aura lieu de distinguer ce cas, et nous partagerons la catégorie C en deux autres, C_1, C_2; de sorte que nous distinguerons cinq cas différents :

$\Delta < 0.$	A. $g_2 > 0,\ g_3 < 0,\ 2\omega_2 - 2v_1 < v < 2\omega_2 - 2v_0;$	$\rho_0 > 0,$	$\rho_1 > 0.$
	B. Dans tous les autres cas;	$\rho_0 > 0,$	$\rho_1 < 0.$
$\Delta > 0.$	C_1. $2a < v < \omega;$	$\rho_0 > 0,$	$\rho_1 > 0.$
	C_2. $\omega < v < 2\omega;$	$\rho_0 < 0,$	$\rho_1 < 0.$
	D $v < 2a;$	$\rho_0 > 0,$	$\rho_1 < 0.$

Sens de la pression normale.

Le signe *plus* de la courbure indique que la pression normale est du côté de la convexité. Donc, *dans tous les cas, sauf le cas* C_2, *la pression est du côté de la convexité aux sommets de rayons maxima. Dans le cas* C_2 (où la convexité ne change jamais de sens), *la pression est partout du côté de la concavité.* Dans les cas B et D, où il se trouve des inflexions, la pression, aux sommets de rayons minima, est du côté de la concavité.

Sens de la convexité par rapport au centre des forces élastiques.

Quelle que soit la convention choisie pour fixer le signe de la courbure, pourvu, bien entendu, que ce signe change au passage par une inflexion, le sens de la convexité par rapport à l'origine dépend du signe affectant la quantité $\rho \frac{d\theta}{ds}$.

Examinons le signe de $\frac{d\theta}{ds}$ aux sommets. D'après (7) et (12), ce signe coïncide, pour $u = -\frac{v}{2}$, avec celui de $\wp \frac{v}{2} - \wp v$; pour $u = -\frac{v}{2} + \omega'$, avec celui de $\wp\left(\frac{v}{2} + \omega'\right) - \wp v$.

L'argument $\frac{v}{2}$ est, en tous les cas, compris entre zéro et ω ; l'argument v est aussi dans cet intervalle, sauf le cas C_2. Les grandeurs relatives des fonctions $\wp$ sont donc, pour ces deux arguments, en ordre inverse de celui des arguments, sauf le cas C_2 où il faut comparer $\frac{v}{2}$ à $2\omega - v$. Par conséquent, dans tous les cas, sauf C_2, on a $\left(\frac{d\theta}{ds}\right)_0 > 0$; dans le cas C_2 on a $\left(\frac{d\theta}{ds}\right)_0 > 0$, si $v < \frac{4}{3}\omega$, et $\left(\frac{d\theta}{ds}\right)_0 < 0$, si $v > \frac{4}{3}\omega$.

Au cas du discriminant positif, $\wp\left(\frac{v}{2} + \omega'\right)$ est entre e_3 et e_2, tandis que $\wp v$ est supérieur à e_1 ; $\left(\frac{d\theta}{ds}\right)_1$ est négatif.

Au cas du discriminant négatif, on a $\wp\left(\frac{v}{2} + \omega'_2\right) = \wp\left(\frac{v}{2} + \omega_2\right)$, et il faut comparer entre eux les arguments v, $2\omega_2 - \left(\frac{v}{2} + \omega_2\right)$; par conséquent, $\left(\frac{d\theta}{ds}\right)_1$ est positif ou négatif en même temps que $v - \frac{2}{3}\omega_2$.

La concavité est toujours tournée vers l'origine en un point où le rayon vecteur est maximum; la concavité, aux points où le rayon est minimum, est tournée vers l'origine ou en sens opposé suivant que $\left(\frac{d\theta}{ds}\rho\right)_0$ et $\left(\frac{d\theta}{ds}\rho\right)_1$ sont de même signe ou de signes opposés.

Dans tous les cas, sauf C_2, ρ_0 et $\left(\frac{d\theta}{ds}\right)_0$ sont positifs et, en même temps, le rayon vecteur est maximum pour $t = 0$. Donc, en ces divers cas, la concavité est tournée vers l'origine ou en sens opposé, aux sommets de rayons minima, suivant que $\left(\frac{d\theta}{ds}\rho\right)_1$ est positif ou négatif.

Dans le cas C_2, le rayon vecteur maximum correspond à $t = \frac{\omega'}{i}$; ρ_1 est négatif ainsi que $\left(\frac{d\theta}{ds}\right)_1$. D'ailleurs, ρ_0 est négatif. La concavité aux sommets de rayons minima est donc tournée vers l'origine si l'on a $v > \frac{4}{3}\omega$; elle est tournée dans le sens opposé si l'on a $v < \frac{4}{3}\omega$.

L'attention se trouve ici attirée sur les cas où l'argument v atteint les valeurs particulières $\frac{2}{3}\omega_2\,(\Delta < 0)$ ou $\frac{4}{3}\omega\,(\Delta > 0)$. Ce sont les cas où la constante C est nulle, comme il résulte de l'expression (14)

$$C = -\frac{\alpha}{2}\,\frac{\sigma(3v)}{p'^2 v\,\sigma^9 v}.$$

En ce cas, r^2 peut atteindre la valeur zéro sans que $\frac{d\theta}{ds}$ devienne infini (7). Cette valeur, est atteinte en effet; car on a :

$$\text{Pour } v = \frac{2}{3}\omega_2\ldots\quad u = -\frac{v}{2} + \omega'_2;\quad u - v = \omega'_2 - \omega_2 = -2\omega_1;\quad pu = pv;$$

$$\text{Pour } v = \frac{4}{3}\omega\ldots\quad u = -\frac{v}{2};\quad u - v = -2\omega;\quad pu = pv.$$

D'après l'expression (11) de r^2, on voit qu'effectivement le rayon vecteur minimum est zéro. La courbe passe à l'origine des coordonnées ou centre des forces élastiques.

On s'explique bien alors le changement du sens de la concavité par rapport à l'origine quand v s'altère un peu, de part et d'autre, de cette valeur particulière $\frac{2}{3}\omega_2$ ou $\frac{4}{3}\omega$. La courbe se modifie fort peu, mais l'origine se déplace, par rapport à cette courbe, en la traversant.

Ces cas où, comme on voit, $pu - pv$ devient nul, mais en même temps aussi $p'u - p'v$, sont les seuls où le dénominateur de la courbure (20) puisse s'évanouir. Nous exceptons toutefois la supposition $v = 0$, qui ne peut d'ailleurs être admise si ce n'est comme une limite, et que nous examinerons en étudiant plus attentivement la courbe.

Variation de l'angle polaire.

Il importe, pour le tracé de la courbe, de savoir si θ varie toujours dans le même sens ou présente des maxima et des minima. Nous venons de reconnaître qu'aux deux extrémités d'un arc, correspondant à $u = -\frac{v}{2}$ et $u = -\frac{v}{2} + \omega'$, $\frac{d\theta}{ds}$ a, suivant les cas, un même signe ou des signes opposés.

La fonction (12)

$$p(u+v) + pu - 2pv,$$

dont le signe, avons-nous dit, coïncide avec celui de $\frac{d\theta}{ds}$, a, aux périodes près, deux infinis doubles $u = 0$, $u = -v$. La somme de ses quatre racines doit reproduire $-2v$, ce qui est compatible avec l'existence de deux couples de racines conjuguées $-\frac{v}{2} \pm it$. C'est d'ailleurs aussi ce qu'on voit par l'expression

$$Ar^4 + Br^2 + C$$

de cette même fonction (à un facteur constant près). Il est clair que, suivant les valeurs des coefficients, ce trinôme peut avoir deux, une ou n'avoir aucune racine positive comprise entre le maximum et le minimum de r^2. Ainsi, sur l'arc considéré, $\frac{d\theta}{ds}$ peut s'évanouir ou deux fois, ou une seule fois, ou ne pas s'évanouir.

Les cas où nous avons trouvé des signes opposés pour $\left(\frac{d\theta}{ds}\right)_0$ et $\left(\frac{d\theta}{ds}\right)_1$ sont ceux où $\frac{d\theta}{ds}$ s'évanouit une seule fois.

Dans les cas où $\left(\frac{d\theta}{ds}\right)_0$ et $\left(\frac{d\theta}{ds}\right)_1$ ont un même signe, il faut discerner si $\frac{d\theta}{ds}$ s'évanouit deux fois ou ne s'évanouit pas. Dans ces cas, pour que $\frac{d\theta}{ds}$ s'évanouisse deux fois, il faut et il suffit que la racine de la dérivée du trinôme (du second degré en r^2) rende ce trinôme négatif et soit comprise entre les limites de r^2. D'après (12), cette racine correspond à $z = 0$, ce qui caractérise les points d'inflexion; elle est donc dans les limites de r^2 s'il y a inflexion; en outre, elle rend le trinôme négatif si $p v$ est positif.

Pour les discriminants positifs, le cas D est le seul où il y ait inflexion. On a vu que $\left(\frac{d\theta}{ds}\right)_1$ est alors négatif; quant à $\left(\frac{d\theta}{ds}\right)_0$, il est négatif sous la condition $v > \frac{4}{3}\omega$. Mais cette condition est incompatible avec la condition $v < 2a$, caractéristique du cas D, a étant inférieur à $\frac{1}{2}\omega$. Ainsi, pour $\Delta > 0$, $\frac{d\theta}{ds}$ ne s'évanouit jamais plus d'une fois entre deux rayons maxima et minima consécutifs.

Si le discriminant est négatif et que g_3 soit positif, $p v$, supérieur à e_2, est toujours positif; car e_2 et g_3 ont un même signe (t. I, p. 70). Si g_3 est négatif, $p v$ peut être négatif. Ainsi le cas B peut offrir des exemples où $\frac{d\theta}{ds}$ s'évanouisse deux fois et d'autres où $\frac{d\theta}{ds}$ ne s'évanouisse pas. Si g_3 est positif, pour que $\frac{d\theta}{ds}$ s'évanouisse deux fois, il faut et il suffit que l'on ait $v > \frac{2}{3}\omega_2$.

Si g_3 est négatif, ainsi que g_2, considérons la fonction $\psi_3(u)$ (t. I, p. 96)

$$\psi_3(u) = 3p^4 u - \tfrac{3}{2} g_2 p^2 u - 3 g_3 p u - \tfrac{1}{16} g_2^2.$$

Elle n'a qu'une racine réelle $p u$ qui corresponde à un argument réel; c'est $p\frac{2}{3}\omega_2$. Elle est négative pour $p u = 0$; donc $p\frac{2}{3}\omega_2$ est positif. La condition $v > \frac{2}{3}\omega_2$ ne suffit donc pas pour que $\frac{d\theta}{ds}$ s'évanouisse deux fois. Soit $p b = 0$, b étant un argument réel qui est compris entre $\frac{2}{3}\omega_2$ et ω_2. Si l'on a $\frac{2}{3}\omega_2 < v < b$, $\frac{d\theta}{ds}$ s'évanouit deux fois; si l'on a $v > b$, $\frac{d\theta}{ds}$ ne s'évanouit pas. Enfin, si l'on a $v < \frac{2}{3}\omega_2$, $\frac{d\theta}{ds}$ s'évanouit une fois.

Si, avec $g_3 < 0$, on a en même temps $g_2 > 0$, il faut d'abord distinguer ce qui est relatif au cas A. Observons, à cet effet, que $\frac{2}{3}\omega_2$ est compris entre v_0 et v_1 (t. I, p. 109), par conséquent aussi entre $2\omega_2 - 2v_1$ et $2\omega_2 - 2v_0$. De plus, on a (*ibid.*)

$$p(2\omega_2 - 2v_1) = p2v_1 = \sqrt{\frac{g_2}{3}}, \qquad p(2\omega_2 - 2v_0) = p2v_0 = -\sqrt{\frac{g_2}{3}}.$$

Par conséquent, au cas $g_3 < 0$, $g_2 > 0$, on conclut que $\frac{d\theta}{ds}$ s'évanouit une fois ou ne s'évanouit pas, suivant que v est inférieur ou supérieur à $\frac{2}{3}\omega_2$

En effet, si v, supérieur à $\frac{2}{3}\omega_2$, est inférieur à $2\omega_2 - 2v_0$, il n'y a pas d'inflexion; si v est supérieur à $2\omega_2 - 2v_0$, alors pv est inférieur à $-\sqrt{\frac{g_2}{3}}$, donc négatif.

Angle compris entre deux rayons consécutifs, l'un maximum, l'autre minimum.

D'après la propriété que possède la courbe d'être symétrique par rapport à ses rayons maxima ou minima, soit 2ψ l'angle compris entre deux rayons correspondant à des arguments qui diffèrent d'une période : ψ sera l'angle compris entre deux rayons consécutifs, l'un maximum, l'autre minimum. Nous prendrons $\frac{2\omega'}{i}$ et zéro pour les valeurs de t qui correspondent aux deux rayons comprenant l'angle 2ψ.

Comme $x + iy$ n'est autre que $re^{i\theta}$, la formule (22) nous donne

$$(26) \qquad \frac{1}{r}\frac{dr}{dt} + i\frac{d\theta}{dt} = 2it\zeta v + i\zeta\left(-\frac{3v}{2} + it\right)' - i\zeta\left(\frac{v}{2} + it\right).$$

Aux deux limites de l'intégration, r prend une seule et même valeur. L'intégrale est donc purement imaginaire et a pour valeur $2i\psi$. On a donc

$$2\psi = -\frac{4\omega'}{i}\zeta v + \int_0^{\frac{2\omega'}{i}} \zeta\left(\frac{v}{2} + it\right) dt - \int_0^{\frac{2\omega'}{i}} \zeta\left(-\frac{3v}{2} + it\right) dt.$$

Nous avons ici deux intégrales complètes de la fonction ζ; on a appris à les calculer dans le tome I (p. 200—201).

Soit d'abord $\Delta < 0$, en sorte que ω' doit être remplacé par ω'_2.

Pour la première intégrale, la partie réelle $\frac{v}{2}$ de l'argument est comprise entre zéro et ω_2, et l'on a

$$\int_0^{\frac{2\omega'_2}{i}} \zeta\left(\frac{v}{2} + it\right) dt = -2i\eta'_2\left(\frac{v}{2} + \omega'_2\right) + \pi.$$

Pour la seconde, la partie réelle $-\frac{3v}{2}$ est comprise soit entre $-\omega_2$ et zéro, soit entre $-2\omega_2$ et $-\omega_2$, et l'on a

$$\int_0^{\frac{2\omega'_2}{i}} \zeta\left(-\frac{3v}{2} + it\right) dt = -2i\eta'_2\left(-\frac{3v}{2} + \omega'_2\right) - \begin{cases} \pi, & \text{si } v < \frac{2}{3}\omega_2, \\ 3\pi, & \text{si } v > \frac{2}{3}\omega_2; \end{cases}$$

par conséquent,

$$(27) \qquad \psi = \pi - \frac{2}{i}(\omega'_2\zeta v - v\eta'_2) + \left\{\begin{matrix} 0, & \text{si } v < \frac{2}{3}\omega_2, \\ \pi, & \text{si } v > \frac{2}{3}\omega_2, \end{matrix}\right\} \quad \Delta < 0.$$

Supposons maintenant un discriminant positif. Pour la première intégrale, on a

$$\int_0^{\frac{2\omega'}{i}} \zeta\left(\frac{v}{2} + it\right) dt = -2i\eta'\left(\frac{v}{2} + \omega'\right) + \pi.$$

Pour la seconde, l'argument réel $-\frac{3v}{2}$ peut être compris entre -2ω et zéro ou bien entre -4ω et -2ω, en sorte qu'on a

$$\int_0^{\frac{2\omega'}{i}} \zeta\left(-\frac{3v}{2} + it\right) dt = -2i\eta'\left(-\frac{3v}{2} + \omega'\right) - \begin{cases} \pi, & \text{si } v < \frac{4}{3}\omega, \\ 3\pi, & \text{si } v > \frac{4}{3}\omega. \end{cases}$$

Il en résulte

$$(28)\qquad \psi = \pi - \frac{2}{i}(\omega'\zeta v - v\eta') + \begin{cases} 0, & \text{si } v < \frac{4}{3}\omega, \\ \pi, & \text{si } v > \frac{4}{3}\omega, \end{cases} \quad \Delta > 0.$$

Dans les deux formules (27), (28), le changement brusque de ψ, au moment où v traverse la valeur limite $\frac{2}{3}\omega_2$ ou $\frac{4}{3}\omega$, s'accorde parfaitement avec le changement qu'on a déjà, pour le même cas, observé (p. 207) dans le sens de la concavité par rapport à l'origine. Il est dû, non à une déformation notable de la courbe, mais à un déplacement de l'origine qui, très voisine du sommet, traverse la courbe quand v passe par la valeur limite. Au moment précis du passage, le rayon vecteur extrême, au lieu d'être normal, devient tangent. L'angle ψ doit donc être

$$(29)\qquad \begin{cases} \psi = \pi - \frac{2}{i}(\omega'_2\zeta v - v\eta'_2) + \frac{\pi}{2}, & \text{si } v = \frac{2}{3}\omega_2, \quad \Delta < 0; \\ \psi = \pi - \frac{2}{i}(\omega'\zeta v - v\eta') + \frac{\pi}{2}, & \text{si } v = \frac{4}{3}\omega, \quad \Delta > 0. \end{cases}$$

Le calcul précédent ne donne point ces résultats ; il ne peut les donner, se trouvant en défaut pour ces cas : la seconde intégrale devient effectivement infinie, comme cela doit être, puisque la dernière valeur de r est nulle. Pour trouver ψ par un calcul direct, il faudra joindre à l'égalité (26) sa conjuguée. La seconde intégrale sera remplacée alors par celle-ci

$$\frac{1}{2}\left\{\int_0^{\frac{2\omega'}{i}}\left[\zeta\left(-\frac{3v}{2}+it\right)+\zeta\left(-\frac{3v}{2}-it\right)\right]dt\right\},$$

dont la partie réelle est bien effectivement

$$3i\eta'_2 v - 2\pi \quad \text{ou} \quad 3i\eta' v - 2\pi$$

quand on suppose un des deux cas limites. Par exemple, pour $\Delta < 0$ et $v = \frac{2}{3}\omega_2$, cette intégrale devient (t. I, p. 151)

$$\frac{1}{2}\left\{\int_0^{\frac{2\omega'_2}{i}}[\zeta(it-\omega_2)-\zeta(it+\omega_2)]\,dt\right\}$$

$$= -\int_0^{\frac{2\omega'_2}{i}}\eta_2\,dt = -\frac{2\eta_2\omega'_2}{i} = 2i\eta'_2\omega_2 - 2\pi.$$

La grandeur et surtout le signe de l'angle ψ constituent l'élément le plus important pour fixer la forme de la courbe. Examinons donc comment ψ varie avec v, et prenons d'abord le cas le plus simple, $\Delta > 0$.

La dérivée de ψ (28), par rapport à v, est $\frac{2}{i}(\omega' p v + \eta')$. Si l'on fait varier v de zéro à ω, cette dérivée, dont la première valeur est $+\infty$, est constamment décroissante comme pv. Sa dernière valeur est $\frac{2}{i}(e_1 \omega' + \eta')$.

Prenons l'une ou l'autre forme de développement en série (t. I, p. 404 et 446)

$$\eta\omega + e_3\omega^2 = -2\pi^2 \sum \frac{q^n}{(1-q^n)^2} = -\pi^2 \sum \frac{mq^{\frac{m}{2}}}{1-q^m}$$

$$(n = 1, 3, 5, \ldots, \qquad m = 2, 4, 6, \ldots).$$

Échangeons les périodes, et nous aurons $\eta'\omega' + e_1\omega'^2$ représenté par ces mêmes séries, où q aura changé d'acception, mais sera toujours réel et positif. Les séries ne contiennent que des termes négatifs; on en conclut donc

$$-\frac{\omega'}{i}\left(\frac{e_1\omega'}{i} + \frac{\eta'}{i}\right) < 0,$$

$$\frac{e_1\omega' + \eta'}{i} > 0.$$

On voit donc que la dérivée de ψ est toujours positive quand v varie de zéro à ω. De ω à 2ω, elle repasse, comme pv, par les mêmes valeurs. La dérivée est donc constamment positive.

L'angle ψ est une fonction discontinue de v; sa partie continue est toujours croissante avec v, puisque la dérivée est positive; la partie discontinue est non décroissante. Donc ψ est une fonction toujours croissante. Ses valeurs extrêmes, pour $v = 0$ et $v = 2\omega$, sont $-\infty$ et $+\infty$. Pour $v = \omega$, ψ est nul à cause de la relation $\eta\omega' - \eta'\omega = \frac{i\pi}{2}$ (t. I, p. 150). On le voit donc, le discriminant étant positif, ψ est négatif quand v est moindre que ω, c'est-à-dire dans les cas C_1 et D; il est positif, au contraire, dans le cas C_2.

En ce cas C_2, $p'v$ est positif; donc (23) s croît ou décroît comme t. Pour avoir 2ψ, nous avons fait varier t de $\frac{2\omega'}{i}$ à zéro; pour avoir ψ, nous ferons varier t de $\frac{\omega'}{i}$ à zéro : l'arc envisagé est donc décrit en faisant décroître s. A son point de départ $\frac{\omega'}{i}$, puisque $\left(\frac{d\theta}{ds}\right)_1$ est négatif (p. 207), l'angle θ est croissant. Il en résulte que la variation totale de θ sur cet arc est de même sens que sa variation initiale, détail important si l'on se souvient que l'angle θ peut alternativement croître et décroître. Observons maintenant que, pour ce cas C_2, notre point de départ $\left(t=\frac{\omega'}{i}\right)$ est un sommet à rayon maximum. Ainsi, quand on va d'un sommet à rayon maximum vers un sommet à rayon minimum contigu, la variation totale de l'angle polaire est du même sens qu'au début de l'arc. Voilà ce que nous trouvons pour le cas C_2, celui où v est supérieur à ω.

Pour les autres cas C_1 et D, ceux où v est inférieur à ω, les faits sont différents. L'angle ψ, qu'on peut supposer obtenu en faisant varier t de $\frac{2\omega'}{i}$ à $\frac{\omega'}{i}$, est négatif. D'après (23), s décroît ou croît en sens inverse de t; l'arc est donc décrit avec des valeurs de s toujours croissantes; d'autre part, au début, la valeur de $\frac{d\theta}{ds}$ est $\left(\frac{d\theta}{ds}\right)_0$, quantité positive, et elle correspond à un rayon maximum. Par conséquent, dans les cas C_1 et D, quand on va d'un sommet à rayon maximum vers un sommet à rayon minimum contigu, la variation totale de l'angle polaire est de sens opposé à celui de la variation de l'angle au début de l'arc.

Nous allons maintenant examiner les cas où le discriminant est négatif, et nous pouvons observer, dès à présent, que, pour ces cas, les signes de $\left(\frac{d\theta}{ds}\right)_0$ et de $p'v$ sont les mêmes que dans les cas C_1 et D; de plus, le maximum du rayon vecteur correspond aussi à $t=0$. Par conséquent, lorsque ψ sera négatif, la conclusion sera la même que pour les cas C_1 et D; lorsque ψ sera positif, elle sera la même que pour le cas C_2.

La dérivée de ψ (27) est $\frac{2}{i}(\omega'_2 pv + \eta'_2)$. Quand v croît de zéro à ω_2, cette dérivée est toujours croissante et sa dernière valeur est

$\frac{2}{i}(\omega'_2 e_2 + \eta'_2)$. Prenons le développement (t. I, p. 446)

$$\frac{4}{\pi^2}(e_1\omega^2 + \eta\omega) = 1 + 4\sum(-1)^{\frac{m}{2}}\frac{mq^m}{1-q^m}$$
$$(m = 2, 4, 6, \ldots).$$

Dans cette formule, on a

$$q = e^{\frac{i\pi\omega'}{\omega}},$$

ω et ω' étant un couple de demi-périodes primitives, et e_1 désigne $\wp\omega$. Choisissons les demi-périodes primitives comme il suit (t. I, p. 269) :

$$\omega = \omega'_2, \qquad \omega' = \tfrac{1}{2}(\omega'_2 - \omega_2).$$

Nous avons alors, au lieu de q, la quantité

$$e^{\frac{i\pi}{2}\left(\frac{\omega'_2-\omega_2}{\omega'_2}\right)} = ie^{-\frac{i\pi\omega_2}{2\omega'_2}}.$$

Pour ces cas du discriminant négatif, nous représenterons ici par q la quantité

$$q = e^{-\frac{i\pi\omega_2}{\omega'_2}},$$

pour laquelle a été employée la notation q'' au Chapitre VIII du tome I (p. 269).

Dans la série ci-dessus, q doit donc être remplacé par $i\sqrt{q}$. D'autre part, $\wp\omega$ n'est autre que e_2, puisque $\omega = \omega'_2$. La formule s'écrit donc ainsi

$$\frac{4}{\pi^2}(e_2\omega'^2_2 + \eta'_2\omega'_2) = 1 - 8\left(\frac{q}{1+q} + \frac{2q^2}{1-q^2} + \frac{3q^3}{1+q^3} + \frac{4q^4}{1-q^4} + \ldots\right).$$

Nous retrouvons ici une série envisagée déjà au tome I (p. 427). Le premier membre est positif ou négatif, suivant que q est inférieur ou supérieur à 0,107653... (t. I, p. 287). Il en résulte

(30) $$\frac{e_2\omega'_2 + \eta'_2}{i} < 0, \quad \text{si } q < 0,107653\ldots,$$

(31) $$\frac{e_2\omega'_2 + \eta'_2}{i} > 0, \quad \text{si } q > 0,107653\ldots.$$

Dans le second cas (31), la dérivée de ψ est toujours positive, comme pour les discriminants positifs. D'ailleurs la dernière valeur de ψ, pour $v = \omega_2$, est encore zéro, à cause de la relation $\eta_2\omega'_2 - \eta'_2\omega_2 = i\pi$. Donc ψ est négatif.

Dans le premier cas (30), la dérivée de ψ, d'abord positive, décroît toujours et devient négative. L'angle ψ croît d'abord depuis $-\infty$; il finit par atteindre la valeur zéro en décroissant. Il a donc d'abord des valeurs négatives, suivies de valeurs positives.

On ne peut conclure immédiatement que ψ passe par la valeur zéro autrement que pour $v = \omega_2$, puisque ψ est une fonction discontinue.

En premier lieu, ψ passe effectivement par zéro si la supposition $v = \frac{2}{3}\omega_2$ rend négative l'expression de cet angle

$$\psi = 2\pi - \frac{2}{i}(\omega'_2\zeta v - v\eta'_2),$$

propre aux cas où v surpasse $\frac{2}{3}\omega_2$. Nous allons examiner sous quelle condition il en est ainsi.

Soit $w = \omega_2 - v$, on a

$$\sigma v = \sigma(\omega_2 - w) = \sigma\omega_2\,\sigma_2 w e^{-\eta_2 w};$$

d'où l'on conclut

$$\zeta v = -\frac{d}{dw}\log\sigma_2 w + \eta_2,$$

$$\begin{aligned}\omega'_2\zeta v - v\eta'_2 &= -\omega'_2\frac{d}{dw}\log\sigma_2 w + w\eta'_2 + \eta_2\omega'_2 - \eta'_2\omega_2\\ &= -\omega'_2\frac{d}{dw}\log\sigma_2 w + w\eta'_2 + i\pi,\end{aligned}$$

$$(32)\qquad \psi = \frac{2}{i}\left(\omega'_2\frac{d}{dw}\log\sigma_2 w - w\eta'_2\right).$$

Passons maintenant aux fonctions $\mathfrak{S}$ suivant les formules du tome I (p. 269) en désignant, comme tout à l'heure, par $i\sqrt{q}$ la quantité qui remplace q. Il est à propos d'observer que ce choix, pour les fonctions $\mathfrak{S}$, est ici naturellement indiqué, puisque cette quantité q est inférieure à $0,1076\ldots$ (30), et que ce choix s'impose, comme le plus avantageux, dès que q est inférieur à $e^{-\frac{1}{2}\pi} = 0,2078\ldots$ (t. I, p. 275). D'après les formules (59 D) du tome I (p. 269), nous aurons, au lieu de l'égalité (32), celle-ci

$$(33)\qquad \psi = \frac{1}{i}\,\frac{\mathfrak{I}'_2(v', i\sqrt{q})}{\mathfrak{I}_2(v', i\sqrt{q})}, \qquad v' = \frac{w}{2\omega'_2} = \frac{\omega_2 - v}{2\omega_2},$$

où nous devons supposer $v = \frac{2\omega_2}{3}$, par conséquent

$$v' = \frac{1}{6}\,\frac{\omega_2}{\omega'_2}, \qquad e^{i\pi v'} = e^{\frac{i\pi\omega_2}{6\omega'_2}} = q^{-\frac{1}{6}}.$$

En substituant dans l'expression de la fonction $\mathfrak{I}_2$ (t. I, p. 266), nous avons

$$(34)\qquad \left\{\begin{aligned} &\frac{\mathfrak{I}_2(v', i\sqrt{q})}{\sqrt[4]{i\sqrt{q}}}\,q^{\frac{1}{6}} = 1 + q^{\frac{1}{3}} - \left(q^{\frac{2}{3}} + q^{\frac{5}{3}}\right)\ldots \\ &\qquad + (-1)^{\frac{n(n+1)}{2}}\left(q^{\frac{n(3n+1)}{6}} + q^{\frac{(n+1)(3n+2)}{6}}\right)\ldots, \end{aligned}\right.$$

quantité positive. En effet, la fonction $\sigma_2 w$ ne devient pas nulle dans le champ que parcourt w, sauf à l'extrémité de ce champ ($w = \omega_2$). Elle conserve donc, dans ce champ, un signe invariable, et il en est de même pour la fonction (34), qui en diffère par un facteur positif.

Nous avons de même

$$(35)\qquad \left\{\begin{aligned} &\frac{1}{i\pi}\,\frac{\mathfrak{I}'_2(v', i\sqrt{q})}{\sqrt[4]{i\sqrt{q}}}\,q^{\frac{1}{6}} = 1 - q^{\frac{1}{3}} - 3\left(q^{\frac{2}{3}} - q^{\frac{5}{3}}\right)\ldots \\ &\qquad + (-1)^{\frac{n(n+1)}{2}}(2n+1)\left(q^{\frac{n(3n+1)}{6}} + q^{\frac{(n+1)(3n+2)}{6}}\right)\ldots. \end{aligned}\right.$$

La croissance rapide des exposants permet d'établir facilement que cette série est d'abord négative quand q est peu inférieur à la limite (30), 0,107653....

La fonction devient positive quand q devient inférieur à une limite qui, suivant un calcul fait avec les premiers termes, est environ 0,091.... En conclusion, si l'on a

$$0{,}091\ldots < q < 0{,}107653\ldots,$$

ψ est nul pour une valeur de v comprise entre $\frac{2}{3}\omega_2$ et ω_2. Si, au contraire, q est inférieur à 0,091..., ψ ne devient pas nul pour de telles valeurs de v. S'il en est ainsi, il faut maintenant considérer, pour ψ, l'expression précédente diminuée de π, c'est-à-dire

$$\psi = \frac{1}{i}\frac{\mathfrak{I}'_2(v', i\sqrt{q})}{\mathfrak{I}_2(v', i\sqrt{q})} - \pi.$$

Pour que ψ passe par la valeur zéro, il faudrait alors que cette dernière quantité fût positive quand on y supposerait $v = \frac{2}{3}\omega_2$, que, par conséquent, la série (35) eût une valeur supérieure à celle de la série (34), ce qui évidemment n'a pas lieu. Pour obtenir de ce fait une preuve rigoureuse, nous allons former un autre développement de l'angle ψ, en nous servant de la série trigonométrique (t. I, p. 426)

$$\frac{\mathfrak{I}'_1 u}{\mathfrak{I}_1 u} = \pi \cot u\pi + 4\pi \sum \frac{q^m}{1 - q^m} \sin mu\pi \qquad (m = 2, 4, 6, \ldots).$$

Changeant d'abord u en $v' + \frac{1}{2}$, on obtient $\frac{\mathfrak{I}'_2 v'}{\mathfrak{I}_2 v'}$ (t. I, p. 254); mettant ensuite $i\sqrt{q}$ au lieu de q, on a

$$\frac{\mathfrak{I}'_2(v', i\sqrt{q})}{\pi\mathfrak{I}_2(v', i\sqrt{q})} = -\operatorname{tang} v'\pi + 4\sum \frac{q^p}{1-(-q)^p} \sin 2pv'\pi$$
$$(p = 1, 2, 3, \ldots).$$

Comme v' est purement imaginaire (33), nous lui substituons la quantité réelle, positive et inférieure à l'unité,

$$V = e^{-i\pi v'} = e^{\frac{-i\pi(\omega_2 - v)}{\omega_2}},$$

et nous avons, conformément à la formule (33),

$$(36) \qquad \frac{\psi}{\pi} = \frac{1-V}{1+V} - 2\sum \frac{q^p}{1-(-q)^p}\left(\frac{1}{V^p} - V^p\right) \qquad (p = 1, 2, 3, \ldots).$$

Le premier terme $\frac{1-V}{1+V}$ est toujours inférieur à l'unité, il est diminué d'une série dont tous les termes sont positifs. On voit donc que ψ est toujours moindre que π. Mais c'est là l'expression de ψ quand on suppose $v > \frac{2}{3}\omega_2$. Pour $v < \frac{2}{3}\omega_2$, ψ doit être encore diminué de π, et c'est alors toujours une quantité négative.

Diverses formes de la courbe, le discriminant étant négatif.

Dans la discussion, nous considérerons comme donné le rapport des périodes ou la quantité $q = e^{-\frac{i\pi\omega_2}{\omega'_2}}$, et nous examinerons les diverses formes de la courbe en faisant varier v depuis ω_2 jusqu'à zéro. Nous regarderons la longueur α comme une constante; de sa grandeur dépend seulement la grandeur absolue, non la forme de la courbe.

Le cas que nous envisageons d'abord, et qui répond à $v = \omega_2$, offre des particularités notables. Comme $p'v$ est nul, $\frac{ds}{dt}$ est nul aussi; la liaison entre s et t se trouve dépourvue de sens. Il faudra considérer ce cas comme une limite. On peut alors supposer α infiniment grand, $p'v$ infiniment petit, de telle sorte que le produit $\alpha p'v$ reste fini; mais alors l'expression (22) de $x \pm iy$ devient infinie. Cette supposition sera examinée plus loin; elle conduit à la courbe élastique sans pression, où le centre des forces élastiques est rejeté à l'infini. Nous supposons actuellement, pour α, une longueur fixe. Alors $p'v$ étant infiniment petit, s varie infiniment peu avec t, tandis que, d'après la formule (11), on voit que le carré r^2 du rayon vecteur reste aussi presque constant. La courbe est loin cependant de pouvoir être envisagée comme une circonférence de cercle. Tandis, en effet, que l'arc s_1, compris entre deux sommets consécutifs, est infiniment petit, il présente une inflexion; car on est ici dans le cas B (p. 205).

En outre, la courbure (20) est partout infinie, sauf au voisinage de l'inflexion; elle l'est notamment aux extrémités de l'arc s_1, et il est à noter que l'on a

$$\rho_1 = -\rho_0.$$

On peut même observer que, en deux points également distants et de part et d'autre d'un point d'inflexion, les courbures sont égales et de sens contraires.

Prenons, en effet, deux points dont les arguments soient $-\frac{v}{2} + \frac{\omega'_2}{2} \pm it$. Puisque $v = \omega_2$, ces deux arguments sont de la forme $-\omega_1 \pm it$ (t. I, p. 74). Ils donnent lieu à une seule et même valeur de la fonction p, à deux valeurs égales et de signes contraires pour la fonction p'. Comme de plus $p'v$ est nul, on obtient ainsi des valeurs de ρ dont le rapport est -1.

L'arc s_1 est donc infiniment petit et infiniment courbé : sa forme ne saurait être représentée par aucune figure. Mais on peut envisager cet arc comme la limite d'une figure obtenue en supposant v voisin de ω_2. Cette figure, suivant les valeurs de q, a deux formes très différentes.

En premier lieu, nous savons que le maximum du rayon vecteur correspond à $t=0$, et que l'on a (p. 206)

$$\left(\frac{d\theta}{ds}\right)_0 > 0, \qquad \left(\frac{d\theta}{ds}\right)_1 > 0, \qquad \rho_0 > 0, \qquad \rho_1 < 0.$$

. Soient ob, oa les rayons maximum et minimum contigus. En b la concavité est tournée vers l'origine o; en a c'est l'opposé.

1° Soit $q > 0{,}107653\ldots$. Nous savons (p. 216) que ψ est négatif, c'est-à-dire que la variation totale de l'angle polaire sur l'arc s_1 est de sens opposé à celui de la variation de cet angle au début. La forme de l'arc s_1 est donc celle d'un S, et la courbe entière offre un point double sur le rayon vecteur de chaque sommet. Cette forme est indiquée par la *fig.* 1. Dans cette figure, comme dans les autres de la Planche, on a marqué par une grande flèche le sens de la pression normale en un point de l'arc. Cette pression est ici du côté de la convexité au sommet de rayon maximum (p. 206). On a figuré en plein l'arc ab limité aux points a et b donnés par $t=\frac{\omega'}{i}$ et $t=0$. En supposant une verge limitée à ces points et tenue en équilibre par des forces appliquées aux extrémités, on a tracé en a et b des flèches, dont le sens indique la direction de la réaction exercée par la verge. Ce sens est opposé à celui de la force extérieure qu'il faudrait appliquer pour maintenir l'équilibre. Cette force est perpendiculaire au rayon vecteur; elle est donc, aux sommets, tangente à la courbe; elle a pour mesure pr (p. 194).

2° Soit $q < 0{,}107653\ldots$. Maintenant, ψ est positif; la variation totale de l'angle polaire est de même sens qu'au début b de l'arc. La courbe présente l'aspect d'une roue dentée (*fig.* 3).

Dans ces deux figures, $\left(\frac{d\theta}{ds}\right)_0$ et $\left(\frac{d\theta}{ds}\right)_1$ ont un même signe, en

Sur une courbe élastique, par M. G.-H. Halphen.

Fig. 1.

Fig. 2

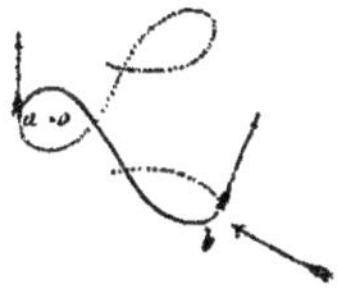

Fig. 3.

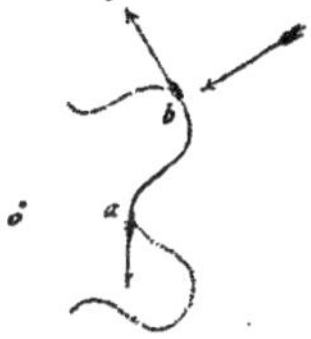

Fig. 4.

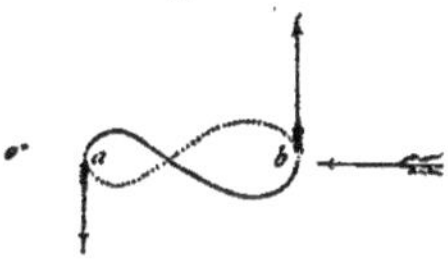

Fig. 5.

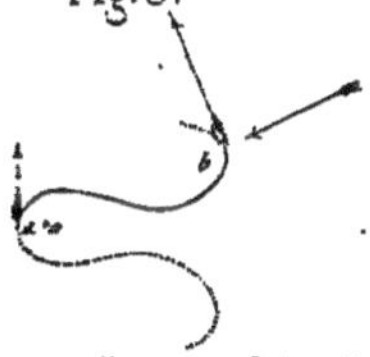

Fig. 6.

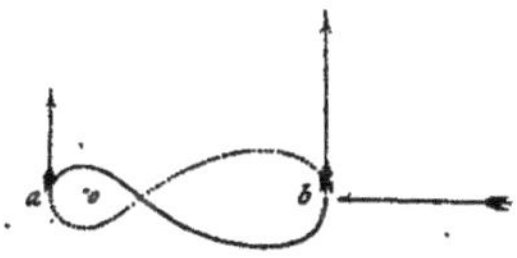

Fig. 7.

Fig. 8.

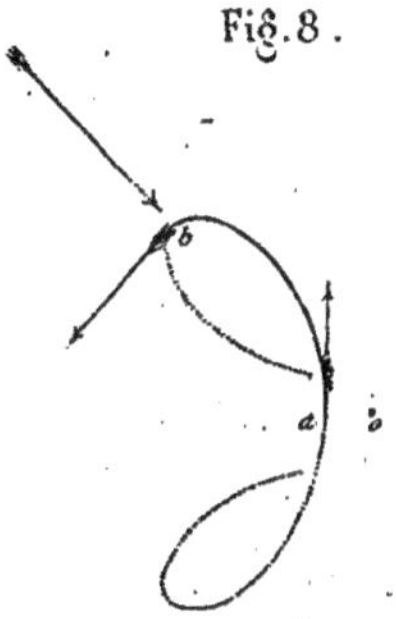

Fig. 9.

Fig. 10.

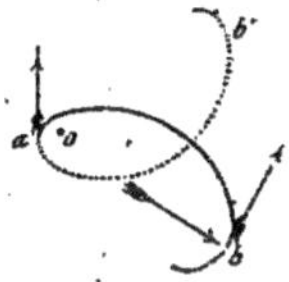

Fig. 11.

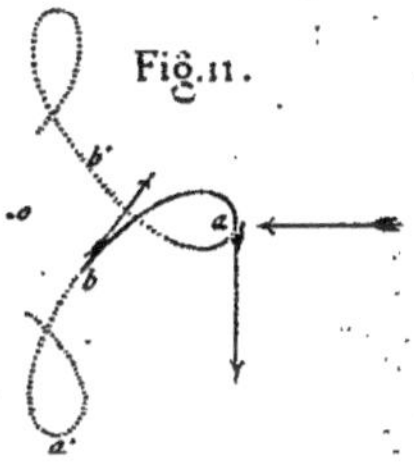

Fig. 12.

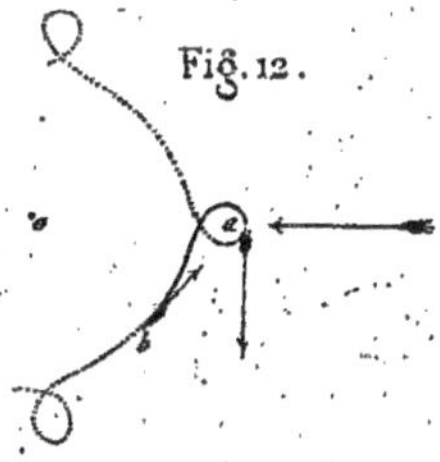

Fig. 13.

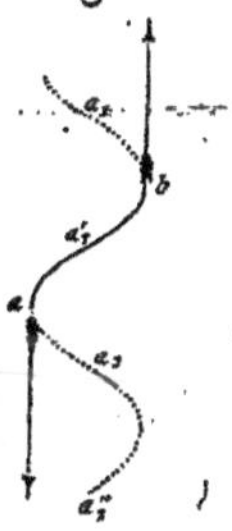

Fig. 14.

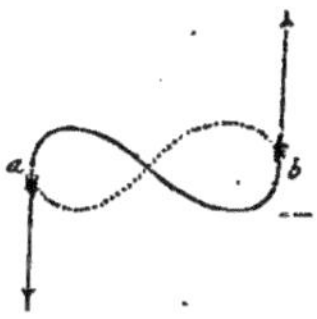

Fig. 15.

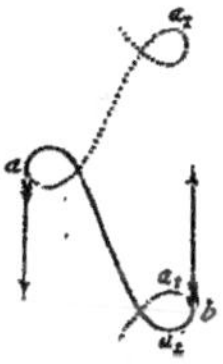

Fig. 16.

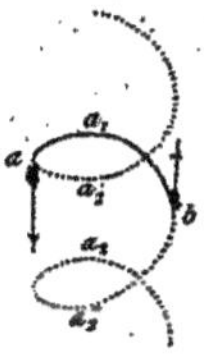

p. Géry-Gros Gravé par Blanadet

Gauthier-Villars et fils, Éditeurs, à Paris.

sorte que l'angle θ présente un maximum et un minimum ou ne présente ni l'un ni l'autre; en d'autres termes, il y a deux tangentes, issues de l'origine, ou bien il n'y en a aucune.

La forme de la première figure indique deux tangentes; c'est ce que le calcul vérifie sans peine. Effectivement, si l'on se reporte au Tableau du tome I (p. 84) indiquant la manière dont varie le rapport des périodes avec les invariants, on y voit que g_3 est positif quand $\frac{i\omega_2}{\omega'_2}$ est inférieur à l'unité, par conséquent q supérieur à $e^{-\pi} = 0,04321\ldots$. C'est ce qui arrive pour la première figure où q est supposé supérieur à $0,107653\ldots$. En ce cas, comme on l'a vu page 209, g_3 étant positif, on est assuré que $\frac{d\theta}{ds}$ s'évanouit deux fois.

Dans la *fig.* 3, il y a deux tangentes issues de l'origine si q est entre les limites $0,107\ldots$ et $0,043\ldots$. Il n'y en a plus, si q est inférieur à la limite $e^{-\pi} = 0,043\ldots$; car alors (t. I, p. 84) g_3 est négatif et l'on a vu (p. 210) que, dans ce cas, $\frac{d\theta}{ds}$ ne s'évanouit pas quand v est voisin de ω_2.

Examinant maintenant la suite des valeurs de v, nous allons obtenir les diverses formes en suivant les modifications des *fig.* 1 et 3.

Soit, en premier lieu, $q > 0,107653\ldots$. Ce sera toujours, quel que soit v, la catégorie des courbes désignée par la lettre B (p. 205). Il y a toujours une inflexion sur l'arc s_1. Tant que v reste supérieur à $\frac{2}{3}\omega_2$, aucune modification essentielle n'est apportée à la *fig.* 1. Les proportions seulement s'y altèrent; l'angle *boa* grandit constamment et le rayon minimum *oa* diminue relativement au rayon maximum *ob*.

Quand v atteint $\frac{2}{3}\omega_2$, le sommet a coïncide avec l'origine o.

Quand v devient inférieur à $\frac{2}{3}\omega_2$, la concavité au sommet a se tourne vers l'origine; en même temps, l'angle *boa*, en valeur absolue, augmente de π. C'est ce qu'on voit dans la *fig.* 2. Il n'y a plus qu'une seule tangente issue de l'origine.

Quand v continue à décroître jusqu'à zéro, la forme 2 se conserve dès lors. Toutefois, la valeur absolue de ψ croissant jusqu'à l'infini (p. 213), l'angle *boa* dépasse bientôt 2π, 4π, ... et la boucle, dont a est le sommet, exécute une, deux, etc. circonvolutions autour de l'origine. On suppléera facilement aux figures qui n'ont pas été tracées pour ces modifications.

En second lieu, soit $0{,}091\ldots < q < 0{,}107653\ldots$. La courbe conserve d'abord la forme 3, avec deux tangentes issues de l'origine; l'angle boa croît d'abord, puis décroît, puis devient nul (p. 217) avant que v ait atteint la valeur $\frac{2}{3}\omega_2$. La courbe présente alors la *fig.* 4. Pour les autres valeurs de v, on obtient ensuite les formes 1 et 2.

En troisième lieu, soit $0{,}043\ldots < q < 0{,}091\ldots$. Ce cas présente, avec le précédent, cette différence que l'angle boa ne devient pas nul; le point a franchit l'origine sur le rayon oa quand l'angle ψ est encore positif; de là vient la *fig.* 5. Cet angle boa est (p. 218) inférieur à π; sa valeur absolue croît ensuite, atteint π et la courbe se ferme en 8, comme précédemment, mais l'origine est intérieure (*fig.* 6). La suite des autres valeurs de v donne lieu à des courbes qui ont la forme représentée par la *fig.* 2.

Soit, en quatrième lieu, $0{,}00426\ldots < q < 0{,}04321\ldots$, c'est-à-dire q compris entre $e^{-\pi\sqrt{3}}$ et $e^{-\pi}$, $\frac{i\omega_2}{\omega'_2}$ compris entre 1 et $\sqrt{3}$, par conséquent (t. I, p. 84) $g_3 < 0$, $g_2 < 0$. Ce cas présente, avec le dernier, cette seule différence que la *fig.* 3 n'offre pas d'abord de tangentes issues de l'origine; mais ces deux tangentes apparaissent bientôt quand v atteint l'argument b (p. 209), et les faits sont désormais conformes à ceux qui concernent le cas précédent.

Soit enfin $q < 0{,}00426\ldots$, c'est-à-dire $\frac{i\omega_2}{\omega'_2}$ supérieur à $\sqrt{3}$, ou (t. I, p. 84) $g_3 < 0$, $g_2 > 0$. C'est alors que va se présenter le cas A (p. 205), où disparaissent les inflexions. Nous avons d'abord la *fig.* 3 (sans tangente issue de l'origine), jusqu'à ce que v atteigne la valeur $2\omega_2 - 2v_0$; le point d'inflexion se rapproche de plus en plus du sommet a.

Quand v atteint cette valeur $2\omega_2 - 2v_0$, la courbure est nulle en a. On a, en effet,

$$\frac{v}{2} - \omega'_2 = \omega_2 - \omega'_2 - v_0 = 2\omega'_1 - v_0;$$

donc

$$p''\left(\frac{v}{2} - \omega'_2\right) = p'' v_0 = 0,$$

puisque v_0 est une racine de la fonction p''. Donc $\frac{1}{\rho_1} = 0$ (p. 205). En ce point a, qui est un sommet, l'ordre du contact avec la tangente n'est plus égal à 2, comme en un point d'inflexion, mais égal à 3. La courbe est maintenant convexe. Quand v devient moindre que $2\omega_2 - 2v_0$, cette particularité disparaît, mais la courbe reste convexe (*fig.* 7). Le sommet a se rapproche de l'origine, l'atteint pour $v = \frac{2}{3}\omega_2$, puis la dépasse (*fig.* 8). Au moment du passage, l'angle boa est supérieur à $\frac{\pi}{2}$; il est d'autant plus grand que q est plus petit, et environ $0,72\pi$ pour $q = 0,00426\ldots$. C'est ce qui résulte de la formule (36). L'inflexion reparaît ensuite quand v dépasse $2\omega_2 - 2v_1$ (p. 205), et c'est vers le point a qu'elle reparaît, comme on le voit par le même raisonnement que précédemment. La courbe ne reprend pas cependant la *fig.* 3; car l'angle ψ est devenu négatif, en sorte que l'on retrouve la *fig.* 5, puis, comme dans les cas précédents, les *fig.* 6 et 2.

Voici un tableau qui résume cette discussion. Les numéros des figures y sont cités dans l'ordre où les formes correspondantes se présentent quand v décroît depuis ω_2 jusqu'à zéro.

		Figures.
$q > 0,107653$	$v > \frac{2}{3}\omega_2$	1
	$v < \frac{2}{3}\omega_2$	2
$0,107653\ldots > q > 0,091$.........	$v > \frac{2}{3}\omega_2$	3, 4, 1
	$v < \frac{2}{3}\omega_2$	2
$0,091\ldots > q > 0,00426$..........	$v > \frac{2}{3}\omega_2$	3
	$v < \frac{2}{3}\omega_2$	5, 6, 2
$0,00426\ldots > q$..................	$v > \frac{2}{3}\omega_2$	3, 7
	$v < \frac{2}{3}\omega_2$	8, 5, 6, 2.

Diverses formes de la courbe, le discriminant étant positif.

Examinons d'abord la catégorie désignée par C_2 (p. 205), pour laquelle v varie de ω à 2ω. L'arc s_1 est limité par les rayons vecteurs oa minimum et ob maximum, qui correspondent à $u = -\frac{v}{2}$ et $u = -\frac{v}{2} + \omega'$. L'indice zéro se rapporte au point a, l'indice 1 se rapporte au point b. On a (p. 209)

$$\rho_0 < 0, \quad \rho_1 < 0, \quad \left(\frac{d\theta}{ds}\right)_1 < 0, \quad \left(\frac{d\theta}{ds}\right)_0 \begin{cases} > 0, & \text{si } v < \frac{4}{3}\omega, \\ < 0, & \text{si } v > \frac{4}{3}\omega. \end{cases}$$

La pression est du côté de la concavité (p. 206). Il n'y a jamais plus d'une tangente issue de l'origine (p. 209). Quand on va de b vers a, la variation totale de l'angle polaire est de même sens qu'au début de l'arc (p. 214).

D'après ces résultats, on voit que, pour $v < \frac{4}{3}\omega$, la courbe a l'aspect défini par la *fig.* 9. Au début, quand v est infiniment voisin de ω, l'arc ba est infiniment petit, infiniment courbé et à distance presque constante de l'origine. Quand $v = \frac{4}{3}\omega$, le sommet a vient à l'origine; puis, v dépassant $\frac{4}{3}\omega$, le sommet a franchit l'origine, la courbe présente l'aspect de la *fig.* 10. Dans la suite des valeurs croissantes de v, l'angle ψ, toujours négatif, devient infini en valeur absolue et la boucle dont a est le sommet exécute autour de l'origine des circonvolutions de plus en plus nombreuses.

Passons maintenant aux cas C_1 et D, qu'on obtient successivement en faisant décroître v depuis ω jusqu'à $2a$ d'abord, puis depuis $2a$ jusqu'à zéro. L'arc s_1 est limité par les rayons vecteurs oa maximum et ob minimum, qui correspondent à $u = -\frac{v}{2}$ et $u = -\frac{v}{2} + \omega'$.

Pour le cas C_1, on a (p. 206)

$$\rho_0 > 0, \quad \rho_1 > 0, \quad \left(\frac{d\theta}{ds}\right)_1 < 0, \quad \left(\frac{d\theta}{ds}\right)_0 > 0.$$

La pression est du côté de la convexité (p. 206). Il y a une tangente issue de l'origine. Quand on va de a vers b, la variation totale de l'angle polaire est de sens opposé à celui de la variation de l'angle au début. La courbe affecte la forme donnée par la *fig.* 11. L'arc ab, quand v est infiniment voisin de ω, est infiniment petit, infiniment courbé, et les rayons vecteurs sont presque constants.

Pour le cas D, le seul changement consiste en ce que ρ_1 est négatif. Au passage de v par la valeur $2a$, naît une inflexion. Cette inflexion naît au sommet b; car on a alors $\frac{v}{2} - \omega' = a - \omega'$,

$p''\left(\frac{v}{2} - \omega'\right) = p''(a + \omega')$, et $a + \omega'$ est une racine de la fonction p'' (t. I, p. 108). La courbe présente l'aspect de la *fig.* 12; puis, v diminuant de plus en plus, l'arc ab exécute autour de l'origine des circonvolutions de plus en plus nombreuses.

En résumé, les formes de la courbe, pour $\Delta > 0$, se présentent dans l'ordre suivant :

C_2	$\omega < v < \frac{4}{3}\omega$	*fig.* 9,
	$\frac{4}{3}\omega < v < 2\omega$	*fig.* 10.
C_1	$2a < v < \omega$	*fig.* 11.
D	$0 < v < 2a$	*fig.* 12.

Les formes C_1 et D se continuent, mais il n'y a aucune déformation continue qui fasse passer de C_2 à C_1; car les formes qui correspondent à $v = \omega$ sont des formes limites qu'on ne peut représenter par un tracé.

Courbe élastique sans pression, déduite de la précédente.

Supposons maintenant que, v tendant vers ω (ou ω_2 si $\Delta < 0$), α soit infini, de telle sorte que $\alpha p' v$ ait une limite finie $\mathfrak{a}$, et qu'ainsi l'arc s ait un rapport fini $\mathfrak{a}$ avec la variable t. La formule (22) donne pour $x + iy$ une quantité infinie, mais nous allons la développer comme il suit.

On a d'abord, en posant $v = \omega + 2w$ (t. I, p. 170),

$$\sigma\left(-\frac{3v}{2} + it\right) = \sigma\left(\frac{\omega}{2} - it - 3w - 2\omega\right)$$
$$= -\sigma\left(\frac{\omega}{2} + it - 3w\right) e^{2\eta\left(\frac{\omega}{2} + 3w - it\right)}$$

et, par la formule de Taylor,

$$\sigma\left(\frac{\omega}{2} + it - 3w\right) = \sigma\left(\frac{\omega}{2} + it + w\right) - 4w\,\sigma'\left(\frac{\omega}{2} + it + w\right) \ldots,$$

de telle sorte qu'il vient, si l'on se borne aux termes du premier ordre par rapport à l'infiniment petit w,

$$\frac{\sigma\left(-\frac{3v}{2}+it\right)}{\sigma\left(\frac{v}{2}+it\right)} = -\left[1-4w\zeta\left(\frac{\omega}{2}+it\right)\dots\right]e^{\eta\omega-2\eta it}e^{6\eta w}$$
$$= -\left[1+6w\eta-4w\zeta\left(\frac{\omega}{2}+it\right)\dots\right]e^{\eta\omega-2\eta it}.$$

D'autre part, on a aussi

$$\zeta v = \zeta(\omega+2w) = \eta - 2wp\omega\dots.$$
$$e^{2it\zeta v} = e^{2\eta it}e^{-4wit p\omega} = e^{2\eta it}(1-4wit\,p\omega\dots).$$
$$\sigma^{-2}v = \sigma^{-2}\omega(1-4w\eta\dots).$$

Prenant l'angle φ égal à zéro, nous aurons donc, pour le développement de la formule (22),

$$x+iy = -\alpha\frac{e^{\eta\omega}}{\sigma^2\omega}\left[1+2w\eta-4wit\,p\omega-4w\zeta\left(\frac{\omega}{2}+it\right)\dots\right].$$

Il est manifeste que les termes purement imaginaires, au second membre, contiennent le facteur w, dont le produit par α donne une quantité finie. Ainsi l'ordonnée y reste finie; quant à l'abscisse, c'est la partie indépendante de t qui, dans son expression, devient seule infinie. Si donc x_0 est l'abscisse d'un autre point arbitraire sur la courbe, $x-x_0$ reste fini. La courbe a donc bien une limite finie; seul, le centre des forces élastiques s'est éloigné à l'infini dans la direction de l'axe des x.

Si, dans la formule

$$\zeta(u+v)-\zeta u-\zeta v = \frac{1}{2}\frac{p'u-p'v}{pu-pv} = z = -\frac{\alpha p'v}{2\rho},$$

on suppose $v=\omega$, on obtient, en remplaçant u par $-\frac{\omega}{2}+it$,

$$\zeta\left(\frac{\omega}{2}+it\right)+\zeta\left(\frac{\omega}{2}-it\right)-\eta = z = -\frac{a}{2\rho}.$$

La partie réelle de $\zeta\left(\frac{\omega}{2}+it\right)$ est donc $\frac{\eta+z}{2}$ ou $\frac{\eta}{2}-\frac{a}{4\rho}$, et l'on en déduit

$$x-x_0 = -\alpha w a\frac{e^{\eta\omega}}{\sigma^2\omega}\left(\frac{1}{\rho}-\frac{1}{\rho_0}\right),$$

ρ_0 étant le rayon de courbure qui répond à l'abscisse x_0. Puisque

αw a une limite finie, *si l'on suppose* v *infiniment voisin d'une demi-période et* α *infini, de telle sorte que* $\alpha p' v$ *ait une limite finie, la courbe limite a cette propriété que la courbure en chaque point est une fonction linéaire de l'abscisse.*

C'est la définition trouvée (p. 195) pour la courbe élastique sans pression. On devait s'y attendre, puisque A, donné par la formule (13), est ici nul, comme, en effet, cela doit être d'après la formule (2), quand la pression devient nulle.

La quantité $\frac{e^{2\eta\omega}}{\sigma^4\omega}$ n'est autre que $\frac{1}{2}p''\omega$ (t. I, p. 194); en extrayant la racine carrée, nous pouvons prendre un signe arbitraire, car il importe peu ici de changer le sens des axes. Mettons

$$\frac{e^{\eta\omega}}{\sigma^2\omega} = -\sqrt{\frac{p''\omega}{2}}. \tag{37}$$

Nous avons, d'autre part,

$$a = \lim \alpha\, p'(\omega + 2w) = 2\alpha w\, p''\omega.$$

D'après ces égalités, l'expression de $x - x_0$ devient

$$x - x_0 = \frac{a^2}{2\sqrt{2p''\omega}}\left(\frac{1}{\rho} - \frac{1}{\rho_0}\right).$$

C'est aussi ce que l'on peut trouver par le moyen de l'expression (11) pour r^2. En effet, on voit que r a pour partie principale $\alpha\sqrt{\frac{p''\omega}{2}}$; par suite, la partie principale de $r + r_0$ est $\alpha\sqrt{2p''\omega}$. On en conclut (11, 20)

$$r - r_0 = \frac{r^2 - r_0^2}{r + r_0} = \frac{\alpha p' v}{\sqrt{2p''\omega}}(z_0 - z) = \frac{a^2}{2\sqrt{2p''\omega}}\left(\frac{1}{\rho} - \frac{1}{\rho_0}\right).$$

La différence $r - r_0$ a pour limite la différence des abscisses; on retrouve ainsi la formule précédente.

La force élastique F, constante en tous points de la courbe, étant multipliée par $x - x_0$, doit reproduire le moment fléchissant $EI\left(\frac{1}{\rho} - \frac{1}{\rho_0}\right)$. On a donc

$$F = \frac{2EI}{a^2}\sqrt{2p''\omega}. \tag{38}$$

comme on l'obtient aussi en prenant la limite de $pr = 8\mathrm{EIA}r$.

Pour obtenir, en même temps, l'abscisse sous une nouvelle forme et l'ordonnée, employons la formule d'addition des arguments dans les fonctions ζ, à l'égard des arguments $\frac{\omega}{2} + it$, $-it$, $-\frac{\omega}{2}$; elle nous donne

$$\zeta\left(\frac{\omega}{2} + it\right) - \zeta it - \zeta\frac{\omega}{2} = \frac{1}{2}\,\frac{p' it - p'\frac{\omega}{2}}{p\, it - p\frac{\omega}{2}}.$$

L'expression de $x + iy$ devient ainsi

$$x + iy = \alpha\sqrt{\frac{p''\omega}{2}}\left[1 - 4\varpi\zeta\frac{\omega}{2} + 2\varpi\,\frac{p'\frac{\omega}{2}}{p\, it - p\frac{\omega}{2}} - 4\varpi it\, p\omega \right.$$
$$\left. + 2\varpi\eta - 4\varpi\zeta it - 2\varpi\,\frac{p' it}{p\, it - p\frac{\omega}{2}}\right].$$

En supposant que x_0 réponde à $t = 0$ et remplaçant $\alpha\varpi$ par son expression, on obtient

$$(39)\qquad \left\{\begin{aligned} x - x_0 &= \frac{a}{\sqrt{2p''\omega}}\,\frac{p'\frac{\omega}{2}}{p\, it - p\frac{\omega}{2}},\\ y &= \frac{ai}{\sqrt{2p''\omega}}\left(\frac{p' it}{p\, it - p\frac{\omega}{2}} + 2\zeta it + 2it\, p\omega\right).\end{aligned}\right.$$

Les formes de la courbe élastique sans pression se déduisent, sans nouvelle discussion, de celles qu'on a trouvées pour la courbe avec pression :

$$\Delta < 0 \left\{\begin{array}{ll} q > 0,107653\ldots\ldots & \textit{fig. } 15, \text{ déduite de la } \textit{fig. } 1,\\ q = 0,107653\ldots\ldots & \textit{fig. } 14, \text{ déduite de la } \textit{fig. } 4,\\ q < 0,107653\ldots\ldots & \textit{fig. } 13, \text{ déduite de la } \textit{fig. } 3.\end{array}\right.$$
$$\Delta > 0 \quad \ldots\ldots\ldots\ldots\ldots\ldots \quad \textit{fig. } 16, \text{ déduite de la } \textit{fig. } 9 \text{ ou } 11.$$

Courbe élastique sans pression, trouvée directement.

C'était ici un exercice utile et naturellement indiqué, déduire des équations de la courbe générale celles de la courbe élastique sans pression. Le calcul direct n'offre aucune difficulté, mais donne lieu à une remarque importante.

En écrivant que la courbure est proportionnelle à l'abscisse et prenant convenablement l'origine des coordonnées, on obtient l'équation

$$\frac{dx}{ds}\frac{d^2y}{ds^2} - \frac{dy}{ds}\frac{d^2x}{ds^2} = \tfrac{1}{2}\beta x. \tag{40}$$

Multipliant, aux deux membres, par $\frac{dx}{ds}$ et tenant compte des identités

$$\frac{dx}{ds}\frac{d^2x}{ds^2} + \frac{dy}{ds}\frac{d^2y}{ds^2} = 0, \qquad \left(\frac{dx}{ds}\right)^2 + \left(\frac{dy}{ds}\right)^2 = 1,$$

on en conclut

$$\frac{d^2y}{ds^2} = \tfrac{1}{2}\beta x\frac{dx}{ds}$$

et, en intégrant,

$$\frac{dy}{ds} + \gamma = \tfrac{1}{4}\beta x^2.$$

L'élimination de $\frac{dy}{ds}$ conduit ainsi à l'équation

$$\left(\frac{dx}{ds}\right)^2 = 1 - (\gamma - \tfrac{1}{4}\beta x^2)^2, \tag{41}$$

d'où l'on voit que x est une fonction elliptique de s. En faisant l'inversion suivant les procédés donnés au tome I, on rencontre cette circonstance particulière que le polynôme du quatrième degré est ici bicarré et qu'ainsi $\wp'v$, d'après la formule (54) de la page 120 (t. I), est nul. L'argument v est donc une demi-période. On voit ainsi que l'expression (39) de x coïncide exactement avec celle que fournit le procédé général d'inversion, sous la seconde forme exposée au tome I (p. 132), si l'on en fait l'application à l'égalité (41).

La courbe actuelle peut aussi être envisagée comme un cas particulier de la courbe élastique *gauche*, qui a été considérée à la fin du Chapitre III. Effectivement, supposons, dans les équations différentielles de la page 142, $\alpha = \delta = 0$ et $y = 0$, puis mettons-y la lettre y au lieu de z; ces équations se réduisent ainsi à la seule équation (40). Pour retrouver ici les formules elliptiques qui peuvent se déduire des formules établies au Chapitre III pour l'élastique gauche, éliminons x entre les équations ci-dessus. Nous trouvons ainsi

$$\left(\frac{d^2y}{ds^2}\right)^2 = \beta\left[1-\left(\frac{dy}{ds}\right)^2\right]\left(\frac{dy}{ds}+\gamma\right).$$

C'est bien l'équation obtenue au début du Chapitre III (p. 83) où l'on suppose $\alpha = \delta = 0$ et où l'on remplace $\cos CZ$ par $\frac{dy}{ds}$.

Le calcul direct peut donc conduire, pour la courbe élastique actuelle, à des formules elliptiques qui rentrent dans celles du Chapitre III, tout aussi bien qu'à des formules rentrant dans celles du présent Chapitre. Mais ces deux groupes de formules sont fort différents. On y remarquera en particulier que, dans les formules du Chapitre III, le discriminant des fonctions elliptiques est toujours positif; dans celles du Chapitre actuel, au contraire, il est positif ou négatif suivant les cas. Ces fonctions elliptiques, d'invariants différents et dont les arguments varient proportionnellement à l'arc de la courbe, c'est-à-dire proportionnellement entre eux, sont liées entre elles par des relations algébriques très simples. Elles nous offrent un premier exemple de faits appartenant à la théorie générale de la *transformation*.

Prisme droit chargé debout.

Soit une verge, naturellement droite, encastrée verticalement en l'une de ses extrémités a. L'autre extrémité a_1 supporte un poids P. Il n'y a pas en jeu d'autre force. On demande les formes d'équilibre.

Ces formes appartiennent à la courbe sans pression. L'équilibre exige que la force élastique F soit verticale et égale à P; de plus, à l'extrémité a_1, où n'agit aucun couple, la courbure naturelle doit être conservée ; à l'extrémité a, la tangente doit être verticale.

La courbure naturelle étant nulle, a_1 est un point d'inflexion. La tangente en a devant être parallèle à la force élastique, ce point a est un sommet.

Les formes d'équilibre appartiennent donc aux *fig.* 13, 14, 15, qui correspondent au discriminant négatif. Dans les *fig.* 14 ou 15, la différence des paramètres t, pour les extrémités, est un quart de période $\frac{\omega'_2}{2i}$; car les inflexions sont également distantes de deux sommets consécutifs (p. 219). Dans la *fig.* 13, cette différence peut être $(2n+1)\frac{\omega'_2}{2i}$, n étant un entier quelconque.

En écrivant que le poids P est égal à la force élastique (38), on a d'abord

$$\mathrm{P} = \frac{2\,\mathrm{EI}}{\mathfrak{a}^2}\sqrt{2\,\mathfrak{p}''\omega_2}.$$

La seconde équation s'obtient en exprimant que l'arc aa_1 a la longueur l de la verge ; on a donc (15)

$$l = (2n+1)\,\mathfrak{a}\,\frac{\omega'_2}{2i}.$$

En éliminant $\mathfrak{a}$, on obtient une condition qui fixe les éléments invariables des fonctions elliptiques à employer

$$\frac{\mathrm{P}\,l^2}{(n+\frac{1}{2})^2\,\mathrm{EI}\,\pi^2} = \left(\frac{\omega'_2}{i\pi}\right)^2 2\sqrt{2\,\mathfrak{p}''\omega_2}.$$

Le radical doit naturellement être pris ici positif.

En désignant par q la même quantité qu'à la page 215,

$$q = e^{-\frac{i\pi\omega_2}{\omega'_2}},$$

et observant qu'on a

$$\mathfrak{p}''\omega_2 = \mathfrak{p}''\omega'_2,$$

on a, d'après (37),

$$\sqrt{\frac{\mathfrak{p}''\omega_2}{2}} = -\frac{1}{\mathrm{U}^2} = -\frac{e^{\eta'_2\omega'_2}}{\sigma^2\omega'_2}.$$

Il vient ainsi

$$\frac{\mathrm{P}\,l^2}{(n+\frac{1}{2})^2\,\mathrm{EI}\,\pi^2} = -\left(\frac{2\,\omega'_2}{i\pi}\right)^2\frac{1}{\mathrm{U}^2} = \left(\frac{2\,\omega'_2}{\pi}\,\frac{1}{\mathrm{U}}\right)^2.$$

La demi-période ω'_2 joue ici le rôle de ω, en sorte que le second membre a pour expression celle de $\left(\frac{2\omega}{\pi}\frac{1}{U}\right)^2$ où l'on remplace q par $i\sqrt{q}$. Donc (t. I, p. 451)

$$(42)\quad \frac{P l^2}{(n+\frac{1}{2})^2 EI\pi^2} = 1 + 8\left(\frac{q}{1-q} + \frac{2q^2}{1+q^2} + \frac{3q^3}{1-q^3} + \ldots + \frac{pq^p}{1+(-q)^p} + \ldots\right).$$

Cette équation, où q est l'inconnue, a manifestement une racine, et une seule, comprise entre zéro et l'unité, sous la condition nécessaire et suffisante que l'on ait

$$\frac{P l^2}{(n+\frac{1}{2})^2 EI\pi^2} > 1.$$

Si donc $\frac{2l}{\pi}\sqrt{\frac{P}{EI}}$ est compris entre $2n+1$ et $2n+3$, il existe, pour la verge dont il s'agit, $n+1$ figures d'équilibre, outre la figure droite; elles correspondent aux fonctions elliptiques où q est la racine d'une des équations (42), dont le nombre total est $n+1$. Si, au contraire, on a

$$\frac{2l}{\pi}\sqrt{\frac{P}{EI}} < 1,$$

il n'existe plus aucune de ces figures d'équilibre; la forme droite est seule possible. On en conclut que, si cette dernière condition est remplie, la verge ou *prisme droit chargé debout* est en équilibre stable.

On aurait pu tout aussi bien employer, au lieu de $q = e^{-\frac{i\pi\omega_2}{\omega'_2}}$, la quantité $e^{\frac{i\pi\omega'_2}{\omega_2}}$, ce qui n'eût amené aucun changement dans les calculs. Le second membre (42) reste inaltéré si l'on y met, au lieu de q, la quantité q_1 liée à q par la relation

$$\log\frac{1}{q}\log\frac{1}{q_1} = \pi^2.$$

Anneau comprimé normalement.

Un anneau circulaire est soumis, sur tout son périmètre, à une pression normale uniforme. On demande ses figures d'équilibre.

Les conditions propres à déterminer les éléments des formules sont les suivantes : 1° la courbe doit être fermée; 2° son périmètre doit être égal à celui de l'anneau. Il suffit de regarder les figures pour s'assurer que les formes 3 et 7 sont seules possibles. On en conclut que, pour l'existence de figures d'équilibre autres que la forme circulaire, il faut que la pression soit extérieure; en second lieu, ces formes appartiennent à des courbes où le discriminant est négatif et où l'on a encore

$$q < 0,107653\ldots, \qquad v > \tfrac{2}{3}\omega_2 \qquad (\text{p. } 223).$$

La question, on le voit, ne concerne que les anneaux comprimés extérieurement. Quant au cas où la pression est intérieure, la théorie actuelle indique la stabilité d'équilibre quelle que soit la pression.

La condition que la courbe soit fermée exige que, partant d'un sommet a, on y revienne quand le paramètre t croît constamment. Ce paramètre t, étant zéro au début, est $2n\frac{\omega_2'}{i}$ pour tout sommet homologue à a. En même temps, l'angle des rayons vecteurs correspondant aux deux sommets est $2n\psi$; ce doit être 2π. Ainsi, la première condition c'est que $\frac{\psi}{\pi}$ soit l'inverse d'un nombre entier. Comme on a $v > \frac{2}{3}\omega_2$, ψ est donné par la formule (36); ainsi la première équation du problème est

$$3)\quad \frac{1}{n} = \frac{1-V}{1+V} - 2\left[\frac{q}{1+q}\left(\frac{1}{V}-V\right) + \frac{q^2}{1-q^2}\left(\frac{1}{V^2}-V^2\right) + \ldots + \frac{q^p}{1-(-q)^p}\left(\frac{1}{V^p}-V^p\right) + \ldots\right];$$

les inconnues sont q et V,

$$0 < q < 1, \qquad q < V < 1;$$

n est un entier positif arbitraire, au moins égal à 2 nécessairement, puisque le second membre est essentiellement inférieur à l'unité.

Soit ρ le rayon de l'anneau; son périmètre $2\pi\rho$, d'après (15), fournit l'égalité

$$2\pi\rho = -\alpha p' v . 2n\frac{\omega_2'}{i}.$$

On a, d'autre part (2), (13),

$$\frac{p}{8\mathrm{EI}} = \mathrm{A} = \frac{1}{2\alpha^3 \wp'^2 v}.$$

En éliminant α, constante arbitraire d'homogénéité, on obtient

$$(44) \qquad \frac{p\rho^3}{4n^4\mathrm{EI}} = -\left(\frac{\omega'_2}{i\pi}\right)^3 \wp' v,$$

équation dont le second membre peut être exprimé en fonction de V et q. On a ainsi les deux équations (43), (44) pour déterminer ces deux constantes.

D'après (27), on a

$$\frac{d^2\psi}{dv^2} = \frac{2\omega'_2}{i} \wp' v.$$

Mais, suivant l'expression de V en fonction de v (p. 218),

$$\frac{d\mathrm{V}}{\mathrm{V}} = \frac{i\pi}{\omega'_2} dv;$$

par conséquent,

$$\frac{d\psi}{dv} = \frac{i\pi}{\omega'_2} \mathrm{V} \frac{d\psi}{d\mathrm{V}} = \pi \frac{i\pi}{\omega'_2} \left[\frac{-2\mathrm{V}}{(1+\mathrm{V})^2} + \frac{2q}{1+q}\left(\frac{1}{\mathrm{V}} + \mathrm{V}\right) + \frac{4q^2}{1-q^2}\left(\frac{1}{\mathrm{V}^2} + \mathrm{V}^2\right) + \ldots\right],$$

$$\frac{d^2\psi}{dv^2} = -2\pi\left(\frac{i\pi}{\omega'_2}\right)^2 \left[\frac{\mathrm{V}(1-\mathrm{V})}{(1+\mathrm{V})^3} + \frac{q}{1+q}\left(\frac{1}{\mathrm{V}} - \mathrm{V}\right) + \frac{2^2 q^2}{1-q^2}\left(\frac{1}{\mathrm{V}^2} - \mathrm{V}^2\right) + \ldots\right],$$

$$(45) \quad -\left(\frac{\omega'_2}{i\pi}\right)^3 \wp' v = \frac{\mathrm{V}(1-\mathrm{V})}{(1+\mathrm{V})^3} + \frac{q}{1+q}\left(\frac{1}{\mathrm{V}} - \mathrm{V}\right) + \ldots + \frac{p^2 q^p}{1-(-1)q^p}\left(\frac{1}{\mathrm{V}^p} - \mathrm{V}^p\right) + \ldots$$

Soient a, b les sommes des deux séries (43), (45). Si l'on suppose q infiniment petit et V fini, on a

$$a = \frac{1-\mathrm{V}}{1+\mathrm{V}}, \qquad b = \frac{\mathrm{V}(1-\mathrm{V})}{(1+\mathrm{V})^3},$$

d'où résulte

$$b = \tfrac{1}{4}\,a(1 - a^2).$$

Cette valeur de b, en fonction de a, est une valeur limite; c'est aussi une limite inférieure, et nous allons montrer que, a étant positif, on a toujours

$$(46) \qquad b > \tfrac{1}{4}\,a(1 - a^2).$$

Posant, en effet, $\frac{1 - V}{1 + V} = a'$, on déduit, des séries (43), (45), celle-ci

$$b + \tfrac{1}{2}\,a = \frac{3a' - a'^3}{4} + \sum (p^2 - 1)\frac{q^p}{1 - (-q)^p}\left(\frac{1}{V^p} - V^p\right),$$

dont tous les termes sont positifs. On peut donc conclure

$$b + \tfrac{1}{2}\,a > \frac{3a' - a'^3}{4}.$$

Mais la fonction $\frac{3a' - a'^3}{4}$ croît avec a', tant que a' est inférieur à $\frac{3}{2}$. Ici a' est inférieur à l'unité. L'inégalité a donc lieu *a fortiori* si l'on remplace a' par a, qui lui est inférieur. Cette substitution fournit l'inégalité demandée (46).

Le problème est donc impossible si l'on n'a pas

$$\frac{p\rho^3}{4n^3\mathrm{EI}} > \frac{1}{4n}\left(1 - \frac{1}{n^2}\right),$$

$$(47) \qquad \frac{p\rho^3}{\mathrm{EI}} > n^2 - 1, \qquad n \geqq 2.$$

Voici une condition nécessaire pour qu'il existe des figures d'équilibre autres que la figure circulaire. Cette condition n'est pas satisfaite si l'on a

$$(48) \qquad \frac{p\rho^3}{\mathrm{EI}} < 3.$$

On en conclut que la condition (48) assure la stabilité de l'équilibre.

Dans une étude plus approfondie, on doit se demander si l'inégalité (47) assure l'existence de solutions pour les équations (43) et (44). On trouvera, sur ce sujet, des détails complémentaires dans le Mémoire cité en tête de ce Chapitre. La condition (47) ne suffit pas et doit être complétée ainsi

$$(n-1)(2n-1)(3n-1) > \frac{p\rho^3}{EI} > n^2 - 1.$$

Mais nous passons ces détails, dont la reproduction nous entraînerait hors des limites de cet Ouvrage.

CHAPITRE VI.

LIGNES GÉODÉSIQUES DES SURFACES DE RÉVOLUTION DU SECOND DEGRÉ.

Équations différentielles. — Surfaces du second degré; inversion. — Expressions elliptiques des constantes. — Discussion. — Lignes géodésiques singulières de la surface gauche de révolution. — Lignes géodésiques conjuguées. — Liaison entre les lignes géodésiques et l'herpolhodie. — Points imaginaires. — Comparaison des arcs sur une même ligne géodésique. — Propriétés d'une classe de surfaces développables. — Développable ayant pour arête de rebroussement une ligne géodésique de surface du second degré, de révolution. — Surfaces confocales. — Cas où la surface confocale rencontre la ligne géodésique. — Surface confocale inscrite dans les développables. — Points homologues. — Théorèmes sur les arcs. — Méridiens. — Théorème sur les arcs d'ellipse et d'hyperbole. — Propositions sur la fonction ζ. — Les lignes géodésiques des surfaces de révolution du second degré ne sont pas algébriques. — Exemple d'une courbe analogue, mais algébrique. — Exemple d'herpolhodie algébrique.

Équations différentielles.

Soit Z une fonction de la coordonnée z, et

$$x^2+y^2=2Z \tag{1}$$

l'équation d'une surface de révolution. Les équations différentielles des lignes géodésiques sur cette surface sont

$$\frac{d^2x}{ds^2}=Nx,\qquad \frac{d^2y}{ds^2}=Ny,\qquad \frac{d^2z}{ds^2}=-NZ'.$$

L'arc de la courbe est s, et ces équations expriment que le plan osculateur est constamment normal à la surface. Si l'on regarde la courbe comme la trajectoire d'un point matériel astreint seulement à rester sur la surface, on peut envisager s comme désignant le temps; N est la moitié de la réaction exercée par la surface.

Des deux premières équations se déduit l'intégrale des aires

$$(2) \qquad x\frac{dy}{ds} - y\frac{dx}{ds} = c;$$

puis les relations

$$\left[\left(\frac{dx}{ds}\right)^2 + \left(\frac{dy}{ds}\right)^2\right](x^2+y^2) - \left(x\frac{dy}{ds} - y\frac{dx}{ds}\right)^2 = \left(x\frac{dx}{ds} + y\frac{dy}{ds}\right)^2,$$

$$\left(\frac{dx}{ds}\right)^2 + \left(\frac{dy}{ds}\right)^2 + \left(\frac{dz}{ds}\right)^2 = 1,$$

$$x\frac{dx}{ds} + y\frac{dy}{ds} = Z'\frac{dz}{ds},$$

jointes aux relations (1, 2), donnent celle-ci

$$(3) \qquad \left(\frac{dz}{ds}\right)^2 = \frac{2Z - c^2}{2Z + Z'^2},$$

où les variables sont séparées. En différentiant aux deux membres et remplaçant $\frac{d^2z}{ds^2}$ par $-NZ'$, on obtient, pour la réaction N, l'expression toute connue

$$(4) \qquad N = \frac{2ZZ'' - Z'^2 - c^2(1 + Z'')}{(2Z + Z'^2)^2}.$$

Pour trouver ensuite x et y, on pose

$$x + iy = X, \qquad x - iy = Y,$$

puis, écrivant la relation (2) sous la forme

$$(5) \qquad \frac{1}{X}\frac{dX}{ds} - \frac{1}{Y}\frac{dY}{ds} = \frac{ic}{Z},$$

on fait dépendre le rapport X : Y d'une nouvelle quadrature, tandis que le produit $XY = 2Z$ est déjà connu.

Surfaces du second degré ; inversion.

Soit choisie, pour Z, la fonction

$$Z = \frac{a^2}{2}\left(1 - \frac{z^2}{b^2}\right),$$

en sorte que

$$(6) \qquad \frac{x^2+y^2}{a^2}+\frac{z^2}{b^2}=1$$

représente une des quatre surfaces du second degré de révolution à centre, savoir :

Un ellipsoïde aplati, si...........	$a^2 > b^2 > 0$,
Un ellipsoïde allongé, si...........	$b^2 > a^2 > 0$,
Un hyperboloïde à une nappe, si...	$a^2 > 0 > b^2$,
Un hyperboloïde à deux nappes, si.	$b^2 > 0 > a^2$.

En prenant z^2 pour inconnue, au lieu de z, on écrira l'équation (3) sous la forme

$$(7) \qquad \frac{a^2-b^2}{b^2}\left[\frac{d(z^2)}{ds}\right]^2=\frac{4z^2\left(z^2+\dfrac{b^4}{a^2-b^2}\right)\left(\dfrac{a^2-c^2}{a^2}b^2-z^2\right)}{\left(z^2+\dfrac{b^4}{a^2-b^2}\right)^2}.$$

Soient posés maintenant

$$(8) \qquad \begin{cases} \tau^2(e_\alpha-e_\beta)=\dfrac{b^4}{a^2-b^2}, \\ \tau^2(e_\beta-e_\gamma)=\dfrac{a^2-c^2}{a^2}b^2, \end{cases}$$

$$(9) \qquad z^2=\tau^2(e_\beta-\mathrm{p}u);$$

on en déduira

$$(9\,a) \qquad \begin{cases} z^2+\dfrac{b^4}{a^2-b^2}=\tau^2(e_\alpha-\mathrm{p}u), \\ \dfrac{a^2-c^2}{a^2}b^2-z^2=\tau^2(\mathrm{p}u-e_\gamma). \end{cases}$$

Tenant compte de la relation

$$\mathrm{p}'^2u=4(\mathrm{p}u-e_\alpha)(\mathrm{p}u-e_\beta)(\mathrm{p}u-e_\gamma),$$

on conclut maintenant de l'équation (7)

$$\tau^2\frac{a^2-b^2}{b^2}\left(\frac{du}{ds}\right)^2=\frac{1}{(e_\alpha-\mathrm{p}u)^2},$$

ou bien, en extrayant la racine carrée,

$$(10) \qquad \frac{ds}{du}=\tau\frac{\sqrt{a^2-b^2}}{b}(e_\alpha-\mathrm{p}u).$$

Voici donc, par une intégration, l'expression finie de l'arc s :

$$(11) \qquad s = \tau \frac{\sqrt{a^2 - b^2}}{b}(e_\alpha u + \zeta u) + \text{const.}$$

Pour effectuer ensuite l'intégration dans l'équation (5), il faudra mettre Z, à un facteur constant près, sous la forme $\wp u - \wp v$. Ceci conduit à introduire un argument constant v, en remplaçant les égalités (8) par celles-ci :

$$(12) \qquad \begin{cases} \tau^2(e_\alpha - \wp v) = \dfrac{a^2 b^2}{a^2 - b^2}, \\ \tau^2(e_\beta - \wp v) = b^2, \\ \tau^2(e_\gamma - \wp v) = \dfrac{b^2 c^2}{a^2}; \end{cases}$$

d'où l'on conclut

$$\tau^3 i \wp' v = \frac{2 b^3 c}{\sqrt{a^2 - b^2}},$$

$$\frac{ic\sqrt{a^2 - b^2}}{b} = -\frac{\tau \wp' v}{2(e_\alpha - e_\beta)},$$

par quoi l'on transforme l'égalité (10) en celle-ci

$$(13) \qquad ic\frac{ds}{du} = -\frac{\tau^2 \wp' v}{2(e_\alpha - e_\beta)}(e_\alpha - \wp u).$$

On trouve, d'autre part,

$$(14) \qquad Z = \tau^2 \frac{(e_\alpha - \wp v)(\wp u - \wp v)}{2(e_\alpha - e_\beta)} = \frac{\tau^2}{2}\frac{a^2}{b^2}(\wp u - \wp v),$$

$$\frac{ic}{Z}\frac{ds}{du} = -\frac{\wp' v(e_\alpha - \wp u)}{(e_\alpha - \wp v)(\wp u - \wp v)}.$$

Voici donc ce que devient l'équation (5) :

$$(15) \qquad \begin{cases} \dfrac{d}{du}\log\dfrac{X}{Y} = -\dfrac{\wp' v(e_\alpha - \wp u)}{(e_\alpha - \wp v)(\wp u - \wp v)} \\ \qquad = \zeta(u + v) - \zeta(u - v) - 2\zeta(v + \omega_\alpha) + 2\eta_\alpha. \end{cases}$$

L'expression (14) de $2Z = XY$ donne, d'autre part,

$$\frac{d}{du}\log XY = \frac{\wp' u}{\wp u - \wp v} = \zeta(u + v) + \zeta(u - v) - 2\zeta u;$$

il en résulte

$$\frac{d}{du}\log X = \zeta(u+v) - \zeta u - \zeta(v+\omega_\alpha) + \eta_\alpha,$$

d'où, par intégration, en dénotant d'une manière appropriée la constante arbitraire,

(16)
$$\begin{cases} X = \quad E\tau\dfrac{a}{b}\dfrac{\sigma(u+v)}{\sigma v\,\sigma u}\,e^{[\eta_\alpha-\zeta(v+\omega_\alpha)]u}, \\ Y = -\dfrac{\tau}{E}\dfrac{a}{b}\dfrac{\sigma(u-v)}{\sigma v\,\sigma u}\,e^{[\zeta(v+\omega_\alpha)-\eta_\alpha]u}. \end{cases}$$

La constante, mise devant l'expression de Y, est choisie d'accord avec l'expression de 2Z, que doit reproduire XY.

Expressions elliptiques des constantes.

Les formules (12) fournissent les éléments elliptiques en fonction des constantes primitives. Inversement on en tire les expressions de ces constantes par les éléments elliptiques :

(17)
$$\begin{cases} a^2 = \tau^2\dfrac{(e_\alpha - pv)(e_\beta - pv)}{e_\alpha - e_\beta}, \\ b^2 = \tau^2(e_\beta - pv), \\ c^2 = \tau^2\dfrac{(e_\alpha - pv)(e_\gamma - pv)}{e_\alpha - e_\beta}. \end{cases}$$

En prenant de diverses manières les indices α, β, γ et l'argument v, on obtiendra les divers cas qui peuvent s'offrir, soit relativement à la nature de la surface, soit à la nature de la ligne géodésique. L'examen de ces divers cas va faire l'objet d'une discussion, que l'on pourrait fonder sur l'étude de la formule (7), mais qui sera plus intéressante si l'on prend pour point de départ les formules elliptiques.

Discussion.

Les conditions nécessaires et suffisantes pour que les équations (16) et (9) représentent une courbe réelle sont les suivantes. τ étant supposé, comme il est loisible, être une constante réelle.

1° La quantité $ip'v\,du$ doit être réelle;

2° Les quantités c^2, z^2, Z doivent être réelles et positives.

Il est d'ailleurs sous-entendu que le discriminant est positif, puisque les racines e_α, e_β, e_γ sont réelles.

Ces conditions, évidemment nécessaires, sont suffisantes; on peut le voir ainsi.

Comme pu et pv sont nécessairement réels, on voit que les conditions relatives à $ip'v\,du$ et à c^2 assurent la réalité de ds (13).

Les expressions (16) de X et Y donnent lieu à l'équation (15), d'où l'on peut remonter à l'équation (5), où ds, c, Z sont réels. On est donc assuré de pouvoir déterminer la constante E, de manière que le rapport X : Y ait l'unité pour valeur absolue (module). D'autre part, le produit $XY = 2Z$ est réel et positif. On trouvera donc ainsi pour X et Y des imaginaires conjuguées. Si z^2 est positif, on voit que x, y, z sont réels. La courbe est donc effectivement réelle.

La première condition, relative à $ip'v\,du$, limite ceux des intervalles $(-\infty, e_3)$, (e_3, e_2), (e_2, e_1), $(e_1, +\infty)$ où peuvent se trouver pu et pv.

Les rangs des intervalles où se trouvent ces deux quantités sont de parités opposées.

La condition relative à c^2 se traduit par celle-ci (17) :

$$(e_\alpha - pv)(e_\gamma - pv)(e_\alpha - e_\beta) > 0. \tag{18}$$

Celle qui est relative à z^2 donne (9)

$$e_\beta - pu > 0. \tag{19}$$

Enfin la condition relative à Z s'exprime ainsi, d'après (12, 14),

$$(e_\gamma - pv)(pu - pv) > 0. \tag{20}$$

Rien n'est plus aisé maintenant que de trouver les divers cas possibles. Voici un spécimen de la discussion.

Supposons $\alpha = 1$, $\beta = 2$, $\gamma = 3$. La condition (18) exige que pv soit supérieur à e_1 ou inférieur à e_3. Soit $pv < e_3$; alors, suivant la condition (19), pu doit être moindre que e_2 et se trouve ainsi dans l'intervalle (e_3, e_2). La condition (20) est alors remplie. Soit, en second lieu, $pv > e_1$; alors pu, moindre que e_2, est nécessairement au-dessous de e_3, et la condition (20) est encore remplie.

Cet exemple doit suffire et nous n'avons qu'à noter ici le résultat. Dans chaque cas, on trouve effectivement aussi, d'après les égalités (17), des valeurs de a^2 et b^2 réelles et qui ne sont pas toutes deux négatives. La courbe est donc, non seulement réelle, mais véritablement aussi une ligne géodésique d'une surface réelle.

Nous figurons, pour chaque cas, les quantités dans l'ordre croissant. Les deux premiers cas sont ceux qu'on vient de discuter.

I.	$pv,\ e_\gamma,\ pu,\ e_\beta,\ e_\alpha$;	$a^2 > b^2 > 0$.
II.	$pu,\ e_\gamma,\ e_\beta,\ e_\alpha,\ pv$;	
III.	$pu,\ e_\beta,\ e_\gamma,\ e_\alpha,\ pv$;	$a^2 > 0 > b^2$.
IV.	$pu,\ e_\beta,\ e_\alpha,\ e_\gamma,\ pv$;	
V.	$e_\alpha,\ pv,\ e_\gamma,\ pu,\ e_\beta$;	$b^2 > a^2 > 0$.
VI.	$pu,\ e_\gamma,\ pv,\ e_\alpha,\ e_\beta$;	$b^2 > 0 > a^2$.

Il est à remarquer que, sur les six permutations des indices α, β, γ, l'une se trouve répétée deux fois, dans les cas I et II, et une autre manque complètement. Si l'on avait, en effet, $e_\alpha < e_\beta < e_\gamma$, pv devrait être, d'après (18), entre e_α et e_γ. D'après (19) et (20), pu devrait être supérieur à pv et inférieur à e_β. Par conséquent, pv et pu devraient être tous deux dans l'intervalle (e_α, e_β), ce qui ne se peut, d'après la condition imposée, en premier lieu, à ces deux quantités.

On ne peut manquer d'observer ce fait singulier que chacun des cas I, V, VI répond à une surface différente, ellipsoïde aplati, ellipsoïde allongé, hyperboloïde à deux nappes ; sur chacune de ces surfaces, il n'y a qu'une espèce unique de lignes géodésiques. Au contraire, les trois autres cas correspondent à la surface gauche de révolution, sur laquelle, on le voit, il se trouve trois espèces différentes de lignes géodésiques. C'est là un fait sur lequel il convient de s'arrêter.

Lignes géodésiques singulières de la surface gauche de révolution.

Il est naturel d'examiner les particularités que la dégénérescence des fonctions elliptiques entraîne pour les lignes géodésiques dans les six cas précédents.

Tout d'abord l'hypothèse $e_\alpha = e_\beta$, suivant l'égalité (8), est à écarter immédiatement comme dénuée de tout intérêt. Elle correspond à une surface indéfiniment aplatie, sur laquelle les lignes géodésiques se réduisent à des droites quelconques.

L'hypothèse $e_\alpha = e_\gamma$, dans les cas I et II, entraîne aussi $e_\alpha = e_\beta$; il n'y a pas lieu d'y revenir. Pour les cas V et VI, elle entraîne $e_\alpha = p v$, c'est-à-dire $a = 0$, suivant (17). La surface de révolution disparaît. Mais, pour les cas III et IV, entre lesquels cette hypothèse sert de transition, elle donne lieu, sur la surface gauche, à des lignes géodésiques effectives : ce sont les génératrices rectilignes. On voit, en effet, par l'équation différentielle (7), que, pour ce cas, $\frac{dz}{ds}$ est une constante. C'est ce qu'on peut vérifier aussi par le moyen de l'expression de N. En utilisant l'égalité (4), on trouve effectivement

$$N = \frac{b^6(a^2c^2 - b^2c^2 - a^4)}{a^4[b^4 + (a^2 - b^2)z^2]^2}$$

et le numérateur est nul, suivant (8), quand on suppose $e_\alpha = e_\gamma$. Par cette même expression de N, on observera que les lignes géodésiques, sauf le cas où elles sont droites, n'offrent jamais de point d'inflexion en projection sur le plan de l'équateur.

L'hypothèse $e_\gamma = e_\beta$, pour les cas IV et VI, entraîne aussi $e_\alpha = e_\beta$, et ne doit plus être envisagée. Pour les cas I et V, elle exige $pu = e_\beta$, ce qui donne $z = 0$; on obtient ainsi l'équateur de la surface. Mais, pour les cas II et III, on peut supposer $e_\beta = e_\gamma$ en laissant varier pu. C'est, on le voit, l'hypothèse qui sert de transition entre ces deux cas II et III. Il y correspond, sur la surface gauche, des lignes géodésiques singulières dont les équations peuvent s'obtenir sans le secours des fonctions elliptiques, comme on voit par l'équation différentielle (7). Cette équation, par l'hypothèse $c^2 = a^2$, devient intégrable, en effet, au moyen des fonctions logarithmiques. En chaque point de la surface passent deux de ces lignes singulières, symétriquement inclinées sur la tangente au parallèle et faisant, avec cette tangente, un angle dont le cosinus est égal au rapport des rayons du cercle de gorge et du parallèle. On se rendra facilement compte de cette propriété par le moyen de l'équation (7), qui fournit la direction de ces lignes singulières.

En un point arbitraire de la surface de révolution, il y a lieu de considérer ainsi, dans le plan tangent, quatre droites, savoir les deux génératrices rectilignes G, G′ et les deux tangentes des géodésiques singulières T, T′. Ces quatre droites se coupent au point considéré ; elles partagent le plan en quatre régions dont chacune est composée de deux angles opposés par le sommet et qui n'empiètent pas les unes sur les autres. Une de ces régions est limitée par T et T′, une autre par G et G′, une autre par G et T, une quatrième par G′ et T′.

Cela posé, pour toute ligne géodésique qui passe au point considéré, la tangente en ce point est contenue dans une des quatre régions. Si elle est contenue dans la première région (T, T′), la ligne géodésique est de l'espèce II. Si elle appartient à la troisième ou à la quatrième région (G, T) ou (G′, T′), c'est alors l'espèce III. Si elle appartient enfin à la seconde région (G, G′), la ligne géodésique est de l'espèce IV.

L'espèce II présente, en outre, une distinction géométrique très simple. La fonction pu y varie de $-\infty$ à e_3 ; z^2 ne s'évanouit jamais et devient minimum pour $pu = e_3$: la ligne géodésique ne traverse pas le cercle de gorge et touche un parallèle. Au contraire, dans les espèces III et IV, pu varie bien de la même manière, mais z^2, qui tout à l'heure était égal à $\tau^2(e_2 - pu)$, est maintenant représenté par $\tau^2(e_3 - pu)$. Son minimum est zéro ; la fonction *uniforme* z s'évanouit en changeant de signe quand u franchit l'argument correspondant ω_3. La ligne géodésique traverse le cercle de gorge et tous les parallèles.

Sous ce point de vue, les lignes géodésiques de l'hyperboloïde à deux nappes (cas VI) peuvent être assimilées à l'espèce II ; elles sont tangentes à un parallèle.

Sur les deux ellipsoïdes (I et V), pu varie de e_β à e_γ ; toutes les lignes géodésiques sont tangentes à deux parallèles, symétriques par rapport à l'équateur, et traversent l'équateur.

Lignes géodésiques conjuguées.

Avec les mêmes fonctions elliptiques et les mêmes arguments, de part et d'autre, considérons deux lignes appartenant, l'une à l'espèce II, l'autre à l'espèce III. Les équations (16), sans aucune altération, sauf les facteurs constants, s'appliquent en même temps aux deux courbes.

Par conséquent, *à toute ligne géodésique, d'espèce II ou III, tracée sur une surface gauche de révolution, correspond une seconde ligne géodésique, tracée sur une autre surface de même espèce et de même axe, de telle sorte que, sur un plan perpendiculaire à cet axe, les deux courbes aient une seule et même projection. De ces deux lignes, l'une est de l'espèce II, l'autre est de l'espèce III; leurs arcs correspondants sont proportionnels.*

Ce mode simple de correspondance résulte d'un échange entre les indices β et γ. Il n'existe, dans le domaine réel, que pour les espèces II et III. Les formules (17) donnent immédiatement les relations entre les quantités a^2, b^2, c^2, relatives à l'une des lignes, et les analogues a'^2, b'^2, c'^2, relatives à l'autre :

$$\frac{a'^4}{a^4} = \frac{a'^2 - b'^2}{a^2 - b^2}, \qquad a' = c, \qquad c' = a.$$

Le rapport des arcs correspondants est $\frac{b}{b'}$.

L'échange des indices α et γ met en évidence un lien fort remarquable aussi, quoique moins simple, entre les lignes géodésiques de l'ellipsoïde allongé et de l'hyperboloïde à deux nappes (V et VI).

Les quantités e_1, e_2, e_3 étant supposées les mêmes pour les deux lignes, soient u, v les arguments relatifs à la ligne d'espèce V et u', v' ceux qui sont relatifs à la ligne d'espèce VI. Prenons

$$v' = v - \omega, \qquad u' = u + \omega,$$

ce qui est conforme à la nature des quatre arguments u, v, u', v'.

Pour la première courbe, on a, suivant les égalités (16),

$$\frac{X}{Y} = -E^2 \frac{\sigma(u+v)}{\sigma(u-v)} e^{2[\eta' - \zeta(v+\omega')]u}$$

et, pour la seconde,

$$\frac{X'}{Y'} = -E'^2 \frac{\sigma(u'+v')}{\sigma(u'-v')} e^{2[\eta'' - \zeta(v'+\omega'')]u'}$$
$$= E'^2 \frac{\sigma(u+v)}{\sigma(u-v)} e^{2[\eta'' - \zeta(v'+\omega'')]u' - 2\eta(u-v+\omega)}.$$

Comme on a $\omega'' = \omega + \omega'$ et $\eta'' = \eta + \eta'$, on voit qu'il suffit de choisir les constantes E, E' pour conclure à l'égalité des rapports $X : Y$ et $X' : Y'$. Quand il en est ainsi, les deux points qui se correspondent sur les deux lignes géodésiques sont dans un même plan méridien. Pour achever de préciser la correspondance, il faut donner les relations entre les coordonnées z et z', ainsi qu'entre les quantités a^2, b^2, c^2, a'^2, b'^2, c'^2. C'est ce qu'on fait aisément au moyen des formules d'addition de la demi-période. On a, en effet, suivant les égalités (9, 17) et les formules d'addition

$$z^2 z'^2 = b^2 b'^2 = \tau^2 \tau'^2 (e_1 - p u)(e_1 - p u')$$
$$= \tau^2 \tau'^2 (e_1 - p v)(e_1 - p v') = \tau^2 \tau'^2 (e_1 - e_2)(e_1 - e_3).$$

D'après les égalités (8), on a aussi

$$e_1 - e_3 = \frac{b^4}{\tau^2 (b^2 - a^2)} = \frac{(a'^2 - c'^2) b'^2}{\tau'^2 a'^2},$$
$$e_1 - e_2 = \frac{(a^2 - c^2) b^2}{\tau^2 a^2} = \frac{b'^4}{\tau'^2 (b'^2 - a'^2)}.$$

Par l'élimination de τ^2, τ'^2, ces relations se réduisent aux suivantes

$$(21) \quad \begin{cases} (b^2 - a^2)(b'^2 - a'^2) = b^2 b'^2, \\ z z' = b b', \\ (a^2 - c^2)(a'^2 - c'^2) = a^2 a'^2, \end{cases}$$

dont la dernière peut être laissée de côté, comme on va le reconnaître. Voici donc la conclusion :

Soient un ellipsoïde allongé

$$\frac{x^2+y^2}{a^2}+\frac{z^2}{b^2}=1 \quad (b^2>a^2),$$

et un hyperboloïde à deux nappes

$$\frac{x'^2+y'^2}{a'^2}+\frac{z'^2}{b'^2}=1 \quad (a'^2<0).$$

dont les axes satisfassent à la première relation (21). *On établit une correspondance entre les points de ces deux surfaces, situés dans un même plan méridien et conformément à la seconde relation* (21).

De cette manière, les lignes géodésiques des deux surfaces se correspondent. On voit que la relation entre c^2 et c'^2 est une conséquence de la seconde relation (21). Elle traduit, en effet, la correspondance entre les points où les deux lignes géodésiques sont tangentes à des parallèles.

Par l'échange des indices α et β, on trouve de même un lien algébrique entre les espèces II et VI. Soient u, v les arguments relatifs à la courbe de l'espèce II, u' et v' ceux qui sont relatifs à la courbe de l'espèce VI. On prendra

$$v'=v-\omega', \qquad u'=u+\omega'.$$

Des calculs tout semblables à ceux qui précèdent conduisent ainsi à cette conclusion :

Sur l'hyperboloïde à une nappe

$$\frac{x^2+y^2}{a^2}+\frac{z^2}{b^2}=1 \quad (a^2>0>b^2),$$

si l'on envisage une géodésique tangente à un parallèle de rayon c, et sur l'hyperboloïde à deux nappes

$$\frac{x'^2+y'^2}{a'^2}+\frac{z'^2}{b'^2}=1 \quad (b'^2>0>a'^2)$$

une géodésique tangente à un parallèle de rayon c', et que les deux relations

$$(c^2-a^2)(c'^2-a'^2)=c^2c'^2,$$

$$\frac{(c^2-a^2)(b^2-a^2)}{a^2b^2}+\frac{(c'^2-a'^2)(b'^2-a'^2)}{a'^2b'^2}+1=0$$

aient lieu, les points de ces deux lignes géodésiques (convenablement orientées), *situés dans un même plan méridien, se correspondent conformément à l'égalité*

$$\left(\frac{c^2-a^2}{a^2}b^2-z^2\right)\left(\frac{c'^2-a'^2}{a'^2}b'^2-z'^2\right)=\frac{b^2c^2b'^2c'^2}{a^2a'^2}.$$

Liaison entre les lignes géodésiques et l'herpolhodie.

La forme extérieure des équations (16) est toute semblable à celle qu'affectent les équations de l'herpolhodie (II, 14, p. 55). Mais, dans l'herpolhodie, pu est placé entre e_3 et e_2, pv entre e_2 et e_1, ce qui n'a lieu ici dans aucun des six cas. Dans un seul cas, celui de l'ellipsoïde allongé (V), pu et pv sont placés de la manière inverse. Il est alors, pour ce cas, possible de changer les équations (16) en celles de l'herpolhodie, au moyen du changement de u, v en iu, iv.

Supposons, à cet effet, que les fonctions elliptiques employées pour la ligne géodésique soient construites avec les racines ci-après :

$$e_\alpha=-e_1,\qquad e_\gamma=-e_2,\qquad e_\beta=-e_3,$$

auquel cas on les distingue par un trait supérieur, comme on l'a fait dans le Tome I (p. 57, 140, 172). Employons aussi les caractères romains u, v, a, b, c, au lieu des italiques correspondants, pour les éléments de la ligne géodésique, qui se distingueront ainsi des éléments de l'herpolhodie.

Prenons

$$\mathrm{u}=iu,\qquad \mathrm{v}=iv.$$

D'après les conventions précédentes, nous avons

$$\omega_\alpha=i\omega,\qquad \eta_\alpha=-i\eta,$$
$$\bar\sigma(\mathrm{u}+\mathrm{v})=i\sigma(u+v),\qquad \bar\sigma\mathrm{u}=i\sigma u,\qquad \bar\sigma\mathrm{v}=i\sigma v,$$
$$\bar\zeta(\mathrm{v}+\omega_\alpha)=-i\zeta(v+\omega),$$

et il en résulte cette nouvelle forme des équations (16)

$$(22)\qquad \begin{cases} \mathrm{X}=-i\mathrm{E}\tau\dfrac{\mathrm{a}}{\mathrm{b}}\dfrac{\sigma(u+v)}{\sigma u\,\sigma v}e^{[\eta-\zeta(v+\omega)]u},\\[2ex] \mathrm{Y}=-\dfrac{i\tau}{\mathrm{E}}\dfrac{\mathrm{a}}{\mathrm{b}}\dfrac{\sigma(u-v)}{\sigma u\,\sigma v}e^{-[\eta-\zeta(v+\omega)]u}. \end{cases}$$

S'il s'agit, d'ailleurs, d'une ligne géodésique appartenant à l'espèce V, on a, quant à l'ordre de grandeur,

$$e_\alpha < \mathfrak{p}\mathrm{v} < e_\gamma < \mathfrak{p}\mathrm{u} < e_\beta,$$

c'est-à-dire

$$e_1 > pv > e_2 > pu > e_3,$$

absolument comme dans le cas de l'herpolhodie. Les équations (22) sont donc celles d'une herpolhodie, dont on achèvera de déterminer les éléments en prenant, suivant l'expression de G (p. 47),

$$-\frac{i\varepsilon h}{\mu} - \zeta v = \eta - \zeta(v+\omega) \quad (\varepsilon = \pm 1),$$

c'est-à-dire

$$\frac{i\varepsilon h}{\mu} = \zeta(v+\omega) - \zeta v - \eta = \frac{1}{2}\frac{p'v}{pv - e_1}.$$

Dans les équations (7) de la page 47, prenons, comme il a été dit (p. 49) en discutant ces équations, $\alpha = 1$, $\beta = 3$, $\gamma = 2$. Nous avons alors

$$\frac{a^2 - h^2}{h} = \frac{i\varepsilon\mu}{2}\frac{p'v}{pv - e_1}.$$

La comparaison des deux dernières égalités donne $a^2 = 0$. Il s'agit donc ici de ce cas particulièrement simple, dont il a été parlé (p. 74), et dans lequel l'herpolhodie est engendrée par le roulement d'une ellipse.

Les formules de la page 47 et les formules (12) actuelles donnent facilement la détermination des éléments de cette herpolhodie :

$$(23) \qquad b^2 - h^2 = \mathrm{c}^2, \qquad c^2 - h^2 = \mathrm{a}^2, \qquad b^2 = \frac{\mathrm{b}^2\mathrm{c}^2}{\mathrm{a}^2}.$$

En conclusion, *toute ligne géodésique tracée sur un ellipsoïde de révolution allongé se projette sur le plan de l'équateur suivant une courbe qui peut être engendrée par une ellipse dont le centre est fixe et qui roule sur ce plan.*

Soient a et b (a < b) les axes de l'ellipsoïde, c le rayon des parallèles qui sont tangents à la ligne géodésique; soient b et c ($b < c$) les axes de l'ellipse roulante et $h < b$ la distance de son centre au plan. Ces diverses longueurs sont liées par les équations (23).

Points imaginaires.

Faisons, pour quelques instants, abstraction des lignes géodésiques et prenons simplement des équations de la forme (16)

$$(24)\quad \left\{\begin{aligned} X &= p\,\frac{\sigma(u+v)}{\sigma v\,\sigma u}\,e^{ku}, \\ Y &= q\,\frac{\sigma(u-v)}{\sigma v\,\sigma u}\,e^{-ku}, \end{aligned}\right\}\quad k = \eta_\alpha - \zeta(v+\omega_\alpha),$$

où p et q seront des constantes.

Il est manifeste qu'on pourra choisir ces constantes p, q de manière que ces équations représentent une courbe réelle, pourvu que $p'v$ et $p'u$ soient opposés d'espèce, l'un réel, l'autre purement imaginaire. Effectivement on déduit de là l'égalité (15)

$$\frac{d}{du}\log\frac{X}{Y} = -\frac{p'v(e_\alpha - pu)}{(e_\alpha - pv)(pu - pv)}.$$

Par hypothèse, $p'v.du$ est purement imaginaire. La partie variable de $\log\frac{X}{Y}$ est donc purement imaginaire et l'on peut prendre $\frac{p}{q}$ de telle sorte que $\log\frac{X}{Y}$ soit lui-même purement imaginaire. En second lieu, on a

$$XY = pq(pv - pu)$$

et l'on peut prendre pq de telle sorte que XY soit réel et positif. De cette manière, X et Y seront imaginaires conjugués et la courbe sera réelle.

Il faut avoir soin d'observer la supposition qui est faite ici : on admet que u varie d'une manière continue et que sa variation soit toujours ou réelle ou purement imaginaire. Mais u peut avoir une partie constante, période ou demi-période, de nature opposée. Si l'on modifiait cette partie constante par l'addition d'une période, il faudrait, pour rendre la courbe réelle, changer p et q. Si l'on change cette partie constante sans altérer p et q, X et Y prennent des valeurs qui ne sont plus imaginaires conjuguées, mais qu'on rendrait telles, en les multipliant par des constantes.

Supposons donc p et q choisis de manière à rendre X et Y imaginaires conjugués quand on considère une suite d'arguments que nous désignons généralement par u. Envisageons maintenant les arguments $u' = 2\omega' + u$, $2\omega'$ étant une période quelconque; soient X' et Y' les valeurs que prennent X et Y, p et q n'étant pas changés. Les deux fonctions X et Y sont doublement périodiques de deuxième espèce et admettent, relativement à la période $2\omega'$, les multiplicateurs μ' et $\frac{1}{\mu'}$,

$$\mu' = e^{2\eta' v + 2k\omega'}.$$

En multipliant donc X' par $\frac{1}{\mu'}$ et Y' par μ', on retrouvera deux imaginaires conjuguées.

Ces deux multiplicateurs $\frac{1}{\mu'}$ et μ' ne sont pas eux-mêmes imaginaires conjugués si $2\omega'$ n'est pas de même espèce que du, tout réel ou tout imaginaire. Il est facile de s'en convaincre. Si, en effet, on remplaçait $2\omega'$ par la période 2ω, de même espèce que du, X et Y resteraient imaginaires conjugués en se multipliant par les multiplicateurs correspondants μ et $\frac{1}{\mu}$, qui sont ainsi imaginaires conjugués, en sorte que μ a la forme $e^{i\psi}$, ψ étant un angle réel,

$$\mu = e^{i\psi} = e^{2\eta v + 2k\omega}.$$

On peut écrire μ' sous la forme suivante :

$$\mu' = e^{2\frac{\omega'}{\omega}(\eta v + k\omega)}\, e^{-\frac{2v}{\omega}(\eta\omega' - \eta'\omega)}.$$

La quantité $\eta\omega' - \eta'\omega$ est un multiple entier de $\frac{i\pi}{2}$, soit $n\frac{i\pi}{2}$; en sorte qu'on a

$$\mu' = e^{-\frac{ni\pi v}{\omega}}\, \mu^{\frac{\omega'}{\omega}} = e^{-\frac{ni\pi v}{\omega} + \frac{i\psi\omega'}{\omega}}.$$

Par hypothèse, ω' et ω sont l'un réel, l'autre purement imaginaire; de plus, v est, à une période ou demi-période près, de nature opposée à du et, par conséquent, à ω. De là résulte que l'exposant de l'exponentielle est ici tout réel, sauf un multiple de $i\pi$. Par suite, μ' est une quantité toute réelle.

En résumé, c'est par les multiplicateurs réciproques et réels $\frac{1}{\mu'}$ et μ' qu'il faut multiplier X' et Y' pour les rendre imaginaires conjugués dans le cas qui nous occupe. C'est ce qu'on traduirait en langage géométrique figuré si l'on disait : la portion de courbe pour les arguments u' se compose de la portion de courbe relative aux arguments u, que l'on fait tourner autour de l'origine d'un angle purement imaginaire égal à $\frac{1}{i}\log\mu'$, absolument comme, pour la suite des valeurs de u, la courbe se compose d'une portion, toujours la même, que l'on fait tourner successivement des angles réels ψ, 2ψ, ...

Il faut examiner maintenant ce que deviennent X et Y pour des arguments u'_1 de la forme $u'_1 = \omega' + u$.

Soient $X(\omega)$, $Y(\omega)$ ce que deviennent X et Y quand on y met, pour u, une demi-période ω; nous avons

$$\frac{q\,X(\omega)}{p\,Y(\omega)} = \frac{\sigma(\omega+v)}{\sigma(\omega-v)}e^{2k\omega} = e^{2\eta v+2k\omega} = \mu;$$

c'est le multiplicateur correspondant à la période 2ω dans la fonction X. Il en sera autant pour toute demi-période. Prenons deux demi-périodes, l'une ω'' comprise parmi les valeurs admises pour u, en sorte que

$$\frac{X(\omega'')}{Y(\omega'')} = \frac{p}{q}\mu''$$

soit, par hypothèse, de la forme $e^{i\varphi}$, φ étant un angle réel; prenons ensuite $\omega'+\omega''$, qui diffère de la première par la demi-période ω', la même que ci-dessus. Nous avons, de même,

$$\frac{X(\omega'+\omega'')}{Y(\omega'+\omega'')} = \frac{p}{q}\mu'\mu'';$$

car le multiplicateur est $\mu'\mu''$ pour la période $2\omega'+2\omega''$. Ainsi

$$\frac{X(\omega'+\omega'')}{Y(\omega'+\omega'')} = \mu'\frac{X(\omega'')}{Y(\omega'')} = \mu' e^{i\varphi}.$$

Soit $\varepsilon = \pm 1$ choisi de façon à rendre positive la quantité réelle $\varepsilon\mu'$. Si l'on multiplie $X(\omega'+\omega'')$ par $\frac{1}{\sqrt{\varepsilon\mu'}}$ et $Y(\omega'+\omega'')$ par

$\pm\sqrt{\varepsilon\mu'}$, le produit de ces deux quantités ainsi modifiées sera simplement multiplié par ± 1; il était égal à la quantité réelle $pq\,[pv - p(\omega' + \omega'')]$, qui est positive ou négative. En disposant du signe, on rendra le nouveau produit réel et positif. Le quotient des quantités ainsi modifiées est égal à $\pm e^{i\varphi}$; donc ces quantités sont imaginaires conjuguées.

Prenons maintenant des arguments de la forme $\omega' + u$; nous savons que $X(\omega' + u)$ et $Y(\omega' + u)$ deviennent imaginaires conjuguées si on les multiplie par des facteurs constants. Nous venons de trouver ces facteurs en supposant la valeur particulière $u = \omega''$; il n'y faut rien changer quand u est variable. Ainsi, en résumé, si $2\omega'$ est une période d'espèce opposée à du, et μ' le multiplicateur de la fonction X pour cette période : 1° μ' est une quantité réelle ; 2° $\frac{1}{\sqrt{\pm\mu'}} X(\omega' + u)$ et $\pm\sqrt{\pm\mu'}\, Y(\omega' + u)$ sont imaginaires conjugués ; 3° $\frac{1}{\mu'} X(2\omega' + u)$ et $\mu' Y(2\omega' + u)$ sont imaginaires conjugués.

Ces résultats s'appliquent, sans modification, aux cas où les équations (24) représentent la projection d'une ligne géodésique de surface de révolution du second degré. Il faut joindre aux équations (24) celle qui donne la coordonnée z, dont le carré reste toujours réel, mais peut être négatif, quand u est remplacé par $\omega' + u$. En ce cas, $z(\omega' + u)$ devient réel si on le multiplie par i.

Dans le langage figuré de la Géométrie, on peut dire que les arguments dont il s'agit fournissent les courbes qu'on obtient en faisant tourner une courbe réelle, autour de l'axe, d'un angle imaginaire et en multipliant les ordonnées z par $\sqrt{-1}$.

Les équations (24), considérées dans leur plus grande généralité, peuvent, avons-nous dit, représenter des courbes qui ne soient pas des projections de lignes géodésiques de surfaces de révolution du second degré. On peut leur donner encore une acception plus large en admettant que le *discriminant* y soit *négatif*. La courbe est alors réelle, si pu et pv sont séparés par e_2 et si l'on prend $e_\alpha = e_2$.

Nous verrons plus loin que, parmi ces dernières courbes, à discriminant négatif, il en est d'algébriques, tandis qu'il n'en existe aucune parmi les autres.

Comparaison des arcs sur une même ligne géodésique.

Sur une même ligne géodésique, deux points variables, répondant à des arguments dont la somme ou la différence est constante, sont liés l'un à l'autre par des relations purement algébriques, non seulement entre leurs coordonnées, mais aussi entre les arcs qui aboutissent à ces points. C'est ce qu'on va aisément reconnaître.

Soit u l'argument de l'un de ces points, dont X, Y, z sont les coordonnées. Toute fonction rationnelle de pu et $p'u$ est une fonction algébrique de z, comme on le voit par l'égalité (9).

Soit $w \mp u$ l'argument du second point, dont X', Y', z' sont les coordonnées. Désignons par s et s' les deux arcs aboutissant à ces points. D'après la formule (11), en laissant de côté la constante arbitraire, nous avons

$$s' \pm s = \tau \frac{\sqrt{a^2 - b^2}}{b} [e_\alpha w + \zeta(w \mp u) \pm \zeta u].$$

On a d'ailleurs (t. I, p. 138)

$$\zeta(w \mp u) \pm \zeta u = \zeta w + \frac{1}{2} \frac{p'w \pm p'u}{pw - pu}.$$

Ainsi la somme ou la différence des arcs est algébrique, en même temps que la somme ou la différence des arguments est constante.

Pour le premier cas, prenons le produit des coordonnées X, X'. D'après l'expression (16) de X, on a

$$XX' = \left(E\tau \frac{a}{b}\right)^2 e^{[\eta_\alpha - \zeta(v+\omega_\alpha)]w} \frac{\sigma(u+v)\,\sigma(w+v-u)}{\sigma^2 v\, \sigma u\, \sigma(w-u)},$$

ce qui est une fonction doublement périodique de u, rationnellement exprimable au moyen de pu et de $p'u$ (t. I, p. 213). Il en est de même à l'égard des produits YY' et zz', où, sauf les facteurs constants, v est remplacé par $-v$ pour l'un, par ω_β pour l'autre.

Dans le cas où la différence des arguments est constante, ce sont les quotients X' : X, Y' : Y et z' : z qui sont doublement périodiques, et algébriquement exprimables en fonction de z. On peut d'ailleurs passer facilement de l'un à l'autre cas. En effet, sauf changement de la constante E, X et Y s'échangent quand on change u en $-u$. Comme d'ailleurs XY est une fonction algébrique de z, la liaison entre les deux propositions est manifeste.

Nous allons faire connaître des propositions de Géométrie qui équivalent à cette proposition purement algébrique et qui serviront à la préciser.

Propriétés d'une classe de surfaces développables.

Considérons la fonction doublement périodique de deuxième espèce

$$f(u) = \frac{\sigma(u+v)}{\sigma v\, \sigma u} e^{[\zeta v - \zeta(v+v)]u},$$

dans laquelle v désigne un argument arbitraire. Cet argument est une racine de la dérivée $f'(u)$. On a, en effet,

$$\frac{f'(u)}{f(u)} = \zeta(u+v) - \zeta u + \zeta v - \zeta(v+v),$$

et l'on voit que $f'(u)$ s'évanouit pour $u = v$.

Soit pris maintenant un autre argument quelconque w et posons

$$(25) \qquad \rho = -\frac{\sigma u\, \sigma(u+w-v)\, \sigma w\, \sigma v}{\sigma(u-v)\, \sigma(u+w)\, \sigma(w-v)}.$$

Cette fonction ρ est doublement périodique par rapport à u; de même aussi son produit par $\frac{f'(u)}{f(u)}$. Dans ce produit, il subsiste deux pôles seulement (aux périodes près); ils répondent à $u = -v$ et $u = -w$. En effet, le pôle $u = v$ du facteur ρ est une racine de l'autre facteur, et le pôle $u = 0$ de ce dernier est une racine de ρ. De plus, la dérivée de ρ est, pour $u = 0$, égale à l'unité, tandis que le résidu de $\frac{f'(u)}{f(u)}$ est l'unité négative. En conséquence, la somme $1 + \rho\frac{f'(u)}{f(u)}$, qui a les mêmes pôles que le produit précédent, a, en outre, la racine $u = 0$. Donc enfin le produit de cette somme par $f(u)$ n'a plus le pôle $u = 0$; il n'a pas non plus le pôle $u = -v$, qui est racine de $f(u)$. Il lui reste le seul pôle $u = -w$. C'est d'ailleurs le produit de $f(u)$ par une fonction doublement périodique; c'est donc une fonction doublement périodique de deuxième espèce, avec les mêmes multiplicateurs que $f(u)$. Il ne diffère de $f(u+w)$ que par un facteur constant :

$$f(u) + \rho f'(u) = A f(u+w).$$

Pour déterminer le facteur A, il suffit de donner à u la valeur $v - w$, qui fait évanouir ρ; il s'ensuit

$$(26) \qquad f(u) + \rho f'(u) = \frac{f(v-w)}{f(v)} f(u+w).$$

Supposons maintenant une courbe gauche (x), lieu d'un point dont les trois coordonnées rectilignes x_1, x_2, x_3 dépendent d'un paramètre u par trois équations de la forme commune

$$(27) \qquad x_k = c_k f_k(u) = c_k \frac{\sigma(u+v_k)}{\sigma v_k \sigma u} e^{[\zeta v - \zeta(v+v_k)]u} \quad (k = 1, 2, 3).$$

Considérons le point dont les trois coordonnées y_1, y_2, y_3 sont déterminées par les trois équations, telles que celle-ci

$$y_k = x_k + \rho x'_k.$$

Ce point est situé sur la tangente de la courbe (x). En faisant varier l'argument arbitraire w et laissant u constant, on obtient ainsi les divers points de cette tangente. En faisant, au contraire, varier u et laissant w constant, on obtient une courbe (y). Considérant u et w comme variables, on voit que y_1, y_2, y_3 sont les coordonnées d'un point quelconque de la développable dont la courbe (x) est l'arête de rebroussement.

D'après l'égalité (26), en mettant les arguments en évidence, on a pour les coordonnées y, l'expression générale

$$(28) \qquad y_k(u) = \frac{x_k(v-w)}{x_k(v)} x_k(u+w).$$

Ainsi les trois coordonnées y d'un point variable sur la courbe (y) sont respectivement dans des rapports constants avec les coordonnées x d'un autre point variable sur l'arête de rebroussement (x). En d'autres termes, *il existe sur la développable une infinité de courbes homographiques à l'arête de rebroussement;* les diverses homographies ont toutes, pour plans principaux, les plans des coordonnées et celui de l'infini.

Cette propriété appartient à la développable dont l'arête de rebroussement est une ligne géodésique de surface de révolution du second degré. Effectivement X et Y ont la forme supposée ici pour x_k; les arguments tels que v_k sont égaux à $\pm v$. La coordonnée z a aussi cette forme, puisqu'on a, d'après (9),

$$(29) \qquad z = \tau i \sqrt{p u - e_\beta} = \tau i \frac{\sigma(u + \omega_\beta)}{\sigma \omega_\beta \, \sigma u} e^{-\eta_\beta u}.$$

Pour z, l'argument v_k a la valeur particulière ω_β. Quant à l'argument v, il est égal à la demi-période ω_α.

A cause de ces circonstances, les propriétés de la développable particulière, dont il s'agit maintenant, se précisent davantage. C'est ce qu'on va examiner; mais il faut d'abord chercher les conditions pour que le point y soit réel en même temps que le point x.

Développable ayant pour arête de rebroussement une ligne géodésique de surface du second degré de révolution.

Reprenant les notations X, Y, z, au lieu de x_1, x_2, x_3, nous emploierons aussi les lettres X_1, Y_1, z_1, au lieu de y_1, y_2, y_3. Nous mettrons encore les arguments en évidence.

Voici, d'après la relation générale (28), les coordonnées du point y:

$$(30) \qquad \left\{ \begin{aligned} X_1(u) &= \frac{X(\omega_\alpha - w)\,X(u + w)}{X(\omega_\alpha)}, \\ Y_1(u) &= \frac{Y(\omega_\alpha - w)\,Y(u + w)}{Y(\omega_\alpha)}, \\ z_1(u) &= \frac{z(\omega_\alpha - w)\,z(u + w)}{z(\omega_\alpha)}. \end{aligned} \right.$$

On remarquera d'abord que ω_α n'est, pour aucune des six espèces de lignes géodésiques (p. 243), l'argument d'un point réel.

Nous supposons u l'argument d'un point réel. Si alors $u + w$

l'est aussi, w est ou réel (espèce I) ou purement imaginaire, et $\omega_\alpha - w$ n'est pas l'argument d'un point réel. Effectivement, l'une des valeurs de w étant zéro, ω_α et $\omega_\alpha - w$ sont des arguments de même espèce. Mais alors $\frac{X(\omega_\alpha - w)}{X(\omega_\alpha)}$ et $\frac{Y(\omega_\alpha - w)}{Y(\omega_\alpha)}$ sont des imaginaires conjuguées et $\frac{z(\omega_\alpha - w)}{z(\omega_\alpha)}$ est réel. Comme aussi $X(u + w)$ et $Y(u + w)$ sont des imaginaires conjuguées et $z(u + w)$ réel, on voit que le point y est réel.

Si, au contraire, $\omega_\alpha - w$ est l'argument d'un point réel, soit u_1 cet argument; on a alors $u + w = \omega_\alpha + u - u_1$. La différence $u - u_1$ est ou réelle ou purement imaginaire, et $u + w$ n'est pas l'argument d'un point réel. Mais alors $u + w$ et ω_α sont des arguments de même espèce, et le point y est encore réel.

Ainsi le point y peut être réel, en même temps que le point x, de deux manières différentes. Dans l'une, c'est $u + w$ qui appartient à un point réel; dans l'autre, c'est $\omega_\alpha - w$.

Nous examinerons d'abord le premier cas, celui où $u + w$ est l'argument d'un point réel.

Les équations (30) étant écrites abréviativement

$$(31)\qquad X_1(u) = BX(u + w),\qquad Y_1(u) = B_0 Y(u + w),\qquad z_1(u) = Cz(u + w),$$

et B, B_0 étant imaginaires conjugués, C réel, le point y se déduit d'un point de la géodésique, celui d'argument $u + w$, par une transformation homographique fort simple : elle consiste à *multiplier par des constantes* ($\sqrt{BB_0}$ *et* C) *les distances au plan de l'équateur et à l'axe, et à faire tourner autour de l'axe d'un angle constant* φ = arg. de B.

Telles sont les transformations homographiques qui changent la géodésique en des courbes tracées sur la développable dont elle est l'arête de rebroussement.

Le cas où u et $\omega_\alpha - w$ appartiennent à des points réels présente les mêmes propriétés, mais sous forme imaginaire, ce que nous voulons écarter ici de nos études. On peut cependant observer que la partie imaginaire de ligne géodésique, lieu du point dont l'argument est $u + w$, résulte d'une courbe réelle par une transformation homographique imaginaire. C'est par une transformation homographique réelle, toute semblable à la précédente, et appliquée à cette dernière courbe réelle, que l'on obtient maintenant la courbe réelle, lieu du point y.

Il est aisé d'obtenir l'expression des deux constantes $\sqrt{BB_0}$ et C, qui interviennent dans la transformation. L'équation de la surface

$$XY = \frac{a^2}{b^2}(b^2 - z^2)$$

donne

$$BB_0 = \frac{b^2 - z^2(\omega_\alpha - w)}{b^2 - z^2(\omega_\alpha)}.$$

La première égalité ($9a$) nous fournit

$$z^2(\omega_\alpha) = -\frac{b^4}{a^2 - b^2}.$$

Posant, pour abréger,

$$z^2(\omega_\alpha - w) = -b^2\lambda,$$

nous en déduisons

$$(32)\quad \begin{cases} BB_0 = \dfrac{(a^2 - b^2)(1 + \lambda)}{a^2}, \\ C^2 = \dfrac{\lambda(a^2 - b^2)}{b^2}. \end{cases}$$

Il est visible que λ ne change pas par le changement de w en $-w$; car on a, suivant (9),

$$z^2(\omega_\alpha - w) = \tau^2[e_\beta - p(\omega_\alpha - w)] = \tau^2[e_\beta - p(\omega_\alpha + w)].$$

Non seulement C^2, mais C lui-même reste invariable par ce changement. On a effectivement, d'après (29),

$$C = \frac{z(\omega_\alpha - w)}{z(\omega_\alpha)} = \frac{\sigma(\omega_\alpha + \omega_\beta - w)\,\sigma\omega_\alpha}{\sigma(\omega_\alpha + \omega_\beta)\,\sigma(\omega_\alpha - w)}\,e^{\eta_\beta w} = \frac{\sigma_\gamma w}{\sigma_\alpha w},$$

ce qui est une fonction paire de w.

L'invariabilité de BB_0 peut encore être mise en évidence autrement. Soit, pour abréger,

$$\eta_\alpha - \zeta(v + \omega_\alpha) = k;$$

on a, en prenant une période quelconque ω,

$$(33)\quad \begin{cases} \dfrac{X(\omega - w)}{X(\omega)} = \dfrac{\sigma(\omega - w + v)\,\sigma\omega}{\sigma(\omega + v)\,\sigma(\omega - w)}\,e^{-kw}, \\ \dfrac{Y(\omega + w)}{Y(\omega)} = \dfrac{\sigma(\omega + w - v)\,\sigma\omega}{\sigma(\omega - v)\,\sigma(\omega + w)}\,e^{-kw}. \end{cases}$$

Les seconds membres de ces deux égalités sont égaux entre eux, d'après la propriété générale (t. I, p. 188)

$$\sigma(\omega+v).e^{-\eta v} = \sigma(\omega-v)e^{\eta v}$$

On a donc

$$(34)\qquad \begin{cases} B = \dfrac{X(\omega_\alpha - w)}{X(\omega_\alpha)} = \dfrac{Y(\omega_\alpha + w)}{Y(\omega_\alpha)}, \\ B_0 = \dfrac{Y(\omega_\alpha - w)}{Y(\omega_\alpha)} = \dfrac{X(\omega_\alpha + w)}{X(\omega_\alpha)}. \end{cases}$$

Si B' et B'_0 désignent les quantités analogues à B et B_0, mais relatives à l'argument $-w$, nous avons ainsi

$$(35)\qquad B = B'_0, \qquad B' = B_0.$$

Reprenant, avec l'angle φ, son analogue φ', nous concluons $\varphi = -\varphi'$, ces deux angles étant les arguments des imaginaires B et B'. Ainsi *les deux transformations homographiques relatives à deux arguments égaux et de signes contraires diffèrent seulement par le sens de la rotation autour de l'axe. La grandeur absolue de cette rotation est la même dans les deux transformations.*

Soit y' le point conjugué de y, déduit du point x avec l'argument $-w$, comme l'est y avec l'argument w; on voit que *les lieux géométriques de deux points conjugués sont deux courbes égales, dont l'une se déduit de l'autre par une rotation autour de l'axe.* Ainsi la courbe (y) se déduit de (y') par une rotation égale à 2φ.

Surfaces confocales.

Les deux transformations homographiques qui changent la courbe (x) en les deux courbes (y) et (y') changent, toutes deux, la surface, sur laquelle la géodésique est tracée, en une seule et même surface du second degré de révolution. D'après l'équation de cette dernière et les relations (31), la surface transformée a pour équation

$$\frac{X_1 Y_1}{a^2 B B_0} + \frac{z_1^2}{b^2 C^2} = 1.$$

Les carrés de ses axes $a^2 BB_0$ et $b^2 C^2$, suivant (32), ont les valeurs suivantes :

$$(36) \qquad \left\{ \begin{array}{l} a_1^2 = (1+\lambda)(a^2 - b^2), \qquad b_1^2 = \lambda(a^2 - b^2); \\ a_1^2 - b_1^2 = a^2 - b^2. \end{array} \right.$$

Ainsi les deux transformations homographiques changent la surface sur laquelle est tracée la géodésique en une surface *confocale*. En d'autres termes, *les surfaces confocales coupent la développable dont la géodésique est l'arête, suivant deux courbes distinctes, égales entre elles, qui diffèrent de position par une simple rotation autour de l'axe, et qui sont homographiques à la géodésique.*

Les théorèmes précédents donnent des constructions géométriques pour trouver une suite indéfinie de points sur une ligne géodésique de surface de révolution du second degré, quand on donne deux points et la tangente en l'un d'eux. Ayant, en effet, les points d'arguments $u - w$ et u et la tangente en ce dernier, on en déduira le point $u + w$, et la tangente en ce point. On pourra ensuite trouver le point $u + 2w$, etc. C'est donc une construction de l'addition des arguments. Mais on ne doit pas perdre de vue que deux points et la tangente en l'un d'eux constituent des données surabondantes.

Considérons maintenant la longueur l de la tangente, comptée entre les points x et y. Son expression est

$$l = \rho \frac{ds}{du}.$$

D'après les égalités (10, 25), on a ici

$$\frac{ds}{du} = \tau \frac{\sqrt{a^2 - b^2}}{b}(e_\alpha - p u) = \tau \frac{\sqrt{a^2 - b^2}}{b} \frac{\sigma(u - \omega_\alpha)\sigma(u + \omega_\alpha)}{\sigma^2 u \, \sigma^2 \omega_\alpha};$$

$$(37) \qquad \left\{ \begin{array}{l} \rho = - \dfrac{\sigma u \, \sigma(u + w - \omega_\alpha)\sigma w \, \sigma \omega_\alpha}{\sigma(u - \omega_\alpha)\sigma(u + w)\sigma(w - \omega_\alpha)}, \\ l = -\tau \dfrac{\sqrt{a^2 - b^2}}{b} \dfrac{\sigma(u + \omega_\alpha)\sigma(u + w - \omega_\alpha)\sigma w}{\sigma u \, \sigma(u + w)\sigma \omega_\alpha \, \sigma(w - \omega_\alpha)}. \end{array} \right.$$

Considérée comme fonction de u, l ne s'évanouit que pour les valeurs de u égales à ω_α ou à $\omega_\alpha - w$ (sauf des périodes). La première de ces racines ne correspond, on le sait, à aucun point réel.

Dans les cas que nous avons supposés jusqu'à présent, où $u+w$ correspond à un point réel, nous savons aussi que $\omega_\alpha - w$ n'y correspond point. En ces cas, l ne devient jamais nul. Ainsi, *quand la courbe (y) se déduit de (x) par une transformation homographique réelle, la surface confocale correspondante ne rencontre pas la géodésique.* Au contraire, *c'est en prenant des surfaces confocales rencontrant la géodésique qu'on obtient les courbes réelles (y) résultant de la géodésique par une transformation homographique imaginaire.*

Nous allons examiner spécialement ce second cas.

Cas où la surface confocale rencontre la ligne géodésique.

Nous supposons maintenant que $\omega_\alpha - w$ soit l'argument d'un point réel.

Ainsi, par hypothèse, on a

$$\omega_\alpha - w = u_1, \qquad u + w = \omega_\alpha + u - u_1,$$

et $u - u_1$ est réel ou purement imaginaire.

On a vu plus haut (p. 254) qu'en multipliant $X(u+w)$ par une quantité réelle et positive $\frac{1}{\nu}$ $(\nu = \sqrt{\varepsilon\mu'})$, et $Y(u+w)$ par $\pm\nu$, on rend les produits conjugués. Il en est de même à l'égard de $X(\omega_\alpha)$ et $Y(\omega_\alpha)$.

Au lieu de $\pm\nu$, mettons $(-1)^n\nu$. Les quantités $X(\omega_\alpha - w)$ et $Y(\omega_\alpha - w)$ sont conjuguées; de même, $\frac{1}{\nu}X(\omega_\alpha)$ et $(-1)^n\nu Y(\omega_\alpha)$. Les quotients

$$\frac{1}{i^n}\,\frac{X(\omega_\alpha - w)}{\frac{1}{\nu}X(\omega_\alpha)}, \qquad \frac{1}{i^n}\,\frac{Y(\omega_\alpha - w)}{\nu Y(\omega_\alpha)}$$

sont donc conjugués, et l'on a

$$(38)\qquad \frac{1}{i^n}\,\frac{X(\omega_\alpha - w)}{\frac{1}{\nu}X(\omega_\alpha)} = \mathrm{R}e^{i\psi}, \qquad \frac{1}{i^n}\,\frac{Y(\omega_\alpha - w)}{\nu Y(\omega_\alpha)} = \mathrm{R}e^{-i\psi},$$

R étant réel et positif, ψ réel. Par conséquent,

$$X_1(u) = X(u+w)\,i^n\,\mathrm{R}\,e^{i(\psi + i\log\nu)},$$
$$Y_1(u) = Y(u+w)\,i^n\,\mathrm{R}\,e^{-i(\psi + i\log\nu)}.$$

Ainsi, la transformation qui fait passer du point imaginaire x, d'argument $u+\varpi$, au point réel y, consiste à multiplier la distance à l'axe par la quantité réelle ou purement imaginaire $i^n R$, et à faire tourner, autour de l'axe, d'un angle imaginaire $\psi + i\log\nu$. Quant à la transformation de l'ordonnée z, on verra de même qu'elle consiste en une multiplication par une quantité réelle ou purement imaginaire.

Considérons maintenant, comme nous l'avons fait dans le cas précédent, le point conjugué y', qui se déduit du même point x, mais au moyen de l'argument $-\varpi$. Les relations (35) sont générales, quel que soit ϖ. La nouvelle transformation, toute semblable à la précédente, en diffère donc seulement par le changement du signe de la rotation imaginaire, qui est maintenant $-(\psi + i\log\nu)$.

Ici se présente une sorte de paradoxe : les deux courbes conjuguées (y), (y') se déduisent l'une de l'autre par une rotation imaginaire $2(\psi + i\log\nu)$. Toutes deux pourtant sont réelles.

L'explication de ce prétendu paradoxe est fort simple. On a vu (p. 253) que ces courbes possèdent des parties imaginaires qui se déduisent des parties réelles au moyen de rotations imaginaires. L'angle de rotation est $i\log\mu'$. Mais, précisément, ν est la racine carrée de $\pm\mu'$, en sorte que la rotation $2(\psi + i\log\nu)$ peut se décomposer en une rotation réelle 2ψ ou $2\psi + \pi$ (si $\nu = \sqrt{-\mu'}$) et la rotation $i\log\mu'$ qui change la courbe (y') en elle-même. Ainsi, dans ce cas, comme dans le précédent, les courbes (y) et (y') diffèrent seulement par une rotation réelle autour de l'axe.

Ces circonstances se comprendront encore mieux si l'on fait l'observation suivante. L'argument $\omega_\alpha + \varpi$ n'est pas, en même temps que $\omega_\alpha - \varpi$, celui d'un point réel, mais en diffère par une période. Soit, en effet, ω'' une demi-période, argument d'un point réel; l'argument u_1 est de la forme générale $\omega'' + t_1$, où t_1 est réel ou bien purement imaginaire. Par conséquent,

$$\omega_\alpha + \varpi = 2\omega_\alpha - u_1 = 2\omega_\alpha - \omega'' - t_1 = 2(\omega_\alpha - \omega'') + \omega'' - t_1.$$

L'argument $\omega'' - t_1$ est celui d'un point réel et $\omega_\alpha + \varpi$, comme on voit, en diffère d'une période. D'autre part, soit $u = \omega'' + t$; on a aussi

$$u - \varpi = 2(\omega_\alpha - \omega'') + \omega_\alpha + t - t_1.$$

L'argument $u - w$, à son tour, n'appartient pas à la même série que l'argument $u + w$; car $\omega_\alpha + u - u_1$ et $\omega_\alpha + t - t_1$ sont de la même série. Si l'on change w en $w - 2(\omega_\alpha - \omega'')$, on trouve le même point y'; car la fonction ρ (37) est doublement périodique par rapport à w. De cette manière, ce point y' se déduit du point dont l'argument est $u - w - 2(\omega'' - \omega_\alpha)$. Ce dernier appartient à la même série que celui dont l'argument est $u + w$, et l'on trouve directement que les courbes (y) et (y') se déduisent l'une de l'autre par une rotation réelle.

Surface confocale inscrite dans la développable.

La décomposition de la courbe suivant laquelle la développable coupe toute surface confocale a lieu aussi quand la surface du second degré, sur laquelle est tracée la ligne géodésique, n'est pas de révolution. C'est une conséquence facile d'une propriété fort connue : *les tangentes d'une ligne géodésique de surface du second degré sont tangentes à une seconde surface du second degré, confocale à la première.*

Pour le cas particulier où la surface est de révolution, cette dernière propriété se démontre facilement au moyen de l'analyse qui précède. La tangente de la géodésique est, en effet, tangente à la surface confocale si la quantité l reste invariable par le changement de w en $-w$, c'est-à-dire si w est une demi-période ou zéro. Sur les quatre valeurs que l'on prévoit ainsi pour w, il en est deux qui s'éliminent d'elles-mêmes : ce sont les valeurs zéro et ω_α, qui rendent l nul ou infini. La valeur ω_γ doit aussi être écartée; elle donne, en effet, $\omega_\alpha - w \equiv \omega_\beta$; donc $\lambda = 0$, suivant les égalités

$$-b^2\lambda = z^2(\omega_\alpha - w), \qquad z^2 = \tau^2(e_\beta - p\,u),$$

et la surface confocale, dont l'axe b_1 est nul (36), se réduit au plan de l'équateur, compté double. Il reste donc la seule valeur ω_β, à laquelle correspond, en effet, une surface confocale, tangente à la développable. Cette surface ne rencontre pas la géodésique quand celle-ci n'appartient pas aux espèces III ou IV ; elle la rencontre, au contraire, si la ligne géodésique est l'une de ces deux espèces.

Points homologues.

Les deux courbes (y) et (y') se déduisant l'une de l'autre par une rotation réelle, chaque point y de l'une a son homologue y' sur l'autre, de façon que l'on passe de y à y' par une rotation indépendante de y. Quand $u+\varpi$ est l'argument d'un point réel, on trouve immédiatement, comme il suit, les coordonnées du point y', homologue de y.

En désignant par $X'_1(u)$, $Y'_1(u)$, $z'_1(u)$ les coordonnées du point déduit de x avec l'argument $-\varpi$, on aura, changeant u en $u+2\varpi$ et d'après les égalités (34),

$$X'_1(u+2\varpi)=B_0\,X(u+\varpi),\qquad Y'_1(u+2\varpi)=B\,Y(u+\varpi),$$
$$z'_1(u+2\varpi)=C\,z(u+\varpi),$$

en même temps que, pour le point y, on a, de même,

$$X_1(u)=B\,X(u+\varpi),\qquad Y_1(u)=B_0\,Y(u+\varpi),$$
$$z_1(u)=C\,z(u+\varpi).$$

La liaison entre ces deux points résulte de ce que l'on en déduit

$$\frac{X'_1(u+2\varpi)}{X_1(u)}=\frac{B_0}{B}=e^{-2i\varphi},\qquad \frac{Y'_1(u+2\varpi)}{Y_1(u)}=\frac{B}{B_0}=e^{2i\varphi},$$
$$\frac{z'_1(u+2\varpi)}{z_1(u)}=1.$$

Il est d'ailleurs manifeste que chaque point y a une infinité de points homologues réels, qu'on obtient en ajoutant à ϖ des périodes de même espèce que du. C'est un fait d'accord avec la propriété que possède la courbe (y) de se composer d'une infinité de branches se déduisant les unes des autres par rotation autour de l'axe.

Prenons maintenant le cas où c'est $\omega_\alpha-\varpi$ qui est l'argument d'un point réel. Avec les mêmes notations qu'à l'avant-dernier paragraphe, on a

$$u+2\varpi=\omega''+t-2t_1+2(\omega_\alpha-\omega'').$$

Ainsi $u+2\varpi$ appartient, non pas à la même série que u, mais à une série qui diffère par une période. Le multiplicateur relatif à cette période est μ', et l'on a, en désignant cette période par $2\omega' = 2(\omega'' - \omega_\alpha)$, et prenant B et B_0 dans les égalités (34, 38),

$$(39)\quad \left\{ \begin{aligned} \frac{X'_1(u + 2\omega' + 2w)}{X_1(u)} &= \mu' \frac{B_0}{B} = e^{2i\psi} \frac{\mu'}{\nu^2} = \pm e^{2i\psi}, \\ \frac{Y'_1(u + 2\omega' + 2w)}{Y_1(u)} &= \frac{1}{\mu'} \frac{B}{B_0} = e^{-2i\psi} \frac{\nu^2}{\mu'} = \pm e^{-2i\psi}. \end{aligned} \right.$$

On voit par là que le point y a, pour homologue réel y', celui qui se déduit du point x, dont l'argument est $u + 2\omega' + 2w$, au moyen de l'argument $-w$.

Théorèmes sur les arcs.

Considérons, de nouveau, la longueur l portée sur la tangente de la géodésique au point x, pour obtenir le point y. Nous mettrons en évidence l'argument du point x, en écrivant $l(u)$ au lieu de l. Cette fonction $l(u)$, doublement périodique, est exprimée en produit de facteurs dans la formule (37). Si nous la décomposons en éléments simples, nous obtenons

$$l(u) = -\tau \frac{\sqrt{a^2 - b^2}}{b} [\zeta u - \zeta(u + w) + \eta_\alpha + \zeta(w - \omega_\alpha)].$$

Rapprochons-la de l'expression de l'arc (11)

$$s(u) = \tau \frac{\sqrt{a^2 - b^2}}{b} (e_\alpha u + \zeta u) + \text{const.}$$

Soit $\psi(w)$ la quantité suivante, indépendante de u,

$$\psi(w) = -\tau \frac{\sqrt{a^2 - b^2}}{b} [e_\alpha w + \eta_\alpha + \zeta(w - \omega_\alpha)],$$

pour laquelle on doit observer que c'est une fonction impaire,

$$\psi(w) = -\psi(-w).$$

Prenons $s(u)$ et $s(u + w)$ et nous avons

$$(40)\qquad l(u) = s(u + w) - s(u) + \psi(w).$$

Cette égalité nous fournit une expression de la différence des arcs comptés dans un même sens, à partir d'une même origine, et aboutissant à deux points variables dont les arguments diffèrent par une constante. Elle est susceptible d'un énoncé géométrique intéressant, sur lequel nous ne nous arrêterons pas cependant à cause des détails qu'exigerait ici la nécessité de préciser le sens dans lequel est comptée la longueur $l(u)$ sur la tangente. Nous passerons aussi sur les propositions élégantes exprimées par les égalités

$$l(u) + l'(u + w) = 0,$$
$$l(u) + l'(u) = s(u + w) - 2s(u) + s(u - w),$$
$$l(u) - l'(u) = s(u + w) - s(u - w) + 2\psi(w),$$

où $l'(u)$ désigne la longueur xy' portée du point x sur la tangente et obtenue par le changement de w en $-w$ dans l'expression de $l(u)$. Il faut seulement observer que les signes de $l(u)$ et $l'(u)$ sont, suivant les cas, opposés ou concordants, en sorte que $l(u) + l'(u)$ peut être la somme ou la différence des longueurs absolues. Quand w est suffisamment petit, $l(u) + l'(u)$ est une différence de longueurs; car la fonction $l(u)$ passe par zéro, en changeant de signe, avec w.

Nous arrivons maintenant à la proposition la plus élégante, que nous obtiendrons en considérant les longueurs $l(u)$ et $l'(u + 2w)$, comptées à partir de deux points homologues y et y' sur les tangentes de la ligne géodésique, qui aboutissent en ces deux points. Pour avoir ici un énoncé précis, examinons d'abord le signe du rapport de ces deux fonctions. D'après la formule (37), nous avons

$$(41)\qquad \frac{l(u)}{l'(u + 2w)} = -\frac{\sigma(u - \omega_\alpha)}{\sigma(u + 2w - \omega_\alpha)}\,\frac{\sigma(u + 2w)}{\sigma u}\,e^{-2\eta_\alpha w}.$$

Que la surface confocale, correspondant à w, coupe ou ne coupe pas la géodésique, les deux arguments u et $u + 2w$ sont, dans les deux cas, des arguments de points réels, effectivement ou à une période près. Que ce soit seulement à une période près, cette circonstance est sans influence sur le premier membre (41); en effet, $l(u)$ est une fonction doublement périodique de u, et l'on peut, sans altérer ce premier membre, considérer les deux arguments comme étant ceux de deux points réels.

Dans le second membre, envisageons le premier facteur, dont les deux termes $\sigma(u - \omega_\alpha)$ et $\sigma(u + 2w - \omega_\alpha)$ ne deviennent jamais nuls, puisque la demi-période ω_α n'est pas un argument de point réel, quelques périodes qu'on y ajoute. Ce premier facteur a donc un signe inaltérable. Pour reconnaître ce signe, distinguons deux cas : 1° Si u et $u + 2w$ sont des arguments de points réels, sans addition de période, le signe est *plus*, comme on le voit en supposant la valeur particulière $w = 0$. 2° Si u et $\omega_\alpha - w$ sont des arguments de points réels, le signe est *moins*; c'est ce qu'on voit en supposant $u = \omega_\alpha - w$. Ces deux cas sont les seuls qu'il y ait lieu de considérer, comme on l'a vu précédemment, et comme on le reconnaît aussi par cette considération que le second membre (40) est doublement périodique par rapport à u. La distinction de ces deux cas est précisément la même que celle des cas où la surface confocale ne coupe pas ou bien coupe la ligne géodésique.

Venons au second facteur du second membre (41). Dans le premier cas, en laissant u constant, faisons varier w à partir de zéro. Il y a passage par zéro, avec changement de signe, chaque fois que $u + 2w$ franchit une période. A ce moment, le point d'argument $u + 2w$ s'éloigne à l'infini. Donc le signe du facteur est *plus* ou *moins*, suivant que les deux points considérés sur la géodésique sont séparés par un nombre pair ou impair de points à l'infini. Dans le second cas, où $\omega_\alpha - w$ est l'argument d'un point réel, faisons varier u à partir de $\omega_\alpha - w$. On a d'abord

$$\frac{\sigma(\omega_\alpha + w)}{\sigma(\omega_\alpha - w)} e^{-2\eta_\alpha w} = 1,$$

en sorte que le signe est *plus*. Il y a ensuite changement de signe chaque fois que u ou que $u + 2w$ franchit une période, et le résultat est le même que dans le cas précédent.

En résumé, m étant le nombre des points à l'infini qui séparent les deux points considérés (u et $u + 2w$), le signe de la fonction (41) est $(-1)^m$ si la géodésique rencontre la surface confocale, et $(-1)^{m+1}$ dans le cas opposé.

Dans la formule (40), mettant $u + 2w$ et $-w$, au lieu de u et w, nous avons

$$l'(u + 2w) = s(u + w) - s(u + 2w) - \psi(w).$$

Nous concluons

$$(42) \qquad l(u) - l'(u + 2w) = s(u + 2w) - s(u) + 2\psi(w).$$

Pour énoncer ce résultat, nous devons observer que le premier membre est une différence de longueurs absolues ou une somme, suivant que $l(u)$ et $l'(u + 2w)$ ont mêmes signes ou des signes opposés, ce que nous venons d'apprendre à discerner.

Voici donc le théorème (¹) :

Sur les deux courbes d'intersection d'une surface confocale on prend deux points homologues y et y'. En chacun d'eux passe une tangente de la géodésique; soient x et x' les points de contact. Soient s et s' les arcs de la géodésique aboutissant en x et x' et comptés à partir de deux points fixes x_0 et x'_0, positions particulières des points x et x'. Soit m le nombre des points à l'infini qui séparent x et x'. La différence $s' - s$ des deux arcs et la somme $xy \pm (-1)^m x'y'$ ne diffèrent que par une quantité constante.

On doit prendre le signe plus *quand la surface confocale ne rencontre pas la géodésique, le signe* moins *dans le cas opposé.*

Dans le cas où il n'y a pas de branche infinie entre les points x et x', ce qui a lieu notamment pour les lignes géodésiques des ellipsoïdes, on peut dire plus simplement que *l'arc xx' et la somme $xy + x'y'$ diffèrent par une quantité constante, quand la surface confocale ne rencontre pas la géodésique.* Si, au contraire, il y a rencontre, on doit observer que $s(u + 2w)$ doit être remplacé par $s(u + 2\omega' + 2w)$, $2\omega'$ étant la même période que dans les égalités (39). Cette modification de l'argument change la constante $2\psi(w)$ de la formule (42). Remarquons

(¹) Par une rotation constante autour de l'axe, on peut amener y' en coïncidence avec y. Cette rotation, imprimée à la géodésique, donne une seconde géodésique, *tangente au même parallèle.* De cette manière, on a une proposition concernant les arcs de deux géodésiques différentes et les tangentes qui leur sont menées par un point quelconque de l'intersection de leurs développables.

Ayant eu l'idée de transformer ainsi le théorème, M. Darboux a trouvé qu'il s'applique aux géodésiques tracées sur une surface du second degré quelconque, sans autre modification que celle-ci : au lieu de deux géodésiques tangentes à un même parallèle, il faut envisager deux géodésiques *tangentes à une même ligne de courbure.*

maintenant que les deux points y et y' viennent simultanément se placer sur la ligne géodésique elle-même. Pour cette position particulière, xy et $x'y'$ sont nuls. Si l'on compte donc les arcs à partir de ces deux origines, on peut énoncer la proposition ainsi : *La différence $xy - x'y'$ est égale à la différence des arcs y_0x et y'_0x', comptés à partir des points homologues y_0, y'_0 situés sur la géodésique.*

Méridiens.

C'est en supposant $c = 0$ que l'on fait dégénérer la géodésique en une courbe méridienne, comme le montre l'équation (2). Il y correspond l'hypothèse $p\varphi = e_\gamma$ (17). Cette hypothèse n'altère en rien les expressions de la coordonnée z (9) et de l'arc s (11). De là résulte que les arcs géodésiques s'expriment fort simplement en arcs d'ellipse ou d'hyperbole, suivant la nature de la surface. Voici, à cet égard, les résultats que les égalités (8) donnent immédiatement.

Sur la surface

$$\frac{x^2 + y^2}{a^2} + \frac{z^2}{b^2} = 1,$$

on considère une géodésique caractérisée par la quantité c; on envisage, d'autre part, la conique

$$\frac{x'^2}{a'^2} + \frac{z'^2}{b^2} = 1,$$

avec la condition

$$a'^2 = a^2 - \frac{c^2}{a^2}(a^2 - b^2),$$

et l'on fait correspondre entre eux les points de la géodésique et ceux de la conique suivant l'égalité

$$(a^2 - c^2) z'^2 = a^2 z^2.$$

Les arcs décrits, sur les deux courbes, par les points correspondants, sont égaux entre eux.

On remarquera que, pour les deux espèces II et III de lignes géodésiques, la proposition n'a point lieu réellement.

Théorème sur les arcs d'ellipse et d'hyperbole.

Quand la géodésique est un méridien, l'intersection de la développable avec une surface confocale se réduit à une conique de mêmes foyers que ce méridien. Cette conique est alors la réunion des deux courbes d'intersection, distinctes dans les autres cas. Les points *homologues* se confondent entre eux. Le théorème sur les arcs géodésiques se change ainsi dans le suivant : *D'un point variable y, pris sur une conique, on mène les tangentes à une conique confocale; soient x et x' les points de contact; soient s et s' les arcs aboutissant en x et x' et comptés à partir de deux points fixes x_0 et x'_0, positions particulières des points x et x'. La différence $s'-s$ des deux arcs et la somme $xy \pm x'y$ ne diffèrent que par une longueur constante. On doit prendre le signe* plus 1° *quand les coniques sont toutes deux des ellipses;* 2° *quand ce sont deux hyperboles et que les points de contact sont sur une même branche d'hyperbole;* 3° *quand les coniques sont, la première une ellipse, la seconde une hyperbole, et que les points de contact sont sur deux branches distinctes. On doit prendre le signe* moins *dans les trois autres cas.*

Propositions sur la fonction ζ.

Nous avons vu sommairement (p. 80) qu'il y a des herpolhodies algébriques. La liaison qui existe entre les lignes géodésiques des surfaces de révolution du second degré et les herpolhodies (p. 249) donne naturellement lieu à cette question : outre l'équateur et le méridien, peut-il se trouver d'autres lignes géodésiques qui soient des courbes algébriques?

C'est pour répondre à cette question que nous allons établir quelques propositions concernant la fonction ζ. Voici la première :

Le discriminant étant positif, l'équation

$$\zeta(v+\omega')-\eta'-\frac{\eta v}{\omega}=0 \tag{42}$$

n'a pour racines réelles que les multiples entiers de ω (ω' désigne la demi-période purement imaginaire, et ω la demi-période réelle).

Comme le premier membre a la période 2ω et, de plus, est une fonction impaire de v, il suffit de prouver qu'il n'existe aucune racine entre zéro et ω.

La dérivée du premier membre est $-p(v+\omega')-\frac{\eta}{\omega}$; elle décroît constamment quand v croît de zéro à ω et, par conséquent, s'évanouit une fois, au plus, dans l'intervalle. Mais la fonction (42) est nulle pour les deux valeurs extrêmes, et reste finie dans l'intervalle. Elle a donc un maximum et un seul, partant n'a point de racine autre que les deux valeurs extrêmes.

Il faut avoir soin d'observer que l'hypothèse sur le signe du discriminant est indispensable à la démonstration. Quand le discriminant est négatif, $\zeta(\omega_2+\omega'_2)$ est infini; car $\omega_2+\omega'_2$ est une période (t. I, p. 74).

En corollaire, on voit que *l'équation*

$$(43) \qquad \zeta(v+\omega)-\eta-\frac{\eta' v}{\omega'}=0$$

n'a pour racines purement imaginaires que les multiples entiers de ω'.

Une autre conséquence de la démonstration concerne les valeurs extrêmes de la dérivée; la valeur initiale est positive, la valeur finale négative; ainsi l'on a

$$e_3+\frac{\eta}{\omega}<0, \qquad e_2+\frac{\eta}{\omega}>0,$$

comme nous l'avons déjà établi par le moyen des développements en séries (t. I, p. 404); *a fortiori*, $e_1+\frac{\eta}{\omega}$ est aussi positif.

Le discriminant étant positif, l'équation

$$(44) \qquad \zeta v-\frac{\eta v}{\omega}=0$$

n'a pour racines réelles que les multiples impairs de ω.

En effet, la dérivée $-pv-\frac{\eta}{\omega}$ croît constamment depuis $-\infty$ jusqu'à la valeur négative $-e_1-\frac{\eta}{\omega}$, quand v croît de zéro à ω. Elle ne s'évanouit donc pas et reste toujours négative dans l'intervalle. La fonction (44) est donc décroissante, partant n'a pas de racine autre que la dernière valeur de v.

De même, *l'équation*

$$(45)\qquad \zeta v - \frac{\eta' v}{\omega'} = 0$$

n'a pour racines purement imaginaires que les multiples impairs de ω'.

Si le discriminant est négatif, la même preuve a lieu pour l'équation (44), dans le cas où la valeur finale $-e_2 - \frac{\eta_2}{\omega_2}$ de la dérivée est négative. Au contraire, si cette quantité est positive, la fonction (44) a un minimum négatif et s'évanouit avant de parvenir à ce minimum. Si l'on pose, comme au tome I (p. 267 et 268),

$$e^{\pi i\left(\frac{1}{2}+\frac{1}{2}\frac{\omega'_2}{\omega_2}\right)} = i\sqrt{q'},$$

que l'on remplace q par $i\sqrt{q'}$ et ω, η, e_1 par ω_2, η_2, e_2 dans le développement donné (t. I, p. 446), on obtient

$$\frac{1}{2\pi^2}(\eta_2\omega_2 + e_2\omega^2) = \frac{1}{8} - \left(\frac{q'}{1+q'} + \frac{2q'^2}{1-q'^2} + \frac{3q'^3}{1+q'^3} + \ldots\right).$$

Si l'on se reporte au tome I (p. 427 et 287), on reconnaît que cette dernière quantité est positive quand q' est inférieur à 0,107653..., négative dans le cas opposé.

Ainsi, *le discriminant étant négatif, l'équation*

$$(46)\qquad \zeta v - \frac{\eta_2 v}{\omega_2} = 0$$

n'a pour racines réelles que les multiples impairs de ω_2, *si* q' *est inférieur à* 0,107653...; *elle a une autre racine dans chaque intervalle d'une demi-période, si* q' *est supérieur à* 0,107653....

Ces résultats, qu'il était utile, pour la clarté, de mettre en évidence ici, ne diffèrent pas, au fond, de ceux qu'on a établis (t. I, p. 285) à l'égard des fonctions ϑ.

Les lignes géodésiques des surfaces de révolution du second degré ne sont pas algébriques.

Pour que les équations (16) représentent une courbe algébrique, il faut et il suffit que l'on ait (m étant entier)

$$v = \frac{2\varpi}{m}, \qquad \eta_\alpha - \zeta(v + \omega_\alpha) = -\frac{2\bar{\eta}}{m},$$

2ϖ étant une période (t. I, p. 224).

Pour l'espèce I (p. 243), v étant purement imaginaire et $\omega_\alpha = \omega$, on devra avoir ainsi, n étant entier,

$$\varpi = n\omega', \qquad \bar{\eta} = n\eta', \qquad \frac{2\bar{\eta}}{m} = \frac{\eta' v}{\omega'},$$
$$\zeta(v + \omega) = \eta + \frac{\eta' v}{\omega'}.$$

C'est l'équation (43), dont les seules racines répondent aux méridiens.

Pour les espèces II et III, on devra avoir

$$\varpi = n\omega, \qquad \bar{\eta} = n\eta; \qquad \frac{2\bar{\eta}}{m} = \frac{\eta v}{\omega}.$$

En posant $v + \omega = v'$, il en résultera

$$\zeta v' = \frac{\eta v'}{\omega};$$

c'est l'équation (44), dont les racines donnent pour v une période. A une telle valeur de v correspondent des valeurs infinies pour les axes (17).

Pour l'espèce IV, on trouvera de même l'équation (42) et, pour les espèces V et VI, l'équation (44) dont les racines, en ces trois cas, fournissent les méridiens.

Il est donc établi que les lignes géodésiques, dont il s'agit ici, ne peuvent jamais être algébriques.

Exemple d'une courbe analogue, mais algébrique.

Tout au contraire, on peut trouver des courbes algébriques parmi celles que représentent les équations (16), si, comme nous l'avons dit plus haut, on y accepte un discriminant négatif. Supposons, en effet, $\omega_\alpha = \omega_2$ et $v + \omega_2 = v'$ réel ; la courbe sera algébrique si l'on a

$$v = \frac{2n\omega_2}{m}, \qquad \eta_2 - \zeta(v + \omega_2) = -\frac{2n\eta_2}{m},$$

d'où résulte

$$\zeta v' = \frac{\eta_2 v'}{\omega_2}.$$

Cette équation, on vient de le voir, peut posséder une racine non multiple de ω_2, dans chaque intervalle d'une demi-période. On conçoit donc qu'en choisissant l'invariant absolu, on puisse faire que cette racine soit commensurable avec ω_2. S'il en est ainsi, v aura la valeur exigée et la courbe sera algébrique. Voici un exemple.

Supposons $g_2 = 0$ et, pour simplifier l'écriture, prenons $g_3 = -1$, ce qui n'apporte aucune restriction nouvelle. Pour ces fonctions elliptiques particulières, la division des périodes par 3 dépend d'une équation très simple. La fonction $\psi_3(u)$ se réduit, en effet (t. I, p. 96), à la forme

$$\psi_3(u) = 3\wp u(\wp^3 u + 1).$$

Elle a deux racines réelles $\wp u$; ce sont $\wp\frac{2\omega_2}{3}$ et $\wp\frac{2\omega'_2}{3}$. La seconde de ces racines doit être inférieure à e_2, la première doit être supérieure. Comme e_2 est ici négatif $\left(e_2 = -\frac{1}{\sqrt[3]{4}}\right)$, on a

$$\wp\frac{2\omega_2}{3} = 0.$$

Nous avons, d'autre part (t. I, p. 198),

$$(47) \qquad \psi_3(u) = \frac{\sigma(3u)}{\sigma^9 u},$$

d'où, par la dérivation logarithmique, on conclut

$$\zeta u = \frac{1}{3}\zeta(3u) - \frac{1}{9}\frac{\psi'_3(u)}{\psi_3(u)}.$$

Supposons $u - \frac{2\omega_2}{3} = u'$, infiniment petit. Les deux termes du second membre sont infinis, et la partie principale de la différence fournit la relation

$$\zeta\left(\frac{2\omega_2}{3}\right) = \frac{2\eta_2}{3} - \frac{1}{18}\frac{\psi_3''\left(\frac{2\omega_2}{3}\right)}{\psi_3'\left(\frac{2\omega_2}{3}\right)}.$$

De l'expression de $\psi_3(u)$ résulte

$$\psi_3'(u) = (12p^3 u + 3)\,p'u = 3p'^3 u,$$
$$\psi_3''(u) = 9p'^2 u\, p'' u = 54 p'^2 u\, p^2 u.$$

Par conséquent,

$$\psi_3''\left(\frac{2\omega_2}{3}\right) = 0 \qquad \text{et} \qquad \zeta\left(\frac{2\omega_2}{3}\right) = \frac{2\eta_2}{3}.$$

Voici donc un cas où l'équation (46) a une racine qui, sans être une demi-période, est cependant commensurable avec cette demi-période.

Si nous prenons ainsi

$$v + \omega_2 = \frac{2\omega_2}{3}, \qquad v = -\frac{\omega_2}{3} = -\frac{2\omega_2}{6},$$

dans ce cas où l'on a $g_2 = 0$, la courbe représentée par les équations (16) sera algébrique. Il ne reste plus qu'à former effectivement l'expression des coordonnées en fonction de pu et $p'u$.

Pour abréger un peu le calcul, nous calculerons le quotient X : Y, comme il suit. On a d'abord (en écrivant ω et η au lieu de ω_2 et η_2)

$$\left[\frac{\sigma\left(u - \frac{2\omega}{3}\right)}{\sigma u\,\sigma\frac{2\omega}{3}} e^{\frac{2}{3}\eta u}\right]^3 = \tfrac{1}{2}(p'u + 1). \tag{48}$$

Effectivement le premier membre est une fonction entière de pu et $p'u$ (t. I, p. 224), et cette fonction entière est complètement caractérisée par sa partie principale pour $u = 0$, et par sa racine triple $u = \frac{2\omega_2}{3}$. La partie principale du second membre est $-\frac{1}{u^3}$, comme celle du premier membre. A l'égard de la racine, on a

$$p\frac{2\omega_2}{3} = 0, \qquad p'\frac{2\omega_2}{3} = -1, \qquad p''\frac{2\omega_2}{3} = 0, \qquad p'''\frac{2\omega_2}{3} = 0,$$

en sorte que le second membre satisfait aux conditions requises.

De l'égalité (48), on conclut, par le changement de u en $u+\frac{\omega_2}{3}$,

$$(49)\qquad \frac{\sigma\left(u-\frac{\omega}{3}\right)}{\sigma\left(u+\frac{\omega}{3}\right)}e^{\frac{2}{3}\eta u} = e^{-\frac{2}{9}\eta\omega}\,\sigma\frac{2\omega}{3}\sqrt[3]{\frac{1}{2}\left[p'\left(u+\frac{\omega}{3}\right)+1\right]}.$$

L'égalité (47) donne, si l'on y remplace u par $\frac{2\omega}{3}+u$ et qu'on suppose ensuite $u=0$,

$$\left(\sigma\frac{2\omega}{3}\right)^9 = \frac{\sigma(2\omega+3u)}{\psi_3\left(\frac{2\omega}{3}+u\right)} = -e^{2\eta(\omega+3u)}\frac{\sigma 3u}{\psi_3\left(\frac{2\omega}{3}+u\right)} = -\frac{3e^{2\eta\omega}}{\psi'_3\left(\frac{2\omega}{3}\right)}.$$

On a vu plus haut que $\psi'_3 = 3p'^3$. Le dénominateur est donc égal à -3, et l'on a

$$\sigma\frac{2\omega}{3}e^{-\frac{2}{9}\eta\omega} = 1.$$

Ainsi l'égalité (49) se réduit à celle-ci :

$$(50)\qquad \frac{\sigma\left(u-\frac{\omega}{3}\right)}{\sigma\left(u+\frac{\omega}{3}\right)}e^{\frac{2}{3}\eta u} = \sqrt[3]{\tfrac{1}{2}+\sqrt{\lambda^3+\tfrac{1}{4}}},$$

où l'on a posé $\lambda = p\left(u+\frac{\omega}{3}\right)$. Par la formule d'addition, on a ensuite

$$pu = -\lambda - p\frac{\omega}{3} - \frac{1}{4}\left(\frac{\sqrt{4\lambda^3+1}+p'\frac{\omega}{3}}{\lambda - p\frac{\omega}{3}}\right)^2.$$

Pour obtenir $p\frac{\omega}{3}$, il faut prendre la formule d'addition des demi-périodes qui donne

$$\left(p\frac{\omega}{3}-e_2\right)\left(p\frac{2\omega}{3}-e_2\right) = (e_2-e_1)(e_2-e_3) = 3e_2^2.$$

Comme on a ici $p\frac{2\omega}{3}=0$, $e_2=-\frac{1}{\sqrt[3]{4}}$, il en résulte

$$p\frac{\omega}{3}=\sqrt[3]{2},$$

puis

$$p'\frac{\omega}{3}=-3.$$

En conséquence,

$$\frac{\sigma\left(u-\frac{\omega}{3}\right)\sigma\left(u+\frac{\omega}{3}\right)}{\sigma^2 u\,\sigma^2\frac{\omega}{3}}=2\sqrt[3]{2}+\lambda+\frac{1}{4}\left(\frac{\sqrt{4\lambda^3+1}-3}{\lambda-\sqrt[3]{2}}\right)^2.$$

Nous avons ainsi le quotient et le produit de deux coordonnées. Le carré de la troisième coordonnée doit être pris proportionnel à e_2-pu. Remplaçant λ par $\lambda\sqrt[3]{2}$, on peut énoncer le résultat comme il suit : λ *étant un paramètre variable, les équations*

$$\left(\frac{x}{y}\right)^3=\alpha\left(1+\sqrt{8\lambda^3+1}\right),$$

$$\beta xy=\gamma z^2+\frac{3}{2}=2+\lambda+\frac{1}{16}\left(\frac{\sqrt{8\lambda^3+1}-3}{\lambda-1}\right)^2$$

représentent une courbe ayant la propriété signalée précédemment (p. 258): *il existe une infinité de surfaces du second degré* (formant un faisceau tangentiel), *dont chacune coupe, suivant deux courbes distinctes et homographiques à la courbe elle-même, la développable dont celle-ci est l'arête de rebroussement.*

Exemple d'herpolhodie algébrique.

A ce sujet se rattache l'étude des herpolhodies algébriques, dont nous allons parler sommairement et donner un exemple.

Les équations de l'herpolhodie (p. 55) ont la forme ci-après,

$$x\pm iy=\varepsilon\mu\left(\frac{1}{i}\,G\right)^{\pm 1}\frac{\sigma(u\pm v)}{\sigma u\,\sigma v},\qquad G=ke^{-\left(\frac{i\varepsilon u}{\mu}+\zeta v\right)u}.$$

Le discriminant est positif et l'argument constant v est égal à ω augmenté d'une quantité purement imaginaire. Pour que la courbe soit algébrique, la première condition c'est que v soit une fraction de période : donc

$$v = \omega + \frac{2n\omega'}{m};$$

la seconde, c'est que le coefficient de u dans l'exponentielle G soit $-\eta - \frac{2n\eta'}{m}$; ainsi

$$-\frac{i\varepsilon h}{\mu} = \zeta v - \eta - \frac{2n\eta'}{m}.$$

Il y a donc deux conditions, et leur traduction par les éléments géométriques n'offre que des difficultés de calcul, sans aucun embarras théorique. La première condition, en effet, se traduit par l'égalité $\psi_m(v) = 0$, où l'on devra remplacer pv et $p'v$ par leurs expressions en fonction des éléments géométriques (p. 47). Quant à la seconde condition, le même calcul qu'on a fait tout à l'heure avec l'hypothèse $m = 3$ fournit, pour l'exprimer, l'égalité

$$\frac{i\varepsilon h}{\mu} = \frac{1}{2m^2} \frac{\psi''_m(v)}{\psi'_m(v)},$$

où l'on remplacera, de même, pv et $p'v$. On aura donc ainsi deux équations algébriques pour exprimer toutes les conditions du problème.

La seconde équation peut être simplifiée quand m est pair. Soit $m = 2p$; prenons l'égalité

$$\frac{\sigma(pv)}{(\sigma v)^{p^2}} = \psi_p(v),$$

pour en tirer

$$\zeta v - \frac{1}{p}\zeta(pv) = -\frac{1}{p^2} \frac{\psi'_p(v)}{\psi_p(v)}.$$

On a $pv = p\omega + n\omega'$, et il faut observer que n est un nombre impair, sans quoi la fraction $\frac{n}{m}$ ne serait pas irréductible. Il s'ensuit que tous les termes sont ici finis. D'autre part, $\zeta(pv)$ est égal à $p\eta + n\eta'$, en sorte que l'équation devient

$$\frac{i\varepsilon h}{\mu} = \frac{1}{p^2} \frac{\psi'_p(v)}{\psi_p(v)}.$$

C'est cette équation que nous allons appliquer en supposant $m = 4$. Il faut alors employer la fonction $\psi_2(v) = -p'v$ (t. I, p. 96). Mais, suivant une conséquence du théorème d'addition (t. I, p. 107), on a

$$\frac{p''v}{p'v} = \frac{p'v + p'2v}{pv - p2v},$$

et, puisque $2v = 2\omega + \omega'$, il en résulte $p'2v = 0$, $p2v = e_3$. Ainsi l'équation se réduit à

$$(51) \qquad \frac{i\varepsilon h}{\mu} = \frac{1}{4}\frac{p'v}{pv - e_3}.$$

Dans la théorie des mouvements à la Poinsot, nous avons, au Chapitre II, employé en indices les lettres α, β, γ au lieu des chiffres 1, 3, 2. La correspondance des lettres et des chiffres peut être quelconque; mais, en établissant la correspondance dans l'ordre indiqué, on obtient un classement, toujours le même, des carrés des axes et de h^2 par ordre de grandeur, ainsi qu'il a été expliqué page 50. Employons donc cette correspondance, en sorte que l'indice 3 équivaut ici à l'indice β des équations (7) de la page 47, d'après lesquelles l'égalité (51) devient

$$-2h^2 = b^2 - h^2 \qquad \text{ou} \qquad h^2 = -b^2.$$

Voici donc déjà un résultat très simple, qui nous montre, en outre, d'après le classement des carrés des axes, la nature de la surface base : c'est un *hyperboloïde à deux nappes;* b^2 et c^2 sont négatifs, a^2 positif.

Au lieu d'employer l'équation $\psi_4(v) = 0$, nous pouvons ici abréger beaucoup; car nous connaissons les fonctions pv et $p'v$ pour les quarts de période (t. I, p. 51). A propos de ces quarts de période, on a fait usage, à l'endroit cité, des notations suivantes, où nous employons des lettres majuscules pour éviter la confusion :

$$e_\beta - e_\gamma = A^2, \qquad e_\alpha - e_\beta = C^2$$

Pour l'argument v, dont il s'agit ici, on a (en permutant les lettres à la page 51 du tome I)

$$pv - e_\beta = iCA, \qquad pv - e_\gamma = iA(C - iA), \qquad pv - e_\alpha = -C(C - iA).$$

De ces égalités, prenons la première, en remplaçant $pv - e_\beta$ par son expression en fonction des éléments géométriques (p. 48),

$$pv - e_\beta = -\frac{(c^2 - h^2)(a^2 - h^2)}{\mu^2 h^2} = \frac{(c^2 + b^2)(a^2 + b^2)}{\mu^2 b^2}.$$

D'autre part, on a aussi (p. 48)

$$A^2 = -\frac{(b^2 - c^2)(a^2 - h^2)}{\mu^2 h^2} = \frac{(b^2 - c^2)(a^2 + b^2)}{\mu^2 b^2},$$

$$C^2 = -\frac{(a^2 - b^2)(c^2 - h^2)}{\mu^2 h^2} = \frac{(a^2 - b^2)(c^2 + b^2)}{\mu^2 b^2}.$$

En substituant et élevant au carré, on obtient

$$(b^2 + c^2)(b^2 + a^2)(a^2 + c^2) = 0.$$

Le dernier facteur peut seul être nul. Le premier, en effet, est la somme de deux termes négatifs; et, si le second était nul, l'hyperboloïde se réduirait à un point, à cause de la condition $h^2 = -b^2$.

Nous mettrons maintenant $-b^2$, au lieu de b^2. Voici donc le résultat : *l'hyperboloïde à deux nappes, dont une section principale est équilatère,*

$$\frac{x^2 - z^2}{a^2} - \frac{y^2}{b^2} = 1 \quad (b^2 < a^2),$$

roulant sur un plan dont la distance au centre est b, engendre une herpolhodie algébrique.

Formons l'équation de cette herpolhodie.

Il convient d'abord de préciser A et C, dont les carrés seuls sont définis, à savoir

$$C^2 = e_1 - e_3, \qquad (iA)^2 = e_2 - e_3.$$

L'expression de $p\left(\omega + \frac{\omega'}{2}\right)$, donnée au tome I (p. 55), montre que C et iA doivent être de même signe, moyennant quoi v est égal (sauf des périodes) à $\omega \pm \frac{\omega'}{2}$. Quant aux signes mêmes de ces deux quantités, il importe peu de les fixer ici; car, en les changeant, on passe de l'argument $\omega + \frac{\omega'}{2}$ à l'argument $\omega - \frac{\omega'}{2}$, ce qui ne constitue, en fait, qu'une seule et même solution. Ce changement a pour effet de changer seulement le signe de $p'v$, de changer, par conséquent, ε en $-\varepsilon$, ou, en d'autres termes, le sens d'un axe. A cause de la valeur actuelle de $c^2 = -a^2$, si l'on met, en outre, $-b^2$ au lieu de b^2, on obtient, d'après les expressions précédentes de A^2 et C^2, celles-ci :

$$(52)\qquad C = \frac{a^2 + b^2}{\mu b}, \qquad iA = \frac{a^2 - b^2}{\mu b} = B,$$

en conformité avec la condition supposée $b^2 < a^2$.

Le point de départ pour le calcul sera pris dans la relation

$$\frac{\sigma(u + \omega')}{\sigma u\, \sigma \omega'} e^{-\eta' u} = \sqrt{p u - e_3}.$$

Changeons u en $u + \omega - \frac{\omega'}{2}$, et remplaçons, au dénominateur, $\sigma\left(u + \omega - \frac{\omega'}{2}\right)$ par la quantité égale

$$\sigma\left(u + \omega - \frac{\omega'}{2}\right) = -\sigma\left(u - \omega - \frac{\omega'}{2}\right) e^{2\eta\left(u - \frac{\omega'}{2}\right)};$$

nous aurons ainsi (en mettant l'indice β à la place de l'indice 3)

$$\frac{\sigma\left(u + \omega + \frac{\omega'}{2}\right)}{\sigma\left(u - \omega - \frac{\omega'}{2}\right)} e^{-(2\eta + \eta')u} = i\,\sigma\omega' e^{-\frac{1}{2}\eta'\omega'} \sqrt{p\left(u + \omega - \frac{\omega'}{2}\right) - e_\beta}.$$

Mais on a, d'autre part (t. I, p. 194),

$$\sigma\omega' e^{-\frac{1}{2}\eta'\omega'} = \frac{i}{\sqrt[4]{(e_1 - e_3)(e_2 - e_3)}} = \frac{i}{\sqrt{iAC}} = \frac{i}{\sqrt{p v - e_\beta}}.$$

Il vient donc

$$(53)\qquad \frac{\sigma(u + v)}{\sigma(u - v)} e^{-(2\eta + \eta')u} = -\frac{\sqrt{p\left(u + \omega - \frac{\omega'}{2}\right) - e_\beta}}{\sqrt{p v - e_\beta}}.$$

Soit θ l'angle polaire; on a

$$\frac{x + iy}{x - iy} = e^{2i\theta} = -G^2 \frac{\sigma(u + v)}{\sigma(u - v)} = -k^2 \frac{\sigma(u + v)}{\sigma(u - v)} e^{-(2\eta + \eta')u}.$$

Il faut d'abord examiner la nature de la constante arbitraire k. A cet effet, on peut prendre une valeur particulière de l'argument u, par exemple ω'; car, on se le rappelle, $u - \omega'$ est réel. On a

$$\frac{\sigma(\omega'+v)}{\sigma(\omega'-v)}e^{-(2\eta+\eta')\omega'} = e^{2\eta' v-(2\eta+\eta')\omega'} = e^{2\eta'\left(\omega+\frac{\omega'}{2}\right)-2(\eta+\eta')\omega'} = -1.$$

On voit donc qu'en prenant l'origine de l'angle θ à cette valeur de l'argument, on aura $k = 1$. Posant, en outre,

$$u + \omega - \frac{\omega'}{2} = w,$$

nous avons de la sorte, suivant (53),

$$\frac{pw - e_\beta}{pv - e_\beta} = e^{4i\theta} = t^2.$$

De là nous tirons, en mettant B au lieu de iA (52),

$$\begin{aligned}
pw - e_\beta &= t^2 BC,\\
pw - e_\gamma &= tB\left(Ct - B\frac{1}{t}\right),\\
pw - e_\alpha &= -tC\left(C\frac{1}{t} - Bt\right),\\
p'^2 w &= -4B^2C^2t^4(B^2 + C^2 - 2BC\cos 4\theta),\\
pw - pv &= BC(t^2 - 1) = 2iBCt\sin 2\theta.
\end{aligned}$$

Nous avons maintenant à exprimer pu en fonction de t au moyen du théorème d'addition; car on a

$$u = w - \omega + \frac{\omega'}{2} = w + v - 2\omega \equiv w + v.$$

Prenons la formule d'addition sous la forme qui est indiquée à la page 29 du tome I (deuxième ligne) et qu'on peut écrire ainsi

$$\begin{aligned}
(pw - pv)^2(pu - e_3) &= (pw - e_3)(pv - e_1)(pv - e_2)\\
&+ (pv - e_3)(pw - e_1)(pw - e_2) - \tfrac{1}{2}p'w\,p'v.
\end{aligned}$$

Elle donne, après suppression du facteur commun $B^2C^2t^2$,

$$\begin{aligned}
4\sin^2 2\theta(pu - e_3) &= (C - B)^2\\
&+ \left(Ct - B\frac{1}{t}\right)\left(C\frac{1}{t} - Bt\right)\\
&- 2(C - B)\sqrt{B^2 + C^2 - 2BC\cos 4\theta}
\end{aligned}$$

ou bien

$$\sin^2 2\theta(pu - e_3) = \frac{B^2 + C^2}{2} - BC\cos^2 2\theta - \frac{C - B}{2}\sqrt{B^2 + C^2 - 2BC\cos 4\theta}.$$

Retranchons maintenant $\sin^2 2\theta(pv - e_3)$ et nous aurons

$$\sin^2 2\theta(pu - pv) = \frac{(C - B)^2}{2} - \frac{C - B}{2}\sqrt{B^2 + C^2 - 2BC\cos 4\theta}.$$

Le signe devant le radical est ici précisé par cette considération que le second membre doit s'évanouir pour $\theta = 0$, qui donne, nous l'avons vu plus haut, $u = \omega'$, et laisse, par conséquent, $pu - pv$ fini. En mettant, à la place de B et C, leurs expressions (52), nous obtenons ainsi

$$\mu^2 \sin^2 2\theta(pu - pv) = 2b^2 - 2\sqrt{b^4\cos^2 2\theta + a^4\sin^2 2\theta}.$$

D'après l'expression de $x \pm iy$, on a

$$r^2 = x^2 + y^2 = \mu^2\,\frac{\sigma(u + v)\sigma(u - v)}{\sigma^2 u\,\sigma^2 v} = -\mu^2(pu - pv);$$

voici donc l'équation de la courbe en coordonnées polaires r, θ :

$$r^2\sin^2 2\theta + 2b^2 = 2\sqrt{b^4\cos^2 2\theta + a^4\sin^2 2\theta}.$$

On y retrouvera, sans difficulté, les carrés des rayons vecteurs maxima et minima, conformes à ce qui a été trouvé, en général (p. 61), savoir $\frac{a^4 - b^4}{b^2}$ et $2(a^2 - b^2)$, répondant à $\theta = 0$ et $\theta = \frac{\pi}{4}$. La courbe affecte l'une des formes données par les *fig.* 3 et 4 (p. 63); l'angle compris entre les deux rayons est de 45° et la courbe entière se compose de huit arcs égaux. La *fig.* 3 a lieu si b^2 est inférieur à $\frac{1}{2}a^2$; c'est la *fig.* 4, au contraire, dans le cas opposé. Ce résultat se reconnaît par la condition établie pour les points d'inflexion (p. 64).

CHAPITRE VII.

PROBLÈMES DE GÉODÉSIE [1].

Préambule. — Latitude réduite. — Calcul de q et des arguments. — Azimut. — Longitude. — Distance géodésique. — Cercles auxiliaires. — Développements suivant les puissances de l'excentricité. — Formules d'approximation. — Degré d'approximation. — Solution des problèmes de Géodésie.

Préambule.

Le but de ce Chapitre est d'appliquer aux lignes géodésiques tracées sur un ellipsoïde de révolution aplati, mais d'un faible aplatissement, comme est la Terre, la théorie exposée dans le Chapitre précédent.

Soit a le rayon de l'équateur, soit b la distance du centre au pôle. L'*aplatissement* est $\frac{a-b}{a}$. Pour la Terre, on admet actuellement la valeur numérique $\frac{a-b}{a} = \frac{1}{293}$.

Dans les formules, ce n'est pas l'aplatissement qui intervient naturellement, mais l'*excentricité,* dont nous désignerons le carré par la lettre $\varkappa$. Nous prendrons le rayon a de l'équateur pour unité; en sorte que b^2 sera égal à $(1-\varkappa)$.

Le facteur d'homogénéité τ^2, qui figure dans les formules du Chapitre VI, sera pris égal à $\frac{1-\varkappa}{\varkappa}$.

Latitude réduite.

Le rayon d'un parallèle quelconque se représente par le cosinus d'un angle λ, qui s'appelle la *latitude réduite*. Cette dénomina-

(1) A consulter : JACOBI, *Solution nouvelle d'un problème fondamental de Géodésie* (*Gesammelte Werke*, t. II, p. 419).

tion provient de ce que cet angle est un peu inférieur à la *latitude*, angle de la normale à l'ellipsoïde avec l'équateur.

Le maximum de λ, sur une ligne géodésique, correspond au minimum du rayon du parallèle; nous le dénoterons par h. C'est le cosinus de cet angle qui, au Chapitre VI, est désigné par c, rayon du parallèle auquel la ligne géodésique est tangente.

En fonction des latitudes réduites h, λ et du carré de l'excentricité $\varkappa$, on exprime immédiatement les éléments elliptiques conformément aux formules (9, 12) du Chapitre VI. Il faut se souvenir qu'on a supposé

$$a^2 = 1, \qquad b^2 = 1 - \varkappa, \qquad c^2 = \cos^2 h, \qquad \tau^2 = \frac{1-\varkappa}{\varkappa},$$

et que les indices α, β, γ sont, dans cet ordre, respectivement égaux à 1, 2, 3. Il en résulte

$$(1) \qquad \begin{cases} e_1 - pv = 1, & e_1 - pu = 1 - \varkappa\cos^2\lambda, \\ e_2 - pv = \varkappa, & e_2 - pu = \varkappa\sin^2\lambda, \\ e_3 - pv = \varkappa\cos^2 h; & e_3 - pu = \varkappa(\cos^2 h - \cos^2\lambda). \end{cases}$$

La quantité pu est entre e_3 et e_2; on supposera donc $u - \omega'$ réel. La quantité pv est inférieure à e_3; on supposera v purement imaginaire.

Calcul de q et des arguments.

Les différences des racines e_α, suivant les égalités (1), ont les expressions suivantes :

$$(2) \qquad e_1 - e_2 = 1 - \varkappa, \qquad e_2 - e_3 = \varkappa\sin^2 h, \qquad e_1 - e_3 = 1 - \varkappa\cos^2 h.$$

On calculera, par leur moyen, la quantité q, comme il a été expliqué (t. I, p. 270),

$$(3) \qquad \begin{cases} l = \dfrac{\sqrt[4]{1-\varkappa\cos^2 h} - \sqrt[4]{1-\varkappa}}{\sqrt[4]{1-\varkappa\cos^2 h} + \sqrt[4]{1-\varkappa}}, \\ q = \dfrac{l}{2} + 2\left(\dfrac{l}{2}\right)^5 + 15\left(\dfrac{l}{2}\right)^9 + \ldots. \end{cases}$$

Comme $\varkappa$ est un nombre fort petit, on a déjà l avec une faible erreur relative, en prenant

$$l = \tfrac{1}{8}\varkappa \sin^2 h, \tag{3 a}$$

ce qui donnerait, pour q, une valeur inférieure à 0,0005 $\sin^2 h$. Dans la plupart des calculs, l'approximation exigée permet de négliger souvent le carré de q, et toujours son cube. Par le moyen de q, on a immédiatement les quantités ci-après (t. I, p. 271, 404 et 446), peu différentes de l'unité,

$$\sqrt{\frac{2\omega}{\pi}} = 2\,\frac{1 + 2q^4 + 2q^{16} + \ldots}{\sqrt[4]{1-\varkappa} + \sqrt[4]{1-\varkappa\cos^2 h}} = 1 + \beta, \tag{4}$$

$$\frac{4(\eta\omega + e_1\omega^2)}{\pi^2} = \frac{1 + 9q^2 + 25q^6 + \ldots}{1 + q^2 + q^6 + \ldots} = 1 + \gamma. \tag{5}$$

Pour calculer l'argument u, on posera

$$u = \omega' + \frac{\omega}{\pi}\,\mathrm{u}, \tag{6}$$

et l'on emploiera le second procédé donné au tome I (p. 272); d'où la formule

$$\frac{1}{2}\,\frac{\sqrt{1-\varkappa\cos^2\lambda} - \sqrt[4]{(1-\varkappa)(1-\varkappa\cos^2 h)}}{\sqrt{1-\varkappa\cos^2\lambda} + \sqrt[4]{(1-\varkappa)(1-\varkappa\cos^2 h)}} = \frac{q\cos\mathrm{u} + q^9\cos 3\mathrm{u} + \ldots}{1 + 2q^4\cos 2\mathrm{u} + \ldots}. \tag{7}$$

L'argument $\frac{v}{i}$, compté dans l'intervalle $\left(0, \frac{\omega'}{i}\right)$, est dans la seconde moitié de cet intervalle. On a, en effet, suivant (1, 2),

$$e_3 - \mathrm{p}(\omega' - v) = \frac{(e_1 - e_3)(e_2 - e_3)}{e_3 - \mathrm{p}v} = (1-\varkappa)\,\mathrm{tang}^2 h,$$

et cette quantité est supérieure à $e_3 - \mathrm{p}v = \varkappa\cos^2 h$, sauf pour les lignes géodésiques où les latitudes sont très petites. En posant donc

$$e^{\frac{i\pi(\omega' - v)}{\omega}} = \mathrm{V}, \tag{8}$$

on a, comme il a été expliqué (t. I, p. 273),

$$\frac{1 - \sqrt[4]{(1-\varkappa)(1-\varkappa\cos^2 h)}}{1 + \sqrt[4]{(1-\varkappa)(1-\varkappa\cos^2 h)}} = \frac{q(\mathrm{V}^{-1} + \mathrm{V}) + q^9(\mathrm{V}^{-3} + \mathrm{V}^3) + \ldots}{1 + q^4(\mathrm{V}^{-2} + \mathrm{V}^2) + \ldots}. \tag{9}$$

Par les formules (7) et (9) on pourrait développer, terme par terme, $\cos \mathfrak{u}$, et $V^{-1}+V$, suivant les puissances ascendantes de $\varkappa$. On aura seulement besoin du premier terme :

$$(10) \qquad \cos \mathfrak{u} = \frac{2\sin^2\lambda}{\sin^2 h} - 1 + \ldots, \qquad V^{-1}+V = \frac{4}{\sin^2 h} - 2 + \ldots;$$

d'où l'on déduit

$$(11) \quad \cos\frac{\mathfrak{u}}{2} = \frac{\sin\lambda}{\sin h} + \ldots, \quad V^{-1}-V = \frac{4\cos h}{\sin^2 h} + \ldots, \quad \frac{1-V}{1+V} = \cos h + \ldots.$$

Azimut.

La direction de la tangente, en chaque point de la ligne géodésique, se détermine par son *azimut* α, compté dans le plan tangent, à partir du méridien. Cet azimut est le complément de l'angle que font entre elles les tangentes à la ligne géodésique et au méridien. Les cosinus des angles que ces deux droites font avec les axes sont, pour la première, $\frac{dx}{ds}$, $\frac{dy}{ds}$, $\frac{dz}{ds}$, et, pour la seconde, $-\frac{y}{\cos\lambda}$, $\frac{x}{\cos\lambda}$, o. On a donc

$$\sin\alpha = \frac{1}{\cos\lambda}\left(x\frac{dy}{ds} - y\frac{dx}{ds}\right).$$

La quantité entre parenthèses est égale à c (VI, 2) ou $\cos h$. Ainsi

$$(12) \qquad \sin\alpha = \frac{\cos h}{\cos\lambda}.$$

Au moyen de cet angle α, on peut écrire l'expression (1) de $e_3 - \wp u$ sous la forme

$$(13) \qquad e_3 - \wp u = -\varkappa \cos^2 h \cot^2\alpha,$$

et déduire de là, par les égalités (1),

$$(14) \qquad \tfrac{1}{2}\wp' u = \varkappa \cos h \sin\lambda \cot\alpha \sqrt{1-\varkappa\cos^2\lambda}.$$

On a de même, pour l'argument v, en tenant compte du signe (t. I, p. 42)

$$(15) \qquad \tfrac{1}{2}\wp' v = -i\varkappa \cos h.$$

Au moyen de l'azimut, on conclut aussi, pour le premier terme du développement suivant les puissances ascendantes de $\varkappa$, d'après (10 et 11),

$$(16)\qquad \sin\frac{u}{2} = \frac{\cos\lambda\cos\alpha}{\sin h} + \ldots, \qquad \operatorname{tang}\frac{u}{2} = \cot\lambda\cos\alpha + \ldots.$$

Longitude.

La *longitude* est l'angle d'un méridien quelconque avec un méridien fixe. Nous prendrons, pour ce dernier, celui qui passe par un point où la géodésique touche le parallèle; ainsi la longitude est nulle pour $\lambda = h$. Nous la représenterons par la lettre ψ.

Les formules du Chapitre VI donnent aisément l'expression de la longitude. Le quotient X : Y sera égal à $e^{2i\psi}$ quand on aura choisi convenablement la constante E.

Nous allons d'abord calculer la quantité suivante :

$$(17)\qquad m = \frac{\omega}{i\pi}\left[\zeta(v+\omega) - \frac{\eta}{\omega}(v+\omega-\omega') - \eta'\right].$$

Si l'on écrit, pour un instant, $\omega' - v'$ à la place de v, on obtient

$$\frac{i\pi m}{\omega} = \zeta(\omega'+\omega-v') - \frac{\eta}{\omega}(\omega - v') - \eta',$$

et le second membre coïncide avec celui de la première fonction numérotée (34) au tome I, p. 426; la lettre u est remplacée par $\omega - v'$. Le terme général du développement est

$$\frac{2\pi}{\omega}\,\frac{q^p}{1-q^{2p}}\sin p\pi\left(1-\frac{v'}{\omega}\right) = \frac{2\pi}{\omega}\,\frac{(-1)^{p+1}q^p}{1-q^{2p}}\sin\frac{p\pi v'}{\omega}$$
$$= \frac{i\pi}{\omega}\,\frac{(-1)^{p+1}q^p}{1-q^{2p}}(V^{-p}-V^p).$$

On a donc

$$(18)\qquad m = \sum\frac{(-1)^{p+1}q^p}{1-q^{2p}}(V^{-p}-V^p); \qquad p = 1, 2, 3, \ldots.$$

On peut encore représenter m par la dérivée logarithmique de a fonction ϑ_3 (t. I, p. 266), et écrire alors

$$(18\,a)\qquad m = \frac{q(V^{-1}-V)+2q^4(V^{-2}-V^2)+\ldots}{1+q(V^{-1}+V)+q^4(V^{-2}+V^2)+\ldots}.$$

D'après les formules approchées (3 a) et (11), on voit que le premier terme du développement suivant les puissances ascendantes de $\varkappa$ serait

$$m = \tfrac{1}{4}\varkappa \cos h + \ldots. \tag{18 b}$$

L'expression (VI, 16) de X donne

$$e^{2i\psi} = -\mathrm{E}^2 \frac{\sigma(u+v)}{\sigma(u-v)} e^{2[\eta - \zeta(v+\omega)]u}.$$

La constante E se détermine par la condition que ψ s'évanouisse pour $u = \omega'$. On a d'ailleurs

$$\frac{\sigma(\omega'+v)}{\sigma(\omega'-v)} = e^{2\eta' v};$$

par conséquent

$$e^{2i\psi} = \frac{\sigma(u+v)}{\sigma(u-v)} e^{-2\eta' v + 2[\eta - \zeta(v+\omega)](u-\omega')}.$$

Si l'on pose, comme précédemment, $v = \omega' - v'$ et, en outre, $u = \omega' + u'$, cette formule devient, eu égard à l'égalité (17),

$$e^{2i(\psi + m\mathrm{u})} = \frac{\sigma(v'-u')}{\sigma(v'+u')} e^{\frac{2\eta}{\omega}u'v'},$$

$$\begin{aligned}\psi + m\mathrm{u} = {} & \frac{1}{2i}\left[\log\sigma(v'-u') - \frac{\eta(v'-u')^2}{2\omega}\right] \\ & - \frac{1}{2i}\left[\log\sigma(v'+u') - \frac{\eta(v'+u')^2}{2\omega}\right].\end{aligned}$$

Le développement (36) de la page 428 (t. I), appliqué ici, donne pour résultat

$$\psi + m\mathrm{u} = \operatorname{arc\,tang}\left(\frac{1+\mathrm{V}}{1-\mathrm{V}} \operatorname{tang}\frac{\mathrm{u}}{2}\right) - \sum \frac{q^{2p}}{1-q^{2p}} \frac{\mathrm{V}^{-p} - \mathrm{V}^{p}}{p} \sin p\mathrm{u}. \tag{19}$$

La première approximation, conformément aux égalités (11, 16), donne, d'après (12),

$$\operatorname{tang}\psi = \frac{1+\mathrm{V}}{1-\mathrm{V}} \operatorname{tang}\frac{\mathrm{u}}{2} + \ldots = \frac{\cot\lambda\cos\alpha}{\cos h} + \ldots = \frac{\cot\alpha}{\sin\lambda} + \ldots. \tag{19 a}$$

Nous allons envisager encore un autre développement relatif à la longitude, bien que le précédent soit très propre à l'application.

Mais le nouveau développement a l'avantage de fournir l'expression exacte de l'angle, peu différent de ψ, dont la tangente est justement égale à $\frac{\cot\alpha}{\sin\lambda}$.

Supposons deux points différents, pris sur la ligne géodésique, et répondant aux deux arguments u et $u_1 = u - a$. En considérant les quantités X et X_1, relatives à ces deux points, nous avons

$$\frac{X_1}{X} = \frac{\sigma(u+v)\sigma u_1}{\sigma(u_1+v)\sigma u} e^{[\eta - \zeta(v+\omega)]a}.$$

Par la décomposition en éléments simples, on a d'ailleurs

$$\frac{\sigma(u+v)\sigma u_1}{\sigma(u_1+v)\sigma u} = \frac{\sigma(u+v)\sigma(u-a)}{\sigma(u+v-a)\sigma u} = \frac{\sigma v \sigma a}{\sigma(v-a)}[\zeta(u_1+v) - \zeta u - \zeta v + \zeta(u - u$$

On peut poser

$$(20) \qquad \frac{\sigma(v-a)}{\sigma v \sigma a} e^{[\zeta(v+\omega) - \eta]a} = \sqrt{pa - pv}\, e^{i\theta},$$

et θ est un angle réel. En effet, $\zeta(v+\omega) - \eta$ est purement imaginaire (17), ainsi que v, tandis que a est réel. La quantité (20) a donc pour conjuguée

$$\frac{\sigma(v+a)}{\sigma v \sigma a} e^{[\eta - \zeta(v+\omega)]a};$$

le produit de ces deux conjuguées est $pa - pv$.

Remplaçant maintenant X par $\cos\lambda e^{i\psi}$ et X_1 par $\cos\lambda_1 e^{i\psi_1}$, nous obtenons

$$(21) \quad \sqrt{pa - pv}\,\frac{\cos\lambda}{\cos\lambda_1} e^{i(\psi - \psi_1 + \theta)} = \zeta(u_1+v) - \zeta u - \zeta v + \zeta(u - u_1).$$

Ajoutons et retranchons ζu_1, et employons la formule d'addition de l'argument dans les fonctions ζ, comme il suit :

$$(22) \quad \left\{ \begin{aligned} &\zeta u_1 - \zeta u + \zeta(u - u_1) = \frac{1}{2}\frac{p'u + p'u_1}{pu - pu_1}, \\ &\zeta(u_1+v) - \zeta u_1 - \zeta v = \frac{1}{2}\frac{p'u_1 - p'v}{pu_1 - pv}. \end{aligned} \right.$$

Dans les seconds membres, toutes les quantités sont réelles, sauf $p'v$ qui est purement imaginaire, en sorte que la formule (21) fournit aisément $\operatorname{tang}(\psi - \psi_1 + \theta)$.

Nous nous bornerons à considérer le résultat dans le cas particulier $u_1 = \omega'$; ψ_1 et $\wp' u_1$ sont alors nuls. La première des quantités (22) se réduit (13, 14) à

$$\frac{1}{2}\frac{\wp' u}{\wp u - e_3} = \frac{\sin\lambda\sqrt{1 - \varkappa\cos^2\lambda}}{\cos h \cot\alpha},$$

et la seconde (1, 15) a

$$-\frac{1}{2}\frac{\wp' v}{e_3 - \wp v} = \frac{i}{\cos h}.$$

On a donc

$$\operatorname{tang}(\psi + \theta) = \frac{\cot\alpha}{\sin\lambda\sqrt{1 - \varkappa\cos^2\lambda}}.$$

Si l'on pose

$$\operatorname{tang}\psi' = \sqrt{1 - \varkappa\cos^2\lambda}\,\operatorname{tang}(\psi + \theta), \tag{23}$$

on a la définition d'un angle ψ', lié à α et λ par l'égalité

$$\operatorname{tang}\psi' = \frac{\cot\alpha}{\sin\lambda}. \tag{24}$$

Il reste maintenant à donner le développement de l'angle θ. Le calcul est analogue à celui qu'on a fait précédemment pour ψ :

$$e^{2i\theta} = \frac{\sigma(v - a)}{\sigma(v + a)} e^{2[\zeta(v+\omega) - \eta]a} = \frac{\sigma_3(a + v')}{\sigma_3(a - v')} e^{-\frac{2\eta a v'}{\omega} + 2k\frac{i\pi a}{\omega}}.$$

Ici l'argument $a = u - u_1$ se réduit à $u - \omega'$; c'est celui que nous avons tout à l'heure désigné par u'. Le développement (38) de la page 428 (t. I) donne immédiatement

$$\theta - mu = \sum \frac{q^p}{1 - q^{2p}} \frac{V^{-p} - V^p}{p} \sin pu. \tag{25}$$

Distance géodésique.

La distance de deux points est la longueur de la ligne géodésique qui passe par ces deux points.

Pour origine des arcs géodésiques, nous prendrons, comme

pour les longitudes, le point où la géodésique touche le parallèle. L'arc géodésique a donc pour longueur (VI, 10)

$$s = \frac{\tau\sqrt{a^2 - b^2}}{b}\left[e_1(u - \omega') + \zeta u - \eta'\right]$$

ou, avec les notations actuelles,

$$s = e_1 u' + \zeta(\omega' + u') - \eta'.$$

L'arc est ainsi exprimé en parties du rayon de l'équateur. Cette formule doit être écrite sous la forme suivante :

$$\frac{2\omega}{\pi} s = \frac{4(\eta\omega + e_1\omega^2)}{\pi^2}\frac{\pi u'}{2\omega} + \frac{2\omega}{\pi}\left[\zeta(\omega' + u') - \frac{\eta u'}{\omega} - \eta'\right].$$

En employant les notations (4, 5) et, pour la dernière partie, soit la fonction $\mathfrak{I}_0$, soit le développement (34) du tome I, p. 426, on obtient

$$(26)\quad \begin{cases} (1 + \beta)^2 s - (1 + \gamma)\dfrac{\mathrm{u}}{2} = 4\,\dfrac{q \sin \mathrm{u} - 2q^4 \sin 2\mathrm{u} + \ldots}{1 - 2q \cos \mathrm{u} + 2q^4 \cos 2\mathrm{u} \ldots} \\[2ex] \qquad = \dfrac{4q}{1 - q^2}\sin \mathrm{u} + \dfrac{4q^2}{1 - q^4}\sin 2\mathrm{u} + \ldots \end{cases}$$

La partie principale de s est, comme on voit, $\frac{1}{2}\mathrm{u}$, dont le cosinus a lui-même, d'après (11), pour partie principale $\frac{\sin\lambda}{\sin h}$. Pour comparer entre eux l'arc s et celui dont le cosinus a cette dernière valeur, cherchons le développement de s', défini par l'égalité

$$(27)\qquad \cos s' = \frac{\sin\lambda}{\sin h}.$$

Suivant les égalités (1, 2), nous avons

$$(27\,a)\quad \begin{cases} \cos^2 s' = \dfrac{e_2 - p u}{e_2 - e_3} = \dfrac{p u' - e_1}{p u' - e_3} \qquad (u' = u - \omega'), \\[2ex] \sin^2 s' = \dfrac{e_1 - e_3}{p u' - e_3}. \end{cases}$$

On a vu (t. I, p. 432) le développement de $\arcsin \frac{\sqrt{e_1 - e_3}}{\sqrt{p u - e_3}}$; il suffit de l'appliquer ici pour obtenir

$$(28)\qquad s' = \frac{1}{2}\mathrm{u} + 2\sum \frac{q^p}{1 + q^{2p}}\,\frac{\sin p\mathrm{u}}{p}.$$

Au lieu d'introduire les latitudes réduites λ, h, on peut aussi considérer les latitudes elles-mêmes, que nous désignerons par μ et k. On vérifie aisément, d'après les propriétés élémentaires de l'ellipse, la relation

$$\operatorname{tang}^2\lambda = (1-\varkappa)\operatorname{tang}^2\mu,$$

qui relie μ et λ. La même relation a lieu aussi entre k et h, qui sont la latitude et la latitude réduite du sommet de la géodésique. Cette relation peut revêtir diverses formes, par exemple

$$(29)\qquad \begin{cases} (1-\varkappa\sin^2\mu)(1-\varkappa\cos^2\lambda) = 1-\varkappa, \\ (1-\varkappa\cos^2\lambda)\sin^2\mu = \sin^2\lambda, \\ (1-\varkappa\cos^2\lambda)\cos^2\mu = (1-\varkappa)\cos^2\lambda, \\ (1-\varkappa\sin^2\mu)\cos^2\lambda = \cos^2\mu, \\ (1-\varkappa\sin^2\mu)\sin^2\lambda = (1-\varkappa)\sin^2\mu. \end{cases}$$

A ce point de vue, au lieu de prendre s' pour terme de comparaison avec s, on devra prendre s'', en posant

$$(30)\qquad \cos s'' = \frac{\sin\mu}{\sin k}.$$

On a, suivant (29),

$$\cos^2 s'' = \cos^2 s' \frac{1-\varkappa\cos^2 h}{1-\varkappa\cos^2\lambda} = \frac{e_1-e_3}{e_1-\wp u}\,\frac{e_2-\wp u}{e_2-e_3} = \frac{\wp u'-e_1}{\wp u'-e_2},$$

$$\sin^2 s'' = \frac{e_1-e_2}{\wp u'-e_2}.$$

En comparant ces dernières formules à celles qui sont relatives à s', on voit qu'elles en diffèrent seulement par l'échange de e_2 et e_3. Cet échange équivaut au changement de ω' en $\omega+\omega'$, c'est-à-dire au changement du signe de q. On a donc, par analogie avec (28),

$$(31)\qquad s'' = \frac{1}{2}\mathfrak{u} + 2\sum \frac{(-q)^p}{1+q^{2p}}\,\frac{\sin p\mathfrak{u}}{p}.$$

Cercles auxiliaires.

Une ligne géodésique, sur le sphéroïde, est déterminée par une seule constante, la latitude de son sommet, point où la géodésique touche un parallèle. C'est cette latitude que nous venons de désigner par k. Pour donnée équivalente, on peut prendre la latitude réduite h de ce même sommet M_0. Un point quelconque et variable M, sur la géodésique, est ensuite déterminé par sa latitude μ ou sa latitude réduite λ. Soit P un pôle du sphéroïde. Les trois points P, M_0, M sont les sommets d'un triangle rectangle en M_0, dont les deux côtés PM et PM_0 sont des arcs de méridien et le troisième côté M_0M est un arc géodésique. La longueur de ce troisième côté est s, l'angle en M est l'azimut α, l'angle en P est la longitude ψ.

Sur une sphère, considérons, de même, un pôle P′, et appelons *parallèle* tout petit cercle ayant ce pôle. Un grand cercle quelconque est défini par la latitude de son sommet M'_0, point où il touche un parallèle. Prenons h pour cette latitude. Nous obtenons ainsi un grand cercle correspondant à la précédente ligne géodésique. Sur ce cercle, faisons correspondre le point variable M′ au point M de la géodésique, en attribuant à M′ la latitude λ. Les trois points P′, M'_0, M′ sont les trois sommets d'un triangle sphérique rectangle en M'_0. Les côtés P′M′ et $P'M'_0$ sont $\frac{\pi}{2} - \lambda$ et $\frac{\pi}{2} - h$, le troisième côté $M'M'_0$ est égal à s'; l'angle en M′ est égal à α, l'angle en P′ est égal à ψ'. Effectivement, les trois relations (12, 24, 27) sont bien celles que la Trigonométrie fournit entre les cinq éléments. On ne manquera pas de remarquer que, dans ce mode de correspondance, imaginé par Jacobi, les azimuts sont conservés, comme on vient de le dire, puisque la formule (12) est indépendante de l'excentricité.

On peut aussi définir un second cercle auxiliaire, en attribuant à son sommet M''_0 la latitude k. On fera correspondre alors, au point M, le point M″ qui, sur le cercle, a pour latitude μ. Dans le triangle sphérique rectangle $P'M''_0M''$, les côtés P′M″ et $P'M''_0$ sont $\frac{\pi}{2} - \mu$ et $\frac{\pi}{2} - k$; le troisième côté est égal à s''. L'angle en M″ est différent de α; soit α'' cet angle, il est donné par la formule, analogue à (12),

$$\sin\alpha'' = \frac{\cos k}{\cos\mu};$$

en sorte qu'on a, suivant (29),

$$(32)\qquad \frac{\sin^2\alpha''}{\sin^2\alpha} = \frac{1 - \varkappa\sin^2 k}{1 - \varkappa\sin^2\mu} = \frac{1 - \varkappa\cos^2\lambda}{1 - \varkappa\cos^2 h}.$$

Quant à l'angle au pôle, ou la longitude, il est le même que sur le premier cercle, c'est-à-dire égal à ψ'. On déduit, en effet, des égalités (24) et (29), celle-ci :

$$\cos\psi' = \frac{\operatorname{tang}\lambda}{\operatorname{tang}h} = \frac{\operatorname{tang}\mu}{\operatorname{tang}k}.$$

Développements suivant les puissances de l'excentricité.

On admet généralement comme utile pour les calculs de considérer les développements des divers éléments suivant les puissances ascendantes de l'excentricité. Ces développements ne se forment point sans difficulté, mais il suffit toujours de se borner à deux ou trois termes.

Supposons qu'on veuille, en premier lieu, au moyen de l'égalité (23), trouver la partie principale de $\psi' - \psi$, c'est-à-dire le premier terme du développement de cette quantité suivant les puissances ascendantes de $\varkappa$. On a immédiatement

$$\psi' - \psi - \theta = -\tfrac{1}{2}\varkappa\cos^2\lambda\cos\psi'\sin\psi' + \ldots.$$

Les égalités (12, 24) donnent lieu aux suivantes

$$\operatorname{tang}\psi' = \frac{\cot\alpha}{\sin\lambda}, \qquad \sin\psi' = \frac{\cos\alpha}{\sin h}, \qquad \cos\psi' = \operatorname{tang}\lambda\cot h,$$

par le moyen desquelles nous trouvons

$$\psi' - \psi - \theta = -\tfrac{1}{2}\varkappa\cos\lambda\sin\lambda\cos\alpha\cos h\,\frac{1}{\sin^2 h} + \ldots.$$

D'autre part, ayant (11, 16)

$$q = \frac{\varkappa}{16}\sin^2 h + \ldots, \qquad V^{-1} - V = \frac{4\cos h}{\sin^2 h} + \ldots,$$

$$\sin u = \frac{2\sin\lambda\cos\lambda\cos\alpha}{\sin^2 h} + \ldots,$$

nous trouvons, d'après (25),

$$\theta - mu = \tfrac{1}{2}\varkappa\cos\lambda\sin\lambda\cos\alpha\cos h\,\frac{1}{\sin^2 h} + \ldots,$$

en sorte que le développement de $(\psi' - \psi - mu)$ commence par un terme en $\varkappa^2$. La partie principale de m (18) est $q(V^{-1} - V)$; par conséquent,

$$m = \tfrac{1}{4}\varkappa \cos h + \ldots;$$

la partie principale de u est $2s'$ (28). Ainsi, en négligeant les termes du second ordre, on a

$$(33) \qquad \psi = \psi' - \tfrac{1}{2}\varkappa s' \cos h.$$

Mais, par le moyen de la formule (19), nous pourrons plus facilement former les termes du second ordre et surtout apprécier leur grandeur. Soient

$$(34) \qquad A^4 = 1 - \varkappa, \qquad B^4 = 1 - \varkappa \cos^2 h, \qquad C^4 = 1 - \varkappa \cos^2 \lambda.$$

En négligeant seulement les quantités du quatrième ordre par rapport à q, nous prendrons, d'après les égalités (3, 7, 9),

$$(35) \qquad 2q = \frac{B - A}{B + A}, \qquad 2q \cos u = \frac{C^2 - AB}{C^2 + AB}, \qquad q(V^{-1} + V) = \frac{1 - AB}{1 + AB}.$$

Considérons l'arc qui figure au second membre de la formule (19) et posons

$$\operatorname{tang}\varphi = \frac{1 + V}{1 - V} \operatorname{tang}\tfrac{1}{2}u.$$

En admettant les égalités (35), on trouve, par un calcul facile,

$$\cos^2\varphi = \frac{(1 - B^2)(C^2 - A^2)}{(B^2 - A^2)(1 - C^2)},$$

$$\sin^2\varphi = \frac{(1 - A^2)(B^2 - C^2)}{(B^2 - A^2)(1 - C^2)}.$$

Chaque différence de carrés $(1 - B^2)$, $(C^2 - A^2)$, ... peut se remplacer par le quotient d'une différence de puissances quatrièmes et d'une somme de carrés. Par les égalités (34), les puissances quatrièmes s'expriment explicitement, et l'on obtient

$$\cos^2\varphi = \frac{(B^2 + A^2)(1 + C^2)}{(1 + B^2)(C^2 + A^2)} \cos^2\psi',$$

$$\sin^2\varphi = \frac{(B^2 + A^2)(1 + C^2)}{(1 + A^2)(B^2 + C^2)} \sin^2\psi'.$$

De là se conclut ensuite, en prenant, par exemple, la seconde équation,

$$1 - \frac{\sin^2\varphi}{\sin^2\psi'} = \frac{(1-B^2)(C^2-A^2)}{(1+A^2)(B^2+C^2)} = \frac{\varkappa^2\cos^2 h \sin^2\lambda}{(1+A^2)(1+B^2)(A^2+C^2)(B^2+C^2)}$$

ou bien

$$(36) \qquad \sin^2\psi' - \sin^2\varphi = \frac{\varkappa^2\cos^2\lambda \sin^2 h \cos^2\psi' \sin^2\psi'}{(1+A^2)(1+B^2)(A^2+C^2)(B^2+C^2)}.$$

Au point de vue du développement suivant les puissances ascendantes de $\varkappa$, on tire de là immédiatement les termes en $\varkappa^2$ et $\varkappa^3$, sous la forme suivante :

$$(36\,a) \quad \varphi - \psi' = -\tfrac{1}{32}\varkappa^2\cos^2\lambda \sin^2 h \cos\psi' \sin\psi'\left[1 + \frac{\varkappa}{2}(1+\cos^2 h + \cos^2\lambda)\right] + \ldots.$$

Par le même procédé, on peut trouver aussi les deux premiers termes du développement de la somme qui figure au second membre (19). Déjà, par les égalités (11, 16), on a le premier terme ainsi

$$q^2(V^{-1} - V)\sin u = \tfrac{1}{32}\varkappa^2\cos h \sin\lambda \cos\lambda \cos\alpha + \ldots;$$

ce qui peut aussi s'écrire, en vertu de (32), sous la forme

$$q^2(V^{-1} - V)\sin u = \tfrac{1}{32}\varkappa^2\cos^2\lambda \sin^2 h \cos\psi' \sin\psi'.$$

Par les égalités (35), on obtient

$$(37)\quad \begin{cases} q^2(V^{-1}-V)\sin u \\ \quad = \dfrac{2AB}{(1+AB)(C^2+AB)(B+A)^2}\sqrt{(1-A^2)(1-B^2)(C^2-A^2)(B^2-C^2)} \\ \quad = \dfrac{2AB\sqrt{(1-A^4)(1-B^4)(C^4-A^4)(B^4-C^4)}}{(1+AB)(C^2+AB)(B+A)^2\sqrt{(1+A^2)(1+B^2)(C^2+A^2)(B^2+C^2)}} \\ \quad = \tfrac{1}{32}\varkappa^2\cos^2\lambda \sin^2 h \cos\psi' \sin\psi'\left[1 + \dfrac{\varkappa}{2}(1+\cos^2 h + \cos^2\lambda)\right] + \ldots. \end{cases}$$

D'après l'égalité (19), les deux résultats (36 a) et (37) donnent celui-ci :

$$(38) \quad \psi + mu = \psi' - \tfrac{1}{32}\varkappa^2\cos^2\lambda \sin^2 h \sin 2\psi'\left[1 + \frac{\varkappa}{2}(1+\cos^2 h + \cos^2\lambda)\right] + \ldots.$$

Si l'on préfère introduire les latitudes μ, k, au lieu des latitudes réduites λ, h, il est aisé de modifier, en conséquence, cette formule, d'après les égalités (29), et l'on trouve

$$(38\,a)\quad \psi + m\mathfrak{u} = \psi' - \tfrac{1}{32}\varkappa^2 \cos^2\mu \sin^2 k \sin 2\psi' \left[1 + \tfrac{1}{2}\varkappa(1 + \sin^2 k + \sin^2\mu)\right] + \ldots.$$

Des procédés analogues sont applicables pour former les développements de m, $\mathfrak{u}$, s; mais nous ne croyons pas utile de nous y arrêter.

Formules d'approximation.

De préférence aux développements suivant les puissances de l'excentricité, on peut prendre pour formules d'approximation celles qui se sont introduites ici dès l'abord. Si l'on veut y faire disparaître la quantité auxiliaire q, on y introduira, comme tout à l'heure, en négligeant les puissances quatrièmes de q, les quantités A, B, C (34), ou encore B′, C′, au lieu de B et C, en posant

$$(39)\qquad B'^4 = 1 - \varkappa \sin^2 k = \frac{A^4}{B^4}, \qquad C'^4 = 1 - \varkappa \sin^2\mu = \frac{A^4}{C^4}.$$

On a ainsi, suivant (18 a),

$$(40)\qquad \begin{cases} m = \tfrac{1}{4}\varkappa \cos h \,\dfrac{4\sqrt{AB}}{(A + B)\sqrt{(1 + A^2)(1 + B^2)}} \\[2ex] = \tfrac{1}{4}\varkappa \cos k \,\dfrac{4}{(1 + B')\sqrt{B'(1 + A^2)(A^2 + B'^2)}}. \end{cases}$$

On trouve de même, par les égalités (3) et (7),

$$(41)\qquad \begin{cases} \cos^2\tfrac{1}{2}\mathfrak{u} = \dfrac{B(C^2 - A^2)}{(C^2 + AB)(B - A)} = \dfrac{B'(1 - C'^2)}{(B' + C'^2)(1 - B')} \\[2ex] \phantom{\cos^2\tfrac{1}{2}\mathfrak{u}} = \cos^2 s' \,\dfrac{B(B + A)(B^2 + A^2)}{(C^2 - AB)(C^2 + A^2)} = \cos^2 s'' \,\dfrac{B'(1 + B')(1 + B'^2)}{(B' + C'^2)(1 + C'^2)}, \end{cases}$$

$$(41\,a)\qquad \begin{cases} \sin^2\tfrac{1}{2}\mathfrak{u} = \sin^2 s' \,\dfrac{A(B + A)(B^2 + A^2)}{(C^2 + AB)(C^2 + B^2)} = \sin^2 s'' \,\dfrac{(1 + B')(1 + B'^2)}{(B' + C'^2)(B'^2 + C'^2)}, \\[2ex] \tan^2\tfrac{1}{2}\mathfrak{u} = \tan^2 s' \,\dfrac{A(C^2 + A^2)}{B(C^2 + B^2)} = \tan^2 s'' \,\dfrac{1 + C'^2}{B'(B' + C'^2)}. \end{cases}$$

Enfin, pour le calcul de la formule (26), on a (4, 5)

$$(42)\quad\begin{cases} 1+\beta = \dfrac{2}{A+B} = \dfrac{2B'}{A+AB'}, \\ \gamma = 8q^2 = 2\left(\dfrac{B-A}{B+A}\right)^2 = 2\left(\dfrac{1-B'}{1+B'}\right)^2 = \dfrac{1}{32}\varkappa^2\sin^4 h\left[\dfrac{8}{(B+A)^2(B^2+A^2)}\right]^2 \\ \qquad = \dfrac{1}{32}\varkappa^2\sin^2 k\left[\dfrac{8}{(1+B')^2(1+B'^2)}\right]^2. \end{cases}$$

$$(43)\quad\begin{cases} \dfrac{4q\sin u}{1-2q\cos u} = \dfrac{2}{B+A}\sqrt{\dfrac{(C^2-A^2)(B^2-C^2)}{AB}} = \dfrac{2}{C'^2(1+B')}\sqrt{B'(1-C'^2)(C'^2-B'^2)} \\ \qquad = \frac{1}{4}\varkappa\sin^2 h\sin 2s'\dfrac{4}{(B+A)\sqrt{AB(C^2+A^2)(B^2+C^2)}} \\ \qquad = \frac{1}{4}\varkappa\sin^2 k\sin 2s''\dfrac{4\sqrt{B'}}{C'^2(1+B')\sqrt{(1+C'^2)(C'^2+B'^2)}}. \end{cases}$$

Degré d'approximation.

Dans les formules qui viennent d'être développées, on a négligé la puissance quatrième de q : il est évident que, en aucun cas, des applications pratiques ne sauraient, à beaucoup près, comporter dans les calculs un degré d'approximation supérieur.

Si l'on s'en tient à l'état actuel de la Géodésie, le degré d'approximation qu'on doit chercher est beaucoup moindre. Avec quelle approximation la Terre est-elle un ellipsoïde de révolution? C'est ce qu'on ne sait pas encore. Mais, en la supposant telle, avec quelle précision connaît-on son aplatissement? Ici la réponse est certaine. L'erreur relative à craindre sur l'aplatissement est, au moins, $\frac{1}{300}$, ce qui est, à peu près, la valeur numérique de $\frac{1}{2}\varkappa$. On ne connaît pas, d'ailleurs, le sens de cette erreur.

Examinons l'expression (40) du coefficient m. Nous avons

$$\frac{m}{\frac{1}{4}\varkappa\cos h} = \frac{4\sqrt{AB}}{(A+B)\sqrt{(1+A^2)(1+B^2)}} = 1+\tfrac{1}{8}\varkappa(1+\cos^2 h)+\ldots.$$

En prenant l'unité pour valeur approchée du second membre, on commet une erreur relative comparable à celle qui, dans un sens inconnu, altère déjà la partie principale de m. C'en est assez pour rendre à peu près illusoire, quant à présent, toute tentative de substituer à $\frac{1}{4}\varkappa\cos h$ une autre expression de m, plus approchée.

En même temps, tous les termes du second ordre, dans la formule (38 a), apparaissent comme dénués d'utilité. Cette formule serait alors réduite à

$$(44) \qquad \psi = \psi' - \tfrac{1}{4}\varkappa s' \cos h.$$

Pour l'expression de l'arc géodésique, on obtient une formule assez élégante comme il suit. Les égalités (28) et (31) donnent

$$s' + s'' = \mathrm{u} + 2\sum \frac{q^{2p}}{1+q^{4p}}\,\frac{\sin 2p\mathrm{u}}{p},$$
$$s' - s'' = \sum \frac{q^{2p-1}}{1+q^{4p-2}}\,\frac{\sin(2p-1)\mathrm{u}}{2p-1}.$$

On a ainsi les expressions approchées

$$\mathrm{u} = s' + s'',$$
$$4q \sin \mathrm{u} = s' - s'',$$

et la formule (26) donne celle-ci :

$$(45) \qquad s = \left[1 - \tfrac{1}{4}\varkappa(1 + \cos^2 h)\right]\frac{3s' - s''}{2}.$$

Malgré ces considérations, il y a encore grand intérêt, même pour la pratique, à employer des formules plus approchées, notamment pour des calculs qui se rapportent à une portion limitée de la Terre. Dans la solution des problèmes, telle que nous allons maintenant l'indiquer, on trouverait facilement le moyen d'obtenir une approximation aussi grande qu'on voudrait, sous réserve de la connaissance plus exacte de l'aplatissement.

Solution des problèmes de Géodésie.

Dans les divers problèmes qui intéressent la Géodésie, il s'agit toujours d'un arc géodésique limité à deux points. Les éléments à considérer sont alors les latitudes et la différence de longitude de ces deux points, la longueur de l'arc et les azimuts aux extrémités. Parmi ces six éléments, on peut en donner trois et chercher les trois autres. En tenant compte de quatre cas où les données sont symétriques par rapport aux deux extrémités, on voit qu'il y a douze problèmes différents, dont on peut désirer la solution.

Suivant les notations déjà employées, soient, pour l'une des extrémités, μ la latitude, α l'azimut, s l'arc géodésique et ψ la longitude, ces deux derniers étant comptés à partir d'un sommet; soient, pour l'autre extrémité, μ_1, α_1, s_1, ψ_1 les éléments analogues. Les données sont trois des six éléments μ, α, μ_1, α_1, $s - s_1$, $\psi - \psi_1$.

On doit distinguer d'abord les problèmes où, parmi les données, se trouvent μ et α. Effectivement, de la longitude μ on déduit immédiatement la longitude réduite λ, puis h par l'égalité (12). On peut donc calculer q et V par les formules (3) et (9), ainsi que $\mathfrak{u}$ par la formule (7). Si la troisième donnée est μ_1 ou α_1, on obtient λ_1 soit au moyen de μ_1, soit au moyen de α_1 par l'égalité (12). On peut calculer $\mathfrak{u}_1$. Avec q, V, $\mathfrak{u}$, $\mathfrak{u}_1$, on calculera s, s_1, ψ et ψ_1.

Si la troisième donnée est $s - s_1$ ou $\psi - \psi_1$, le mode de solution est différent. Supposons que la donnée soit $s - s_1 = \mathrm{S}$. On peut tirer $\mathfrak{u}_1$ de l'égalité (26), qui donne

$$\tfrac{1}{2}\mathfrak{u}_1 = \frac{(1+\beta)^2}{1+\gamma}(s - \mathrm{S}) - \frac{4q}{1+\gamma} f(\mathfrak{u}_1),$$

$$f(\mathfrak{u}_1) = \frac{\sin \mathfrak{u}_1 - 2q^3 \sin 2\mathfrak{u}_1 \ldots}{1 - 2q \cos \mathfrak{u}_1 \ldots}.$$

Nous avons ici une équation analogue à celle qui, dans l'étude du mouvement des planètes, se rencontre pour le calcul de l'anomalie excentrique. Ce serait la même équation, si l'on bornait $f(\mathfrak{u}_1)$ au seul terme $\sin \mathfrak{u}_1$, qui en est très voisin. On la résout, soit par approximations successives, soit par la série de Lagrange, ce qui n'offre aucune difficulté, vu la petitesse de q. Connaissant $\mathfrak{u}_1$, on peut calculer ψ_1 comme dans le cas précédent. On pourra aussi calculer la latitude réduite λ_1 ou la latitude μ_1 par la formule (7). Mais, pour la pratique, ce calcul serait désavantageux. Il fournirait, en effet, λ_1 par l'intermédiaire de $1 - \varkappa \cos^2 \lambda_1$; et l'on serait obligé de calculer cette dernière quantité avec une approximation supérieure à celle que l'on veut obtenir pour $\cos^2 \lambda_1$. Pour éviter cet inconvénient, au lieu d'employer la formule (7) qui détermine $e_1 - pu_1$, on prendra une formule propre à déterminer, soit $e_2 - pu_1$, soit $e_3 - pu_1$, celle-ci, par exemple,

$$\frac{e_2 - pu_1}{e_2 - e_3} = \frac{\sin^2 \lambda_1}{\sin^2 h},$$

qui donne aisément λ_1 en fonction de u_1. Ce mode de solution s'interprète d'une manière intéressante. D'après la formule (27 *a*), on voit qu'on introduit ici l'arc de cercle auxiliaire s'_1. Cet arc peut aussi se trouver au moyen de la série (28), et u_1 doit alors être considéré comme permettant le calcul d'une correction par laquelle on passe de $s_1 = s - S$ à s'_1. Si l'on envisage u de la même manière, on peut considérer $S' = s' - s'_1$ comme déduit de la donnée S au moyen d'une correction aisée à calculer. Ayant S', il est naturel d'achever le calcul au moyen du premier cercle auxiliaire, c'est-à-dire résoudre le triangle sphérique P'M'M'$_1$, où l'on connaîtra deux côtés, $P'M' = \frac{\pi}{2} - \lambda$ et $M'M'_1 = S'$, avec l'angle compris, qui est α. On en déduit le côté $P'M'_1 = \frac{\pi}{2} - \lambda_1$, l'angle en M'_1, qui est α_1, puis l'angle en P', qui est $\psi_1 - \psi'_1$. De ce dernier, on conclura $\psi - \psi_1$ au moyen d'une correction, fournie par la formule (38 *a*).

On peut tout aussi bien employer, pour cette solution, le second cercle auxiliaire. C'est alors la formule (31) qui fournira la correction au moyen de laquelle on passera de l'arc S à l'arc $S'' = s'' - s''_1$. On aura à résoudre un triangle sphérique dont les côtés sont $\frac{\pi}{2} - \mu$, S'' et l'angle compris α'', déduit de α par l'égalité (32). La résolution de ce triangle fournit encore $\psi' - \psi'_1$, comme tout à l'heure, ainsi que μ_1 et α''_1.

Pour l'application, ces deux procédés paraissent équivalents. Dans le premier, on trouve directement l'azimut α_1, mais il faut remonter de la latitude réduite λ_1 à la latitude μ_1; dans le second, il faut remonter de α''_1 à α_1, mais on a directement la latitude μ_1. Le premier de ces deux procédés est celui qui a été développé par Jacobi.

Les deux premières données étant encore μ et α, supposons que la troisième donnée soit $\psi - \psi_1 = \Psi$. Après avoir calculé ψ comme tout à l'heure, on a, par l'égalité (19),

$$\operatorname{tang}\tfrac{1}{2}u_1 = \frac{1-V}{1+V}\operatorname{tang}[\psi - \Psi + \varphi(u_1)].$$

$$\varphi(u_1) = mu_1 + \frac{q^2}{1-q^4}\left(\frac{1}{V} - V\right)\sin u_1 + \ldots.$$

Comme m (18 a) est du même ordre que q, c'est encore là une équation d'où l'on tire aisément u_1 par approximations successives ou bien encore par la série de Lagrange. La solution s'achève comme dans le problème précédent et peut s'interpréter encore par le calcul d'une correction, faisant passer de Ψ à Ψ', et par la résolution d'un triangle sphérique auxiliaire, dont on donne un côté et les deux angles adjacents.

Les autres problèmes présentent plus de complication dans les calculs et se résolvent par approximations successives. Pour donner une idée de leur solution, nous allons envisager l'un d'eux seulement, celui où les données sont μ, μ_1, $\psi - \psi_1 = \Psi$. Les deux extrémités de l'arc géodésique sont, comme on voit, des points définis par leurs coordonnées géographiques.

Admettons d'abord qu'on veuille négliger le carré de l'excentricité. La formule (44) nous donne

$$\Psi' = \psi' - \psi'_1 = \Psi + \tfrac{1}{4}\varkappa(s' - s'_1)\cos h.$$

On ne connaît ni h, ni $s' - s'_1$; mais on peut les évaluer à des quantités près, du même ordre que $\varkappa$. Il suffit, à cet effet, de calculer les analogues sur la sphère avec les données mêmes du problème. Pour ce but, il est indifférent d'employer l'un ou l'autre des cercles auxiliaires, la différence des résultats étant ici négligée. En conséquence, comme première opération, on considère le triangle sphérique T_0 dont on donne deux côtés $\frac{\pi}{2} - \mu$ et $\frac{\pi}{2} - \mu_1$ avec l'angle compris Ψ. On y calcule le troisième côté S_0 et la hauteur $\frac{\pi}{2} - h_0$. Ces éléments servent à calculer la correction qui fait passer de Ψ à Ψ', et l'on a (en écrivant Ψ'_1 pour cette expression approchée de Ψ')

$$\Psi'_1 = \Psi + \tfrac{1}{4}\varkappa S_0 \cos h_0.$$

La suite du calcul se compose maintenant de la résolution d'un triangle sphérique T_1 dont on connaît deux côtés $\frac{\pi}{2} - \lambda$, $\frac{\pi}{2} - \lambda_1$ avec l'angle compris Ψ'_1. On y calcule le troisième côté S'_1 et les deux angles $\alpha^{(1)}$ et $\alpha_1^{(1)}$. Ces deux derniers sont les azimuts extrêmes de la géodésique, calculés avec l'approximation dérivée.

Pour avoir S, on peut calculer la correction de S'_1, mais il sera mieux d'employer la formule (45). A cet effet, dans un nouveau triangle sphérique T'_1, dont on donne deux côtés $\frac{\pi}{2}-\mu$, $\frac{\pi}{2}-\mu_1$ avec l'angle compris Ψ'_1, on calcule le troisième côté S''_1, et l'on a enfin

$$S=\left[1-\frac{1}{4}\varkappa(1+\cos^2 h_0)\right]\frac{3S'_1-S''_1}{2}.$$

Examinons maintenant comment on peut opérer si l'on désire obtenir une approximation plus grande, tenir compte, par exemple, du carré et du cube de l'excentricité.

Soit $\frac{\pi}{2}-h_1$ la hauteur du triangle T_1 ; il est clair que h_1 approche de h, plus que h_0. De même, S'_1 est une expression de S', plus approchée que S_0. Si l'on emploie donc h_1 et S'_1, au lieu de h_0 et S_0, on peut trouver une expression de Ψ', plus approchée que Ψ'_1. Mais alors il faut faire entrer en compte les termes du second ordre.

Prenons, à cet effet, la formule (38), que nous mettons, au préalable, sous la forme

$$\psi+mu=\psi'-\frac{1}{32}\varkappa^2\sin 2\lambda\cos h\cos\alpha.$$

On pourra calculer l'expression approchée de m par la formule (40), qui donne

$$m_1=\frac{1}{4}\varkappa\cos h_1\frac{4\sqrt{AB_1}}{(A+B_1)\sqrt{(1+A^2)(1+B_1^2)}},$$

$$A=\sqrt[4]{1-\varkappa},\qquad B_1=\sqrt[4]{1-\varkappa\cos^2 h_1},$$

ou bien encore par les deux premiers termes du développement suivant les puissances de $\varkappa$,

$$m_1=\frac{1}{4}\varkappa\cos h_1\left[1+\frac{1}{8}\varkappa(1+\cos^2 h_1)\right].$$

Aux termes du second ordre près, u coïncide avec $s'+s''$, en sorte que la nouvelle expression Ψ'_2, prise pour Ψ', est donnée par l'égalité

$$\Psi'_2=\Psi+\frac{1}{2}m_1(S'_1+S''_1)+\frac{1}{32}\varkappa^2\cos h_1(\sin 2\lambda\cos\alpha^{(1)}-\sin 2\lambda_1\cos\alpha_1^{(1)}).$$

Dans le nouveau triangle sphérique T_2, dont les côtés sont $\frac{\pi}{2}-\lambda$ et $\frac{\pi}{2}-\lambda_1$ avec l'angle compris Ψ'_2, on calculera, pour les azimuts extrêmes, des valeurs plus approchées $\alpha^{(2)}$, $\alpha_1^{(2)}$. Si l'on veut poursuivre l'opération en utilisant les termes du troisième ordre, on calculera aussi la hauteur $\frac{\pi}{2} - h_2$, qui servira ensuite à trouver un nouvel angle Ψ'_3, approchant de Ψ' plus que Ψ'_1.

Si cependant on voulait effectivement pousser, dans ce problème, la solution jusqu'à y faire intervenir les termes du troisième ordre, il serait, sans doute, préférable de présenter cette solution sous une autre forme que nous allons développer.

Posons

$$\tang^2 \Lambda = \frac{C^2 - A^2}{1 - C^2}, \qquad \tang^2 H = \frac{B^2 - A^2}{1 - B^2}.$$

Pour l'angle φ, déjà employé dans les formules (36) et (36a), il en résulte

$$\tang \Lambda \cot H = \cos\varphi.$$

On voit ainsi que les angles Λ, H, φ jouent, par rapport à un nouveau cercle auxiliaire, le même rôle que λ, h, ψ' ou que μ, k, ψ' par rapport aux cercles auxiliaires déjà considérés. Les angles Λ et H diffèrent de λ et h ou de μ et k par des quantités du premier ordre; mais φ diffère de ψ' par une quantité du second ordre seulement (36a). Ces détails ne sont donnés ici que pour faire mieux comprendre l'origine de la solution actuelle, où l'on n'aura d'ailleurs à mentionner aucun cercle auxiliaire.

Pour parvenir aux formules que nous allons donner, il n'y a qu'à transcrire celles qui ont été développées plus haut. On y remarquera seulement que l'aplatissement ε intervient ici plus naturellement que l'excentricité; aussi le mettrons-nous en évidence.

Les données du problème sont les *latitudes* μ et μ_1 de deux points et la différence Ψ' de leurs longitudes. On désigne par ε l'aplatissement de la Terre, $\varepsilon = \frac{1}{293}$.

1° En fonction des données on détermine deux angles Λ et Λ_1, peu différents de μ et μ_1 :

$$\frac{\tang^2 \Lambda}{\tang^2 \mu} = \frac{1 - \varepsilon + \sqrt{1 - \varepsilon(2 - \varepsilon)\sin^2\mu}}{1 + \sqrt{1 - \varepsilon(2 - \varepsilon)\sin^2\mu}},$$

$$\frac{\tang^2 \Lambda_1}{\tang^2 \mu_1} = \frac{1 - \varepsilon + \sqrt{1 - \varepsilon(2 - \varepsilon)\sin^2\mu_1}}{1 + \sqrt{1 - \varepsilon(2 - \varepsilon)\sin^2\mu_1}}.$$

2° On prend pour inconnue principale un angle H, et pour inconnues auxiliaires trois autres angles $\mathfrak{u}$, $\mathfrak{u}_1$, Φ.

3° En posant, pour abréger l'écriture,

$$\begin{aligned} A^2 &= 1 - \varepsilon, \\ B^2 &= 1 - \varepsilon \cos^2 H, \\ C^2 &= 1 - \varepsilon \cos^2 \Lambda, \\ C_1^2 &= 1 - \varepsilon \cos^2 \Lambda_1, \end{aligned}$$

on a les équations suivantes :

$$\operatorname{tang}^2 H = \frac{\operatorname{tang}^2 \Lambda + \operatorname{tang}^2 \Lambda_1 - 2 \operatorname{tang} \Lambda \operatorname{tang} \Lambda_1 \cos \Phi}{\sin^2 \Phi},$$

$$\Phi = \Psi + \varepsilon \frac{\sqrt{AB}}{A+B} (\mathfrak{u} - \mathfrak{u}_1) \cos H + R,$$

$$R = \frac{2\varepsilon^2 AB \cos H}{(1+AB)(A+B)^2} \left(\frac{\sin \Lambda \sqrt{\cos^2 \Lambda - \cos^2 H}}{C^2 + AB} - \frac{\sin \Lambda_1 \sqrt{\cos^2 \Lambda_1 - \cos^2 H}}{C_1^2 + AB} \right),$$

$$\operatorname{tang}^2 \frac{1}{2} \mathfrak{u} = \frac{A}{B} \frac{\cos^2 \Lambda - \cos^2 H}{\sin^2 \Lambda},$$

$$\operatorname{tang}^2 \frac{1}{2} \mathfrak{u}_1 = \frac{A}{B} \frac{\cos^2 \Lambda_1 - \cos^2 H}{\sin^2 \Lambda_1}.$$

4° Pour trouver H, on procédera par approximations successives en prenant d'abord Ψ pour première approximation de Φ ; la valeur trouvée ainsi pour H par la première équation servira à approcher davantage de Φ. La nouvelle valeur de Φ donnera ensuite une valeur de H, plus approchée, et ainsi de suite. La quatrième valeur trouvée ainsi pour H sera définitive, les formules données ici ne permettant pas une approximation supérieure.

Avec cette dernière valeur de H, on calculera la dernière valeur de B et de $\mathfrak{u} - \mathfrak{u}_1$.

5° Les azimuts extrêmes α, α_1 sont donnés par les formules

$$\sin^2 \alpha = \frac{\cos^2 \Lambda}{\cos^2 H} \frac{1 + C^2}{1 + B^2}, \qquad \sin^2 \alpha_1 = \frac{\cos^2 \Lambda_1}{\cos^2 H} \frac{1 + C_1^2}{1 + B^2}.$$

6° La distance géodésique S des deux points est déterminée par l'égalité

$$S = \left(\frac{A+B}{2} \right)^2 \left[(1+\gamma) \frac{\mathfrak{u} - \mathfrak{u}_1}{2} + P \right],$$

$$\gamma = \frac{1}{8} \varepsilon^2 \left(\frac{2}{A+B} \right)^2 \sin^2 H,$$

$$P = \frac{2\varepsilon}{(A+B)\sqrt{AB}} \left(\sin \Lambda \sqrt{\cos^2 \Lambda - \cos^2 H} - \sin \Lambda_1 \sqrt{\cos^2 \Lambda_1 - \cos^2 H} \right).$$

7° On observe que la dernière valeur de B est seulement nécessaire pour le calcul de $u - u_1$ et du coefficient $\left(\frac{A+B}{2}\right)^2$ dans l'expression de S. Pour le calcul de γ, la seconde valeur de H et de B est seulement nécessaire. Le degré d'approximation que l'on peut demander à ces formules ne doit amener aucune différence entre les valeurs de γ que l'on obtiendrait avec les valeurs suivantes de H et de B. La même observation s'applique au calcul de R. Pour P, la troisième valeur de H et B suffira.

Les autres problèmes peuvent être résolus d'une manière analogue. Il suffira d'avoir ici développé la solution du problème le plus important : trouver la distance géodésique de deux points dont on donne les coordonnées géographiques.

CHAPITRE VIII.

ATTRACTION D'UN ANNEAU ELLIPTIQUE (¹).

Préambule. — Attraction d'un anneau de forme quelconque. — Anneau elliptique; solution de Gauss. — Nouvelle solution. — Solution modifiée par l'emploi des covariants. — Discussion. — Sur l'usage de la fonction Φ. — Résumé de la solution. — Remarques sur les covariants.

Préambule.

Le problème que nous allons traiter a été posé par Gauss dans ces termes :

« Les variations séculaires qui, pour les éléments d'une orbite planétaire, résultent de la perturbation causée par une autre planète, sont indépendantes de la position qu'occupe cette dernière dans son orbite. Au lieu de considérer cette planète comme décrivant son orbite elliptique suivant les lois de Kepler, si l'on imaginait sa masse répartie sur cette orbite proportionnellement au temps que la planète emploie à parcourir chaque élément, on trouverait, par cette hypothèse, les mêmes perturbations. Il en est ainsi, du moins, quand les durées de révolution sont incommensurables entre elles pour la planète troublante et la planète troublée.

» Cet élégant théorème, s'il n'a pas été encore explicitement énoncé, se démontre aisément par les éléments de l'Astronomie.

(¹) A consulter : 1° *Determinatio attractionis quam in punctum quodvis, positionis datæ, exerceret planeta, si ejus massa per totam orbitam ratione temporis quo singulæ partes describuntur, uniformiter esset dispertita* (*Gauss Werke*, t. III, p. 333). C'est à la fin de ce Mémoire que Gauss a parlé, pour la première fois, de la *moyenne arithmético-géométrique*, dont il sera question au t. III du présent Ouvrage. — 2° Thèses présentées à la Faculté des Sciences de Paris par M. Edmond Bour. Mallet-Bachelier; 1855.

» Voici donc un problème très digne d'attention, tant par lui-même que par divers artifices nécessaires à sa solution : *déterminer l'attraction qu'exerce sur un point quelconque une orbite planétaire ou, en d'autres termes, un anneau elliptique dont l'épaisseur varie, en chaque point, suivant la loi ci-dessus expliquée.* »

Le théorème que Gauss a qualifié d'*élégant* se trouve démontré dans un Mémoire très récent de M. George-W. Hill (¹). On y voit clairement que l'attraction, conclue de ce théorème, conduit, en effet, à la détermination des variations séculaires, aux termes près du second ordre par rapport aux forces troublantes. M. Hill a d'ailleurs complété la solution du problème en continuant les calculs de Gauss jusqu'au point où peut se faire l'application numérique.

Nous donnerons ici, par une analyse nouvelle et simple, la solution du problème sous deux formes différentes, dont l'une est celle de Gauss.

Attraction d'un anneau de forme quelconque.

Soit une aire plane, limitée par une courbe M; soit, en outre, dans le même plan, un point m_0, que l'on prend pour le sommet commun de secteurs $m m_0 m'$, ayant pour bases des arcs mm' de la courbe M. On suppose que cette courbe M est la figure d'un anneau matériel, dont la densité, au point m, est proportionnelle à l'aire du secteur $m m_0 m'$, le point m' étant infiniment voisin du point m.

Il s'agit d'évaluer l'attraction qu'exerce l'arc mm' sur un point S quelconque, puis celle qu'exerce l'anneau entier.

Employons des coordonnées rectangulaires ayant leur origine au point attiré S. Soient x_0, y_0, z_0 les coordonnées du point m_0; x, y, z celles du point m; $x + dx, \ldots$ celles du point m'.

(¹) *On Gauss's method of computing secular perturbations, with an application to the action of Venus on Mercury;* by George-W. Hill, assistant *American Ephemeris* (Astronomical papers prepared for the use of the *American Ephemeris* and *Nautical Almanac* under the direction of Simon Newcomb, vol. I; 1882).

Le tétraèdre Smm_0m' a pour volume le sixième de la quantité suivante :

$$6V = x_0(y\,dz - z\,dy) + y_0(z\,dx - x\,dz) + z_0(x\,dy - y\,dx).$$

Soit h la distance du point S au plan de la courbe M et désignons par $d\sigma$ l'aire du secteur mm_0m'; on a aussi $3V = h\,d\sigma$. De là on conclut une expression de $d\sigma$. Cet élément aréolaire étant, par hypothèse, proportionnel à la densité de l'arc mm', l'attraction a pour mesure le quotient de cette aire par le carré $(x^2+y^2+z^2)$ de la distance Sm et s'exprime ainsi :

$$\frac{x_0(y\,dz - z\,dy) + y_0(z\,dx - x\,dz) + z_0(x\,dy - y\,dx)}{2h(x^2+y^2+z^2)}.$$

Pour obtenir les composantes de cette attraction suivant les trois axes, on doit multiplier l'attraction elle-même par les trois quantités

$$\frac{x}{\sqrt{x^2+y^2+z^2}}, \quad \frac{y}{\sqrt{x^2+y^2+z^2}}, \quad \frac{z}{\sqrt{x^2+y^2+z^2}}.$$

Que l'on pose donc, pour abréger,

$$\rho = \sqrt{x^2+y^2+z^2},$$

$$(1)\quad \begin{cases} dP_x = \dfrac{1}{2}\dfrac{x(y\,dz - z\,dy)}{\rho^3}, & dP_y = \dfrac{1}{2}\dfrac{y(y\,dz - z\,dy)}{\rho^3}, & dP_z = \dfrac{1}{2}\dfrac{z(y\,dz - z\,dy)}{\rho^3}, \\ dQ_x = \dfrac{1}{2}\dfrac{x(z\,dx - x\,dz)}{\rho^3}, & dQ_y = \dfrac{1}{2}\dfrac{y(z\,dx - x\,dz)}{\rho^3}, & dQ_z = \dfrac{1}{2}\dfrac{z(z\,dx - x\,dz)}{\rho^3}, \\ dR_x = \dfrac{1}{2}\dfrac{x(x\,dy - y\,dx)}{\rho^3}, & dR_y = \dfrac{1}{2}\dfrac{y(x\,dy - y\,dx)}{\rho^3}, & dR_z = \dfrac{1}{2}\dfrac{z(x\,dy - y\,dx)}{\rho^3}; \end{cases}$$

que l'on désigne par $P_x, \ldots, R_z$ ces différentielles intégrées tout le long de la ligne M, on aura, pour les composantes de l'attraction totale, les expressions suivantes :

$$(2)\quad \begin{cases} \Phi_x = \dfrac{1}{h}(x_0 P_x + y_0 Q_x + z_0 R_x), \\ \Phi_y = \dfrac{1}{h}(x_0 P_y + y_0 Q_y + z_0 R_y), \\ \Phi_z = \dfrac{1}{h}(x_0 P_z + y_0 Q_z + z_0 R_z). \end{cases}$$

Il y a place ici pour plusieurs remarques. Tout d'abord, les neuf différentielles (1) sont homogènes et du degré zéro par rapport aux coordonnées x, y, z. Les quantités P_x, ..., R_z sont donc purement numériques et ne dépendent absolument que de la forme du cône ayant S pour sommet et M pour base. Que l'on prenne pour figure de l'anneau une section quelconque de ce même cône et, pour point fixe m_0, un point arbitraire dans le plan de cette section, les composantes de la force attractive seront modifiées seulement par les quantités h, x_0, y_0, z_0, tandis que les neuf quantités P_x, ..., R_z ne seront pas altérées.

En second lieu, ces dernières quantités, dont le calcul exige des quadratures, peuvent être réduites à cinq seulement. On a, en effet, la première relation évidente

$$(3) \qquad P_x + Q_y + R_z = 0.$$

Un calcul direct donne aussi

$$(4) \qquad d\left(\frac{x}{\sqrt{x^2+y^2+z^2}}\right) = d(Q_z - R_y),$$

avec deux relations analogues, d'où résulte une réduction dans le nombre des quantités considérées. Si l'anneau est fermé, l'intégrale du premier membre (4), prise tout le long de cet anneau, est nulle. Ainsi, *pour un anneau fermé, on a les relations*

$$(5) \qquad Q_z = R_y, \qquad R_x = P_z, \qquad P_y = Q_x.$$

Quand il en est ainsi, on peut considérer Φ_x, Φ_y, Φ_z, données par les égalités (2), comme les demi-dérivées partielles, prises par rapport à x_0, y_0, z_0, dans une forme quadratique

$$(6) \quad \Phi = \frac{1}{h}(x_0^2 P_x + y_0^2 Q_y + z_0^2 R_z + 2 Q_x x_0 y_0 + 2 R_y y_0 z_0 + 2 P_z z_0 x_0).$$

Voici enfin une dernière remarque générale, relative au cas où le cône, toujours quelconque, présente quelque symétrie.

Si le cône est symétrique par rapport au plan $x = 0$, il est manifeste que les intégrales Q_x et R_x se composent d'éléments qui sont, deux à deux, égaux et de signes opposés, en sorte que Q_x et R_x sont nulles.

La symétrie par rapport à un axe entraîne aussi l'évanouissement de deux intégrales; ainsi, la symétrie par rapport à l'axe des x fait évanouir les deux intégrales P_y et P_z.

En particulier, si le cône est symétrique par rapport aux trois axes, les six quantités (5) sont nulles, et la forme quadratique Φ est réduite à trois carrés. Les coefficients de ces carrés ont d'ailleurs, d'après (3), zéro pour somme, et il n'y a que deux intégrales à calculer pour ce cas. Nous avons alors, d'après (2),

$$\frac{1}{x_0}\Phi_x + \frac{1}{y_0}\Phi_y + \frac{1}{z_0}\Phi_z = 0.$$

La force attractive est donc située dans un plan dont la position, indépendante de la forme du cône, est entièrement déterminée par les deux points S et m_0. Si l'on envisage un parallélépipède rectangle ayant son centre au point S, ses côtés parallèles aux axes et un sommet au point m_0, et, sur ce parallélépipède, les trois faces passant par m_0; les trois sommets, opposés à m_0 sur chacune de ces trois faces, déterminent le plan dont il s'agit.

Anneau elliptique. — Solution de Gauss.

Supposons que la courbe M soit une ellipse; le cône est du second degré. Rapporté à ses axes de figure, il a pour équation

$$(7) \qquad \frac{x^2}{p} + \frac{y^2}{q} + \frac{z^2}{r} = 0,$$

et deux des quantités p, q, r ont un même signe, la troisième a le signe opposé. On peut supposer les deux premières p, q négatives, la troisième r positive, et mettre ces signes en évidence par les notations

$$(8) \qquad p = -G', \qquad q = -G'', \qquad r = G.$$

L'équation (7) est satisfaite si l'on pose

$$(9) \qquad x : \sqrt{G'}\cos T :: y : \sqrt{G''}\sin T :: z : \sqrt{G},$$

et T est une variable auxiliaire qui servira pour l'intégration.

On a déjà observé que les différentielles (1) sont homogènes et du degré zéro; elles ne dépendent que des rapports mutuels des coordonnées. On y remplacera donc les coordonnées par les quantités (9) qui leur sont proportionnelles, et l'on aura ainsi

$$\Phi_x = -\frac{x_0\sqrt{GG'G''}}{h}\int_0^\pi \frac{\cos^2 T\, dT}{(G+G'\cos^2 T+G''\sin^2 T)^{\frac{3}{2}}},$$

$$\Phi_y = -\frac{y_0\sqrt{GG'G''}}{h}\int_0^\pi \frac{\sin^2 T\, dT}{(G+G'\cos^2 T+G''\sin^2 T)^{\frac{3}{2}}},$$

$$\Phi_z = +\frac{z_0\sqrt{GG'G''}}{h}\int_0^\pi \frac{dT}{(G+G'\cos^2 T+G''\sin^2 T)^{\frac{3}{2}}}.$$

Telles sont les composantes de l'attraction, sous la forme même considérée par Gauss. On obtient ces trois intégrales en dérivant, par rapport à G, G′ ou G″, l'intégrale unique

$$U = \int_0^\pi \frac{dT}{\sqrt{G+G'\cos^2 T+G''\sin^2 T}},$$

qui se ramène immédiatement à une période elliptique. Suivant le signe de (G′ — G″), on peut l'écrire, en effet, sous l'une ou l'autre des formes suivantes :

$$U = \frac{2}{\sqrt{G'+G}}\int_0^{\frac{\pi}{2}} \frac{dT}{\sqrt{1-\frac{G'-G''}{G'+G}\sin^2 T}},$$

$$U = \frac{2}{\sqrt{G''+G}}\int_0^{\frac{\pi}{2}} \frac{dT}{\sqrt{1-\frac{G''-G'}{G''+G}\cos^2 T}}.$$

On peut indifféremment remplacer, dans ces intégrales, $\cos^2 T$ et $\sin^2 T$ l'un par l'autre; on voit donc que les deux intégrales sont ici la demi-période K pour les fonctions elliptiques dont le carré du module k^2 est l'une des deux quantités $\frac{G'-G''}{G'+G}$, $\frac{G''-G'}{G''+G}$. L'une de ces deux quantités est positive, moindre que l'unité.

Par le moyen des formules (36) et (37) du Chapitre X (t. I,

p. 253), on exprime aisément les dérivées de U en fonction de K et de l'intégrale complète E. Le calcul de l'attraction est ainsi achevé.

Cette attraction est bien celle qui se rapporte au problème posé par Gauss, pourvu qu'*on suppose le point m_0 au foyer de l'ellipse* M. En effet, d'après une des lois de Kepler, la vitesse aréolaire d'une planète sur son orbite est constante quand le sommet des secteurs est le Soleil, c'est-à-dire le foyer de l'orbite.

Pour appliquer cette solution, il faut calculer la position et la grandeur des axes du cône ayant son sommet au point attiré S, et dont la base est l'orbite troublante. Ce problème de pure Géométrie se résout facilement, comme on sait; mais il exige la résolution d'une équation du troisième degré, dont G′, G″ et — G sont les racines [1]. Si nous n'insistons pas davantage, c'est que la résolution de cette équation du troisième degré est superflue. Nous allons l'éviter en introduisant les fonctions elliptiques sous la forme moderne.

Nouvelle solution.

Reprenons l'équation du cône sous la forme (7). On peut exprimer x^2, y^2, z^2 par deux variables auxiliaires s et ρ, comme il suit :

$$(10)\qquad \begin{cases} x^2 = -\dfrac{p(s-p)}{(p-q)(p-r)}\rho^2, \\ y^2 = -\dfrac{q(s-q)}{(q-p)(q-r)}\rho^2, \\ z^2 = -\dfrac{r(s-r)}{(r-p)(r-q)}\rho^2. \end{cases}$$

Ces égalités donnent lieu effectivement à la relation (7) par élimination de s et ρ. De plus, on en déduit aussi

$$x^2 + y^2 + z^2 = \rho^2,$$

en sorte que ρ a la même signification que précédemment.

---

(1) C'est Bour qui, dans sa Thèse citée précédemment, a donné cette interprétation géométrique des formules abstraites développées par Gauss.

Des deux dernières égalités (10), on conclut

$$2\left(\frac{dz}{z} - \frac{dy}{y}\right) = \left(\frac{1}{s-r} - \frac{1}{s-q}\right) ds = \frac{(r-q)\,ds}{(s-r)(s-q)},$$

par conséquent, d'après (1),

$$dP_x = \frac{1}{4}\,\frac{xyz}{\rho^3}\,\frac{(r-q)\,ds}{(s-r)(s-q)}.$$

Mais les égalités (10) donnent

$$\frac{xyz}{\rho^3} = \frac{\sqrt{pqr}}{(p-q)(q-r)(r-p)}\sqrt{(s-p)(s-q)(s-r)}.$$

Posons, pour abréger,

$$(11) \qquad \frac{\sqrt{pqr}}{(p-q)(q-r)(r-p)} = C, \qquad \sqrt{4(s-p)(s-q)(s-r)} = S.$$

Nous aurons alors, pour dP_x, et, par permutation des lettres, pour dQ_y et dR_z, les expressions suivantes :

$$S\,dP_x = \tfrac{1}{2}C(r-q)(s-p)\,ds,$$
$$S\,dQ_y = \tfrac{1}{2}C(p-r)(s-q)\,ds,$$
$$S\,dR_z = \tfrac{1}{2}C(q-p)(s-r)\,ds.$$

Pour exprimer ces différentielles par des fonctions elliptiques, on posera

$$(12) \qquad \frac{s-p}{\wp u - e_\alpha} = \frac{s-q}{\wp u - e_\beta} = \frac{s-r}{\wp u - e_\gamma} = 1;$$

d'où résulte

$$S = \wp' u, \qquad S\,du = ds,$$

et, par conséquent,

$$(13) \qquad \begin{cases} dP_x = \frac{1}{2}\,C(r-q)(\wp u - e_\alpha)\,du, \\ dQ_y = \frac{1}{2}\,C(p-r)(\wp u - e_\beta)\,du, \\ dR_z = \frac{1}{2}\,C(q-p)(\wp u - e_\gamma)\,du. \end{cases}$$

Les fonctions elliptiques sont ici à discriminant positif et les racines e_α sont déterminées par les égalités

$$(14) \qquad e_\alpha - p = e_\beta - q = e_\gamma - r = -\tfrac{1}{3}(p+q+r).$$

Supposons encore, comme plus haut, que deux des quantités p, q, r soient négatives, la troisième positive. D'après les égalités (10), la réalité de x, y, z exige que s soit entre les deux plus petites des trois quantités p, q, r. Si, au contraire, on supposait deux quantités positives et une négative, s devrait être entre les deux plus grandes.

Dans l'hypothèse adoptée, $\wp u$ reste compris entre les deux plus petites racines e_α, c'est-à-dire entre e_3 et e_2, en sorte que $u-\omega'$ est réel. On fera le tour complet du cône en faisant varier $u-\omega'$ dans l'étendue d'une période 2ω. L'intégrale indéfinie de $\wp u - e_\alpha$ est $-(\zeta u + u e_\alpha)$; l'intégrale définie est donc $-2(\eta + \omega e_\alpha)$. Remettant pour e_α son expression (14), on obtient

$$P_x = C(q-r)\left(\eta + \frac{2p-q-r}{3}\omega\right).$$

Les autres composantes Q_y, R_z se déduisent de là par la permutation circulaire des lettres p, q, r. En multipliant P_x, Q_y, R_z respectivement par $\frac{x_0}{h}$, $\frac{y_0}{h}$, $\frac{z_0}{h}$, on a les composantes de l'attraction.

Jusqu'à présent, cette solution diffère seulement par la forme de celle qui a été exposée d'abord. Les axes de coordonnées sont les mêmes et la connaissance de p, q, r paraît nécessaire. Mais on sait (t. I, ch. X) que η et ω peuvent être calculés par le moyen des invariants seulement, sans qu'il soit nécessaire de trouver les racines e_α. On pourra donc ici trouver η et ω par les coefficients du polynôme $(s-p)(s-q)(s-r)$, sans calculer les racines p, q, r. Pour s'affranchir entièrement du calcul de ces racines, il faut, en outre, trouver les composantes de l'attraction suivant des axes quelconques; c'est ce que nous allons faire au moyen de la forme quadratique Φ.

Si nous posons (en supprimant l'indice o de x, y, z)

$$(15)\qquad \begin{cases} M = C[(q-r)x^2+(r-p)y^2+(p-q)z^2], \\ N = C[p(q-r)x^2+q(r-p)y^2+r(p-q)z^2], \end{cases}$$

nous avons maintenant, pour la forme Φ, l'expression suivante :

$$(16)\qquad h\Phi = \left(\eta - \frac{p+q+r}{3}\omega\right)M + \omega N.$$

Il s'agit de calculer les deux formes quadratiques M et N.

Solution modifiée par l'emploi des covariants.

Les trois formes quadratiques, propres au calcul, sont les suivantes :

$$(17)\qquad \begin{cases} \psi = x^2 + y^2 + z^2, \\ f = \dfrac{x^2}{p} + \dfrac{y^2}{q} + \dfrac{z^2}{r}, \\ \varphi = px^2 + qy^2 + rz^2. \end{cases}$$

Il faut y joindre les fonctions symétriques de p, q, r, savoir

$$(18)\qquad \begin{cases} k_1 = p + q + r, \\ k_2 = pq + qr + rp, \\ k_3 = pqr, \end{cases}$$

et exprimer les formes M, N par ces quantités.

Par la multiplication de deux déterminants, on obtient M comme il suit

$$\begin{vmatrix} x^2 & y^2 & z^2 \\ p & q & r \\ 1 & 1 & 1 \end{vmatrix} \begin{vmatrix} 1 & 1 & 1 \\ \dfrac{1}{p} & \dfrac{1}{q} & \dfrac{1}{r} \\ p & q & r \end{vmatrix} = \begin{vmatrix} \psi & k_1 & 3 \\ f & 3 & \dfrac{k_2}{k_3} \\ \varphi & k_1^2 - 2k_2 & k_1 \end{vmatrix},$$

ce qui donne, en développant,

$$-(p-q)(q-r)(r-p)\frac{\mathrm{M}}{\mathrm{C}}$$
$$= (3k_1k_3 + 2k_2^2 - k_1^2k_2)\psi + 2k_3(k_1^2 - 3k_2)f + (k_1k_2 - 9k_3)\varphi.$$

En remplaçant C par son expression (11), on voit s'introduire ici le produit des carrés des différences $(p-q)^2(q-r)^2(r-p)^2$, dont on connaît l'expression par les fonctions symétriques. On retrouve d'ailleurs ce résultat en remplaçant dans la dernière équation x^2, y^2, z^2 par qr, rp, pq, hypothèse qui change M en $-\mathrm{C}(p-q)(q-r)(r-p)$, ψ en k_2, f en k_1 et φ en $3k_3$. On a, de cette manière,

$$(19)\qquad \begin{cases} (p-q)^2(q-r)^2(r-p)^2 \\ \quad = 18k_1k_2k_3 - 4k_2^3 + k_1^2k_2^2 - 4k_1^3k_3 - 27k_3^2 = \frac{1}{16}\Delta, \end{cases}$$

$$(20)\qquad \begin{cases} \mu = \dfrac{1}{16}\dfrac{\Delta}{\sqrt{k_3}}\mathrm{M} = (k_1^2k_2 - 2k_2^2 - 3k_1k_3)\psi \\ \qquad + 2k_3(3k_2 - k_1^2)f + (9k_3 - k_1k_2)\varphi. \end{cases}$$

Un calcul analogue donnerait N exprimé par ψ, f, φ. Mais, pour la suite, il vaut mieux exprimer N par ψ, φ, μ. On y parvient encore par la multiplication de deux déterminants :

$$\begin{vmatrix} px^2 & qy^2 & rz^2 \\ p & q & r \\ 1 & 1 & 1 \end{vmatrix} \begin{vmatrix} 1 & 1 & 1 \\ \frac{1}{p} & \frac{1}{q} & \frac{1}{r} \\ \frac{q-r}{p} & \frac{r-p}{q} & \frac{p-q}{r} \end{vmatrix} = \begin{vmatrix} \varphi & k_1 & 3 \\ \psi & 3 & \frac{k_2}{k_3} \\ \frac{M}{C} & 0 & \sum \frac{q-r}{p} \end{vmatrix}.$$

$$\sum \frac{q-r}{p} = -\frac{1}{k_3}(p-q)(q-r)(r-p),$$

$$\frac{M}{C} = \frac{\mu}{(p-q)(q-r)(r-p)}.$$

Le dernier déterminant peut donc s'écrire ainsi :

$$\frac{1}{k_3(p-q)(q-r)(r-p)} \begin{vmatrix} \varphi & k_1 & 3k_3 \\ \psi & 3 & k_2 \\ \mu & 0 & -\frac{1}{16}\Delta \end{vmatrix}.$$

Quant au second déterminant, on a

$$\begin{vmatrix} 1 & 1 & 1 \\ \frac{1}{p} & \frac{1}{q} & \frac{1}{r} \\ \frac{q-r}{p} & \frac{r-p}{q} & \frac{p-q}{r} \end{vmatrix} = \frac{2(k_1^2 - 3k_2)}{k_3},$$

en sorte qu'on trouve finalement

$$(21) \qquad \frac{1}{16}\frac{\Delta}{\sqrt{k_3}} N = \frac{1}{2(k_1^2 - 3k_2)}\left[(k_1 k_2 - 9k_3)\mu + \frac{1}{16}\Delta(k_1\psi - 3\varphi)\right].$$

Les invariants des fonctions elliptiques s'obtiennent par la disparition du second terme dans le polynôme

$$(22) \qquad (s-p)(s-q)(s-r) = s^3 - k_1 s^2 + k_2 s - k_3$$

On a, de la sorte,

$$(23) \qquad \begin{cases} g_2 = \frac{4}{3}(k_1^2 - 3k_2), \\ g_3 = \frac{4}{27}(2k_1^3 - 9k_1 k_2 + 27k_3). \end{cases}$$

Il en résulte

$$2k_1 g_2 - 9g_3 = 4(k_1 k_2 - 9k_3),$$

ce qui est le coefficient de μ dans le second membre (21). De là cette conséquence

$$N - \left(\frac{1}{3}k_1 - \frac{3}{2}\frac{g_3}{g_2}\right)M = \frac{2}{3}\frac{\sqrt{k_3}}{g_2}(k_1\psi - 3\varphi),$$

qui permet de transformer l'expression (16) de Φ en celle-ci :

$$(24) \qquad h\Phi = \left(\eta - \frac{3}{2}\frac{g_3}{g_2}\omega\right)M + \frac{2}{3}\frac{\sqrt{k_3}\,\omega}{g_2}(k_1\psi - 3\varphi).$$

Suivant le résultat obtenu au tome I (p. 343), la demi-période va être exprimée en fonction de l'invariant absolu J, par l'intermédiaire de la quantité suivante :

$$(25) \qquad \xi = \frac{J-1}{J} = \frac{27g_3^2}{g_2^3}.$$

C'est $\omega\sqrt[4]{4g_2}$ qui s'offre naturellement; soit donc

$$(26) \qquad \omega\sqrt[4]{4g_2} = \Psi(\xi).$$

En employant, comme au Chapitre IX du tome I, l'opération D,

$$D = 12g_3\frac{\partial}{\partial g_2} + \frac{2}{3}g_2^2\frac{\partial}{\partial g_3},$$

on a (t. I, p. 307)

$$\eta = -\tfrac{1}{2}D\,\omega, \qquad D\,g_2^{-\frac{1}{4}} = -\frac{3g_3}{g_2}g_2^{-\frac{1}{4}}, \qquad D\,\xi = \frac{36g_3\Delta}{g_2^4},$$

et l'on doit observer que le discriminant Δ des fonctions elliptiques est ici le même que la quantité désignée déjà par cette lettre; c'est ce qui résulte de la définition (19), comparée à celle du discriminant des fonctions elliptiques (t. I, p. 25),

$$(e_1 - e_2)^2(e_2 - e_3)^2(e_3 - e_1)^2 = \tfrac{1}{16}\Delta,$$

les différences des racines e_α et celles des racines p, q, r se confondant les unes avec les autres (14).

Des équations précédentes, il résulte

$$\eta = \frac{3}{2}\frac{g_3}{g_2}\omega - \frac{18g_3\Delta}{g_2^4\sqrt[4]{4g_2}}\Psi'(\xi).$$

En mettant cette expression de η dans l'égalité (24), remplaçant aussi M par son expression (20) en μ, ω par l'expression (26), on obtient

$$(27) \qquad h\Phi = \frac{1}{g_2}\sqrt[4]{\frac{4k_3^2}{g_2}}\left[\frac{1}{3}(k_1\psi - 3\varphi)\Psi(\xi) - \frac{144 g_3}{g_2^3}\mu\Psi'(\xi)\right].$$

Il ne reste plus qu'à exprimer Ψ en série hypergéométrique pour avoir la formule définitive.

Discussion.

La fonction Ψ s'exprime par la somme de deux séries hypergéométriques, comme il suit (t. I, p. 343) : soient P et P_1 les deux séries hypergéométriques contenant seulement les puissances à exposants entiers et positifs de ξ, A et B deux transcendantes numériques, on a

$$(28) \qquad \Psi = 2AP - BP_1\sqrt{\tfrac{1}{3}\xi}.$$

La formule, empruntée au tome I (*loco citato*), contient une ambiguïté de signe, que nous reportons ici sur la racine carrée. On a vu que le signe du second terme doit être contraire à celui de g_3, pour que l'on obtienne effectivement, comme il le faut ici, ω et non $\frac{\omega'}{i}$. Il faudra donc prendre $\sqrt{\frac{1}{3}\xi}$ du même signe que g_3.

Dans notre analyse, nous avons supposé k_3 positif, ce qui était permis. La supposition inverse, également permise, aurait conduit à une analyse à peine différente. Il convient, dans le résultat, de faire disparaître cette supposition.

Le second membre de la formule (27) présente, comme il le faut, une homogénéité par rapport aux quantités p, q, r (¹). La quantité entre crochets est homogène et du degré 1 ; elle se reproduit, changée seulement de signe, quand on change les signes de p, q, r en conservant les valeurs absolues. Ceci a lieu, bien

---

(¹) En communiquant les résultats de ces recherches à l'Académie des Sciences (*Comptes rendus*, t. CIII, p. 366), l'auteur avait, par inadvertance, omis un dénominateur g_2 au premier terme du *crochet* (27), ce qui troublait, à tort, l'homogénéité et conduisait à une ambiguïté de signe entièrement erronée.

entendu, à condition que $\Psi(\xi)$ ne soit pas altéré, comme effectivement cela se produit pour ξ. Il faudra donc, en même temps, changer le signe de $\sqrt{\frac{1}{3}\xi}$, puisque P_1 ne subit aucune altération. Ainsi, levant toute restriction sur les signes de p, q, r, on doit prendre $\sqrt{\frac{1}{3}\xi}$ du même signe que $k_3 g_3$.

En mettant, au dehors du crochet dans la formule (27), $\sqrt[4]{k_3^2}$ au lieu de $\sqrt{k_3}$, on a disposé cette formule pour permettre d'y supposer k_3 négatif. Elle est donc affranchie maintenant de toute restriction sur les signes de p, q, r.

Nous avons encore à examiner la formule qui doit remplacer la précédente (28), quand on veut développer Ψ suivant les puissances ascendantes de $\xi_1 = \frac{1}{J}$, au lieu de $\xi = \frac{J-1}{J}$. Ceci est nécessaire quand ξ est voisin de l'unité.

Deux développements très différents représentent les deux demi-périodes quand on emploie ξ_1 au lieu de ξ (t. I, p. 344). L'un d'eux, composé d'une seule série hypergéométrique, conserve une valeur finie et se réduit à son premier terme, quand ξ_1 devient nul. L'autre, au contraire, où la série hypergéométrique est multipliée par le logarithme de ξ_1, devient alors infini. Le premier de ces développements correspond au cas où les deux termes du second membre (28) sont de signes opposés ; le second correspond à l'autre cas. Ce sera donc le premier ou le second développement qui conviendra suivant que $k_3 g_3$ sera positif ou négatif.

Le second développement, on vient de le rappeler, donne lieu, pour $\xi_1 = 0$, à des valeurs infiniment grandes pour les coefficients de la forme Φ. La force attractive est infiniment grande ; l'hypothèse correspondante se rapporte donc au cas où le point attiré est situé sur l'orbite attirante. Quant au premier développement, si l'on y suppose $\xi_1 = 0$, on obtient le résultat qui correspond au cas où deux des quantités p, q, r sont égales entre elles : le cône est de révolution.

Sur l'usage de la fonction Φ.

Mise sous la forme (27), la fonction Φ a une expression que l'on peut regarder comme indépendante des axes de coordonnées.

Effectivement, pour les polynômes ψ, f, φ et les coefficients k, on connaît des expressions indépendantes des axes; ce sont des covariants et des invariants, dont nous allons d'ailleurs parler dans un instant. Supposons donc Φ ainsi exprimé au moyen de coordonnées quelconques X, Y, Z. Soient

$$\begin{aligned} x &= a\mathrm{X} + a'\mathrm{Y} + a''\mathrm{Z}, \\ y &= b\mathrm{X} + b'\mathrm{Y} + b''\mathrm{Z}, \\ z &= c\mathrm{X} + c'\mathrm{Y} + c''\mathrm{Z} \end{aligned}$$

les formules du changement de coordonnées. Elles donnent

$$\frac{\partial\Phi}{\partial \mathrm{X}} = a\frac{\partial\Phi}{\partial x} + b\frac{\partial\Phi}{\partial y} + c\frac{\partial\Phi}{\partial z}.$$

Puisque $\frac{\partial\Phi}{\partial x}, \frac{\partial\Phi}{\partial y}, \frac{\partial\Phi}{\partial z}$ sont les projections rectangulaires de l'attraction sur les axes des x, y, z, et que ces derniers sont rectangulaires, on voit que $\frac{\partial\Phi}{\partial \mathrm{X}}$ est aussi la projection rectangulaire de l'attraction sur l'axe des coordonnées X. Ainsi, *avec des coordonnées rectilignes quelconques, les trois dérivées partielles de Φ par rapport à ces coordonnées représentent les projections rectangulaires de l'attraction sur les trois axes de coordonnées*. Ce sont les composantes, si les axes sont rectangulaires.

Résumé de la solution.

La manière dont se composent les polynômes ψ, f, φ et les coefficients k va se trouver mise en évidence dans le résumé suivant, où, bien entendu, les coordonnées sont supposées quelconques :

1° La forme quadratique ψ représente le carré de la distance d'un point à l'origine des coordonnées.

2° La forme f, égalée à zéro, représente un cône égal et homothétique à celui qui a pour base l'orbite et pour sommet le point attiré. Elle n'est déterminée qu'à un facteur constant près; cette indétermination disparaît dans la formule finale, qui est homogène et du degré zéro par rapport aux coefficients de f.

3° La forme φ, égalée à zéro, représente le cône supplémentaire ou réciproque du précédent (polaire réciproque par rapport à une sphère concentrique). Elle doit être composée avec les coefficients de f, de telle sorte que les discriminants des deux formes f et φ soient réciproques. C'est effectivement ainsi qu'on a pris précédemment f et φ; leurs discriminants sont $\frac{1}{pqr}$ et pqr.

4° Soit δf le discriminant de f; soit aussi δf_1 le discriminant de la forme

$$f_1 = sf - \psi.$$

Les coefficients k_1, k_2, k_3 sont ceux du quotient des deux discriminants :

$$\frac{\delta f_1}{\delta f} = s^3 - k_1 s^2 + k_2 s - k_3.$$

C'est, en effet, ce qui a lieu pour les formes f et ψ, telles qu'on les a envisagées.

5° Avec ces formes et ces coefficients k, on compose la forme auxiliaire μ,

$$\mu = (k_1^2 k_2 - 2k_2^2 - 3k_1 k_3)\psi + 2k_3(3k_2 - k_1^2)f + (9k_3 - k_1 k_2)\varphi,$$

et les quantités suivantes

$$g_2 = \tfrac{4}{3}(k_1^2 - 2k_2),$$
$$g_3 = \tfrac{4}{27}(2k_1^3 - 9k_1 k_2 + 27k_3),$$
$$\xi = \frac{27 g_3^2}{g_2^3}.$$

6° Dénotant par $\Psi(\xi)$ une transcendante, qui va être déterminée plus loin, et par h la distance du point attiré au plan de l'orbite, on considère la forme quadratique Φ

$$\Phi = \frac{1}{g_2 h}\sqrt[4]{\frac{4k_3^2}{g_2}}\left[\tfrac{1}{3}(k_1\psi - 3\varphi)\Psi(\xi) - \frac{144 g_3}{g_2^2}\mu\,\Psi'(\xi)\right].$$

Si l'on prend la dérivée partielle de Φ par rapport à une quelconque des trois coordonnées, x par exemple, et qu'on mette, au lieu de x, y, z, les différences $x_0 - x$, $y_0 - y$, $z_0 - z$ des coordonnées du foyer de l'orbite (le Soleil) et du point attiré, cette dérivée partielle représente la projection rectangulaire de l'attraction sur l'axe des x.

7° La transcendante $\Psi(\xi)$ s'exprime par des séries hypergéométriques, comme il suit

$$\Psi(\xi) = 2\,\mathrm{A}\,\mathrm{F}\left(\tfrac{1}{12}, \tfrac{1}{12}, \tfrac{1}{2}, \xi\right) - \mathrm{B}\,\mathrm{F}\left(\tfrac{7}{12}, \tfrac{7}{12}, \tfrac{3}{2}, \xi\right)\sqrt{\tfrac{1}{3}\xi},$$
$$\mathrm{A} = 1,3110287771\,46\ldots,$$
$$\mathrm{B} = 0,5990701173\,67\ldots,$$

et $\sqrt{\frac{1}{3}\xi}$ doit être pris avec le même signe que $k_3 g_3$.

Quand $k_3 g_3$ est positif, on a aussi

$$\Psi(\xi) = \frac{\pi}{\sqrt[4]{3}}\,\mathrm{F}\left(\tfrac{1}{12}, \tfrac{5}{12}, 1, 1-\xi\right);$$

quand $k_3 g_3$ est négatif, la seconde expression de $\Psi(\xi)$ est la suivante

$$\Psi(\xi) = \frac{1}{\sqrt[4]{3}}\left[\mathrm{Q} + \mathrm{F}\left(\tfrac{1}{12}, \tfrac{5}{12}, 1, 1-\xi\right)\log\frac{24\sqrt{3}}{\sqrt{1-\xi}}\right],$$

où Q figure la série (t. I, p. 344)

$$\mathrm{Q} = \sum_{n=0}^{n=\infty} \frac{\frac{1}{12}\left(\frac{1}{12}+1\right)\ldots\left(\frac{1}{12}+n-1\right)\frac{5}{12}\left(\frac{5}{12}+1\right)\ldots\left(\frac{5}{12}+n-1\right)\mathrm{T}_n(1-\xi)^n}{(1.2\ldots n)^2},$$

$$\mathrm{T}_n = \left\{\begin{aligned} & 1 + \tfrac{1}{2} + \tfrac{1}{3} + \ldots + \frac{1}{n} \\ & -6\left(1 + \tfrac{1}{13} + \ldots + \frac{1}{12n-11}\right) \\ & -6\left(\tfrac{1}{5} + \tfrac{1}{17} + \ldots + \frac{1}{12n-7}\right). \end{aligned}\right.$$

Tel est le résumé complet de la solution, mise sous la forme désirable : les résultats sont explicites et les fonctions elliptiques, qui ont servi de moyen, ont entièrement disparu.

Pour mieux faire comprendre cette solution, voici les expressions des diverses quantités avec des axes rectangulaires particuliers, les axes de symétrie de l'orbite et la perpendiculaire à son plan. Nous les donnons sans démonstration, comme des conséquences des éléments de la Géométrie analytique; α, β, γ désignent les coordonnées du point attiré :

$$\begin{aligned}
\psi &= x^2+y^2+z^2,\\
f &= \frac{(\gamma x-\alpha z)^2}{\gamma^2 a^2}+\frac{(\gamma y-\beta z)^2}{\gamma^2 b^2}-\frac{z^2}{\gamma^2},\\
\varphi &= a^2x^2+b^2y^2-(\alpha x+\beta y+\gamma z)^2,\\
k_1 &= a^2+b^2-\alpha^2-\beta^2-\gamma^2,\\
k_2 &= a^2b^2-b^2\alpha^2-a^2\beta^2-(a^2+b^2)\gamma^2,\\
k_3 &= a^2b^2\gamma^2, \qquad h=\gamma.
\end{aligned}$$

On voit que, dans le coefficient qui affecte l'expression de Φ, la quantité $\frac{1}{h}\sqrt[4]{k_3^2}$ se réduit à ab, en sorte que la formule s'applique aussi, comme il convient, au cas où le point attiré est dans le plan de l'orbite.

Pour avoir les composantes de l'attraction, il faudra, dans les dérivées partielles de Φ, remplacer x, y, z par les projections de la distance du foyer au point attiré, prises sur les trois axes.

Le cas où g_3 est nul répond à la formule très simple

$$\Phi = \frac{2A}{3g_2h}\sqrt[4]{\frac{4k_3^2}{g_2}}(k_1\psi-3\varphi).$$

Le lieu du sommet du cône, pour ce cas, est une surface du sixième degré.

Quand le cône est de révolution (et le lieu du sommet, pour ce cas, est, comme on sait, une hyperbole), la formule devient

$$\Phi = \frac{\pi}{g_2h}\sqrt[4]{\frac{4k_3^2}{3g_2}}\left[\tfrac{1}{3}(k_1\psi-3\varphi)+\frac{5g_3}{g_2^{\frac{3}{2}}}\mu\right].$$

Remarques sur les covariants.

Revenons aux formules de début et dénotons par une seule lettre chacun des déterminants, tels que $(y\,dz-z\,dy)$:

$$a=y\,dz-z\,dy,\qquad b=z\,dx-x\,dz,\qquad c=x\,dy-y\,dx.$$

Mettons encore ψ, au lieu de $x^2+y^2+z^2$, et $\frac{1}{2}\psi'_x$, au lieu de x, ... On a ainsi

$$4h\,d\Phi_x=(ax_0+by_0+cz_0)\psi'_x\psi^{-\frac{3}{2}}.$$

Posant alors

$$d\Phi = x_0\,d\Phi_x + y_0\,d\Phi_y + z_0\,d\Phi_z,$$

on en conclut

$$4h\,d\Phi = (ax_0 + by_0 + cz_0)(x_0\psi'_x + y_0\psi'_y + z_0\psi'_z)\psi^{-\frac{3}{2}}.$$

Cette différentielle $d\Phi$, en vertu des égalités (5), est bien celle dont l'intégrale donne la fonction Φ envisagée plus haut. Son expression se présente actuellement comme étant celle d'un covariant, tel qu'on les considère dans la théorie des formes homogènes. On peut y envisager ψ comme une forme quadratique quelconque, (x, y, z) et (x_0, y_0, z_0) comme deux systèmes de variables cogrédientes ou coordonnées de deux points, (a, b, c) comme un système de variables contragrédientes ou coordonnées d'une droite. Pour faire de ce covariant la différentielle précédente, on doit considérer cette droite comme la tangente variable d'une courbe $f = 0$, le point de contact étant (x, y, z). Dans le problème ci-dessus, la courbe $f = 0$ était une conique. L'intégrale, proposée de cette manière, devait donc apparaître comme un covariant de deux formes quadratiques, renfermant les seules variables x_0, y_0, z_0. C'est effectivement ce qu'on a trouvé; ce covariant est une forme quadratique à coefficients transcendants.

A ce point de vue, il faut seulement remarquer qu'on a supposé, pour la forme ψ, un discriminant égal à l'unité; mais cette hypothèse n'introduit aucune restriction et on la fait disparaître en divisant ψ par la racine cubique de son discriminant. Il conviendrait aussi de remplacer φ par un covariant, ce qui est facile, comme on le verra dans le Chapitre X. Le sujet qu'on y traitera est tout géométrique; il se rapporte à la figure composée de deux coniques situées dans un même plan. Très différent par sa nature apparente et par son origine, il se relie étroitement au sujet qui a fait l'objet du présent Chapitre.

CHAPITRE IX.

ÉQUATION D'EULER.

Relation entre deux fonctions elliptiques.

Pour abréger le langage, nous désignerons, dans ce Chapitre, par le nom de *fonction elliptique* toute fonction fractionnaire et doublement périodique. C'est donc une fonction rationnelle quelconque de pu et $p'u$. Ayant à considérer, à la fois, plusieurs fonctions de même nature et des mêmes périodes, nous omettrons aussi de mentionner cette coïncidence des périodes, qui sera toujours sous-entendue. Parlant donc de deux fonctions elliptiques avec même argument u, il sera convenu qu'il s'agit de deux fonctions rationnelles de pu et $p'u$.

Comme $p'u$ est fonction algébrique de pu, deux fonctions elliptiques, au même argument u, dépendent algébriquement d'une même variable pu; elles sont donc liées par une relation algébrique.

Toute fonction elliptique a autant de racines que de pôles (t. I, p. 213). Soit x une telle fonction, ayant m pôles. La fonction $x - x_0$, qui a m pôles, a aussi m racines, quelle que soit la constante x_0. Ainsi, à chaque valeur de x répondent m valeurs de u, à des périodes près. Soit y une autre fonction elliptique de u, ayant n pôles. A chaque valeur de y répondent n valeurs de u. A chaque valeur de u répond d'ailleurs une seule valeur, soit de x, soit de y. Donc à chaque valeur de x répondent m valeurs de y; à chaque valeur de y répondent n valeurs de x. Ceci caractérise les degrés de x et de y dans l'équation algébrique, qui, liant ces variables, résulte de l'élimination de pu. Ainsi *deux fonctions elliptiques x et y, au même argument, et qui ont, la première m pôles, la seconde n pôles, sont liées par une équation du degré m en y et du degré n en x.*

Par exemple, soit x une fonction à deux pôles et soit y sa dérivée. Celle-ci a les mêmes pôles, mais doubles, soit quatre pôles. La relation est donc du second degré en y et du quatrième degré en x. Soit w la somme des infinis de la fonction x. La somme des racines de la fonction $x - x_0$ est aussi égale à w (t. I, p. 215). Par conséquent, x ne change point par le changement de u en $w - u$. Comme y est la dérivée de x par rapport à u, ce même changement transforme y en $-y$. La relation entre x et y ne contient donc y qu'au carré. Enfin, puisque x et y deviennent infinis ensemble, le terme du plus haut degré, en y, a pour coefficient une constante, et de même pour x. La relation a donc la forme suivante :

$$\left(\frac{dx}{du}\right)^2 = X = a_0x^4 + 4a_1x^3 + 6a_2x^2 + 4a_3x + a_4.$$

Effectivement nous avons déjà vu (t. I, p. 120) que toute équation de cette forme est vérifiée par une fonction elliptique à deux pôles. L'argument u n'est déterminé qu'à une constante additive près ; c'est la constante d'intégration.

En supposant que les pôles de x coïncident, que x n'ait plus qu'un seul pôle, mais double, on voit que y n'a plus qu'un pôle triple ; le polynôme X s'abaisse alors au troisième degré. C'est ce qui arrive, en effet, comme nous le savons bien, pour la fonction $\alpha pu + \beta$.

Revenons à une fonction x quelconque, ayant m pôles. Grâce à la décomposition en éléments simples (t. I, p. 205) ou à la décomposition en produit de fonctions σ (t. I, p. 213), nous savons qu'elle est définie par $2m$ constantes, les invariants étant connus. L'ensemble de cette fonction x et d'une seconde fonction y ayant, celle-ci, n pôles, sera donc définie par $2(m+n)$ constantes. Si l'on veut aussi envisager les invariants comme non donnés, il faut compter deux constantes en plus; mais si, en même temps, on doit éliminer l'argument, il faut observer que u peut, sans changement pour la relation entre les deux fonctions, être remplacé par $au+b$; de là deux constantes en moins. La relation entre x et y dépend donc de $2(m+n)$ constantes.

D'autre part, l'équation la plus générale, du degré n en x et du degré m en y, qui contient $(m+1)(n+1)$ termes, dépend donc de $mn+m+n$ constantes, nombre supérieur au précédent, sauf dans le cas le plus simple de tous, celui où l'on a $m=n=2$. En ce dernier cas, on trouve, de part et d'autre, huit constantes.

Il est donc certain qu'une équation quelconque, du degré n en x et du degré m en y, n'est pas la traduction de la liaison entre deux fonctions elliptiques, sauf au cas $m=n=2$. Mais, pour ce dernier cas, il reste à s'assurer si effectivement, comme le nombre des constantes le donne à penser, *toute équation, du second degré par rapport à deux variables séparément, traduit la liaison entre deux fonctions elliptiques, au même argument.*

Cette proposition est exacte et nous allons l'établir. Nous commencerons par examiner un cas particulier.

Équation doublement linéaire.

Considérons une fonction elliptique à deux pôles, $f(u)$. Soit w la somme des infinis : l'expression en produit a la forme

$$f(u)=c\frac{\sigma(u-\beta)\sigma(u+\beta-w)}{\sigma(u-\gamma)\sigma(u+\gamma-w)}.$$

Nous la donnons ici pour bien rappeler qu'à un facteur constant près, c, une telle fonction, quand w est connu, est entièrement déterminée par une racine β et un infini γ.

Soit donc $f_1(u)$ une autre fonction à deux pôles et qui ait même somme w pour ses deux infinis. Les deux fonctions

$$f_1(u)-f_1(\beta) \quad \text{et} \quad f_1(u)-f_1(\gamma)$$

sont encore de même espèce (à deux pôles, avec w pour somme de leurs infinis), et elles ont les mêmes pôles que $f_1(u)$. Mais, dans leur quotient, les pôles de $f_1(u)$ disparaissent, et ce quotient est une fonction à deux pôles, avec w pour somme des infinis. Il a la racine β et l'infini γ. C'est donc $f(u)$, à un facteur constant près :

$$f(u) = c_1 \frac{f_1(u) - f_1(\beta)}{f_1(u) - f_1(\gamma)}.$$

Il y a donc entre $f(u)$ et $f_1(u)$ une équation doublement linéaire. Cette équation est d'ailleurs quelconque, car les constantes c_1, $f_1(\beta)$ et $f_1(\gamma)$ peuvent être choisies à volonté. Ainsi *toute équation du premier degré entre deux variables séparément* (ou doublement linéaire)

$$(1) \qquad axy + bx + cy + h = 0$$

traduit la relation entre deux fonctions elliptiques à deux pôles et pour lesquelles les sommes des infinis coïncident entre elles.

Déjà, sans l'aide des fonctions σ, on a vu [t. I, Ch. IV, p. 116, éq. (46)] que $f(u)$ s'exprime par une fonction rationnelle du premier degré en $p(u - \frac{1}{2}w)$. On pourrait, par là, établir aussi la proposition précédente, $f_1(u)$ s'exprimant aussi par une fonction rationnelle du premier degré en $p(u - \frac{1}{2}w)$.

On se rend aisément compte de la manière suivant laquelle la relation, qui, en général, est du second degré par rapport à chacune des deux fonctions à deux pôles, se réduit au premier degré quand ces fonctions ont même somme pour leurs infinis. A chaque valeur x_0 de x répondent, pour u, deux valeurs u_0 et $w - u_0$. En général, ces deux valeurs de u donnent deux valeurs distinctes pour y. Mais, quand w est aussi la somme des infinis de y, ces deux valeurs de y coïncident entre elles. Ainsi, pour ce cas particulier, le premier membre de l'équation, du second degré en x et y séparément, devient un carré. C'est ainsi que l'équation se réduit à la forme linéaire.

Considérons maintenant deux fonctions $f(u)$ et $f_1(u)$, encore à deux pôles, mais ayant des sommes d'infinis différentes, w et w_1. La fonction $f\left(u + \frac{w - w_1}{2}\right)$ est aussi à deux pôles, mais la somme de ses infinis est w_1, comme pour $f_1(u)$. Par conséquent, $f(u)$

et $f_1(u)$ *étant deux fonctions elliptiques quelconques à deux pôles, il existe une équation doublement linéaire* (1) *telle que si l'on y met* $x = f(u)$, $y = f_1(u_1)$, *il en résulte que la différence des arguments* u *et* u_1 *est constante*, et égale à la demi-différence $\frac{1}{2}(w - w_1)$ des sommes des infinis des deux fonctions. On peut, à volonté, dire aussi que *la somme des arguments* u *et* u_1 *est constante*, égale à $\frac{1}{2}(w + w_1)$, puisque le changement de u en $w - u$ n'altère pas $f(u)$.

Équation doublement quadratique.

On appelle ainsi l'équation du second degré par rapport à deux variables séparément. Elle a neuf termes, dont chacun peut être distingué par les exposants m, n de x et y. Soit (m, n) le coefficient du terme en $x^m y^n$. L'équation peut se représenter abréviativement ainsi

$$0 = \mathrm{F} = \Sigma(m, n) x^m y^n, \quad \left.\begin{matrix} m \\ n \end{matrix}\right\} = 0, 1, 2.$$

Ordonnons F de deux manières, par rapport à x ou par rapport à y, ce qui donne

$$\mathrm{F} = \mathrm{A}y^2 + 2\mathrm{B}y + \mathrm{C} = \mathrm{A}'x^2 + 2\mathrm{B}'x + \mathrm{C}'.$$

Les coefficients A, B, C sont des polynômes du second degré en x; A', B', C' sont des polynômes du second degré en y, par exemple

$$\mathrm{A} = (2, 2)x^2 + (1, 2)x + (0, 2),$$
$$2\mathrm{B} = (2, 1)x^2 + (1, 1)x + (0, 1).$$

La demi-dérivée partielle de F, par rapport à y, est $\mathrm{A}y + \mathrm{B}$; mais, si x et y vérifient l'équation $\mathrm{F} = 0$, on a

$$\mathrm{A}y + \mathrm{B} = \pm\sqrt{\mathrm{B}^2 - \mathrm{AC}}.$$

Même observation étant faite pour la dérivée par rapport à x, on voit que l'équation $\mathrm{F} = 0$ conduit à l'équation différentielle

$$dy\sqrt{\mathrm{B}^2 - \mathrm{AC}} \pm dx\sqrt{\mathrm{B}'^2 - \mathrm{A}'\mathrm{C}'} = 0.$$

Soient

$$B^2 - AC = X, \qquad B'^2 - A'C' = Y.$$

X est un polynôme du quatrième degré en x, Y un polynôme du quatrième degré en y, et nous avons l'équation différentielle

$$\frac{dx}{\sqrt{X}} \pm \frac{dy}{\sqrt{Y}} = 0, \tag{2}$$

où les variables sont séparées. Nous allons d'abord examiner le cas où l'équation $F = 0$ est symétrique en x et y.

Équation doublement quadratique et symétrique.

La symétrie de l'équation exige la symétrie du polynôme F ; si, en effet, la transposition de x et y altérait le polynôme, ce ne pourrait être qu'en le reproduisant changé de signe, cas dans lequel F contiendrait le facteur $(x - y)$ et s'abaisserait au premier degré. Ce cas n'est pas à considérer.

La symétrie de F réduit à six le nombre des coefficients distincts et se traduit par les relations

$$(0, 1) = (1, 0), \qquad (0, 2) = (2, 0), \qquad (1, 2) = (2, 1).$$

Les polynômes X et Y ne diffèrent plus que par les variables qui y figurent ; ils ont mêmes coefficients.

Nous venons de rappeler qu'au polynôme X, du quatrième degré, est liée une fonction elliptique à deux pôles $f(u)$, telle que, si l'on prend $x = f(u)$, il en résulte

$$\frac{dx}{\sqrt{X}} = du.$$

Si, en même temps, on pose $y = f(u_1)$, l'équation (2) se change en $du \pm du_1 = 0$ et fournit l'intégrale $u \pm u_1 =$ constante. Si, comme précédemment, ϖ désigne la somme des infinis de $f(u)$, cette fonction ne change point par le changement de u en $\varpi - u$. On peut donc, *à volonté,* considérer comme constante, soit la somme, soit la différence des arguments u et u_1.

Ainsi, *toute équation doublement quadratique et, de plus,*

symétrique, exprime la relation entre $f(u)$ *et* $f(u + U)$, *f étant une fonction elliptique à deux pôles, u l argument variable et* U *une constante.*

C'est, pour le cas particulier où il y a symétrie, la proposition qu'il s'agissait de prouver. Avant de passer au cas général, prenons pour exemple l'équation qui lie $\mathrm{p}u$ et $\mathrm{p}(u + U)$. Envisageons les trois arguments u, $-(u + U)$ et U, dont la somme est nulle. Soient

$$x = \mathrm{p}\,u, \qquad y = \mathrm{p}(u + U), \qquad z = \mathrm{p}\,U.$$

Par le théorème d'addition (t. I, p. 3o), nous savons que la liaison entre x, y, z se traduit par le fait suivant : on peut déterminer deux quantités a et b, telles que l'équation

$$4t^3 - g_2 t - g_3 = (at + b)^2$$

ait x, y, z pour racines. Il en résulte

$$4(x + y + z) = a^2,$$
$$4(xy + yz + zx) + g_2 = -2ab,$$
$$4xyz - g_3 = b^2.$$

La relation demandée s'obtient par élimination de a et b; c'est

$$(x + y + z)(4xyz - g_3) = (xy + yz + zx + \tfrac{1}{4} g_2)^2.$$

On y doit considérer z comme une constante, aussi bien que g_2 et g_3. Voici maintenant une conséquence. Revenons à une fonction $f(u)$, encore à deux pôles, mais quelconque, ayant w pour somme de ses infinis. On a rappelé tout à l'heure que $f(u)$ s'exprime par une fraction du premier degré en $\mathrm{p}(u - \tfrac{1}{2} w)$. Soit

$$f(u) = \frac{\alpha \mathrm{p}(u - \tfrac{1}{2} w) + \beta}{\alpha' \mathrm{p}(u - \tfrac{1}{2} w) + \beta'}$$

cette fraction. Si l'on pose

$$u - \tfrac{1}{2} w = u', \qquad x' = \mathrm{p}\,u', \qquad x = fu,$$

on peut dire qu'une substitution linéaire, remplaçant x par

$$\frac{\alpha x' + \beta}{\alpha' x' + \beta'},$$

change $f(u)$ en $\wp u'$. Considérons, en même temps, comme tout à l'heure, $y = f(u + U)$ et effectuons sur y la même substitution. Cette substitution remplace y par

$$y' = \wp(u' + U).$$

Nous obtenons donc le résultat suivant :

Au moyen d'une substitution linéaire, remplaçant

$$(3) \qquad x \text{ par } \frac{\alpha x + \beta}{\alpha' x + \beta'} \quad \text{et} \quad y \text{ par } \frac{\alpha y + \beta}{\alpha' y + \beta'},$$

toute équation du second degré, en x et y séparément, et, de plus, symétrique, peut être réduite à la forme

$$(4) \qquad (x + y + z)(4xyz - g_3) = (xy + yz + zx + \tfrac{1}{4} g_2)^2,$$

où z, g_2, g_3 sont des constantes. Ces constantes, on le voit, sont des invariants de l'équation pour les substitutions linéaires opérées simultanément sur les deux variables; mais ce sont des *invariants relatifs*, non pas des invariants *absolus*. Effectivement, si, dans l'équation (4), on remplace à la fois x, y, z, g_2, g_3 par ax, ay, az, $a^2 g_2$, $a^3 g_3$, l'équation reste inaltérée. *Il y a donc seulement deux invariants absolus.* Nous en reparlerons un peu plus loin.

La substitution (3) est une quelconque de celles au moyen desquelles le polynôme X se change, à un facteur constant près, en

$$\frac{4x^3 - g_2 x - g_3}{(\alpha' x + \beta')^4}.$$

Si l'on se reporte au Chapitre IV du tome I (p. 131), on verra que, pour connaître ces substitutions, il faut résoudre l'équation $X = 0$.

Équation doublement quadratique et dissymétrique.

Prenons maintenant le cas général, où F n'est point symétrique. Pour une valeur quelconque de y, considérons les deux racines x et x_1 de l'équation $F = 0$. La seconde racine x_1 donne lieu, elle aussi, à l'équation différentielle (2), où x sera remplacé par x_1, et l'on en déduit

$$\frac{dx}{\sqrt{X}} \pm \frac{dx_1}{\sqrt{X_1}} = 0.$$

Les deux polynômes X et X_1 ont ici mêmes coefficients; x et x_1 sont donc des fonctions elliptiques d'un même argument u, composées comme dans le cas où il y a symétrie. Mais, par les deux équations

$$(5) \qquad \begin{cases} Ay^2 + 2By + C = 0, \\ A_1y^2 + 2B_1y + C_1 = 0, \end{cases}$$

dont la seconde est obtenue en mettant x_1 au lieu de x, on peut exprimer y en fonction rationnelle de x et x_1. Donc y est aussi une fonction elliptique de u, et il est prouvé effectivement que *toute équation doublement quadratique traduit la liaison entre deux fonctions elliptiques d'un même argument.*

La fonction y est, comme x, à deux pôles, puisque l'équation est du second degré en x. C'est ce qu'on peut reconnaître aussi en tirant des équations (5)

$$y = \frac{AC_1 - CA_1}{2(BA_1 - AB_1)}, \qquad y^2 = \frac{CB_1 - BC_1}{BA_1 - AB_1}.$$

Chacun des trois déterminants $BA_1 - AB_1$, etc., est divisible par $x - x_1$ et le quotient a la forme $pxx_1 + q(x + x_1) + r$. En y substituant, pour x et x_1, les expressions $f(u)$ et $f(u + U)$, on obtient une fonction à quatre pôles. Ces pôles sont les mêmes pour les trois fonctions qui proviennent des trois déterminants, en sorte que y et y^2 se présentent, tous deux, comme des fonctions à quatre pôles au plus, puisque les infinis communs aux deux termes d'une même fraction disparaissent de cette fraction. Comme y^2 a quatre pôles, au plus, y n'en peut avoir plus de deux et les a effectivement, puisqu'une fonction elliptique n'en peut avoir moins.

Soit ϖ la somme des infinis de $f(u)$; la somme correspondante, pour $f(u + U)$, est $\varpi - 2U$. Par suite, $2(\varpi - U)$ est la somme des infinis de $pxx_1 + q(x + x_1) + r$; c'est aussi la somme des infinis de la fonction y^2. Donc, pour y, la somme des infinis est

$(w - U)$. La demi-différence entre cette somme et la somme w, relative à $f(u)$, est $\frac{1}{2}U$. Si donc on pose $x' = f(u + \frac{1}{2}U)$, il existe, suivant une proposition précédente (p. 332), une relation doublement linéaire entre y et x'. Que l'on exprime, de cette façon, y au moyen de x', l'équation $F = 0$ se transforme en une autre, du second degré également, par rapport aux deux variables x, x'. Mais, puisqu'on a

$$(6) \qquad x = f(u), \qquad x' = f(u + \tfrac{1}{2}U),$$

cette transformée est symétrique. Ainsi, *une équation dissymétrique peut être transformée en une équation symétrique au moyen d'une substitution linéaire appliquée à une seule variable*. Soit maintenant

$$(7) \qquad y = \frac{\gamma x' + \delta}{\gamma' x' + \delta'}$$

une telle substitution. On en conclut

$$dy = \frac{\gamma\delta' - \delta\gamma'}{(\gamma' x' + \delta')^2}\,dx'$$

$$Y = \frac{\varphi(x')}{(\gamma' x' + \delta')^4},$$

$\varphi(x')$ étant un polynôme du quatrième degré. De là

$$\frac{dy}{\sqrt{Y}} = (\gamma\delta' - \delta\gamma')\frac{dx'}{\sqrt{\varphi(x')}}.$$

Mais on a déjà

$$du = \pm\frac{dx}{\sqrt{X}} = \pm\frac{dx'}{\sqrt{X'}} = \pm\frac{dy}{\sqrt{Y}}.$$

Il en résulte $\varphi(x') = (\gamma\delta' - \delta\gamma')^2 X'$, ce qui prouve que X' est le transformé de Y par la substitution (7). Ainsi, F *étant un polynôme quelconque en x et y séparément,*

$$F = Ay^2 + 2By + C = A'x^2 + 2B'x + C',$$

les deux polynômes du quatrième degré $X = B^2 - AC$ *et* $Y = B'^2 - A'C'$ *peuvent être transformés l'un dans l'autre par une substitution linéaire, qui, en même temps, donne, pour* F, *un transformé symétrique.*

Équation dissymétrique, déduite d'une équation symétrique.

Par la considération des deux racines x, x_1, qui répondent à une même valeur de y, nous venons de voir que d'une équation dissymétrique on déduit une équation symétrique. Il est fort remarquable que l'opération inverse puisse être faite sans indétermination, sauf une substitution linéaire, opérée sur y.

Soit une équation symétrique du second degré en x et x_1 séparément. Elle comprend les termes suivants

$$x^2x_1^2,\quad xx_1(x+x_1),\quad x^2+x_1^2,\quad xx_1,\quad x+x_1$$

et un terme constant. Posons

$$\xi = xx_1,\qquad \eta = x+x_1.$$

L'équation se change en une équation ordinaire, du second degré, en ξ et η pris ensemble. On peut, comme on sait, exprimer ξ et η en fonction rationnelle d'un paramètre y sous la forme

$$(8)\qquad \xi = \frac{P}{R},\qquad \eta = \frac{Q}{R};$$

P, Q, R sont des polynômes du second degré en y. L'équation proposée résulte de l'élimination de y entre ces deux dernières. On voit donc que x et x_1 sont les racines de l'équation

$$Rx^2 - Qx + P = 0;$$

c'est l'équation cherchée.

Invariants.

Les invariants de l'équation $F = 0$ sont des fonctions de ses coefficients, ayant la propriété de rester invariables quand on y remplace les coefficients de F par ceux d'une transformée quelconque, obtenue au moyen d'une substitution linéaire opérée sur les variables x, y. A ce point de vue, la distinction entre les équations symétriques et les équations dissymétriques disparaît d'abord : car, on vient de le voir, la symétrie peut être établie par une substitution linéaire. La forme réduite (4) convient donc à tous les cas et il y a toujours deux invariants *absolus*.

La distinction entre les deux cas reparaît cependant sous une autre forme, attendu qu'on peut envisager, pour les deux variables x, y, soit une même substitution, soit des substitutions différentes. Nous avons donc à considérer les invariants pour deux cas : 1° l'équation est symétrique et les variables doivent être transformées par une même substitution; 2° l'équation est symétrique ou dissymétrique, et les variables doivent être transformées séparément par des substitutions linéaires distinctes.

On peut définir les invariants par une voie purement algébrique, au moyen des coefficients de l'équation; c'est ce que nous ferons à la fin de ce Chapitre. On peut aussi les trouver par un autre moyen, qui se rapporte mieux au fond même du sujet. C'est ce que nous allons montrer maintenant.

Pour chaque valeur de x, l'équation $F = 0$ donne deux racines y. Ces deux racines coïncident entre elles, si x est, lui-même, une racine de X. Il y a quatre racines de ce polynôme X; soient α_0, α_1, α_2, α_3. A chacune d'elles correspond une seule racine y; soient β_0, β_1, β_2, β_3, correspondant respectivement à α_0, α_1, α_2, α_3.

Tout d'abord le rapport anharmonique

$$\alpha = \frac{(\alpha_0 - \alpha_1)(\alpha_3 - \alpha_2)}{(\alpha_0 - \alpha_2)(\alpha_3 - \alpha_1)}$$

est un invariant absolu, que nous adopterons comme caractéristique pour les deux cas différents que nous avons à envisager.

Pour le premier cas, celui où les variables x, y doivent être transformées par les mêmes substitutions, nous adjoindrons à α le rapport anharmonique

$$\beta = \frac{(\beta_0 - \alpha_1)(\alpha_3 - \alpha_2)}{(\beta_0 - \alpha_2)(\alpha_3 - \alpha_1)}.$$

Pour le deuxième cas, celui où les variables x et y doivent être transformées par des substitutions différentes, nous adjoindrons à α le rapport anharmonique

$$\gamma = \frac{(\beta_0 - \beta_1)(\beta_3 - \beta_2)}{(\beta_0 - \beta_2)(\beta_3 - \beta_1)}.$$

Il s'agit de montrer que α, β dans le premier cas, ou α, γ dans le second, définissent, sans ambiguïté, l'équation $F = 0$, à des substitutions linéaires près.

Prenons d'abord le premier cas. Avec la forme réduite (4), on a $x = pu$, $y = p(u+U)$. Quand x est donné, on en conclut, pour u, deux valeurs égales et de signes contraires. Les deux racines y correspondantes sont donc $p(u \pm U)$. Elles coïncident entre elles, si u est égal à zéro ou à une demi-période. Voici donc un des choix qu'on peut faire :

$$(9) \qquad \beta_0 = pU, \qquad \alpha_0 = x, \qquad \alpha_1 = e_1, \qquad \alpha_2 = e_2, \qquad \alpha_3 = e_3.$$

On a, de la sorte,

$$(10) \qquad \alpha = \frac{e_2 - e_3}{e_1 - e_3}, \qquad \beta = \alpha \frac{pU - e_1}{pU - e_2}.$$

La condition $e_1 + e_2 + e_3 = 0$ permet de déterminer les rapports mutuels de e_1, e_2, e_3 en fonction de α :

$$(11) \qquad \frac{e_1}{2 - \alpha} = \frac{e_2}{2\alpha - 1} = \frac{e_3}{-(\alpha + 1)} = \frac{1}{3\tau}.$$

La lettre τ désigne une constante arbitraire. Le rapport α n'est autre que le carré du module dans l'ancienne notation des fonctions elliptiques (t. I, p. 25). On en déduit (t. I, p. 60)

$$(12) \qquad \tau^2 g_2 = \tfrac{4}{3}(1 - \alpha + \alpha^2), \qquad \tau^2 g_3 = -\tfrac{4}{27}(1+\alpha)(2-\alpha)(1-2\alpha).$$

En mettant, dans l'expression de β, les valeurs de e_2, e_3, on a ensuite

$$3\tau pU = \frac{(2\alpha - 1)\beta + \alpha(\alpha - 2)}{\beta - \alpha}.$$

Nous avons, de la sorte, g_2, g_3, $pU = z$, exprimés en fonction de α, β. La forme réduite (4) est donc pleinement déterminée. L'équation $F = 0$ est une quelconque des transformées obtenues en effectuant une même substitution linéaire sur x et y.

C'est maintenant une autre question de savoir si inversement ces invariants sont déterminés sans ambiguïté par l'équation. Il n'en est pas ainsi évidemment, puisque, par la permutation des indices, on obtient diverses valeurs pour α, β. Mais on sait déjà que l'invariant absolu $g_2^3 : g_3^2$ est déterminé, sans ambiguïté, par les coefficients de X, et conséquemment par ceux de F. C'est qu'effectivement cet invariant ne change pas quand on permute les indices de $\alpha_0, \alpha_1, \alpha_2, \alpha_3$. La même propriété appartient aussi à l'invariant absolu

$$(13) \qquad \frac{g_2 \, pU}{3 g_3} = -\frac{(1-\alpha+\alpha^2)[(2\alpha-1)\beta+\alpha(\alpha-2)]}{(1+\alpha)(2-\alpha)(1-2\alpha)(\beta-\alpha)}.$$

Pour le prouver, considérons d'abord l'échange des indices 1 et 3, qui change, à la fois, α et β en $1-\alpha$ et $1-\beta$. Cet échange laisse l'invariant (13) inaltéré. Il en est autant pour l'échange des indices 1 et 2, qui change α et β en leurs inverses. L'invariant (13) est donc inaltéré par les six permutations des indices 1, 2, 3.

Considérons, en second lieu, le double échange des indices 0 et 1 et des indices 2 et 3, fait simultanément. Par là, α reste inaltéré. Le second invariant devient

$$\beta = \frac{(\beta_1-\alpha_0)(\alpha_2-\alpha_3)}{(\beta_1-\alpha_3)(\alpha_2-\alpha_0)},$$

et l'on a $\beta_1 = p(U+\omega_1)$. D'après la formule d'addition des demi-périodes, il en résulte

$$= \frac{e_2-e_3}{p(U+\omega_1)-e_3} = \frac{e_2-e_3}{\dfrac{(e_1-e_2)(e_1-e_3)}{pU-e_1}+e_1-e_3} = \frac{(e_2-e_3)(pU-e_1)}{(e_1-e_3)(pU-e_2)}$$

On voit donc que β est inaltéré, comme α; l'invariant (13) n'est donc pas changé. Il en résulte manifestement que, en résumé, l'invariant (13) a une seule valeur, tandis que l'ensemble α, β en a six.

L'invariant absolu (13) est donc certainement déterminé sans ambiguïté par les coefficients de l'équation $F = 0$. Quant à son expression même par les coefficients, on la verra à la fin de ce Chapitre; mais elle ne sera pas utile pour nos applications.

Prenons maintenant le second cas, celui où les variables x, y sont transformées par des substitutions différentes. En conservant le même choix des indices que précédemment (9), nous avons, sans changement, les égalités (11, 12). Il faut maintenant envisager le rapport γ, composé avec les éléments

$$\beta_0 = p\tfrac{1}{2}U, \quad \beta_1 = p(\tfrac{1}{2}U + \omega_1), \quad \beta_2 = p(\tfrac{1}{2}U + \omega_2), \quad \beta_3 = p(\tfrac{1}{2}U + \omega_3)$$

En employant la formule fondamentale

$$(14) \qquad pa - pb = \frac{\sigma(b-a)\,\sigma(b+a)}{\sigma^2 a\, \sigma^2 b},$$

et mettant, pour un instant, a, b, c, d au lieu des quatre arguments des β, on aurait

$$\gamma = \frac{\sigma(a-b)\,\sigma(a+b)\,\sigma(d-c)\,\sigma(d+c)}{\sigma(a-c)\,\sigma(a+c)\,\sigma(d-b)\,\sigma(d+b)}.$$

Remettons les arguments eux-mêmes et nous aurons

$$\gamma = \frac{\sigma\omega_1\,\sigma(\omega_3-\omega_2)\,\sigma(U+\omega_1)\,\sigma(U+\omega_2+\omega_3)}{\sigma\omega_2\,\sigma(\omega_3-\omega_1)\,\sigma(U+\omega_2)\,\sigma(U+\omega_1+\omega_3)}.$$

Supposant $\omega_1 + \omega_2 + \omega_3 = 0$, nous pouvons écrire aussi, toujours en vertu de la relation (14),

$$\gamma = \frac{\sigma(\omega_3+\omega_2)\,\sigma(\omega_3-\omega_2)\,\sigma(U+\omega_1)\,\sigma(U-\omega_1)}{\sigma(\omega_3+\omega_1)\,\sigma(\omega_3-\omega_1)\,\sigma(U+\omega_2)\,\sigma(U-\omega_2)}$$
$$= \frac{(p\omega_2 - p\omega_3)(pU - p\omega_1)}{(p\omega_1 - p\omega_3)(pU - p\omega_2)},$$

$$(15) \qquad \gamma = \frac{(e_2-e_3)(pU-e_1)}{(e_1-e_3)(pU-e_2)} = \alpha\,\frac{pU-e_1}{pU-e_2}.$$

C'est l'expression trouvée tout à l'heure pour β. Dans le paragraphe précédent, on a vu comment à l'équation $F = 0$, entre x et y, on peut en adjoindre une seconde $\Phi = 0$, entre les deux racines x qui répondent à une même valeur de y. Pour cette dernière, qui est symétrique, c'est-à-dire où les variables se transforment par une même substitution, l'argument constant est précisément U. Ainsi l'invariant γ, relatif à l'équation $F = 0$, coïncide avec l'invariant β, relatif à l'équation $\Phi = 0$. Cette dernière est donc déterminée sans ambiguïté au moyen de α et γ. Il en résulte, comme on l'a dit au dernier paragraphe, que l'équation $F = 0$ est déterminée de même, sans aucune ambiguïté.

Équation caractéristique.

Soient

$$\tau(e_1 - pU) = p, \quad \tau(e_2 - pU) = q, \quad \tau(e_3 - pU) = r.$$

Les trois quantités p, q, r sont les racines d'une équation du troisième degré

$$(16) \qquad 0 = (s-p)(s-q)(s-r) = s^3 - k_1 s^2 + k_2 s - k_3,$$

que l'on peut appeler *caractéristique*. Ses coefficients sont des invariants, dont l'ensemble équivaut à pU, g_2, g_3. On a, en effet,

$$3\tau pU = k_1.$$

De même, $\tau^2 g_2$ et $\tau^3 g_3$ sont des fonctions entières de k_1, k_2, k_3. Réciproquement, k_1, k_2, k_3 sont des fonctions entières de τpU, $\tau^2 g_2$, $\tau^3 g_3$. Les rapports anharmoniques s'expriment comme il suit, par les racines de l'équation caractéristique,

$$(17) \qquad x = \frac{q-r}{p-r}, \qquad \gamma = \frac{p(q-r)}{q(p-r)}.$$

Cette propriété suffit à définir l'équation caractéristique dans les applications géométriques. A la fin de ce Chapitre on verra comment on peut la former au moyen de l'équation $F = 0$.

Équation d'Euler.

L'équation différentielle

$$(18) \qquad \frac{dx}{\sqrt{X}} + \frac{dy}{\sqrt{Y}} = 0,$$

où les deux polynômes du quatrième degré X et Y diffèrent seulement par les variables qui y figurent, x pour l'un, y pour l'autre, est connue sous le nom d'*équation d'Euler*. En découvrant qu'elle s'intègre algébriquement, Euler a semé le premier germe de la théorie des fonctions elliptiques.

Former l'intégrale générale de l'équation d'Euler, c'est écrire le théorème d'addition des arguments pour les fonctions elliptiques à deux pôles. Nous savons que, par une substitution linéaire, toute fonction à deux pôles se transforme en la fonction p, dont nous connaissons le théorème d'addition. Le problème d'intégrer l'équation d'Euler est donc par là virtuellement résolu. Il reste seulement à dégager le résultat de la substitution qui, à ce point de vue, peut être envisagée seulement comme un moyen. En d'autres termes, nous possédons explicitement l'intégrale de l'équation (18) quand le polynôme X se réduit au troisième degré; nous savons que, par une substitution linéaire, l'équation peut être ramenée à ce cas. Mais nous voulons obtenir explicitement aussi l'intégrale pour le cas général.

Deux modes différents peuvent être envisagés pour l'intégrale. L'un d'eux consiste en une équation, mise sous forme entière, entre x et y; par exemple l'équation (4), relative à pu.

Dans le cas général (18), l'intégrale s'écrira sous la forme d'une équation doublement quadratique et symétrique. Il s'agira de former cette équation au moyen des coefficients de X. Pour ce mode d'intégrale, l'équation différentielle (18) comporte le double signe devant les radicaux.

Le second mode d'intégration consistera en une équation contenant les irrationnelles $\sqrt{X}$ et $\sqrt{Y}$ ou des facteurs de ces irrationnelles. Tel est le théorème d'addition de la fonction pu sous la forme habituelle; il nous offre l'intégrale

$$x + y + z = \frac{1}{4}\left(\frac{\sqrt{X} - \sqrt{Y}}{x - y}\right)^2, \tag{19}$$

où z est la constante arbitraire, et qui convient au cas où X est réduit à $4x^3 - g_2 x - g_3$.

Pour ce mode d'intégrale, les signes des radicaux ne sont pas indifférents. Dans l'intégrale (19) ils sont pris les mêmes que dans l'équation différentielle (18).

Il n'est pas besoin d'ajouter que chaque intégrale, formée suivant un de ces modes, peut être transformée en une intégrale prise suivant l'autre mode.

Première manière de former l'intégrale.

L'intégrale générale consiste dans l'équation doublement quadratique et symétrique $F = 0$. C'est donc une manière naturelle que de chercher à déterminer F par les coefficients de X. Il faut, pour ce but, déterminer trois polynômes du second degré A, B, C par la condition

$$B^2 - AC = X, \tag{20}$$

jointe à celle-ci : $Ay^2 + 2By + C$ doit être symétrique en x et y.

La seconde condition, qui, seule, offre des difficultés, peut être écartée par l'artifice suivant.

En mettant x_1 au lieu de y, dans l'équation différentielle (18), il nous est permis de regarder x et x_1 comme les deux racines qui répondent à une même valeur de y dans une équation doublement quadratique, mais dissymétrique (p. 339). Nous avons alors

$$\begin{aligned} A y^2 + 2B y + C &= 0, \\ A_1 y^2 + 2B_1 y + C_1 &= 0, \end{aligned}$$

A_1, B_1, C_1 désignant les mêmes polynômes que A, B, C, mais avec la variable x_1, au lieu de x. L'élimination de y, entre ces deux équations, se fait sous la forme bien connue

$$(AC_1 - 2BB_1 + CA_1)^2 = 4(B^2 - AC)(B_1^2 - A_1C_1),$$

ou, en mettant X et X_1 au second membre,

$$(AC_1 - 2BB_1 + CA_1)^2 = 4XX_1. \tag{21}$$

Telle est l'intégrale générale de l'équation

$$\frac{dx}{\sqrt{X}} \pm \frac{dx_1}{\sqrt{X_1}} = 0,$$

où X et X_1, du quatrième degré, diffèrent seulement par la variable. Les polynômes du second degré A, B, C sont choisis, d'ailleurs arbitrairement, de manière à fournir l'égalité (20).

Mais ici se présente une certaine difficulté, une obscurité pour le moins. Le choix de A, B, C par la condition (20) comporte des indéterminées ; on peut prendre, par exemple, B tout à fait arbitrairement ; car $B^2 - X$, étant un polynôme du quatrième degré, peut être décomposé en deux facteurs du second degré A, C. Il semble donc d'abord y avoir trop d'indétermination ; on doit exiger que l'unique constante arbitraire, qui seule peut exister vraiment, soit mise en évidence.

Il semblerait, par exemple, naturel de décomposer X en deux facteurs du second degré P, Q, en prenant $X = -PQ$, et de composer A, B, C par des combinaisons linéaires de P, Q. Le calcul, bien facile, fait disparaître les constantes arbitraires, qui existent cependant dans ces expressions de A, B, C, et l'on trouve une intégrale sans aucune constante arbitraire, celle même qu'on obtient en supposant $B = 0$, $A = P$, $C = Q$:

$$(PQ_1 + QP_1)^2 = 4XX_1 \quad (X = PQ).$$

Voici comment on peut écarter ces difficultés. Soit un polynôme doublement quadratique et symétrique, que nous écrivons *in extenso*

$$\Phi(x,y) = a_0 x^2 y^2 + 2a_1(xy^2 + x^2 y) + b(x^2 + y^2) + 4cxy + 2a_3(x+y) + a_4.$$

Si l'on y suppose $y = x$, on obtient

$$\Phi(x,x) = a_0 x^4 + 4a_1 x^3 + (4c + 2b)x^2 + 4a_3 x + a_4. \tag{22}$$

Soit maintenant un autre polynôme analogue $\Phi'(x,y)$, supposé tel qu'il devienne identique au premier pour $y = x$. Cette condition

$$\Phi'(x,x) = \Phi(x,x)$$

implique, on le voit, l'identité des coefficients, tels que a_0, a_1, a_3, a_4, chacun à chacun pour les deux polynômes, et, pour les autres, l'égalité

$$2c' + b' = 2c + b.$$

D'après ce résultat, on aura

$$\Phi(x,y) - \Phi'(x,y) = (b - b')(x^2 + y^2 - 2xy) = (b - b')(x - y)^2.$$

Ainsi *deux polynômes doublement quadratiques et symétriques, tous deux, qui deviennent identiques entre eux pour* $x=y$, *diffèrent seulement par la quantité* $\lambda(y-x)^2$, *où* λ *est une constante quelconque.*

Reprenons maintenant le polynôme $AC_1 - 2BB_1 + CA_1$, qui figure dans l'intégrale (21). Pour $x_1 = x$, il devient $2(AC - B^2)$, c'est-à-dire $-2X$, résultat indépendant du choix arbitraire de B. C'est aussi le même résultat que donne la supposition $x_1 = x$ dans le polynôme particulier $PQ_1 + QP_1$. L'un et l'autre de ces polynômes sont doublement quadratiques et symétriques. D'après la proposition précédente, on a donc

$$AC_1 - 2BB_1 + CA_1 = PQ_1 + QP_1 - \lambda(x - x_1)^2$$

Voici donc l'équation intégrée :

Le polynôme X *étant décomposé en deux facteurs du second degré* P, Q, *on obtient l'intégrale de l'équation d'Euler*

$$\frac{dx}{\sqrt{X}} \pm \frac{dx_1}{\sqrt{X_1}} = 0 \tag{23}$$

sous la forme

$$[PQ_1 + QP_1 - \lambda(x - x_1)^2]^2 = 4XX_1, \tag{24}$$

où λ *est la constante arbitraire.*

En extrayant la racine carrée et mettant PQ, P_1Q_1 au lieu de X et X_1, on a d'abord

$$(PQ_1 + QP_1)^2 - 4\sqrt{PP_1QQ_1} = \lambda(x - x_1)^2,$$

ou, si l'on remarque que le premier membre est un carré,

$$\frac{\sqrt{PQ_1} - \sqrt{QP_1}}{x - x_1} = \text{const.}\ (^1). \tag{25}$$

Cette intégrale, où figurent des irrationnelles, correspond à un choix déterminé du signe ambigu dans l'équation différentielle (23). Nous allons lever cette ambiguïté en observant que nous connais-

---

(1) Laguerre, *Sur les propriétés des coniques qui se rattachent à l'equation d'Euler* (*Nouvelles Annales de Mathématiques*; 1872).

sions déjà cette intégrale. Prenons, en effet, la deuxième formule d'addition (12) du tome I (p. 20),

$$\frac{1 + \operatorname{dn}(u_1 + u)}{k^2 \operatorname{sn}(u_1 + u)} = \frac{\operatorname{sn} u \operatorname{cn} u_1 - \operatorname{sn} u_1 \operatorname{cn} u}{\operatorname{dn} u_1 - \operatorname{dn} u};$$

changeons u et u_1 en iu et iu_1 et employons les formules de transformation (15) du tome I (p. 46); nous obtenons, en ayant soin de mettre k' au lieu de k,

$$\frac{\operatorname{cn}(u + u_1) + \operatorname{dn}(u + u_1)}{k'^2 \operatorname{sn}(u + u_1)} = \frac{\operatorname{sn} u - \operatorname{sn} u_1}{\operatorname{cn} u_1 \operatorname{dn} u - \operatorname{cn} u \operatorname{dn} u_1}.$$

Si $u + u_1$ est constant, le premier membre l'est aussi; mettant x pour $\operatorname{sn} u$, $\sqrt{1 - x^2}$ et $\sqrt{1 - k^2 x^2}$ pour $\operatorname{cn} u$, $\operatorname{dn} u$, nous avons donc

(26) $$\frac{\sqrt{(1 - x^2)(1 - k^2 x_1^2)} - \sqrt{(1 - x_1^2)(1 - k^2 x^2)}}{x - x_1} = \text{const.},$$

pour l'intégrale de l'équation (23), en y supposant

(27) $$X = (1 - x^2)(1 - k^2 x^2),$$

et en y prenant le signe *plus*. On voit déjà, par cet exemple, que c'est le signe *plus* qu'il faut prendre. Mais, en outre, cette forme particulière de X n'entraîne aucune restriction. Par une substitution linéaire

$$x = \frac{\alpha x' + \beta}{\alpha' x' + \beta'},$$

où les coefficients seront convenablement choisis, on pourra réduire P et Q aux formes

$$P = \frac{1 - x'^2}{(\alpha' x' + \beta')^2}, \qquad Q = \frac{1 - k^2 x'^2}{(\alpha' x' + \beta')^2}.$$

On aura, en même temps,

$$x - x_1 = \frac{(\alpha\beta' - \beta\alpha')(x' - x'_1)}{(\alpha' x' + \beta')(\alpha' x'_1 + \beta')}.$$

Le premier membre (25) se réduit à la forme (26), et l'équation différentielle (23) ne contient plus que le polynôme réduit (27).

Nous avons donc, en somme, une nouvelle démonstration de ce fait que *l'équation* (25) *fournit l'intégrale générale de*

$$\frac{dx}{\sqrt{X}}+\frac{dx_1}{\sqrt{X_1}}=0 \qquad (\sqrt{X}=\sqrt{P}\sqrt{Q}).$$

Autres formes de l'intégrale.

Les formes précédentes exigent la décomposition de X en deux facteurs du second degré. En modifiant légèrement la proposition qui a servi dans le dernier paragraphe, nous allons faire disparaître ce défaut.

Reprenons le polynôme $\Phi(x,x)$ exprimé par l'égalité (22) et, pour l'écrire sous la forme usuelle des polynômes du quatrième degré, représentons par $6a_2$ le coefficient du terme milieu. En posant

$$(28) \qquad b=a_2+4\mu, \qquad c=a_2-2\mu,$$

nous aurons effectivement $4c+2b=6a_2$. *Soit donc*

$$(29) \qquad \Psi(x)=a_0x^4+4a_1x^3+6a_2x^2+4a_3x+a_4$$

un polynôme du quatrième degré quelconque, et posons

$$(30) \qquad \left\{\begin{aligned}\Psi_x^y = {} & y^2(a_0x^2+2a_1x+a_2)\\ & +2y(a_1x^2+2a_2x+a_3)+a_2x^2+2a_3x+a_4.\end{aligned}\right.$$

L'expression générale des polynômes doublement quadratiques et symétriques $\Phi(x,y)$, *qui satisfont à la condition*

$$\Phi(x,x)=\Psi(x),$$

est

$$(31) \qquad \Phi(x,y)=\Psi_x^y+4\mu(x-y)^2,$$

où μ *est une constante arbitraire* (¹).

(¹) C'est un cas particulier d'une proposition générale concernant les polynômes à deux variables et pour laquelle on pourra consulter : 1° CLEBSCH, *Theorie der algebraischen binären Formen*, p. 18; — 2° LAGUERRE, *Sur l'application de la théorie des formes binaires à la géométrie des courbes tracées sur une surface du second ordre* (*Bulletin de la Société mathématique de France*, t. I. p. 31). — Ces géomètres éminents paraissent avoir trouvé, tous deux, cette proposition d'une manière indépendante.

Appliquons cette proposition au polynôme

$$AC_1 - 2BB_1 + CA_1 = \Phi(x, x_1).$$

Dénotons X par $\Psi(x)$. Nous avons déjà observé qu'on a

$$\Phi(x, x) = -2\Psi(x).$$

Par conséquent,

$$AC_1 - 2BB_1 + CA_1 = -2\Psi_x^{x_1} + 4\mu(x - x_1)^2.$$

L'intégrale de l'équation

$$\frac{dx}{\sqrt{\Psi(x)}} + \frac{dy}{\sqrt{\Psi(y)}} = 0 \tag{32}$$

peut s'écrire sous la forme

$$[\Psi_x^y - 2\mu(x - y)^2]^2 = \Psi(x)\Psi(y), \tag{33}$$

ou, la racine carrée étant extraite,

$$\frac{\Psi_x^y - \sqrt{\Psi(x)\Psi(y)}}{2(x - y)^2} = \mu = \text{const.} \tag{34}$$

Nous avons, ici encore, à lever l'ambiguïté d'un signe, que nous n'avons pas fait apparaître en écrivant l'équation différentielle (32) avec son intégrale (34). Nous avons ainsi préjugé le résultat, que nous allons vérifier, comme tout à l'heure, en reconnaissant, dans cette forme de l'intégrale, le théorème d'addition.

Dans la formule (t. I, p. 29)

$$p(u + u_1) = \frac{2(pu\,pu_1 - \frac{1}{4}g_2)(pu + pu_1) - g_3 - p'u\,p'u_1}{2(pu - pu_1)^2}$$

mettons

$$pu = x, \qquad pu_1 = y, \qquad p'u = \sqrt{\Psi(x)}, \qquad p'u_1 = \sqrt{\Psi(y)},$$

$$\Psi(x) = 4x^3 - g_2 x - g_3. \tag{35}$$

Cette expression de $p(u + u_1)$ coïncide alors avec celle de μ (34) et nous voyons que les signes sont ainsi bien choisis.

L'intégrale (34) est mise sous forme de covariant. Nous l'avons trouvée directement pour un polynôme quelconque $\Psi(x)$; mais, vérifiée pour le polynôme particulier (35), auquel une substitution linéaire peut toujours ramener, elle est vérifiée aussi pour tous les cas. Nous en avons donc, en définitive, fourni une seconde preuve.

Formes doublement quadratiques de l'intégrale.

Les formes (24) et (33) de l'intégrale ne peuvent être considérées comme définitives, puisqu'elles ne sont pas réduites au second degré par rapport à chacune des deux variables. Cette réduction exige évidemment que l'on développe le carré, au premier membre, et qu'on fasse apparaître le facteur $(x - x_1)^2$ dans l'équation (24).

Soient

$$P = \alpha x^2 + \beta x + \gamma,$$
$$Q = \alpha' x^2 + \beta' x + \gamma';$$

on en déduit

$$(36)\quad \begin{cases} PQ_1 - QP_1 \\ \quad = (x - x_1)[(\alpha\beta' - \beta\alpha')xx_1 + (\alpha\gamma' - \gamma\alpha')(x + x_1) + \beta\gamma' - \gamma\beta'].\end{cases}$$

Mettant, au second membre (24),

$$4XX_1 = 4PP_1QQ_1 = (PQ_1 + QP_1)^2 - (PQ_1 - QP_1)^2,$$

on trouve immédiatement, en écrivant y au lieu de x_1,

$$\begin{aligned}&[(\alpha\beta' - \beta\alpha')xy + (\alpha\gamma' - \gamma\alpha')(x + y) + \beta\gamma' - \gamma\beta']^2 \\ &\quad - 2\lambda[(\alpha x^2 + \beta x + \gamma)(\alpha' y^2 + \beta' y + \gamma') + (\alpha' x^2 + \beta' x + \gamma')(\alpha y^2 + \beta y + \gamma)] \\ &\quad + \lambda^2(x - y)^2 = 0\end{aligned}$$

pour intégrale générale de l'équation (32) d'Euler, en supposant

$$\Psi(x) = (\alpha x^2 + \beta x + \gamma)(\alpha' x^2 + \beta' x + \gamma').$$

Il s'agit enfin de faire le calcul analogue dans l'équation (33), de former, par conséquent, le quotient (1)

$$\frac{\Psi(x)\Psi(x_1) - (\Psi_x^{x_1})^2}{(x - x_1)^2}$$

---

(1) Voici le calcul pour les lecteurs familiarisés avec l'emploi du calcul symbo-

Pour ce but, nous écrirons $\Psi_x^{x_1}$ sous les deux formes

$$\Psi_x^{x_1} = A x_1^2 + 2B x_1 + C = A_1 x^2 + 2B_1 x + C_1,$$

et, par conséquent,

$$\Psi(x)\Psi(x_1) - (\Psi_x^{x_1})^2 = (Ax^2 + 2Bx + C)(A_1 x_1^2 + 2B_1 x_1 + C_1)$$
$$- (A x_1^2 + 2B_1 x + C_1)(A_1 x^2 + 2B_1 x + C_1).$$

De là, suivant la formule (36),

$$\frac{\Psi(x)\Psi(x_1) - (\Psi_x^{x_1})^2}{x - x_1}$$
$$= 2(AB_1 - BA_1)xx_1 + (AC_1 - CA_1)(x + x_1) + 2(BC_1 - CB_1).$$

Chacun des déterminants, tels que $AB_1 - BA_1$, se calcule encore par la même formule (36), et, conformément aux expressions des polynômes A, B, C (30),

$$A = a_0 x^2 + 2a_1 x + a_2,$$
$$B = a_1 x^2 + 2a_2 x + a_3,$$
$$C = a_2 x^2 + 2a_3 x + a_4.$$

$$\frac{AB_1 - BA_1}{x - x_1} = 2(a_0 a_2 - a_1^2)xx_1 + (a_0 a_3 - a_1 a_2)(x + x_1) + 2(a_1 a_3 - a_2^2),$$

$$\frac{AC_1 - CA_1}{x - x_1} = 2(a_0 a_3 - a_1 a_2)xx_1 + (a_0 a_4 - a_2^2)(x + x_1) + 2(a_1 a_4 - a_2 a_3),$$

$$\frac{BC_1 - CB_1}{x - x_1} = 2(a_1 a_3 - a_2^2)xx_1 + (a_1 a_4 - a_2 a_3)(x + x_1) + 2(a_2 a_4 - a_3^2).$$

---

lique; on y mettra y au lieu de x_1. Désignant $\Psi(x)$ par a_x^4 ou b_x^4, on a

$$\Psi(x)\Psi(y) - (\Psi_x^y)^2 = a_x^4 b_y^4 - a_x^2 a_y^2 b_x^2 b_y^2$$
$$= \tfrac{1}{2}(a_x^2 b_y^2 - a_y^2 b_x^2)^2 = \tfrac{1}{2}(ab)^2(xy)^2(a_x b_y + a_y b_x)^2,$$
$$2H = (ab)^2 a_x^2 b_x^2,$$
$$12 H_x^y = (ab)^2(a_x b_y + a_y b_x)^2 + 2(ab)^2 a_x b_x a_y b_y,$$
$$(ab)^4(xy)^2 = (a_x b_y - a_y b_x)^2(ab)^2 = (ab)^2(a_x b_y + a_y b_x)^2 - 4(ab)^2 a_x b_x a_y b_y.$$

Des deux dernières égalités on tire

$$(ab)^2(a_x b_y + a_y b_x)^2 = 8 H_x^y + \tfrac{1}{3}(ab)^4(xy)^2.$$

Substituant dans la première et mettant C_2 à la place de $\frac{1}{2}(ab)^4$, on obtient

$$\Pi = \frac{\Psi(x)\Psi(y) - (\Psi_x^y)^2}{(x - y)^2} = 4H_x^y + \tfrac{1}{3}C_2(x - y)^2.$$

Remettons maintenant y au lieu de x_1, et nous obtenons

$$(37)\quad \left\{\begin{aligned}\Pi = \frac{\Psi(x)\Psi(y) - (\Psi_y^x)^2}{(x-y)^2} &= 4(a_0a_2 - a_1^2)x^2y^2 + 4(a_0a_3 - a_1a_2)(x+y)xy \\ &+ (a_0a_4 - a_2^2)(x+y)^2 + 8(a_1a_3 - a_2^2)xy \\ &+ 4(a_1a_4 - a_2a_3)(x+y) + 4(a_2a_4 - a_3^2).\end{aligned}\right.$$

L'intégrale de l'équation (32) *peut donc s'écrire sous la forme*

$$\Pi + 4\mu\Psi_x^y - 4\mu^2(x-y)^2 = 0,$$

où μ *est la constante arbitraire et* Π *le polynôme* (37).

On peut désirer mettre Π sous la forme (31). Soit $4H(x)$ le polynôme que l'on obtient en faisant $y = x$ dans Π. Voici ce polynôme :

$$(38)\quad \left\{\begin{aligned}H(x) = (a_0a_2 - a_1^2)x^4 + 2(a_0a_3 - a_1a_2)x^3 + (a_0a_4 + 2a_1a_3 - 3a_2^2)x^2 \\ + 2(a_1a_4 - a_2a_3)x + a_2a_4 - a_3^2.\end{aligned}\right.$$

C'est celui que l'on nomme le *hessien* de $\Psi(x)$. Le coefficient de $(x^2 + y^2)$ dans $\frac{1}{4}\Pi$ est $\frac{1}{4}(a_0a_4 - a_2^2)$; le coefficient de $6x^2$ dans $H(x)$ est

$$\tfrac{1}{6}(a_0a_4 + 2a_1a_3 - 3a_2^2),$$

La différence

$$\tfrac{1}{4}(a_0a_4 - a_2^2) - \tfrac{1}{6}(a_0a_4 + 2a_1a_3 - 3a_2^2) = \tfrac{1}{12}(a_0a_4 - 4a_1a_3 - 3a_2^2) = \tfrac{1}{12}C_2$$

est le coefficient de $(x-y)^2$ dans $\frac{1}{4}\Pi - H_x^y$. On a donc

$$\Pi = 4H_y^x + \tfrac{1}{3}C_2(x-y)^2.$$

et *l'intégrale de l'équation* (32) *d'Euler peut s'écrire sous la forme*

$$(39)\qquad H_x^y + \mu\Psi_x^y + (\tfrac{1}{12}C_2 - \mu^2)(x-y)^2 = 0.$$

Il est bon de noter que la constante arbitraire est ici la même que dans l'intégrale (34).

Le premier membre (39) est ici mis sous la forme qu'on a trouvée plus haut comme étant celle des polynômes doublement quadratiques et symétriques, savoir $\psi_x^y + \nu(x-y)^2$. Considérons ψ comme donné,

$$\psi(x) = b_0x^4 + 4b_1x^3 + 6b_2x^2 + 4b_3x + b_4,$$

en sorte que le premier membre (39) soit F :

$$\begin{aligned} F &= Ay^2 + 2By + C, \\ A &= b_0x^2 + 2b_1x + b_2 + \nu, \\ B &= b_1x^2 + 2(b_2 - \tfrac{1}{2}\nu)x + b_3, \\ C &= (b_2 + \nu)x^2 + 2b_3x + b_4. \end{aligned}$$

Le polynôme $\Psi(x)$, à un facteur constant près, est $B^2 - AC$. En composant cette quantité, on trouve immédiatement qu'elle se réduit à $-h - \nu\psi$, h étant le hessien de ψ. On a donc

$$\rho\Psi = h + \nu\psi,$$

et, en même temps, comme on vient de le trouver,

$$\psi = H + \mu\Psi.$$

De là on peut conclure que h s'exprime linéairement par H et Ψ; en d'autres termes, Ψ *étant un polynôme du quatrième degré et* H *son hessien, tout polynôme composé linéairement de* Ψ *et de* H (ou du faisceau H, Ψ) *a pour hessien un polynôme de cette même forme* (ou du même faisceau) [1].

C'est là une propriété fondamentale des polynômes du quatrième degré, que nous trouvons ici par une voie indirecte, et que nous préciserons plus loin.

Réduction des intégrales elliptiques à la forme normale.

Dans le Chapitre IV du Tome I, nous avons appris à faire l'*inversion* de l'intégrale $u = \int \frac{dx}{\sqrt{X}}$, c'est-à-dire exprimer x en fonction elliptique de u. Exprimer inversement $\mathrm{p}u$ en fonction de x, c'est ce qu'on appelle *réduction à la forme normale*. Effectivement, si $\mathrm{p}u = z$ est pris pour variable, au lieu de x, on aura

$$du = \frac{dx}{\sqrt{X}} = \frac{dz}{\sqrt{4z^3 - g_2z - g_3}}.$$

Ce problème de réduction est évidemment résolu en même

(1) Proposition découverte par M. Cayley.

temps que le problème d'inversion; il ne faut que dégager le résultat. C'est ce que nous allons faire; mais il faut, avant tout, l'énoncer d'une manière plus précise en ajoutant que g_2 et g_3 doivent être les invariants du polynôme X.

La solution de ce problème comporte une arbitraire, la *valeur initiale* de x, celle qui correspond à $u = 0$. Soit y cette valeur initiale et supposons qu'on ait trouvé $pu = f(x, y)$. Cette égalité, si l'on y considère pu comme une constante, est l'intégrale générale de l'équation d'Euler; car on en déduit

$$\frac{dx}{\sqrt{X}} - \frac{dy}{\sqrt{Y}} = 0.$$

Le problème de réduction, pris ainsi dans sa forme générale, ne diffère donc pas de celui qu'on vient de traiter, l'intégration de l'équation d'Euler. Mais nous allons le résoudre directement.

Dans l'inversion telle qu'elle a été présentée (t. I, p. 120), la valeur initiale de x est infinie. Pour éviter toute confusion, réservons la notation u à l'argument correspondant. Avec d'autres valeurs initiales de x, l'argument sera u, augmenté d'une constante; nous prendrons, quand il conviendra, une autre notation pour ce nouvel argument.

Afin de mettre en évidence l'homogénéité des fonctions elliptiques, nous introduirons un facteur arbitraire τ, comme nous l'avons toujours fait dans les applications. Nous écrirons donc

$$(40) \qquad \tau\, du = \frac{dx}{\sqrt{\Psi(x)}},$$

employant ainsi la notation $\Psi(x)$, au lieu de X, pour le polynôme du quatrième degré; nous continuerons aussi à désigner par C_2 et C_3 les deux invariants de ce polynôme,

$$(41) \qquad \begin{cases} \Psi(x) = a_0x^4 + 4a_1x^3 + 6a_2x^2 + 4a_3x + a_4, \\ C_2 = a_0a_4 - 4a_1a_3 + 3a_2^2, \\ C_3 = a_0a_2a_4 + 2a_1a_2a_3 - a_2^3 - a_0a_3^2 - a_1^2a_4. \end{cases}$$

Les invariants des fonctions elliptiques sont

$$g_2 = \tau^4 C_2, \qquad g_3 = \tau^6 C_3.$$

Les formules d'inversion (t. I, p. 120), avec la modification qu'entraîne l'introduction du coefficient d'homogénéité, sont les suivantes :

$$(42)\quad \begin{cases} \dfrac{\tau}{\sqrt{a_0}}(a_0 x + a_1) = \dfrac{1}{2}\,\dfrac{p'u - p'v}{pu - pv}, \\ \tau^2\sqrt{a_0\Psi(x)} = pu - p(u+v), \\ \dfrac{1}{\tau^2}pv = \dfrac{a_1^2 - a_0 a_2}{a_0}, \qquad \dfrac{1}{\tau^3}p'v = \dfrac{a_3 a_0^2 - 3a_0 a_1 a_2 + 2a_1^3}{\sqrt{a_0^3}}. \end{cases}$$

Première réduction.

L'égalité suivante (t. I, p. 131), dans laquelle x_0 désigne une racine du polynôme $\Psi(x)$,

$$x - x_0 = -\frac{\sqrt{a_0}}{\tau}\,\frac{p'\frac{1}{2}v}{pt - p\frac{1}{2}v} \qquad \left(t = u + \frac{v}{2}\right),$$

nous présente l'inversion effectuée par une substitution linéaire, c'est-à-dire que $z = pt$ est une fraction dont les deux termes sont du premier degré en x. Mais $p\frac{1}{2}v$ et $p'\frac{1}{2}v$ ont quatre valeurs, se permutant les unes dans les autres, en même temps que x_0 s'échange avec les autres racines. Aussi, malgré la première apparence, cette forme de la réduction est fort compliquée : rendue rationnelle par rapport aux coefficients de Ψ, elle s'élève au quatrième degré par rapport aux variables, comme on verra effectivement un peu plus loin.

Deuxième réduction.

Aux formules (42), joignons celle-ci (éq. 48a de la page 118, t. I),

$$\frac{\tau^2}{a_0}(a_0 x + a_1)^2 = p(u+v) + pu + pv,$$

et nous avons, en éliminant $p(u+v)$, puis substituant l'expression de pv,

$$(43)\qquad \frac{2}{\tau^2}pu = a_0 x^2 + 2a_1 x + a_2 + \sqrt{a_0\Psi(x)}.$$

C'est la formule de réduction propre à la valeur initiale ∞, prise pour x. Le changement du signe devant le radical correspond, comme on l'a déjà vu maintes fois, au changement de u en $-(u+v)$.

Nous pourrions passer maintenant à la formule générale en prenant cette expression (43) de pu, puis une semblable pu_1, avec une autre variable y, et composant $p(u-u_1)$, au moyen du théorème d'addition. Mais la formule (43) contient en elle-même cette généralisation; c'est ce qu'on va montrer.

Troisième réduction.

Soit $f(z)$ un polynôme du quatrième degré. A la variable z substituons la variable x, en posant

$$cx + az = xz. \tag{44}$$

Soit $\Psi(x)$ le transformé de $f(z)$ par cette substitution; on a

$$\Psi(x) = \frac{f(z)}{(z-c)^4}, \qquad \frac{dx}{dz} = -\frac{ac}{(z-c)^2}. \tag{45}$$

L'équation différentielle (40) devient

$$-\frac{z}{ac}\,du = \frac{dz}{\sqrt{f(z)}}.$$

Sauf le changement insignifiant du facteur d'homogénéité, elle conserve la même forme, soit avec x et $\Psi(x)$, soit avec z et $f(z)$. Mais maintenant la valeur initiale de z est la quantité arbitraire c, correspondant à $x=\infty$. Pour avoir la formule cherchée, il n'y a donc qu'à transformer le second membre (43) en y introduisant z et $f(z)$, au lieu de x et de $\Psi(x)$.

D'une manière générale, $\varphi(z)$ étant un polynôme du degré n, on a

$$\frac{d}{dz}\frac{\varphi(z)}{(z-c)^n} = \frac{(z-c)\varphi'(z) - n\varphi(z)}{(z-c)^{n+1}},$$

et, si l'on suppose $\varphi(z)$ rendu homogène par l'emploi d'une seconde variable z', la propriété

$$n\varphi = z\frac{\partial\varphi}{\partial z} + z'\frac{\partial\varphi}{\partial z'}$$

transforme la dérivée précédente ainsi :

$$\frac{d}{dz}\frac{\varphi(z)}{(z-c)^n}=-\frac{c\frac{\partial\varphi}{\partial z}+\frac{\partial\varphi}{\partial z'}}{(z-c)^{n+1}}.$$

Si l'on suppose z lié à x par la relation (44), il s'ensuit

$$ac\frac{d}{dx}\frac{\varphi(z)}{(z-c)^n}=\frac{c\frac{\partial\varphi}{\partial z}+\frac{\partial\varphi}{\partial z'}}{(z-c)^{n-1}}.$$

Le numérateur étant du degré $(n-1)$, on peut lui appliquer ce qu'on vient de dire pour φ, et conclure

$$(ac)^2\frac{d^2}{dx^2}\frac{\varphi(z)}{(z-c)^n}=\frac{c^2\frac{\partial^2\varphi}{\partial z^2}+2c\frac{\partial^2\varphi}{\partial z\,\partial z'}+\frac{\partial^2\varphi}{\partial z'^2}}{(z-c)^{n-2}},$$

et ainsi de suite. C'est cette dernière formule qui nous importe ici. Y mettant $f(z)$ au lieu de φ, supposant $n=4$, nous voyons, au numérateur, sauf le facteur numérique 12, la combinaison que nous avons dénotée par f_z^c. En outre, la fonction que l'on dérive, au premier membre, est $\Psi(x)$ d'après l'égalité (45). Ainsi

$$(ac)^2(a_0x^2+2a_1x+a_2)=\frac{f_z^c}{(z-c)^2}.$$

Prenant aussi, dans l'égalité (45), la partie principale de l'un et l'autre membre pour $z=c$, nous avons

$$a_0(ac)^4=f(c).$$

L'équation (43) devient donc

$$2\left(\frac{ac}{\tau}\right)^2\wp u=\frac{f_z^c+\sqrt{f(z)f(c)}}{(z-c)^2}.$$

Revenons maintenant aux notations précédentes, x, y, Ψ au lieu de z, c, f; changeons la notation du facteur d'homogénéité, et nous avons

$$\tau U=\int_y^x\frac{dx}{\sqrt{\Psi(x)}},\qquad \frac{1}{\tau^2}\wp U=\frac{\Psi_x^y+\sqrt{\Psi(x)\Psi(y)}}{2(x-y)^2}\quad (^1).$$

(1) D'après M. Félix Klein, il paraît y avoir incertitude sur le premier inven-

C'est la formule cherchée; on y retrouve l'intégrale (34) de l'équation d'Euler. C'est aussi une formule d'addition, U étant égal à $u - u_1$.

Nous avons déjà mis sous forme rationnelle cette intégrale de l'équation d'Euler. C'est l'équation (39), que nous reproduisons ici (en mettant z au lieu de μ) :

(46) $$H_x^y + z\Psi_y^x + (\tfrac{1}{12}C_2 - z^2)(x-y)^2 = 0.$$

Telle est la formule générale fournissant la solution du problème de réduction.

L'une des solutions z de cette équation (46) est $\frac{1}{\tau^2}\wp U$, où $U = u - u_1$. Quant à l'autre solution, on l'obtient en changeant le signe de l'un des radicaux $\sqrt{\Psi(x)}$, par exemple, ce qui change u en $-u-v$; c'est donc $\frac{1}{\tau^2}\wp(u+u_1+v)$. En prenant, au lieu de u, l'argument t qui s'évanouit quand x est une racine de Ψ, on a, pour les deux racines, $\frac{1}{\tau^2}\wp(t-t_1)$ et $\frac{1}{\tau^2}\wp(t+t_1)$.

Formule de duplication.

Si, dans l'égalité (46), on suppose $x = y$, une racine z devient infinie; en supposant $\sqrt{\Psi(x)}$ et $\sqrt{\Psi(y)}$ pris alors avec un même signe, cette racine infinie est $\frac{1}{\tau^2}\wp(u-u_1)$. L'autre racine est finie, c'est $\frac{1}{\tau^2}\wp(2u+v)$. D'ailleurs, pour $x = y$, H_x^y et Ψ_x^y deviennent $H(x)$ et $\Psi(x)$; par conséquent, la *substitution* (ξ étant cette racine)

(47) $$\xi = -\frac{H(x)}{\Psi(x)},$$

où $H(x)$ *désigne le hessien de* $\Psi(x)$, *donne lieu à l'égalité*

(48) $$\frac{2\,dx}{\sqrt{\Psi(x)}} = \frac{d\xi}{\sqrt{4\xi^3 - C_2\xi - C_3}}.$$

---

teur de cette belle formule, qu'il faut, sans doute, attribuer à M. Weierstrass; voir *Ueber hyperelliptische Sigmafunctionen*, von F. Klein (*Math. Ann.*, p. 457; avril 1886).

Arrêtons-nous un instant sur cette formule, pour en examiner les conséquences algébriques. D'après l'expression de ξ, elle donne

$$\frac{\Psi\dfrac{dH}{dx} - H\dfrac{d\Psi}{dx}}{\sqrt{-4H^3 + C_2 H \Psi^2 - C_3 \Psi^3}} = 2.$$

Soit T le polynôme suivant, du sixième degré,

$$(49)\qquad T = \frac{1}{4}\left(\Psi\frac{dH}{dx} - H\frac{d\Psi}{dx}\right);$$

il vérifie donc l'identité

$$(50)\qquad 4T^2 = -4H^3 + C_2 H \Psi^2 - C_3 \Psi^3.$$

C'est en prenant pour point de départ cette identité, démontrée par la pure Algèbre, quand naissait la théorie des invariants, que, par une marche inverse de celle que nous venons de suivre ici, M. Hermite (¹) a trouvé la propriété qu'expriment les égalités (47) et (48).

Nous reviendrons tout à l'heure sur l'identité (50); il nous faut auparavant faire encore quelques remarques sur les résultats qui précèdent.

Si $\Psi(x)$ est le polynôme réduit $4x^3 - g_2 x - g_3$, x est égal à pu, v est nul, et ξ est égal à $2pu$. L'égalité (47) nous fait retrouver la formule de duplication (6) du Tome I, p. 95. Rien n'est plus facile, en effet, que de contrôler les deux formules, en observant que, $\Psi(x)$ étant écrit sous la forme générale (41), ses coefficients sont ici

$$a_0 = 0,\qquad a_1 = 1,\qquad a_2 = 0,\qquad a_3 = -\tfrac{1}{4}g_2,\qquad a_4 = -g_3.$$

Le hessien (38), changé de signe, coïncide avec le numérateur de la formule qui donne $p2u$.

La quantité ξ (47) est égale à $\frac{1}{\tau^2}p2t$, t étant l'argument $u + \frac{v}{2}$ qui s'est offert dans la première réduction. Mettant, dans l'égalité (47), à la place de ξ, l'expression de $\frac{1}{\tau^2}p2t$ en fonction de pt, et

(¹) *Journal de Crelle*, t. LII.

remplaçant pt par $\tau^2 z$, g_2 et g_3 par $\tau^4 C_2$ et $\tau^6 C_3$, on voit disparaître le facteur d'homogénéité τ, et il reste

$$\frac{z^4 + \frac{1}{2} C_2 z^2 + 2 C_3 z + \frac{1}{16} C_2^2}{4 z^3 - C_2 z - C_3} = -\frac{H(x)}{\Psi(x)}.$$

C'est la relation dont il a été question plus haut, celle qu'on obtient en rendant rationnelle, par rapport aux coefficients, la substitution linéaire qui fournit la première réduction. On peut, comme on voit, l'écrire sous la forme

$$(51) \qquad h(z)\Psi(x) - H(x)\psi(z) = 0,$$

où $h(z)$ désigne le hessien du polynôme $\psi(z) = 4z^3 - C_2 z - C_3$, considéré comme du quatrième degré.

Plus généralement, si $\psi(z)$ désigne un polynôme transformé de $\Psi(x)$ par une substitution linéaire quelconque, et $h(z)$ son hessien, la même relation (51) traduit manifestement l'ensemble de quatre substitutions linéaires par lesquelles cette même transformation peut s'opérer.

En particulier, si l'on prend, pour ψ, le polynôme Ψ lui-même, et qu'après avoir divisé par $x - z$ on considère l'équation entière

$$\frac{H(z)\Psi(x) - H(x)\Psi(z)}{x - z} = 0,$$

le premier membre est décomposable en trois facteurs linéaires. Cette équation représente l'ensemble des trois substitutions qui, échangeant les racines, par couples, les unes dans les autres, transforment le polynôme Ψ en lui-même. Pour le polynôme

$$4x^3 - g_2 x - g_3 = 4(x - e_1)(x - e_2)(x - e_3),$$

les facteurs linéaires sont

$$(x - e_\alpha)(z - e_\alpha) - (e_\alpha - e_\beta)(e_\alpha - e_\gamma) \qquad (\alpha, \beta, \gamma = 1, 2, 3),$$

comme on le sait par la formule d'addition des demi-périodes.

Propriétés des polynômes du quatrième degré.

Nous avons reconnu précédemment que, Ψ étant un polynôme du quatrième degré, H son hessien, tout polynôme ψ du faisceau

(H, Ψ) a son hessien h compris dans ce même faisceau. Cette propriété s'est trouvée exprimée par les égalités

$$(52) \qquad \rho\Psi = h + \nu\psi, \qquad \psi = H + \mu\Psi,$$

dans laquelle μ, ν, ρ sont trois constantes. Une seule de ces constantes est arbitraire, et nous connaissons déjà, d'après l'intégrale (39), la relation

$$(53) \qquad \nu = \frac{1}{12}C_2 - \mu^2$$

entre les constantes μ, ν et l'invariant quadratique C_2 de Ψ. Il reste encore à trouver ρ.

Considérons le polynôme t, analogue à T(49), mais composé avec ψ et h. D'après les égalités (52), on a $t = -\rho T$. En désignant par c_2 et c_3 les invariants de ψ, on aura, suivant l'identité (50), cette autre

$$4h^3 - c_2 h\psi^2 + c_3\psi^3 = \rho^2[4H^3 - C_2 H\Psi^2 + C_3\Psi^3].$$

Substituons, au second membre, les expressions de H et Ψ tirées de (52) et identifions, de part et d'autre, les coefficients de h^3, etc., nous aurons d'abord

$$(54) \qquad 4\rho = -4\mu^3 + C_2\mu + C_3.$$

Le terme en $h^2\psi$ fournit la relation (53); les deux autres serviront à trouver c_2 et c_3, dont nous n'avons pas besoin.

La double égalité (52) et l'identité (50) renferment toute la théorie des équations du quatrième degré, sur laquelle nous ne devons pas nous arrêter davantage. Il nous faut seulement retenir la conséquence principale, celle d'où découle la résolution algébrique. Soit

$$4\mu^3 - C_2\mu - C_3 = 4(\mu - \mu_1)(\mu - \mu_2)(\mu - \mu_3);$$

on a, d'après l'identité (50),

$$(55) \qquad T^2 = -(H + \mu_1\Psi)(H + \mu_2\Psi)(H + \mu_3\Psi).$$

En prenant, pour H, l'expression suivante

$$H = \frac{1}{48}\left[4\Psi\frac{d^2\Psi}{dx^2} - 3\left(\frac{d\Psi}{dx}\right)^2\right],$$

on reconnaît que H et Ψ sont deux polynômes premiers entre eux. De là résulte qu'au second membre (55), chaque facteur est un carré parfait. Ainsi, *dans le faisceau* $H + \mu\Psi$, *il y a trois polynômes qui sont des carrés; on les obtient en prenant, pour* μ, *une quelconque des trois racines de l'équation* (résolvante)

$$4\mu^3 - C_2\mu - C_3 = 0 \text{ (}^1\text{)}. \tag{56}$$

Discriminant des équations doublement quadratiques.

Revenons aux équations doublement quadratiques $F = 0$, en ne considérant, toutefois, que des équations symétriques. Nous savons que le premier membre peut être mis sous la forme

$$F = \psi_x^y + \nu(x - y)^2, \tag{57}$$

et que l'équation d'Euler, dont $F = 0$ fournit l'intégrale générale, étant relative au polynôme Ψ, on a les relations

$$\left\{\begin{array}{ll} \rho\Psi = h + \nu\psi, & \psi = H + \mu\Psi, \\ \nu = \frac{1}{12}C_2 - \mu^2, & 4\rho = -4\mu^3 + C_2\mu + C_3. \end{array}\right. \tag{58}$$

L'équation $F = 0$ traduit la relation qui existe entre deux fonctions elliptiques semblables x, y, dépendant l'une d'un argument u, l'autre d'un argument u_1, dont la différence U est constante.

Par l'intermédiaire du polynôme Ψ, la constante U et les invariants elliptiques nous sont connus, savoir

$$g_2 = \tau^4 C_2, \qquad g_3 = \tau^6 C_3, \qquad pU = \tau^2\mu, \tag{59}$$

τ étant un facteur arbitraire d'homogénéité.

Le dernier progrès qui nous reste à faire est de trouver ces mêmes quantités directement sur le polynôme F ou, plus précisément encore, former explicitement l'*équation caractéristique* (16), dont les racines sont proportionnelles aux trois quantités $e_\alpha - pU$. C'est pour ce but que nous allons considérer le *discriminant* de F.

---

(1) Pour cette théorie des polynômes du quatrième degré, on trouvera tous les détails désirables dans l'Ouvrage de CLEBSCH déjà cité, *Theorie der algebraischen binären Formen*, ou dans celui de M. SALMON, *Lessons introductory to the modern Algebra*.

On a déjà observé (p. 339) que F est un polynôme du second degré ordinaire par rapport aux deux variables xy et $x+y$. Envisagé ainsi, il a un discriminant qui, égalé à zéro, exprime la possibilité de décomposer F en deux facteurs linéaires par rapport à xy et $x+y$. C'est ce discriminant que nous considérons ici et dont l'évanouissement exprime, comme on voit, que F est le produit de deux polynômes doublement linéaires en x et y.

Si le discriminant est nul, de $F = 0$ on tire deux expressions de y rationnelles en x; $B^2 - AC$ est donc un carré. On se souvient que $B^2 - AC$ n'est autre que $\Psi(x)$. C'est en considérant les polynômes $H + \mu_\alpha \Psi$, où μ_α est racine de l'équation (56), polynômes qui sont des carrés, que nous allons parvenir au but.

Dans le faisceau (H, Ψ), prenons un autre polynôme quelconque Ψ', $\rho'\Psi' = h + \nu'\psi$.

Éliminant h et ψ entre les équations (58) et cette dernière, nous avons

$$\frac{\rho'}{\nu' - \nu}\Psi' = H + a\Psi, \qquad a = \mu + \frac{\rho}{\nu' - \nu}.$$

Le polynôme F′, relatif à Ψ', a la forme (57), où ν est remplacé par ν'; c'est donc $F + (\nu' - \nu)(x - y)^2$; ou bien, si on le divise par $(\nu' - \nu)$, ce sera $sF + (x - y)^2$, en prenant $s = \frac{a - \mu}{\rho}$.

Si l'on suppose $a = \mu_\alpha$, Ψ' est un carré; F′ est donc alors décomposable en deux facteurs et son discriminant est nul; par conséquent, le discriminant de $sF + (x - y)^2$ a pour racines s les trois quantités $\frac{\mu_\alpha - \mu}{\rho}$. Or, suivant les égalités (59), les racines μ_α de l'équation (56) sont les trois quantités $\frac{1}{\tau^2} e_\alpha$. Les trois racines s ont donc pour expression $\frac{e_\alpha - pU}{\tau^2 \rho}$; elles sont proportionnelles aux trois quantités $e_\alpha - pU$. Ainsi, *l'équation caractéristique a pour premier membre le discriminant de* $sF + (x - y)^2$. Les invariants de F sont ainsi trouvés de la manière la plus complète et la plus simple.

On pourrait donner bien d'autres détails sur les polynômes F, examiner la composition du discriminant relativement aux invariants c_2, c_3 de ψ; mais nous devons nous borner, et nous nous contenterons de dire encore comment le discriminant de F est composé avec les quantités précédentes.

D'après la forme $\frac{\mu_\alpha - \mu}{\rho}$ des racines, on voit que le discriminant de $sF + (x - y)^2$, sauf un facteur indépendant de s, s'obtient en mettant $s\rho + \mu$, au lieu de μ dans le polynôme (56). C'est donc

$$(60) \qquad 4(s\rho + \mu)^3 - C_2(s\rho + \mu) - C_3,$$

sauf un facteur indépendant de s, et qu'il faut trouver. En faisant $s = 0$, on doit obtenir ici le discriminant de

$$(x - y)^2 = (x + y)^2 - 4xy.$$

Si l'on envisage, pour prendre les discriminants, $x + y$ comme la première variable et xy comme la seconde, $(x - y)^2$ a pour discriminant -4. Le facteur est donc le quotient de -4 par $4\mu^3 - C_2\mu - C_3$; c'est $\frac{1}{\rho}$ (58). Dans (66), le coefficient de s^3 est $4\rho^3$; en le divisant par ρ, on aura $4\rho^2$. Ainsi, le discriminant de F a pour expression $4\rho^2$ ou bien

$$\frac{1}{4}(4\mu^3 - C_2\mu - C_3)^2.$$

CHAPITRE X.

LES POLYGONES DE PONCELET.

Préambule.

Dès le début du Tome I, on a vu (p. 13) l'addition des arguments représentée par une construction géométrique au moyen de deux cercles. A chaque point de l'un des cercles, on fait correspondre un argument elliptique : la corde qui joint deux points, dont la différence des arguments est constante, enveloppe le second cercle.

Cette construction de l'addition peut être modifiée de façon que, au lieu de deux cercles, on ait à considérer deux coniques quelconques. On n'en saurait douter, d'après les enseignements de la Géométrie projective. Mais il convient de présenter directement cette construction sous sa forme générale. C'est à quoi se prête merveilleusement la considération des équations doublement quadratiques, objet principal du Chapitre précédent.

Représentation géométrique des équations doublement quadratiques.

Soit X une courbe *unicursale;* c'est-à-dire qu'à chaque point x de la courbe correspond une valeur unique d'un paramètre x et réciproquement. Toute équation entre deux variables x et x_1 peut être envisagée comme une relation entre deux points x et x_1, variables ensemble sur la courbe X. S'il s'agit d'une équation quadratique en x_1, le point x a pour correspondants deux points; soit x_1 l'un deux. S'il s'agit maintenant d'une équation symétrique entre les deux variables, le point x_1 a, pour correspondants, deux points dont l'un est x; soit x_2 le second. Ce dernier a, pour correspondants, le point x_1 et un nouveau point x_3, et ainsi de suite. De même, le second correspondant de x peut être dénommé x_{-1}, ... Ainsi, une ligne polygonale variable, complètement déterminée par un seul de ses sommets, et inscrite dans une courbe unicursale X, peut servir à représenter une équation doublement quadratique et symétrique.

Pour donner une forme entièrement géométrique à ce mode de représentation, il faut, en supposant plane la courbe X, connaître l'enveloppe des côtés de la ligne polygonale. Si l'on admet alors que X soit une conique, on trouve immédiatement cette enveloppe. Chaque côté n'a, en effet, avec X, d'autres points de rencontre que les sommets adjacents. Par chaque point de X passent donc deux tangentes de l'enveloppe et deux seulement, ce qui n'aurait pas lieu si X n'était pas une conique ([1]). L'enveloppe est donc de deuxième classe; c'est une seconde conique Y. Ainsi *toute équation doublement quadratique et symétrique traduit la relation entre les extrémités d'une corde variable, inscrite dans une conique* X *et enveloppant une conique* Y.

Sur la conique Y, les points y peuvent être représentés aussi par un paramètre y. Pour le point de contact du côté xx_1, ce paramètre y est lié au paramètre x par une équation algébrique. Mais cette équation doit convenir aussi bien au point de contact du

([1]) Si l'on prenait, pour X, une cubique unicursale, il passerait, par chaque point, deux autres tangentes de l'enveloppe ; celle-ci serait donc de quatrième classe.

côté xx_{-1}. Elle est donc du second degré en y. D'autre part, quand y est donné, cette équation doit convenir aussi bien à x_1 qu'à x. Elle est donc du second degré en x. C'est une équation doublement quadratique entre x et y.

Ce mode de représentation conduit à envisager, parmi les équations doublement quadratiques, deux espèces différentes, absolument comme, dans le Chapitre précédent, on l'a fait, au point de vue des invariants. Sur une conique on peut changer le paramètre x sans changer le point correspondant. De la manière la plus générale, on peut, sans changement de la figure, transformer le paramètre par une substitution linéaire quelconque (fractionnaire). Les équations symétriques, où les deux variables doivent être transformées par une même substitution, se rapportent à deux points situés sur une même conique. Les équations où, au contraire, les variables peuvent être séparément transformées par des substitutions linéaires différentes, se rapportent à des points situés sur deux coniques.

Interprétation des éléments doubles.

Il y a quatre valeurs particulières $\alpha_0, \alpha_1, \alpha_2, \alpha_3$ du paramètre x, à chacune desquelles correspond une racine double y; soient $\beta_0, \beta_1, \beta_2, \beta_3$ ces quatre racines doubles y. Du point α_0 les tangentes menées à Y coïncident; c'est donc que α_0 est sur Y. Ainsi $\alpha_0, \alpha_1, \alpha_2, \alpha_3$ sont les paramètres, sur X, des points communs aux deux coniques, et $\beta_0, \beta_1, \beta_2, \beta_3$ sont les paramètres de ces mêmes points sur Y.

Il y a, de même, quatre valeurs $\beta'_0, \beta'_1, \beta'_2, \beta'_3$ du paramètre y, à chacune desquelles correspond une racine double x; soient $\alpha'_0, \alpha'_1, \alpha'_2, \alpha'_3$ ces quatre racines doubles x. La tangente de Y, au point β'_0, rencontre X en deux points confondus; c'est donc qu'elle est tangente à X. Ainsi les nouveaux paramètres sont ceux des points de contact des quatre tangentes communes aux deux coniques.

Lignes polygonales repliées.

Pour premier sommet de la ligne polygonale, prenons l'un des points α communs aux deux coniques. Soient $\alpha^1, \alpha^2, \ldots$ les sommets successifs. Cette ligne polygonale ne peut être prolongée dans l'autre sens. Si l'on prend pour origine x de cette ligne le point α^n, avec α^{n-1}, α^{n-2}, ..., pour sommets suivants, on voit, au point α, la ligne polygonale se *replier* sur elle-même, et l'on a

$$(1)\quad x_n = \alpha, \qquad x_{n+1} = x_{n-1}, \qquad x_{n+2} = x_{n-2}, \qquad \ldots, \qquad x_{2n} = x = \alpha^n.$$

Le même fait n'aurait pas lieu, en général, si de l'origine x on faisait partir la ligne polygonale dans le sens opposé.

Pour premier sommet d'une autre ligne polygonale, prenons un point α' où X est touchée par une tangente commune. Du point α' partent deux tangentes de Y ; l'une est la tangente commune. Prenons l'autre tangente pour premier côté ; nous aurons ainsi des sommets successifs α'^1, α'^2, ... Si l'on voulait prolonger cette ligne dans l'autre sens, il faudrait envisager la tangente commune comme étant le second côté aboutissant au sommet α'. Mais, sur ce côté, le second sommet est encore α'. La ligne polygonale se replie donc sur elle-même encore. Si l'on prend, pour origine x, le point α'^n, avec $\alpha'^n\alpha'^{n-1}$ pour premier côté, la ligne polygonale est *repliée* et l'on a

$$(2)\quad \alpha' = x_n = x_{n+1}, \qquad x_{n-1} = x_{n+2}, \qquad \ldots, \qquad x_{2n+1} = x = \alpha'^n.$$

Là encore, le même fait n'aurait pas lieu, en général, si, de l'origine x, on faisait partir la ligne polygonale dans le sens opposé.

Condition de fermeture.

Parmi les lignes polygonales, en est-il qui se ferment ? Pour répondre à cette question, on observe que les paramètres x et x_m, tout comme x et x_1, sont liés par une équation doublement quadratique et symétrique, puisque, un sommet étant donné, la ligne polygonale est déterminée sans ambiguïté : il y a donc deux sommets, et deux seulement, distants du premier par m rangs. La *condition de fermeture*, qui doit fournir un polygone fermé, ayant m sommets, est $x_m = x$. Cette supposition faite dans l'équation qui lie x_m et x, on obtient une équation du quatrième degré en x : nous en connaissons les racines. Si, en effet, m est pair, $m = 2n$, ces quatre racines sont les paramètres des quatre points

α''_0, α''_1, α''_2, α''_3, sommets de lignes polygonales qui commencent par les points α_0, α_1, α_2, α_3 communs aux deux coniques. Si m est impair, $m = 2n + 1$, ces racines sont alors les paramètres α'^n_0, α'^n_1, α'^n_2, α'^n_3, appartenant à des sommets pris sur les lignes polygonales (2), qui commencent par les points de contact des tangentes communes aux deux coniques.

Ainsi la condition de fermeture, pour chaque entier m, est effectivement satisfaite par quatre lignes polygonales, dont chacune, sans constituer un polygone fermé, se replie sur elle-même.

Théorème de Poncelet.

Il n'y a donc, en général, aucun polygone fermé, à la fois inscrit dans une conique X et circonscrit à une autre conique Y. Mais, si ces deux coniques ne doivent pas être prises arbitrairement, il peut certainement exister de tels polygones. A un triangle, un quadrilatère ou un pentagone, on peut, à la fois, inscrire une conique et circonscrire une autre conique.

Quand il en est ainsi, l'équation de fermeture, qui a plus de racines que d'unités dans son degré, se réduit à une identité; elle est satisfaite alors, quel que soit le point x. C'est le théorème de Poncelet : *s'il existe un polygone fermé, inscrit dans une conique et circonscrit à une autre conique, il existe une infinité d'autres polygones, du même nombre de côtés, inscrits, comme le premier, dans l'une des coniques et circonscrits à l'autre.*

Expression géométrique de la condition de fermeture.

Supposons deux coniques X et Y, telles que les lignes polygonales se ferment effectivement toujours, en formant des polygones de m côtés. Cette propriété se retrouve aussi dans les lignes polygonales repliées, et c'est ce fait que nous allons examiner.

Considérons la ligne repliée (1), qui commence au point x, et supposons $2n$ inférieur à m. La ligne, en se continuant au delà de x_{2n}, doit satisfaire à la condition $x_m = x$. Il faut donc qu'elle se replie, de nouveau, au delà de x_{2n}, qu'on ait donc

$$x = x_m = x_{2n}, \qquad x_{m-1} = x_{2n+1}, \qquad x_{m-2} = x_{2n+2}, \qquad \ldots.$$

Si m est pair, les sommets qui coïncident de la sorte sont distants d'un nombre pair de rangs; c'est le caractère de la ligne repliée de première espèce (1).

Si, pour origine de la ligne polygonale, on prend le point $x_n = \alpha$, on aboutira donc à un autre point α; entre ces deux points il y a $\frac{1}{2}(m-2)$ sommets.

Si m est impair, les sommets en coïncidence sont distants d'un nombre impair de rangs : c'est le caractère des lignes repliées de seconde espèce (2). Si donc, pour origine de la ligne polygonale, on prend le point α, on aboutit à un point α'; entre les deux points, il y a $\frac{1}{2}(m-3)$ sommets.

Considérons, en second lieu, la ligne repliée (2). On aura

$$x = x_m = x_{2n+1}, \qquad x_{m-1} = x_{2n+2}, \qquad x_{m-2} = x_{2n+3}, \qquad \ldots.$$

Si m est pair, les sommets qui coïncident ainsi sont distants d'un nombre impair de rangs : c'est le caractère des lignes repliées de seconde espèce. Ainsi, partant d'un point α', on aboutit à un autre point α'; entre ces deux points, il y a $\frac{1}{2}(m-4)$ sommets.

Si m est impair, partant d'un point α', on aboutit à un point α; entre ces deux points, il y a $\frac{1}{2}(m-3)$ sommets. C'est une ligne polygonale qu'on vient déjà d'envisager, mais en la parcourant dans l'autre sens.

Voici donc, d'une manière générale, la condition d'existence des polygones de m côtés : *si, pour premier sommet, on prend un des points communs aux deux coniques ou l'un des points de contact d'une des tangentes communes, on doit aboutir à un autre pareil point, de même espèce si m est pair, d'espèce opposée si m est impair.*

Si, quand on prend pour premier sommet un quelconque des huit points α ou α', cette condition est satisfaite, on voit qu'elle l'est aussi quand on prend pour premier sommet tout autre de ces huit points. Mais c'est là une propriété qui résulte aisément de ce fait bien connu, que la figure composée de deux coniques se change en elle-même de diverses manières, par homographie et par polaires réciproques.

Voici les constructions qui résultent de la proposition précédente :

1° A une conique Y on circonscrit une ligne polygonale ayant

$(n-1)$ sommets. Si, par ces sommets et par les deux points de contact des côtés extrêmes, on peut mener une conique X, il y a des polygones, de $2n$ côtés, inscrits dans X et circonscrits à Y.

2° Dans une conique X, on inscrit une ligne polygonale ayant $(n-1)$ côtés; on prend, en outre, les tangentes de X aux sommets extrêmes; s'il existe une conique Y tangente à ces $(n+1)$ droites, il y a des polygones, de $2n$ côtés, inscrits dans X et circonscrits à Y.

Ces deux constructions, corrélatives l'une de l'autre, s'appliquent sans obstacle jusqu'à $n=4$. Elles fournissent donc les cas du quadrilatère, de l'hexagone et de l'octogone.

3° Dans une conique X, on inscrit une ligne polygonale ayant $(n-1)$ côtés; on prend, en outre, la tangente de X au dernier sommet; s'il existe une conique Y tangente à ces n droites et passant, en outre, au premier sommet, il y a des polygones, de $2n-1$ côtés, inscrits dans X et circonscrits à Y.

Cette construction s'applique jusqu'à $n=4$ et fournit les cas du triangle, du pentagone et de l'heptagone.

C'est maintenant aux fonctions elliptiques que nous allons demander la définition générale de la condition de fermeture pour un nombre quelconque de côtés.

Représentation elliptique des lignes polygonales.

Ainsi qu'on l'a vu au Chapitre IX, on peut considérer les paramètres x et x_1 comme égaux à $\wp u$ et $\wp(u+U)$, u étant un argument variable, U constant. De cette manière, les sommets successifs x_{-2}, x_{-1}, x, x_1, x_2, ... ont pour paramètres les valeurs de la fonction $\wp$ pour les arguments $u-2U$, $u-U$, u, $u+U$, $u+2U$, ... Les paramètres y, correspondant à $x=\wp u$, sont $\wp(u\pm\frac{1}{2}U)$.

Les arguments des paramètres α sont zéro et les demi-périodes; ceux des paramètres β sont $\frac{1}{2}U$ ou $\frac{1}{2}U$ augmenté des demi-périodes. Ce sont aussi, en ordre inverse, les arguments des paramètres α' et β'.

Les arguments des sommets, sur les lignes polygonales repliées, sont de la forme $\omega+nU$ (ω étant zéro ou une demi-période), pour la première espèce (1); ils sont de la forme $\omega + (n + \frac{1}{2})U$, pour la seconde espèce (2).

La condition pour l'existence des polygones fermés, de m sommets, c'est que mU soit une période.

Invariants.

Les deux invariants absolus α, γ, qui caractérisent l'équation doublement quadratique (p. 340), ont, sur la figure, des interprétations simples. Ces deux invariants

$$\alpha = \frac{(\alpha_0 - \alpha_1)(\alpha_3 - \alpha_2)}{(\alpha_0 - \alpha_2)(\alpha_3 - \alpha_1)}, \qquad \gamma = \frac{(\beta_0 - \beta_1)(\beta_3 - \beta_2)}{(\beta_0 - \beta_2)(\beta_3 - \beta_1)},$$

que nous avons envisagés comme des rapports anharmoniques, sont effectivement les rapports anharmoniques des quatre points communs aux deux coniques, considérés, dans un même ordre, soit sur X, soit sur Y.

La proposition prouvée au Chapitre précédent, et qui consiste en ce que ces deux invariants déterminent l'équation sans ambiguïté, à des substitutions linéaires près, cette proposition est évidente par le mode de représentation actuel. Étant pris, en effet, quatre points à volonté, il existe une conique unique X, lieu du sommet d'un faisceau dont les côtés passent par ces points et dont le rapport anharmonique soit égal à α. Semblablement, la conique Y est déterminée, sans ambiguïté, par le rapport γ. Ces deux coniques déterminent les lignes polygonales et, par suite, l'équation doublement quadratique.

On peut intervertir les rôles des variables x et y. Les rapports anharmoniques analogues à α et à γ doivent reproduire ces derniers. Ils sont composés avec les paramètres β' et α'. On retrouve ainsi cette proposition très connue, que le rapport anharmonique des points d'intersection, pris sur une des coniques, est égal au rapport anharmonique des tangentes communes, pris sur l'autre.

Invariants de fermeture.

Les invariants de fermeture sont ceux qui, égalés à zéro, expriment la condition pour l'existence de polygones inscrits dans X et circonscrits à Y. Ce sont des fonctions des deux invariants fondamentaux α, γ. Nous les trouverons en exprimant que mU est une période.

Et, d'abord, excluons le cas où 2U est une période; ce cas correspond à la supposition que la conique Y se réduise à un point. Par cette supposition, qui entraîne pour pU l'une des valeurs e_1, e_2, e_3, γ aurait l'une des valeurs 0, ∞, 1.

Nous allons considérer, en premier lieu, le cas où 4U est une période. On a vu (t. I, p. 51) qu'en prenant

$$(3) \qquad \mathrm{p}U = e_3 + \sqrt{(e_1 - e_3)(e_2 - e_3)},$$

on obtient, pour U, un quart de période. Avec cette valeur de pU, on a

$$\frac{\mathrm{p}U - e_1}{\mathrm{p}U - e_2} = \sqrt{\frac{e_1 - e_3}{e_2 - e_3}}.$$

A cause des égalités (IX, 10, 15)

$$(4) \qquad \alpha = \frac{e_2 - e_3}{e_1 - e_3}, \qquad \gamma = \alpha \frac{\mathrm{p}U - e_1}{\mathrm{p}U - e_2},$$

il en résulte $\alpha = \gamma^2$. C'est une forme élégante de la condition pour le cas des quadrilatères : *il y a des quadrilatères inscrits dans une conique* X *et circonscrits à une conique* Y, *quand le rapport anharmonique des points communs à ces coniques, pris sur* X, *est le carré du rapport anharmonique de ces mêmes points, pris sur* Y. C'est d'ailleurs une traduction immédiate de la condition graphique, trouvée plus haut : *les tangentes de* Y, *en deux points communs aux deux coniques, doivent concourir sur* X.

Il y a six valeurs de pU, analogues à la valeur (3), et qui correspondent à des quarts de périodes. L'égalité $\alpha = \gamma^2$ n'est donc pas seule pour traduire la condition relative aux quadrilatères. Au lieu de considérer les six valeurs de pU, nous pouvons aussi effectuer le système complet des six substitutions, qui remplacent à la fois α et β par $1 - \alpha$ et $1 - \beta$, $\frac{1}{\alpha}$ et $\frac{1}{\beta}$, ... Il naît de là trois égalités seulement, savoir

$$(5) \qquad \gamma^2 - \alpha = 0, \qquad \gamma^2 - 2\gamma + \alpha = 0, \qquad \gamma^2 - 2\alpha\gamma + \alpha = 0.$$

Les premiers membres de ces trois égalités constituent trois facteurs de la fonction $\psi_4(U)$, dont les racines sont les quarts de périodes (t. I, p. 96). Nous allons former effectivement cette fonction, ainsi que celle d'indice 3. Par là on trouvera tous les invariants de fermeture.

Par les égalités (4), on conclut e_1, e_2, e_3, sauf un facteur arbitraire τ, comme on l'a déjà vu au Chapitre IX, et l'on a

$$\tau(pU - e_1) = \frac{\gamma(\alpha - 1)}{\gamma - \alpha},$$

$$\tau(pU - e_2) = \frac{\alpha(\alpha - 1)}{\gamma - \alpha},$$

$$\tau(pU - e_3) = \frac{\alpha(\gamma - 1)}{\gamma - \alpha}.$$

De là résulte, si l'on multiplie membre à membre,

$$(6) \qquad \tau^3 p'^2 U = \frac{4\alpha^2(\alpha - 1)^2(\gamma - 1)\gamma}{(\gamma - \alpha)^3},$$

et, si l'on différentie, en laissant α constant, ainsi que τ, ce qui laisse constants les invariants elliptiques,

$$(7) \qquad \tau p' U \frac{dU}{d\gamma} = -\frac{\alpha(\alpha - 1)}{(\gamma - \alpha)^2}.$$

En différentiant encore dans l'égalité (6) et remplaçant, au premier membre $\tau p' U \dfrac{dU}{d\gamma}$ par l'expression (7), on obtient

$$\tau^2 p'' U = \frac{2\alpha(\alpha - 1)}{(\gamma - \alpha)^2}[\gamma^2 + 2(\alpha - 1)\gamma - \alpha].$$

Au moyen de l'égalité (6) et de l'expression de τpU, savoir

$$(8) \qquad 3\tau pU = \frac{\alpha^2 + 2(\gamma - 1)\alpha - \gamma}{\gamma - \alpha},$$

nous obtenons immédiatement $\psi_3(U)$, qui s'exprime ainsi (t. I, p. 95 et 96)

$$\psi_3(U) = 3pU\,p'^2U - \tfrac{1}{4}p''^2U,$$

d'où résulte

$$\tau^4\psi_3(U) = \frac{\alpha^2(\alpha - 1)^2}{(\gamma - \alpha)^4}\{4\gamma(\gamma - 1)[\alpha^2 + (2\gamma - 1)\alpha - \gamma] - [\gamma^2 + (2\alpha - 1)\gamma - \alpha]^2\}.$$

Le développement du second membre offre des réductions, et il reste

$$\tau^4\psi_3(U) = -\frac{\alpha^2(\alpha-1)^2}{(\gamma-\alpha)^4}[\alpha^2 - 2\gamma(2\gamma^2 - 3\gamma + 2)\alpha + \gamma^4].$$

Pour calculer ensuite $\psi_4(U)$, on a la formule

$$\frac{\psi_4(U)}{p'U} = p'^4U - p''U\,\psi_3(U),$$

qui donne

$$\frac{\tau^6\psi_4(U)}{p'U} = \frac{2\alpha^3(\alpha-1)^3}{(\gamma-\alpha)^6}P,$$

P étant un polynôme entier dont le terme du plus haut degré en γ provient de la seconde partie $-p''U\psi_3(U)$; c'est γ^6. Revenant aux égalités (5), on en conclut

$$\frac{\tau^6\psi_4(U)}{p'U} = \frac{2\alpha^3(\alpha-1)^3}{(\gamma-\alpha)^6}(\gamma^2-\alpha)(\gamma^2-2\gamma+\alpha)(\gamma^2-2\alpha\gamma+\alpha).$$

Prenons maintenant, comme au tome I (p. 103), les deux quantités (que l'on ne confondra pas avec les paramètres des coniques)

$$(9)\qquad x = \psi_3^3\psi_2^{-8}, \qquad y = \psi_4\psi_2^{-3},$$

en nous souvenant que ψ_2 n'est autre que $-p'$. Nous aurons

$$(10)\qquad \begin{cases} x = -\dfrac{[\alpha^2 - 2\gamma(2\gamma^2 - 3\gamma + 2)\alpha + \gamma^4]^3}{2^8\alpha^2(\alpha-1)^2\gamma^4(\gamma-1)^4}, \\[2ex] y = -\dfrac{(\gamma^2-\alpha)(\gamma^2-2\gamma+\alpha)(\gamma^2-2\alpha\gamma+\alpha)}{2^3\alpha(\alpha-1)\gamma^2(\gamma-1)^2}. \end{cases}$$

En résumé, *dans les deux égalités* (10), α *et* γ *désignent les rapports anharmoniques des quatre points communs à deux coniques* X *et* Y, *pris dans un même ordre sur* X *et sur* Y *respectivement. La condition pour l'existence de polygones de* m *côtés, inscrits à* X *et circonscrits à* Y, *est*

Pour $m = 3\ldots\ldots\ x = 0,$
$m = 4\ldots\ldots\ y = 0,$
$m = 5\ldots\ldots\ y - x = 0,$
$m = 6\ldots\ldots\ y - x - y^3 = 0,$
$m = 7\ldots\ldots\ (y-x)x - y^3 = 0,$
$m = 8\ldots\ldots\ (y-x)(2x-y) - xy^2 = 0,$
$m = 9\ldots\ldots\ y^3(y-x-y^2) - (y-x)^3 = 0,$
$m = 10\ldots\ldots\ y^2(xy - x^2 - y^3) - x(y-x-y^2)^2 = 0,$
$m = 11\ldots\ldots\ (xy - x^2 - y^3)(y-x)^3 - xy(y-x-y^2)^3 = 0,$

et ainsi de suite, conformément à la formule récurrente qui a été démontrée au tome I (p. 103).

Cas où les deux coniques sont tangentes entre elles.

Si l'on voulait considérer deux coniques tangentes entre elles, on se trouverait dans le cas où les fonctions elliptiques dégénèrent. Il est à remarquer que les formules précédentes s'appliquent fort bien à ce cas singulier, comme on va voir.

Supposant les points α_0 et α_1 infiniment voisins, on devra admettre, pour les différences $\alpha_0 - \alpha_1$ et $\beta_0 - \beta_1$, des arguments de ces points, sur les deux coniques, des quantités infiniment petites d'un même ordre. Les rapports anharmoniques α et γ sont donc infiniment petits, et leur rapport est une quantité finie c. D'après cette supposition, les formules (10) se réduisent ainsi

$$(11) \qquad x = \frac{(4c-1)^3}{2^8 c^4}, \qquad y = \frac{2c-1}{2^3 c^2},$$

et les résultats ci-dessus sont toujours valables.

Pour comprendre leur exacte signification en ce cas, observons que α est le carré du module des fonctions elliptiques, supposé nul ici. La fonction sn dégénère en la fonction *sinus* et l'on a [en prenant $\lambda = 1$ dans l'égalité (19) du tome I, p. 24]

$$pU = -\frac{1}{3} + \frac{1}{\sin^2 U}.$$

D'après nos suppositions, la formule (8) donne, en supposant $\tau = 1$,

$$3pU = \frac{2+c}{1-c}.$$

De ces deux égalités résulte

$$c = \cos^2 U.$$

Les expressions (11) de x et y peuvent alors être écrites sous la forme

$$x = \frac{\sin^3 3U}{2^8 \sin^3 U \cos^8 U}, \qquad y = \frac{\cos 2U}{2^3 \cos^4 U}.$$

On a vu (t. I, p. 198) que la fonction $\psi_n(U)$ s'exprime par la fonction σ sous la forme

$$\psi_n(U) = \frac{\sigma(nU)}{(\sigma U)^{n^2}}.$$

Pour la combinaison γ_n, employée au Chapitre IV du tome I et dont nous venons de faire usage, il en résulte

$$(12) \qquad \gamma_n(U) = \sigma(nU)(\sigma U)^{\frac{n^2-4}{3}}(\sigma 2U)^{-\frac{n^2-1}{3}}.$$

Quand se présente la dégénérescence supposée actuellement, la fonction σ se réduit à un sinus (t. I, p. 183), sauf un facteur qui disparaît dans la combinaison (12), et l'on a

$$\gamma_n = \frac{\sin nU (\sin U)^{\frac{n^2-4}{3}}}{(\sin 2U)^{\frac{n^2-1}{3}}}.$$

Les deux quantités x et y ne sont autres que γ_3^3 et γ_4; on a bien effectivement

$$\gamma_3^3 = \frac{(\sin 3U)^3 (\sin U)^5}{(\sin 2U)^8} = \frac{(\sin 3U)^3}{2^8 (\sin U)^3 (\cos U)^8} = x,$$

$$\gamma_4 = \frac{\sin 4U (\sin U)^4}{(\sin 2U)^5} = \frac{\cos 2U}{2^3 (\cos U)^4} = y.$$

On voit donc que, pour le cas où les coniques sont tangentes, le calcul employé précédemment conduit à des résultats que l'on peut trouver directement par la multiplication des angles, et qui peuvent s'énoncer ainsi : *deux coniques* X *et* Y *étant tangentes entre elles, on prend les rapports anharmoniques* α, γ *de leurs points d'intersection, comme précédemment, en supposant* α *et* γ *infiniment petits et* $\gamma : \alpha = \cos^2 U$; *la condition pour l'existence des polygones, de* m *côtés, inscrits dans* X *et circonscrits à* Y, *est alors* $\sin mU = 0$.

Il n'existe aucune simplification nouvelle pour le cas où les coniques ont entre elles deux contacts séparés, sont, comme on dit, bitangentes. En effet, on peut supposer, à la fois, $\alpha_0 - \alpha_1$ et $\alpha_3 - \alpha_2$ infiniment petits; α et γ ont encore un rapport fini, qui constitue un invariant c. Le calcul précédent s'applique sans aucune modification. Deux coniques bitangentes peuvent, on le sait, être considérées, au point de vue de la géométrie projective, comme deux cercles concentriques. A ce point de vue, le lien est manifeste entre la condition d'existence des polygones et la multiplication des angles.

Les cas où les coniques ont un contact du second ou du troisième ordre seront, tout à l'heure, examinés plus nettement par un autre procédé. On doit prévoir que, pour ces cas, l'existence des polygones est toujours impossible ; car, dans une telle figure, il n'y a aucun invariant absolu.

Équation caractéristique.

Nous avons, au Chapitre IX, appelé *équation caractéristique* celle dont les racines p, q, r sont les trois quantités $\tau(p\wp - e_1)$, etc. Par ces racines les deux rapports anharmoniques α, γ s'expriment ainsi :

$$(13) \qquad \alpha = \frac{q-r}{p-r}, \qquad \gamma = \frac{p(q-r)}{q(p-r)}.$$

Ces deux égalités ont précisément la forme de celles qui servent à exprimer les deux rapports anharmoniques α, γ par les racines de l'équation dite *équation en s* dans la théorie analytique des coniques. Soient $X = 0$, $Y = 0$ les équations des deux coniques en coordonnées ponctuelles. Envisageons, dans le faisceau $sX + Y = 0$, quatre coniques caractérisées par les valeurs s_0, s_1, s_2, s_3 du paramètre s, et prenons la quantité

$$\frac{(s_0 - s_1)(s_3 - s_2)}{(s_0 - s_2)(s_3 - s_1)}.$$

C'est le rapport anharmonique des tangentes de ces quatre coniques en un quelconque des quatre points communs. D'après cette propriété, prenons $s_0 = \infty$, de façon que l'une des coniques envisagées soit X. Prenons ensuite, pour s_1, s_2, s_3, les paramètres au moyen desquels $sX + Y = 0$ représente deux droites. Chacune des tangentes est alors une des trois droites qui joignent l'un des quatre points aux trois autres, tandis que la première tangente est celle de X. Le rapport anharmonique des quatre tangentes est donc celui des quatre points sur la conique X.

Si p, q, r sont les trois paramètres dont il s'agit, on voit que ce rapport anharmonique a l'expression donnée tout à l'heure pour α. Si l'on prend maintenant $s_0 = 0$ et encore p, q, r pour s_1, s_2, s_3, on a, de même, le rapport anharmonique γ avec son expression (13).

Les rapports mutuels des quantités p, q, r sont seuls déterminés, par les égalités (13), en fonction de α, γ. De même aussi les rapports seuls des paramètres sont déterminés par la condition que $s\mathrm{X}+\mathrm{Y}=0$ représente deux droites; car chacun des polynômes X et Y est déterminé à un facteur près seulement. Aussi peut-on conclure en disant : *Soient* $\mathrm{X}=0$, $\mathrm{Y}=0$ *les équations des deux coniques en coordonnées ponctuelles; l'équation caractéristique a pour premier membre le discriminant de* $s\mathrm{X}+\mathrm{Y}$.

Cette proposition, extrêmement élégante et qui est due à M. Cayley, peut encore être établie de diverses manières.

Pour éviter toute confusion, désignons les coordonnées courantes (homogènes) par z_1, z_2, z_3. Supposons la conique Y figurée par l'équation

$$(14) \qquad \mathrm{Y} = z_1^2 - 2z_2z_3 = 0,$$

en sorte que l'on puisse représenter les points au moyen d'un paramètre y en posant

$$z_1 : 2y :: z_2 : 2y^2 :: z_3 : 1.$$

La tangente a pour équation

$$2yz_1 - z_2 - 2y^2z_3 = 0.$$

Prenons deux tangentes répondant aux paramètres y et y_1. Les coordonnées du point d'intersection sont les suivantes

$$(15) \qquad z_1 : y+y_1 :: z_2 : 2yy_1 :: z_3 : 1.$$

Supposons maintenant les deux tangentes mobiles, mais liées entre elles par la condition de se couper sur une conique X, représentée par une équation du second degré homogène entre

z_1, z_2, z_3. Cette condition se trouve exprimée si l'on remplace, dans l'équation de X, les coordonnées par les quantités proportionnelles (15). Ainsi,

$$X(z_1, z_2, z_3) = 0$$

étant l'équation de X, on aura l'équation de condition en écrivant

$$(16) \qquad X(y+y_1, 2yy_1, 1) = 0.$$

Cette analyse a un lien évident avec celle qui a été employée au Chapitre IX (p. 339), et l'on voit immédiatement comment, x étant le paramètre du point d'intersection sur X, on déduira la relation doublement quadratique entre x et y. Mais c'est une autre conséquence que nous voulons atteindre ici. Nous avons actuellement l'équation doublement quadratique et symétrique (16) et nous savons (p. 365) que l'équation caractéristique a pour premier membre le discriminant de $sX + (y-y_1)^2$. Or, si l'on remplace y et y_1 par z_1, z_2, z_3, en vertu des relations (15), X redevient le premier membre de l'équation de la conique X et $(y-y_1)^2$ se remplace par

$$(y-y_1)^2 = (y+y_1)^2 - 4yy_1 = z_1^2 - 2z_2z_3,$$

premier membre de l'équation de la conique Y. C'est donc bien le discriminant de $sX + Y$ que nous retrouvons ainsi.

Coniques ayant un contact du second ou du troisième ordre.

Le discriminant se réduit à un cube quand les coniques ont trois ou quatre points d'intersection confondus en un seul. Les trois racines e_1, e_2, e_3 sont toutes trois nulles. C'est le cas ultime de dégénérescence pour les fonctions elliptiques, celui où la fonction σu se réduit simplement à u. On prévoit donc que les points successifs de la ligne polygonale seront caractérisés par l'addition d'une constante à un certain paramètre. Nous allons trouver aisément un tel résultat.

Conservant, pour Y, la forme d'équation (14), prenons

$$X = Y + 2\lambda z_1 z_3,$$

de façon qu'il y ait contact du second ordre au point $z_1 = z_3 = 0$. L'équation (16) devient alors

$$(17) \qquad (y - y_1)^2 + 2\lambda(y + y_1) = 0.$$

Résolue par rapport à y_1, elle donne

$$y_1 = y - \lambda \pm \sqrt{\lambda^2 - 4\lambda y}.$$

L'équation différentielle correspondante est donc

$$\frac{dy}{\sqrt{\lambda^2 - 4\lambda y}} \pm \frac{dy_1}{\sqrt{\lambda^2 - 4\lambda y_1}} = 0,$$

et l'intégrale (17) peut s'écrire

$$\pm\sqrt{\lambda^2 - 4\lambda y} \pm \sqrt{\lambda^2 - 4\lambda y_1} = 2\lambda.$$

Il n'y a plus aucune période. En choisissant les signes des radicaux, on peut écrire simplement

$$\sqrt{\lambda^2 - 4\lambda y_1} = \sqrt{\lambda^2 - 4\lambda y} + 2\lambda,$$

puis conclure

$$\sqrt{\lambda^2 - 4\lambda y_m} = \sqrt{\lambda^2 - 4\lambda y} + 2m\lambda.$$

Le polygone ne se ferme jamais, puisque λ ne saurait être nul.

Pour le cas d'un contact du troisième ordre, on prendra

$$X = Y - \lambda z_3^2$$

et l'on aura

$$(y - y_1)^2 = \lambda, \qquad y_1 = y \pm \sqrt{\lambda}.$$

Autre méthode.

Voici maintenant une autre manière d'établir cette théorie. Prenons l'équation d'une conique X sous la forme

$$X = \frac{z_1^2}{p} + \frac{z_2^2}{q} + \frac{z_3^2}{r} = 0.$$

De même qu'au Chap. VIII, exprimons les carrés des trois

coordonnées en fonction de deux paramètres s et ρ^2, et posons

$$(18)\quad \begin{cases} z_1^2 = -\dfrac{p(s-p)}{(p-q)(p-r)}\rho^2, \\ z_2^2 = -\dfrac{q(s-q)}{(q-r)(q-p)}\rho^2, \\ z_3^2 = -\dfrac{r(s-r)}{(r-p)(r-q)}\rho^2. \end{cases}$$

Pour traduire ces relations sous la forme elliptique, nous faisons

$$(19)\quad \frac{pv-e_1}{s-p} = \frac{pv-e_2}{s-q} = \frac{pv-e_3}{s-r} = \frac{1}{\tau},$$

ce qui donne

$$\tau pv = s - \tfrac{1}{3}(p+q+r).$$

Nous désignons par U l'argument qui répond à $s=0$, en sorte qu'on a

$$\tau p\mathrm{U} = -\tfrac{1}{3}(p+q+r),$$

$$(20)\quad \frac{p\mathrm{U}-e_1}{p} = \frac{p\mathrm{U}-e_2}{q} = \frac{p\mathrm{U}-e_3}{r} = -\frac{1}{\tau}.$$

Les expressions (18) des trois coordonnées z_α sont comprises alors dans la forme

$$(21)\quad z_\alpha^2 = \frac{(pv-e_\alpha)(p\mathrm{U}-e_\alpha)}{(e_\alpha-e_\beta)(e_\alpha-e_\gamma)}\rho^2,$$

ce que, d'après le théorème d'addition des demi-périodes, on peut encore écrire

$$\frac{1}{\rho^2}z_\alpha^2 = \frac{pv-e_\alpha}{p(\mathrm{U}-\omega_\alpha)-e_\alpha}.$$

On reconnaît ici l'expression de $\cos^2 az$, employée au Chapitre I (p. 2) de ce Volume.

En extrayant la racine carrée, nous pouvons écrire, au lieu de l'égalité (21), celle-ci

$$(22)\quad \frac{1}{\rho}z_\alpha = \frac{\sigma(v-\omega_\alpha)\,\sigma(\mathrm{U}-\omega_\alpha)}{\sigma v\,\sigma\mathrm{U}}\,e^{\eta_\alpha(\mathrm{U}+v-\omega_\alpha)},$$

comme on l'a fait, à l'endroit cité, pour $\cos az$.

Considérons une autre conique Y, dont nous pouvons prendre l'équation sous la forme

$$Y = z_1'^2 + z_2'^2 + z_3'^2 = 0.$$

Représentons les points de cette conique par les égalités analogues

$$z_\alpha'^2 = \frac{p v' - e_\alpha}{(e_\alpha - e_\beta)(e_\alpha - e_\gamma)} \rho'^2.$$

Cette dernière peut être envisagée comme découlant de l'analogue (21) où l'on ferait $U = 0$, et où l'on prendrait, pour z_α', la limite de $\pm U z_\alpha$, en sorte que, suivant la forme (22) donnée à l'égalité (21), on a maintenant

(23) $$\frac{1}{\rho'} z_\alpha' = \frac{\sigma(v' - \omega_\alpha)\,\sigma\omega_\alpha}{\sigma v'} e^{\eta_\alpha(v' - \omega_\alpha)}.$$

On en déduit

$$\begin{aligned} &\frac{1}{\rho\rho'}(z_1 z_1' + z_2 z_2' + z_3 z_3') \\ &= \frac{1}{\sigma v\,\sigma U\,\sigma v'} \sum_\omega \sigma(v - \omega)\,\sigma(U - \omega)\,\sigma(v' - \omega)\,\sigma\omega\, e^{\eta(v + U + v' - 2\omega)}, \end{aligned}$$

la sommation, au second membre, devant s'étendre aux trois demi-périodes. Cette somme nous est connue (p. 10); nous savons qu'elle est égale au double produit des quatre fonctions

$$\sigma\left(\frac{v \pm v' \pm U}{2}\right).$$

Elle est donc nulle si nous lions les deux arguments v et v' par la relation $v' = v \pm U$. La droite joignant les deux points est alors tangente à la seconde conique, comme l'exprime la relation

$$z_1' z_1 + z_2' z_2 + z_3' z_3 = 0.$$

Voici donc démontré à nouveau le théorème fondamental. Pour se bien convaincre que le mode actuel de représentation ne diffère pas, au fond, de celui qu'on avait considéré d'abord, il faut faire l'observation suivante. Par les formules (22, 23) les coordonnées z et z' sont représentées comme des fonctions de v, doublement périodiques de seconde espèce, ayant chacune un seul pôle. Mais ce sont ici les fonctions particulières dont les multiplicateurs sont ± 1 (t. I, p. 234). Elle se changent en fonctions doublement périodiques ordinaires si l'on y met $2u$, au lieu de v; ces fonctions ont alors quatre pôles. C'est ce qui doit être, en effet, quand on exprime les coordonnées d'une conique en fonction rationnelle du second degré par un paramètre, et que l'on représente ce paramètre par une fonction doublement périodique à deux pôles. Si l'on met ainsi $2u$ et $2u'$, au lieu de v et v', sans changer U, la relation entre les deux arguments variables devient $u' = u \pm \frac{1}{2}U$, et l'on reconnaît que U est bien le même argument qu'on a envisagé jusqu'ici. Par les égalités (20) nous trouvons maintenant encore que les trois quantités $(e_\alpha - pU)$ sont proportionnelles aux trois racines p, q, r de l'équation

$$(s-p)(s-q)(s-r) = 0,$$

ayant pour premier membre le discriminant $sX - Y$.

Autre expression des invariants de fermeture.

Soit

$$F(s) = s^3 - k_1 s^2 + k_2 s - k_3$$

le déterminant de $sX - Y$, dont les racines sont proportionnelles aux trois quantités $(pU - e_\alpha)$, ou, plus exactement, ce discriminant divisé par celui de X. Considérons d'abord un argument variable v, défini par les égalités (19). On aura

$$(24) \qquad \tau^3 p'^2 v = 4F(s), \qquad \tau p v = s - \tfrac{1}{3}k_1.$$

Pour calculer $\psi_3(v)$, nous pourrions procéder comme nous l'avons déjà fait plus haut (p. 376). Afin de varier, observons deux propriétés caractéristiques de $\psi_3(u)$. On a (t. I, p. 96)

$$\psi_3 = 3p^4 - \tfrac{3}{2} g_2 p^2 - 3 g_3 p - \tfrac{1}{16} g_2^2,$$

d'où résulte

$$\frac{d\psi_3}{dp} = 12 p^3 - 3 g_2 p - 3 g_3 = 3 p'^2.$$

De plus, les coefficients de ψ_3, comparé au polynôme général du quatrième degré

$$a_0 p^4 + 4a_1 p^3 + 6a_2 p^2 + 4a_3 p + a_4,$$

sont

$$3, \quad 0, \quad -\tfrac{1}{4} g_2, \quad -\tfrac{3}{4} g_3, \quad -\tfrac{1}{16} g_2^2,$$

et l'invariant $a_0 a_4 - 4a_1 a_3 + 3a_2^2$ se réduit à zéro. Ces deux propriétés sont caractéristiques. De la première on déduit

$$\tau^4 \frac{d\psi_3(v)}{ds} = 12 F(s),$$

par conséquent

$$\tau^4 \psi_3(v) = 3s^4 - k_1 s^3 + 6k_2 s^2 - 12 k_3 s + \text{const.}$$

Par la seconde propriété, on détermine cette constante, qui doit faire évanouir l'invariant quadratique. Il en résulte

$$(25) \quad \tau^4 \psi_3(v) = 3s^4 - 4k_1 s^3 + 6k_2 s^2 - 12 k_3 s + 4k_1 k_3 - k_2^2 = F_1(s).$$

C'est en supposant $s = 0$ que l'on voit v se réduire à U. Ainsi

$$\tau^4 \psi_3(U) = 4k_1 k_3 - k_2^2.$$

On trouve tout aussi facilement

$$(26) \quad \begin{cases} \tau^6 \dfrac{\psi_4(v)}{p'v} = 16 F^2(s) - 2F'(s) F_1(s), \\ \tau^6 \dfrac{\psi_4(U)}{p'(U)} = 16 k_3^2 + 2k_2^3 - 8k_1 k_2 k_3. \end{cases}$$

Les deux invariants de fermeture x, y (9) ont, d'après ces égalités, les expressions suivantes :

$$x = \frac{(4k_1 k_3 - k_2^2)^3}{2^8 k_2^6}, \qquad y = \frac{8k_3^2 + k_2^3 - 4k_1 k_2 k_3}{2^3 k_2^3}.$$

Expression des invariants de fermeture par des déterminants.

Le calcul de la condition pour l'existence des polygones à m côtés se fait, au moyen des invariants x, y, comme il a été indiqué précédemment. C'est ce qu'on a de plus simple sur ce sujet. On ne saurait néanmoins omettre un autre moyen de faire le calcul, infiniment moins commode, mais extrêmement élégant. Il a été trouvé par M. Cayley et se rattache, de la manière la plus directe, à la théorie des fractions continues, ainsi qu'on le verra dans un Chapitre ultérieur.

Ce moyen consiste à exprimer la fonction ψ_m sous forme de déterminant, comme on l'a fait au tome I (p. 222); mais, au lieu de composer le déterminant avec des dérivées prises par rapport à l'argument, on emploiera des dérivées prises par rapport à $\wp U$.

La condition que mU soit une période peut s'exprimer sous la forme suivante : il existe une fonction entière de $\wp v$ et $\wp' v$ ayant la seule racine $v = U$, multiple d'ordre m. Cette fonction est précisément celle-là même qui est dénommée $\chi(u)$ à la page 224 du tome I, sauf les notations u, v au lieu de v, U. On peut la mettre sous la forme $M + N\sqrt{F(s)}$, M et N étant des polynômes entiers par rapport à la variable s, qui remplace $\wp v$, comme $\sqrt{F(s)}$ remplace $\wp'(v)$.

La valeur particulière U de l'argument v répond à $s = 0$. L'existence de la racine U, multiple d'ordre m, exige donc que le développement de $M + N\sqrt{F(s)}$, suivant les puissances ascendantes de s, commence par un terme du degré m. Pour effectuer ce développement, nous prendrons les expressions explicites des polynômes M et N, et nous supposerons $\sqrt{F(s)}$ développé ainsi

$$(27) \qquad \sqrt{F(s)} = p_0 + p_1 s + p_2 s^2 + p_3 s^3 + \ldots.$$

Pour les degrés de M et N, il faut distinguer deux cas, d'après cette condition que, s étant regardé comme du degré 2 (ainsi que $\wp u$), $M + N\sqrt{F(s)}$ doit être du degré m.

1° $m = 2n$.

$$M = a_0 + a_1 s + a_2 s^2 + \ldots + a_n s^n, \qquad N = b_0 + b_1 s + \ldots + b_{n-2} s^{n-2}.$$

La disparition des termes dont les degrés sont 0, 1, 2, ..., n fournit des équations contenant les coefficients de M. Pour les termes suivants, les coefficients de N interviennent seuls :

$$\begin{array}{llll} b_{n-2} p_3 & + b_{n-3} p_4 & + \ldots + b_0 p_{n+1} & = 0, \\ b_{n-2} p_4 & + b_{n-3} p_5 & + \ldots + b_0 p_{n+2} & = 0, \\ \ldots\ldots & \ldots\ldots & \ldots\ldots & \ldots, \\ b_{n-2} p_{n+1} & + b_{n-3} p_{n+2} & + \ldots + b_0 p_{2n-1} & = 0. \end{array}$$

2° $m = 2n + 1$. La forme de M est la même, mais N a un terme de plus $b_{n-1}s^{n-1}$, et les équations sont les suivantes :

$$\begin{aligned}
&b_{n-1}p_2 \quad + b_{n-2}p_3 \quad + \ldots + b_0 p_{n+1} = 0,\\
&b_{n-1}p_3 \quad + b_{n-2}p_4 \quad + \ldots + b_0 p_{n+2} = 0,\\
&\ldots\ldots\ldots\ldots\ldots\ldots\ldots\ldots\ldots\ldots\ldots,\\
&b_{n-1}p_{n+1} + b_{n-2}p_{n+2} + \ldots + b_0 p_{2n} \quad = 0.
\end{aligned}$$

Voici donc le résultat : *ayant développé sous la forme* (27) *la racine carrée du discriminant de* $(sX - Y)$, *on obtient, pour l'existence des polynômes de* $2n$ *côtés, la condition*

$$\begin{vmatrix}
p_3 & p_4 & \ldots & p_{n+1}\\
p_4 & p_5 & \ldots & p_{n+2}\\
\ldots & \ldots & \ldots & \ldots\\
p_{n+1} & p_{n+2} & \ldots & p_{2n-1}
\end{vmatrix} = 0,$$

et, pour celle des polynômes de $(2n + 1)$ *côtés, la condition*

$$\begin{vmatrix}
p_2 & p_3 & \ldots & p_{n+1}\\
p_3 & p_4 & \ldots & p_{n+2}\\
\ldots & \ldots & \ldots & \ldots\\
p_{n+1} & p_{n+2} & \ldots & p_{2n}
\end{vmatrix} = 0.$$

Ainsi, pour les triangles, la condition est $p_2 = 0$; pour les quadrilatères, $p_3 = 0$. On vérifiera aisément la concordance de ces conditions avec celles qui ont été trouvées précédemment.

La liaison avec la théorie des fractions continues est ici évidente; mais nous réservons l'étude de ces faits pour le moment où nous formerons effectivement les fractions continues elles-mêmes.

Sur une forme de l'intégrale elliptique de première espèce.

Par un calcul tout semblable à celui qui a été fait au Chap. VIII (p. 317), on déduit des égalités (18)

$$\begin{aligned}
\frac{\rho\sqrt{pqr}\,ds}{\sqrt{(s-p)(s-q)(s-r)}} &= \frac{2r(z_2\,dz_1 - z_1\,dz_2)}{z_3}\\
&= \frac{2p(z_3\,dz_2 - z_2\,dz_3)}{z_1} = \frac{2q(z_1\,dz_3 - z_3\,dz_1)}{z_2}.
\end{aligned}$$

Mettons les lettres f et ψ pour désigner les deux formes quadratiques, représentées, jusqu'à présent, par X et Y :

$$f = \frac{z_1^2}{p} + \frac{z_2^2}{q} + \frac{z_3^2}{r},$$
$$\psi = z_1^2 + z_2^2 + z_3^2.$$

Soient aussi

$$f_1 = \frac{1}{2}\frac{\partial f}{\partial z_1}, \qquad f_2 = \frac{1}{2}\frac{\partial f}{\partial z_2}, \qquad f_3 = \frac{1}{2}\frac{\partial f}{\partial z_3}.$$

Par les relations (18), on a $\psi = \rho^2$, et les égalités précédentes peuvent s'écrire

$$(28)\left\{\begin{aligned} \frac{2(z_2\,dz_1 - z_1\,dz_2)}{f_3\sqrt{\psi}} &= \frac{2(z_3\,dz_2 - z_2\,dz_3)}{f_1\sqrt{\psi}} \\ &= \frac{2(z_1\,dz_3 - z_3\,dz_1)}{f_2\sqrt{\psi}} = \frac{ds}{\sqrt{\left(\frac{s}{p}-1\right)\left(\frac{s}{q}-1\right)\left(\frac{s}{r}-1\right)}}. \end{aligned}\right.$$

On voit apparaître, sous le radical, le discriminant de $(sf - \psi)$. Ces égalités, obtenues en considérant ainsi les formes quadratiques f et ψ réduites, s'étendent manifestement à des formes non réduites, et voici maintenant comment on peut les trouver d'une manière directe.

Soit $f = 0$ l'équation (homogène en z_1, z_2, z_3) d'une conique. On peut représenter les coordonnées d'un point de cette conique par trois égalités, telles que

$$(29)\qquad \begin{aligned} \frac{z_1}{m_1x^2 + 2m'_1x + m''_1} &= \frac{z_2}{m_2x^2 + 2m'_2x + m''_2} \\ &= \frac{z_3}{m_3x^2 + 2m'_3x + m''_3} = \lambda, \end{aligned}$$

où x est le paramètre et λ un coefficient tout à fait arbitraire. Ceci étant, les trois déterminants, tels que $(z_2\,dz_1 - z_1\,dz_2)$, s'expriment ainsi

$$\frac{z_2\,dz_1 - z_1\,dz_2}{dx}$$
$$= 2\lambda^2[(m_1m'_2 - m_2m'_1)x^2 + (m_1m''_2 - m_2m''_1)x + m'_1m''_2 - m'_2m''_1].$$

Prenons, d'autre part, les trois demi-dérivées partielles de f, par exemple f_3, en y substituant, pour les coordonnées, leurs expressions (29). On a ainsi

$$f_3 = \lambda(Ax^2 + Bx + C),$$

et les coefficients A, B, C sont des constantes, indépendantes de λ. Les trois rapports, tels que $\frac{z_2 dz_1 - z_1 dz_2}{\lambda f_3}$, sont donc indépendants de λ. En vertu de l'équation $f = 0$, qui entraîne $df = 0$, on a

$$f_1 dz_1 + f_2 dz_2 + f_3 dz_3 = 0,$$
$$f_1 z_1 + f_2 z_2 + f_3 z_3 = 0;$$

d'où résulte

$$(30) \qquad \frac{z_2 dz_1 - z_1 dz_2}{\lambda f_3 dx} = \frac{z_3 dz_2 - z_2 dz_3}{\lambda f_1 dx} = \frac{z_1 dz_3 - z_3 dz_1}{\lambda f_2 dx}.$$

Chacun de ces rapports a, pour termes, deux polynômes du second degré en x, indépendants de λ. Comme d'ailleurs les trois polynômes dénominateurs n'ont aucun facteur commun, il faut que les polynômes numérateurs reproduisent les dénominateurs, sauf un facteur constant. Ainsi les trois rapports (30) sont constants : c'est ce qu'on exprime habituellement en introduisant trois arbitraires c_1, c_2, c_3, dénotant par $(c_1 dz_2 z_3)$ le déterminant

$$(31) \qquad (c_1 dz_2 z_3) = \begin{vmatrix} c_1 & c_2 & c_3 \\ dz_1 & dz_2 & dz_3 \\ z_1 & z_2 & z_3 \end{vmatrix},$$

et disant que le quotient $\frac{(c_1 dz_2 z_3)}{\lambda(c_1 f_1 + c_2 f_2 + c_3 f_3) dx}$ est constant, quelles que soient les arbitraires c_1, c_2, c_3.

Soit maintenant ψ un polynôme du second degré, ou forme quadratique, homogène en z_1, z_2, z_3. En y mettant, pour les z, leurs expressions (29), on obtient le produit de λ^2 par un polynôme X, du quatrième degré en x. Il en résulte

$$(32) \qquad \frac{(c_1 dz_2 z_3)}{(c_1 f_1 + c_2 f_2 + c_3 f_3)\sqrt{\psi}} = \frac{dx}{\sqrt{X}}.$$

Voilà donc une nouvelle forme des différentielles elliptiques de première espèce. Cette différentielle, qui figure au premier membre (32), est prise *tout le long de la conique* $f = 0$, c'est-à-dire qu'on y considère les variables comme liées par l'équation $f = 0$. Elle est indépendante des quantités c; de plus, elle ne dépend que des rapports des trois variables. Enfin elle est mise sous forme *invariante*, comme il est évident. Mettre aussi sous forme invariante la substitution qui amène la variable s, c'est ce qui n'offre pas de difficulté par les formules (18); on en tirera s ainsi

$$s = \frac{1}{3}(p + q + r) - \frac{1}{3\rho^2}\sum (p - q)(p - r)\frac{z_1^2}{p},$$

et l'on exprimera le second membre par les invariants et covariants de f, ψ. C'est là un calcul analogue à celui qui a été fait au Chapitre VIII. Mais, pour qu'on aperçoive mieux le lien avec la formule de duplication de M. Hermite (IX, 48), nous prendrons, comme point de départ, une identité entre des covariants.

Sur les covariants de deux coniques.

Soit f une forme quadratique

$$f = \Sigma a_{ij} z_i z_j = a_{11} z_1^2 + a_{22} z_2^2 + a_{33} z_3^2 + 2a_{12} z_1 z_2 + 2a_{23} z_2 z_3 + 2a_{13} z_1 z_3,$$

qui, égalée à zéro, représente une conique f. Son discriminant, que nous désignerons par h_0, est le déterminant des coefficients,

$$h_0 = \begin{vmatrix} a_{11} & a_{12} & a_{13} \\ a_{12} & a_{22} & a_{23} \\ a_{13} & a_{23} & a_{33} \end{vmatrix};$$

les mineurs de ce déterminant seront désignés par les lettres α :

$$\alpha_{11} = a_{22} a_{33} - a_{23}^2, \qquad \alpha_{23} = a_{13} a_{12} - a_{11} a_{23}, \qquad \dots .$$

D'après les propriétés élémentaires des déterminants : 1° le déterminant analogue, formé avec les α, est égal au carré de h_0 :

$$h_0^2 = \begin{vmatrix} \alpha_{11} & \alpha_{12} & \alpha_{13} \\ \alpha_{12} & \alpha_{22} & \alpha_{23} \\ \alpha_{13} & \alpha_{23} & \alpha_{33} \end{vmatrix};$$

2° les mineurs de ce dernier reproduisent les coefficients primitifs, multipliés par h_0.

$$(33)\qquad h_0 a_{11} = \alpha_{22}\alpha_{33} - \alpha_{23}^2, \qquad h_0 a_{23} = \alpha_{13}\alpha_{12} - \alpha_{11}\alpha_{23}, \qquad \ldots.$$

En désignant par ξ_1, ξ_2, ξ_3 les coefficients de l'équation d'une droite

$$\xi_1 z_1 + \xi_2 z_2 + \xi_3 z_3 = 0,$$

on sait, par les éléments, que la forme

$$f' = \Sigma\, \alpha_{ij}\xi_i\xi_j,$$

égalée à zéro, représente la conique f en coordonnées tangentielles, c'est-à-dire la condition pour que la droite touche la conique.

Soit maintenant une autre forme quadratique

$$\psi = \Sigma\, b_{ij} z_i z_j.$$

Le discriminant de $sf - \psi$ est un polynôme du troisième degré en s

$$\delta = h_0 s^3 - h_1 s^2 + h_2 s - h_3;$$

le premier coefficient est le discriminant h_0 de f, le dernier h_3 est le discriminant de ψ. Les coefficients intermédiaires sont composés comme il suit

$$h_1 = \Sigma\,\alpha_{ij} b_{ij}, \qquad h_2 = \Sigma\, a_{ij}\beta_{ij},$$

la lettre β étant employée pour représenter les mineurs du discriminant de ψ.

Soit ψ' la forme adjointe à ψ, comme f' à f, et considérons la forme composée $f' - s'\psi'$. Son discriminant est

$$\delta' = h'_0 - h'_1 s' + h'_2 s'^2 - h'_3 s'^3.$$

Comme on l'a observé déjà, h'_0 et h'_3 sont les carrés de h_0 et h_3. On a aussi, à cause des égalités (33),

$$h'_1 = h_0 \Sigma\, a_{ij}\beta_{ij} = h_0 h_2, \qquad h'_2 = h_3 \Sigma\,\alpha_{ij} b_{ij} = h_3 h_1.$$

De là résulte

$$\delta' = h_0^2 - h_0 h_2 s' + h_3 h_1 s'^2 - h_3^2 s'^3.$$

Si l'on pose

$$s' = \frac{h_0}{h_3} s,$$

il vient

$$\delta' = -\frac{h_0^2}{h_3} \delta,$$

en sorte qu'à chaque racine s de δ correspond la racine $\frac{h_0 s}{h_3}$ de δ'. Pour une telle racine, $sf - \psi = 0$ représente deux droites et $f' - s'\psi' = 0$ deux points.

Prenons maintenant l'équation de la conique $f' - s'\psi'$ en coordonnées ponctuelles; son premier membre est

$$(34) \qquad h_0 f - s'\varphi + s'^2 h_3 \psi \ ({}^1),$$

φ étant une forme nouvelle dont voici les coefficients :

$$\varphi = \Sigma A_{ij} z_i z_j,$$
$$A_{11} = \alpha_{22}\beta_{33} + \alpha_{33}\beta_{22} - 2\alpha_{23}\beta_{23},$$
$$A_{23} = \alpha_{13}\beta_{12} + \alpha_{12}\beta_{13} - \alpha_{23}\beta_{11} - \alpha_{11}\beta_{23}, \qquad \ldots.$$

Reprenons l'expression (34), remplaçons s' par $\frac{h_0 s}{h_3}$ et concluons que la forme

$$\varphi - \frac{h_3}{s} f - h_0 s \psi$$

devient un carré si l'on y met, au lieu de s, une quelconque des racines p, q, r de δ. Soient donc

$$(35) \quad \begin{cases} \varphi - \dfrac{h_3}{p} f - h_0 p \psi = P^2, \\ \varphi - \dfrac{h_3}{q} f - h_0 q \psi = Q^2, \\ \varphi - \dfrac{h_3}{r} f - h_0 r \psi = R^2; \end{cases}$$

les équations $P = 0$, $Q = 0$, $R = 0$ représentent les trois côtés du triangle conjugué commun aux deux coniques f et ψ. L'ensemble

(1) Il en résulte que $\varphi^2 - 4h_0 h_3 f\psi = 0$ représente les quatre tangentes communes à f et ψ, et que la conique $\varphi = 0$ coupe les deux coniques f et ψ aux points de contact de ces tangentes. Cette propriété, bien connue, sera invoquée plus loin.

de ces trois côtés est représenté aussi par l'évanouissement du jacobien

$$D = \begin{vmatrix} f_1 & f_2 & f_3 \\ \psi_1 & \psi_2 & \psi_3 \\ \varphi_1 & \varphi_2 & \varphi_3 \end{vmatrix}.$$

Effectivement, en multipliant ce déterminant par celui qui est formé des coefficients des premiers membres (35), on obtient le jacobien de P^2, Q^2, R^2, c'est-à-dire PQR multiplié par le déterminant des coefficients des trois polynômes du premier degré P, Q, R. Par conséquent, sauf un facteur constant, on a

$$(36) \qquad D^2 = \prod \left(\varphi - \frac{h_3}{s} f - h_0 s \psi\right) \qquad (s = p, q, r),$$

le produit, indiqué par Π, s'appliquant aux trois racines de δ. Pour s'assurer qu'effectivement l'égalité a lieu, telle qu'on vient de l'écrire, il suffit d'envisager un point commun aux deux coniques f et ψ. En supposant ce point au sommet $z_1 = z_2 = 0$ du triangle de référence, on aura $a_{33} = b_{33} = 0$, d'où résulte

$$\alpha_{11} = -a_{23}^2, \quad \alpha_{22} = -a_{13}^2, \quad \alpha_{12} = a_{23}a_{13},$$
$$\beta_{11} = -b_{23}^2, \quad \beta_{22} = -b_{13}^2, \quad \beta_{12} = b_{23}b_{13},$$
$$A_{33} = (a_{13}b_{23} - a_{23}b_{13})^2.$$

Par conséquent, en ce point,

$$\varphi = \left(\frac{f_1\psi_2 - f_2\psi_1}{z_3}\right)^2.$$

Or, en un point où f et ψ s'évanouissent, on a

$$f_1 z_1 + f_2 z_2 + f_3 z_3 = 0,$$
$$\psi_1 z_1 + \psi_2 z_2 + \psi_3 z_3 = 0,$$

et, par conséquent,

$$\frac{f_2\psi_3 - f_3\psi_2}{z_1} = \frac{f_3\psi_1 - f_1\psi_3}{z_2} = \frac{f_1\psi_2 - f_2\psi_1}{z_3} = \frac{D}{\varphi}.$$

Donc enfin, en un tel point,

$$\left(\frac{D}{\varphi}\right)^2 = \varphi,$$

ou $D^2 = \varphi^3$, comme le veut l'égalité (36).

Quand on suppose $f = 0$, le second membre se réduit au produit des trois binômes, tels que $(\varphi - p h_0 \psi)$. Comme δ est le produit des trois binômes tels que $(s - p)$, on a ainsi

$$(37) \qquad \text{pour } f = 0 \quad \text{et} \quad s = \frac{\varphi}{h_0 \psi}, \qquad D^2 = h_0^3 \psi^3 \delta.$$

L'égalité (36), étant développée, prend la forme

$$(38) \left\{ \begin{aligned} D^2 = \varphi^3 - (h_2 f + h_1 \psi)\varphi^2 + [h_1 h_3 f^2 + h_2 h_0 \psi^2 + (h_1 h_2 - 3 h_0 h_3) f\psi]\varphi \\ + h_0 h_3^2 f^3 + h_3 h_0^2 \psi^3 + (h_1^2 - 2 h_0 h_2) h_3 f^2 \psi + (h_2^2 - 2 h_3 h_1) h_0 f \psi^2. \end{aligned} \right.$$

Nous aurons encore à utiliser une autre propriété qui résulte aisément des mêmes considérations.

Désignons, en général, par $f_z^{z'}$ une polaire

$$f_z^{z'} = z'_1 f_1 + z'_2 f_2 + z'_3 f_3,$$

où f_1, f_2, f_3 contiennent les coordonnées z. Abréviativement aussi mettons $f(z)$, $f(z')$ pour désigner la forme f avec les coordonnées z ou z'. Envisageons la combinaison

$$(39) \qquad (f\psi) = 2 f_z^{z'} \psi_z^{z'} - f(z)\psi(z') - f(z')\psi(z),$$

qui pourra être composée aussi avec une seule forme

$$(40) \qquad \tfrac{1}{2}(ff) = (f_z^{z'})^2 - f(z) f(z').$$

Si on la compose ainsi avec une forme carrée, on obtient zéro pour résultat. Prenons donc l'un quelconque des trois carrés (35) et concluons que l'on a

$$(\varphi\varphi) + \left(\frac{h_3}{s}\right)^2 (ff) + (h_0 s)^2 (\psi\psi) - 2\frac{h_3}{s}(f\varphi) - 2 h_0 s(\psi\varphi) + h_0 h_3 (f\psi) = 0,$$

quand on met pour s l'une quelconque des trois racines p, q, r. De là, trois identités que voici

$$(40) \quad \left\{ \begin{aligned} & h_0(\psi\psi) + h_2(ff) = 2(f\varphi), \\ & h_3(ff) + h_1(\psi\psi) = 2(\psi\varphi), \\ & (\varphi\varphi) + 2 h_0 h_3 (f\psi) = h_0 h_2(\psi\psi) + h_1 h_3 (ff). \end{aligned} \right.$$

Nous aurons à employer la première.

Formules de duplication.

En supposant z_1, z_2, z_3 variables d'une manière quelconque, nous avons

$$\varphi = \varphi_1 z_1 + \varphi_2 z_2 + \varphi_3 z_3, \qquad \psi = \psi_1 z_1 + \psi_2 z_2 + \psi_3 z_3,$$
$$\tfrac{1}{2} d\varphi = \varphi_1 dz_1 + \varphi_2 dz_2 + \varphi_3 dz_3, \qquad \tfrac{1}{2} d\psi = \psi_1 dz_1 + \psi_2 dz_2 + \psi_3 dz_3,$$
$$\begin{aligned}\tfrac{1}{2}(\psi\, d\varphi - \varphi\, d\psi) = {} & (\varphi_2\psi_3 - \varphi_3\psi_2)(z_3 dz_2 - z_2 dz_3) \\ & + (\varphi_3\psi_1 - \varphi_1\psi_3)(z_1 dz_3 - z_3 dz_1) \\ & + (\varphi_1\psi_2 - \varphi_2\psi_1)(z_2 dz_1 - z_1 dz_2).\end{aligned}$$

Nous pouvons écrire cette dernière quantité sous la forme

$$\tfrac{1}{2}(\psi\, d\varphi - \varphi\, d\psi) = (c'_1 . dz_2 . z_3), \tag{41}$$

comme nous avons fait précédemment pour le déterminant (31). Les quantités c' sont ici $\varphi_2\psi_3 - \varphi_3\psi_2$, ..., et la quantité correspondante $(c'_1 f_1 + c'_2 f_2 + c'_3 f_3)$ n'est autre que $-$ D. Supposons maintenant les variables assujetties à la condition $f = 0$. La différentielle (32) est indépendante des quantités c. On y peut donc, sans la changer, mettre les c' au lieu des c; on a, de la sorte, d'après (41),

$$\frac{(c_1 . dz_2 . z_3)}{(c_1 f_1 + c_2 f_2 + c_3 f_3)\sqrt{\psi}} = -\frac{1}{2}\,\frac{\psi\, d\varphi - \varphi\, d\psi}{\mathrm{D}\sqrt{\psi}}. \tag{42}$$

Si l'on pose maintenant

$$s = \frac{\varphi}{h_0 \psi}, \tag{43}$$

on obtient, d'après l'égalité (37),

$$\frac{(c_1 . dz_2 . z_3)}{(c_1 f_1 + c_2 f_2 + c_3 f_3)\sqrt{\psi}} = \pm \frac{1}{2}\,\frac{ds}{\sqrt{h_0 s^3 - h_1 s^2 + h_3 s - h_3}}. \tag{44}$$

L'égalité (43) constitue l'expression de s par des covariants, dont il a été parlé (p. 392). D'après les relations (19), où l'on prendra, pour simplifier, $\tau = 4h_0$, le second membre (44) est égal à $\frac{1}{2}dv$. Puisque v est le double de l'argument u, on voit que l'équation différentielle

$$(45) \qquad du = \frac{(c_1 . dz_2 . z_3)}{(c_1 f_1 + c_2 f_2 + c_3 f_3)\sqrt{\psi}}$$

définit précisément ce même argument u dont il a été question jusqu'à présent. C'est, au reste, ce qui résulte aussi de ce fait que, si on le suppose nul en l'un des points $\psi = 0$, il est égal à une demi-période en chacun des trois autres points analogues. Ceci supposé, l'argument $2u$ est égal à une période quand s est infini (43). L'égalité (44) donnant

$$(46) \qquad 2du = \frac{ds}{\sqrt{h_0 s^3 - h_1 s^2 + h_2 s - h_3}},$$

on en conclut

$$(47) \qquad s = \frac{1}{h_0}(4\wp 2u + \tfrac{1}{3}h_1).$$

La ressemblance de cette analyse avec celle qui a suggéré à M. Hermite la formule de duplication (IX, 48), indique suffisamment une autre voie par où l'on parviendrait encore à ces résultats.

En supposant les z exprimés par un paramètre x (29), on obtient, pour ψ, un polynôme du quatrième degré X. En même temps, φ devient aussi un tel polynôme, et il est visible que $\varphi + \frac{1}{3}h_1\psi$ doit se changer en le hessien de X, tandis qu'en même temps D reproduit le covariant T ([1]). Un autre moyen s'offre encore. En définissant U par la différentielle (45) intégrée le long de la conique f entre deux points z' et z, il y aura lieu de chercher l'expression de $\wp$U, comme on l'a fait au Chapitre IX (p. 359), et la formule (47) devra en résulter. Cette recherche est rejetée à la fin du Chapitre.

Les égalités (43) et (47) nous donnent

$$(48) \qquad \wp 2u = \frac{1}{4}\,\frac{\varphi - \frac{1}{3}h_1\psi}{\psi}.$$

([1]) *Voir* à ce sujet un Mémoire de M. LINDEMANN, intitulé : *Sur une représentation géométrique des covariants des formes binaires* (*Bulletin de la Société mathématique*, t. V, p. 113, et t. VI, p. 195).

En différentiant, nous obtenons

$$2\,p'2u\,du = \frac{1}{4}\,\frac{\psi\,d\varphi - \varphi\,d\psi}{\psi^2}$$

ou, d'après les égalités (42, 45),

$$(49) \qquad p'2u = -\frac{1}{4}\,\frac{D}{\psi\sqrt{\psi}}.$$

Calculons encore p''. Les égalités (46, 47) nous donnent

$$2\,p'2u\,du = \tfrac{1}{4}h_0\,ds,$$
$$p'^2 2u = \tfrac{1}{16}h_0^2(h_0 s^3 - h_1 s^2 + h_2 s - h_3).$$

De là, par différentiation dans la dernière, résulte

$$p''2u = \tfrac{1}{8}h_0(3h_0 s^2 - 2h_1 s + h_2),$$

c'est-à-dire, suivant (43),

$$(50) \qquad p''2u = \frac{3}{8\psi^2}(\varphi^2 - \tfrac{2}{3}h_1\varphi\psi + \tfrac{1}{3}h_0 h_2\psi^2).$$

Nous reviendrons, un peu plus loin, sur ces formules de duplication. Il faut actuellement observer que la définition (45) ne fait pas intervenir la conique ψ elle-même, mais seulement les quatre points où elle rencontre la conique f. Effectivement, comme dans la différentielle on suppose $f = 0$, on peut, sans changement, y remplacer ψ par $\psi + \lambda f$. L'argument u est, comme on dit, un *combinant* du faisceau $\psi + \lambda f$. Dans la théorie des polygones de Poncelet, il faut encore définir l'argument U. Nous savons déjà que c'est la valeur de l'argument $2u$ pour $s = 0$ [éq. (19) et (20)]. C'est ce qu'on retrouve facilement ici par l'égalité (43), où l'on voit que s est nul au point de contact de f avec chaque tangente commune (p. 394, en note). Les arguments u de ces points de contact sont $\frac{1}{2}$U, sauf des demi-périodes. L'argument U est donc bien la valeur de $2u$ pour $s = 0$.

Nous venons de considérer les fonctions elliptiques comme des *combinants* du faisceau de coniques, en faisant varier seulement la conique ψ. Il est naturel d'étendre cette notion et de faire varier aussi la conique f. Pour ce but, il nous faut dire quelques mots des combinants.

Combinants d'un faisceau de coniques.

Au lieu de f et ψ, on considère F et Ψ, en posant

$$F = pf + q\psi, \qquad \Psi = p'f + q'\psi,$$

p, p', q, q' étant des constantes quelconques. On a alors

$$SF - \Psi = (Sp - p')f + (Sq - q')\psi = (sf - \psi)(q' - Sq),$$

$$s = -\frac{Sp - p'}{Sq - q'}.$$

Soit $H_0S^3 - H_1S^2 + H_2S - H_3$ le discriminant de $(SF - \Psi)$; il reproduit celui de $(sf - \psi)$, multiplié par $(q' - Sq)^3$. On a donc

$$H_0S^3 - H_1S^2 + H_2S - H_3 = h_0(Sp - p')^3 + h_1(Sp - p')^2(Sq - q') + h_3(Sq - q')^3 + h_2(Sp - p')(Sq - q')^2.$$

Par là sont déterminés les nouveaux coefficients H, qu'il n'est pas nécessaire de développer.

Le nouveau covariant Φ, qui remplace φ, est composé linéairement avec φ, f, ψ; soit $A\varphi + Bf + C\psi$ son expression. D'après l'expression de D sous forme de déterminant, on voit que D se reproduit multiplié par $A(pq' - qp')$. Mais, dans l'identité (38), le terme en Φ^3 seul reproduit un terme en φ^3, et ce terme est affecté du coefficient A^3; on a donc

$$A^2(pq' - qp')^2 = A^3;$$

d'où résulte

$$A = (pq' - qp')^2.$$

Ainsi, D se reproduit multiplié par $(pq' - qp')^3$; c'est la seule conséquence qui nous importe ici. Mais on verra tout à l'heure aussi quels sont les coefficients B et C.

D'une manière générale, on posera, pour un polynôme P du degré n en z_1, z_2, z_3,

$$P_1 = \frac{1}{n}\frac{\partial P}{\partial z_1}, \qquad P_2 = \frac{1}{n}\frac{\partial P}{\partial z_2}, \qquad P_3 = \frac{1}{n}\frac{\partial P}{\partial z_3},$$

comme on l'a fait déjà pour f, φ, ψ, où n était égal à 2.

Supposons que ce polynôme P soit exprimé, comme l'est D^2, par une fonction de f, φ, ψ, à coefficients constants, homogène et du degré m, en sorte que l'on ait $n = 2m$. Formons le déterminant $(f_1.\psi_2.P_3)$. Soit

$$P = \Sigma c f^\alpha \psi^\beta \varphi^\gamma;$$

on aura manifestement

$$2m(f_1.\psi_2.P_3) = \Sigma\, 2\gamma c f^\alpha \psi^\beta \varphi^{\gamma-1}(f_1.\psi_2.\varphi_3),$$

ou bien

$$m(f_1.\psi_2.P_3) = D\,\Sigma\gamma c f^\alpha \psi^\beta \varphi^{\gamma-1}.$$

Ainsi, le déterminant $(f_1.\psi_2.P_3)$ s'obtient en multipliant par $\frac{1}{m}D$ la dérivée partielle de P, prise par rapport à φ considérée comme une variable.

Appliquons ce résultat à D^2, pour lequel on a $m = 3$, et observons que $(D^2)_1$ est égal à DD_1; nous aurons, d'après l'expression (38) de D^2,

$$(51)\quad \begin{cases} E = (f_1.\psi_2.D_3) = \varphi^2 - \frac{2}{3}(h_2 f + h_1\psi)\varphi \\ \qquad + \frac{1}{3}[h_1 h_3 f^2 + h_2 h_0 \psi^2 + (h_1 h_2 - 3h_0 h_3) f\psi]. \end{cases}$$

C'est un nouveau combinant, qui se multiplie par $(pq' - qp')^4$, quand on change f et ψ en F et Ψ.

Appliquons ce même résultat à E et nous aurons

$$\frac{(f_1.\psi_2.E_3)}{D} = \varphi - \frac{1}{3}(h_2 f + h_1\psi).$$

C'est encore un combinant, qui se reproduit multiplié par $(pq' - qp')^2$. On a donc

$$\Phi - \frac{1}{3}(H_2 F + H_1 \Psi) = (pq' - qp')^2[\varphi - \tfrac{1}{3}(h_2 f + h_1\psi)],$$

égalité qui fait connaître explicitement Φ, comme on l'annonçait tout à l'heure.

Fonctions elliptiques sous forme de combinants.

Imaginons que nous ayons défini l'argument elliptique u, non plus au moyen de la conique f, mais au moyen d'une conique quelconque F du faisceau. Soit ainsi

$$du = \frac{(c_1 . dz_2 . z_3)}{(c_1 F_1 + c_2 F_2 + c_3 F_3)\sqrt{\Psi}}.$$

Cette différentielle est considérée le long de la conique $F = 0$, et u a la valeur initiale zéro en un des points fixes du faisceau, toujours le même. On aura l'égalité analogue à (48), savoir :

$$\wp 2u = \frac{1}{4} \frac{\Phi - \frac{1}{3} H_1 \Psi}{\Psi};$$

mais, puisque F est supposé nul, on peut écrire aussi

$$\wp 2u = \frac{1}{4} \frac{\Phi - \frac{1}{3}(H_1 \Psi + H_2 F)}{\Psi}.$$

Le numérateur étant un combinant, nous pouvons écrire cette égalité sous la forme

$$\frac{4\Psi}{(pq' - qp')^2} \wp 2u = \varphi - \frac{1}{3} h_1 \psi - \frac{1}{3} h_2 f.$$

Semblablement, dans l'égalité analogue à (49), D se reproduisant multiplié par $(pq' - qp')^3$, on a aussi

$$\left[\frac{2\Psi^{\frac{1}{2}}}{pq' - qp'}\right]^3 \wp' 2u = -2D.$$

Écrivons l'identité (38) sous la forme suivante :

$$\begin{aligned}
D^2 &= \varphi^3 - K_1 \varphi^2 + K_2 \varphi - K_3 = \mathfrak{F}(\varphi),\\
K_1 &= h_2 f + h_1 \psi,\\
K_2 &= h_1 h_3 f^2 + h_2 h_0 \psi^2 + (h_1 h_2 - 3 h_3 h_0) f \psi,\\
K_3 &= h_0 h_3^2 f^3 + h_3 h_0^2 \psi^3 + (h_1^2 - 2 h_0 h_2) h_3 f^2 \psi + (h_2^2 - 2 h_3 h_1) h_0 f \psi^2,
\end{aligned}$$

et posons

$$\tau = \frac{4\Psi}{(pq' - qp')^2};$$

les expressions de $\wp 2u$ et $\wp' 2u$ prennent la forme

$$\tau \wp 2u = \varphi - \frac{1}{3} K_1, \qquad \tau^3 \wp'^2 2u = 4\mathfrak{F}(\varphi),$$

toutes semblables, dans l'aspect, aux expressions (24) de $p v$ et $p'^2 v$. La lettre φ remplace s. La signification des lettres est, de part et d'autre, bien différente cependant ; les coefficients du polynôme $\mathcal{F}$ et la quantité τ sont ici des quantités variables. Malgré cette différence, toutes les autres fonctions elliptiques se composent encore ici par des formules toutes pareilles à celles qu'on a trouvées dans le premier cas. Prenons, par exemple, $p''2u$. Dans son expression (50), on reconnaît le combinant E (51), où l'on a fait $F = 0$. On a donc maintenant

$$\tau^2 p'' 2u = 6E.$$

Mais, d'après la manière même dont on a formé E, on a aussi

$$E = \tfrac{1}{3}\mathcal{F}'(\varphi).$$

Par conséquent,

$$\tau^2 p'' 2u = 2\mathcal{F}'(\varphi),$$

exactement comme les expressions (24) de $p v$ et $p' v$ donnent

$$\tau^2 p'' v = 2F'(s).$$

C'en est assez pour que l'on déduise de là, par analogie avec les égalités (25, 26), celles-ci :

$$(52) \quad \tau^4\psi_3(2u) = 3\varphi^4 - 4K_1\varphi^3 + 6K_2\varphi^2 - 12K_3\varphi + 4K_1K_3 - K_2^2 = \mathcal{F}_1(\varphi),$$

$$(53) \qquad \tau^6 \frac{\psi^4(2u)}{p'2u} = 16\mathcal{F}^2(\varphi) - 2\mathcal{F}'(\varphi)\mathcal{F}_1(\varphi) = \mathcal{F}_2(\varphi).$$

Soient maintenant, comme plus haut (9),

$$X = \psi_3^3(2u)\psi_2(2u)^{-8}, \qquad Y = \psi_4(2u)\psi_2(2u)^{-5};$$

nous avons pour ces fonctions les expressions suivantes (ψ_2 étant égal à $-p'$) :

$$X = \frac{\mathcal{F}_1^3}{2^8\mathcal{F}^4}, \qquad Y = \frac{\mathcal{F}_2}{2^4\mathcal{F}^2}.$$

Par leur moyen, on pourra calculer une quelconque des fonctions (t. I, p. 102)

$$\gamma_n(2u) = \psi_n(2u)\psi_2(2u)^{-\frac{n^2-1}{3}},$$

d'après les formules récurrentes déjà employées dans ce Chapitre. Toutes ces fonctions nous sont donc dès maintenant connues sous forme de *combinants absolus*. Chacune d'elles est, par nos formules, déterminée en tout point du plan, et leur expression est indépendante des deux coniques particulières f, ψ, qu'on a choisies dans le faisceau.

Ici se présente tout naturellement la considération du lieu géométrique défini par l'équation $\psi_n(2u) = 0$. Nous devons donner de ce lieu géométrique une définition indépendante des fonctions elliptiques et mettre en lumière un fait bien remarquable : ce lieu se décompose en plusieurs lignes distinctes, comme déjà nous le voyons à l'égard du lieu $\psi_2(2u) = 0$. Effectivement, ψ_2 n'étant autre que p', ce lieu est défini par $D = 0$; il se compose des trois côtés du triangle conjugué, commun à toutes les coniques du faisceau.

Représentation elliptique des points d'un plan.

Nous supposons donnés, dans le plan, quatre points fixes α_0, α_1, α_2, α_3, pivots du faisceau, et nous affectons à chacun d'eux, pour argument, une demi-période, y compris zéro. Soient, pour fixer les idées, 0, ω_1, ω_2, ω_3 les arguments respectifs de α_0, α_1, α_2, α_3, dans cet ordre. L'invariant absolu ou module des fonctions elliptiques doit être d'ailleurs considéré comme variable, en sorte que, pour chaque point du plan, il y aura un module et un argument, servant de coordonnées.

Soit z un point du plan. Envisageons la conique f du faisceau qui passe par ce point. Le rapport anharmonique α des quatre points α, sur cette conique, définit l'invariant absolu (4) des fonctions elliptiques. En supprimant la conique, nous avons, pour α, le rapport anharmonique du faisceau de droites, ayant son sommet au point z, et passant par les quatre points α.

La fonction pu est alors, pour les divers points de la conique f, un paramètre correspondant uniformément aux divers points de cette courbe, et prenant les valeurs ∞, e_1, e_2, e_3 aux quatre points α. En désignant par γ le rapport anharmonique du faisceau de quatre droites dont α_0 est le sommet et qui passent par z, α_1, α_2, α_3, on a donc

$$\gamma = \frac{pu - e_1}{pu - e_2} \frac{e_3 - e_2}{e_3 - e_1},$$

en même temps que

$$\alpha = \frac{e_3 - e_2}{e_3 - e_1}.$$

Voilà donc les fonctions elliptiques et l'argument définis, pour chaque point du plan, par les rapports anharmoniques de deux faisceaux de droites. Il s'agit maintenant de reconnaître la propriété géométrique des points qui répondent à des parties aliquotes de périodes.

Joignons le point z au point α_0 et envisageons la conique ψ du faisceau qui a cette droite $\alpha_0 z$ pour tangente. Pour cette couple de coniques f et ψ, l'argument u du point z coïncide avec l'argument dénommé précédemment U.

Voici donc la propriété géométrique de tout point z dont l'argument u est une $m^{\text{ième}}$ partie de période : *si, par z, on mène une conique f du faisceau et que, tangentiellement à $\alpha_0 z$, on prenne une autre conique ψ du faisceau, il existe des polygones de m côtés, inscrits dans f et circonscrits à ψ.*

Pour chaque entier m, il y a un lieu du point z; c'est ce lieu qui doit être examiné. Mais il est bon de s'arrêter un instant sur une conséquence du mode actuel, employé pour représenter les fonctions elliptiques.

Multiplication des arguments par 2.

Un point z du plan représentant un module et un argument elliptique, il s'agit de trouver le point y qui représente le même module et l'argument double.

Pour cet objet, nous avons une construction : considérer les coniques f et ψ, comme on vient de le dire, puis mener du point z à la conique ψ la seconde tangente, prendre le second point d'intersection de cette tangente avec f: c'est le point y demandé. C'est cette construction que nous devons réduire en formules.

Pour triangle de référence, nous choisissons le triangle conjugué du faisceau; nous affectons aux quatre points α les coordonnées $z_1 = 1$, $z_2 = \pm 1$, $z_3 = \pm 1$ et choisissons les signes *plus* pour le point α_0. En désignant par x les coordonnées courantes, on a, comme on s'en assurera aisément, les formes suivantes pour les équations des coniques f et ψ,

$$f = (z_2^2 - z_3^2)x_1^2 + (z_3^2 - z_1^2)x_2^2 + (z_1^2 - z_2^2)x_3^2 = 0,$$
$$\psi = (z_2 - z_3)x_1^2 + (z_3 - z_1)x_2^2 + (z_1 - z_2)x_3^2 = 0.$$

Le point de contact x de la seconde tangente, menée du point z à la conique ψ, a pour coordonnées

(54) $$\begin{cases} x_1 = z_2 z_3 - z_1 z_2 - z_1 z_3, \\ x_2 = z_3 z_1 - z_2 z_3 - z_2 z_1, \\ x_3 = z_1 z_2 - z_3 z_1 - z_3 z_2. \end{cases}$$

Enfin, le second point y où cette tangente coupe la conique f a les coordonnées

(55) $$\begin{cases} y_1 = z_2^2 z_3^2 - z_1^2 z_2^2 - z_1^2 z_3^2, \\ y_2 = z_3^2 z_1^2 - z_2^2 z_3^2 - z_1^2 z_2^2, \\ z_3 = z_1^2 z_2^2 - z_3^2 z_1^2 - z_2^2 z_3^2. \end{cases}$$

Nous ne nous arrêterons pas à la démonstration de ces formules, que chacun pourra vérifier sans peine par les procédés de la Géométrie analytique. On reconnaîtra aussi qu'à chaque point y correspondent quatre points z, comme cela doit être, puisqu'en passant de y à z on divise l'argument par le nombre 2.

Les formules (55) donnent

$$\frac{y_1 z_2 - z_1 y_2}{(z_1 - z_2)x_3} = \frac{y_2 z_3 - z_2 y_3}{(z_2 - z_3)x_1} = \frac{y_3 z_1 - z_3 y_1}{(z_3 - z_1)x_2} = z_1 z_2 + z_2 z_3 + z_3 z_1,$$

par où l'on reconnaît que l'équation

(56) $$A_0 = z_1 z_2 + z_2 z_3 + z_3 z_1 = 0$$

caractérise les points z coïncidant avec leurs correspondants y; ce sont ceux dont les arguments sont des tiers de périodes.

Remarquons enfin que les trois droites, joignant deux à deux les points α_1, α_2, α_3, et dont les équations sont

$$z_2 + z_3 = 0, \qquad z_3 + z_1 = 0, \qquad z_1 + z_2 = 0,$$

coupent une conique quelconque du faisceau, chacune en deux de ces points α_1, α_2, α_3.

Enfin, nous déduisons des formules (55) $y_1+y_2=-2z_1^2z_2^2, \ldots$; ce qui fait retrouver ce résultat déjà connu, que le lieu des quarts de périodes se compose des trois côtés du triangle de référence.

Multiplication des arguments par un nombre quelconque.

Ces éléments suffisent pour construire les deux fonctions

$$(57) \qquad x=\gamma_3^3(u)=\frac{\sigma^3(3u)\,\sigma^5 u}{\sigma^8(2u)}, \qquad y=\gamma_4(u)=\frac{\sigma(4u)\,\sigma^4 u}{\sigma^5(2u)}.$$

Nous savons que ce sont des fonctions rationnelles de pu et des invariants. Ce sont donc ici des fonctions rationnelles des coordonnées z. Composons des fonctions rationnelles de ces coordonnées, ayant les mêmes racines et les mêmes pôles, avec les mêmes ordres de multiplicité. Ce seront les fonctions x, y sauf des facteurs constants, qui se détermineront sans peine. D'après ces considérations, nous avons

$$(58) \quad x=\frac{1}{4}\frac{(z_1z_2+z_2z_3+z_3z_1)^3}{[(z_1+z_2)(z_2+z_3)(z_3+z_1)]^2}, \quad y=\frac{z_1z_2z_3}{(z_1+z_2)(z_2+z_3)(z_3+z_1)}.$$

Ces fonctions, en effet, homogènes et du degré zéro, ne dépendent que du seul point z. Elles ont les racines et les pôles demandés, avec les degrés de multiplicité nécessaires; car, on le remarquera, la fonction dénominateur

$$(z_1+z_2)(z_2+z_3)(z_3+z_1)$$

admet chaque demi-période pour racine double. Enfin les valeurs numériques des fonctions, pour $u=0$, coïncident de part et d'autre. Les expressions (57) donnent, en effet, pour $u=0$,

$$x=\frac{3^3}{2^8}, \qquad y=\frac{4}{2^5}=\frac{1}{2^3};$$

tandis que, pour les quantités (58), on trouve, en supposant $z_1=z_2=z_3$, c'est-à-dire au point α_0, les mêmes valeurs numériques.

Au moyen des deux fonctions x et y, nous savons effectuer la multiplication de l'argument par un nombre entier quelconque.

Lieu des points dont les arguments sont des parties aliquotes de périodes.

D'une manière générale, appelons z_m un point dont l'argument est la $m^{\text{ième}}$ partie d'une période. Nous connaissons déjà le lieu des points z_3, c'est A_0 (56), et celui des points z_1, c'est l'ensemble des trois côtés du triangle de référence.

Le lieu des points z_6 est formé par l'ensemble de trois coniques A_1, A_2, A_3, dont on obtient les équations en égalant à zéro les trois quantités x (54). C'est une conséquence immédiate des propriétés que nous avons reconnues aux *lignes polygonales repliées*. Mais voici un autre moyen.

Soit $\frac{2n\omega + 2n'\omega'}{6}$ l'argument d'un point z_6. Les deux entiers n et n' ne doivent pas être pairs tous deux, sans quoi il s'agirait d'un point z_3. Considérons le point dont l'argument est $n\omega + n'\omega'$; c'est un des points α_i, mais non pas α_0, comme on le voit par l'observation faite sur n et n'. La différence entre les arguments de ce point α_i et du point z_6 est $\frac{2n\omega + 2n'\omega'}{3}$. Si donc on mène une conique ψ_1, tangente à la droite $\alpha_i z_6$, l'argument correspondant U est un tiers de période. Le point z_6 a donc, par rapport au point α_i, la même propriété que chaque point z_3 par rapport au point α_0.

Par le changement du signe des coordonnées, on échange les quatre points α les uns dans les autres. Ce changement a pour effet de changer la conique A_0 en l'une des coniques A_1, A_2, A_3. La proposition est donc prouvée.

On parvient encore au même résultat par cette observation que l'on a, d'après les formules (55),

$$y_1 y_2 + y_2 y_3 + y_3 y_1 = A_0 A_1 A_2 A_3.$$

Si, de même, dans A_1, A_2, A_3, on substitue, à la place des z, les y, exprimés par les formules (55), on obtient les équations de trois courbes, composant le lieu des points z_{12}. Répétant cette même substitution, on obtient le lieu des points z_{24}, ...

D'une manière générale, on voit, par les mêmes raisonnements, que le lieu des points z_{2n+1} se compose d'une courbe : en transformant cette courbe par la substitution (55), on obtient trois nouvelles courbes, lieu des points z_{4n+2}, et l'on peut obtenir les mêmes courbes, en changeant, dans l'équation de la précédente, les signes des coordonnées. En répétant ensuite la même substitution (55), on obtient constamment trois courbes, composant le lieu des points z_{8n+4}, z_{16n+8}, ...

Pour les points z_4, le lieu se compose de trois lignes droites ; en répétant la substitution (55), on obtient toujours aussi trois courbes distinctes, pour le lieu des points dont l'indice est une puissance de 2.

Revenons maintenant aux combinants rationnels par lesquels s'expriment $\psi_3(2u)$, $\psi_4(2u)$, ... La fonction $\psi_m(2u)$ a pour racines toutes les $n^{\text{ièmes}}$ parties de périodes, n étant un diviseur de $2m$. Si m est impair, le lieu, obtenu en égalant à zéro le combinant correspondant, comprend les lieux des points z_n et z_{2n}, en tout quatre courbes, pour chaque diviseur de n. Il se compose, au total, de courbes distinctes dont le nombre est égal à quatre fois celui des diviseurs de m. Soit maintenant $m = 2^a m'$; m' étant impair. Outre les courbes analogues, en nombre $4\Sigma n'$, relatives aux diviseurs de m', nous aurons encore d'autres courbes, en nombre $3a$, lieux des points dont les indices sont $4n'$, $8n'$, ..., $2^{a+1}n'$, pour chaque diviseur n', y compris l'unité. En résumé, si l'on a $m = 2^a m'$, m' étant impair, l'équation $\psi_m(2u) = 0$ représente des courbes dont le nombre est $3a + (3a + 4)\Sigma n'$, n' étant un diviseur quelconque de m', l'unité non comprise. Si l'on a $m = 2^a$, le nombre des courbes distinctes est seulement $3a$.

Par exemple, le combinant $\mathfrak{F}_1$ est le produit de quatre facteurs quadratiques $A_0 A_1 A_2 A_3$. Le combinant $\mathfrak{F}_2$ est le produit de trois facteurs du quatrième degré : c'est $y_1 y_2 y_3$. Les trois autres courbes nécessaires pour former le nombre six, exigé par l'énoncé précédent, sont les trois droites $z_1 z_2 z_3 = 0$, conformément à l'égalité (53).

Nouvelle intégration de l'équation d'Euler.

En définissant la différentielle de l'argument elliptique au moyen de l'égalité

$$du = \frac{(c_1 . dz_2 . z_3)}{(c_1 f_1 + c_2 f_2 + c_3 f_3)\sqrt{\psi}},$$

on peut refaire, sous une forme appropriée, les théories qui ont été exposées dans le Chapitre précédent.

D'après les égalités (29), tout polynôme du second degré en x peut être remplacé par une fonction linéaire et homogène des coordonnées z_1, z_2, z_3 d'un point de la conique f. Un polynôme doublement quadratique et symétrique de deux paramètres x, y peut donc être remplacé par une fonction doublement linéaire et symétrique des coordonnées z_1, z_2, z_3 et z'_1, z'_2, z'_3 de deux points pris sur cette conique f. Une telle fonction est la polaire $F_z^{z'}$ d'une forme quadratique. Ainsi l'intégrale de l'équation d'Euler peut être présentée sous la forme $F_z^{z'} = 0$, ce qui, en termes géométriques, peut s'énoncer ainsi :

Une ligne polygonale étant inscrite dans une conique et circonscrite à une autre conique, il existe une troisième conique par rapport à laquelle deux sommets consécutifs quelconques sont conjugués (¹).

C'est sous cette forme qu'il s'agit de mettre effectivement l'intégrale. L'équation d'Euler exprime que la droite zz' est tangente à une conique fixe, faisant partie du faisceau (f, ψ). Soit $\psi - \lambda f$ le premier membre de l'équation de cette conique. La condition de contact s'exprime par l'égalité

$$(\psi_z^{z'} - \lambda f_z^{z'})^2 - [\psi(z) - \lambda f(z)][\psi(z') - \lambda f(z')] = 0,$$

qui se réduit à

$$(59) \qquad (\psi_z^{z'} - \lambda f_z^{z'})^2 - \psi(z)\psi(z') = 0,$$

(¹) C'est sous cette forme même que les polygones de Poncelet ont été considérés par M. Moutard dans le Mémoire inséré au Tome I des *Applications d'Analyse et de Géométrie* de Poncelet (p. 535). L'étude de ce Mémoire ne saurait être trop recommandée. Comme on le dira dans l'historique, à la fin du Tome III, on trouve dans ce Mémoire les formules de la multiplication de l'argument données, pour la première fois, sous leur véritable forme.

puisque $f(z)$ et $f(z')$ sont nuls. On tire de là d'abord l'intégrale

$$\lambda = \frac{\psi_z^{z'} + \sqrt{\psi(z)\psi(z')}}{f_z^{z'}} = \text{const.}, \tag{60}$$

entièrement équivalente à l'intégrale (34) du Chapitre IX.

Dans l'intégrale sous forme entière (59), il y a lieu de faire une transformation toute semblable à celle qu'au Chapitre IX on a faite pour passer de l'intégrale (33) à l'intégrale (39). Or, suivant la notation (39) du Chapitre actuel, cette intégrale, étant développée, s'écrit ainsi :

$$\tfrac{1}{2}(\psi\psi) - 2\lambda\psi_z^{z'} f_z^{z'} + \lambda^2 (f_z^{z'})^2 = 0.$$

Mais on a, suivant l'égalité (40),

$$h_0(\psi\psi) = 2(\varphi f) - h_0(ff),$$

ce qui, en vertu des suppositions $f(z) = 0$, $f(z') = 0$, se réduit à

$$h_0(\psi\psi) = 4\varphi_z^{z'} f_z^{z'} - 2h_2(f_z^{z'})^2.$$

Le facteur $f_z^{z'}$ supprimé, on a donc

$$(2\varphi - h_2 f - 2h_0\lambda\psi + h_0\lambda^2 f)_z^{z'} = 0.$$

C'est l'intégrale cherchée, sous la forme définitive [1].

Si l'on prend le cas particulier où z et z' coïncident, une racine λ devient infinie; quant à l'autre, elle se réduit à $\frac{\varphi}{h_0\psi}$; elle coïncide avec la variable s (48), envisagée précédemment.

Nouvelle expression de pu.

Soit l'argument U défini par l'égalité

$$\mathrm{U} = \int_{z'}^{z} \frac{(c_1 . dz_2 . z_3)}{(c_1 f_1 + c_2 f_2 + c_3 f_3)\sqrt{\psi}}, \tag{61}$$

---

(1) Cette forme est inédite; l'auteur en doit la connaissance à une bienveillante communication de M. GUNDELFINGER, professeur à Darmstadt, qui a, le premier, considéré la différentielle elliptique sous la forme (32) et trouvé la formule de duplication (43,44); voir *Journal für die reine und ang. Math.*, t. LXXXIII.

où l'on entend que l'intégrale est prise, le long de la conique f, depuis le point z' jusqu'au point z, le premier étant envisagé comme fixe.

La quantité λ, qui devient infinie quand z' coïncide avec z et non autrement, est nécessairement un binôme du premier degré en $\mathrm{p}U$. Nous allons trouver ce binôme.

Si l'on envisage les intégrales u, u' analogues à (61), mais prises depuis l'un des points où ψ est nul, l'une jusqu'à z, l'autre jusqu'à z', U est égal à $u - u'$; l'une des racines λ de l'équation (59) est $a\mathrm{p}(u-u')+b$. L'autre racine est $a\mathrm{p}(u+u')+b$; c'est ce qu'on voit immédiatement, comme au Chapitre IX pour l'équation analogue, par le changement du signe de $\sqrt{\psi(z')}$. Si maintenant on fait coïncider z' avec z, cette dernière racine devient $a\mathrm{p}2u+b$. Or nous venons d'observer que, dans ce cas, λ coïncide avec s, et nous avons déjà trouvé l'expression (47) de s par $\mathrm{p}2u$. Nous pouvons donc conclure maintenant que, *l'argument* U *étant défini par l'égalité* (61), *on a*

$$\mathrm{p}U = -\frac{1}{12}h_1 + \frac{h_0}{4}\,\frac{\psi_z^{z'} + \sqrt{\psi(z)\psi(z')}}{f_z^{z'}},$$

expression entièrement analogue à celle qu'on a trouvée au Chapitre IX (p. 359).

CHAPITRE XI.

LES COURBES DU PREMIER GENRE; LA CUBIQUE PLANE (1).

Généralités sur le mode de représentation des courbes du premier genre. — Second mode de représentation. — Propriétés élémentaires des courbes du troisième degré. — Distinction des divers cas, au point de vue de la réalité. — Rapport anharmonique des tangentes. — Nouvelle forme de l'intégrale elliptique de première espèce. — Expression elliptique de la première polaire. — Dérivation par rapport à l'argument. — Expression elliptique de la seconde polaire. — Les fonctions elliptiques exprimées par des polaires. — Autre démonstration. — Sur l'expression des covariants par des polaires. — Les fonctions elliptiques exprimées par des covariants. — Multiplication par 3. — La cubique rapportée à un triangle d'inflexions. — Expression des fonctions elliptiques et des invariants. — Multiplication de l'argument. — Sur les combinants. — Biquadratique gauche. — Nouvelle forme de l'intégrale elliptique de première espèce. — Deux modes de coordonnées elliptiques dans l'espace.

Généralités sur le mode de représentation des courbes du premier genre.

Soit une courbe plane du troisième degré, que l'on représente par une équation entre des coordonnées rectilignes x, y, dont l'origine est prise sur la courbe. Si, dans cette équation, on pose $y = \lambda x$, on obtient, par disparition d'un facteur x,

$$f_3(\lambda)x^2 + 2f_2(\lambda)x + f_1(\lambda) = 0. \tag{1}$$

Chacun des coefficients est un polynôme entier dont le degré

(1) A consulter : les *Leçons* de Clebsch, pour la théorie des cubiques planes; pour celle de la biquadratique gauche, un Mémoire de M. Harnack : *Ueber die Darstellung der Raumcurve 4ter Ordnung erster Species und ihres Secantensystems durch doppelt periodische Functionen* (*Math. Annalen*, XII, p. 48). — Comme application des théories de ce Chapitre, nous recommandons particulièrement l'étude d'un beau Mémoire dû à M. Darboux : *De l'emploi des fonctions elliptiques dans la théorie du quadrilatère plan* (*Bulletin des Sciences mathématiques*, 2e série, t. III, p. 109).

est marqué par son indice. L'expression qu'on en tire pour x contient la seule irrationnalité $\sqrt{F(\lambda)}$:

$$F(\lambda) = f_2^2(\lambda) - f_1(\lambda) f_3(\lambda).$$

Le polynôme F, soumis au radical, est du quatrième degré. Or on sait que λ et $\sqrt{F}$ peuvent être, à la fois, exprimés sous forme de fonctions elliptiques d'un même argument. Il en est donc ainsi de x et aussi de $y = \lambda x$. Par conséquent, *les coordonnées d'un point variable sur une courbe plane du troisième degré peuvent être exprimées par des fonctions elliptiques d'un même argument.*

Les racines de F correspondent aux tangentes menées de l'origine à la courbe. Si la courbe a un point double, deux racines deviennent égales entre elles et le polynôme soumis au radical se réduit au second degré : les fonctions elliptiques dégénèrent.

On voit donc que ce mode de représentation des coordonnées par des fonctions elliptiques concerne les cubiques sans point double ou de sixième classe.

Examinons la proposition réciproque et, généralement, considérons deux fonctions elliptiques (entendues comme au début du Chapitre IX) ayant, toutes deux, les mêmes pôles, en nombre n. Soient x, y ces deux fonctions. Elles sont liées par une équation algébrique, qui est du degré n par rapport à chacune d'elles séparément; mais, comme elles ont les mêmes pôles, l'équation est aussi du degré n par rapport à x et y considérés ensemble. Elle représente donc une courbe de ce degré n. On peut encore dire que $Ax + By + C$ est une fonction à n pôles, qu'elle a donc n racines et que, par suite, toute ligne droite coupe la courbe en n points; ce qui conduit à la même conclusion.

Pour préciser les courbes dont il s'agit, nous allons considérer aussi leur équation en coordonnées tangentielles. A cet effet, prenons d'abord des coordonnées homogènes x_1, x_2, x_3, au lieu des coordonnées cartésiennes x, y. Ces trois coordonnées seront proportionnelles ou, si l'on veut, égales à trois fonctions elliptiques du même argument, ayant les mêmes pôles, en nombre n. Mais maintenant ces pôles sont arbitraires; on peut les supposer réunis en un seul, multiple d'ordre n. En altérant l'argument d'une constante, on peut supposer que ce pôle réponde à $u = 0$; d'après quoi, l'on a simplement trois équations de cette forme

$$(2) \qquad \rho x_i = a_i + b_i \wp u + c_i \wp' u + \ldots + l_i \wp^{(n-2)} u \quad (i = 1, 2, 3).$$

Les coordonnées tangentielles sont proportionnelles aux trois déterminants binaires formés avec les coordonnées ponctuelles et leurs dérivées premières, par exemple

$$(3) \qquad \rho' \xi_k = \rho^2 \left(x_i \frac{dx_j}{du} - x_j \frac{dx_i}{du} \right).$$

Dans ce déterminant, le terme $\wp^{(n-2)} \wp^{(n-1)}$ disparaît. Réduisant tous les autres termes à la forme linéaire en $\wp u$, $\wp' u$, etc.... (t. I, p. 203), on obtient

$$(4) \quad \rho' \xi_k = A_k + B_k \wp u + C_k \wp' u + \ldots + L_k \wp^{(2n-2)} u \quad (k = 1, 2, 3),$$

expression toute semblable à celle des coordonnées ponctuelles, sauf changement de n en $2n$.

Ainsi, en général, *la courbe représentée par l'équation* (2), *en même temps qu'elle est de degré* n, *est de la classe* $2n$.

D'après la théorie générale des points multiples, on doit conclure que cette courbe a des points doubles en nombre $\frac{1}{2} n(n - 3)$.

Un tel point double, en général, provient de deux valeurs différentes qui, attribuées à l'argument u, donnent, pour les coordonnées x, deux systèmes de valeurs proportionnelles. Il faut se garder de le confondre avec le point singulier qui se présenterait dans le cas où deux des fonctions ρx_i auraient, à la fois, une même racine u, multiple pour toutes deux. Les circonstances qui se présentent en un tel cas se comprendront mieux sur le second mode de représentation que nous allons exposer pour les coordonnées.

Second mode de représentation.

La fonction (2) peut être exprimée par une fraction dont le dénominateur est $(\sigma u)^n$ et dont le numérateur, sauf un facteur constant, est le produit de n fonctions $\sigma(u - \alpha)$, où la somme des racines α est nulle. Le dénominateur étant unique pour les trois fonctions analogues, dont le rapport seul intervient, on peut omettre ce dénominateur. Dès lors, on peut changer, de nouveau, l'argument u et omettre la condition relative à la somme des racines α. On aura donc

$$(5) \qquad \rho x_i = \sigma(u-\alpha_i)\,\sigma(u-\beta_i)\ldots\,\sigma(u-\lambda_i) \qquad (i=1,2,3),$$

avec cette condition que la somme $\alpha_i+\beta_i+\ldots+\lambda_i$ ait une seule et même valeur pour les trois coordonnées.

Dans ce nouveau mode de représentation, on voit clairement qu'on ne doit point supposer l'existence d'une racine commune aux trois fonctions. Si une telle racine α existait, en effet, il y correspondrait, dans les trois fonctions, le facteur commun $\sigma(u-\alpha)$, qui serait à supprimer du second membre, comme pouvant être compris dans le facteur ρ du premier membre.

Supposons maintenant que deux des trois fonctions aient une racine commune α et que cette racine soit multiple de l'ordre μ pour l'une des fonctions, d'un ordre égal ou supérieur pour l'autre. Il est visible qu'en ce cas cette racine appartient aussi aux trois déterminants (3), qu'elle est multiple de l'ordre $\mu-1$ dans l'un d'eux et d'ordre égal ou supérieur dans les deux autres. S'il en est ainsi, les fonctions $\rho'\xi_k$, réduites, elles aussi, à la nouvelle forme (5), contiennent le facteur commun $[\sigma(u-\alpha)]^{\mu-1}$, qui doit être supprimé. Ces fonctions, au lieu de $2n$ facteurs, en contiennent seulement $2n-(\mu-1)$.

Plus généralement, si deux combinaisons linéaires des quantités ρx_i contiennent ainsi une racine commune et multiple α, la même conclusion s'applique encore; car les coordonnées tangentielles ξ se transforment par une substitution linéaire en même temps que les coordonnées ponctuelles x.

Une *branche singulière* de la courbe correspond donc à tout argument qui est racine multiple, à la fois, dans deux combinaisons linéaires des trois coordonnées ponctuelles. Soit μ l'ordre de multiplicité de cette racine dans la combinaison où il est le moindre; ce nombre μ est dit l'ordre de multiplicité de la branche singulière.

Cela posé, *la classe de la courbe est* $2n-\Sigma(\mu-1)$, *la sommation s'appliquant à toutes les branches singulières.* C'est, en effet, ce qui résulte de notre analyse, puisque les expressions des quantités ξ_k contiennent, pour chaque branche singulière, un facteur $[\sigma(u-\alpha)]^{\mu-1}$, qui doit être supprimé.

Dans la théorie des courbes algébriques, le nombre μ, *ordre d'une branche singulière*, a une définition générale qui s'applique aux branches singulières, indépendamment du mode de représentation précédent, et concerne aussi les courbes qui ne sont pas susceptibles d'être représentées de la sorte.

Nous venons de trouver que la classe de la courbe (2) étant n', on a

$$(6) \qquad n' - 2n + \Sigma(\mu - 1) = 0.$$

Ce nombre $n' - 2n + \Sigma(\mu - 1)$, pour toute courbe algébrique plane, est toujours pair, au moins égal à -2; en le dénotant par $2(p-1)$, on a la définition du nombre entier positif p, qui s'appelle le *genre*. Les courbes du genre *zéro* ou *unicursales* ont cette propriété que les coordonnées x_i sont exprimables en fonction entière d'un paramètre. Nous voyons que les courbes (2) sont du premier genre ($p = 1$). La théorie générale des courbes algébriques permet de démontrer que, réciproquement, toute courbe du premier genre est susceptible de ce mode de représentation. Nous ne pouvons entrer ici dans le détail de la démonstration. Il suffira de rappeler son analogie avec ce que nous avons dit précédemment sur les courbes du troisième degré. Une courbe du premier genre étant donnée, il existe un faisceau $\varphi + \lambda\psi = 0$, composé de courbes qui coupent la proposée en des points dont deux seulement sont variables, en sorte que l'on peut trouver ces points par une équation du second degré, analogue à l'équation (1), mais où les coefficients sont différemment composés par rapport à l'indéterminée λ. Le polynôme, soumis au radical, est cependant encore du quatrième degré. On démontre, en effet, que, dans le faisceau, il y a seulement quatre courbes tangentes à la proposée en des points différents des points fixes, pivots du faisceau. Quant aux courbes qui sont tangentes à la proposée en ces points fixes, elles correspondent à des paramètres λ qui sont racines multiples de $F(\lambda)$ et d'ordre pair de multiplicité. Le polynôme $F(\lambda)$ est donc le produit d'un carré par un polynôme du quatrième degré, qui seul reste soumis au radical. Les conclusions subsistent donc absolument les mêmes que pour les courbes du troisième degré.

En résumé, l'égalité (6) caractérise entièrement les courbes susceptibles d'être représentées par les équations (2).

Propriétés élémentaires des courbes du troisième degré.

Les coordonnées d'un point variable sur une courbe du troisième degré sont exprimables par des fonctions elliptiques d'un même argument : ces fonctions ont trois pôles, qui leur sont communs. Telle est la proposition simple et fondamentale d'où l'on peut déduire de nombreuses conséquences.

Soit $\mathfrak{w}$ la somme des trois valeurs de l'argument répondant aux trois pôles, ou *somme des infinis;* c'est aussi la somme des racines pour chaque coordonnée et pour chaque combinaison linéaire de ces trois coordonnées. Donc *trois points en ligne droite* sont caractérisés par cette condition que *la somme de leurs arguments est constante* (égale à $\mathfrak{w}$), quelle que soit la droite qui les joint.

Plus généralement, une fonction entière et de degré m des coordonnées devient, sur la courbe, une fonction elliptique où la somme des infinis est $m\mathfrak{w}$; c'est aussi la somme des racines. Donc *les* $3m$ *points d'intersection de la cubique avec une courbe du degré* m *ont, pour leurs arguments, la somme constante* $m\mathfrak{w}$.

Par exemple, six points sont sur une même conique si la somme de leurs arguments est $2\mathfrak{w}$.

En considérant des points comptant double, on obtient des propositions concernant des contacts avec la cubique : pour qu'une conique, par exemple, soit tangente à la cubique en trois points ayant les arguments u_0, u_1, u_2, il faut que $2(u_0+u_1+u_2)$ soit égal à $2\mathfrak{w}$, sauf une période. Si cette somme était égale à $2\mathfrak{w}$, les trois points seraient en ligne droite; donc, pour que trois points soient les points de contact de la cubique avec une conique, la condition est $u_0+u_1+u_2-\mathfrak{w}=$ une demi-période.

La tangente en un point u_1 coupe, de nouveau, la courbe en un point dont l'argument est $u_0=-2u_1+\mathfrak{w}$. Inversement, d'un point u_0, on peut mener des tangentes à la courbe : pour le point de contact, l'argument u_1 doit satisfaire à la condition

$$u_0+2u_1\equiv\mathfrak{w},$$

d'où les quatre solutions $u_1 = \frac{w - u_0}{2}$ + zéro ou une demi-période.

Prenons un des arguments $u_1 = \frac{w}{3} + \frac{2\varpi}{3}$, 2ϖ étant une période quelconque. On a, en ce cas,

$$u_0 = -2u_1 + w = \tfrac{1}{3}w - \tfrac{4}{3}\varpi = u_1 - 2\varpi \equiv u_1.$$

Le nouveau point, où la tangente coupe la courbe, est le point de contact lui-même ; c'est le caractère des points d'inflexion.

Il y a neuf arguments distincts, de la forme $\frac{2}{3}\varpi$; *il y a donc neuf points d'inflexion.*

On peut caractériser ces neuf points par leurs arguments, comme il suit :

$$u_1 = \tfrac{1}{3}w + \tfrac{1}{3}(2m\omega + 2m'\omega')$$
$$m,\ m' = 0,\ 1,\ 2.$$

Les points d'inflexion sont, trois par trois, en ligne droite, et il y a quatre triangles dont chaque côté contient trois d'entre eux : ce sont les *triangles d'inflexions;* leurs côtés sont les *droites d'inflexion.* Voici une règle mnémonique assez curieuse pour retenir la composition de ces triangles. On considère l'ensemble (m, m') comme composant le double indice d'un terme dans un déterminant

$$(7)\qquad \begin{matrix} 00 & 01 & 02 \\ 10 & 11 & 12 \\ 20 & 21 & 22 \end{matrix}$$

Un premier triangle d'inflexion a pour côtés les trois droites figurées par les lignes horizontales ; un second, par les colonnes verticales ; un troisième, par les trois termes qui auraient le signe *plus* dans le déterminant ; un quatrième, par les trois termes qui auraient le signe *moins*.

D'un point d'inflexion on peut mener seulement trois tangentes ; effectivement l'argument $\frac{1}{2}(w - u_1) + \varpi$, qui est celui du point de contact d'une des quatre tangentes menées du point u_1, coïncide avec $u_1 = \frac{1}{3}w + \frac{2}{3}\varpi$. En général, les points de contact des quatre tangentes menées d'un point u_0 ont des arguments dont la somme est $2(w - u_0)$, sauf une période. Dans le cas présent, cette somme est $2(w - u_1)$; l'un des quatre arguments étant u_1, la somme des trois autres est $2w - 3u_1 \equiv w$. Ces trois points sont donc en ligne droite : *les points de contact des trois tangentes menées d'un point d'inflexion sont en ligne droite;* cette ligne droite, pour une raison qu'on verra plus loin, s'appelle *axe harmonique* du point d'inflexion considéré. Il y a neuf axes harmoniques, un pour chaque point d'inflexion.

Un quelconque des points, où la cubique est rencontrée par l'axe harmonique, a pour argument $\frac{1}{2}(w - u_1)$ + zéro ou une demi-période. Le sextuple de cet argument est une période. On voit donc qu'un tel point peut être envisagé comme la réunion de six points d'intersection de la cubique avec une conique : il y a, en un tel point, contact exceptionnel, du cinquième ordre, entre la courbe et une conique : *les axes harmoniques rencontrent la courbe en ses points sextactiques,* tel est le nom donné par M. Cayley, dans la théorie générale des courbes, aux points où il y a contact exceptionnel avec une conique.

Distinction des divers cas au point de vue de la réalité.

Dans l'analyse employée au premier paragraphe, pour une courbe réelle, le polynôme F a ses coefficients réels. Les fonctions elliptiques ont donc leurs invariants réels et deux cas principaux sont à distinguer, suivant le signe du discriminant.

Les coordonnées homogènes s'expriment linéairement en fonction de pu et $p'u$ (2). Si l'on prend pour coordonnées des combinaisons linéaires convenablement choisies, ces coordonnées seront proportionnelles à $1, pu, p'u$. En termes géométriques, ceci revient à dire que *toute courbe du troisième degré, sans point double, est la perspective réelle de celle qui est représentée par l'équation*

$$y^2 = 4x^3 - g_2 x - g_3, \tag{8}$$

où g_2, g_3 sont des constantes réelles quelconques.

Cette courbe (8) présente deux cas bien distincts.

1° $\Delta = g_2^3 - 27g_3^2 > 0$. — Le second membre (8) a trois racines réelles e_1, e_2, e_3,

$$e_1 > e_2 > e_3.$$

La courbe comprend un ovale symétrique par rapport à l'axe des x, ayant pour points extrêmes, sur cet axe, ceux dont les abscisses sont e_2 et e_3; et, en outre, une seconde partie, également symétrique par rapport à l'axe des x; les abscisses s'y étendent depuis e_1 jusqu'à l'infini positif. Cette partie de la courbe est parabolique, mais la tangente, aux points de plus en plus éloignés, tend à devenir parallèle à l'axe des y.

Les points de la courbe étant représentés par les égalités

$$(9) \qquad x = pu, \qquad y = p'u,$$

on voit que, sur l'ovale, $u - \omega'$ est réel (aux périodes près), tandis que, sur la branche infinie, l'argument u est lui-même réel.

Dans ces égalités (9), l'argument constant w est pris égal à zéro. Les points de contact des tangentes, menées d'un point dont l'argument est u, ont pour arguments $-\frac{1}{2}u$, à une demi-période près. De ces derniers arguments, deux sont réels et deux réels à ω' près, si u est réel; tous, au contraire, sont imaginaires et aucun d'eux n'a pour partie imaginaire ω', si $u - \omega'$ est réel. Donc *d'un point de l'ovale on ne peut mener aucune tangente réelle; d'un point de la branche infinie on peut mener quatre tangentes réelles, dont deux touchent l'ovale et deux autres touchent la branche infinie.*

L'argument zéro donne un point d'inflexion réel, à l'infini, dans la direction de l'axe des y. Il y a, en outre, sur la branche infinie, deux points d'inflexion réels (symétriques par rapport à l'axe des y). Leurs arguments sont $\frac{2\omega}{3}$ et $\frac{4\omega}{3}$. Tous les autres sont imaginaires. Il y a un triangle d'inflexion réel; chacun de ses côtés contient un des points d'inflexion réels: ce sont, avec la droite de l'infini, deux droites se coupant sur l'axe des x. En les trois points dont les abscisses sont e_1, e_2, e_3, les tangentes sont parallèles à l'axe des y. L'axe des x est donc l'axe harmonique du point d'inflexion à l'infini. Toute parallèle à ces tangentes rencontre la courbe en deux points symétriques; c'est la raison du nom d'*axe harmonique :* appliquant, en effet, cette propriété aux autres points d'inflexion, ce qui se peut, puisque, évidemment, on peut échanger entre eux ces trois points par une perspective réelle, on conclura ainsi : *L'axe harmonique de chacun des trois points d'inflexion réels coupe la courbe en trois points réels; toute droite passant par un point d'inflexion rencontre la courbe en deux points, par rapport auxquels le conjugué harmonique du point d'inflexion a, pour lieu, l'axe harmonique.*

2° $\Delta = g_2^3 - 27 g_3^2 < 0$. — Le second membre (8) a une seule racine réelle e_2. La courbe comprend seulement une branche infinie, symétrique par rapport à l'axe des x et coupant cet axe au point d'abscisse e_2. Les arguments des points de cette branche sont réels, à des périodes près. *Des quatre tangentes menées d'un point réel, deux sont toujours réelles et deux seulement.*

Comme dans le cas précédent, *il y a trois points d'inflexion réels* (dont l'un à l'infini); l'axe des x est l'axe harmonique correspondant à ce dernier. On reconnaît l'existence de la même propriété que dans le cas précédent, pour justifier le nom d'*axe harmonique*. Mais *l'axe harmonique d'un point d'inflexion réel coupe la courbe en un seul point réel.*

On peut faire, en ce cas $\Delta < 0$, une distinction nouvelle, fondée sur la considération des signes de g_2 et g_3 (t. I, p. 112). Si g_2 est négatif ou bien si g_2 et g_3 sont, tous deux, positifs, y n'a ni maximum ni minimum. Si, au contraire, on a $g_2 > 0$, $g_3 < 0$, y a un maximum et un minimum. Cette circonstance se traduit par l'existence de deux tangentes réelles parallèles à l'axe des x. Étendant cette propriété aux autres points d'inflexion, on conclut que, *dans le cas $g_2 > 0$, $g_3 < 0$, on peut mener deux tangentes réelles par le point de rencontre d'une tangente d'inflexion réelle et de l'axe harmonique correspondant*; dans les autres cas (Δ étant toujours négatif), ces tangentes sont imaginaires. Elles sont, au contraire, réelles dans le cas $\Delta > 0$.

Rapport anharmonique des tangentes.

Quelle est l'expression géométrique de l'invariant absolu des fonctions elliptiques? A cette question on peut aisément répondre par la considération des racines du polynôme $F(\lambda)$; mais nous suivrons un autre procédé.

Pour faciliter les notations, nous emploierons, dans ce qui suit, une même lettre à désigner un point, ses coordonnées homogènes ponctuelles et son argument. Ainsi le point x a, pour coordonnées, x_1, x_2, x_3, et, pour argument, x. Sans faire aucun choix particulier de coordonnées, nous avons

$$\rho x_i = a_i + b_i \mathrm{p}\, x + c_i \mathrm{p}' x \qquad (i = 1, 2, 3). \tag{10}$$

La seule hypothèse qui particularise ces équations a trait au choix de l'argument u. La somme des racines est supposée être une période, ce qui revient à placer l'origine de l'argument u en un point d'inflexion. C'est uniquement pour simplifier l'écriture que nous faisons cette supposition; on la fera disparaître à volonté en mettant $u - \alpha$, au lieu de u. On aura alors $w = 3\alpha$.

Pour abréger, désignons par une lettre C le double du déterminant des coefficients des trois égalités (10), divisé par ρ^3,

$$C = \frac{2}{\rho^3}(a_1 b_2 c_3).$$

Pour trois points x, y, z, la notation (xyz) désignera, suivant un usage assez répandu, le déterminant

$$(xyz) = \begin{vmatrix} x_1 & x_2 & x_3 \\ y_1 & y_2 & y_3 \\ z_1 & z_2 & z_3 \end{vmatrix}. \tag{11}$$

Nous aurons

$$(xyz) = C \begin{vmatrix} 1 & \mathrm{p}x & \mathrm{p}'x \\ 1 & \mathrm{p}y & \mathrm{p}'y \\ 1 & \mathrm{p}z & \mathrm{p}'z \end{vmatrix}.$$

Ce dernier déterminant nous est connu (t. I, p. 219); nous en concluons

$$(xyz) = C\frac{\sigma(x-y)\sigma(y-z)\sigma(z-x)\sigma(x+y+z)}{(\sigma x\,\sigma y\,\sigma z)^3}. \tag{12}$$

En considérant deux autres points y', z', nous obtenons, de la sorte, l'expression du rapport anharmonique du faisceau de droites dont x est le sommet :

$$\begin{aligned}\frac{(xyz)(xy'z')}{(xy'z)(xyz')} &= \frac{\sigma(y-z)\sigma(y'-z')\sigma(x+y+z)\sigma(x+y'+z')}{\sigma(y'-z)\sigma(y-z')\sigma(x+y'+z)\sigma(x+y+z')} \\ &= \frac{[\mathrm{p}(\frac{1}{2}x+z)-\mathrm{p}(\frac{1}{2}x+y)][\mathrm{p}(\frac{1}{2}x+z')-\mathrm{p}(\frac{1}{2}x+y')]}{[\mathrm{p}(\frac{1}{2}x+z)-\mathrm{p}(\frac{1}{2}x+y')][\mathrm{p}(\frac{1}{2}x+z')-\mathrm{p}(\frac{1}{2}x+y)]}.\end{aligned}$$

Prenons, pour y, z, y', z', les quatre points de contact des tangentes menées de x ; alors les quatre arguments $\frac{1}{2}x+y$, ... sont égaux, l'un à zéro, les autres aux demi-périodes ; on a donc

$$\frac{(xyz)(xy'z')}{(xy'z)(xyz')} = \frac{e_\beta - e_\gamma}{e_\alpha - e_\gamma} \qquad (\alpha, \beta, \gamma = 1, 2, 3),$$

c'est-à-dire que *le rapport anharmonique des quatre tangentes menées d'un point quelconque de la courbe est constant; il constitue l'invariant absolu des fonctions elliptiques correspondant à la courbe.*

Quand g_3 est nul, une des racines, par exemple e_γ, est nulle; les deux autres sont égales et de signes opposés. Les quatre tangentes forment alors un faisceau harmonique. On dit alors que la cubique est *harmonique;* cette locution s'étend parfois aux fonctions elliptiques correspondantes.

Quand g_2 est nul, le faisceau est celui qu'on appelle *équianharmonique,* caractérisé par ce fait que les six déterminations du rapport anharmonique s'y réduisent à deux seulement, savoir les deux racines cubiques imaginaires de -1. La cubique est alors dite *équianharmonique;* on le dit aussi des fonctions elliptiques correspondantes.

Nouvelle forme de l'intégrale elliptique de première espèce.

Soit $f=0$ l'équation de la cubique en coordonnées ponctuelles x_1, x_2, x_3. Par f_1, f_2, f_3 on désigne les trois dérivées partielles, au facteur $\frac{1}{3}$ près,

$$f_1 = \frac{1}{3}\frac{\partial f}{\partial x_1}, \qquad f_2 = \frac{1}{3}\frac{\partial f}{\partial x_2}, \qquad f_3 = \frac{1}{3}\frac{\partial f}{\partial x_3}.$$

Le point x étant supposé sur la courbe, on a

$$\begin{aligned} x_1 f_1 + x_2 f_2 + x_3 f_3 &= 0, \\ dx_1 f_1 + dx_2 f_2 + dx_3 f_3 &= 0 \end{aligned}$$

et, par conséquent,

$$\frac{x_2\,dx_3 - x_3\,dx_2}{f_1\,du} = \frac{x_3\,dx_1 - x_1\,dx_3}{f_2\,du} = \frac{x_1\,dx_2 - x_2\,dx_1}{f_3\,du}.$$

Il y a place ici pour un raisonnement tout semblable à celui qu'on a employé au Chapitre X (p. 391). Les trois quantités

$$\frac{1}{\rho^2}\left(x_i\frac{dx_j}{du}-x_j\frac{dx_i}{du}\right)$$

sont des fonctions entières de pu et $p'u$, ayant le pôle $u=0$ sextuple. Les polynômes f_i, du second degré en x, étant divisés par ρ^2, deviennent des fonctions analogues, quand on y substitue aux x leurs expressions (10). Ces dernières fonctions sont d'ailleurs sans racine commune. Les fonctions numérateurs leur sont donc proportionnelles. Soit k le facteur constant de proportionnalité. On en conclut

$$k\,du=\frac{(c_1x_2\,dx_3)}{c_1f_1+c_2f_2+c_3f_3}. \tag{13}$$

Voici donc une nouvelle forme de la différentielle elliptique de première espèce. La différentielle, au second membre, est prise le long de la cubique $f=0$; elle dépend seulement des rapports des coordonnées variables; elle est indépendante des arbitraires c_1, c_2, c_3, constantes ou variables, qui figurent là pour la symétrie.

Dans cette forme, il faut noter qu'il n'apparaît explicitement aucune irrationnalité. L'équation d'Euler se partage alors en deux équations vraiment distinctes. Soit v l'argument qui répond à un second point y, comme u répond à x. On a d'abord l'équation $du+dv=0$, dont on obtient l'intégrale en écrivant que les points x et y sont en ligne droite avec un point fixe pris sur la cubique. En second lieu, l'équation $du-dv=0$, toute différente, sera intégrée si l'on écrit, par exemple, que les droites, joignant x et y à deux points fixes, concourent sur la courbe.

Expression elliptique de la première polaire.

Pour faciliter l'écriture, nous emploierons une notation abrégée qui représentera les polaires. On écrira $[cx^2]$ pour la polaire qui figure dans la différentielle (13)

$$[cx^2]=c_1f_1(x)+c_2f_2(x)+c_3f_3(x). \tag{14}$$

Cette notation rappelle les degrés de la polaire, soit par rapport aux lettres c, soit par rapport aux lettres x. Nous aurons aussi à employer la notation analogue avec trois lettres

$$[cxy] = \frac{1}{2}\left(y_1\frac{\partial}{\partial x_1} + y_2\frac{\partial}{\partial x_2} + y_3\frac{\partial}{\partial x_3}\right)[cx^2],$$

qui représente une polaire de la précédente fonction.

On doit observer que $[cxy]$ est symétrique par rapport aux coordonnées des trois points c, x, y. Ces polaires se réduisent au polynôme f quand les points coïncident entre eux. Elles se réduisent à zéro si les points réunis sont sur la cubique.

Nous allons d'abord chercher l'expression elliptique des polaires $[cx^2]$, en supposant, comme il sera dorénavant entendu, que tous les points considérés sont sur la cubique.

Prenons le déterminant (xyz), considéré précédemment (12), et supposons le point z, sur la courbe, infiniment voisin du point x. L'arbitraire ρ étant censée fixée, on devra remplacer z_i par $x_i + dx_i$. Le déterminant devient donc $-(yx\,dx)$. Au signe près et sauf changement de la notation, y au lieu de c, c'est le numérateur (13). Suivant une convention déjà faite et que nous renouvelons, employons la lettre x, au lieu de u, pour l'argument du point x; employons aussi la notation $[yx^2]$ pour la polaire et concluons que le déterminant (xyz), quand on suppose z infiniment voisin de x sur la courbe, devient $-k[yx^2]\,dx$. Le second membre (12) devient

$$C\frac{\sigma(x-y)\,\sigma(y-x)\,dx\,\sigma(2x+y)}{(\sigma^2 x\,\sigma y)^3}.$$

Nous avons donc cette expression de la polaire

$$k[yx^2] = C\frac{\sigma^2(x-y)\,\sigma(2x+y)}{(\sigma^2 x\,\sigma y)^3}. \tag{15}$$

Il ne faut pas oublier que l'origine des arguments est en un point d'inflexion, circonstance qu'on écarte, avons-nous dit, en ajoutant une constante arbitraire à chaque argument; mais il n'y a aucun inconvénient à sous-entendre cette modification.

Il serait facile de trouver autrement cette expression de la polaire, en observant que, si l'on y considère les y comme coordonnées courantes, la polaire, égalée à zéro, fournit l'équation de la tangente au point x. On comprendra ainsi la signification du facteur $\sigma(2x+y)$.

Prenons deux pareilles polaires et, nous servant encore de l'égalité (15), concluons la suivante :

$$(16)\quad \begin{cases} k^2 \dfrac{[yx^2][yz^2]}{(xyz)^2} = \dfrac{\sigma(2x+y)\,\sigma(2z+y)}{[\sigma(z-x)\,\sigma(x+y+z)]^2} \\ \qquad = \mathrm{p}(x-z) - \mathrm{p}(x+y+z). \end{cases}$$

Dérivation par rapport à l'argument.

Soient φ et ψ deux fonctions, homogènes et du même degré, des coordonnées x_i. Leur rapport, considéré le long de la cubique, est une fonction du seul argument x (et non de ρ); on veut en obtenir la dérivée par rapport à cet argument. On y parvient par une analyse toute semblable à celle qui a été employée au Chapitre X (p. 397). Soient, n étant le degré commun de φ et ψ,

$$\varphi_1 = \frac{1}{n}\frac{\partial\varphi}{\partial x_1}, \qquad \psi_1 = \frac{1}{n}\frac{\partial\psi}{\partial x_1}, \qquad \ldots;$$

on a

$$\frac{1}{n}(\psi\, d\varphi - \varphi\, d\psi) = (\psi_2\varphi_3 - \psi_3\varphi_2)(x_2\, dx_3 - x_3\, dx_2) + \ldots.$$

En prenant, dans l'égalité (13), $c_1 = \psi_2\varphi_3 - \psi_3\varphi_2, \ldots$ et mettant x, pour l'argument, au lieu de u, on conclut

$$\frac{1}{n}(\psi\, d\varphi - \varphi\, d\psi) = k(f_1\psi_2\varphi_3)\, dx;$$

$$(17)\qquad \frac{d}{dx}\frac{\varphi}{\psi} = n\, k\, \frac{(f_1\psi_2\varphi_3)}{\psi^2},$$

formule qui donne la dérivée *par rapport à l'argument x*.

Nous allons avoir besoin d'une telle dérivée pour le cas où ψ sera égal à $(xyz)^n$. En ce cas, on a

$$\psi_1 = (xyz)^{n-1}(y_2 z_3 - y_3 z_2).$$

Le numérateur (17) devient alors, sauf le facteur $(xyz)^{n-1}$,

$$(y_2 z_3 - y_3 z_2)(\varphi_2 f_3 - \varphi_3 f_2) + \ldots,$$

ou bien

$$\Phi = (y_1\varphi_1 + y_2\varphi_2 + y_3\varphi_3)(z_1 f_1 + z_2 f_2 + z_3 f_3) - (y_1 f_1 + y_2 f_2 + y_3 f_3)(z_1\varphi_1 + z_2\varphi_2 + z_3\varphi_3).$$

On a, de cette manière,

$$(18) \qquad \frac{d}{dx}\frac{\varphi}{(xyz)^n} = nk\frac{\Phi}{(xyz)^{n+1}}.$$

Il ne faut pas perdre de vue que, dans $\varphi_1, f_1, \ldots$, ce sont les coordonnées x qui figurent. Les facteurs $(z_1 f_1 + \ldots)$ et $(y_1 f_1 + \ldots)$ sont les polaires $[zx^2]$ et $[yx^2]$; les deux autres sont des polaires analogues, relatives à la fonction φ.

Expression elliptique de la seconde polaire.

Appliquons au premier membre (16) la formule de dérivation (18) et dérivons aussi le second membre par rapport à x; nous obtenons

$$(19) \quad p'(x-z) - p'(x+y+z) = 2k^3\frac{[yz^2]([xy^2][zx^2] - [yx^2][xyz])}{(xyz)^3}.$$

Pour parvenir à l'expression de la seconde polaire $[xyz]$, prenons l'équation semblable où les lettres x, y, z sont permutées circulairement et retranchons membre à membre. Il vient ainsi

$$p'(x-z) - p'(y-x) = 2k^3\frac{[xyz]([zx^2][zy^2] - [yz^2][yx^2])}{(xyz)^3}.$$

Pareille opération étant faite sur l'égalité (16), on a aussi

$$p(x-z) - p(y-x) = -k^2\frac{[zx^2][zy^2] - [yz^2][yx^2]}{(xyz)^2}.$$

Divisant membre à membre ces deux égalités, nous obtenons

$$(20) \qquad \frac{k[xyz]}{(xyz)} = -\frac{1}{2}\frac{p'(x-z) - p'(y-x)}{p(x-z) - p(y-x)}$$

ou bien, d'après la formule d'addition (t. I, p. 138),

$$(21) \qquad \frac{k[xyz]}{(xyz)} = \zeta(x-z) + \zeta(y-x) + \zeta(z-y).$$

C'est là un résultat sur lequel nous allons revenir un peu plus loin.

Les fonctions elliptiques exprimées par des polaires.

Suivant le théorème d'addition (t. I, p. 30), la somme des fonctions p pour les trois arguments $x-z$, $y-x$, $z-y$ est égale au carré de la quantité (20). L'égalité (16) et ses semblables donnent donc

$$(22)\quad \begin{cases} \dfrac{1}{k^2}p(x+y+z) \\ \quad = \dfrac{[xyz]^2-[xy^2][xz^2]-[yz^2][yx^2]-[zx^2][zy^2]}{3(xyz)^2}, \end{cases}$$

$$(23)\quad \begin{cases} \dfrac{1}{k^2}p(x-z) \\ \quad = \dfrac{[xyz]^2-[xy^2][xz^2]-[zx^2][zy^2]+2[yz^2][yx^2]}{3(xyz)^2}. \end{cases}$$

La différentiation dans la formule (22), par rapport à l'un quelconque des arguments, donne lieu à des réductions remarquables et l'on obtient

$$(24)\quad \frac{1}{k^3}p'(x+y+z)=\frac{[xz^2][yx^2][zy^2]-[zx^2][xy^2][yz^2]}{(xyz)^3}.$$

L'égalité (19) donne ensuite celle-ci

$$(25)\quad \begin{cases} \dfrac{1}{k^3}p'(x-z) \\ \quad = \dfrac{[zx^2][xy^2][yz^2]+[xz^2][yx^2][zy^2]-2[xyz][yz^2][yx^2]}{(xyz)^3}. \end{cases}$$

Dans les formules (23, 25), il faut remarquer que les seconds membres contiennent les coordonnées du point y, bien que les premiers membres soient indépendants de ce point. On peut fonder sur cette observation, faite *a priori*, une démonstration de ces formules, comme l'a fait M. Georg Pick, qui les a trouvées [1].

---

[1] *Zur Theorie der elliptischen Functionen*, von Georg Pick, in Prag (*Math. Ann.*, t. XXVIII, p. 309; 1887).

Autre démonstration.

Voici une autre manière de parvenir à ces mêmes résultats. Envisageons, dans la polaire $[yx^2]$, les coordonnées x comme variables et les coordonnées y comme étant celles d'un point fixe sur la courbe : on reconnaît tout de suite que la fonction $[yx^2]^2$ a, pour racines doubles, les arguments des points de contact des tangentes menées de y et pour racine quadruple l'argument de y. C'est aussi ce qui a lieu pour le polynôme du quatrième degré en x, qui forme le premier membre de l'équation des quatre tangentes. Il y a donc identité entre ce premier membre et $[yx^2]^2$, quand x est sur la courbe. Mais, pour avoir un résultat plus complet, considérons la fonction

$$(26) \qquad [yx^2]^2 - \tfrac{4}{3}[xy^2]f(x) = F(x)$$

et prenons ses polaires

$$z_1 F_1(x) + \ldots = [xyz][yx^2] - \tfrac{1}{3}[zy^2]f(x) - [xy^2][zx^2],$$
$$3z_1^2 F_{11}(x) + \ldots = [yz^2][yx^2] + 2[xyz]^2 - 2[zy^2][zx^2] - 2[xy^2][xz^2].$$

Les polaires suivantes s'en déduisent par la permutation de x et z dans la première polaire et dans la fonction.

Si l'on suppose x coïncidant avec y, on obtient

$$z_1 F_1(y) + \ldots = -\tfrac{1}{3}[zy^2]f(y),$$
$$3z_1^2 F_{11}(y) + \ldots = -[yz^2]f(y),$$
$$y_1 F_1(z) + \ldots = -\tfrac{1}{3}f(y)f(z).$$

On voit que ces trois polaires sont identiquement nulles (quel que soit le point z), si le point y est sur la courbe. Il suffit d'envisager la dernière pour conclure que l'équation $F(x) = o$, en ce cas, représente quatre droites, passant au point y.

Soient

$$a = a_1 x_1 + a_2 x_2 + a_3 x_3 = o, \qquad b = b_1 x_1 + b_2 x_2 + b_3 x_3 = o$$

les équations de deux droites arbitraires, passant en y; on a de la sorte

$$F(x) = A_0 a^4 + 4 A_1 a^3 b + 6 A_2 a^2 b^2 + 4 A_3 a b^3 + A_4 b^4 = \Psi(a, b).$$

On peut supposer

$$y_1 = a_2 b_3 - a_3 b_2, \qquad y_2 = a_3 b_1 - a_1 b_3, \qquad y_3 = a_1 b_2 - a_2 b_1,$$

d'où résulte cette expression du déterminant

$$(y_1 x_2 \, dx_3) = a \, db - b \, da.$$

La différentielle (13), où l'on met y au lieu de c, devient ainsi

$$k \, du = \frac{(y_1 x_2 \, dx_3)}{[yx^2]} = \frac{a \, db - b \, da}{\sqrt{\Psi(a, b)}}.$$

Si l'on y prend le rapport $a : b$ pour variable, elle est mise explicitement sous la forme habituelle des différentielles elliptiques de première espèce et telle qu'on l'aurait trouvée par l'analyse du premier paragraphe. Nous allons maintenant appliquer le résultat démontré au Chapitre IX (p. 359) et consistant dans les deux formules

$$k \mathrm{U} = \int_z^x \frac{dx}{\sqrt{\Psi(x)}}, \qquad \frac{1}{k^2} p \mathrm{U} = \frac{\Psi_x^z + \sqrt{\Psi(x) \Psi(z)}}{2(x - z)^2}.$$

Ici x doit être remplacé par $a : b$. Pour mettre les coordonnées en évidence, écrivons a_x et b_x au lieu de a et b. Nous mettrons aussi a_z et b_z quand les coordonnées d'un point z remplaceront celles du point x. Ainsi, la différence $x - z$ du dénominateur de $p\mathrm{U}$ est

$$\frac{1}{b_x b_z}(a_x b_z - a_z b_x) = -\frac{1}{b_x b_z}(xyz).$$

Le dénominateur $b_x b_z$ disparaîtra, et il est clair qu'on peut opérer directement sur les variables homogènes a, b, sans se préoccuper de ce dénominateur. On voit immédiatement que les polaires de la forme binaire $\Psi(a, b)$ coïncident avec celles de la forme ternaire $\mathrm{F}(x)$. La polaire du second ordre Ψ_x^z n'est autre que $z_1^2 \mathrm{F}_{11}(x) + \ldots$, calculée plus haut. En conséquence, mettant le double signe devant le radical et remplaçant $\Psi(x)$, $\Psi(z)$ par $[yx^2]^2$, $[yz^2]^2$, suivant l'égalité (26), on conclut

$$\frac{1}{k^2} p \mathrm{U} = \frac{[yz^2][yx^2] + 2[xyz]^2 - 2[zy^2][zx^2] - 2[xy^2][xz^2] \pm 3[yx^2][zx^2]}{6(xyz)^2}.$$

Pour des raisons immédiatement visibles, cette formule, suivant qu'on prend le signe *plus* ou le signe *moins*, donne l'une ou l'autre des deux formules (22, 23).

La transformation, que nous venons d'employer et qui fait passer si aisément de la différentielle (13) à la forme usuelle, est due à M. Aronhold. Cet éminent géomètre s'en est servi, quand ce sujet de recherches était encore tout nouveau, pour exprimer $p(x-z)$ par une formule beaucoup plus remarquable que la formule (23) et qu'on trouvera un peu plus loin (31).

Sur l'expression des covariants par des polaires.

A l'égard du seul argument x, le second membre de l'égalité (21) contient la plus générale fonction elliptique à deux pôles. Toute fonction elliptique de x peut être exprimée par une somme de telles fonctions, multipliées par des facteurs constants. C'est une conséquence immédiate de la décomposition en éléments simples. Il en est ainsi, du moins, quand on envisage une fonction dont les pôles sont simples. Pour ne pas écarter les fonctions à pôles multiples, il faut joindre à l'élément simple (21) les éléments $p(x-z)$, $p'(x-z)$, ..., dont les formules (23, 25) et les analogues fourniraient les expressions.

Toute fonction rationnelle des coordonnées du point x, envisagée le long de la cubique, devient une fonction elliptique de l'argument x. On peut donc exprimer cette fonction par des éléments tels que le premier membre (21) et les seconds membres (23, 25), etc. La même fonction étant envisagée ensuite pour un point quelconque, non plus situé sur la cubique, on voit que la différence entre cette fonction et l'expression qu'on vient d'en trouver est divisible par le premier membre de l'équation de la cubique. Le quotient est susceptible d'être transformé de la même manière. De là se conclut cette proposition : *Toute fonction rationnelle des coordonnées x, multipliées par des déterminants (xyz), $(xy'z')$, ..., peut être exprimée sous forme entière par de tels déterminants et des polaires, prises par rapport à une cubique.*

Nous allons donner des exemples qui vont être utilisés un peu plus loin.

Considérons le hessien de $f(x)$, dont l'expression, en déterminant, est la suivante :

$$H(x) = \begin{vmatrix} f_{11} & f_{12} & f_{13} \\ f_{12} & f_{22} & f_{23} \\ f_{13} & f_{23} & f_{33} \end{vmatrix}, \qquad f_{ij} = \frac{1}{6}\frac{\partial^2 f}{\partial x_i \partial x_j}.$$

Multiplions ce déterminant par (xyz). Dans le déterminant produit, voici les éléments de la première ligne :

$$x_1 f_{11} + x_2 f_{12} x_3 + f_{13} = f_1 = \frac{1}{3}\frac{\partial f}{\partial x_1},$$

$$y_1 f_{11} + y_2 f_{12} + y_3 f_{13} = \frac{1}{2}\frac{\partial [yx^2]}{\partial x_1},$$

$$z_1 f_{11} + z_2 f_{12} + z_3 f_{13} = \frac{1}{2}\frac{\partial [zx^2]}{\partial x_1}.$$

Les éléments de la deuxième et de la troisième ligne diffèrent de ceux-ci par le changement de x_1 en x_2 ou x_3. Le produit $(xyz)\,H(x)$ est ainsi un déterminant dont chaque ligne se compose des dérivées des trois fonctions $\frac{1}{3}f$, $\frac{1}{2}[yx^2]$, $\frac{1}{2}[zx^2]$, prises par rapport à x_1, ou x_2, ou x_3.

Multiplions encore par (xyz). Le nouveau déterminant produit se compose des polaires de ces trois mêmes fonctions, prises avec les coordonnées x, y ou z. Il vient ainsi

$$(xyz)^2 H(x) = \begin{vmatrix} f & [yx^2] & [zx^2] \\ [yx^2] & [xy^2] & [xyz] \\ [zx^2] & [xyz] & [xz^2] \end{vmatrix}.$$

Le développement du déterminant fournit l'un des exemples que nous avions en vue :

$$(27) \quad \left\{ \begin{aligned} (xyz)^2 H(x) = {} & 2[yx^2][zx^2][xyz] - [yx^2]^2[xz^2] \\ & - [zx^2]^2[xy^2] + [xy^2][xz^2]f - [xyz]^2 f. \end{aligned} \right.$$

Prenons la polaire $\frac{1}{4} z_1 \frac{\partial}{\partial x_1} + \ldots$; son expression, par le second membre, contient le polynôme f avec les variables x et aussi avec les variables z. Ce dernier provient de la polaire de $[xz^2]$.

En supposant les points x et z sur la cubique, nous négligerons les termes correspondants, que cette hypothèse fait évanouir.

On obtient ainsi

$$(28)\quad \left\{\begin{aligned} &3(xyz)^2[z_1 \mathrm{H}_1(x)+\ldots]\\ &\quad=[zx^2]([xyz]^2-[xy^2][xz^2]-[zx^2][zy^2]-2[yz^2][yx^2]). \end{aligned}\right.$$

Voici un autre exemple où le calcul est analogue. Soit

$$(29)\qquad \mathrm{U}(x,y,z)=\begin{vmatrix} f_{11} & f_{12} & f_{13} & f_1(y)\\ f_{12} & f_{22} & f_{23} & f_2(y)\\ f_{13} & f_{23} & f_{33} & f_3(y)\\ f_1(z) & f_2(z) & f_3(z) & 0 \end{vmatrix},$$

où, bien entendu, $f_{11}\ldots$ contiennent les coordonnées x, comme précédemment. Nous multiplierons, deux fois de suite, ce déterminant par (xyz), en écrivant

$$(xyz)=\begin{vmatrix} x_1 & x_2 & x_3 & 0\\ y_1 & y_2 & y_3 & 0\\ z_1 & z_2 & z_3 & 0\\ 0 & 0 & 0 & 1 \end{vmatrix}.$$

Le premier produit est figuré par le déterminant

$$\begin{vmatrix} f_1(x) & [yx^2]_1 & [zx^2]_1 & [xy^2]_1\\ f_2(x) & [yx^2]_2 & [zx^2]_2 & [xy^2]_2\\ f_3(x) & [yx^2]_3 & [zx^2]_3 & [xy^2]_3\\ [xz^2] & [yz^2] & f(z) & 0 \end{vmatrix};$$

le second produit est ensuite

$$\begin{vmatrix} f(x) & [yx^2] & [zx^2] & [xz^2]\\ [yx^2] & [xy^2] & [xyz] & [yz^2]\\ [zx^2] & [xyz] & [xz^2] & f(z)\\ [xy^2] & f(y) & [zy^2] & 0 \end{vmatrix}.$$

En développant et supprimant les termes qui contiennent $f(x), f(y), f(z)$, c'est-à-dire supposant les trois points sur la cubique, on obtient

$$(30)\quad \left\{\begin{aligned} &(xyz)^2\,\mathrm{U}(x,y,z)\\ &\quad=[xyz]^2[xy^2][xz^2]-[xyz]([yx^2][zy^2][xz^2]+[xy^2][yz^2][zx^2])\\ &\quad+[xy^2][xz^2]([zx^2][zy^2]+[yx^2][yz^2]-[xy^2][xz^2])\\ &\quad-[yx^2][zx^2][yz^2][zy^2]. \end{aligned}\right.$$

Les fonctions elliptiques exprimées par des covariants.

Considérons la formule (23). La présence des coordonnées y, qui figurent un point arbitraire doit être envisagée comme un défaut de cette formule, défaut inévitable si l'on veut que le numérateur soit exprimé par des polaires. Pour faire disparaître ce point y, le moyen le plus naturel consiste à le supposer infiniment voisin de x (ou de z), ce qui, d'après l'égalité (13), amènera au dénominateur la polaire $[zx^2]$ au carré.

Il est aisé de voir que $[zx^2]$ est infiniment petit du second ordre quand les points x et z sont à une distance infiniment petite du premier ordre, et l'on doit, par là, pressentir que le dénominateur se réduira à la première puissance de $[zx^2]$. Ce calcul se trouve ici évité par l'emploi de l'égalité (28), qui nous donne immédiatement [1]

$$(31)\qquad \frac{1}{k^2}\,p(x-z) = \frac{z_1 H_1(x) + z_2 H_2(x) + z_3 H_3(x)}{z_1 f_1(x) + z_2 f_2(x) + z_3 f_3(x)}.$$

Le second membre est dissymétrique par rapport à x et z. Le fait qu'il représente néanmoins une fonction symétrique des deux points constitue une identité importante dans la théorie des formes cubiques, l'*identité de Salmon*.

En dérivant par rapport à z, suivant la règle (17), on déduit de la formule (31) celle-ci :

$$\frac{1}{\tau^3}\,p'(x-z) = -\frac{R}{[zx^2]^2},$$

R désignant le déterminant suivant :

$$R = (f_1 z . f_2 x . H_3 x).$$

---

(1) Cette transformation de la formule (23) apparaîtra directement comme évidente aux personnes qui connaissent le calcul symbolique. On est, en effet, certain que le numérateur (23), multiplié par la polaire $[zx^2]$, doit contenir le facteur $(xyz)^2$. L'apparition de ce facteur ne peut avoir lieu que par celle de facteurs tels que $(a_x b_y c_z)$ dans l'écriture symbolique. Mais il n'y a que trois figures, c'est-à-dire que le produit est du troisième degré par rapport aux coefficients de la cubique. C'est donc le carré de ce déterminant qui doit apparaître. Il se trouvera donc le facteur $(abc)^2$; eu égard aux degrés en x et z, on conclut que le numérateur est nécessairement $(abc)^2 a_x^2 b_z$.

De l'égalité (31) on peut déduire une expression assez simple pour $p(x+y+z)$, comme il suit.

Considérons z comme le troisième point d'intersection de la cubique avec une droite qui rencontre, en outre, cette courbe aux points y, t. Nous avons alors

$$z_i = \lambda y_i + \mu t_i \qquad (i = 1, 2, 3),$$

et le rapport $\lambda : \mu$ se détermine par l'équation $f(z) = 0$. Cette dernière, à cause des hypothèses $f(y) = f(t) = 0$, se réduit à

$$\lambda[ty^2] + \mu[yt^2] = 0,$$

en sorte qu'on a, pour les coordonnées de z,

$$z_i = y_i[yt^2] - t_i[ty^2].$$

La substitution de ces expressions dans la formule (31) fournit l'égalité cherchée; car, suivant l'hypothèse, l'argument z est égal à $-(y+t)$. Nous avons donc (en remettant la lettre z au lieu de t)

$$(32) \qquad \frac{1}{k^2} p(x+y+z) = \frac{[yz^2](y_1 H_1 x + \ldots) - [zy^2](z_1 H_1 x + \ldots)}{[yz^2][yx^2] - [zy^2][zx^2]}.$$

Cette manière d'ajouter des arguments entre eux s'applique à un nombre quelconque d'arguments; elle doit être particulièrement remarquée.

En supposant $z = x$, on réduit $[zx^2]$ à $f(x)$, qui est nul, et l'on a

$$(33) \qquad \frac{1}{k^2} p(2x+y) = \frac{[yx^2](y_1 H_1 x + \ldots) - [xy^2] H x}{[yx^2]^2}.$$

La formule (32) présente le défaut de n'être point, au second membre, explicitement symétrique. On peut en trouver, à sa place, une autre, qui soit exempte de ce défaut, et dont le degré soit le moindre possible. Nous l'indiquons brièvement; car elle semble de pure curiosité.

Soit V la seconde polaire de H,

$$V = \frac{1}{6}\left(z_1 \frac{\partial}{\partial x_1} + \ldots\right)\left(y_1 \frac{\partial}{\partial x_1} + \ldots\right) H x;$$

c'est une fonction symétrique des trois points, dont on obtient, par l'égalité (27), l'expression suivante, les trois points étant sur la cubique,

$$6(xyz)^2 V = 2[xyz]([xyz]^2 - [xy^2][xz^2] - [yz^2][yx^2] - [zx^2][zy^2]) \\ + 3[xy^2][yz^2][zx^2] + 3[yx^2][zy^2][xz^2].$$

Au moyen de cette relation, des égalités (28), (30) et de leurs analogues, obtenues par permutation des lettres, on exprime aisément le numérateur (22) par les nouvelles combinaisons et l'on trouve

$$\frac{1}{k^2}\, p(x - y + z) = \frac{V}{[xyz]} + \frac{1}{6[xyz]^2} \sum \left\{ U(x,y,z) - [zy^2](z_1 H_1 x + \ldots) \right\}.$$

La somme se compose de trois termes seulement, qu'on obtient par la permutation circulaire des lettres x, y, z.

Multiplication par 3.

En prenant, dans les formules précédentes, les expressions des fonctions elliptiques pour les trois arguments

$$x + y + z, \qquad x - y, \qquad x - z,$$

nous pourrons trouver les fonctions elliptiques de la somme, qui est $3x$. Les formules sont toutes rationnelles; les expressions de $p3x$ et $p'3x$ seront donc rationnelles aussi. Elles contiendront, il est vrai, les coordonnées de deux points arbitraires y, z, mais ces dernières devront disparaître d'elles-mêmes. Il est donc certain que les fonctions elliptiques de l'argument $3x$ devront s'exprimer rationnellement par les seules coordonnées du point x.

C'est là un fait dont on se rend compte aussi par l'observation suivante : l'argument x est défini comme ayant son origine en un point d'inflexion; de là, dans les fonctions de cet argument lui-même, une irrationnalité qui correspond au choix de l'un des neuf points d'inflexion. Mais ceux-ci répondent aux tiers de période : leurs arguments triplés sont des périodes, et les fonctions elliptiques de l'argument $3x$ sont indépendantes du choix qu'on a pu faire pour le point d'inflexion, pris comme origine.

Le calcul de $p3x$ offrirait, par le procédé qu'on vient d'indiquer, des difficultés sérieuses quand on voudrait faire disparaître les points y et z. Cependant il n'est pas impraticable si, prenant la formule (33), on forme $3x$ par l'addition de $2x+y$ et $x-y$. On verra bientôt comment a été trouvée l'expression de $\wp 3x$. Nous allons d'abord en donner une démonstration *a posteriori*.

Considérons le déterminant suivant, où les variables (non écrites explicitement) sont les coordonnées du point x,

$$\text{(34)} \qquad \varphi = \begin{vmatrix} f_{11} & f_{12} & f_{13} & H_1 \\ f_{12} & f_{22} & f_{23} & H_2 \\ f_{13} & f_{23} & f_{33} & H_3 \\ H_1 & H_2 & H_3 & 0 \end{vmatrix}.$$

C'est lui qui va être le numérateur dans l'expression de $\wp 3x$.

Multiplions ce déterminant, deux fois de suite, par (xyz), en effectuant ce calcul comme nous l'avons montré précédemment pour l'analogue U(29). Nous obtenons

$$\text{(35)} \qquad (xyz)^2\varphi = \begin{vmatrix} fx & [yx^2] & [zx^2] & H \\ [yx^2] & [xy^2] & [xyz] & y_1H_1+\ldots \\ [zx^2] & [xyz] & [xz^2] & z_1H_1+\ldots \\ H & y_1H_1+\ldots & z_1H_1+\ldots & 0 \end{vmatrix}.$$

Supposons que z soit le point où la cubique rencontre, de nouveau, la tangente au point x; on a ainsi, quant aux arguments, $2x+z=0$. La formule (15), où l'on mettrait z, au lieu de y, fait voir que $[zx^2]$ est alors nul, comme on le sait aussi par la théorie des polaires. Mais, en même temps, la formule (31) montre que la polaire $z_1H_1+\ldots$ est nulle aussi. Le second membre de cette formule s'offre sous la forme $\frac{0}{0}$, et c'est sa valeur que nous cherchons précisément, puisque l'hypothèse $z+2x=0$ amène, au premier membre, $\wp 3x$.

En supposant donc nulles les deux polaires $[zx^2]$ et $z_1H_1+\ldots$, développons le déterminant (35), qui devient très simple, fx étant nulle aussi :

$$(xyz)^2\varphi = \begin{vmatrix} 0 & [yx^2] & 0 & H \\ [yx^2] & [xy^2] & [xyz] & y_1H_1+\ldots \\ 0 & [xyz] & [xz^2] & 0 \\ H & y_1H_1+\ldots & 0 & 0 \end{vmatrix},$$

$$\text{(36)} \quad (xyz)^2\varphi = H\left\{[xyz]^2H + 2[yx^2][xz^2](y_1H_1+\ldots) - [xy^2][xz^2]H\right\}.$$

Changeant, dans l'égalité (28), z en y et supposant $[zx^2]$ nul, on a

$$3(xyz)^2(y_1 H_1 + \ldots) = [yx^2]([xyz]^2 - [xy^2][xz^2] - [yx^2][yz^2]).$$

Semblablement, l'égalité (27) se réduit à

$$(xyz)^2 H = -[yx^2]^2[xz^2].$$

On en conclut

$$[xyz]^2 - [xy^2][xz^2] + 2[yx^2][xz^2]\frac{y_1 H_1 + \ldots}{H}$$
$$= \tfrac{1}{3}([xyz]^2 - [xy^2][xz^2] + 2[yx^2][yz^2]).$$

Le dernier membre, comme on voit par l'égalité (23), est justement la valeur limite de

$$(xyz)^2 \frac{z_1 H_1 + \ldots}{[zx^2]} = \frac{(xyz)^2}{k^2} p(x - z) = \frac{(xyz)^2}{k^2} p\,3x,$$

quand on suppose $[zx^2]$ nul. C'est aussi, suivant l'égalité (36), la valeur de $(xyz)^2 \frac{\varphi}{H^2}$. Voici donc la conclusion :

$$(37) \qquad \frac{1}{k^2} p\,3x = \frac{\varphi}{H^2},$$

formule qui donne $p3x$ par le quotient de la fonction φ et du carré du hessien.

Soit désigné maintenant par ψ le déterminant

$$(38) \qquad \psi = 2(f_1 . H_2 . \varphi_3).$$

D'après la règle de dérivation (17), on déduit de la formule (37) celle-ci :

$$(39) \qquad \frac{1}{k^3} p'3x = \frac{\psi}{H^3}.$$

Les invariants des fonctions elliptiques étant g_2 et g_3, soient

$$\frac{1}{\tau^4} g_2 = C_2, \qquad \frac{1}{\tau^6} g_3 = C_3.$$

Ces constantes C_2 et C_3 sont deux invariants de la cubique et les égalités précédentes fournissent la relation

$$(40) \qquad \psi^2 = 4\varphi^3 - C_2 \varphi H^4 - C_3 H^6,$$

qui a lieu sur la cubique, c'est-à-dire quand les coordonnées de x vérifient l'équation $f(x) = 0$. Cette relation entre des covariants est analogue à celles dont il a été parlé dans les précédents Chapitres (IX, 50 et X, 38). Par la définition (38) de ψ et cette relation, comme on l'a montré déjà pour les analogues, on conclut que la différentielle elliptique (13) acquiert la forme normale quand on prend pour variable $\frac{\varphi}{H^2}$. C'est ainsi, par la découverte directe de la relation (40), déduite de la théorie des formes cubiques, que la formule (37) s'est offerte à M. Brioschi.

La cubique rapportée à un triangle d'inflexions.

Si l'on prend pour triangle de référence un triangle d'inflexions, chaque coordonnée, d'après le second mode de représentation (5), est le produit de trois fonctions σ, ayant pour racines des tiers de périodes. Multipliant ces fonctions σ par des exponentielles convenables, on les pourra changer en des fonctions $\mathfrak{S}_1$ (t. I, p. 251). C'est la forme que nous allons employer. Mais, comme les produits dont il s'agit s'offriront encore, avec d'autres parties aliquotes de périodes, dans des théories importantes, nous allons, dès à présent, les considérer avec ce degré de généralisation.

Soit p un nombre entier et positif. Considérons le produit

$$\varphi_n(v) = \mathfrak{S}_1\left(v + \frac{n}{p} + \frac{a}{p}\tau\right)\mathfrak{S}_1\left(v + \frac{n}{p} + \frac{a+1}{p}\tau\right)\cdots\mathfrak{S}_1\left(v + \frac{n}{p} + \frac{a+p-1}{p}\tau\right).$$

On doit se souvenir que les périodes sont 1 et τ.

Par cette définition, on a

$$(41)\qquad \varphi_n\left(v + \frac{1}{p}\right) = \varphi_{n+1}(v),$$

et aussi (t. I, p. 254)

$$\frac{\varphi_n\left(v + \dfrac{\tau}{p}\right)}{\varphi_n(v)} = \frac{\mathfrak{S}_1\left(v + \dfrac{n}{p} + \dfrac{a}{p}\tau + \tau\right)}{\mathfrak{S}_1\left(v + \dfrac{n}{p} + \dfrac{a}{p}\tau\right)} = -q^{-1}e^{-2i\pi\left(v + \frac{n}{p} + \frac{a}{p}\tau\right)},$$

ce que nous écrirons sous cette forme

$$(42)\qquad \varphi_n\left(v+\frac{\tau}{p}\right)=e^{-\frac{2n i\pi}{p}}\alpha\,\varphi_n(v),$$

α étant un facteur indépendant de n,

$$\alpha=-e^{-i\pi\left(2v+\frac{2a+p}{p}\tau\right)}.$$

Quand on ajoute à v la période 1, les fonctions $\varphi_n(v)$ se reproduisent sans changement. Si l'on ajoute la période τ, on voit, par l'égalité (42), qu'elles se reproduisent multipliées par le facteur

$$\alpha^p e^{-\frac{2i\pi\tau}{p}(1+2+\ldots+p-1)}=\alpha^p e^{-(p-1)i\pi\tau},$$

qui est indépendant de n. Les diverses fonctions $\varphi_n(v)$ sont donc proportionnelles à des fonctions doublement périodiques. Elles ont, par conséquent, le caractère propre à la représentation (5) des coordonnées.

Les fonctions φ_n sont en nombre égal à p seulement; si, en effet, on change n en $n+p$, c'est comme si l'on ajoutait à v la période 1 sans changer n. Par là, chaque fonction $\mathfrak{I}_1$ se reproduit changée de signe (t. I, p. 254); φ_{n+p} est égal à $\pm\varphi_n$. On obtiendra les diverses fonctions φ_n en prenant p nombres entiers consécutifs pour n.

Au cas $p=3$, les *trois* fonctions φ_n ont ensemble pour racines tous les tiers de périodes, au nombre de neuf. Elles représentent un triangle d'inflexions.

Suivant que l'on construit $\mathfrak{I}_1$ avec une des quatre périodes

$$\tau=\frac{\omega'}{\omega},\quad -\frac{\omega}{\omega'},\quad \frac{\omega+\omega'}{\omega},\quad \frac{\omega'-\omega}{\omega'},$$

les trois fonctions φ_n représentent ensemble un quelconque des quatre triangles d'inflexions, comme on le reconnaîtra immédiatement par la comparaison de leurs racines avec le tableau (7).

Voici maintenant une proposition qui se rapporte seulement au cas où p est un nombre impair. On peut, en ce cas, supposer pour n des valeurs, deux à deux égales et de signes contraires, dont l'une est zéro. La plus petite est alors $-\frac{1}{2}(p-1)$. On peut supposer aussi $a = -\frac{1}{2}(p-1)$. Il est alors visible que $\varphi_n(0)$ et $\varphi_{-n}(0)$ sont composés, sauf le signe, des mêmes facteurs écrits en ordre inverse, en sorte qu'on a, puisque p est impair,

$$\Sigma \varphi_n^p(0) = 0.$$

Mais, par les relations (41, 42), on voit que la somme $\Sigma\varphi_n^p(v)$ se reproduit, sauf un facteur exponentiel, si l'on ajoute à v des $p^{\text{ièmes}}$ parties de période. Cette somme est donc nulle aussi quand on suppose pour v une quelconque des $p^{\text{ièmes}}$ parties de période; elle a les mêmes racines que le produit des p fonctions φ_n. Comme, d'ailleurs, cette somme et ce produit sont, tous deux, homogènes et du même degré p, leur quotient est constant, comme étant doublement périodique et n'ayant ni racines ni pôles. Ainsi, *quand p est impair, les fonctions $\varphi_n(v)$ satisfont à l'équation*

$$\Sigma \varphi_n^p(v) = A\Pi\, \varphi_n(v),$$

où A *est une constante*. En particulier, si $p = 3$ et que l'on mette x_1, x_2, x_3 au lieu des fonctions φ, on voit que *l'équation d'une cubique, rapportée à un triangle d'inflexions, prend la forme*

$$(43) \qquad f = x_1^3 + x_2^3 + x_3^3 + 6ax_1x_2x_3 = 0.$$

Cette équation ne change point si l'on remplace x_1, x_2, x_3 par x_1, θx_2, $\theta^2 x_3$, θ étant une racine cubique de l'unité, ou si l'on permute les indices. Ces changements constituent un groupe comprenant 18 substitutions. Nous connaissons déjà un sous-groupe, comprenant 9 substitutions seulement. On l'obtient en joignant à la première substitution la permutation circulaire des indices; d'après les relations (41, 42), les substitutions de ce sous-groupe peuvent s'obtenir en ajoutant à l'argument un tiers quelconque de période : par là, tous les points d'inflexion se permutent les uns dans les autres. Pour obtenir le groupe complet, il suffit d'adjoindre à ces substitutions le changement de v en $-v$; de là proviennent 9 substitutions dont chacune conserve un point d'inflexion en permutant les autres.

Les points d'inflexion sont sur les côtés du triangle de référence. L'équation (43) nous donne immédiatement, pour l'un d'eux, les coordonnées

$$(44) \qquad x_1 = 0, \qquad x_2 = -x_3.$$

C'est à celui-là que nous allons attribuer l'argument zéro.

Avec la forme (43) de f, la hessienne H a la forme également réduite

$$H = -a^2(x_1^3 + x_2^3 + x_3^3) + (2a^3 + 1)x_1 x_2 x_3.$$

Expression des fonctions elliptiques et des invariants.

D'après le premier mode de représentation (2), les coordonnées x_i sont proportionnelles à trois fonctions linéaires de pu et $p'u$, d'où l'on pourra tirer inversement pu et $p'u$ sous forme de fractions, du premier degré en x_1, x_2, x_3.

Nous allons trouver ces expressions par la formule (31), où nous supposerons, pour le point z, le point d'inflexion (44). Nous prenons donc $z_1 = 0$, $z_2 = -z_3$ et, pour faciliter le calcul, nous intervertissons x et z, employant ainsi la formule

$$\frac{1}{k^2} pu = \frac{x_1 H_1(z) + x_2 H_2(z) + x_3 H_3(z)}{x_1 f_1(z) + x_2 f_2(z) + x_3 f_3(z)}.$$

Avec l'hypothèse faite sur z, nous avons ainsi

$$\frac{1}{k^2} pu = -\frac{1}{3}\,\frac{3a^2(x_2 + x_3) + (2a^3 + 1)x_1}{x_2 + x_3 - 2ax_1} = -a^2 - \frac{1}{3}\,\frac{(8a^3 + 1)x_1}{x_2 + x_3 - 2ax_1}.$$

Par la règle de dérivation (17), on obtient immédiatement

$$(45) \qquad \frac{1}{k^3} p'u = \frac{1}{3}\,\frac{(8a^3 + 1)(x_3 - x_2)}{x_2 + x_3 - 2ax_1},$$

et, en dérivant encore,

$$\frac{1}{k^4} p''u = \frac{2(8a^3 + 1)\left\{ (x_1 + a^2 x_2 + a^2 x_3)^2 + a(1 - a^3)(x_2 + x_3)^2 \right\}}{3(x_2 + x_3 - 2ax_1)^2}.$$

Le numérateur peut s'écrire ainsi

$$2\left\{ [3a^2(x_2 + x_3) + (2a^3 + 1)x]^2 + a(1 - a^3)(x_2 + x_3 - 2ax_1)^2 \right\},$$

en sorte que l'on conclut

$$(46)\qquad C_2 = \frac{1}{k^4} g_2 = \frac{2}{k^4}(6p^2 u - p'' u) = \frac{4}{3} a(a^3 - 1).$$

Pour trouver le second invariant, on peut prendre un autre point d'inflexion

$$x_1 = 0, \qquad x_2 : x_3 = -\theta \qquad (\theta^3 = 1):$$

on a, de cette manière, $pu = -a^2 k^2$, $p'u = \frac{1}{9}(8a^3 + 1)k^3\sqrt{-3}$,

$$(47)\quad C_3 = \frac{1}{k^6} g_3 = \frac{1}{k^6}\left(4p^3 u - g_2 p u - p'^2 u\right) = -\frac{1}{27}\left(8a^6 + 20a^3 - 1\right).$$

L'invariant absolu et irrationnel a se trouve déterminé en fonction de l'invariant rationnel par l'équation

$$\frac{C_2^3}{C_3^2} = \frac{2^6 3^3 a^3(1 - a^3)^3}{(8a^6 + 20a^3 - 1)^2},$$

qui est du quatrième degré par rapport à a^3. Chacune des quatre racines se rapporte à un des quatre triangles d'inflexion.

On peut encore trouver les expressions (46, 47) des invariants par la considération suivante : supposant $x_3 = x_2 = 1$, on obtient x_1 par l'équation de la cubique qui donne

$$(48)\qquad x^3 + 6ax + 2 = 0.$$

Mettant y au lieu de $\frac{1}{k^2} pu$ et observant que, d'après (45), $p'u$ est nul, on conclut que cette équation doit se transformer en

$$4y^3 - C_2 y - C_3 = 0$$

par la substitution

$$y = \frac{(2a^3 + 1)x + 6a^2}{6(ax - 1)}.$$

Ce procédé fournit immédiatement l'expression du discriminant. Le discriminant de l'équation (48) est $-3^3 . 2^6(8a^3 + 1)$; le déterminant de la substitution est $-6(8a^3 + 1)$, et l'on en conclut

$$C_2^3 - 27 C_3^2 = -\left(\frac{8a^3 + 1}{3}\right)^3.$$

Multiplication de l'argument.

Soit y le point d'argument zéro ($y_1 = 0, y_2 = 1, y_3 = -1$); on a

$$[xy^2] = x_2 + x_3 - 2ax_1,$$
$$[yx^2] = x_2^2 + 2ax_1x_3 - x_3^2 - 2ax_1x_3 = (x_2 - x_3)(x_2 + x_3 - 2ax_1).$$

L'égalité (33), comparée avec (31), donne donc celle-ci :

$$\frac{1}{k^2}(p\,2u - pu) = -\frac{H}{(x_2 - x_3)^2(x_2 + x_3 - 2ax_1)}.$$

Comme, d'ailleurs (t. I, p. 96),

$$p\,2u - pu = -\frac{\psi_3 u}{p'^2 u},$$

il en résulte

$$\frac{1}{k^8}\psi_3 u = \frac{(8a^3 + 1)^2 H}{9(x_2 + x_3 - 2ax_1)^3},$$

ou encore, à cause de $f = 0$,

$$\frac{1}{k^8}\psi_3 u = \frac{(8a^3 + 1)^3 x_1x_2x_3}{9(x_2 + x_3 - 2ax_1)^3}.$$

Dans la multiplication de l'argument par 2, on peut procéder autrement. Considérons les deux équations

$$y_1x_1^2 + y_2x_2^2 + y_3x_3^2 = 0, \qquad y_1x_2x_3 + y_2x_3x_1 + y_3x_1x_2 = 0,$$

qui, résolues par rapport aux y, donnent

$$\frac{y_1}{x_1(x_2^3 - x_3^3)} = \frac{y_2}{x_2(x_3^3 - x_1^3)} = \frac{y_3}{x_3(x_1^3 - x_2^3)},$$
$$\frac{y_1^3 + y_2^3 + y_3^3}{y_1y_2y_3} = \frac{x_1^3 + x_2^3 + x_3^3}{x_1x_2x_3}.$$

La dernière égalité montre que le point y est sur la cubique, en même temps que x. Les deux premières équations font voir que ce point y est sur la tangente de la cubique en x, cette tangente ayant pour équation

$$y_1x_1^2 + y_2x_2^2 + y_3x_3^2 + 2a(y_1x_2x_3 + y_2x_3x_1 + y_3x_1x_2) = 0.$$

Ainsi y est le point où la cubique rencontre la tangente menée au point x. L'argument de x étant u, celui de y est $-2u$. D'après l'égalité (45), le changement de u en $-u$ correspond à l'échange des indices 2 et 3, comme on l'a déjà observé plus haut. En conséquence, *la multiplication de l'argument par 2 s'opère au moyen des formules*

$$(49) \qquad \frac{y_1}{x_1(x_2^3 - x_3^3)} = \frac{y_3}{x_2(x_3^3 - x_1^3)} = \frac{y_2}{x_3(x_1^3 - x_2^3)},$$

c'est-à-dire que, *l'argument de x étant u*, celui de *y est $2u$*.

On pourra donc obtenir $p2u$, $p'2u$ en mettant, dans les expressions de pu et $p'u$, au lieu des x, les dénominateurs (49). Faisons le calcul pour $p'2u$; au lieu de $x_2 + x_3 - 2ax_1$, on a

$$\begin{aligned} &x_2(x_3^3 - x_1^3) + x_3(x_1^3 - x_2^3) + 2ax_1(x_3^3 - x_2^3) \\ &\quad = (x_3 - x_2)[x_2x_3(x_2 + x_3) + x_1^3 + 2ax_1(x_3^2 + x_2x_3 + x_2^2)]. \end{aligned}$$

Remplaçant x_1^3 par son expression tirée de $f = 0$, on obtient cette nouvelle forme

$$(x_2 - x_3)^3(x_2 + x_3 - 2ax_1),$$

d'après laquelle on conclut

$$\frac{1}{k^3} p'2u = \frac{(8a^3 + 1)(x_2x_3^3 + x_3x_2^3 - x_2x_1^3 - x_3x_1^3)}{3(x_2 - x_3)^3(x_2 + x_3 - 2ax_1)}.$$

Suivant une relation générale [t. I, p. 105, éq. (25)], on a

$$\psi_4 u = -p'2u(p'u)^4.$$

Nous avons donc

$$\frac{1}{k^{12}} \frac{\psi_4 u}{p'u} = \frac{(8a^3 + 1)^4(x_2x_3^3 + x_3x_2^3 - x_2x_1^3 - x_3x_1^3)}{3^4(x_2 + x_3 - 2ax_1)^4}.$$

Il est aisé de former maintenant les deux fonctions qui servent de fondement à la multiplication par un nombre quelconque (dénotées par x et y au t. I, p. 103),

$$X = \frac{\psi_3^2 u}{p'^8 u}, \qquad Y = -\frac{\psi_4 u}{p'^5 u}.$$

Voici leurs expressions :

$$X = \frac{9(8a^3+1)(x_1x_2x_3)^3}{(x_3-x_2)^3(x_2+x_3-2ax_1)},$$

(50) $$Y = -\frac{x_2x_3^2+x_3x_2^3-x_2x_1^3-x_3x_1^3}{(x_3-x_2)^4}.$$

Tandis que Y ne contient pas explicitement la constante a, X la contient, au contraire; mais on peut la faire disparaître en la remplaçant par

$$a = -\frac{x_1^3+x_2^3+x_3^3}{6x_1x_2x_3},$$

d'après l'équation de la cubique. Cette transformation est très digne d'intérêt, comme on va voir. Elle donne d'abord

$$3x_1x_2x_3(2a+1) = -(x_1+x_2+x_3)(x_1+\theta x_2+\theta^2x_3)(x_1+\theta^2x_2+\theta x_3),$$

θ étant une racine cubique imaginaire de l'unité. On en conclut

$$27(x_1x_2x_3)^3(8a^3+1) = -\Pi(x_1+\varepsilon x_2+\varepsilon' x_3),$$

le produit Π s'appliquant aux neuf facteurs qu'on obtient en prenant, de toutes les manières,

$$\varepsilon^3 = 1, \qquad \varepsilon'^3 = 1.$$

D'autre part, la transformation du dénominateur de X s'opère ainsi :

$$3x_2x_3(x_2+x_3-2ax_1) = x_1^3+(x_2+x_3)^3 = \Pi(x_1+\varepsilon x_2+\varepsilon x_3).$$

Il en résulte

(51) $$X = -\frac{1}{(x_3-x_2)^3}x_3x_2\,\Pi(x_1+\varepsilon x_2+\varepsilon' x_3),$$

avec cette condition que ε et ε' doivent être toujours différentes entre elles dans un même facteur, en sorte qu'il y a seulement six facteurs.

La signification géométrique de cette formule est fort simple : dans chaque triangle d'inflexions, il y a un côté qui passe par le point d'inflexion choisi pour origine de l'argument. Il reste donc huit droites d'inflexions qui ne contiennent pas ce point. On obtient leurs équations en égalant à zéro les huit facteurs du numérateur de X ; deux de ces facteurs sont x_3 et x_2 ; les autres sont soumis au signe Π.

Sur les combinants.

La transformation qu'on vient d'opérer sur X peut être faite aussi sur les expressions de pu et de $p'u$, qui ne contiendront plus a, mais seulement les coordonnées du point x. De cette manière, tous les points du plan se trouvent représentés par des fonctions elliptiques. C'est une représentation analogue à celle qui a été envisagée au Chapitre précédent (p. 404). En un point quelconque x passe une cubique appartenant au faisceau (43), où a est arbitraire. On prend constamment le point (0, 1, —1) pour origine de l'argument sur chaque cubique. Le point x a, dès lors, sur cette courbe un argument bien déterminé, relativement à des fonctions elliptiques dont les invariants dépendent de ce point x lui-même.

Les fonctions fondamentales pour la multiplication de l'argument sont figurées par les égalités (50) et (51). Par leur moyen, on obtiendra la solution des problèmes où cette multiplication intervient. Que l'on demande, par exemple, le lieu du point dont l'argument est la $m^{\text{ième}}$ partie d'une période. Ce sera, pour $m = 2$, la droite $x_3 = x_2$, d'après l'expression de $p'u$; pour $m = 3$, le numérateur de X devra être égalé à zéro ; ce seront donc huit droites d'inflexions ; pour $m = 4$, on égalera à zéro le numérateur de Y ; pour $m = 5$, le numérateur de $Y - X$ (t. I, p. 103) ; pour $m = 6$, celui de $Y - X - Y^2$, etc. C'est surtout quand m est un multiple de 3 que ce lieu géométrique offre de l'intérêt. Soit $m = 3n$. Le point x jouit alors de cette propriété que l'on y peut mener une courbe, du degré n, et dont tous les points d'intersection avec la cubique sont réunis au seul point x. Par une analyse semblable à celle qui a été employée dans le Chapitre X, on reconnaît que le lieu est alors décomposable, comme on vient de le voir pour le cas $m = 3$. Il se décompose en huit ou neuf courbes, suivant que n est divisible ou non divisible par 3. Nous renvoyons le lecteur, pour ces détails, au Mémoire original qui les contient ([1]).

([1]) *Recherches sur les courbes planes du troisième degré*, par G.-H. Halphen (*Mathematische Annalen*, t. XV, p. 359).

En se plaçant à ce nouveau point de vue et pour s'affranchir de la considération des coordonnées particulières qu'on vient d'employer, il faudrait mettre les expressions (37, 39) de $p3u$ et $p'3u$ sous une autre forme et y remplacer les numérateurs φ et ψ par des *combinants*. On nomme ainsi, dans le sujet actuel, des covariants qui restent inaltérés quand on remplace f par une combinaison linéaire de f et H. On voit, en effet, par les expressions réduites de f et H, que toute cubique du faisceau s'obtient par une telle combinaison. Or il arrive, en premier lieu, que ψ est effectivement un *combinant;* quant à φ, on change cette fonction en un combinant par la simple addition d'un covariant, multiplié par f. La relation (40), qui a lieu en vertu de l'équation $f = 0$, se change ainsi en une identité, fondamentale dans la théorie des cubiques. C'est ce que le lecteur pourra trouver dans les Leçons de Clebsch.

Biquadratique gauche.

Les considérations générales, qui se trouvent au début de ce Chapitre, s'étendent tout naturellement aux courbes de l'espace. Il ne faut envisager qu'une coordonnée de plus. Les quatre coordonnées homogènes x_1, x_2, x_3, x_4 d'un point étant donc prises proportionnelles à quatre fonctions elliptiques, dont les pôles communs soient en nombre n, on définit une courbe du degré n. Les déterminants binaires, formés avec les coordonnées et leurs dérivées, ont $2n$ pôles; les déterminants ternaires, formés avec les mêmes éléments et les dérivées secondes, ont $3n$ pôles. Les courbes dont il s'agit, quand elles n'ont pas de points singuliers (et, en général, elles n'ont pas même de points doubles), sont ainsi caractérisées par ces propriétés : la développable, dont une telle courbe est l'arête de rebroussement, est du degré $2n$ et de la classe $3n$.

La moindre valeur que l'on puisse prendre pour n, c'est $n = 4$, sans quoi la courbe serait plane. Par le premier mode de représentation (2), on voit, en effet, que, si n était inférieur à 4, les quatre coordonnées, s'exprimant linéairement par pu et $p'u$, seraient liées par une relation homogène du premier degré. Ce cas, $n = 4$, est le seul dont nous parlerons et fort sommairement, bien qu'il puisse donner lieu à des développements très variés et très intéressants.

Pour la courbe dont nous nous occupons ($n=4$), les quatre coordonnées sont proportionnelles à quatre fonctions linéaires de pu, $p'u$, $p''u$. En prenant donc des coordonnées convenables, on aura

$$(52) \qquad \frac{x_1}{p''u} = \frac{x_2}{p'u} = \frac{x_3}{pu} = \frac{x_4}{1}.$$

Par les relations

$$p'' = 6p^2 - \tfrac{1}{2}g_2, \qquad p'^2 = 4p^3 - g_2 p - g_3 = \tfrac{2}{3}(pp'' - g_2 p) - g_3,$$

on conclut

$$(53) \qquad x_1 x_4 = 6x_3^2 - \tfrac{1}{2}g_2 x_3 x_4, \qquad x_2^2 = \tfrac{2}{3}x_3(x_1 - g_2 x_4) - g_3 x_4^2;$$

par conséquent, *la courbe est l'intersection de deux surfaces du second degré;* c'est ce qu'on appelle une *biquadratique.* C'est une biquadratique quelconque, malgré la forme particulière des équations (53), dont la première représente un cône. On sait bien, en effet, que par une biquadratique quelconque passent quatre cônes du second degré.

Dans les équations (52), les fonctions elliptiques, auxquelles les coordonnées sont proportionnelles, ont un seul pôle, mais quadruple, $u \equiv 0$. Comme on l'a vu précédemment, cette particularité correspond simplement au choix qu'on a fait pour l'origine de l'argument. On va, dans un instant, voir quel est ce choix. On trouve immédiatement les propriétés élémentaires suivantes : *quatre points dans un même plan sont caractérisés, sur la biquadratique, par ce fait que la somme de leurs arguments est une période. Deux points, dont la somme des arguments est zéro ou une demi-période, sont dans un même plan bitangent à la courbe, c'est-à-dire que la corde qui les joint est la génératrice d'un cône du second degré passant par la courbe.* A un point correspondent, de la sorte, quatre points, qui sont les extrémités de cordes analogues; ce fait correspond à l'existence des quatre cônes du second degré. *Le plan osculateur, en un point d'argument u, rencontre de nouveau la courbe en un point dont l'argument est* $-3u$. *Les seize points, dont les arguments sont zéro, une demi-période ou un quart de période, sont ceux où le plan osculateur a un contact du troisième ordre avec la* *courbe ;* le plan est *surosculateur* ou *stationnaire.* C'est en prenant un de ces points pour origine de l'argument variable qu'on réduit à zéro la somme des racines relatives à une coordonnée quelconque.

L'étude des points où le plan osculateur est stationnaire est analogue à celle des points d'inflexion des cubiques planes : *tout plan qui contient trois de ces points en contient un quatrième.* Il existe des tétraèdres dont chaque face est constituée par un de ces plans. Si l'on prend un de ces tétraèdres pour figurer les coordonnées, le second mode de représentation a les propriétés qu'on a signalées précédemment pour les triangles d'inflexions des cubiques.

Considérons une corde fixe G, dont les extrémités aient a pour somme de leurs arguments. Pour toute corde D, qui rencontre G, la somme analogue est égale à $-a$, puisque les quatre extrémités sont dans un même plan. Les cordes D sont les génératrices d'une surface du second degré contenant la courbe, et l'on voit que, *sur une même surface du second degré passant par la courbe, chaque génératrice rectiligne, parmi celles d'un même système, rencontre la courbe en deux points dont la somme des arguments est constante. Pour les deux systèmes de génératrices rectilignes, les deux sommes sont égales et de signes opposés.* Les surfaces du second degré sont ainsi caractérisées par l'argument $\pm a$. On a déjà vu que, pour les cônes, cet argument est zéro ou une demi-période.

On peut envisager, sur une de ces surfaces du second degré, une ligne polygonale formée successivement de génératrices rectilignes de l'un et l'autre système et inscrite dans la courbe. L'argument d'un sommet étant u, on a successivement, pour les autres sommets, les arguments

$$a-u, \quad -2a+u, \quad 3a-u, \quad -4a+u, \quad 5a-u, \quad -6a+u, \quad \ldots.$$

Une telle ligne ne se fermera jamais si a est quelconque. Au contraire, elle se ferme toujours, quel que soit u, si a est choisi convenablement. Ainsi, ces lignes polygonales se ferment toujours sur des surfaces du second degré particulières ; les quadrilatères se ferment sur l'une quelconque des *six* surfaces correspondant aux quarts de périodes ; les hexagones, sur l'une quelconque des *seize* surfaces correspondant aux sixièmes de périodes. En général, les polygones de $2n$ côtés se ferment sur $2(n^2-1)$ surfaces différentes, quand n est un nombre premier, comme l'indique le degré de la fonction $\frac{\psi_{2n}}{p'u}$, polynôme entier en pu (t. I, p. 99).

Considérons le second mode de représentation (5) et supposons que l'un des sommets $x_1 = x_2 = x_3 = 0$ du tétraèdre de référence soit pris sur la courbe même, en un point d'argument α. Les trois fonctions x_1, x_2, x_3 ont alors le facteur commun $\sigma(u-\alpha)$. Si l'on fait abstraction de x_4, on voit que les trois coordonnées x_1, x_2, x_3 sont proportionnelles à trois fonctions elliptiques ayant seulement trois infinis, d'ailleurs communs. Pour la cubique plane, perspective de la courbe quand le point de vue est pris sur cette courbe, nous trouvons ainsi la représentation elliptique ordinaire. La proposition relative au rapport anharmonique des tangentes (p. 424) conduit à cette nouvelle proposition : *le rapport anharmonique des quatre plans tangents menés à la courbe par une corde* (les plans, menés par la corde et les tangentes en ses extrémités, n'y comptent point) *est constant*; *c'est l'invariant absolu des fonctions elliptiques correspondant à la courbe.*

Nouvelle forme de l'intégrale elliptique de première espèce.

Soient $f=0$ et $\varphi=0$ les équations de deux surfaces du second degré passant par la biquadratique. Pour un point quelconque de la courbe, on a

$$(54)\qquad f=0,\quad \varphi=0,\qquad f_1\,dx_1+f_2\,dx_2+\ldots=0,\qquad \varphi_1\,dx_1+\varphi_2\,dx_2+\ldots=0.$$

Il est convenable ici de prendre, pour les polaires, la notation suivante, afin de ne pas confondre les polaires relatives aux deux surfaces :

$$f(xy)=\frac{1}{2}\left(y_1\frac{\partial f}{\partial x_1}+y_2\frac{\partial f}{\partial x^2}+\ldots\right),\qquad \varphi(xy)=\frac{1}{2}\left(y_1\frac{\partial \varphi}{\partial x_1}+y_2\frac{\partial \varphi}{\partial x^2}+\ldots\right),$$

en sorte que $f(xx)$ représente le polynôme f lui-même.

Soient encore y, z, t des points quelconques de l'espace et a, b deux plans quelconques

$$a = a_1x_1+a_2x_2+a_3x_3+a_4x_4 = a_x,$$
$$b = b_1x_1+b_2x_2+b_3x_3+b_4x_4 = b_x.$$

Si l'on multiplie entre eux les deux déterminants

$$(y_1.z_2.x_3.dx_4),\qquad (f_1x.\varphi_2x.a_3.b_4),$$

en tenant compte des égalités (54), on trouve, pour le produit,

$$\begin{vmatrix} f(xy) & f(xz) & 0 & 0 \\ \varphi(xy) & \varphi(xz) & 0 & 0 \\ ay & az & a & da \\ by & bz & b & db \end{vmatrix} = (adb - bda)\,[f(xy)\varphi(xz) - f(xz)\varphi(xy)];$$

d'où l'on conclut

$$(55)\qquad \frac{(y_1.z_2.x_3.dx_4)}{f(xy)\varphi(xz)-f(xz)\varphi(xy)} = \frac{adb - bda}{(f_1x.\varphi_2x.a_3.b_4)} = k\,du.$$

Cette égalité montre que les deux différentielles sont indépendantes, la première, des points arbitraires y, z; la seconde, des plans arbitraires a, b. En raisonnant comme on l'a déjà fait plus haut (p. 425), on reconnaît que ce sont bien là deux formes de la différentielle $k\,du$, u étant l'argument du point x sur la courbe.

Cette forme nouvelle de la différentielle elliptique comprend, à la fois, celle qui s'est présentée pour la cubique plane et celle qu'on a rencontrée au Chapitre X pour la figure composée de deux coniques.

A l'égard de la cubique plane, considérons la fonction

$$(56)\qquad F(x) = f(xy)\varphi(xx) - \varphi(xy)f(xx),$$

dont on obtient ainsi la première polaire

$$(57)\qquad \left\{\begin{aligned} 3z_1F_1(x) + \ldots = {} & f(yz)\varphi(xx) + 2f(xy)\varphi(xz) \\ & - \varphi(yz)f(xx) - 2\varphi(xy)f(xz). \end{aligned}\right.$$

Supposant x en coïncidence avec y, on en déduit

$$3z_1F_1(y) + \ldots = \varphi(yz)f(yy) - f(yz)\varphi(yy),$$

ce qui est zéro, quel que soit z, si y est sur la courbe. En ce cas, l'équation $F = 0$ représente donc un cône du troisième degré, cône perspectif de la courbe, le point de vue étant en y. La fonction F est alors composée avec trois coordonnées homogènes seulement, X_1, X_2, X_3 par exemple,

$$(58)\quad X_1 = x_1 y_4 - x_4 y_1,\quad X_2 = x_2 y_4 - x_4 y_2,\quad X_3 = x_3 y_4 - x_4 y_3.$$

Pour une telle fonction, on a, en prenant les dérivées partielles,

$$y_4 \frac{\partial}{\partial X_1} = \frac{\partial}{\partial x_1},\quad y_4 \frac{\partial}{\partial X_2} = \frac{\partial}{\partial x_2},\quad y_4 \frac{\partial}{\partial X_3} = \frac{\partial}{\partial x_3},$$

$$-\left(y_1 \frac{\partial}{\partial X_1} + y_2 \frac{\partial}{\partial X_2} + y_3 \frac{\partial}{\partial X_3}\right) = \frac{\partial}{\partial x_4}.$$

Si l'on prend maintenant un autre point z et que l'on pose semblablement

$$(59)\quad Z_1 = z_1 y_4 - z_4 y_1,\quad Z_2 = z_2 y_4 - z_4 y_2,\quad Z_3 = z_3 y_4 - z_4 y_3,$$

il en résultera

$$(60)\quad Z_1 \frac{\partial}{\partial X_1} + Z_2 \frac{\partial}{\partial X_2} + Z_3 \frac{\partial}{\partial X_3} = z_1 \frac{\partial}{\partial x_1} + z_2 \frac{\partial}{\partial x_2} + z_3 \frac{\partial}{\partial x_3} + z_4 \frac{\partial}{\partial x_4}.$$

Si l'on a soin de prendre, au lieu de $F(x)$, son produit par y_4^2, on a effectivement ainsi une fonction homogène de X_1, X_2, X_3, à coefficients indépendants de y. Elle donne lieu à la différentielle

$$(61)\quad k' du = \frac{(Z_1 . X_2 . dX_3)}{y_4^2 (Z_1 F_1 X + \ldots)},$$

ce qui, d'après les égalités (57, 58, 59, 60), peut s'écrire, $\varphi(xx)$ et $f(xx)$ étant nuls,

$$\frac{2}{3} k' du = \frac{(z_1 . y_2 . x_3 . dx_4)}{f(xy)\varphi(xz) - f(xz)\varphi(xy)}.$$

C'est l'expression (55) déjà trouvée pour la différentielle de l'argument sur la biquadratique ; il faut avoir soin d'observer que, dans les formules (55, 61), on doit prendre $2k' = 3k$. Les formules établies plus haut pour les cubiques s'appliqueront ainsi à la biquadratique. Nous venons de voir que la polaire $[ZX^2]$ se remplace par

$$[ZX^2] = \frac{2}{3}\Big[f(xy)\varphi(xz) - f(xz)\varphi(xy)\Big];$$

la seconde polaire se calcule aisément par l'égalité (57), et l'on trouve

$$[\mathrm{XZT}] = \frac{2}{3}\begin{bmatrix} f(yz)\varphi(tx) + f(yt)\varphi(zx) + f(yx)\varphi(tz) \\ - \varphi(yz)f(tx) - \varphi(yt)f(zx) - \varphi(yx)f(tz) \end{bmatrix}.$$

Mais la substitution de ces expressions dans la formule (23), par exemple, offre trop de complications pour qu'on doive s'y arrêter.

La manière la plus générale de réduire la différentielle (55) à la forme qu'on a trouvée dans le Chapitre X consiste à supposer que la surface $f = 0$ soit un des cônes du second degré passant par la biquadratique et que le point z soit le sommet de ce cône. La polaire $f(xz)$ est alors réduite à zéro. On sait que la quantité

$$\Phi = \varphi(xz)^2 - \varphi(xx)\varphi(zz)$$

est le premier membre de l'équation d'un cône ayant son sommet au point z. En remplaçant, dans la première expression (55), $\varphi(xz)$ par $\sqrt{\Phi}$, et observant que f correspond aussi à un cône ayant z pour sommet, on n'aura seulement que des coordonnées ternaires, qu'on pourra introduire explicitement, comme on vient de le faire dans le cas précédent. On obtiendra ainsi la transformation demandée.

Deux modes de coordonnées elliptiques dans l'espace.

La biquadratique a pour perspective, d'un point de vue arbitraire, une courbe du quatrième degré, à deux points doubles. Ainsi en un point quelconque de l'espace se croisent deux cordes de la courbe. Les quatre arguments des extrémités de ces cordes, arguments dont la somme est constante, constituent un système de coordonnées propres à représenter le point de croisement. Ce système de coordonnées, dont on pourrait, sans doute, tirer des conséquences importantes, n'a point été encore étudié.

Un plan quelconque coupe la courbe en quatre points, que l'on peut, de trois manières différentes, partager en deux couples.

Si l'on a pris l'origine des arguments en un point où le plan osculateur est stationnaire, la somme des arguments dans un couple est égale et de signe contraire à la somme analogue dans le couple conjugué. En faisant abstraction du signe, on a donc trois pareilles sommes, qui peuvent être envisagées comme étant des coordonnées du plan. Changeant, par la dualité, les points en plans et réciproquement, on est ainsi conduit à un système de coordonnées elliptiques : chaque point de l'espace est déterminé par trois arguments, dont le signe est indifférent ; la figure à laquelle se rapportent ces coordonnées, c'est le système des surfaces du second degré inscrites dans une même développable, transformée de la biquadratique. Ce sont là justement les coordonnées connues sous le nom de *coordonnées elliptiques*, et dont il va être question dans le Chapitre suivant.

CHAPITRE XII.

ÉQUATION DE LAMÉ (¹).

Coordonnées elliptiques. — Équation des potentiels en coordonnées elliptiques. — Formules diverses. — Les arguments elliptiques, considérés comme des températures. — Problème de Lamé. — Fonctions de première sorte. — Fonctions de deuxième sorte. — Fonctions de troisième sorte. — Existence des fonctions de Lamé. — Transformation de l'équation de Lamé. — Solutions, sous forme algébrique. — Solutions, sous forme elliptique. — Intégrales définies. — Solution du problème de Lamé. — Remarque sur les cas où le nombre $2n$ est impair. — Sur la seconde solution de l'équation de Lamé. — Intégrale de Liouville. — Attraction d'un ellipsoïde. — Potentiel d'une surface ellipsoïdale. — Développement de $\frac{1}{r}$. — Nouvelle manière d'envisager l'équation de Lamé. — Intégrale sous forme de produit. — Produit des deux intégrales. — Solution. — Discussion. — Calcul de l'élément simple. — Cas exceptionnels de l'élément simple. — Digression sur l'équation de Riccati. — Forme générale de la solution. — Décomposition de l'intégrale en éléments simples. — Recherche directe de l'intégrale. — Formules pour $n = 2$. — Formules pour $n = 3$. — Formules pour $n = 4$. — Exemples de calcul pour $n = 5$.

Coordonnées elliptiques.

La définition des *coordonnées elliptiques,* que nous allons rappeler, est fondée sur la considération d'un système de surfaces du second degré *confocales.*

Par x_1, x_2, x_3 nous dénotons les coordonnées rectangulaires

(¹) A consulter : LAMÉ, *Mémoire sur l'équilibre des températures dans un ellipsoïde à trois axes inégaux* (*Journal de Math.*, 1re série, t. IV, p. 126). — LIOUVILLE, *Lettres sur diverses questions d'Analyse et de Physique mathématique, concernant l'ellipsoïde* (*ibid.*, t. XI, p. 217 et 261). — E. HEINE, *Handbuch der Kugelfunctionen*, t. I. — HERMITE, *Sur quelques applications des fonctions elliptiques*. — BRIOSCHI, *Théorèmes relatifs à l'équation de Lamé* et *Sur une application du théorème d'Abel* (*Comptes rendus,* t. XCII, p. 325, et t. XCIV, p. 686).

d'un point quelconque de l'espace; par p_1, p_2, p_3 les carrés des axes d'une des surfaces; enfin, par l'équation

$$(1)\qquad \frac{x_1^2}{p_1-s}+\frac{x_2^2}{p_2-s}+\frac{x_3^2}{p_3-s}-1=0$$

nous représentons une quelconque des surfaces du système; s est le paramètre qui caractérise cette surface.

L'équation (1), quand on y considère les x comme donnés et s comme l'inconnue, a trois racines réelles, λ, μ, ν, qui sont ainsi rangées, avec les données, par ordre de grandeur,

$$(2)\qquad \lambda<p_1<\mu<p_2<\nu<p_3.$$

C'est ce qu'on voit immédiatement par le signe du premier membre (1) quand on substitue, à la place de s, l'infini négatif, puis des valeurs voisines de p_1, p_2, p_3.

Ainsi, par chaque point de l'espace, il passe trois surfaces du système, savoir : un ellipsoïde ($s=\lambda$), un hyperboloïde à une nappe ($s=\mu$), un hyperboloïde à deux nappes ($s=\nu$).

Les trois racines λ, μ, ν de l'équation (1) sont les *coordonnées elliptiques* du point x. En fonction de ces coordonnées, on exprime, comme il suit, les coordonnées rectangulaires :

$$(3)\qquad x_\alpha^2=\frac{(p_\alpha-\lambda)(p_\alpha-\mu)(p_\alpha-\nu)}{(p_\alpha-p_\beta)(p_\alpha-p_\gamma)}\qquad (\alpha,\beta,\gamma=1,2,3).$$

Effectivement, si l'on pose

$$(4)\qquad (s-p_1)(s-p_2)(s-p_3)=f(s),$$

on conclut de l'égalité (3)

$$\sum_\alpha \frac{x_\alpha^2}{p_\alpha-\lambda}=\sum_\alpha \frac{(p_\alpha-\mu)(p_\alpha-\nu)}{f'(p_\alpha)}=1,$$

ainsi que l'apprend la théorie des fractions rationnelles. On voit par là que, si les x ont les expressions (3), l'équation (1) admet la racine $s=\lambda$. Elle admet aussi, à cause de la symétrie, les racines μ et ν. Par là se trouve justifiée la triple égalité (3).

Voici maintenant comment on va introduire, à la place de λ, μ, ν, trois arguments elliptiques. Désignant par τ un coefficient arbitraire d'homogénéité, posons

$$3\tau^2 e_\alpha = p_\beta + p_\gamma - 2p_\alpha \qquad (\alpha, \beta, \gamma = 1, 2, 3),$$
$$\tau^2 \wp \upsilon = -s + \tfrac{1}{3}(p_1 + p_2 + p_3),$$

d'où l'on conclura

$$(5) \qquad \tau^2(\wp \upsilon - e_\alpha) = p_\alpha - s.$$

Suivant que s est une des racines λ, μ ou ν, $\wp \upsilon$ est, par rapport à e_1, e_2, e_3, dans un intervalle différent.

Nommons u, v ou w l'argument υ, suivant que s est une des racines λ, μ ou ν. Nous avons ainsi, d'après les inégalités (2),

$$\wp u > e_1 > \wp v > e_2 > \wp w > e_3.$$

A des périodes près, u et $w - \omega'$ sont réels, tandis que $v - \omega$ est purement imaginaire. Les fonctions elliptiques employées ici sont à discriminant positif.

La formule (3) se transforme en celle-ci

$$(6) \qquad \tau^2 x_\alpha^2 = \frac{(\wp u - e_\alpha)(\wp v - e_\alpha)\wp(w - e_\alpha)}{(e_\alpha - e_\beta)(e_\alpha - e_\gamma)}.$$

On peut y extraire la racine carrée, ce qui donne (t. I, p. 194)

$$(7) \qquad \tau x_\alpha = U_\alpha^2 \frac{\sigma_\alpha u\, \sigma_\alpha v\, \sigma_\alpha w}{\sigma u\, \sigma v\, \sigma w}, \qquad U_\alpha = \sigma \omega_\alpha e^{-\frac{1}{2}\eta_\alpha \omega_\alpha}.$$

Le signe choisi en extrayant la racine au second membre est indifférent : ce second membre, en effet, est une fonction impaire de chaque argument.

Si l'on augmente un des arguments de la période $2\omega_\alpha$, x_α se reproduit sans changement, tandis que x_β et x_γ se reproduisent changés de signe.

De ces deux circonstances, on conclut que, en faisant varier chaque argument dans l'étendue d'une demi-période seulement, on obtiendra tous les points compris dans un des huit trièdres formés par les axes de coordonnées.

La formule (7) présente cet avantage que, par elle, les coordonnées u, v, w conviennent à un seul point, tandis que les coordonnées λ, μ, ν représentent toujours huit points à la fois.

Équation des potentiels en coordonnées elliptiques.

Soit a une arbitraire : posons

$$(8) \qquad \sum_\alpha \frac{x_\alpha^2}{p_\alpha - a} = 1 - \Phi(a).$$

Les x étant remplacés par leurs expressions (3), on a

$$(9) \qquad \Phi(a) = \frac{\varphi(a)}{f(a)}, \qquad \varphi(a) = (a-\lambda)(a-\mu)(a-\nu),$$

comme on le voit par la décomposition en fractions simples. De l'égalité (8) résultent celles-ci :

$$(10) \qquad \sum_\alpha \frac{x_\alpha^2}{(p_\alpha - a)^2} = -\Phi'(a), \qquad \sum_\alpha \frac{x_\alpha^2}{(p_\alpha - a)^3} = -\tfrac{1}{2}\Phi''(a).$$

Reprenons l'équation (1), qui devient une identité si l'on y met, pour s, l'une des racines, λ par exemple. En différentiant par rapport à x_α, on a

$$(11) \qquad \frac{2x_\alpha}{p_\alpha - \lambda} + \frac{\partial\lambda}{\partial x_\alpha} \sum \frac{x_\alpha^2}{(p_\alpha - \lambda)^2} = 0,$$

d'où résulte

$$(12) \qquad \frac{\partial\lambda}{\partial x_\alpha} = \frac{2x_\alpha}{(p_\alpha - \lambda)\Phi'(\lambda)}, \qquad \sum_\alpha \left(\frac{\partial\lambda}{\partial x_\alpha}\right)^2 = -\frac{4}{\Phi'(\lambda)}.$$

Si l'on prend une autre racine μ, on conclut aussi de l'équation (1)

$$\sum_\alpha \frac{x_\alpha^2}{(p_\alpha - \lambda)(p_\alpha - \mu)} = 0, \qquad \sum \frac{\partial\lambda}{\partial x_\alpha}\frac{\partial\mu}{\partial x_\alpha} = 0,$$

résultat bien connu et qui exprime l'orthogonalité des coordonnées curvilignes.

Différentions encore, dans l'équation (1), par rapport à x_α, il vient

$$\frac{2}{p_\alpha - \lambda} + \frac{4x_\alpha}{(p_\alpha - \lambda)^2}\frac{\partial\lambda}{\partial x_\alpha} + 2\left(\frac{\partial\lambda}{\partial x_\alpha}\right)^2 \sum \frac{x_\alpha^2}{(p_\alpha - \lambda)^3} + \frac{\partial^2\lambda}{\partial x_\alpha^2} \sum \frac{x_\alpha^2}{(p_\alpha - \lambda)^2} = 0,$$

$$\frac{2}{p_\alpha - \lambda} + \frac{8x_\alpha^2}{(p_\alpha - \lambda)^3\Phi'(\lambda)} - \frac{4x_\alpha^2\Phi''(\lambda)}{(p_\alpha - \lambda)^2\Phi'^2(\lambda)} - \Phi'(\lambda)\frac{\partial^2\lambda}{\partial x_\alpha^2} = 0.$$

Si l'on ajoute, membre à membre, les trois pareilles égalités, obtenues en changeant l'indice α, on voit, d'après les relations (10), disparaître les termes du milieu; il reste

$$\sum_\alpha \frac{\partial^2 \lambda}{\partial x_\alpha^2} = -\frac{2f'(\lambda)}{f(\lambda)\Phi'(\lambda)},$$

d'où l'on conclut

$$(13) \qquad \sum_\alpha \frac{\partial^2\lambda}{\partial x_\alpha^2} - \frac{f'(\lambda)}{2f(\lambda)}\sum_\alpha\left(\frac{\partial\lambda}{\partial x_\alpha}\right)^2 = 0.$$

Conformément à l'égalité (2), on a

$$\tau^2(pu - e_\alpha) = p_\alpha - \lambda, \qquad \tau^6 p'^2 u = -4f(\lambda), \qquad \tau^4 p'' u = 2f'(\lambda).$$

On en conclut

$$(14) \qquad \tau^2 p' u\, du = -d\lambda, \qquad \tau^2 p' u\, d^2 u = -d^2\lambda + \frac{f'(\lambda)}{2f(\lambda)}d\lambda^2.$$

Par conséquent,

$$\tau^2 p'\lambda \sum_\alpha \frac{\partial^2 u}{\partial x_\alpha^2} = -\sum_\alpha \frac{\partial^2\lambda}{\partial x_\alpha^2} + \frac{f'(\lambda)}{2f(\lambda)}\sum\left(\frac{\partial\lambda}{\partial x_\alpha}\right)^2,$$

et, conformément à l'égalité (13),

$$(15) \qquad \sum_\alpha \frac{\partial^2 u}{\partial x_\alpha^2} = 0.$$

L'argument u satisfait, on le voit, à l'équation des *potentiels*; de même aussi les arguments v et w. Prenons ces arguments pour nouvelles variables indépendantes et transformons l'équation des potentiels, à l'égard d'une fonction quelconque T. Voici la formule du changement de coordonnées :

$$\frac{\partial^2 T}{\partial x_\alpha^2} = \frac{\partial^2 T}{\partial u^2}\left(\frac{\partial u}{\partial x_\alpha}\right)^2 + 2\frac{\partial^2 T}{\partial u\,\partial v}\frac{\partial u}{\partial x_\alpha}\frac{\partial v}{\partial x_\alpha} + \ldots + \frac{\partial T}{\partial x_\alpha}\frac{\partial^2 u}{\partial x_\alpha^2} + \ldots.$$

Suivant les égalités (12, 14), on a

$$\sum_\alpha\left(\frac{\partial u}{\partial x_\alpha}\right)^2 = -\frac{4}{\tau^4 p'^2 u\,\Phi'(\lambda)} = \frac{\tau^2}{f(\lambda)\Phi'(\lambda)},$$

$$\sum_\alpha \frac{\partial u}{\partial x_\alpha}\frac{\partial v}{\partial x_\alpha} = 0.$$

On obtient donc

$$\sum_\alpha \frac{\partial^2 T}{\partial x_\alpha^2} = \tau^2 \left[\frac{1}{f(\lambda)\,\Phi'(\lambda)} \frac{\partial^2 T}{\partial u^2} + \ldots \right];$$

mais l'expression (9) de Φ donne

$$f(\lambda)\,\Phi'(\lambda) = \varphi'(\lambda) = (\lambda-\mu)(\lambda-\nu).$$

Nous avons ainsi, pour transformée de l'équation

$$\sum_\alpha \frac{\partial^2 T}{\partial x_\alpha^2} = 0,$$

celle-ci

$$(16)\qquad (p v - p w)\frac{\partial^2 T}{\partial u^2} + (p w - p u)\frac{\partial^2 T}{\partial v^2} + (p u - p v)\frac{\partial^2 T}{\partial w^2} = 0.$$

Formules diverses.

L'équation (3), différentiée par rapport à λ, donne

$$4\left(\frac{\partial x_\alpha}{\partial \lambda}\right)^2 = \frac{x_\alpha^2}{(p_\alpha - \lambda)^2};$$

d'où l'on conclut, d'après l'égalité (10),

$$\sum_\alpha \left(\frac{\partial x_\alpha}{\partial \lambda}\right)^2 = -\tfrac{1}{4}\Phi'(\lambda) = -\frac{(\lambda-\mu)(\lambda-\nu)}{4 f(\lambda)} = \frac{(\lambda-\mu)(\lambda-\nu)}{\tau^6 p'^2 u},$$

$$\sum_\alpha \left(\frac{\partial x_\alpha}{\partial u}\right)^2 = \tau^2 (p u - p v)(p u - p w).$$

Les coordonnées curvilignes u, v, w étant rectangulaires, on déduit de cette dernière égalité et de ses analogues, pour v et w, l'expression suivante du carré de l'élément de longueur :

$$d\rho^2 = \tau^2 (p u - p v)(p u - p w)\,du^2 \\ + \tau^2 (p v - p u)(p v - p w)\,dv^2 + \tau^2 (p w - p u)(p w - p v)\,dw^2.$$

Sur l'ellipsoïde $u = \text{const.}$, l'élément aréolaire est

$$d\sigma = \tau^2 \sqrt{(p u - p v)(p u - p w)}\,(p v - p w)\,\frac{dv}{i}\,dw.$$

L'élément de longueur, normal à l'ellipsoïde, a pour expression, suivant la précédente formule,

$$d\rho = -\tau\sqrt{(pu - pv)(pu - pw)}\,du,$$

le signe *moins*, que nous mettons ici, se rapportant au cas de la normale *extérieure*, qui est celui dont nous nous servirons plus loin. Effectivement, τ étant supposé positif, et u variant de zéro à ω, du est négatif à l'extérieur.

Il en résulte

$$\frac{du}{d\rho}\,d\sigma = -\tau(pv - pw)\,\frac{dv}{i}\,dw.$$

Sur la surface de l'ellipsoïde, une des coordonnées, w par exemple, étant laissée constante, on décrit une ligne de courbure tout entière en faisant varier l'autre coordonnée v dans l'étendue d'une double période. Il suffira ensuite de faire varier l'autre coordonnée w dans l'étendue d'une période pour parcourir une fois toute la surface. Mais, pour la symétrie, nous préférerons faire varier les deux coordonnées dans l'étendue d'une double période, $4\omega'$ pour v et 4ω pour w; la surface sera décrite ainsi deux fois. Cette convention sera admise dans les diverses intégrales que nous aurons à prendre plus tard, par rapport à v ou w; nous nous dispenserons d'y indiquer les limites, qui seront toujours supposées distantes d'une double période.

Les arguments elliptiques, considérés comme des températures.

L'équation des potentiels (15) est aussi l'équation d'équilibre de la chaleur. La coordonnée elliptique u, qui satisfait à cette équation, exprime donc la température, dans un certain état d'équilibre. Il s'agit de définir cet état.

L'argument réel u peut acquérir la valeur zéro; les points correspondants sont à l'infini. Il peut acquérir aussi la valeur ω (demi-période réelle), qui donne $x_1 = 0$: les points correspondants sont dans un des plans coordonnés. Il faut, toutefois, observer que l'équation $u = \text{const.}$ (ou $\lambda = \text{const.}$) représente un ellipsoïde du système (1); l'équation $u = \omega$ représente ainsi un ellipsoïde aplati, c'est-à-dire une partie du plan $x_1 = 0$, celle qui est intérieure à l'ellipse dont l'équation est

$$\frac{x_2^2}{p_2 - p_1} + \frac{x_3^2}{p_3 - p_1} = 1. \tag{17}$$

C'est, pour emprunter l'expression de Lamé, une *plaque elliptique :* « Si l'on suppose que l'espace solide soit infini et plein, que la température unité soit celle de la plaque elliptique, et que zéro soit celle de la sphère de rayon infini (¹) », la température, en un point quelconque, est $\frac{u}{\omega}$. Telle est la définition de l'état d'équilibre envisagé. Le lieu des points à température $\frac{u}{\omega}$ est un ellipsoïde; les carrés des axes de cet ellipsoïde sont proportionnels aux trois fonctions $pu - e_1$, $pu - e_2$, $pu - e_3$.

Les points du plan $x_1 = 0$, extérieurs à l'ellipse (17), constituent ce que Lamé appelle une *plaque indéfinie, à vide elliptique*. C'est l'hyperboloïde à une nappe $v = \omega$. Semblablement, le plan $x_2 = 0$ est considéré comme formant deux *plaques hyperboliques*, la première, *à une nappe*, limitée par les deux branches de l'hyperbole

$$\frac{x_1^2}{p_1 - p_2} + \frac{x_3^2}{p_3 - p_2} = 1,$$

la seconde, *à deux nappes*, comprise à l'intérieur de l'une et l'autre branche de cette hyperbole. La première représente l'hyperboloïde à une nappe $v = \omega + \omega'$, la seconde l'hyperboloïde à deux nappes $w = \omega + \omega'$. Enfin le plan $x_3 = 0$ constitue une *plaque indéfinie*, hyperboloïde à deux nappes $w = \omega'$.

Voici les états d'équilibre dans lesquels la température est proportionnelle à $v - \omega$ ou à $w - \omega'$:

« Si l'on suppose que l'espace solide soit infini et plein, que la température zéro appartienne à la plaque indéfinie, à vide elliptique, et que la température 1 soit celle de la plaque hyperbolique à une nappe », la température en un point quelconque est $\frac{v - \omega}{\omega'}$.

(¹) LAMÉ, *Mémoire sur les axes des surfaces isothermes du second degré, considérés comme des fonctions de la température* (*Journal de Mathématiques pures et appliquées*, 1re série, t. IV, p. 103; 1839).

Le lieu des points à température $\frac{v-\omega}{\omega'}$ est un hyperboloïde à une nappe; les carrés de ses axes sont proportionnels aux trois fonctions $pv - e_\alpha$.

Si l'on suppose que la température zéro appartienne à la plaque indéfinie, la température 1 à la plaque hyperbolique à deux nappes, alors la température en un point quelconque est $\frac{\varpi-\omega'}{\omega}$. Le lieu des points à température $\frac{\varpi-\omega'}{\omega}$ est un hyperboloïde à deux nappes; les carrés de ses axes sont proportionnels aux trois fonctions $p\varpi - e_\alpha$.

Problème de Lamé.

Le *Mémoire sur l'équilibre des températures dans un ellipsoïde à trois axes inégaux* « a pour objet la recherche des lois qui régissent l'équilibre de la chaleur dans un corps, solide et homogène, terminé par une surface de forme ellipsoïdale. Je ne considère, dit Lamé, que le cas le plus simple, celui où la paroi extérieure du corps serait directement entretenue à des températures fixes, mais variables d'un point à l'autre de cette surface (¹). ... Voici le problème d'analyse correspondant : la surface de l'ellipsoïde ayant pour équation (²) » $u = u_0$, il s'agit de trouver une fonction T, qui vérifie l'équation (16) et qui, pour $u = u_0$, se réduise à une fonction donnée, de v et de ϖ. Cette fonction T exprimera la température au point dont les coordonnées sont u, v, ϖ.

Le problème, dont on vient de donner l'énoncé, était déjà résolu pour le cas où la surface du corps, au lieu d'être ellipsoïdale, est sphérique. C'est en considérant la solution propre à ce cas particulier et par induction que Lamé est parvenu à la solution générale. Nous devons ici nous restreindre, autant que possible, à l'exposé de la partie analytique; aussi nous bornerons-nous à indiquer une idée fort simple qui conduit tout naturellement aux recherches analytiques, que nous avons hâte d'aborder.

Supposons la fonction T développable suivant la série de Mac-

---

(¹) *Journal de Mathématiques pures et appliquées*, 1re série, t. IV, p. 126.
(²) *Ibid.*, p. 133.

laurin par rapport aux coordonnées rectangulaires x_1, x_2, x_3, en sorte qu'on ait

$$T = T_0 + T_1 + T_2 + \ldots + T_n + \ldots,$$

T_n étant généralement un polynôme entier, homogène et du degré n. Il est manifeste que T_n doit séparément satisfaire à l'équation des potentiels (15), dont le premier membre est ici un polynôme entier, homogène et du degré $(n-2)$. Ce polynôme doit se réduire identiquement à zéro; de là $\frac{1}{2}(n-1)n$ conditions linéaires, imposées aux coefficients de T_n, en nombre $\frac{1}{2}(n+1)(n+2)$. La différence de ces deux nombres est $2n+1$. Ainsi, dans la série T la plus générale, qui satisfasse à l'équation des potentiels, le terme T_n contient linéairement $2n+1$ arbitraires.

Si maintenant on remplace les x par leurs expressions elliptiques (6), T_n devient une fonction homogène et entière, du degré n, par rapport aux trois variables

$$(18) \qquad \sqrt{pu - e_1}, \quad \sqrt{pu - e_2}, \quad \sqrt{pu - e_3},$$

ou encore une fonction entière de ces variables, de pu et de $p'u$; cette fonction est du degré n, quand les quantités (18) sont envisagées comme étant du premier degré, pu du deuxième et $p'u$ du troisième degré. En outre, T_n se trouve être une fonction de cette même nature par rapport aux arguments v et w; de plus, elle est symétrique relativement à u, v, w.

C'est donc une telle fonction, du degré n, symétrique en u, v, w, qu'il faut trouver, avec $2n+1$ arbitraires, et satisfaisant à l'équation des potentiels (16).

Soit $y = f(u)$ une fonction de la seule variable u et satisfaisant à l'équation différentielle

$$(19) \qquad \frac{d^2 y}{du^2} = (A pu + B) y,$$

où A et B sont des constantes. Prenons $T = f(u) f(v) f(w)$; on aura

$$\frac{\partial^2 T}{\partial u^2} = T \frac{f''(u)}{f(u)} = (A pu + B) T.$$

Les deux autres dérivées partielles analogues sont proportionnelles à $A p v + B$, $A p w + B$, et cette fonction T satisfait à l'équation des potentiels. Si donc on peut trouver $2n+1$ systèmes de constantes A, B, de telle sorte que, pour chacun de ces systèmes, il existe une solution $y = f(u)$ de l'équation (19), fonction entière du degré n, chacun des produits correspondants $f(u)f(v)f(w)$ fournira un terme de T_n : le problème sera résolu. Ces systèmes (A, B) peuvent effectivement être trouvés et c'est par là que vont commencer nos recherches analytiques. Le coefficient A, pour tous ces systèmes, a une seule détermination : $A = n(n+1)$.

Fonctions de première sorte.

Considérons la fonction

$$(20) \qquad y = p^{(n-2)} + a_1 p^{(n-4)} + a_2 p^{(n-6)} + \ldots,$$

composée linéairement avec les dérivées de pu (la lettre u est omise pour simplifier l'écriture), à indices d'une même parité. Le produit de y par pu est une fonction de cette même espèce, où n est remplacé par $(n+2)$. Toutefois, le coefficient de la plus haute dérivée n'est pas l'unité : c'est $\frac{1}{n(n+1)}$. On a donc

$$(21) \qquad n(n+1) y p = p^{(n)} + A_1 p^{(n-2)} + A_2 p^{(n-4)} + \ldots.$$

Il en résulte

$$y'' - n(n+1) y p = (a_1 - A_1) p^{n-2} + (a_2 - A_2) p^{n-4} + \ldots.$$

Si l'on a donc

$$(22) \qquad a_1 - A_1 = B, \qquad a_2 - A_2 = B a_1, \qquad a_3 - A_3 = B a_2, \qquad \ldots,$$

il est visible que y satisfait à l'équation

$$(23) \qquad y'' - n(n+1) y pu = By,$$

qui est celle (19) dont nous nous occupons. Les coefficients A_1, A_2, ... sont composés linéairement avec les coefficients inconnus a_1, a_2, ..., en sorte que les équations (22) sont linéaires par rapport à ces derniers. Mais le nombre de ces équations surpasse d'une unité celui des inconnues a. Pour qu'elles soient compatibles, B doit être racine d'une équation qu'on obtient par l'élimination des a, et le degré de cette dernière est égal au nombre des équations (22), c'est-à-dire $\frac{1}{2}n+1$ si n est pair, $\frac{1}{2}(n-1)$ si n est impair.

Pour obtenir effectivement la formule (21), il faut décomposer en éléments simples les produits $\wp\wp^{(m)}$, dont est composé linéairement le produit de y par $\wp$. Cette décomposition s'opère facilement au moyen du développement de $\wp u$ (t. I, p. 93).

Voici les premières formules :

$$\wp^2 = \tfrac{1}{6}\wp'' + \tfrac{1}{12}g_2, \qquad \wp\wp' = \tfrac{1}{12}\wp''',$$
$$\wp\wp'' = \tfrac{1}{20}\wp^{\text{IV}} + \tfrac{2}{5}g_2\wp + \tfrac{3}{5}g_3, \qquad \wp\wp''' = \tfrac{1}{30}\wp^{\text{V}} + \tfrac{3}{5}g_2\wp',$$

par le moyen desquelles on trouve

$$n=2, \quad y = \wp - \tfrac{1}{6}B, \qquad B^2 - 3g_2 = 0,$$
$$n=3, \quad y = \wp', \qquad B = 0,$$
$$n=4, \quad y = \wp'' - \tfrac{3}{7}B\wp + \tfrac{3}{140}B^2 - \tfrac{2}{5}g_2, \qquad B^3 - 52g_2B + 560g_3 = 0,$$
$$n=5, \quad y = \wp''' - \tfrac{2}{3}B\wp', \qquad B^2 - 27g_2 = 0.$$

On peut encore faire le calcul autrement. Si n est pair, y est un polynôme entier en $\wp u$, et du degré $\frac{1}{2}n$. Prenant $\wp u$ pour variable indépendante, on a cette transformée de l'équation (23)

$$(4\wp^3 - g_2\wp - g_3)\frac{d^2y}{d\wp^2} + (6\wp^2 - \tfrac{1}{2}g_2)\frac{dy}{d\wp} = [n(n+1)\wp + B]y.$$

Supposant, pour y, un polynôme entier, du degré $\frac{1}{2}n$, à coefficients inconnus, on le substituera dans cette équation. Le terme du plus haut degré disparaît et l'on doit identifier à zéro un polynôme entier du degré $\frac{1}{2}n$. De là $(\frac{1}{2}n+1)$ équations linéaires, comme précédemment.

Supposons, en second lieu, n impair; y est alors le produit de $\wp' u$ par un polynôme z, du degré $\frac{1}{2}(n-3)$ en $\wp u$. Posant $y = z\wp' u$, on a cette transformée de l'équation (23),

$$(4\wp^3 - g_2\wp - g_3)\frac{d^2z}{d\wp^2} + 3(6\wp^2 - \tfrac{1}{2}g_2)\frac{dz}{d\wp} = [(n-3)(n+4)\wp + B]y,$$

et le calcul peut s'effectuer comme pour la précédente : on doit identifier à zéro un polynôme entier du degré $\frac{1}{2}(n-3)$; de là $\frac{1}{2}(n-1)$ équations linéaires.

Fonctions de deuxième sorte.

Soit n un nombre impair et, posant

$$y = z\sqrt{pu - e_\alpha},$$

prenons pour z une fonction qui soit encore de la forme (20), sauf changement de l'indice de dérivation,

$$z = p^{(n-3)} + \alpha_1 p^{(n-5)} + \alpha_2 p^{(n-7)} + \ldots.$$

L'équation différentielle (23) se transforme ainsi :

$$z'' + \frac{p'}{p - e_\alpha} z' = [(n-1)(n+2)p + B - e_\alpha] z.$$

On peut mettre z' sous la forme

$$z' = p'(\alpha_0 p^{(n-5)} + \alpha_1 p^{(n-7)} + \ldots);$$

le second terme peut alors s'écrire ainsi

$$4(p - e_\beta)(p - e_\gamma)(\alpha_0 p^{(n-5)} + \alpha_1 p^{(n-7)}, \ldots) = \beta_0 p^{(n-1)} + \beta_1 p^{(n-3)} + \ldots,$$

comme on l'obtiendra par la décomposition en éléments simples. Par la première analyse du paragraphe précédent, on reconnaît alors que B est racine d'une équation dont le degré est $\frac{1}{2}(n+1)$.

Si l'on veut mettre z sous la forme d'un polynôme entier en pu, du degré $\frac{1}{2}(n-1)$, on emploiera la transformée

$$(4p^3 - g_2 p - g_3)\frac{d^2 z}{dp^2} + (10p^2 + 4e_\alpha p + 4e_\alpha^2 - \tfrac{3}{2} g_2)\frac{dz}{dp}$$
$$= [(n-1)(n+2)p + B - e_\alpha] z.$$

Voici les premières fonctions :

$n = 1,$	$z = 1,$	$B = e_\alpha,$
$n = 3,$	$z = p + \frac{1}{2}e_\alpha - \frac{1}{10}B,$	$B^2 - 6e_\alpha B + 45e_\alpha^2 - 15g_2 = 0.$

Fonctions de troisième sorte.

Soit n un nombre pair et, posant

$$y = z\sqrt{(pu - e_\beta)(pu - e_\gamma)},$$

prenons

$$z = p^{(n-4)} + a_1 p^{(n-6)} + a_2 p^{(n-8)} + \ldots.$$

Voici la transformée de l'équation différentielle (23)

$$z'' + \frac{p'(2p + e_\alpha)}{(p - e_\beta)(p - e_\gamma)} z' = [(n-2)(n+3)p + B + 3e_\alpha]z.$$

On peut opérer directement, par décomposition en éléments simples, sur cette équation. La constante B est racine d'une équation dont le degré est $\frac{1}{2}n$. Si l'on veut prendre z sous la forme d'un polynôme entier en pu, du degré $\frac{1}{2}(n-2)$, on emploiera la transformée

$$(4p^3 - g_2 p - g_3)\frac{d^2 z}{dp^2} + (14p^2 - 4e_\alpha p - 4e_\alpha^2 - \tfrac{1}{2}g_2)\frac{dz}{dp}$$
$$= [(n-2)(n+3)p + B + 3e_\alpha]z.$$

Voici les premières fonctions :

$n = 2,\quad z = 1,\quad B = -3e_\alpha;$

$n = 4,\quad z = p - \frac{1}{2}e_\alpha + \frac{1}{14}B,\quad B^2 + 10e_\alpha B - 35e_\alpha^2 - 7g_2 = 0.$

Existence des fonctions de Lamé.

Quand n est impair, B peut être déterminé des diverses manières suivantes : 1° par une équation de degré $\frac{1}{2}(n-1)$, correspondant aux fonctions de première sorte; 2° par trois équations du degré $\frac{1}{2}(n+1)$, correspondant aux fonctions de deuxième sorte et aux trois indices α. C'est donc, en somme, une équation du degré $2n+1$ qui détermine B.

Quand n est pair, on a une équation du degré $\frac{1}{2}n+1$ pour les fonctions de première sorte, et trois équations du degré $\frac{1}{2}n$ pour les fonctions de troisième sorte. C'est, en somme, une équation du degré $2n+1$ qui détermine B.

Pour conclure à l'existence des $(2n+1)$ fonctions, il faut s'assurer que les $(2n+1)$ racines B sont inégales. On verra plus loin cette preuve, avec celle de la réalité des racines B.

Nous allons, d'une autre manière encore, établir l'existence de ces fonctions.

Transformation de l'équation de Lamé.

Prenons $\frac{1}{2}u$ pour variable indépendante et changeons aussi l'inconnue, en posant

$$(24) \qquad u = 2v, \qquad z = y(p'v)^n.$$

Voici la transformée :

$$z'' - 2n\frac{p''v}{p'v}z' + \left[n(n+1)\left(\frac{p''v}{p'v}\right)^2 - 12n p v\right]z = 4[n(n+1)p2v + B]z.$$

Mais on a (t. I, p. 95)

$$2pv + p2v = \frac{1}{4}\left(\frac{p''v}{p'v}\right)^2,$$

en sorte qu'il reste

$$(25) \qquad z'' - 2n\frac{p''v}{p'v}z' + 4[n(2n-1)pv - B]z = 0.$$

Cette équation, analogue aux précédentes, peut être traitée de la même manière, et l'on reconnaîtrait ainsi qu'elle admet une solution de la forme

$$z = p^{(4n-2)}v + a_1 p^{(4n-4)}v + \ldots,$$

si B est racine d'une équation de degré $2n+1$. On serait ainsi conduit, d'un seul coup, à toutes les fonctions précédentes. Mais nous voulons suivre une autre voie.

En prenant pv pour variable indépendante, on a la transformée

$$(4p^3 - g_2 p - g_3)\frac{d^2z}{dp^2}$$
$$- (2n-1)(6p^2 - \tfrac{1}{2}g_2)\frac{dz}{dp} + 4[n(2n-1)p - B]z = 0.$$

Changeons ainsi les notations

$$2n = m, \qquad p = x, \qquad 4x^3 - g_2 x - g_3 = \varphi(x).$$

L'équation s'écrit alors sous la forme

$$(26) \qquad \varphi \frac{d^2 z}{dx^2} - \tfrac{1}{2}(m-1)\varphi' \frac{dz}{dx} + [\tfrac{1}{12} m(m-1)\varphi'' - 4B] z = 0.$$

Nous allons, au lieu de la variable x, en prendre deux, x_1 et x_2, pour établir une homogénéité. A cet effet, nous poserons

$$Z = x_2^m z, \qquad \Phi = x_2^4 \varphi, \qquad x_1 = x_2 x,$$

en sorte que Z et Φ sont des fonctions homogènes en x_1 et x_2, ayant les degrés respectifs m et 4.

Soit posé, comme il est d'usage dans la théorie des formes,

$$Z_{11} = \frac{1}{m(m-1)} \frac{\partial^2 Z}{\partial x_1^2},$$
$$Z_{12} = \frac{1}{m(m-1)} \frac{\partial^2 Z}{\partial x_1 \partial x_2},$$
$$Z_{22} = \frac{1}{m(m-1)} \frac{\partial^2 Z}{\partial x_2^2}.$$

On trouve, par différentiation, les accents servant à dénoter les dérivées prises par rapport à x,

$$m(m-1)Z_{11} = x_2^{m-2} z'',$$
$$m(m-1)Z_{12} = (m-1)x_2^{m-2} z' - x_2^{m-3} x_1 z'',$$
$$m(m-1)Z_{22} = m(m-1)x_2^{m-2} z - 2(m-1)x_2^{m-3} x_1 z' + x_2^{m-4} x_1^2 z''.$$

En supposant, pour un instant, une fonction analogue $T = x_2^p t$, composée avec une fonction t de la variable x, on aura, pour T, des formules semblables, par où l'on vérifiera l'égalité

$$m(m-1)p(p-1)(T_{22}Z_{11} - 2T_{12}Z_{12} + T_{11}Z_{22})$$
$$= [p(p-1)tz'' - 2(p-1)(m-1)t'z' + m(m-1)t''z]x_2^{m+p-4}.$$

Prenant ici $p = 4$ et mettant Φ, au lieu de T, nous avons

$$m(m-1)(\Phi_{22}Z_{11} - 2\Phi_{12}Z_{12} + \Phi_{11}Z_{22})$$
$$= [\varphi z'' - \tfrac{1}{2}(m-1)\varphi' z' + \tfrac{1}{12} m(m-1)\varphi'' z]x_2^m,$$

en sorte que l'équation (26) devient

$$\Phi_{22}Z_{11} - 2\Phi_{12}Z_{12} + \Phi_{11}Z_{22} = \frac{4B}{m(m-1)}Z. \tag{27}$$

La recherche des fonctions de Lamé revient donc à celle des *formes binaires Z, qui sont identiques au covariant*

$$\Phi_{22}Z_{11} - 2\Phi_{12}Z_{12} + \Phi_{11}Z_{22},$$

composé avec Z et une forme Φ du quatrième degré.

Il faut maintenant observer que m est le double de n, en sorte que les fonctions de Lamé correspondent aux formes Z de degré pair. Mais le problème algébrique actuel peut être posé, dans les mêmes termes, pour les formes de degré impair. Quand on l'aura résolu, on aura des solutions de l'équation de Lamé dans des cas nouveaux, pour lesquels n *sera la moitié d'un nombre entier.*

Profitant de la forme invariante donnée à l'équation (27), nous pouvons effectuer sur les variables une substitution linéaire. Soit une telle substitution

$$x_1 = p_1\xi_1 + q_1\xi_2, \qquad x_2 = p_2\xi_1 + q_2\xi_2, \qquad D = p_1q_2 - q_1p_2.$$

Le changement des variables x en ξ n'altère la forme du covariant (27) qu'en le multipliant par D^2. Ainsi, avec les variables ξ, on a encore l'équation (27) où seulement B est remplacé par BD^2.

Il existe des substitutions linéaires qui réduisent Φ à la forme

$$\Phi = \xi_1^4 - 6P\xi_1^2\xi_2^2 + \xi_2^4, \tag{28}$$

et nous rappellerons plus loin quelles sont ces substitutions. Le covariant (27) devient ainsi

$$\begin{aligned}(\xi_2^2 - P\xi_1^2)Z_{11} &+ 4P\xi_1\xi_2Z_{12} + (\xi_1^2 - P\xi_2^2)Z_{22} \\ &= \xi_2^2Z_{11} + 6P\xi_1\xi_2Z_{12} + \xi_1^2Z_{22} - P(\xi_1^2Z_{11} + 2P\xi_1\xi_2Z_{12} + \xi_2^2Z_{22}).\end{aligned}$$

La dernière parenthèse n'est autre que Z. En posant donc

$$\frac{4BD^2}{m(m-1)} + P = h, \tag{29}$$

on a l'équation

$$\xi_2^2Z_{11} + 6P\xi_1\xi_2Z_{12} + \xi_1^2Z_{22} = hZ, \tag{30}$$

dont nous allons maintenant nous occuper.

Solutions, sous forme algébrique.

Soit, en employant l'algorithme C_m^k pour les coefficients de la puissance $m^{\text{ième}}$ du binôme,

$$Z = a_0\xi_1^m + C_m^1 a_1 \xi_1^{m-1}\xi_2 + C_m^2 a_2 \xi_1^{m-2}\xi_2^2 + \ldots + a_m \xi_2^m.$$

L'équation (30) fournit cette relation générale entre les coefficients

$$(31) \qquad C_{m-2}^k a_{k+2} + 6\mathrm{P} C_{m-2}^{k-1} a_k + C_{m-2}^{k-2} a_{k-2} = C_m^k h a_k.$$

Il y figure seulement des indices d'une même parité pour les lettres a, en sorte qu'on a deux systèmes d'équations, entièrement séparés, l'un pour les coefficients d'indices pairs, l'autre pour les coefficients d'indices impairs. C'est dans la composition de ces deux systèmes que s'accuse une différence entre les deux cas à distinguer suivant la parité du nombre m.

Occupons-nous d'abord du cas où m est impair. Les coefficients a sont en nombre $m+1$; il y a $\frac{1}{2}(m+1)$ équations de chaque sorte. Les deux systèmes sont composés, de part et d'autre, des mêmes équations, sauf changement des indices $0, 2, 4, \ldots$, contenus dans un système, en $m, m-2, m-4, \ldots$ contenus dans l'autre. La possibilité d'un de ces systèmes impose à h la condition de satisfaire à une équation dont le degré est $\frac{1}{2}(m+1)$. Quand on prend, pour h, une racine de cette équation, les deux systèmes deviennent, à la fois, compatibles. Dans chacun d'eux subsiste un coefficient arbitraire ; en vertu de leur symétrie, on arrive à cette conclusion : *Quand m est impair, h doit être racine d'une équation dont le degré est $\frac{1}{2}(m+1)$, et, pour chaque racine h, il existe une solution sous la forme*

$$Z = a\xi_1 f(\xi_1^2, \xi_2^2) + b\xi_2 f(\xi_2^2, \xi_1^2),$$

où a et b sont des constantes arbitraires.

Prenons, en second lieu, le cas où m est pair, $m = 2n$. Les deux systèmes d'équations linéaires sont différents : l'un, celui qui contient les deux équations extrêmes ($k = 0$ et $k = 2n$), contient $(n+1)$ équations, l'autre en contient seulement n. Chacun d'eux reste inaltéré si l'on change chaque indice k en $2n-k$. Pour rendre un de ces systèmes compatible, on devra soumettre h à une équation de condition; l'autre système ne sera satisfait alors que par des valeurs nulles, données aux inconnues qu'il contient. On voit donc déjà deux équations de condition, une pour chacun des deux systèmes : on peut choisir l'une ou l'autre pour obtenir une solution. Soient maintenant

$$a_k + a_{2n-k} = b_k, \qquad a_k - a_{2n-k} = c_k.$$

L'équation (31), combinée, par addition et soustraction, avec celle qu'on obtient par le changement de k en $(m-k)$, donne lieu à deux équations toutes semblables, contenant l'une les lettres b, l'autre les lettres c. Chaque système se décompose ainsi en deux autres qui, au premier abord, paraissent coïncider complètement. Il n'en est rien cependant et ces deux systèmes diffèrent entre eux, de part et d'autre, par la dernière équation.

En premier lieu, envisageons, pour k, les valeurs de même parité que n. La dernière valeur de k, savoir $k=n$, donne l'équation

$$2\,C_{2n-2}^{n}\,b_{n-2} - 6\,P\,C_{2n-2}^{n-1}\,b_n = C_{2n}^{n}\,b_n\,h;$$

c'est l'équation (31) elle-même, où l'on a mis $2n$ et n pour m et k. Il n'y a point d'équation semblable pour les inconnues c, et effectivement, c_n étant nul, ces inconnues sont en nombre inférieur d'une unité à celui des inconnues b. Ce sont donc bien deux systèmes différents; ils contiennent respectivement $\frac{1}{2}n+1$ et $\frac{1}{2}n$ équations, si n est pair; $\frac{1}{2}(n+1)$ et $\frac{1}{2}(n-1)$ équations, si n est impair.

Prenons, en second lieu, les valeurs de k dont la parité est opposée à celle de n. La dernière valeur de k, savoir $k=n-1$, donne les deux équations

$$C_{2n-2}^{n-3}\,b_{n-3} = (C_{2n}^{n-1}\,h - 6\,P\,C_{2n-2}^{n-2} - C_{2n-2}^{n-1})\,b_{n-1},$$
$$C_{2n-2}^{n-3}\,c_{n-3} = (C_{2n}^{n-1}\,h - 6\,P\,C_{2n-2}^{n-2} + C_{2n-2}^{n-1})\,c_{n-1}.$$

Les deux systèmes diffèrent, on le voit, par un signe dans la dernière équation; ils ne peuvent être, tous deux à la fois, compatibles. Ils contiennent, tous deux, des équations en même nombre, $\frac{1}{2}(n+1)$ ou $\frac{1}{2}n$, suivant la parité de n.

Si l'on rend compatible l'un des deux systèmes (b), les c sont nuls et Z est symétrique en ξ_1, ξ_2. Si l'on rend compatible un système c, les b sont nuls et Z est *alterné*. Si les coefficients qui subsistent sont d'indices pairs, Z ne contient que des puissances des ξ, à exposants pairs; si les coefficients sont d'indices impairs, il n'y a que des exposants impairs. En résumé, pour déterminer h, on peut prendre une quelconque de quatre équations, dont trois ont le degré $\frac{1}{2}n$ ou $\frac{1}{2}(n+1)$. La quatrième a le degré $\frac{1}{2}n+1$ ou $\frac{1}{2}(n-1)$, suivant que n est pair ou impair. C'est ce qu'on a vu déjà par d'autres moyens.

Quant aux formes de Z, les voici. En indiquant par S_p une fonction symétrique du degré p, on a les quatre formes ci-après :

$$(32) \qquad Z = \begin{cases} S_n(\xi_1^2, \xi_2^2), \\ \xi_1\xi_2 S_{n-1}(\xi_1^2, \xi_2^2), \\ (\xi_1^2 - \xi_2^2) S_{n-1}(\xi_1^2, \xi_2^2), \\ \xi_1\xi_2(\xi_1^2 - \xi_2^2) S_{n-2}(\xi_1^2, \xi_2^2). \end{cases}$$

L'équation récurrente (31) permet d'établir aisément, par la méthode de Sturm, que les équations à inconnue h ont toutes leurs racines réelles et inégales. Considérons, en effet, une suite indéfinie de quantités $a_p, a_{p+2}, a_{p+4}, \ldots$ déduites les unes des autres suivant cette loi (31), en supposant $a_{p-2} = 0$, $a_p = 1$. Ce sont des polynômes entiers en h, dont les degrés vont constamment en croissant d'une unité, d'un indice au suivant.

L'équation (31), mise sous la forme

$$C_{m-2}^k a_{k+2} + (6PC_{m-2}^{k-1} - C_m^k h) a_k = - C_{m-2}^{k-2} a_{k-2},$$

montre que ces polynômes forment une *suite de Sturm*. De plus, pour h infiniment grand, leurs parties principales sont successivement h, h^2, h^3, ... multipliés par des coefficients positifs. La suite, de $h = -\infty$ à $h = +\infty$, perd donc autant de variations qu'elle contient de termes. Donc tous les polynômes a ont leurs racines réelles et inégales. Or, en prenant $p = 0$ ou $p = 1$, nous avons ainsi les coefficients a qui doivent figurer dans Z, à condition de prendre h de telle sorte que la suite de ces coefficients a s'arrête. L'équation de condition est donc celle qu'on obtient en égalant à zéro un certain terme a : elle a toutes ses racines réelles et inégales.

Solutions, sous forme elliptique.

Il nous faut rappeler quelle est la substitution linéaire par laquelle le polynôme Φ prend la forme réduite (28). Soit posé

$$e_1 - e_2 = 9c^2, \qquad e_2 - e_3 = 9a^2, \qquad e_3 - e_1 = 9b^2,$$

d'où résulte

$$e_1 = 3(c^2 - b^2), \qquad e_2 = 3(a^2 - c^2), \qquad a_3 = 3(b^2 - a^2).$$

La substitution demandée est exprimée par les formules

$$(33) \qquad \begin{cases} \rho(x_1 - e_1 x_2) = 9ibc[a\xi_1 + (c+ib)\xi_2], \\ \rho x_2 = a\xi_1 - (c+ib)\xi_2, \end{cases}$$

moyennant laquelle on trouve aisément

$$\begin{aligned} &4x_2(x_1 - e_1x_2)(x_1 - e_2x_2)(x_1 - e_3x_2) \\ &\quad = -\frac{4\cdot 9^3}{\rho^4} b^2c^2a^4(c+ib)^2 \left(\xi_1^4 - \frac{6e_1}{e_2 - e_3}\xi_1^2\xi_2^2 + \xi_2^4\right) \end{aligned}$$

On devra prendre

$$\rho^4 = -4\cdot 9^3 b^2c^2a^4(c+ib)^2.$$

D'autre part, le déterminant de la substitution est

$$\mathrm{D} = -\frac{18\, ibca(c+ib)}{\rho^2};$$

par conséquent, $\mathrm{D}^2 = -\frac{4}{9a^2} = -\frac{4}{e_1 - e_3}$. Ainsi la forme réduite (28) s'obtient par la substitution (33) et l'on a

$$\mathrm{P} = \frac{e_1}{e_2 - e_3}, \qquad h = \frac{e_1}{e_2 - e_3} - \frac{16\mathrm{B}}{m(m-1)(e_2 - e_3)}.$$

Bien entendu, on peut intervertir les indices de e_1, e_2, e_3; il y a donc diverses substitutions conduisant au même but, et qui doivent fournir les mêmes polynômes Z.

Pour revenir à la variable primitive $x = \frac{x_1}{x_2}$, on trouve, par les formules de la substitution linéaire ci-dessus, les résultats suivants :

$$(x-e_1)^2-(e_1-e_2)(e_1-e_3)=2\,\frac{\sqrt{e_1-e_2}\,\sqrt{e_1-e_3}}{\sqrt{e_2-e_3}}\,\xi_1\xi_2,$$
$$(x-e_2)^2-(e_2-e_3)(e_2-e_1)=\sqrt{e_1-e_2}\,(\xi_1^2+\xi_2^2),$$
$$(x-e_3)^2-(e_3-e_1)(e_3-e_2)=\sqrt{e_1-e_3}\,(\xi_1^2-\xi_2^2).$$

Rappelons-nous maintenant que l'on a $x = \wp v = \wp\frac{1}{2}u$, et que l'inconnue primitive y est égale à $z(\wp' v)^{-n}$.

Le résultat que nous avons acquis pour le cas où m est impair ($m = 2n$) donne lieu à la conclusion suivante : *l'équation de Lamé* (23), *dans laquelle n est la moitié d'un nombre impair et dans laquelle on prend, pour* B, *une racine d'une certaine équation, dont le degré est* $n+\frac{1}{2}$, *a pour intégrale* GÉNÉRALE *le quotient d'un polynôme entier en* $\wp\frac{1}{2}u$ *par* $(\wp'\frac{1}{2}u)^n$.

Prenons maintenant le cas le plus important, celui où n est un nombre entier. Il faut y faire apparaître les fonctions de l'argument u, qui seules doivent subsister.

A cet effet, considérons la formule de duplication (t. I, p. 95) pour y retenir seulement ce résultat que le produit $\wp 2v\,\wp'^2 v$ est un polynôme du quatrième degré en $\wp v$, avec l'unité pour coefficient du premier terme. Même chose pourra être dite du produit $(\wp 2v - e_1)\wp'^2 v$. Formons directement ce dernier polynôme, d'après ses racines, qui sont $\wp\frac{1}{2}\omega$ et $\wp(\omega'+\frac{1}{2}\omega)$, au nombre de deux seulement, doubles par conséquent. Prenant les expressions de ces racines (t. I, p. 54), nous concluons, en extrayant la racine carrée,

$$\wp' v\sqrt{\wp 2v - e_1} = (\wp v - e_1)^2 - (e_1-e_2)(e_1-e_3).$$

Nous avons pareilles formules avec les indices permutés. En comparant ces dernières égalités avec les précédentes, nous concluons

$$(34)\quad \begin{cases} \xi_1\xi_2 = \dfrac{1}{2}\,\dfrac{\sqrt{e_2-e_3}}{\sqrt{e_1-e_2}\,\sqrt{e_1-e_3}}\,\wp'\tfrac{1}{2}u\sqrt{\wp u - e_1}, \\ \xi_1^2+\xi_2^2 = \dfrac{1}{\sqrt{e_1-e_2}}\,\wp'\tfrac{1}{2}u\sqrt{\wp u - e_2}, \\ \xi_1^2-\xi_2^2 = \dfrac{1}{\sqrt{e_1-e_3}}\,\wp'\tfrac{1}{2}u\sqrt{\wp u - e_3}. \end{cases}$$

Les diverses formes (32) de Z sont homogènes, du degré $2n$ en ξ_1 et ξ_2; par cette dernière substitution, elles deviennent homogènes et de ce degré par rapport aux trois quantités $\sqrt{pu - e_\alpha}$ et contiennent, en outre, le facteur $(p'\frac{1}{2}u)^n$. Mais, puisqu'on a supposé $x_2 = 1$, Z n'est autre que z : en revenant à y, on voit disparaître $(p'\frac{1}{2}u)^n$, puisque $u = 2v$; par conséquent, *on obtient les fonctions de Lamé en substituant, dans les fonctions* (32),

$$\xi_1\xi_2 = \frac{1}{2}\frac{\sqrt{e_2 - e_3}}{\sqrt{e_1 - e_2}\sqrt{e_1 - e_3}}\sqrt{pu - e_1},$$

$$\xi_1^2 + \xi_2^2 = \frac{1}{\sqrt{e_1 - e_2}}\sqrt{pu - e_2},$$

$$\xi_1^2 - \xi_2^2 = \frac{1}{\sqrt{e_1 - e_3}}\sqrt{pu - e_3};$$

les constantes P, h *doivent être prises ainsi*

$$P = \frac{e_1}{e_2 - e_3}, \qquad h = \frac{e_1}{e_2 - e_3} - \frac{8B}{2n(2n-1)(e_2 - e_3)}.$$

Ces fonctions se reproduisent ou se permutent les unes dans les autres, quand on échange entre eux les indices de e_1, e_2, e_3.

Chacune des fonctions symétriques S peut être mise sous la forme d'un polynôme entier en $\xi_1^2 + \xi_2^2$ et $\xi_1^2\xi_2^2$ et ne contient alors, à l'égard de la première quantité, que des puissances dont les exposants sont d'une même parité. Par là on reconnaît que les quatre fonctions sont entières en pu, sauf des facteurs $\sqrt{pu - e_\alpha}$; c'est ce qu'on a déjà trouvé par le premier procédé [1].

Intégrales définies.

Nous revenons maintenant aux notations que nous avons employées au début de ce Chapitre : u, v, w désignent trois coor-

(1) Malgré une grande dissemblance dans la forme, ce second mode de formation des fonctions de Lamé est précisément celui que M. E. Heine a donné dans le bel Ouvrage, intitulé : *Handbuch der Kugelfunctionen; voir*, dans la 2ᵉ édition (1878), t. I, p. 372. L'analyse employée par M. Heine n'a pas permis à cet éminent analyste d'apercevoir les conséquences qui sont relatives au cas où n est la moitié d'un nombre impair. C'est M. Brioschi qui, par d'autres moyens, a reconnu, le premier, ces cas nouveaux où l'équation de Lamé est intégrable algébriquement.

données elliptiques. Par U, V, W, nous désignerons une même fonction de Lamé avec les trois arguments u, v, w. On mettra des indices et l'on écrira U_1, V_1, W_1, quand on voudra, en même temps, représenter une autre fonction analogue.

Si l'on donne à u une valeur fixe u_0, alors v et w sont les coordonnées d'un point quelconque sur un ellipsoïde fixe. En faisant varier v et w, chacun dans l'intervalle de la demi-période correspondante, ω' pour v et ω pour w, on obtient un huitième de cet ellipsoïde. Nous conviendrons de faire varier ces deux arguments, chacun dans l'intervalle d'une double période, $4\omega'$ et 4ω; de cette manière, la surface de l'ellipsoïde est décrite deux fois.

Nous allons avoir à considérer des intégrales doubles, où les variables seront v et w; nous nous dispenserons d'y mettre des limites : il sera entendu que ces intégrales seront prises, comme on vient de le dire, *entre des limites constantes*, par exemple de zéro à $4\dfrac{\omega'}{i}$ et de zéro à 4ω, pour les variables réelles $\dfrac{v-\omega}{i}$ et $w-\omega'$.

Le carré de toute fonction de Lamé est un polynôme entier en pu, et la décomposition en éléments simples donne

$$\begin{aligned} U^2 &= a + b\,pu + c\,p''u + e\,p^{\text{IV}}u + \ldots, \\ U^2 pu &= a' + b'pu + c'p''u + e'p^{\text{IV}}u + \ldots. \end{aligned}$$

Ces fonctions ont pour intégrales générales

$$\begin{aligned} &a\,u - b\,\zeta u + c\,p'u + e p'''u + \ldots, \\ &a'u - b'\zeta u + c'p'u + e p'''u + \ldots, \end{aligned}$$

dont les premières parties, seules, ne sont pas doublement périodiques. Les intégrales étant prises dans les limites ci-dessus, on a donc

$$\begin{aligned} &\int V^2 dv = 4(a\,\omega' - b\,\eta'), & &\int W^2 dw = 4(a\,\omega - b\,\eta), \\ &\int V^2 pv\,dv = 4(a'\omega' - b'\eta'), & &\int W^2 pw\,dw = 4(a'\omega - b'\eta). \end{aligned}$$

De là résulte

$$(35)\quad \left\{ \begin{aligned} &\iint (pv - pw)\,V^2 W^2\,dv\,dw \\ &\quad = 16(ab' - ba')(\eta\omega' - \eta'\omega) = 8(ab' - ba')i\pi. \end{aligned} \right.$$

Au lieu de V^2 si W^2, si l'on met VV_1 et WW_1, produits de deux fonctions différentes, l'intégrale analogue est égale à zéro. Effectivement les équations différentielles

$$V'' = (A p v + B) V,$$
$$V''_1 = (A_1 p v + B_1) V_1$$

donnent

$$[(A_1 - A) p v + B_1 - B] V V_1 = V V''_1 - V_1 V'' = \frac{d}{dv}(V V'_1 - V_1 V').$$

La fonction $VV'_1 - V_1 V'$ admet la période $4\omega'$; l'intégrale du premier membre est donc égale à zéro. On a, par conséquent,

$$(A_1 - A) \int V V_1 p v \, dv = (B - B_1) \int V V_1 \, dv,$$
$$(A_1 - A) \int W W_1 p w \, dw = (B - B_1) \int W W_1 \, dw;$$

d'où l'on déduit

(36) $$\int\int (p v - p w) V V_1 W W_1 \, dv \, dw = 0,$$

égalité où la démonstration suppose $A_1 - A$ et $B_1 - B$ différents de zéro, mais qui reste vraie quand une seule de ces conditions est remplie.

Solution du problème de Lamé.

Revenons au problème de Lamé. La température T_0, donnée en chaque point de l'ellipsoïde $(u = u_0)$, peut, on le suppose, être représentée par une série dont le $(n+1)^{\text{ième}}$ terme se compose de la somme des $(2n+1)$ produits VW, affectés de facteurs constants, et formés avec les $(2n+1)$ fonctions relatives au nombre n. Soit à déterminer, dans cette série, le coefficient d'un terme en VW. Multipliant par $(p v - p w)$ VW et intégrant dans les limites ci-dessus, on voit disparaître tous les termes, sauf un seul. Pour ce dernier, l'intégrale est fournie par l'égalité (35), en sorte que le coefficient est représenté par une intégrale définie

$$k = \frac{1}{8(ab' - ba') i \pi} \int\int T_0 (p v - p w) V W \, dv \, dw.$$

La température, permanente à la surface, étant ainsi représentée par la série

(37) $$T_0 = \sum k V W,$$

soit U_0 la fonction U où l'on met l'argument u_0, au lieu de u, on aura, pour la température d'équilibre en un point quelconque,

$$T = \sum \frac{k}{U_0} UVW.$$

Le problème de Lamé est ainsi résolu, sauf examen de la possibilité pour ces développements en séries; mais cette étude ne rentre pas dans le cadre du présent Ouvrage.

Remarque sur les cas où le nombre $2n$ est impair.

On n'a point, jusqu'à présent, étudié quel parti, dans le problème de Lamé, on pourrait tirer des solutions de l'équation où n est la moitié d'un nombre impair. Il est cependant certain que ces solutions peuvent servir aussi à représenter des états de la température en équilibre dans un ellipsoïde.

Prenons pour exemple le cas le plus simple, $n = \frac{1}{2}$. L'équation (25), où l'on doit supposer $B = 0$, admet les solutions $z = 1$ et $z = pu$. Ainsi l'équation

$$y'' = \tfrac{3}{4} y\, pu$$

a pour intégrale générale (a et b étant les constantes arbitraires)

$$y = (p'\tfrac{1}{2}u)^{-\frac{1}{2}}(a + b\, p\tfrac{1}{2}u).$$

L'équation différentielle restant invariable si l'on y augmente u d'une période, il est clair que le même changement, opéré dans l'expression de y, fournit encore l'intégrale générale sous une nouvelle forme. C'est là une propriété, extrêmement intéressante, de la division par 2; mais nous ne devons pas l'approfondir actuellement, réservant cette étude pour le tome III, quand nous nous occuperons des théories relatives à la *division de l'argument*. C'est alors aussi que nous reviendrons sur l'expression algébrique de y en fonction de pu, telle que la pourraient fournir les formules (34) relatives à ξ_1 et ξ_2. Pour le moment, contentons-nous de mentionner quelques conséquences.

Prenons, avec l'argument v, la fonction

$$V = (p'\tfrac{1}{2}v)^{-\frac{1}{2}} + i(p'\tfrac{1}{2}v - \omega)^{-\frac{1}{2}},$$

qui est réelle, comme $\frac{v-\omega}{i}$. Prenons, avec l'argument w, la fonction

$$W = (p'\tfrac{1}{2}w)^{-\frac{1}{2}} + (p'\tfrac{1}{2}w - \omega')^{-\frac{1}{2}},$$

réelle aussi, comme $w - \omega'$. Prenons enfin, avec l'argument u, la fonction

$$U = (p'\tfrac{1}{2}u)^{-\frac{1}{2}};$$

ceci posé, la fonction UVW représente un état d'équilibre de la température. Cet état pourrait être aussi représenté au moyen des fonctions de Lamé; mais ce serait alors par une série illimitée.

Sur la seconde solution de l'équation de Lamé.

Revenons à l'équation différentielle, telle que Lamé l'a considérée : n est un nombre entier et la constante B est choisie de manière qu'il y ait une solution y, fonction de première, de deuxième ou de troisième sorte. L'équation admet alors une seconde solution dont la forme est fort différente et que l'on peut figurer ainsi

$$z = y\int\frac{du}{y^2},$$

comme on le sait par la théorie générale des équations différentielles linéaires. Pour obtenir z explicitement, il faut décomposer $\frac{1}{y^2}$ en éléments simples, puis l'intégrer. Examinons cette décomposition.

La fonction y n'a pas de racine multiple et chacune de ses racines est aussi racine de sa dérivée seconde. Ceci résulte de l'équation différentielle et de celles qu'on en déduit par différentiation,

$$y'' = [n(n+1)pu + B]y,$$
$$y''' = [n(n+1)pu + B]y' + n(n+1)p'u.y, \quad \ldots$$

Toute racine commune à y et y' appartiendrait non seulement à y'', mais encore à y''', puis à y^{IV}, ..., ce qui ne se peut.

Les demi-périodes, qui peuvent être racines de y, fournissent, dans la décomposition de $\frac{1}{y^2}$, des termes $p(u-\omega_\alpha)$ et des termes constants (t. I, p. 205). Soit maintenant $u = u_1$ une autre racine de y. La méthode de décomposition consiste à développer suivant les puissances ascendantes de $(u-u_1)$. Comme u_1 est racine de y'', on a

$$y = (u-u_1)\,y'_1 + \tfrac{1}{6}(u-u_1)^3 y'''_1 \quad + \ldots,$$
$$y^2 = (u-u_1)^2 y'^2_1 + \tfrac{1}{3}(u-u_1)^4 y'_1 y'''_1 + \ldots,$$

en sorte que, dans le développement de $\frac{1}{y^2}$, le *résidu* est nul, c'est-à-dire qu'il y manque le terme en $\frac{1}{u-u_1}$. On a donc

$$\frac{1}{y^2} = C + \sum A\,p(u-u_1),$$

et le signe sommatoire s'applique à toutes les racines de y, les demi-périodes s'y trouvant comprises. De là résulte

$$\int \frac{du}{y^2} = C' + Cu - \sum A\,\zeta(u-u_1).$$

On peut grouper les termes pour ne laisser subsister qu'une seule fonction ζ. Comme y^2 est une fonction paire, on a, à la fois, avec mêmes coefficients, les deux termes $\zeta(u \pm u_1)$, qui fournissent ensemble la somme

$$A\left(2\zeta u + \frac{p'u}{pu - pu_1}\right).$$

Si u_1 est une demi-période, on n'aura qu'un terme, mais on pourra l'écrire

$$A\left(\zeta u - \eta_\alpha + \frac{1}{2}\,\frac{p'u}{pu - e_\alpha}\right).$$

L'intégrale peut ainsi être mise sous la forme

$$\int \frac{du}{y^2} = C + D\zeta u + \frac{p'u\,Fu}{y\,fu};$$

Fu est une fonction entière de pu, fu est le facteur irrationnel qui figure dans la fonction y de Lamé. Le quotient de $p'u$ par fu est aussi un de ces facteurs $f_1 u$, complémentaire de fu, composé avec celles des trois racines carrées $\sqrt{pu - e_\alpha}$ qui n'entrent point dans fu. Par là on obtient, pour la seconde solution z, l'expression

$$z = f_1 u \mathrm{F} u + (\mathrm{C} + \mathrm{D}\zeta u) y.$$

La première partie est analogue aux fonctions de Lamé, la seconde en diffère essentiellement en ce qu'elle n'est pas périodique. Mais on doit signaler encore une autre différence, que l'on va reconnaître en examinant ce que deviennent les deux fonctions pour $u = 0$.

La fonction y, du degré $\frac{1}{2}n$ en pu, devient infinie et sa partie principale est $\frac{1}{u^n}$, si nous convenons de l'affecter d'un facteur constant convenablement choisi. Précisons complètement z en prenant y comme on vient de le dire et posant

$$z = (2n + 1) y \int_0^u \frac{du}{y^2}; \tag{38}$$

alors, pour u infiniment petit, la partie principale de z est u^{n+1}.

C'est seulement la coordonnée u qui peut devenir nulle; cette valeur de u répond aux points à l'infini. C'est aussi avec le seul argument u que la seconde solution z va intervenir dans des questions nouvelles que Lamé n'avait pas eu à examiner. Mais déjà, en changeant un peu l'énoncé du problème de Lamé, on peut en montrer l'utilité.

Supposons, à la surface de l'ellipsoïde u_0, la température permanente représentée par la série (37). Admettons maintenant que cet ellipsoïde limite, non plus le solide intérieur, mais l'espace extérieur, indéfini, solide et plein ; alors la série

$$\mathrm{T} = \frac{kz}{z_0} \mathrm{VW}$$

représenterait, dans l'état d'équilibre, la température en un point quelconque de cet espace; elle serait nulle à l'infini.

Revenant à la notation U, au lieu de y, pour une fonction de Lamé avec l'argument u, nous emploierons la notation Z pour la fonction z correspondant à U. L'argument de Z sera toujours u. De la définition (38), on conclut la relation

$$(39) \qquad U\frac{dZ}{du} - Z\frac{dU}{du} = 2n + 1.$$

Intégrale de Liouville.

Les coordonnées u, v, w étant celles d'un point x, soit x' un autre point quelconque et désignons par r la distance de ces deux points. Il s'agit de calculer l'intégrale

$$I = \int\int(pv - pw)VW\frac{dv\,dw}{ir},$$

qui, étendue, comme il a été convenu, à tout l'ellipsoïde (u) sur lequel se trouve x, doit être une fonction de u et des coordonnées de x'. Nous allons d'abord montrer que cette fonction de u satisfait aussi à l'équation de Lamé.

Le point x' n'étant pas situé, on le suppose, sur la surface de l'ellipsoïde, r ne devient pas nul et l'on peut différentier sous les signes d'intégration. On a donc

$$\frac{\partial^2 I}{\partial u^2} = \int\int(pv - pw)VW\left(\frac{\partial^2}{\partial u^2}\frac{1}{r}\right)\frac{dv}{i}dw.$$

On sait que $\frac{1}{r}$ satisfait à l'équation des potentiels, en sorte qu'on a identiquement

$$(pv - pw)\frac{\partial^2}{\partial u^2}\frac{1}{r} = -(pw - pu)\frac{\partial^2}{\partial v^2}\frac{1}{r} - (pu - pv)\frac{\partial^2}{\partial w^2}\frac{1}{r},$$

et nous pouvons substituer cette expression sous le signe d'intégration. Mais on a

$$\int V\left(\frac{\partial^2}{\partial v^2}\frac{1}{r}\right)dv = V\frac{\partial}{\partial v}\frac{1}{r} - \frac{1}{r}\frac{dV}{dv} + \int\frac{1}{r}\frac{d^2V}{dv^2}dv.$$

Les termes, dégagés du signe d'intégration, étant périodiques, donnent zéro dans l'intégration définie. Soit maintenant

$$y'' = (A\,pu + B)\,y$$

l'équation de Lamé à laquelle satisfait U; nous pouvons remplacer $\frac{d^2 V}{dv^2}$ par $(A p v + B)V$; donc

$$\int V\left(\frac{\partial^2}{\partial v^2}\frac{1}{r}\right)dv = \int \frac{(A p v + B)V}{r}\,dv,$$

$$\int\int (p w - p u) W V\left(\frac{\partial^2}{\partial v^2}\frac{1}{r}\right)dv\,dw = \int\int \frac{(p w - p u)(A p v + B)VW}{r}\,dv\,dw.$$

Même transformation étant faite pour l'intégrale analogue où w s'échange avec v, on a, sous le signe d'intégration, le facteur

$$-(p w - p u)(A p v + B) - (p u - p v)(A p w + B) = (p v - p w)(A p u + B).$$

Il vient ainsi

$$\frac{\partial^2 I}{\partial u^2} = (A p u + B)\int\int (p v - p w) VW \frac{dv\,dw}{ir} = (A p u + B) I.$$

C'est ce qu'on voulait prouver, et l'on en conclut que I est une fonction linéaire de U et de Z, $aZ + bU$, a et b dépendant uniquement des coordonnées du point x'. C'est, de plus, une fonction continue, tant que u, en variant, ne devient pas égal à la coordonnée u du point x'.

Il est clair que I tend vers zéro quand l'ellipsoïde est infiniment grand, c'est-à-dire quand u est infiniment petit. Or Z tend vers zéro, tandis que U devient alors infini. Donc, si le point x' est *intérieur* à l'ellipsoïde (u), l'intégrale I est égale à aZ, et il nous reste à trouver la quantité a, fonction des coordonnées de x'. Pour y parvenir, considérons la combinaison suivante, qui, d'après l'égalité (39), sera proportionnelle à a :

$$U\frac{dI}{du} - I\frac{dU}{du} = a\left(U\frac{dZ}{du} - Z\frac{dU}{du}\right) = (2n+1)a. \tag{40}$$

Si l'on met T à la place de UVW, le premier membre peut s'écrire ainsi

$$\int\int (p v - p w)\frac{dv}{i}\,dw\,T\frac{d}{du}\frac{1}{r} - \int\int (p v - p w)\frac{dv}{i}\,dw\,\frac{1}{r}\frac{dT}{du},$$

ou bien encore, en tenant compte de ce que l'ellipsoïde est parcouru deux fois,

$$-\frac{2}{\tau}\int\int T\left(\frac{d}{d\rho}\frac{1}{r}\right)d\sigma + \frac{2}{\tau}\int\int \frac{1}{r}\frac{dT}{d\rho}\,d\sigma. \tag{41}$$

Ici les notations, déjà expliquées (p. 462), sont les suivantes : $d\sigma$ désigne l'élément aréolaire de l'ellipsoïde, qui doit être, dans l'intégration, décrit une seule fois, et le symbole $\frac{d}{d\rho}$ s'applique à une variation suivant la normale à cet ellipsoïde.

Les fonctions T et $\frac{1}{r}$ satisfont, toutes deux, à l'équation des potentiels. Elles sont continues et bien déterminées à l'intérieur de l'ellipsoïde; la seconde seule devient infinie au point x'. D'après un théorème de Green ([1]), la différence (41) est égale à $\frac{8\pi}{\tau}T'$, si l'on désigne par T' la fonction T où l'on met les coordonnées de x', au lieu des coordonnées du point variable x. Nous avons donc ainsi a et, en définitive, pour le cas où le point x' est *intérieur* à l'ellipsoïde,

$$(42) \qquad \tau\int\int(\mathrm{p}v - \mathrm{p}w)\mathrm{VW}\frac{dv\,dw}{ir} = \frac{8\pi \mathrm{V'W'U'Z}}{2n+1} \qquad (u' > u).$$

Avant de passer outre, examinons une sorte de paradoxe qu'il est bon d'éclaircir.

On pourrait envisager, au lieu de la combinaison (40), cette autre

$$\mathrm{Z}\frac{d\mathrm{I}}{du} - \mathrm{I}\frac{d\mathrm{Z}}{du},$$

qui doit fournir zéro pour résultat, tandis que le théorème de Green semble lui assigner pour valeur $\frac{8\pi}{\tau}S'$, si l'on prend $S = \mathrm{ZVW}$. Effectivement, comme T, cette fonction est continue et finie à l'intérieur de l'ellipsoïde et satisfait à l'équation des potentiels.

Cette objection embarrasserait beaucoup, si l'on ne remarquait point que S n'est pas une fonction *bien déterminée* à l'intérieur de l'ellipsoïde, condition essentielle à laquelle satisfait T, fonction entière des coordonnées x_α. Pour s'en convaincre, il suffit d'observer ceci : le point x ne change point si l'on change à la fois u, v, w respectivement en $2\omega - u$, $2\omega' + v$, $2\omega + 2\omega' - w$, nou-

([1]) *Voir*, par exemple, le *Cours d'Analyse de l'École Polytechnique*, par M. C. Jordan, t. II, p. 214.

veaux arguments qui ont encore les formes admises pour u, v, w, et qu'on peut relier aux premiers par une série continue dans laquelle le point x revient à sa position première, sans sortir de l'ellipsoïde. Mais la fonction S ne revient pas à sa valeur initiale ; elle n'est donc pas *bien déterminée* à l'intérieur de l'ellipsoïde. Elle l'est, au contraire, à *l'extérieur;* car la suite des valeurs qu'on vient d'examiner fait passer la coordonnée u par la valeur ω, et celle-ci correspond à l'ellipsoïde aplati, dont les points sont intérieurs à tous les autres ellipsoïdes du système (1).

La formule (42) subsiste quand le point x' est sur l'ellipsoïde ; car le premier membre représente un potentiel de surface qui doit rester continu et le second membre est effectivement continu. Comme les coordonnées u et u' sont alors égales, on a

$$(43)\qquad \tau\iint(\mathrm{p}v-\mathrm{p}w)\mathrm{VW}\frac{dv\,dw}{ir}=\frac{8\pi\mathrm{V'W'UZ}}{2n+1}\qquad (u'=u).$$

Et maintenant, suivant une remarquable observation faite par Liouville ([1]), on peut en conclure, pour le cas d'un point *extérieur*,

$$(44)\qquad \tau\iint(\mathrm{p}v-\mathrm{p}w)\mathrm{VW}\frac{dv\,dw}{ir}=\frac{8\pi\mathrm{V'W'Z'U}}{2n+1}\qquad (u'<u).$$

Effectivement, le second membre est, en ce cas, à l'égard des coordonnées de x', cette fonction S, qui est bien déterminée ; il est, en outre, fini, satisfait à l'équation des potentiels et coïncide, à la surface de l'ellipsoïde, avec le potentiel cherché. Mais on sait que le potentiel cherché a seul ces propriétés ; il est donc bien exprimé par le second membre de l'égalité (44) et celle-ci se trouve prouvée.

Attraction d'un ellipsoïde.

En introduisant l'élément aréolaire et parcourant une fois seulement la surface, on peut écrire l'égalité (44) sous la forme

$$\tau\iint\frac{\mathrm{VW}\,d\sigma}{r\sqrt{(\lambda-\mu)(\lambda-\nu)}}=\frac{4\pi\mathrm{V'W'Z'U}}{2n+1}.$$

([1]) *Journal de Mathématiques pures et appliquées*, 1re série, t. XI, p. 225.

Soient y et y' deux autres points, liés aux points x et x' par les conditions

$$\frac{y_1}{x_1} = \frac{y_2}{x_2} = \frac{y_3}{x_3} = k, \qquad \frac{y'_1}{x'_1} = \frac{y'_2}{x'_2} = \frac{y'_3}{x'_3} = k.$$

Pour ces points, les quantités analogues à $d\sigma$ et r sont $k^2 d\sigma$ et kr.

Entendant maintenant que $d\sigma$ et r se rapportent à y et y', on aura donc

$$(15) \qquad \tau \int\int \frac{\text{VW}\, d\sigma}{r\sqrt{(\lambda - \mu)(\lambda - \nu)}} = \frac{4\pi \text{V}'\text{W}'\text{Z}'\text{U}k}{2n+1}.$$

Au premier membre, l'intégration est faite sur la surface d'un ellipsoïde homothétique au précédent et qui a pour équation

$$\frac{y_1^2}{p_1 - \lambda} + \frac{y_2^2}{p_2 - \lambda} + \frac{y_3^2}{p_3 - \lambda} = k^2.$$

Au second membre, V', W', Z' contiennent les coordonnées du point x'.

Supposons k variable et, prenant deux ellipsoïdes homothétiques, correspondant à k et à $k + dk$, cherchons la longueur de la normale, élevée au premier, au point y, cette longueur étant comprise entre le pied y et le point de rencontre, infiniment voisin, avec le second ellipsoïde. Si l'on désigne par c_1, c_2, c_3 les cosinus des angles de cette normale avec les axes et par dl cette normale, on devra avoir

$$\sum_\alpha \left[\frac{(y_\alpha + c_\alpha dl)^2}{p_\alpha - \lambda} - \frac{y_\alpha^2}{p_\alpha - \lambda}\right] = d(k^2);$$

d'où l'on tire

$$2\, dl \sum_\alpha \frac{c_\alpha y_\alpha}{p_\alpha - \lambda} = d(k^2).$$

On a, d'autre part,

$$\sum \frac{c_\alpha y_\alpha}{p_\alpha - \lambda} = \sqrt{\sum_\alpha \frac{y_\alpha^2}{(p_\alpha - \lambda)^2}} = k\sqrt{\sum_\alpha \frac{x_\alpha^2}{(p_\alpha - \lambda)^2}}.$$

Nous avons, par l'égalité (10), l'expression de cette dernière quantité et nous pouvons conclure

$$2k\,dl\frac{\sqrt{(\lambda-\mu)(\lambda-\nu)}}{\sqrt{-f(\lambda)}}=d(k^2);$$

d'après quoi, l'égalité (45) prend la forme

$$\tau\int\!\!\int\frac{\mathrm{VW}\,dl\,d\sigma}{r}=\frac{2\pi\mathrm{V'W'Z'U}}{2n+1}\sqrt{-f(\lambda)}\,d(k^2).$$

Le produit $dl\,d\sigma$ exprime un élément de volume compris entre les deux ellipsoïdes, en sorte que le premier membre représente le potentiel d'une couche, infiniment mince, limitée par ces deux ellipsoïdes homothétiques. Au second membre figurent, dans V', ..., les coordonnées du point x', variable avec k, tandis que le point attiré est y'.

Nous nous bornerons à considérer le cas le plus simple pour les fonctions qui figurent ici, le cas $n=0$; on a alors $\mathrm{U}=1$ et $\mathrm{Z}=u$. L'égalité

$$\int\!\!\int\frac{dl\,d\sigma}{r}=2\pi\sqrt{-f(\lambda)}\,\frac{u'}{\tau}\,d(k^2) \tag{46}$$

fournit l'expression du potentiel d'une couche homogène, dont la densité est l'unité. On remarquera que, si le point attiré était intérieur, il aurait fallu prendre l'égalité (42); on aurait u, au lieu de u', au second membre, qui serait ainsi indépendant du point attiré; c'est le théorème de Newton, d'après lequel l'attraction d'une pareille couche sur un point intérieur est nulle.

Il s'agit maintenant d'intégrer le second membre (46) depuis $k=0$ jusqu'à $k=1$. On aura, de la sorte, le potentiel de l'ellipsoïde (u) sur le point fixe y', si l'on a soin de considérer u' comme la coordonnée du point x', variable avec k.

L'intégration par parties donne

$$\int u'\,d(k^2)=u'(k^2-1)+\int(1-k^2)\,du'.$$

Lorsque k est nul, le point x' est à l'infini et u' est alors nul. La partie intégrée est donc nulle aux deux limites et l'on doit considérer seulement l'intégrale

$$\int_0^{u'}(1-k^2)\,du'.$$

Comme u' est la coordonnée du point x', on a

$$\sum_\alpha \frac{x'^2_\alpha}{pu' - e_\alpha} = \tau^2.$$

Remplaçant x' par $\frac{1}{k}y'$, on conclut

$$\tau^2 k^2 = \sum_\alpha \frac{y'^2_\alpha}{pu' - e_\alpha} = \sum_\alpha [p(u' + \omega_\alpha) - e_\alpha] \frac{y'^2_\alpha}{(e_\alpha - e_\beta)(e_\alpha - e_\gamma)},$$

$$\tau^2 \int_0^{u'} k^2\,du' = -\sum \frac{y'^2_\alpha}{(e_\alpha - e_\beta)(e_\alpha - e_\gamma)} [\zeta(u' + \omega_\alpha) - \eta_\alpha + e_\alpha u'].$$

On peut réduire les transcendantes ζ à une seule d'entre elles par l'emploi de la formule

$$\zeta(u + \omega_\alpha) - \eta_\alpha = \zeta u + \frac{1}{2}\frac{p'u}{pu - e_\alpha}.$$

Comme les coordonnées du point attiré subsistent seules, nous mettrons x au lieu de y'; nous supposerons aussi, ce qui est permis, $\lambda = 0$ pour l'ellipsoïde envisagé. Avec ces conventions, voici le résultat final : *le potentiel de l'ellipsoïde homogène*

$$\frac{x_1^2}{p_1} + \frac{x_2^2}{p_2} + \frac{x_3^2}{p_3} = 1 \qquad (p_1 < p_2 < p_3),$$

sur un point extérieur, de coordonnées x_1, x_2, x_3, *est égal à la somme de trois quantités, dont deux transcendantes, savoir*

$$2\pi\sqrt{p_1 p_2 p_3}(\mathrm{E} + \mathrm{F}u + \mathrm{G}\zeta u);$$

u désigne la première coordonnée elliptique du point x (avec $\tau = 1$); *de plus,*

$$\mathrm{E} = -\sqrt{(p_1 - \lambda)(p_2 - \lambda)(p_3 - \lambda)} \sum_\alpha \frac{x_\alpha^2}{(p_\alpha - p_\beta)(p_\alpha - p_\gamma)(p_\alpha - \lambda)},$$

$$\mathrm{F} = 1 - \frac{1}{3}\sum_\alpha \left(\frac{1}{p_\alpha - p_\beta} + \frac{1}{p_\alpha - p_\gamma}\right) x_\alpha^2,$$

$$\mathrm{G} = \sum_\alpha \frac{x_\alpha^2}{(p_\alpha - p_\beta)(p_\alpha - p_\gamma)};$$

λ est la plus petite racine (négative) *de l'équation*

$$\frac{x_1^2}{p_1-\lambda}+\frac{x_2^2}{p_2-\lambda}+\frac{x_3^2}{p_3-\lambda}=1.$$

Potentiel d'une surface ellipsoïdale.

Revenons aux notations primitives, x désignant un point de l'ellipsoïde, x' le point attiré. Supposons la densité δ de la matière attractive sur la surface, au point x, représentée par une série, comme il suit

$$\delta=\frac{\tau}{\sqrt{(\lambda-\mu)(\lambda-\nu)}}\sum h\mathrm{VW},$$

h étant un coefficient constant, qui change d'un terme à l'autre. S'il en est ainsi, le potentiel T se trouve déterminé par une série analogue

$$\mathrm{T}=4\pi\sum\frac{h}{2n+1}\mathrm{V'W'Z'U}\qquad (u'<u).$$

Celle-ci convient au cas du point *extérieur*. Pour le point intérieur, on mettra U'Z au lieu de Z'U. Pour un point situé sur la surface, on mettra UZ.

Réciproquement, ce *potentiel à la surface*, c'est-à-dire pour un point situé sur elle, étant développé sous la forme

$$\mathrm{T}=\sum k\mathrm{V'W'},$$

on en conclura la densité de la distribution

$$\delta=\frac{\tau}{4\pi\sqrt{(\lambda-\mu)(\lambda-\nu)}}\sum\frac{(2n+1)k}{\mathrm{UZ}}\mathrm{VW}.$$

Développement de $\frac{1}{r}$.

Parmi les résultats généraux que l'on conclut des intégrales (42, 44), l'un des plus importants concerne le développement de $\frac{1}{r}$, inverse de la distance des deux points x, x'. Supposons, pour fixer les idées, $u' < u$, c'est-à-dire x intérieur à l'ellipsoïde sur lequel se trouve x'. En ce cas, $\frac{1}{r}$, qui satisfait, pour x, à l'équation des potentiels, pourra être développé en une série $\Sigma h\mathrm{UVW}$, la fonction U, et non Z, étant indiquée pour les raisons qui ont été expliquées précédemment. Nous admettons ici la possibilité du développement et nous en cherchons les coefficients h.

Ce développement étant substitué sous le signe d'intégration (44), il ne reste, au premier membre, d'après les formules (35) et (36), que le seul terme

$$8h(ab' - ba')\pi\mathrm{U},$$

qui doit reproduire le second membre (44), en sorte qu'on a

$$h = \frac{\mathrm{V'W'Z'}}{(2n+1)(ab' - ba')},$$

et finalement

$$\frac{1}{r} = \sum \frac{\mathrm{V'W'Z'VWU}}{(2n+1)(ab' - ba')} \qquad (u' < u).$$

Tel est le développement demandé; il représente, en effet, la fonction; mais nous ne pouvons ici entrer dans plus de détails à ce sujet.

Nouvelle manière d'envisager l'équation de Lamé.

L'équation de Lamé

$$(47) \qquad y'' = [n(n+1)pu + \mathrm{B}]y$$

n'avait été considérée que pour les valeurs particulières de B dont nous avons parlé; en découvrant qu'on peut l'intégrer, *quel que soit* B, M. Hermite a ouvert aux fonctions elliptiques un nouveau champ d'applications, dont le Chapitre suivant montrera tout le prix. Déjà dans le Tome I (p. 235) et dans celui-ci (p. 130), nous avons effectué cette intégration pour les cas $n = 1$ et $n = 2$. Nous allons maintenant nous occuper du cas général, en supposant que n soit un nombre entier quelconque. Ce nombre peut être supposé positif, puisque $n(n+1)$ reste inaltéré par le changement de n en $-(n+1)$.

Soit y une fonction doublement périodique de deuxième espèce, ayant le seul pôle $u \equiv 0$, multiple d'ordre n et, par conséquent, n racines. Sa dérivée seconde y'' a les mêmes multiplicateurs; le quotient $y'' : y$ est doublement périodique. Si cette fonction y est choisie de telle sorte que toutes ses racines appartiennent aussi à y'', alors $y'' : y$ a le seul pôle $u \equiv 0$, qui est double; décomposé en éléments simples, ce quotient ne comprend que deux termes $n(n+1)\,\mathrm{p}\,u + \mathrm{B}$, et B est une constante. Ainsi, une telle fonction, si elle existe, satisfait à une équation de la forme (47). Mais on a imposé, en somme, aux constantes indéterminées de y, n conditions, tandis qu'une fonction doublement périodique de deuxième espèce, avec le pôle $u \equiv 0$, multiple d'ordre n, abstraction faite d'un facteur constant, contient $(n+1)$ constantes arbitraires. Il faut donc conclure que l'on pourra satisfaire à toutes les conditions, en laissant B arbitraire; on pourra donc intégrer l'équation (47) au moyen d'une fonction doublement périodique de deuxième espèce, convenablement choisie. C'est en cherchant cette fonction qu'on aura une preuve rigoureuse.

Intégrale sous forme de produit.

Prenons y sous la forme

$$y = \prod \frac{\sigma(u+a)}{\sigma a\, \sigma u} e^{-u\zeta a}, \tag{48}$$

le produit Π se composant de n facteurs qu'on obtient en mettant n arguments $a, b, c, \ldots$ au lieu de a. Ce n'est pas l'expression la plus générale d'une fonction de deuxième espèce, avec le seul pôle $u \equiv 0$, multiple d'ordre n; il y manque un facteur exponentiel $e^{\rho u}$. Mais, si l'on introduisait ce facteur, on trouverait de suite qu'il doit être constant. Prenons la dérivée logarithmique de y; ce sera

$$\frac{y'}{y} = \sum [\zeta(u+a) - \zeta u - \zeta a] = \sum \frac{1}{2} \frac{\mathrm{p}'u - \mathrm{p}'a}{\mathrm{p}u - \mathrm{p}a}.$$

Différentions encore

$$\frac{y''}{y} - \left(\frac{y'}{y}\right)^2 = \sum [\mathrm{p}u - \mathrm{p}(u+a)].$$

Mais l'équation précédente nous donne

$$\left(\frac{y'}{y}\right)^2 = \sum \frac{1}{4}\left(\frac{p'u - p'a}{pu - pa}\right)^2 + \frac{1}{2}\sum \frac{(p'u - p'a)(p'u - p'b)}{(pu - pa)(pu - pb)}.$$

Invoquons maintenant la formule d'addition

$$\frac{1}{4}\left(\frac{p'u - p'a}{pu - pa}\right)^2 = p(u+a) + pu + pa,$$

pour conclure

$$\frac{y''}{y} = 2n\,pu + \Sigma pa + \frac{1}{2}\sum \frac{(p'u - p'a)(p'u - p'b)}{(pu - pa)(pu - pb)}.$$

Il nous faut maintenant décomposer la dernière somme en éléments simples. Prenons un terme. On a

$$\begin{aligned}\frac{1}{2}\,&\frac{(p'u - p'a)(p'u - p'b)}{(pu - pa)(pu - pb)}\\ &= 2(pu + pa + pb) + \frac{p'a + p'b}{pa - pb}[\zeta(u+a) - \zeta(u+b) - \zeta a + \zeta b].\end{aligned}$$

Pour s'assurer de cette formule, on observera que tous les termes y sont immédiatement déterminés par la théorie générale, sauf le terme constant, et c'est ce dernier qu'il faut vérifier. On le fera aisément, soit en considérant le second terme du développement suivant les puissances ascendantes de u, terme qui est $2(pa + pb)$, soit en envisageant la valeur particulière $u = -(a+b)$.

Réunissons maintenant tous les termes $\zeta(u+a) - \zeta a$ entre eux et égalons à zéro la somme de leurs coefficients; faisons de même pour $\zeta(u+b) - \zeta b$, etc. Ceci nous donne n équations. Pour abréger, mettons

$$pa = \alpha, \qquad p'a = \alpha'; \qquad pb = \beta, \qquad p'b = \beta', \qquad \dots.$$

Voici alors ces équations

$$(49)\qquad \left\{\begin{array}{l} \dfrac{\alpha' + \beta'}{\alpha - \beta} + \dfrac{\alpha' + \gamma'}{\alpha - \gamma} + \dfrac{\alpha' + \delta'}{\alpha - \delta} + \dots = 0,\\[2ex] \dfrac{\beta' + \alpha'}{\beta - \alpha} + \dfrac{\beta' + \gamma'}{\beta - \gamma} + \dfrac{\beta' + \delta'}{\beta - \delta} + \dots = 0,\\[2ex] \dfrac{\gamma' + \alpha'}{\gamma - \alpha} + \dfrac{\gamma' + \beta'}{\gamma - \beta} + \dfrac{\gamma' + \delta'}{\gamma - \delta} + \dots = 0,\\ \dots\dots\dots\dots\dots\dots\dots\dots\dots \end{array}\right.$$

La somme des n premiers membres est identiquement nulle, en sorte que l'on a seulement $(n-1)$ équations distinctes entre les n inconnues, comme on l'avait prévu, l'inconnue ρ ayant été supprimée. Supposant ces équations satisfaites, il nous reste

$$\frac{y''}{y} = n(n+1)\wp u + (2n-1)\Sigma \wp a,$$

comme on le voit, en réunissant les divers termes.

L'intégration effective dépend ainsi de la résolution d'un système d'équations algébriques entièrement déterminé, savoir le système (49), joint à celui-ci

$$\begin{aligned} \alpha'^2 &= 4\alpha^3 - g_2\alpha - g_3, \\ \beta'^2 &= 4\beta^3 - g_2\beta - g_3, \\ &\ldots\ldots\ldots\ldots\ldots\ldots, \end{aligned}$$

avec cette dernière équation

$$(2n-1)(\alpha + \beta + \gamma + \ldots) = B. \tag{50}$$

On ne pourrait assurément espérer une résolution explicite de ce système d'équations, si l'on ne trouvait, dans le sujet lui-même, des ressources nouvelles. Ces calculs fournissent néanmoins, avec facilité, les solutions, déjà connues, pour les cas $n=1$ et $n=2$. Pour le premier, $n=1$, il ne subsiste que la dernière équation (50). Pour le second, on a simplement

$$\wp' a + \wp' b = 0, \qquad \wp a + \wp b = \tfrac{1}{3} B,$$

ce qui conduit aux résultats déjà trouvés (p. 131). Le calcul direct n'offre pas, non plus, de grandes difficultés pour le cas $n=3$.

Voici d'abord une observation qui va dégager du système (49) les rapports mutuels de α', β', γ', ..., exprimés en fonction de α, β, γ, ...

L'équation différentielle n'est pas altérée par le changement de u en $-u$. Elle admet donc aussi la solution

$$z = \prod \frac{\sigma(a-u)}{\sigma a\, \sigma u} e^{u\zeta a},$$

qui donne l'égalité

$$\frac{y'}{y} - \frac{z'}{z} = \Sigma[\zeta(u+a) - \zeta(u-a) - 2\zeta a] = -\sum \frac{\wp' a}{\wp u - \wp a}.$$

On a aussi

$$(51)\qquad yz = \prod \frac{\sigma(a+u)\sigma(a-u)}{\sigma^2 a\, \sigma^2 u} = \Pi(pu - pa).$$

Mais, l'équation différentielle manquant du second terme, nous avons

$$yz' - zy' = 2C,$$

et C est une constante. Il en résulte

$$\sum \frac{p'a}{pu - pa} = \frac{2C}{\Pi(pu - pa)},$$

ou, avec les notations ci-dessus (t étant mis pour pu),

$$(52)\qquad \frac{\alpha'}{t-\alpha} + \frac{\beta'}{t-\beta} + \frac{\gamma'}{t-\gamma} + \ldots = \frac{2C}{(t-\alpha)(t-\beta)(t-\gamma)\ldots},$$

identité qui doit avoir lieu, quel que soit t. Le second membre étant décomposé en fractions simples, on conclut

$$(52a)\qquad \begin{cases} \alpha' = \dfrac{2C}{(\alpha-\beta)(\alpha-\gamma)\ldots}, \\ \beta' = \dfrac{2C}{(\beta-\alpha)(\beta-\gamma)\ldots}, \\ \ldots\ldots\ldots\ldots\ldots\ldots\ldots \end{cases}$$

Ces expressions de α', β', ... satisfont effectivement aux égalités (49). Un pas important vient d'être fait. Mais, pour arriver rapidement au but, on va employer encore l'équation différentielle.

Produit des deux intégrales.

Dans une équation différentielle linéaire du second ordre

$$y'' = Py,$$

si l'on change d'inconnue, en posant

$$Y = y^2,$$

on peut éliminer y comme il suit :

$$Y' = 2yy',$$

$$Y'' = 2y'^2 + 2yy'' = 2y'^2 + 2Py^2 = 2y'^2 + 2PY,$$

$$(Y'' - 2PY)' = 4y'y'' = 4Pyy' = 2PY',$$

$$Y''' - 4PY' - 2P'Y = 0.$$

On trouve ainsi, pour l'inconnue Y, une équation linéaire du troisième ordre. Si y et z sont deux solutions de la proposée, $py + qz$ est aussi une solution, quelles que soient les constantes p, q, et $(py + qz)^2$ est une solution de la transformée en Y. Cette dernière admet donc les trois solutions distinctes y^2, yz, z^2.

Dans le cas de l'équation (47), voici la transformée

$$Y''' - 4[n(n+1)\wp u + B]Y' - 2n(n+1)\wp' u\, Y = 0.$$

Suivant l'égalité (51), cette équation doit avoir pour intégrale particulière un polynôme entier du degré n en $\wp u$. Soit $\wp u = t$, pris pour variable indépendante; on a la transformée

$$(53)\quad \begin{cases} (4t^3 - g_2 t - g_3)\dfrac{d^3 Y}{dt^3} + 3(6t^2 - \frac{1}{2}g_2)\dfrac{d^2 Y}{dt^2} \\ \qquad - 4[(n^2+n-3)t + B]\dfrac{dY}{dt} - 2n(n+1)Y = 0. \end{cases}$$

Posons, avec des coefficients indéterminés,

$$(54)\qquad Y = t^n + a_1 t^{n-1} + a_2 t^{n-2} + \ldots + a_{n-1} t + a_n.$$

Voici, pour trouver ces coefficients, l'équation récurrente

$$(55)\quad \begin{cases} 2(n-\mu)(2\mu+1)(\mu+n+1)a_{n-\mu} \\ \quad + 4(\mu+1)B a_{n-\mu-1} + \frac{1}{2}g_2(\mu+1)(\mu+2)(2\mu+3)a_{n-\mu-2} \\ \qquad\qquad + g_3(\mu+1)(\mu+2)(\mu+3)a_{n-\mu-3} = 0. \end{cases}$$

Cette équation, appliquée successivement en supposant

$$\mu = n-1,\ n-2,\ \ldots,$$

détermine, sans ambiguïté, le polynôme Y, dont l'existence effective est ainsi prouvée et que dorénavant nous pouvons admettre comme entièrement connu.

Le calcul de ce polynôme offre une simplification si, à l'exemple de M. Brioschi, on l'ordonne suivant les puissances de la variable s suivante :

$$s = t - b, \qquad b = \frac{1}{n(2n-1)}B.$$

Posant alors

$$\varphi(t) = 4t^3 - g_2 t - g_3$$

et mettant, pour abréger, φ, φ', φ'' au lieu de $\varphi(b)$, $\varphi'(b)$, $\varphi''(b)$, on peut écrire l'équation (53) sous la forme

$$\left(4s^3+\tfrac{1}{2}\varphi''s^2+\varphi's+\varphi\right)\frac{d^3Y}{ds^3}+\left(18s^2+\tfrac{3}{2}\varphi''s+\tfrac{3}{2}\varphi'\right)\frac{d^2Y}{ds^2}$$
$$-\left[4(n^2+n-3)s+\frac{n^2-1}{2}\varphi''\right]\frac{dY}{ds}-2n(n+1)Y=0.$$

De cette manière, Y manque du second terme :

$$Y=s^n+A_2s^{n-2}+A_3s^{n-3}+\ldots+A_n.$$

Effectivement, l'équation récurrente entre les A est la suivante :

$$\begin{aligned}&2(n-\mu)(2\mu+1)(\mu+n+1)A_{n-\mu}\\&\quad=12(\mu+1)(\mu+1-n)(\mu+1+n)bA_{n-\mu-1}\\&\quad\quad+\tfrac{1}{2}(\mu+1)(\mu+2)(2\mu+3)\varphi'(b)A_{n-\mu-2}\\&\quad\quad+(\mu+1)(\mu+2)(\mu+3)\varphi(b)A_{n-\mu-3},\end{aligned}$$

et l'on voit qu'en supposant $\mu=n-1$ on trouve $A_1=0$. Voici les premiers coefficients :

$$A_2=\frac{n(n-1)}{8(2n-3)}\varphi'(b),$$
$$A_3=\frac{n(n-2)}{12(2n-5)}\varphi(b)-\frac{n(n-1)(n-2)}{2(2n-3)(2n-5)}b\varphi'(b).$$

On aura, plus loin, besoin de connaître, dans le polynôme (54), le terme du plus haut degré en B. La forme récurrente (55) le donne aisément sous cette forme

$$Y=\frac{(-B)^n}{[3.5\ldots(2n-1)]^2}+\ldots.$$

Solution.

Servons-nous d'abord de ce polynôme pour établir, avec plus de rigueur, que y a effectivement la forme (48). Soient y et z les deux fonctions dont Y est le produit. Nous avons, en même temps,

$$yz=Y,\qquad yz'-zy'=2C,\qquad yz'+zy'=Y'.$$

De là nous concluons

$$(56)\qquad \frac{y'}{y} = \frac{Y' - 2C}{2Y}, \qquad \frac{y''}{y} = \frac{2YY'' - Y'^2 + 4C^2}{4Y^2}.$$

Substituant dans l'équation (47), nous obtenons

$$(57)\qquad 4C^2 = Y'^2 - 2YY'' + 4[n(n+1)pu + B]Y^2,$$

égalité remarquable, dont le second membre (où les dérivées sont prises par rapport à u) se présente sous la forme d'un polynôme entier en pu : ce polynôme se réduit à une constante $4C^2$. Soit $\alpha = pa$ une racine du polynôme Y. Prenons, dans cette égalité, $u = a$, ce qui fait disparaître, au second membre, tous les termes, sauf le premier; remplaçons Y' par $p'u\,\frac{dY}{dt}$ et nous avons

$$4C^2 = p'^2 a \left(\frac{dY}{dt}\right)^2_{t=\alpha}.$$

Les diverses racines de Y étant désignées par α, β, ..., on a

$$\left(\frac{dY}{dt}\right)_{t=\alpha} = (\alpha - \beta)(\alpha - \gamma)\ldots.$$

Mettant, comme plus haut, α' au lieu de $p'a$, nous obtenons, en extrayant la racine carrée,

$$(58)\qquad 2C = \alpha'(\alpha - \beta)(\alpha - \gamma)\ldots;$$

de même pour les autres racines. Ainsi sont retrouvées les relations (52 a). Mais c'est y qu'il nous faut obtenir et, pour ce but, notons la relation actuelle sous la forme

$$(59)\qquad 2C = Y'_a = Y'_b = Y'_c = \ldots,$$

$\pm a$, $\pm b$, $\pm c$, ... étant les racines de Y, considéré comme fonction de u. Décomposons en éléments simples $\frac{C}{Y}$; ce sera

$$\frac{C}{Y} = \frac{1}{2}\sum[\zeta(u-a) - \zeta(u+a) + 2\zeta a].$$

En effet, les résidus sont tous $\pm\frac{1}{2}$, d'après les relations (59);

et, de plus, la fonction se réduit à zéro avec u. Écrivons ceci sous la forme

$$-\frac{C}{Y}=\frac{d}{du}\log\prod\frac{\sigma(u+a)e^{-u\zeta a}}{\sqrt{pu-pa}\,\sigma u}=-\frac{Y'}{2Y}+\frac{d}{du}\log\prod\frac{\sigma(u+a)}{\sigma u}e^{-u\zeta a},$$

pour en conclure, suivant la première égalité (56),

$$\frac{y'}{y}=\frac{d}{du}\log\prod\frac{\sigma(u+a)}{\sigma u}e^{-u\zeta a}$$

et, par conséquent, l'expression (48), supposée précédemment pour y.

Le problème, qui consiste à intégrer l'équation (47), est maintenant résolu comme il suit : *par l'équation récurrente* (55), *on calculera le polynôme* Y; *par l'égalité* (57), *on aura la constante* C^2, *dont on prendra une racine carrée* C. *Soient* α, β, ... *les racines de* Y; *on prendra*

$$pa=\alpha,\qquad pb=\beta,\qquad \ldots,$$

et l'on achèvera de préciser les arguments a, b, ... *par les égalités*

$$p'a=\frac{2C}{(\alpha-\beta)(\alpha-\gamma)\ldots},\qquad p'b=\frac{2C}{(\beta-\alpha)(\beta-\gamma)\ldots},\qquad \ldots.$$

Cela posé, on aura une intégrale y *par la formule*

$$y=\prod\frac{\sigma(u+a)}{\sigma u}e^{-u\zeta a}.$$

En prenant l'autre racine carrée de C^2, on obtiendrait l'intégrale z, déduite de y par le changement de u en $-u$.

Discussion.

L'égalité (58), appliquée aux diverses racines successivement, fait voir que C peut être nul dans le seul cas où toutes les racines seraient, ou des racines multiples, ou des demi-périodes; l'une, en effet, de ces deux circonstances est nécessaire pour annuler l'un des facteurs du second membre. Mais, d'abord, les demi-périodes ne peuvent être racines multiples, comme on le voit par l'équation (53). Si, en effet, $t = e_\lambda$ était racine double de Y, tous les termes du premier membre (53) seraient nuls pour $t = e_\lambda$, sauf le second, qui devrait donc s'annuler aussi. Mais alors la racine serait triple. Différentiant, par rapport à t, on formera une nouvelle équation analogue, d'où l'on conclura que la racine est quadruple, et ainsi de suite, ce qui ne peut être.

Toute autre racine peut être double, mais non triple; le même raisonnement le prouve.

Il est acquis, par conséquent, que les cas où C est nul sont caractérisés par ce fait : le polynôme Y a, pour racine simple, une ou plusieurs des quantités e_λ et toutes ses autres racines sont doubles. Admettons qu'il en soit ainsi; Y a, dès lors, la forme

$$Y = (pu - e_1)^\varepsilon (pu - e_2)^{\varepsilon'} (pu - e_3)^{\varepsilon''} \Pi (pu - pa)^2, \qquad (\varepsilon, \varepsilon', \varepsilon'' = 0 \text{ ou } 1).$$

Comme C est nul, Y est le carré de y^2; il en résulte donc

$$y = \sqrt{(pu - e_1)^\varepsilon (pu - e_2)^{\varepsilon'} (pu - e_3)^{\varepsilon''}}\, \Pi (pu - pa).$$

C'est, on le voit, le cas considéré par Lamé, où y est un polynôme entier en pu, sauf les facteurs $\sqrt{pu - e_1}$, ... Ainsi, c'est en supposant $C = 0$ qu'on trouve les cas envisagés par Lamé. Mettant l'égalité (57) sous la forme

$$(60) \quad \left\{ \begin{aligned} 4C^2 = (4t^3 - g_2 t - g_3) &\left[\left(\frac{dY}{dt}\right)^2 - 2Y \frac{d^2Y}{dt^2} \right] \\ &- (12t^2 - g_2) Y \frac{dY}{dt} + 4[n(n+1)t + B] Y^2, \end{aligned} \right.$$

et observant par la formule récurrente (55) que les coefficients de Y ont successivement les degrés 1, 2, ..., n en B, on reconnaît que le second membre est précisément du degré $2n+1$. C'est le degré de l'équation $C = 0$ par rapport à l'inconnue B; c'est donc aussi le nombre des fonctions de Lamé, résultat déjà trouvé par l'analyse primitive.

Ces cas, envisagés par Lamé, étant mis à part, la solution précédente ne se trouve jamais en défaut et l'équation (47) est complètement intégrée. On peut cependant perfectionner encore cette solution; décomposant la fonction y en éléments simples, on n'aura plus qu'un seul argument constant, au lieu des n arguments $a, b, c, \ldots$. La solution sera alors tout à fait explicite. Auparavant, nous allons examiner comment C^2 se décompose en facteurs.

Une équation, du degré $\frac{1}{2}(n-1)$ ou $\frac{1}{2}n+1$, suivant la parité de n, détermine les valeurs de B auxquelles correspondent des fonctions *de première sorte* (p. 467). Soit P le premier membre de cette équation. Si n est impair, chacune de ces fonctions contient le facteur $p'u$; ainsi ε, ε', ε'' sont, tous trois, égaux à l'unité, et P entre en facteur dans les trois quantités $Y(e_\lambda)$, considérées comme des polynômes entiers en B. Si, au contraire, n est pair, aucune des fonctions de première sorte ne contient les facteurs $\sqrt{pu-e_\lambda}$, et P n'entre en facteur dans aucune des quantités $Y(e_\lambda)$.

Trois équations, chacune du degré $\frac{1}{2}(n+1)$ ou $\frac{1}{2}n$, suivant la parité de n, déterminent les valeurs de B auxquelles correspondent des fonctions de *deuxième sorte*, si n est impair, de *troisième sorte*, si n est pair. Soit Q_1 le premier membre d'une de ces équations. Quand on a $Q_1 = 0$, la fonction de Lamé contient le facteur $\sqrt{pu-e_1}$, si n est impair; ou bien, si n est pair, elle contient les deux autres facteurs analogues. Dans le premier cas, Q_1 est facteur de $Y(e_1)$; dans le second cas, il est facteur de $Y(e_2)$ et de $Y(e_3)$, et alors $Y(e_1)$ contient le facteur $Q_2 Q_3$.

Achevons de préciser les polynômes P, Q_1, Q_2, Q_3, entiers en B, et disons que, pour chacun, le terme du plus haut degré a pour coefficient l'unité (¹). Posons

$$c = \frac{1}{3.5\ldots(2n-1)} \tag{61}$$

et rappelons-nous que le terme du plus haut degré en B, dans Y, ne contient pas t, qu'il est du degré n en B et que son coefficient est $(-1)^n c^2$. Nous pourrons conclure que l'on a

n impair. $Y(e_1) = -c^2 PQ_1$, $Y(e_2) = -c^2 PQ_2$, $Y(e_3) = -c^2 PQ_3$;
n pair... $Y(e_1) = c^2 Q_2 Q_3$, $Y(e_2) = c^2 Q_3 Q_1$, $Y(e_3) = c^2 Q_1 Q_2$.

(¹) Par les lois de formation expliquées précédemment, on voit que ces polynômes sont entiers en g_2, g_3, ou entiers en g_2, g_3, e_λ, s'il s'agit de Q_λ. Ils sont homogènes, B étant regardé comme du même degré que e_1, e_2, e_3.

Effectivement, la somme des degrés de P et de Q, dans le premier cas, ou le double degré de Q, dans le second, est précisément égal à n, degré de Y en B. Quant à C^2, ce polynôme se compose toujours du produit des quatre facteurs. Le coefficient du premier terme nous est fourni par la relation (60); il provient uniquement du produit $4BY^2$ au second membre; nous avons donc

$$(62) \qquad C^2 = c^4 P Q_1 Q_2 Q_3.$$

Si l'on veut éviter d'introduire les quantités e_1, e_2, e_3 et n'avoir que des fonctions entières de B, g_2 et g_3, on considérera le produit

$$Q = Q_1 Q_2 Q_3,$$

qui est une telle fonction entière, et C^2 se décomposera seulement en deux facteurs. Soit R le résultant de Y et de $\varphi = 4t^3 - g_2 t - g_3$, égal au produit des trois quantités $Y(e_1)$, etc. Dans le cas où n est impair, le quotient $R : C^2$ est un carré, dont la racine est P; si n est pair, R est lui-même un carré, dont la racine est Q.

Ce résultant, produit des $3n$ facteurs analogues à $(\alpha - e_1)$, peut se représenter sous deux formes, savoir

$$R = \prod_{\alpha,\lambda}(\alpha - e_\lambda) = \frac{1}{4^n}\prod_{\alpha}\varphi(\alpha),$$

$$R = \prod_{\alpha,\lambda}(\alpha - e_\lambda) = (-1)^n \prod_{\lambda} Y(e_\lambda) = \begin{cases} c^6 P^3 Q, & n \text{ impair}; \\ c^6 Q^2, & n \text{ pair}. \end{cases}$$

Rappelons-nous maintenant les relations (58)

$$2C = \sqrt{\varphi(\alpha)}(\alpha - \beta)(\alpha - \gamma)\ldots = \sqrt{\varphi(\beta)}(\beta - \alpha)(\beta - \gamma)\ldots = \ldots.$$

Soit D le discriminant de Y, ou produit des carrés des différences $(\alpha - \beta)^2$, etc. Nous aurons

$$2^{2n} C^{2n} = D^2 \Pi \varphi(\alpha) = 4^n D^2 R.$$

Remplaçant C^2 et R par leurs expressions, extrayant la racine carrée, nous aurons D avec une ambiguïté de signe. Ce signe sera déterminé plus loin; voici le résultat :

$$(63) \qquad D = \begin{cases} (-1)^{\frac{n-1}{2}} c^{2n-3} P^{\frac{1}{2}(n-3)} Q^{\frac{1}{2}(n-1)}, & n \text{ impair}, \\ (-1)^{\frac{n}{2}} c^{2n-3} P^{\frac{1}{2}n} Q^{\frac{1}{2}n-1}, & n \text{ pair}. \end{cases}$$

Calcul de l'élément simple.

Dans l'élément simple, propre à la décomposition de y (t. I, p. 228),

$$f(u) = \frac{\sigma(u+v)}{\sigma v \sigma u} e^{(x-\zeta v)u}, \tag{64}$$

l'argument v est la somme de a, b, c, ...; on a, en outre,

$$x = \zeta v - \zeta a - \zeta b - \zeta c - \ldots,$$
$$v = a + b + c + \ldots.$$

On va montrer que pv s'exprime rationnellement en fonction de B, tandis que x et $p'v$ contiennent en facteur l'irrationnelle C, racine carrée d'un polynôme entier. Cette circonstance est conforme à la nature des choses; l'élément simple $f(-u)$ convient à la décomposition de z, et $f(u)$ se change en $f(-u)$ si l'on y remplace v par $-v$, à la condition que x se change aussi en $-x$.

Considérons la fonction

$$(-1)^n k \frac{\sigma(u-a)\sigma(u-b)\ldots\sigma(u+v)}{\sigma a \sigma b \ldots \sigma v (\sigma u)^{n+1}} = \Phi(pu) - \frac{1}{2C} p'u \Psi(pu), \tag{65}$$

que nous figurons, au second membre, sous la forme générale d'une fonction entière de pu et $p'u$, Φ et Ψ étant des polynômes entiers. Dans cette forme, que nous avons vue maintes fois, les degrés des polynômes sont déterminés par cette condition que le degré soit $(n+1)$, pu étant du second degré et $p'u$ du troisième.

	Degré de Φ.	Degré de Ψ.
n impair..........	$\frac{1}{2}(n+1)$,	$\frac{1}{2}(n-3)$;
n pair............	$\frac{1}{2}n$,	$\frac{1}{2}n-1$.

Nous avons désigné par k une constante, dont nous disposerons plus loin.

C'est le calcul des polynômes Φ et Ψ qui va nous occuper. Ils sont déterminés par la condition que la fonction ait les racines a, b, c, ...; ces n racines entraînent, en effet, la dernière racine $-v$, comme l'apprend le théorème d'Abel.

Pour la racine a, nous avons la condition

$$(66) \qquad \Phi(\alpha) - \frac{1}{2C}\alpha'\Psi(\alpha) = 0 \qquad (\alpha = pa, \alpha' = p'a),$$

ou, suivant la relation (58),

$$\left[\Phi\frac{dY}{dt} - \Psi\right]_{t=\alpha} = 0.$$

Même égalité ayant lieu pour chaque racine de Y, on en conclut que le polynôme entre crochets est divisible par Y; donc, E étant un polynôme entier en t,

$$(67) \qquad \Phi\frac{dY}{dt} - \Psi = EY.$$

Cette relation détermine Φ et Ψ de la manière la plus simple, en faisant apparaître $\frac{E}{\Phi}$ comme une réduite de la fraction $\frac{1}{Y}\frac{dY}{dt}$. Effectivement, on en déduit

$$\frac{\Phi}{Y}\frac{dY}{dt} = E + \frac{\Psi}{Y}.$$

Le dernier terme est, par rapport à t, du degré $-\frac{1}{2}(n+3)$ ou $-(\frac{1}{2}n+1)$, suivant les cas, tandis que Φ est du degré $\frac{1}{2}(n+3)-1$ ou $(\frac{1}{2}n+1)-1$. La condition que le développement du premier membre, suivant les puissances descendantes de t, manque des termes à exposants négatifs, depuis l'exposant -1 inclusivement jusqu'à $-\frac{1}{2}(n+3)$ ou $-(\frac{1}{2}n+1)$ exclusivement, cette condition détermine entièrement Φ, à un facteur constant près. Soit

$$(68) \qquad \frac{1}{Y}\frac{dY}{dt} = \frac{b_0}{t} + \frac{b_1}{t^2} + \frac{b_2}{t^3} + \ldots \qquad (b_0 = n, b_1 = -a_1, \ldots),$$

$$\Phi = \beta t^\nu + \beta_1 t^{\nu-1} + \ldots + \beta_{\nu-1} t + \beta_\nu \qquad (\nu = \tfrac{1}{2}(n+1), \tfrac{1}{2}n).$$

Voici les équations de condition :

$$b_0\beta_\nu + b_1\beta_{\nu-1} + b_2\beta_{\nu-2} + \ldots + b_\nu\beta = 0,$$
$$b_1\beta_\nu + b_2\beta_{\nu-1} + b_3\beta_{\nu-2} + \ldots + b_{\nu+1}\beta = 0,$$
$$\ldots\ldots\ldots\ldots\ldots\ldots\ldots\ldots\ldots\ldots,$$
$$b_{\nu-1}\beta_\nu + b_\nu\beta_{\nu-1} + b_{\nu+1}\beta_{\nu-2} + \ldots + b_{2\nu-1}\beta = 0.$$

Soit généralement

$$(69)\qquad \delta_m = \begin{vmatrix} b_0 & b_1 & b_2 & \dots & b_m \\ b_1 & b_2 & b_3 & \dots & b_{m+1} \\ \dots & \dots & \dots & \dots & \dots \\ b_m & b_{m+1} & b_{m+2} & \dots & b_{2m} \end{vmatrix}.$$

Si l'on prend

$$\beta = \delta_{\nu-1},$$

on aura, pour tous les coefficients $\beta_1, \beta_2, \ldots$, des fonctions entières de $b_0, b_1, b_2, \ldots$. Ces derniers sont fonctions entières des coefficients de Y (sommes des puissances semblables des racines), donc fonctions entières de B, g_2, g_3. Ainsi le polynôme Φ, dont le premier coefficient est $\beta = \delta_{\nu-1}$, est entier en t, B, g_2, g_3. Il en va de même pour Ψ et E, qui s'en déduisent. Le premier coefficient de Ψ est

$$b_\nu \beta_\nu + b_{\nu+1}\beta_{\nu-1} + \ldots + b_{2\nu}\beta;$$

il est égal à δ_ν. Mais, à l'égard de ce polynôme Ψ, il y a une observation importante à faire.

Supposons d'abord n impair et prenons, pour B, une racine de l'équation $Q_1 = 0$. Alors Y est le produit de $(t - e_1)$ par le carré U^2 d'un polynôme U, du degré $\frac{1}{2}(n-1)$. U est facteur de Y et de $\frac{dY}{dt}$; d'après (67), il l'est aussi de Ψ, ce qui ne se peut, le degré de Ψ étant seulement $\frac{1}{2}(n-3)$. Ψ est donc alors nul. En conséquence, B étant quelconque, Ψ considéré comme une fonction de B, contient le facteur Q_1 et, de même, les facteurs Q_2 et Q_3.

Supposons maintenant n pair; prenons, pour B, une racine de l'équation $P = 0$, ce qui fait de Y le carré V^2 d'un polynôme V, du degré $\frac{1}{2}n$, tandis que Ψ est du degré $\frac{1}{2}n - 1$. Par le même raisonnement, on conclut que Ψ contient le facteur P. Nous mettrons donc $Q\Theta$ ou $P\Theta$ à la place de Ψ, suivant les cas, et remplacerons l'égalité (67) par celles-ci

$$(70)\qquad \begin{cases} n \text{ impair}\ldots\ldots & \Phi\dfrac{dY}{dt} - Q\Theta = EY, \\ n \text{ pair}\ldots\ldots & \Phi\dfrac{dY}{dt} - P\Theta = EY, \end{cases}$$

où toutes les fonctions sont entières; le premier coefficient, β, de Φ est égal à $\delta_{\nu-1}$; le premier coefficient, γ, de Θ est le quotient entier de δ_ν par Q ou P.

Les éléments de la formule (65) étant connus, nous allons en tirer, d'un seul coup, x, $p v$ et $p' v$. Prenons, à cet effet, la dérivée logarithmique du premier membre; c'est

$$\zeta(u-a)+\zeta(u-b)+\ldots+\zeta(u+v)-(n+1)\zeta u;$$

développons-la, suivant les puissances ascendantes de u, en prenant les quatre premiers termes; ce sera

$$-\frac{n+1}{u}+x-(\alpha+\beta+\ldots+p v)u-\frac{u^2}{2}p' v-\ldots,$$

comme on le reconnaît d'après l'expression de x et d'après les égalités (58), où l'on voit que $p' a+p' b+\ldots$ est égal à zéro.

Soit, d'autre part, à un facteur constant près,

$$\frac{1}{u^{n+1}}+\frac{q_1}{u^n}+\frac{q_2}{u^{n-1}}+\frac{q_3}{u^{n-2}}+\ldots$$

le développement du second membre (65); on en conclura, pour la dérivée logarithmique,

$$-\frac{n+1}{u}+q_1+(2q_2-q_1^2)u+(3q_3-3q_1q_2+q_1^3)u^2+\ldots.$$

La comparaison des deux développements fournit l'expression des inconnues.

Soient

$$n \text{ impair}: \Phi=\beta t^{\frac{1}{2}(n+1)}+\beta_1 t^{\frac{1}{2}(n-1)}+\ldots; \qquad \Theta=\gamma t^{\frac{1}{2}(n-3)}+\gamma_1 t^{\frac{1}{2}(n-5)}+\ldots;$$

$$n \text{ pair}: \Phi=\beta t^{\frac{1}{2}n}+\beta_1 t^{\frac{1}{2}n-1}+\ldots; \qquad \Theta=\gamma t^{\frac{1}{2}n-1}+\gamma_1 t^{\frac{1}{2}n-2}+\ldots.$$

On aura, dans le premier cas,

$$q_1=\frac{Q\gamma}{C\beta}, \qquad q_2=\frac{\beta_1}{\beta}, \qquad q_3=\frac{Q\gamma_1}{C\beta},$$

et, dans le second cas,

$$q_1=\frac{C\beta}{P\gamma}, \qquad q_2=\frac{\gamma_1}{\gamma}, \qquad q_3=\frac{C\beta_1}{P\gamma}.$$

De là résultent les formules suivantes, où la somme $\alpha+\beta+\ldots$ est remplacée par $-a_1$, que donne l'équation (55) :

$$(71)\quad n \text{ impair}\ldots\left\{\begin{aligned} &x=\frac{Q\gamma}{C\beta}=\frac{\gamma}{c^2\beta}\sqrt{\frac{Q}{P}},\\ &pv=\frac{Q\gamma^2}{c^4P\beta^2}-\frac{2\beta_1}{\beta}-\frac{B}{2n-1},\\ &p'v=-\frac{2}{c^2}\left(\frac{Q\gamma^3}{c^4P\beta^3}-\frac{3\gamma\beta_1}{\beta^2}+\frac{3\gamma_1}{\beta}\right)\sqrt{\frac{Q}{P}},\\ &\frac{p'v}{2x}+pv=\frac{\beta_1}{\beta}-\frac{3\gamma_1}{\gamma}-\frac{B}{2n-1}.\end{aligned}\right.$$

$$(71\,a)\quad n \text{ pair}\ldots\ldots\left\{\begin{aligned} &x=\frac{C\beta}{P\gamma}=\frac{c^2\beta}{\gamma}\sqrt{\frac{Q}{P}},\\ &pv=\frac{c^4Q\beta^2}{P\gamma^2}-\frac{2\gamma_1}{\gamma}-\frac{B}{2n-1},\\ &p'v=-2c^2\left(\frac{c^4Q\beta^3}{P\gamma^3}-\frac{3\beta\gamma_1}{\gamma^2}+\frac{3\beta_1}{\gamma}\right)\sqrt{\frac{Q}{P}},\\ &\frac{p'v}{2x}+pv=\frac{\gamma_1}{\gamma}-\frac{3\beta_1}{\beta}-\frac{B}{2n-1}.\end{aligned}\right.$$

On peut procéder autrement et obtenir des formules d'un aspect différent. Et d'abord déterminons la constante k. La partie principale du premier membre (65), pour u infiniment petit, est $\frac{k}{u^{n+1}}$. Celle du second membre est fournie par le premier ou le second terme, suivant que n est impair ou pair. Il en résulte

$$n \text{ impair}\ldots\ldots\ldots\ldots\quad k=\beta$$

$$n \text{ pair}\ldots\ldots\ldots\ldots\ldots\quad k=\frac{P\gamma}{C}$$

Multipliant le premier membre (65) par l'exponentielle dont l'exposant est $\eta_1(a+b+\ldots-v)=0$, exponentielle qui est l'unité, puis supposant $u=\omega_1$, on a immédiatement

$$(72)\qquad k\frac{\sigma_1 a\,\sigma_1 b\ldots\sigma_1 v}{\sigma a\,\sigma b\ldots\sigma v}=\Phi(e_1)=\Phi_1.$$

Multipliant, membre à membre, les trois équations analogues et se rappelant l'égalité (t. I, p. 196)

$$p'u=-2\frac{\sigma_1 u\,\sigma_2 u\,\sigma_3 u}{\sigma^3 u},$$

on en déduit

$$k^3 \, p'a \, p'b \ldots p'v = (-2)^{n+1} \Phi_1 \Phi_2 \Phi_3,$$

puis, d'après les égalités (58), D étant le discriminant de Y,

$$(73) \qquad (-1)^{\frac{1}{2}n(n-1)} k^3 C^n p'v = (-1)^{n+1} 2 \, \Phi(e_1) \, \Phi(e_2) \, \Phi(e_3) D.$$

En élevant au carré dans les deux membres (72), on a aussi

$$(74) \qquad (-1)^n k^2 Y(e_1)(pv - e_1) = \Phi^2(e_1),$$

avec deux relations analogues. Quand n est impair, cette formule se simplifie. L'identité (70), où l'on prendra $t = e_1$, où, par conséquent, Y devient $-c^2 PQ_1$, montre que $\Phi(e_1)$ est divisible par Q_1. Semblablement pour $\Phi(e_2)$ et pour $\Phi(e_3)$. On a donc, en mettant Φ_λ pour $\Phi(e_\lambda)$,

$$n \text{ impair}\ldots\ldots \quad \Phi_1 = Q_1 F_1, \qquad \Phi_2 = Q_2 F_2, \qquad \Phi_3 = Q_3 F_3.$$

Remplaçons maintenant k, C, D, $Y(e_1)$ par leurs expressions précédentes et concluons des égalités (73, 74) celles-ci :

$$(75) \qquad n \text{ impair}. \left\{ \begin{aligned} p'v &= \frac{2 F_1 F_2 F_3}{c^3 \beta^3 P} \sqrt{\frac{Q}{P}}, \qquad Q = Q_1 Q_2 Q_3, \\ pv - e_\lambda &= \frac{Q_\lambda F_\lambda^2}{c^2 \beta^2 P}, \end{aligned} \right.$$

$$(75a) \qquad n \text{ pair}\ldots \left\{ \begin{aligned} p'v &= -\frac{2 c^3 \Phi_1 \Phi_2 \Phi_3}{\gamma^3 P} \sqrt{\frac{Q}{P}}, \qquad \Phi_\lambda = \Phi(e_\lambda). \\ pv - e_\lambda &= \frac{c^2 Q_\lambda \Phi_\lambda^2}{\gamma^2 P}. \end{aligned} \right.$$

Le calcul effectif sera facilité par les considérations suivantes. Écrivons la relation (60) sous la forme abrégée

$$4 C^2 = MY + \varphi \left(\frac{dY}{dt}\right)^2.$$

M est aussi un polynôme entier par rapport aux diverses quantités t, B, g_2, g_3. De cette relation et d'une précédente (67), on conclut

$$\frac{dY}{dt}\left(4 C^2 \Phi - \varphi \Psi \frac{dY}{dt}\right) = Y(4 C^3 E + M \Psi);$$

par conséquent, Γ étant un nouveau polynôme, encore entier,

$$4C^2E + M\Psi = \Gamma\frac{dY}{dt},$$

$$(76)\qquad 4C^2\Phi = \varphi\Psi\frac{dY}{dt} + \Gamma Y.$$

De cette dernière, enfin, et de la relation (67), on conclut

$$(77)\qquad \Phi^2 - \frac{1}{4C^2}\varphi\Psi^2 = \frac{1}{4C^2}(\Gamma\Phi + \varphi E\Psi)Y.$$

Si l'on change u en $-u$ dans l'égalité (65) et qu'on multiplie membre à membre, on aura, au premier membre, les divers facteurs

$$\frac{\sigma(u-a)\sigma(u+a)}{\sigma^2 a\,\sigma^2 u} = pa - pu = \alpha - t;$$

le premier membre devient donc $(-1)^n k^2 Y(pv - t)$, tandis que le second membre est précisément la quantité dont nous venons d'obtenir l'expression (77). Il en résulte donc

$$(-1)^n k^2(pv - t) = \frac{1}{4C^2}(\Gamma\Phi + \varphi E\Psi).$$

Suivant la parité de n, Ψ est égal à $P\Theta$ ou à $Q\Theta$; en même temps, Γ est divisible aussi par P ou Q, comme le montre l'égalité (76). On a donc les résultats suivants, où l'on a mis PG ou QG au lieu de Γ :

$$(78)\qquad n \text{ impair}\ldots\ldots \begin{cases} 4c^4PE + M\Theta = G\dfrac{dY}{dt}, \\ 4c^4P\Phi = \varphi\Theta\dfrac{dY}{dt} + GY, \\ pv - t = -\dfrac{G\Phi + \varphi E\Theta}{4c^4\beta^2 P}; \end{cases}$$

$$(78a)\qquad n \text{ pair}\ldots\ldots\ldots \begin{cases} 4c^4QE + M\Theta = G\dfrac{dY}{dt}, \\ 4c^4Q\Phi = \varphi\Theta\dfrac{dY}{dt} + GY, \\ pv - t = \dfrac{G\Phi + \varphi E\Theta}{4\gamma^2 P}. \end{cases}$$

Ces expressions de pv sont d'un usage assez commode, à cause de l'arbitraire t, dont on peut disposer à volonté. Pour n impair, la seconde formule montre bien que Φ_1 est divisible par Q_1; le quotient F_1 est égal à $-\frac{1}{4c^2}G_1$.

On peut encore conclure des relations (77) et (78) celles-ci :

$$(79) \quad \left\{ \begin{array}{ll} n \text{ impair}\ldots & pv - t = -\dfrac{4c^4 P\Phi^2 - \varphi Q\Theta^2}{4c^4\beta^2 PY}, \\ n \text{ pair}\ldots\ldots & pv - t = \dfrac{4c^4 Q\Phi^2 - \varphi P\Theta^2}{4\gamma^2 PY}. \end{array} \right.$$

Ces formules ont l'inconvénient que les seconds membres y contiennent, en dénominateur, le facteur étranger Y; ils ne sont pas réduits à la plus simple expression. Elles peuvent être utiles, néanmoins, comme nous le montrerons par un exemple.

Cas exceptionnels de l'élément simple.

L'élément simple subsiste sous la forme (64) dans tous les cas, sauf un seul, celui où l'argument v est nul. On voit, en effet, soit par les formules ci-dessus, soit par la définition de x, que cette inconnue x devient infinie seulement quand pv devient infini lui-même. Ce fait se produit de deux manières différentes : par l'évanouissement de β, si n est impair; de γ, si n est pair; ou bien par l'évanouissement de P.

Si l'on prend, pour B, une racine de P, l'intégrale y est une fonction de Lamé et de première sorte : l'élément simple est pu.

Nous parlerons dans un instant de l'autre cas; mais, pour en finir avec les fonctions de Lamé, disons encore ce qui caractérise l'élément simple correspondant aux fonctions de deuxième ou de troisième sorte. Elles correspondent à l'évanouissement de Q. Les formules montrent qu'alors x et $p'v$ s'évanouissent; v est une demi-période. Par les formules (75), on voit même que l'évanouissement du facteur Q_λ correspond à $v = \omega_\lambda$. L'élément simple est alors $\sigma_\lambda u : \sigma u$, dont le multiplicateur est $+1$ pour la période $2\omega_\lambda$, et -1 pour la seconde période.

L'argument v est encore égal à ω_λ dans d'autres cas, correspondant à l'évanouissement de F_λ ou de Φ_λ, suivant la parité de n. Mais, pour ces cas, x n'est pas nul : l'élément simple est $e^{xu}\sigma_\lambda u : \sigma u$.

Ses multiplicateurs ne sont pas ± 1. De plus, il y a, comme dans le cas général, deux intégrales distinctes, doublement périodiques de deuxième espèce; l'élément simple, pour la seconde intégrale, est $e^{-xu} \sigma_\lambda u : \sigma u$. Au contraire, dans le cas des fonctions de Lamé, nous savons déjà que la seconde intégrale est d'une forme très différente.

Parlons maintenant du cas où s'évanouit le dénominateur β ou γ, commun à x, pv, $p'v$. La forme (64) de l'élément simple disparaît. Puisque la somme v des arguments a, b, ... est nulle, l'intégrale (48) est le produit d'une fonction doublement périodique ordinaire par une exponentielle. C'est donc ici ce cas singulier, où les logarithmes des multiplicateurs sont proportionnels aux périodes correspondantes, et dont il a été question au Tome I (p. 232).

L'élément simple est alors $\zeta u . e^{\rho u}$ et il s'agit de trouver la constante ρ, qui, au moyen des arguments a, b, ..., a pour expression

$$\rho = -\zeta a - \zeta b - \ldots.$$

Conservons, à cet effet, la fonction (65), mais en y supposant $v = 0$, après avoir supprimé σv au dénominateur. Nous poserons donc

$$(80) \qquad (-1)^n k_1 \frac{\sigma(u-a)\sigma(u-b)\ldots}{\sigma a \sigma b \ldots (\sigma u)^n} = \Phi_1(pu) - \frac{1}{2C} p u \Psi_1(pu),$$

Φ_1 et Ψ_1 étant encore des polynômes entiers, puisque, $a+b+\ldots$ étant nul, le premier membre est une fonction entière de pu et de $p'u$. Mais ici le degré est n, non plus $(n+1)$, comme précédemment. Il en résulte, si n est impair, que le degré de Ψ_1 coïncide avec celui de Ψ, tandis que le degré de Φ_1 est inférieur d'une unité au degré que Φ atteint généralement. Mais, par hypothèse, β, premier coefficient de Φ, est nul; Φ_1 et Φ sont donc d'un même degré. Si n est pair, les mêmes circonstances se présentent dans l'ordre inverse, en sorte que Φ_1 et Ψ_1 ont les mêmes degrés, respectivement, que Φ et Ψ. On déterminera ces deux polynômes en assignant à la fonction les racines a, b, ..., ce qui donne lieu encore à n conditions semblables à la condition (66), mais dont une rentrera dans les autres. On voit par là que Φ_1 et Ψ_1 sont précisément les mêmes polynômes que Φ et Ψ.

Prenant maintenant la dérivée logarithmique aux deux membres (80), la développant et considérant le second terme, comme on l'a fait déjà, on aura ρ pour coefficient de ce second terme. Considérant maintenant le second terme dans le second membre, on a immédiatement

$$n \text{ impair} \ldots\ldots\ldots\ldots \quad \rho = \frac{C\beta_1}{Q\gamma} = \frac{c^2\beta_1}{\gamma}\sqrt{\frac{P}{Q}} \qquad (\beta = 0),$$

$$n \text{ pair} \ldots\ldots\ldots\ldots \quad \rho = \frac{P\gamma_1}{C\beta} = \frac{\gamma_1}{c^2\beta}\sqrt{\frac{P}{Q}} \qquad (\gamma = 0).$$

Il faut observer que ρ est exprimé en fonction de B, mais que B n'est plus arbitraire : c'est une racine de l'équation $\beta = 0$ ou de l'équation $\gamma = 0$.

On ne peut guère espérer de trouver des expressions simples et explicites pour les fonctions qui figurent dans les formules (71, 75, 78). Mais il importe de bien connaître leur composition générale et la valeur numérique d'un coefficient dans chaque formule. C'est pour ce but que nous allons, un instant, envisager un cas très particulier.

Digression sur l'équation de Riccati.

Supposons, pour les fonctions elliptiques, le cas ultime de dégénérescence $g_2 = g_3 = 0$, où pu se change en l'inverse de u^2. Mettons aussi $B = 1$. L'équation de Lamé se change en celle-ci

$$y'' = \left[\frac{n(n+1)}{u^2} + 1\right] y,$$

connue sous le nom d'*équation de Riccati*; c'est, du moins, une transformée fort simple de l'équation qui porte habituellement ce nom. Elle admet, pour intégrale, la fonction

$$(81) \qquad y = u^{n+1} e^{-u} \frac{d^n}{du^n}\left(\frac{e^{2u}}{u^{n+1}}\right) = \frac{2^n A_n}{u^n} e^u.$$

A_n est un polynôme entier en u, que voici :

$$A_n = u^n - \tfrac{1}{2} n(n+1) u^{n-1} + \frac{(n+2)(n+1)n(n-1)}{2.4} u^{n-2} \ldots$$
$$+ (-1)^n 3.5 \ldots (2n-1).$$

Il satisfait aux deux équations récurrentes

$$(82) \qquad \begin{cases} uA'_{n-1} = A_n + (2n-1-u)A_{n-1}, \\ A'_n = uA_{n-1} - A_n. \end{cases}$$

Soient $a, b, c, \ldots$ les racines de A_n; $a', b', c', \ldots$ les racines de A_{n-1}. Mettons, dans la première de ces relations, à la place de u, une racine a'; nous aurons

$$a'(a'-b')(a'-c')\ldots = (a'-a)(a'-b)\ldots.$$

Multipliant, membre à membre, les $(n-1)$ relations analogues, désignant par Δ_{n-1} le discriminant de A_{n-1}, et remplaçant le produit des racines a' par le dernier coefficient de A_{n-1}, pris positivement, nous obtenons

$$(-1)^{\frac{1}{2}n(n-1)(n-2)}3.5\ldots(2n-3)\Delta_{n-1} = \prod_{a,\,a'}(a'-a).$$

Semblable opération étant faite dans la seconde relation (82), avec les racines a, nous avons pareillement

$$(-1)^{\frac{1}{2}n(n-1)}\Delta_n = 3.5\ldots(2n-1)\prod_{a,\,a'}(a-a').$$

Les deux produits Π coïncident entièrement; car les facteurs y sont les mêmes, sauf le signe; mais le nombre des facteurs est pair, $n(n-1)$. Il s'ensuit donc

$$(-1)^{\frac{1}{2}n(n-1)}\Delta_n = [3.5\ldots(2n-3)]^2(2n-1)(-1)^{\frac{1}{2}(n-1)(n-2)}\Delta_{n-1}.$$

On conclut de là

$$(-1)^{\frac{1}{2}n(n-1)}\Delta_n = 3^{2n-3}5^{2n-5}7^{2n-7}\ldots(2n-3)^3(2n-1).$$

Telle est l'expression du discriminant pour les polynômes A_n (1).

On peut appliquer à l'équation (81) la méthode d'intégration

(1) Par le moyen de la seconde relation (82) et la connaissance du signe de Δ_n, on démontre aisément que A_n a une seule racine réelle, ou n'en a aucune, suivant la parité de n.

que nous avons exposée pour l'équation de Lamé. Changeant, dans y, u en $-u$, on obtient une seconde solution ; le produit Y des deux fonctions est le quotient de $A_n(u)A_n(-u)$ par u^{2n}. Mais Y a été considéré sous la forme d'un polynôme entier en $t = pu$, ce qui est ici $\frac{1}{u^2}$. Le discriminant de Y, polynôme en t, a donc l'expression suivante

$$D = \prod\left(\frac{1}{a^2} - \frac{1}{b^2}\right)^2 = \frac{1}{(ab\ldots)^{4(n-1)}} \prod (a+b)^2 \Pi (a-b)^2,$$

dont le dernier facteur est Δ_n, et dont les autres facteurs sont positifs, comme étant des fonctions symétriques, affectées d'exposants pairs (¹). En conséquence, D a le même signe que Δ_n, celui de $(-1)^{\frac{1}{2}n(n-1)}$.

Par l'hypothèse $g_2 = g_3 = 0$, les polynômes P, Q, qui sont entiers en B, g_2, g_3 et qui ont pour premier coefficient l'unité, se réduisent à l'unité avec B. On a trouvé précédemment l'expression (63) de D, dans le cas général, mais avec une ambiguïté de signe. Cette ambiguïté se trouve levée conformément à ce qui a été alors annoncé.

Forme générale de la solution.

L'intégrale de l'équation de Riccati peut être décomposée en éléments simples, comme y dans le cas général. Pour éviter une confusion dans les notations, considérons la fonction z, dont nous avons appelé $a, b, \ldots$ les racines, et supposons que, g_2 et g_3 devenant nuls, z prenne la forme (81). L'élément simple, propre à la décomposition de z,

$$\frac{\sigma(u-v)}{\sigma v \sigma u} e^{(\zeta v - x)u}$$

devient

$$\psi(u) = \left(\frac{1}{v} - \frac{1}{u}\right)e^u;$$

(¹) Par l'expression (63) de D et cette dernière relation, on trouve

$$\Pi(a+b) = 3.5^2.7^3\ldots(2n-1)^{n-1}.$$

car il est certain que l'exponentielle doit y être la même que dans l'intégrale (81). Quant à v, nous savons que c'est la somme $a+b+\ldots$, comme on pourrait, au surplus, le trouver directement. Cette somme est $\frac{1}{2}n(n+1)$. Voici donc à quoi se réduisent ici les inconnues, savoir

$$v=\tfrac{1}{2}n(n+1), \quad \zeta v - x = 1,$$

d'où se déduit x, si l'on remplace ζv par $\frac{1}{v}$.

Au lieu de supposer $B=1$, si l'on veut laisser B quelconque, il suffit de changer, dans l'équation de Riccati, u en $\pm u\sqrt{B}$. Nous pouvons donc conclure ainsi : *Quand g_2 et g_3 deviennent nuls, les formules* (71) *se réduisent aux suivantes :*

(83)
$$\left\{\begin{aligned} x &= \frac{(n+2)(n-1)}{n(n+1)}\sqrt{B},\\ pv &= \left[\frac{2}{n(n+1)}\right]^2 B,\\ p'v &= \frac{16}{n^3(n+1)^3}B\sqrt{B}; \end{aligned}\right.$$

la racine carrée de B est prise à volonté, mais de la même manière, dans les deux formules.

Nous allons maintenant chercher les degrés des polynômes qui figurent dans les formules (71, 75). De l'équation récurrente (55) il ressort que Y est homogène, t et B étant considérés comme du premier degré, g_2 comme du second, g_3 comme du troisième degré. Il est, de plus, entier par rapport à ces quantités. On reconnaît, dès lors, les mêmes faits dans les polynômes Φ et Θ, déterminés par l'identité (70). A ce point de vue, le degré de Φ est la somme de son degré en t et du degré de son premier coefficient β. De même, pour Θ et son premier coefficient γ.

Un déterminant tel que δ_m (69) a, pour *poids*, $m(m+1)$, c'est-à-dire que, dans chacun de ses termes, après développement, la somme des indices des lettres b est $m(m+1)$. Le coefficient général b_m est du poids m relativement aux indices de a_1, a_2, ..., coefficients de Y. Pour ces derniers, l'indice est égal au degré, entendu comme nous venons de le dire. Or β et γ sont, l'un $\delta_{\nu-1}$, l'autre le quotient de δ_ν par P ou Q, dont on connaît déjà les degrés. D'après ces indications, on constituera aisément le tableau suivant des degrés :

	n impair.	n pair.
Φ............	$\frac{1}{4}(n+1)^2$	$\frac{1}{4}n^2$,
Θ............	$\frac{1}{4}(n^2-9)$	$\frac{1}{4}(n-2)(n+4)$,
β............	$\frac{1}{4}(n^2-1)$	$\frac{1}{4}n(n-2)$,
γ............	$\frac{1}{4}(n+1)(n-3)$	$\frac{1}{4}(n^2-4)$,
P............	$\frac{1}{2}(n-1)$	$\frac{1}{2}(n+2)$,
Q............	$\frac{3}{2}(n+1)$	$\frac{3}{2}n$,
Q_λ............	$\frac{1}{2}(n+1)$	$\frac{1}{2}n$.
F_λ............	$\frac{1}{4}(n^2-1)$	

Pour résumer maintenant les formules (71, 75) en ne faisant ressortir que les degrés, nous dirons, en modifiant les notations : *On obtient les constantes de l'élément simple,*

$$f(u) = \frac{\sigma(u+v)}{\sigma v\,\sigma u}\,e^{(x-\zeta v)u},$$

par des égalités ayant la forme suivante :

$$(84)\qquad \left\{\begin{aligned} &x = \frac{X}{\Pi}\sqrt{\frac{Q}{P}},\\ &pv = \frac{M}{P\Pi^2}, \qquad pv - e_\lambda = \frac{Q_\lambda T_\lambda^2}{P\Pi^2},\\ &p'v = \frac{2T}{P\Pi^3}\sqrt{\frac{Q}{P}}, \end{aligned}\right.$$

$$Q = Q_1 Q_2 Q_3, \qquad T = T_1 T_2 T_3,$$

dans lesquelles toutes les lettres représentent des fonctions entières et homogènes de B, g_2 *et* g_3, *ces quantités étant envisagées comme ayant les degrés* 1, 2, 3. *En outre,* Q_λ *et* T_λ *contiennent* e_λ *qui, pour l'homogénéité, est considérée comme du premier degré; les trois fonctions* Q_λ *se déduisent les unes des autres par le seul changement de* e_λ; *de même pour les trois quantités* T_λ. *Les degrés de ces divers polynômes, comptés comme on vient de le dire, sont les suivants :*

	n impair.	n pair.
X.............	$\frac{1}{4}(n+1)(n-3)$	$\frac{1}{4}n(n-2)$
Π.............	$\frac{1}{4}(n^2-1)$	$\frac{1}{4}(n^2-4)$
Q.............	$\frac{3}{2}(n+1)$	$\frac{3}{2}n$
P.............	$\frac{1}{2}(n-1)$	$\frac{1}{2}(n+2)$
M.............	$\frac{1}{2}n(n+1)$	$\frac{1}{2}n(n+1)$
T.............	$\frac{3}{4}(n^2-1)$	$\frac{3}{4}n^2$
Q_λ.............	$\frac{1}{2}(n+1)$	$\frac{1}{2}n$
T_λ.............	$\frac{1}{4}(n^2-1)$	$\frac{1}{4}n^2$

En bornant chacun de ces polynômes à son terme du plus haut degré en B, *on réduit les formules à celles qui ont été indiquées plus haut* (83).

Les fonctions de Lamé correspondent aux valeurs de B *qui font évanouir* P *ou* Q; *à l'évanouissement de* Π *correspond l'élément simple* $\zeta u . e^{\rho u}$, *dans lequel* ρ *est fourni par la formule*

$$\rho = \frac{\Pi_1}{X}\sqrt{\frac{P}{Q}},$$

Π_1 *étant aussi un polynôme homogène de degré supérieur, d'une unité, à celui de* Π.

Décomposition de l'intégrale en éléments simples.

Pour effectuer la décomposition, il nous faut, d'après la méthode générale, développer y suivant les puissances ascendantes de u. Pour ce but, développons chaque facteur de y, pris sous la forme (48). Ce développement se trouve au tome I (p. 231), sauf un changement de notation. Le voici

$$\frac{\sigma(u+a)}{\sigma a\,\sigma u} e^{-u\zeta a} = \frac{1}{u} + p_2\frac{u}{2} + p_3\frac{u^2}{2.3} + p_4\frac{u^3}{2.3.4} + \ldots,$$
$$p_2 = -p a = -\alpha, \qquad p_3 = -p' a = -\alpha',$$
$$p_4 = -3\alpha^2 + \tfrac{3}{5}g_2, \qquad p_5 = -2\alpha\alpha', \qquad \ldots.$$

Il faut y remarquer que p_m est homogène et du degré m, quand α, α', g_2, g_3 sont considérés comme ayant les degrés 2, 3, 4, 6. Les coefficients d'indice impair contiennent le facteur α'.

Multipliant entre elles les diverses fonctions analogues, pour former y, on obtient

$$(85)\qquad \begin{aligned} y = {} & \frac{1}{u^n} + \frac{1}{2u^{n-2}}\Sigma p_2 + \frac{1}{2.3\,u^{n-3}}\Sigma p_3 \\ & + \frac{1}{2.3.4\,u^{n-4}}[\Sigma p_4 + 6\Sigma p_2 p'_2] + \dots . \end{aligned}$$

Portons notre attention sur les coefficients des termes de rang impair. Ils sont visiblement formés des sommes symétriques

$$\begin{array}{lllll} \Sigma\alpha', & \Sigma\alpha\alpha', & \Sigma\alpha^2\alpha', & \Sigma\alpha^3\alpha', & \dots, \\ & \Sigma\beta\alpha', & \Sigma\beta\alpha\alpha', & \Sigma\beta\alpha^2\alpha', & \dots, \\ & & \Sigma\beta^2\alpha', & \Sigma\beta^2\alpha\alpha', & \dots, \\ & & \Sigma\beta\gamma\alpha', & \Sigma\beta\gamma\alpha\alpha', & \dots, \\ & & & \Sigma\beta^3\alpha', & \dots, \\ & & & \Sigma\beta^2\gamma\alpha', & \dots, \end{array}$$

dont toutes se ramènent à celles de la première ligne, multipliées par des sommes symétriques ne contenant pas α', β', ... Ainsi

$$\begin{aligned} \Sigma\beta^3\alpha' &= \Sigma\alpha^3\,\Sigma\alpha' - \Sigma\alpha^3\alpha', \\ \Sigma\beta^2\gamma\alpha' &= \Sigma\alpha\beta^2\,\Sigma\alpha' - \Sigma\alpha^2\,\Sigma\alpha\alpha' - \Sigma\alpha\,\Sigma\alpha^2\alpha' + 2\Sigma\alpha^3\alpha', \quad \dots . \end{aligned}$$

L'homogénéité fait reconnaître que la plus élevée de ces sommes, figurant dans le terme u^{2m+3-n}, est $\Sigma\alpha^m\alpha'$.

Reprenons maintenant l'identité (52)

$$\frac{\alpha'}{t-\alpha} + \frac{\beta'}{t-\beta} + \dots = \frac{2C}{(t-\alpha)(t-\beta)\dots}.$$

Le développement des deux membres, suivant les puissances descendantes de t, fournit les relations

$$\Sigma\alpha' = 0, \qquad \Sigma\alpha\alpha' = 0, \qquad \dots, \qquad \Sigma\alpha^{n-2}\alpha' = 0, \qquad \Sigma\alpha^{n-1}\alpha' = 2C.$$

Considérant les sommes qui sont ici nulles, nous concluons que le développement (85) de y manque des divers termes de rang impair, sauf le premier, jusqu'au terme en u^{n-1}. Ce développement a donc la forme suivante

$$(86)\qquad \left\{ \begin{aligned} y = \frac{1}{u^n}(& 1 + q_2u^2 + q_4u^4 + q_6u^6 + \dots \\ & + q_{2n}u^{2n} + q_{2n+1}u^{2n+1} + q_{2n+2}u^{2n+2} + \dots). \end{aligned} \right.$$

et les lacunes cessent d'exister à partir du terme en u^n. Nous allons, tout à l'heure, voir quel parti on peut tirer de cette circonstance pour en déduire une nouvelle méthode d'intégration. Bornons-nous d'abord à considérer les termes dont les exposants sont négatifs et qui nous fournissent la décomposition en éléments simples par la formule suivante, où f est l'élément simple (64),

$$(87)\quad \left\{ \begin{aligned} (-1)^{n-1} y = \frac{1}{(n-1)!} f^{(n-1)} + \frac{1}{(n-3)!} q_2 f^{(n-3)} \\ + \frac{1}{(n-5)!} q_4 f^{(n-5)} + \ldots ; \end{aligned} \right.$$

le dernier terme contient f ou f', suivant que n est impair ou pair. Quant aux coefficients q, ce sont des fonctions symétriques de α, β, ..., exprimables par les coefficients a_1, a_2, ... de Y; par exemple :

$$q_2 = -\frac{1}{2}\sum \alpha = \frac{1}{2} a_1,$$

$$q_4 = \frac{1}{24}\sum\left(\frac{3}{5} g_2 - 3\alpha^2\right) + \frac{1}{4}\sum \alpha\beta = \frac{n}{40} g_2 - \frac{1}{8} a_1^2 + \frac{1}{2} a_2.$$

En prenant a_1 et a_2 par l'équation récurrente (55), on obtient

$$(88)\quad \left\{ \begin{aligned} q_2 &= -\frac{B}{2(2n-1)}, \\ q_4 &= \frac{1}{8(2n-3)}\left[\frac{B^2}{2n-1} - \frac{n(n+1)g_2}{10}\right]. \end{aligned} \right.$$

Ce développement de y est valable, avec ces coefficients, dans tous les cas, sauf un seul, celui où l'on a $P = 0$, où y est une fonction de Lamé, de première sorte. On a, en ce cas, avec les mêmes coefficients,

$$(-1)^n y = \frac{1}{(n-1)!} p^{(n-2)} u + \frac{1}{(n-3)!} q_2 p^{(n-4)} u$$
$$+ \frac{1}{(n-5)!} q_4 p^{(n-6)} u + \ldots.$$

Il y a un autre moyen, plus simple, de déterminer les coefficients q : c'est celui que nous avons déjà employé au tome I

(p. 236) et qui consiste à substituer le développement (87) dans l'équation différentielle, en se servant du développement de pu (t. I, p. 93)

$$pu = \frac{1}{u^2} + c_2 u^2 + c_3 u^4 + c_4 u^6 + \ldots.$$

Ce procédé conduit aux équations ci-après (¹)

$$(89)\quad \begin{cases} 2(2n-1)q_2 + B = 0, \\ 4(2n-3)q_4 + Bq_2 + n(n+1)c_2 = 0, \\ \ldots\ldots\ldots\ldots\ldots\ldots\ldots\ldots, \\ 2h(2n-2h+1)q_{2h} + Bq_{2h-2} \\ \quad + n(n+1)(c_2 q_{2h-4} + c_3 q_{2h-6} + \ldots + c_h) = 0; \end{cases}$$

d'où l'on conclut les valeurs ci-dessus de q_2 et de q_4, puis

$$q_6 = -\frac{1}{48(2n-1)(2n-3)(2n-5)}\Big[B^3 - \frac{n(n+1)(6n-7)}{10} g_2 B \\ + \frac{2}{7} n(n+1)(2n-1)(2n-3) g_3\Big].$$

Nous connaissons maintenant, outre l'élément simple f, les coefficients de la formule de décomposition en éléments simples pour l'intégrale y. En résumé, nous avons exposé deux méthodes pour intégrer l'équation de Lamé; toutes deux sont fondées sur le calcul du polynôme Y, produit de deux solutions. La première donne immédiatement, Y étant censé calculé, l'expression de y sous forme d'un produit de fonctions σ, où figurent symétriquement les arguments a, qui correspondent aux racines $\alpha = pa$ du polynôme Y. La seconde méthode fournit y décomposé en éléments simples et les constantes se calculent explicitement, au moyen de Y, sans intervention des racines de ce polynôme.

(¹) Par ce moyen, on trouve, sous la forme suivante, la décomposition en éléments simples pour l'intégrale de l'équation de Riccati :

$$y = f^{(n-1)} - \frac{(n-1)(n-2)}{2(2n-1)} f^{(n-3)} + \frac{(n-1)(n-2)(n-3)(n-4)}{2.4.(2n-1)(2n-3)} f^{(n-5)} - \ldots,$$

$$f = \left[1 - \frac{n(n+1)}{2u}\right] e^u.$$

Il nous reste enfin à expliquer une troisième méthode, par laquelle, sur l'équation elle-même, on trouvera directement y, décomposé en éléments simples, sans intervention du polynôme Y.

Recherche directe de l'intégrale.

La recherche directe peut se faire de deux manières. Voici d'abord la plus naturelle.

Calculons, par les formules (89), $q_2, q_4, \ldots$ jusqu'à q_{n+1} ou q_n, suivant que n est impair ou pair. Prenons l'élément simple f, où v et x sont inconnues, et formons y d'après l'égalité (87), où le dernier coefficient q calculé n'est pas employé. Ceci étant, le développement de cette fonction y coïncidera, dans tous les termes à exposants négatifs, avec celui de l'inconnue y. En le prolongeant de deux termes, on aura

$$n \text{ impair}\ldots\ldots \quad y = \frac{1}{u^n} + \frac{q_2}{u^{n-2}} + \ldots + \frac{q_{n-1}}{u} + \lambda + \mu u + \ldots;$$

$$n \text{ pair}\ldots\ldots\ldots \quad y = \frac{1}{u^n} + \frac{q_2}{u^{n-2}} + \ldots + \frac{q_{n-2}}{u^2} + \lambda' + \mu' u + \ldots.$$

Les coefficients λ, μ ou λ', μ' sont des fonctions de v et de x. Déterminons maintenant ces inconnues par les conditions

$$n \text{ impair}\ldots\ldots \quad \lambda = 0, \qquad \mu = q_{n+1};$$
$$n \text{ pair}\ldots\ldots\ldots \quad \lambda' = q_n, \qquad \mu' = 0.$$

Ceci fait, le développement de

$$(90) \qquad y'' - [n(n+1)pu + B]y$$

ne contient plus aucun terme à exposant négatif. Mais ceci est une fonction doublement périodique de deuxième espèce (ayant même multiplicateur que y), dont $u = 0$ est le seul pôle. Ce pôle ayant disparu, la fonction est nulle et y est effectivement l'intégrale cherchée.

Dans cette méthode, la seule difficulté est de résoudre les deux équations qui déterminent x et v. Mais nous connaissons d'avance la forme de la solution et nous pourrons en tirer parti.

La seconde manière de rechercher directement l'intégrale est fondée sur la propriété que nous avons reconnue au développement de y : il présente des lacunes, de deux en deux rangs, jusqu'au terme en u^n. Cette propriété, trouvée ici très indirectement, est d'ailleurs très visible sur l'équation différentielle. On y voit, en effet, qu'il existe une intégrale dont le développement commence par un terme en u^{n+1}. Soit donc y la première intégrale, dont le développement commence par un terme en u^{-n}; soit z celle qu'on en déduit par le changement de u en $-u$; il doit exister une combinaison linéaire de y et de z, dont le développement manque de tous les termes jusqu'à u^n inclusivement. Cette combinaison est nécessairement $y_1 = y + (-1)^{n-1} z$, et il en résulte que le développement de y doit présenter les lacunes annoncées.

Mais on peut prouver maintenant que l'existence de ces lacunes suffit à caractériser y. A cet effet, considérons les deux fonctions

$$yy'_1 - y_1 y', \quad y'y''_1 - y'_1 y'',$$

qui, toutes deux, sont doublement périodiques ordinaires, y et z ayant des multiplicateurs inverses. Elles s'offrent, de plus, comme ayant le seul pôle $u = 0$. Prenons les parties principales de y et de y_1 :

$$y = \frac{1}{u^n} + \ldots, \qquad y_1 = u^{n+1} + \ldots.$$

Il en résulte les parties principales suivantes :

$$yy'_1 - y_1 y' = (2n+1) + \ldots, \quad y'y''_1 - y'_1 y'' = -n(n+1)(2n+1)u^{-2} + \ldots.$$

La première fonction n'a pas le pôle $u = 0$; c'est donc une constante et l'on en déduit

$$yy''_1 - y_1 y'' = 0.$$

La seconde a le pôle double $u = 0$; elle est de la forme

$$-(2n+1)[n(n+1)\,pu + B],$$

où B est une certaine constante. De ces faits résulte que y et y_1 sont les intégrales de l'équation

$$y'' = [n(n+1)\,pu + B]\,y.$$

Si l'on avait abordé cette étude ainsi, il faudrait maintenant s'assurer que les lacunes exigées dans y sont en nombre inférieur d'une unité à celui des constantes contenues dans y. On saurait ainsi que B est arbitraire. Ce compte est facile à faire, mais nous pouvons nous en dispenser.

Voici donc la dernière méthode d'intégration : on prendra y sous la forme (87), où non seulement x et v, mais encore les coefficients seront inconnus. On formera, dans le développement de y suivant les puissances ascendantes de u, les coefficients des termes où les exposants sont positifs et de parité opposée à celle de n, jusqu'au terme en u^n inclusivement. On égalera ces coefficients à zéro. Par ces équations, toutes les inconnues seront déterminées en fonction de l'une d'entre elles. Que q_2 soit cette dernière. On remplacera q_2, en vertu de l'égalité (88), par $-\frac{1}{2(2n-1)}B$, et l'intégrale sera trouvée.

Cette dernière méthode est complètement en défaut quand il s'agit de former les fonctions de Lamé; avec ces fonctions, en effet, les lacunes dont on vient de parler existent dans le développement, indéfiniment prolongé. Elle s'applique, au contraire, sans obstacle dans les autres cas exceptionnels.

L'autre méthode est toujours valable; elle exige, toutefois, une légère modification dans le cas où y est une fonction de Lamé, de première sorte, et dans celui où l'élément simple est $\zeta u . e^{\rho u}$.

Le nombre n étant impair, si y doit être une fonction de Lamé, de première sorte, son développement ne doit pas contenir de terme en $\frac{1}{u}$. La condition caractéristique de ce cas est donc $q_{n-1} = 0$. Il n'y a plus, dès lors, qu'à former y avec les coefficients précédents.

Le nombre n étant pair et y devant être une fonction de première sorte, μ' sera nul d'après la nature de la fonction. Ayant déterminé y comme il a été dit, on conclura que la fonction (90) est constante; pour la rendre nulle, il faudra encore envisager, dans le développement de y, le terme en u^2, et égaler son coefficient à q_{n+2}.

Considérons maintenant le cas de l'élément simple $\zeta u . e^{\rho u}$.

Si n est impair, supposons déterminé y par les mêmes conditions que dans le cas général, sauf la seule condition $\mu = q_{n+1}$, que nous omettons. En ce cas, la fonction (90) semble avoir le pôle simple $u = 0$. Mais cela ne se peut, vu sa nature particulière, qui exige au moins deux pôles (t. I, p. 233). Elle n'en a donc point et se réduit à l'exponentielle $e^{\rho u}$, multipliée par une constante. La condition $\mu = q_{n+1}$ est donc remplie d'elle-même. Pour achever, il faut égaler à zéro le coefficient suivant.

Si n est pair, on voit, de même, que la condition $\mu' = 0$ est contenue dans les précédentes; il faut égaler à q_{n+2} le coefficient suivant.

Formules pour $n = 2$.

Dans les calculs que nous allons développer, on mettra simplement φ et φ' pour $\varphi(b)$ et $\varphi'(b)$. L'emploi de la notation b, au lieu de B, offre des avantages pour la simplicité des formules :

$$Y = s^2 + \tfrac{1}{4}\varphi', \qquad \Phi = 2s, \qquad E = 4, \qquad \Theta = -\tfrac{1}{3}, \qquad \gamma = -\tfrac{1}{3}, \qquad P = 3\varphi';$$

$$\begin{aligned} Y(e_1) &= (e_1 - b)^2 + 3b^2 - \tfrac{1}{4}g_2 \\ &= e_2 e_3 + 2b\,(e_2 + e_3) + 4b^2 = (2b + e_2)(2b + e_3) = c^2 Q_2 Q_3; \end{aligned}$$

$$c = \tfrac{1}{3}, \qquad Q_\lambda = \tfrac{1}{3}(2b + e_\lambda).$$

En prenant s racine de Y, on a, suivant l'équation (60),

$$4c^4 PQ = 4C^2 = 4s^2\varphi(t) = -\varphi'(4s^3 + 12bs^2 + s\varphi' + \varphi) = -\varphi'(\varphi - 3b\varphi'),$$

$$Q = \frac{3^3}{4}(3b\varphi' - \varphi),$$

$$G = \frac{8}{3}s(s + 3b).$$

$$\wp v = \frac{b\varphi' - \varphi}{\varphi'}, \qquad \wp v - e_\lambda = \frac{4(b - e_\lambda)^2(2b + e_\lambda)}{\varphi'},$$

$$x = \sqrt{\frac{3b\varphi' - \varphi}{\varphi'}}, \qquad \wp' v = \frac{2\varphi}{\varphi'}\sqrt{\frac{3b\varphi' - \varphi}{\varphi'}}, \qquad \frac{\wp' v}{2x} + \wp v = b.$$

Formules pour $n = 3$.

$$Y = s^3 + A_2 s + A_3 = s^3 + \tfrac{1}{4}\varphi' s + \tfrac{1}{4}\varphi - b\varphi',$$
$$\varphi(t) = 4s^3 + 12bs^2 + \varphi' s + \varphi,$$
$$Y = \tfrac{1}{4}\varphi(t) - b(\varphi' + 3s^2),$$
$$Y(e_1) = -b[\varphi' + 3(e_1 - b)^2] = -c^2 Q_1 P; \qquad c = \frac{1}{3.5},$$
$$P = 3.5b, \qquad Q_\lambda = 3^2.5[\varphi' + 3(e_\lambda - b)^2].$$
$$\Phi = -6A_2 s^2 + 9A_3 s - 4A_2^2,$$
$$E = -9(2A_2 s - 3A_3),$$
$$\gamma Q = -(4A_2^3 + 27A_3^2) \ (^1),$$
$$G = \frac{4}{3^3.5^3}(3s^2 + 9bs + A_2).$$
$$pv - b = \frac{\varphi'^3 + 27\varphi^2 - 108b\varphi\varphi'}{36\varphi'^2 b},$$
$$pv - e_\lambda = \frac{[\varphi' + 3(e_\lambda - b)^2][12(b - e_\lambda)(2b + e_\lambda) - \varphi'^2]^2}{36\varphi'^2 b},$$
$$x = \frac{2}{3\varphi'}\sqrt{\frac{4A_2^3 + 27A_3^2}{b}},$$
$$\frac{p'v}{2x} + pv = b - \frac{3}{2}\frac{\varphi}{\varphi'}.$$

L'équation

$$y'' = (12\,pu + 15b)y$$

a pour solution

$$y = f'' - 3bf, \qquad f = \frac{\sigma(u+v)}{\sigma u} e^{(x - \zeta v)u}.$$

Le cas exceptionnel a lieu pour $\varphi' = 0$, c'est-à-dire $12b^2 - g_2 = 0$; on a, en ce cas,

$$y = (\zeta u e^{\rho u})'' - 3b\zeta u e^{\rho u} + 2b\rho e^{\rho u}, \qquad \rho^2 = 3b.$$

(1) C'est le discriminant de Y; mais cette circonstance ne se présente pas au delà de $n = 3$, comme l'a écrit M. Brioschi, par une légère inadvertance qui n'ôte rien à l'importance du Mémoire cité en tête de ce Chapitre.

Formules pour $n = 4$.

$$Y = s^4 + A_2 s^2 + A_3 s + \tfrac{1}{4} A_2^2 - \tfrac{9}{2} A_3 b, \qquad A_2 = \tfrac{3}{2}\varphi', \qquad A_3 = 9\varphi - \tfrac{4}{5} b\varphi',$$
$$\Phi = -4(2A_2 s^2 - 2A_3 s + A_2^2), \qquad E = -32(A_2 s - A_3),$$
$$P = -2^3.3^2.5.7 A_3 = -\lambda A_3,$$
$$\Theta = -4\lambda[4(A_3 + 9A_2 b)s + 3A_2^2 - 18A_3 b].$$

Soit M_0 la valeur de M pour $s = 0$; on a

$$M_0 = 2^6.3b(Y)_0 - \varphi'\left(\frac{dY}{dt}\right)_0 - 2\varphi\left(\frac{d^2Y}{dt^2}\right)_0;$$
$$M_0 = -\frac{2^5}{3} A_3(2A_2 + 81b^2).$$

Par là, en faisant $s = 0$ dans l'égalité (60), on obtient Q, qui n'est pas indispensable:

$$4c^4\lambda Q = \tfrac{8}{3}(2A_2 + 81b^2)(A_2^2 - 18A_3 b) - \tfrac{3}{2}A_3(3A_3 + 8A_2 b),$$

$$c = \frac{1}{3.5.7}, \qquad \lambda = 2^3.3^2.5.7.$$

Pour calculer $\wp v$ au moyen de la formule (79), on peut procéder comme il suit :

$$\wp v - t = \frac{4c^4 PQ\Phi^2 - \varphi(t)P^2\Theta^2}{4\gamma^2 P^2 Y} = \frac{4C^2\Phi^2 - \varphi(t)P^2\Theta^2}{4\gamma^2 P^2 Y}$$
$$= \frac{M\Phi^2 Y + \varphi(t)\left[\varphi^2\left(\frac{dY}{dt}\right)^2 - P^2\Theta_1^2\right]}{4\gamma^2 P^2 Y}.$$

Faisant $s = 0$, on a

$$\frac{\Phi^2\left(\frac{dY}{dt}\right)^2 - P^2\Theta^2}{Y} = -2^8 A_3^2(A_2^2 - 18A_3 b) \qquad s = 0),$$

d'où résulte

$$\wp v - b = -\frac{4A_2^4(2A_2 + 81b^2) + 9A_3(A_2^2 - 18A_3 b)(3A_3 + 8A_2 b)}{24(A_3 + 9A_2 b)^2 A_3},$$
$$\frac{\wp' v}{2x} + \wp v = \frac{3A_2^2 - 18A_3 b}{4(A_3 + 9A_2 b)} + \frac{3A_3}{A_2} + b.$$

L'équation

$$y'' = (20\,p\,u + 28\,b)\,y$$

a pour solution

$$y = f''' - 12\,b f', \qquad f = \frac{\sigma(u+v)}{\sigma u}\, e^{(x - \zeta v)u}.$$

Le cas exceptionnel a lieu pour $A_3 + 9 A_2 b = 0$, c'est-à-dire $\frac{1}{9}\varphi_1 + \frac{32}{5} b \varphi_1' = 0$. En ce cas, on a l'intégrale

$$y = (\zeta u . e^{\rho u})''' - 12\,b(\zeta u . e^{\rho u})' + \tfrac{2}{5}\rho(g_2 + 48\,b^2)e^{\rho u}, \qquad \rho^2 = 12\,b.$$

Exemples de calcul pour $n = 5$.

Soit à trouver directement la solution relative au cas exceptionnel. Elle sera de la forme

$$y = (\zeta u . e^{\rho u})^{\text{IV}} + 12\,q_2(\zeta u . e^{\rho u})'' + 24\,q_4 \zeta u . e^{\rho u} + \mathrm{A}\, e^{\rho u}$$

et l'on devra avoir (t. I, p. 234)

$$\rho^4 + 12\,q_2 \rho^2 + 24\,q_4 = 0. \tag{91}$$

On va exprimer que le développement de y, suivant les puissances ascendantes de u, manque du terme constant et du terme en u^2. Pour effectuer ce développement, on met d'abord y sous la forme suivante

$$y = e^{\rho u}[\zeta^{\text{IV}} + 4\rho\zeta''' + (6\rho^2 + 12\,q_2)\zeta'' + (4\rho^3 + 24\,q_2\rho)\zeta' + \mathrm{A}],$$

et l'on développe la fonction entre crochets, ce qui donne

$$\begin{aligned} &24\frac{1}{u^5} - 24\,\rho\frac{1}{u^4} + 12(\rho^2 + 2\,q_2)\frac{1}{u^3} \\ &\quad - 4(\rho^3 + 6\,q_2\rho)\frac{1}{u^2} - \tfrac{2}{5} g_2 \rho + \mathrm{A} - [\tfrac{6}{7} g_3 + \tfrac{3}{5} g_2(\rho^2 + 2\,q_2)]u \\ &\qquad - 4[\tfrac{3}{7} g_3 + \tfrac{1}{20} g_2(\rho^2 + 6\,q_3)]\rho u^2 \ldots. \end{aligned}$$

Prenant maintenant le développement de l'exponentielle, on multiplie entre eux les deux développements et l'on égale à zéro les coefficients précités. De là deux équations :

$$2\rho(2\rho^4 + 20\,q_2\rho^2 + g_2) = 5\,\mathrm{A},$$
$$\tfrac{2}{21}\rho^6 + \tfrac{4}{5} q_2 \rho^4 + g_2\rho^2 + \tfrac{19}{7} g_3 + \tfrac{12}{5} q_2 g_2 = \tfrac{1}{2}\mathrm{A}\rho.$$

En éliminant A et ρ entre ces équations et l'égalité (91), on aura la relation de condition, q_2 et q_4 s'exprimant au moyen des formules (88). Il y a ensuite une seule valeur pour ρ^2, puis une valeur de A pour chaque valeur de ρ. Il n'est pas utile de continuer ici ce calcul. Le premier membre de l'équation de condition est la quantité Π des formules (84).

Pour trouver la solution générale, relative à $n=5$, par le moyen du développement de l'élément simple, on devra poser

$$y = f^{\text{IV}} + 12 q_2 f'' + 24 q_4 f,$$

puis développer y et chercher les coefficients du terme constant et du terme en u, pour les égaler à zéro et à q_6. D'après le développement de f (t. I, p. 231), on aura ainsi

$$(92)\quad \begin{cases} \frac{1}{5}(x^5 + 10 P_2 x^3 + 10 P_3 x^2 + 5 P_4 x + P_5) \\ \qquad + 4 q_2 (x^3 + 3 P_2 x + P_3) + 24 q_4 x = 0, \\ \frac{1}{6}(x^6 + 15 P_2 x^4 + 20 P_3 x^3 + 15 P_4 x^2 + 6 P_5 x + P_6) \\ \quad + 3 q_2 (x^4 + 6 P_2 x^2 + 4 P_3 x + P_4) + 12 q_2 (x^2 + P_2) = q_6. \end{cases}$$

Dans ces deux équations, on devra remplacer les coefficients P par leurs expressions en $p\upsilon$ et $p'\upsilon$ données en l'endroit cité, puis en tirer x et $p\upsilon$. Ce calcul offrirait de grandes difficultés, si l'on ne savait d'avance la forme du résultat.

Soit à trouver la quantité X, qui figure au numérateur de x. On supposera $x=0$ dans les égalités précédentes. La première équation se réduit à

$$\tfrac{1}{5} P_5 + 4 q_2 P_3 = 0,$$

c'est-à-dire

$$p\upsilon = -10 q_2 = \tfrac{5}{9} B.$$

La seconde donne ensuite

$$-5 p^3 \upsilon - g_2 p\upsilon + \tfrac{20}{7} g_3 + 18 q_2 (\tfrac{3}{5} g_2 - 3 p^2 \upsilon) - 72 q_4 p\upsilon = q_6.$$

Substituant à $p\upsilon$, q_2, q_4, q_6 leurs expressions explicites, on trouvera l'équation de condition dont le premier membre est X.

Si, dans les équations (92), on supprime P_3 et P_5, que l'on remplace, dans P_2, P_4 et P_6, $p\upsilon$ par e_λ, puis que l'on élimine x, on obtiendra une équation de condition dont le premier membre sera la quantité T_λ des formules (84).

CHAPITRE XIII.

ÉQUATIONS DIFFÉRENTIELLES LINÉAIRES.

Théorèmes sur les équations différentielles linéaires, en général. — Équations de M. Émile Picard. — Propriété des polynômes entiers en u et ζu, à coefficients doublement périodiques. — Forme générale des intégrales. — Équations pour lesquelles les rapports des intégrales sont uniformes. — Changement de l'inconnue. — Théorèmes sur les équations de la seconde classe. — Cas particuliers. — Équations différentielles linéaires, attachées à la division de l'argument par 3. — Équation du quatrième ordre. — Équations différentielles linéaires, attachées à la division de l'argument par un entier quelconque. — Autres équations d'ordre quelconque. — Troisième groupe d'équations d'ordre quelconque. — Exemple d'équation de la première classe. — Autre exemple.

Théorèmes sur les équations différentielles linéaires, en général.

L'intégration de l'équation de Lamé, telle que nous l'avons exposée dans le Chapitre précédent, et à laquelle restera attaché le nom de M. Hermite, a été l'origine d'une découverte importante, celle de deux grandes classes d'équations différentielles linéaires, intégrables par les fonctions elliptiques. Mais cette découverte eût été impossible sans les progrès de la théorie des fonctions, inaugurée par Cauchy. Ce n'est plus, en effet, dans la forme extérieure, que l'on cherche les caractères distinctifs des fonctions ou des équations différentielles, comme on faisait jadis, en considérant, par exemple, les équations linéaires à coefficients constants. On recherche maintenant des caractères plus cachés, que révèle l'étude des *points singuliers*.

Pour les équations différentielles linéaires, cette étude des points singuliers a provoqué des travaux considérables, dus aux meilleurs géomètres contemporains; elle donne lieu à des problèmes difficiles, dont la solution n'est pas encore atteinte. On n'aura besoin de connaître ici que des propriétés extrêmement simples, dont nous allons brièvement parler (¹).

Soit une équation, d'ordre m,

$$y^{(m)} + a_1 y^{(m-1)} + a_2 y^{(m-2)} + \ldots + a_{m-1} y' + a_m y = 0,$$

dont les coefficients sont supposés être des fonctions de la variable indépendante u, *uniformes* et *fractionnaires*. Considérons une valeur u_0, attribuée à u. Il s'agit de reconnaître les conditions pour que les intégrales soient développables en séries procédant suivant les puissances ascendantes de $(u - u_0)$.

On doit distinguer deux cas : le premier a lieu quand les coefficients ont, tous, des valeurs finies pour $u = u_0$. Toutes les intégrales sont alors développables en séries de Maclaurin. C'est un théorème de Cauchy.

Le second cas se présente quand quelques-uns des coefficients deviennent infinis pour $u = u_0$; c'est alors que l'on appelle u_0 un *point singulier*. Considérons les divers produits

$$(1) \qquad (u - u_0)a_1, \quad (u - u_0)^2 a_2, \quad \ldots, \quad (u - u_0)^m a_m.$$

Supposons que l'un d'eux, au moins, n'ait pas une valeur finie pour $u = u_0$. S'il s'en trouve plusieurs, admettons que ceux de rang $n, p, \ldots$ soient infiniment grands d'ordre q, supérieur à l'ordre des autres. Supposons maintenant qu'une intégrale soit développable et que son premier terme soit du degré s. En substituant le développement de cette intégrale dans l'équation différentielle, on aura, au premier terme, du degré $(s - m - q)$, le coefficient

$$s(s-1)\ldots(s-m+n+1)b_n + s(s-1)\ldots(s-m+p+1)b_p + \ldots,$$

b_n et b_p désignant les limites de $(u-u_0)^{n+q} a_n$ et de $(u - u_0)^{p+q} a_p$, pour $u = u_0$. Ce coefficient doit être nul. De là une équation à laquelle doit satisfaire l'exposant s. Mais cette équation est de degré inférieur à l'ordre m de l'équation différentielle. Les intégrales ne sont donc pas toutes développables. Ainsi, pour que toutes les

---

(¹) On pourra consulter, sur ce sujet, le *Cours d'Analyse de l'École Polytechnique*, par M. Camille Jordan, t. III, p. 177.

intégrales soient développables, il est nécessaire que les produits (1) aient tous des limites finies.

Supposons cette condition remplie, et prenons les développements des produits (1) :

$$
\begin{aligned}
(u-u_0)\ a_1 &= b_1 + b'_1(u-u_0) + b''_1(u-u_0)^2 + \ldots,\\
(u-u_0)^2\ a_2 &= b_2 + b'_2(u-u_0) + b''_2(u-u_0)^2 + \ldots,\\
&\ldots\ldots\ldots\ldots\ldots\ldots\ldots\ldots,\\
(u-u_0)^m a_m &= b_m + b'_m(u-u_0) + b''_m(u-u_0)^2 + \ldots.
\end{aligned}
$$

L'équation, dite *déterminante*, qui a pour racines les exposants s, est la suivante :

$$
(2)\quad \begin{cases} F(s) = s(s-1)\ldots(s-m+1) \\ \qquad + b_1 s(s-1)\ldots(s-m+2) + \ldots + b_{m-1}s + b_m = 0. \end{cases}
$$

Soient maintenant

$$
\begin{aligned}
F'(s) &= b'_1 s(s-1)\ldots(s-m+2) + \ldots + b'_{m-1}s + b'_m,\\
F''(s) &= b''_1 s(s-1)\ldots(s-m+2) + \ldots + b''_{m-1}s + b''_m,\\
&\ldots\ldots\ldots\ldots\ldots\ldots\ldots\ldots
\end{aligned}
$$

Substituons à y, dans l'équation différentielle, le développement

$$
(3)\qquad y = (u-u_0)^{s_1}[1 + c_1(u-u_0) + c_2(u-u_0)^2 + \ldots].
$$

Nous aurons, pour déterminer les coefficients c, les équations

$$
(4)\quad \begin{cases} c_1 F(s_1+1) + F'(s_1) = 0, \\ c_2 F(s_1+2) + c_1 F'(s_1+1) + F''(s_1) = 0, \\ \ldots\ldots\ldots\ldots\ldots\ldots\ldots\ldots \end{cases}
$$

Ayant pris s_1 racine de l'équation (1) et déterminant ainsi c_1, $c_2, \ldots$, nous formons un développement (3) qui, s'il est convergent, satisfait à l'équation différentielle. La convergence, sur laquelle nous ne nous arrêterons pas ici, a été démontrée par M. Fuchs. Le point sur lequel on doit porter l'attention est le suivant : les coefficients c se déterminent, par les équations (4), sans embarras, si aucune des quantités $F(s_1+1)$, $F(s_1+2)$, ... n'est égale à zéro, c'est-à-dire si l'équation déterminante (2) n'a aucune autre racine surpassant s_1 d'un nombre entier. Mais, dans le cas opposé, l'existence du développement (3) est subordonnée à des conditions subsidiaires évidentes : si l'équation déterminante, en même temps que la racine s_1, possède aussi la racine $(s_1 + n)$, n étant entier, on devra avoir

$$c_{n-1}F'(s_1+n-1)+c_{n-2}F''(s_1+n-2)+\ldots=0;$$

d'où, par l'élimination de c_{n-1}, c_{n-2}, ... entre cette égalité et les précédentes, résulte une équation de condition. Si cette condition est satisfaite, c_n est indéterminé, comme cela doit être en effet : la coexistence de l'intégrale (3) et d'une autre intégrale, dont le développement commence par un terme du degré (s_1+n), permet de former une combinaison linéaire où le terme de ce degré aura un coefficient *ad libitum*.

En résumé, pour que l'intégrale générale soit développable, il faut et il suffit : 1° que tous les produits (1) aient des valeurs finies; 2° que l'équation déterminante n'ait pas de racine multiple (sans quoi il n'y aurait pas m exposants s); 3° que, si elle a des racines à différences entières, certaines conditions subsidiaires soient satisfaites [1].

Ces conditions remplies, il y a m intégrales particulières développables sous la forme (3). Chacune d'elles correspond à une racine de l'équation déterminante ou, comme on dit, *appartient à un exposant* égal à cette racine.

Voici maintenant les conséquences dont nous aurons besoin.

En premier lieu, si, en chaque point singulier, les exposants s sont des nombres entiers, les intégrales sont des fonctions uniformes pour toutes les valeurs de la variable; ce sont des fonctions *entières* si les exposants s sont tous positifs; elles sont *fractionnaires* dans le cas opposé.

En second lieu, si, pour chaque point singulier, les exposants s,

(1) La remarque suivante est utile dans les applications : si, dès le début, les développements des coefficients a_1, a_2, ... présentent, tous, les mêmes lacunes, ces lacunes se reproduisent dans le développement (3) de y. Si, par exemple, b'_1, b'_2, ..., b'_m sont nuls, c_1 est nul aussi. Si ces mêmes lacunes se reproduisent périodiquement dans les coefficients, il en est autant dans y. Qu'on suppose, pour les coefficients, des fonctions alternativement paires et impaires, par rapport à $(u-u_0)$, le premier coefficient a_1 étant impair; en ce cas, c_1, c_3, c_5, ... sont tous nuls. S'il se trouve alors deux racines s à différence *impaire*, la condition subsidiaire, relative à cette différence, est satisfaite d'elle-même.

sans être entiers, ne diffèrent que par des nombres entiers, les *rapports* des intégrales sont des fonctions uniformes pour toutes les valeurs de la variable.

Ce sont les équations ayant ces propriétés et dont, en outre, les coefficients sont des fonctions elliptiques, que nous allons intégrer.

Pour fournir au lecteur des renseignements complets, nous ajouterons qu'on sait reconnaître, sur une équation différentielle linéaire quelconque, si, par un changement de la variable indépendante et de l'inconnue, cette équation est susceptible d'être ramenée au type dont nous parlons. Mais cette théorie ne saurait trouver place dans le présent Ouvrage (¹).

Équations de M. Émile Picard (²).

Les équations dont l'intégration générale est due à M. Picard sont celles que nous venons de mentionner en première ligne, où l'*intégrale générale est uniforme*.

Pour bien comprendre le sujet, il faut se rappeler la proposition suivante, qui appartient à la théorie des substitutions linéaires : *Soient $y_1, y_2, \ldots, y_m$ diverses quantités variables, sur lesquelles on effectue une substitution à coefficients constants, remplaçant y_k par Y_k,*

$$Y_k = a_{1,k}y_1 + a_{2,k}y_2 + \ldots + a_{m,k}y_m \qquad (k = 1, 2, \ldots m).$$

Il existe au moins une combinaison linéaire z de ces quantités, et à coefficients constants,

$$z = b_1 y_1 + b_2 y_2 + \ldots + b_m y_m,$$

pour laquelle l'effet de la substitution est simplement de la multiplier par un facteur constant :

$$Z = \mu z.$$

(¹) *Voir*, à ce sujet, le *Mémoire sur la réduction des équations différentielles linéaires aux formes intégrables*, par M. Halphen, dans le tome XXVIII du Recueil dit des *Savants étrangers*, p. 155.

(²) *Comptes rendus de l'Académie des Sciences*, t. XC, p. 128 et 293, et *Journal für reine und angewandte Mathematik*, t. XC, p. 281.

La démonstration, qu'il n'est pas nécessaire de reproduire *in extenso*, consiste à substituer, au second membre de cette dernière équation, l'expression supposée pour z, puis, au premier membre, la même expression de Z par les Y; y remplacer les Y par leurs expressions en y, enfin à identifier les deux membres, terme à terme. De là découlent m équations linéaires et homogènes en $b_1, b_2, \ldots, b_m$ et, par suite, pour μ, une équation de condition, qui est du degré m. Cette équation a au moins une racine et la proposition est prouvée.

Arrivons aux équations de M. Picard, et supposons donc une équation à coefficients elliptiques dont l'intégrale générale soit uniforme. Soit alors $\varphi_1(u), \varphi_2(u), \ldots, \varphi_m(u)$ un système d'intégrales linéairement distinctes.

Changeons u en $u + 2\omega$. L'hypothèse sur la nature des coefficients entraîne cette conséquence que $\varphi_1(u+2\omega), \ldots, \varphi_m(u+2\omega)$ sont aussi des intégrales. L'hypothèse sur la nature de l'intégrale entraîne, à son tour, cette autre conséquence que ces dernières quantités sont *bien déterminées*, ont, en d'autres termes, une valeur, unique pour chacune d'elles, quelle que soit la manière dont la variable passe de u à $u + 2\omega$.

Les nouvelles intégrales sont des fonctions linéaires des précédentes, à coefficients constants, comme étaient tout à l'heure les quantités Y relativement aux quantités y. Il existe donc une combinaison linéaire, c'est-à-dire une intégrale $\varphi(u)$, ayant la propriété

$$\varphi(u + 2\omega) = \mu\,\varphi(u), \tag{5}$$

où μ est une constante.

Prenons maintenant les fonctions

$$f_1(u) = \varphi(u), \quad f_2(u) = \varphi(u + 2\omega'), \quad \ldots, \quad f_{n+1}(u) = \varphi(u + 2n\omega'),$$

qui, pour les mêmes raisons, sont des intégrales bien déterminées. Il ne peut exister que m intégrales linéairement distinctes. On est donc assuré que, en prenant n égal ou inférieur à m, on aura une relation linéaire

$$f_{n+1}(u) = a_1 f_1(u) + a_2 f_2(u) + \ldots + a_n f_n(u),$$

que l'on peut écrire ainsi

$$f_n(u+2\omega') = a_1 f_1(u) + a_2 f_2(u) + \ldots + a_n f_n(u).$$

En la joignant aux relations

$$\begin{aligned} f_1(u+2\omega') &= f_2(u), \\ f_2(u+2\omega') &= f_3(u), \\ &\ldots\ldots\ldots\ldots, \\ f_{n-1}(u+2\omega') &= f_n(u), \end{aligned}$$

on a encore les formules d'une substitution linéaire et l'on peut conclure à l'existence d'une combinaison linéaire $f(u)$ ayant la propriété

$$f(u+2\omega') = \mu' f(u).$$

Mais cette fonction f, comme les éléments $f_1, f_2, \ldots$ qui la composent, a aussi la propriété exprimée par la relation (5). En conséquence :

Toute équation différentielle linéaire, à coefficients elliptiques et à intégrale générale uniforme, possède au moins une intégrale doublement périodique de deuxième espèce.

C'est ici qu'intervient de nouveau la théorie des fonctions, pour nous faire connaître (t. I, p. 460-463) les seules fonctions uniformes de cette nature, celles qui s'expriment par la fonction σ. La composition analytique d'une intégrale nous est ainsi connue : on est assuré de trouver l'intégrale elle-même, qui contient un nombre déterminé de constantes. Nous y reviendrons plus loin; mais l'équation de Lamé nous a suffisamment préparés pour que, dès à présent, on soit convaincu du succès. Pour le moment, il nous faut pousser plus avant et reconnaître que l'intégrale complète est exprimable par la fonction σ.

Dans bien des cas, il existe des intégrales doublement périodiques (de première ou de deuxième espèce) en nombre égal à l'ordre de l'équation. C'est ce qu'on a vu pour l'équation de Lamé, quand la constante B est indéterminée. Mais, pour cette même équation, dans les cas mêmes où Lamé l'envisageait, il n'en est rien : la seconde intégrale contient des termes, non périodiques, u et ζu. Les équations de M. Picard présentent des circonstances analogues : *l'intégrale complète peut se composer, de la manière la plus générale, d'un polynôme entier en u et ζu, ayant pour coefficients des fonctions doublement périodiques* (de première ou de deuxième espèce) (¹).

Propriété des polynômes entiers en u et ζu, à coefficients doublement périodiques.

Considérons un tel polynôme, et d'abord, pour éviter une discussion inutile, introduisons $u - a$ et $\zeta(u - a)$, au lieu de u et ζu, ce qui se peut, à cause de la formule d'addition

$$\zeta(u-a) = \zeta u - \zeta a + \frac{1}{2}\frac{p'u + p'a}{pu - pa}.$$

C'est donc un polynôme entier en $(u - a)$ et $\zeta(u - a)$ que nous envisageons, avec des coefficients doublement périodiques (de première ou de deuxième espèce). La constante a est à volonté; il demeure entendu que $u \equiv a$ ne correspond à aucun pôle du polynôme envisagé. Soient maintenant

$$\alpha(u) = \frac{1}{i\pi}[\eta(u-a) - \omega\zeta(u-a)], \qquad \beta(u) = \frac{1}{i\pi}[\omega'\zeta(u-a) - \eta'(u-a)].$$

Nous introduirons ces deux fonctions α et β, au lieu de $(u - a)$ et $\zeta(u - a)$, ce qui rend l'exposition plus claire, à cause de leurs propriétés simples :

$$(6) \qquad \begin{cases} \alpha(u+2\omega) = \alpha(u), & \alpha(u+2\omega') = \alpha(u)+1, \\ \beta(u+2\omega) = \beta(u)+1, & \beta(u+2\omega') = \beta(u). \end{cases}$$

Voici maintenant un lemme presque évident, dont nous allons faire usage :

A, B, ..., μ, ν, ..., n, p, ... *étant des quantités fixes, et k un entier arbitraire, si l'on a, quel que soit k,*

$$(7) \qquad \mathrm{A}k^n\mu^k + \mathrm{B}k^p\nu^k + \ldots = 0,$$

toutes les quantités A, B, ... *sont nulles.*

(¹) Ce résultat est dû à M. G. Floquet (*Comptes rendus des séances de l'Académie des Sciences*, t. XCVIII, p. 82).

On démontre ce lemme, avec la plus grande facilité, en considérant, pour k, une valeur infiniment grande, et nous l'admettrons sans nous y arrêter davantage.

Envisageons un polynôme entier par rapport aux quantités α et β, avec des coefficients doublement périodiques

$$F(u) = \Sigma\alpha^n\beta^m f.$$

Nous allons chercher sous quelle condition ce polynôme est la dérivée d'une fonction uniforme.

Soit $u \equiv v$ un pôle de F; c'est, comme on l'a dit plus haut, un pôle d'une ou plusieurs des fonctions f, qui servent de coefficients. Soit μ le multiplicateur de f pour la période 2ω, A son résidu pour le pôle v. Cette fonction f a, pour le pôle $v + 2k\omega$, le résidu μ^kA. Suivant les propriétés (6), le résidu de F, pour ce dernier pôle, est

$$\Sigma\alpha^n(\beta + k)^m\mu^k A = 0,$$

que nous égalons à zéro, condition *nécessaire* pour que F soit la dérivée d'une fonction uniforme. Si nous développons $(\beta + k)^m$, nous avons là une quantité analogue à celle (7) qui a fait l'objet du lemme. Prenons seulement les termes du plus haut degré en k et concluons ainsi : dans les divers termes du plus haut degré en β, composant F,

$$\beta^m\alpha^n f, \quad \beta^m\alpha^{n'} f_1, \quad \beta^m\alpha^{n''} f_2, \quad \ldots,$$

distingués les uns des autres par les multiplicateurs différents μ, μ_1, μ_2, ..., appartenant aux coefficients f, f_1, f_2, ... et relatifs à la période 2ω, les résidus sont nuls.

Dans ces termes, faisant maintenant abstraction du facteur commun β^m, considérons le pôle $v + 2k\omega'$; c'est alors α qui se change en $\alpha + 2k$, et le même raisonnement conduit à la conclusion suivante : parmi les termes précédents, prenons ceux dans lesquels α est affecté du plus grand exposant; ces termes ne se distinguent plus que par les multiplicateurs des coefficients f; *pour chacun de ces coefficients, le résidu est nul.*

D'après les formules de décomposition en éléments simples pour les fonctions doublement périodiques de première espèce (t. I, p. 205-207) ou de deuxième espèce (t. I, p. 229 et 233), cette seule circonstance que les résidus soient nuls permet de mettre immédiatement $f(u)$ sous la forme d'une dérivée $\varphi'(u)$.

Pour la seconde espèce, $\varphi(u)$ est aussi une fonction de seconde espèce; mais, si $f(u)$ est de première espèce, $\varphi(u)$ peut contenir dans sa décomposition un terme en u et des termes en $\zeta(u-v)$ dont la somme des résidus peut n'être pas nulle. Pour embrasser à la fois les deux cas, disons que $\varphi(u)$ est, de la manière la plus générale, un polynôme du premier degré en α et β, avec des coefficients doublement périodiques.

Ceci entendu, nous avons

$$F(u) = \alpha^n\beta^m\varphi' + F_1(u) = (\alpha^n\beta^m\varphi)' + F_1(u) - (\alpha^n\beta^m)'\varphi,$$
$$i\pi(\alpha^n\beta^m)' = n\alpha^{n-1}\beta^m[\eta + \omega\,p(u-a)] - m\alpha^n\beta^{m-1}[\eta' + \omega' p(u-a)].$$

Cette dernière dérivée est, elle aussi, un polynôme en α et β, à coefficients doublement périodiques; mais les degrés maxima y sont moindres que dans $F(u)$. En posant donc

$$F(u) = (\alpha^n\beta^m\varphi)' + \Phi(u),$$

on aura, pour Φ, une fonction de même nature que F, avec abaissement des degrés maxima. Raisonnant de même sur Φ et ainsi de suite, on voit que F se compose d'une somme de termes analogues au premier $(\alpha^n\beta^m\varphi)'$. Mais, à cause de la nature de φ, on peut aussi considérer ce premier terme comme étant formé par la somme de trois analogues où les fonctions analogues à φ sont doublement périodiques. Donc, en conclusion, *quand un polynôme entier en u et ζu, à coefficients doublement périodiques, est la dérivée d'une fonction uniforme, cette dernière est un polynôme de même nature, mais dont le degré peut surpasser d'une unité celui du polynôme primitif.*

Dans l'analyse précédente, en passant de $\varphi'(u)$ à $\varphi(u)$, on n'a point mentionné la constante arbitraire d'intégration. Il est clair qu'en ajoutant ensuite cette constante on n'a point à modifier l'énoncé final.

Forme générale des intégrales.

Supposons d'abord une équation du premier ordre, qui nous donne le rapport $y' : y$ exprimé par une fonction doublement périodique de première espèce. En raisonnant comme on l'a déjà fait au tome I (p. 211), on trouve immédiatement que y, supposée fonction uniforme, est une fonction doublement périodique (de première ou de deuxième espèce). C'est aussi, d'ailleurs, ce que l'analyse générale de notre premier paragraphe nous apprend, puisqu'il existe une seule intégrale. Pour une équation d'ordre quelconque, complétons l'énoncé déjà donné en disant que *l'intégrale complète se compose d'un polynôme entier en u et ζu, à coefficients doublement périodiques, et d'un degré inférieur, d'une unité au moins, à l'ordre de l'équation.*

Soit, en effet, $f(u)$ l'intégrale doublement périodique qui existe certainement pour une équation d'ordre quelconque m. Changeons d'inconnue et prenons, au lieu de y, celle-ci

$$z = \frac{d}{du}\left[\frac{y}{f(u)}\right]. \tag{8}$$

La transformée en z, comme on sait, est d'ordre $(m-1)$. Admettons l'exactitude du théorème pour cet ordre $(m-1)$. En ce cas, z est un polynôme entier en u et ζu, de degré au plus égal à $(m-2)$. Mais, suivant les hypothèses, z est la dérivée d'une fonction uniforme, $y:f$. Cette dernière, suivant la proposition du dernier paragraphe, est donc aussi un tel polynôme, dont le degré est, au plus, $(m-1)$. Il en est autant pour y. La proposition est ainsi prouvée.

On peut préciser davantage en distinguant les intégrales particulières, comme il suit :

Les intégrales se répartissent en groupes : dans un même groupe, contenant n intégrales distinctes, l'une d'elles est doublement périodique, une autre est du premier degré en u et ζu, une autre du second degré, etc., *une seule est du degré $(n-1)$. Tous les coefficients ont les mêmes multiplicateurs que la première intégrale.*

Supposons, en effet, que ce groupement ait lieu pour les intégrales z, définies par l'égalité (8) et appartenant à une équation d'ordre $(m-1)$. L'intégration, telle qu'on l'a expliquée dans le paragraphe précédent, laisse subsister ce groupement. Envisageons d'abord un groupe (z) où les coefficients soient de seconde espèce.

Dans l'intégration, le degré en u et ζu ne s'élève pas; la multiplication par $f(u)$ fournit ensuite un groupe (y), dont $f(u)$ ne fait pas partie, et qui est composé, relativement à u et ζu, comme le groupe (z) lui-même. Prenons maintenant un groupe (z), où les coefficients soient de première espèce. L'intégration de ces fonctions peut fournir un groupe dans lequel il ne se trouve pas de fonction doublement périodique; mais on doit rattacher à ce groupe la constante arbitraire d'intégration. En multipliant ensuite par $f(u)$, on obtient un groupe (y) qui satisfait aux conditions de l'énoncé et contient une intégrale de plus que le groupe (z) dont il provient. On voit notamment que, s'il n'existe aucun groupe (z) où les fonctions soient de première espèce, l'intégrale $y = f(u)$ compose, à elle seule, un groupe.

Dans le cas le plus simple, où l'équation d'ordre m possède m intégrales doublement périodiques, chacune d'elles constitue, à elle seule, un groupe.

Équations pour lesquelles les rapports des intégrales sont uniformes.

Nous arrivons maintenant à la seconde classe d'équations signalées (p. 536) comme intégrables : ce sont les équations pour lesquelles les rapports des intégrales sont des fonctions uniformes. Cette circonstance a lieu, quand, pour chaque point singulier, les exposants s, auxquels appartiennent les intégrales, diffèrent par des nombres entiers.

Pour le point singulier $u = \alpha$, soient s, $s + p$, $s + p'$, ... ces exposants, racines de l'équation déterminante (2). Leur somme, d'après cette équation, s'exprime au moyen de b_1, qui est le résidu du premier coefficient a_1, pour le pôle $u = \alpha$, de cette manière :

$$ms + p + p' + \ldots = \tfrac{1}{2} m(m-1) - b_1.$$

Soient maintenant α', α'', ... les autres points singuliers; on aura, pour chacun d'eux, une relation analogue. La somme des résidus b_1, pour tous les pôles de la fonction a_1, est nulle. En conséquence, s, s', s'', ... désignant un des exposants pour chaque point singulier, on a, comme on voit,

$$(9) \qquad m(s + s' + s'' + \ldots) = \text{un nombre entier.}$$

Ceci reconnu, cherchons d'abord s'il est possible de trouver une fonction $f(u)$ telle, que la transformée de l'équation proposée, avec l'inconnue $z = yf(u)$, appartienne à la classe dont nous venons de nous occuper.

En premier lieu, cette transformée doit avoir des coefficients elliptiques. Les formules du changement de l'inconnue montrent immédiatement la condition nécessaire et suffisante : $\frac{f'}{f}$ doit être doublement périodique (de première espèce). Prenant la formule de décomposition en éléments simples, l'intégrant et passant de $\log f$ à f, comme on l'a fait déjà (t. I, p. 211), on trouve

$$f(u) = e^{Au}\sigma(u-u_0)^c\sigma(u-u_1)^{c'}\dots e^{\varphi(u)},$$

$\varphi(u)$ étant une fonction fractionnaire et uniforme.

En second lieu, le produit $yf(u)$ doit être fractionnaire et uniforme. De là résulte que $\varphi(u)$ doit être nul; quant aux exposants $c, c', \dots$, ils doivent être entiers, sauf pour les fonctions $\sigma(u-\alpha)$: pour ces dernières, les exposants doivent reproduire $s, s', \dots$ changés de signes, sauf des nombres entiers. La forme définitive de $f(u)$ doit être ainsi

$$f(u) = F(u)\sigma(u-\alpha)^{-s}\sigma(u-\alpha')^{-s'}\sigma(u-\alpha'')^{-s''}\dots,$$

$F(u)$ étant le produit d'une exponentielle et de fonctions σ à exposants entiers, positifs ou négatifs,

$$F(u) = e^{Au}\sigma(u-u_0)^n\sigma(u-u_1)^{n'}\dots.$$

Mais ces exposants $n, n', \dots -s, -s', \dots$ sont les résidus de $\frac{f'}{f}$; leur somme est donc nulle. En conséquence, on a

$$(10) \qquad S = s + s' + s'' + \dots = \text{un nombre entier.}$$

Le problème n'est donc susceptible de solution que si cette dernière condition est remplie. Si elle l'est effectivement, on pourra construire $f(u)$ et le problème sera résolu. Voici donc un premier résultat : *les équations de la seconde classe sont transformables en équations de M. Picard par un simple changement de l'inconnue, quand la somme des exposants, afférents aux divers points singuliers, est un nombre entier.*

Ce n'est vraiment pas, en ce cas, une classe nouvelle.

Supposons maintenant que la condition (10) ne soit pas remplie. La somme S n'est pas entière, mais elle est commensurable; son produit par l'ordre m est un nombre entier (9). C'est de là que découlent les propriétés principales de l'équation.

Prenons un entier n, tel que le produit $n^2 S$ soit lui-même un nombre entier; dans la suite, nous le choisirons le plus petit possible; pour le moment, il est quelconque, égal à m, si l'on veut. *Changeons la variable indépendante* [1] en prenant, au lieu de u, la variable $v = \frac{u}{n}$. Avec cette nouvelle variable v, l'équation conserve ses caractères distinctifs : ses coefficients sont des fonctions elliptiques de v, les rapports des intégrales sont des fonctions uniformes. Mais maintenant les points singuliers, pris toujours aux périodes près, ou, pour mieux dire, dans un *parallélogramme des périodes* (t. I, p. 456), sont en nombre plus grand que précédemment. Chaque point singulier $u = \alpha$ donne, en effet, lieu à n^2 points singuliers

$$v = \frac{\alpha}{n} + \frac{2p\omega + 2p'\omega'}{n} \qquad (p, p' = 0, 1, \ldots, n-1).$$

Il est, d'ailleurs, évident que les intégrales y appartiennent, en chacun de ces n^2 points singuliers, aux mêmes exposants que, dans l'équation primitive, en le seul point $u = \alpha$. Pour la nouvelle équation différentielle, la somme, analogue à S, est donc maintenant $n^2 S$, nombre entier. Cette équation est donc dans le cas dont on a parlé en dernier lieu. Ainsi *les équations de la seconde classe,* quand la condition (10) n'est pas remplie, *sont transformables en celles de la première classe, par un changement de la variable indépendante et de l'inconnue.*

Changement de l'inconnue.

S'il n'y a qu'un point singulier à considérer, c'est-à-dire un seul où les exposants ne soient pas entiers, la formule la plus

[1] Dans le troisième Volume de cet Ouvrage, quand on connaîtra la théorie de la *transformation,* on verra comment le même but peut être atteint par un changement des périodes.

simple pour le changement de l'inconnue est la suivante

$$(11) \qquad y = z\left[\psi_n\left(\frac{u-\alpha}{n}\right)\right]^s,$$

dans laquelle ψ_n est la fonction qui joue un rôle prépondérant dans la théorie de la multiplication.

Quand il se trouve plusieurs points singuliers, on obtient une formule convenable en mettant, au second membre, le produit des facteurs analogues, chacun d'eux relatif à un point singulier. Mais il sera mieux, pour notre analyse, de multiplier encore par les divers facteurs

$$\left[\frac{\sigma\left(\frac{u-\alpha}{n}\right)}{\sigma\left(\frac{u}{n}-a\right)}\right]^{n^2 s},$$

où a sera arbitraire. Ce produit a bien, comme il convient, une fonction doublement périodique de première espèce pour dérivée logarithmique. De cette manière, la fonction

$$(12) \qquad \varphi\left(\frac{u}{n}\right) = \frac{y}{z}$$

revêt la forme suivante :

$$(13) \qquad \varphi(v) = \frac{\sigma(u-\alpha)^s\sigma(u-\alpha')^{s'}\ldots}{\sigma(v-a)^\lambda},$$

$$\lambda = n^2 S = n^2(s+s'+\ldots), \qquad u = nv.$$

Dans cette fonction φ, il ne faut pas l'oublier, les exposants s, s', ... sont de nature quelconque, en sorte que φ n'est point une fonction uniforme, en général. Mais nous allons en déduire une fonction uniforme, qui va être fort utile à considérer, à savoir

$$(14) \qquad \theta(v) = \frac{\varphi\left(v+\frac{2\varpi}{n}\right)}{\varphi(v)} = Ce^{Au}\left[\frac{\sigma(v-a)}{\sigma\left(v+\frac{2\varpi}{n}-a\right)}\right]^\lambda.$$

Cette fonction a effectivement la forme simple qui figure au second membre, puisque le changement de v en $v+\frac{2\varpi}{n}$ correspond au changement de u en $u+2\varpi$; il a pour effet de multiplier simplement par une exponentielle du premier degré chaque fonction σ du numérateur (13) de φ.

Comme λ est un nombre entier, la fonction θ est doublement périodique, de deuxième espèce; mais il y a plus, c'est une de ces fonctions particulières (t. I, p. 234) dont les multiplicateurs sont des racines de l'unité. On a, en effet,

$$A = 2\bar{\eta}\, n(s + s' + \ldots) = 2\bar{\eta}\, nS;$$

pour la période 2ω, le multiplicateur de $\theta(v)$ est l'exponentielle ayant pour exposant

$$2A\omega - 2\lambda\eta\,\frac{2\bar{\omega}}{n} = 4nS(\bar{\eta}\omega - \eta\bar{\omega});$$

la quantité $4(\bar{\eta}\omega - \eta\bar{\omega})$ est un multiple entier de $2i\pi$, nS est commensurable; le multiplicateur est donc bien une racine de l'unité; c'est une racine $q^{\text{ième}}$, si q est le dénominateur de nS. Le même raisonnement s'applique à la seconde période $2\omega'$. En outre, si l'on envisage les diverses fonctions $\theta(v)$, obtenues en prenant successivement, pour $\frac{2\bar{\omega}}{n}$, toutes les $n^{\text{ièmes}}$ parties de périodes, on a, de la sorte, pour l'ensemble des deux multiplicateurs, toutes les combinaisons, deux à deux, en nombre q^2, des racines $q^{\text{ièmes}}$ de l'unité. Chacune de ces combinaisons est répétée plusieurs fois : le nombre de ces répétitions est égal au quotient $n^2 : q^2$, nombre entier, puisque nS a pour dénominateur q, et que n^2S est un nombre entier.

En résumé, les fonctions $\theta(v)$, dont le nombre est n^2, sont des fonctions doublement périodiques de deuxième espèce; elles se répartissent en q^2 groupes, comprenant chacun pareil nombre de fonctions, qui, dans un même groupe, ont mêmes multiplicateurs. Ces multiplicateurs, essentiellement différents d'un groupe à l'autre, sont les racines $q^{\text{ièmes}}$ de l'unité.

Théorèmes sur les équations de la seconde classe.

Nous venons de ramener les équations de la seconde classe à celles de la première; mais, dans le cas où cette transformation exige le changement de la variable, on doit la considérer comme purement théorique. La transformation donnerait lieu à des calculs non seulement impraticables, mais encore inutiles. On le pressent d'avance et l'on s'en convaincra en étudiant les propriétés, très spéciales, de l'équation transformée. C'est pour faciliter cette étude que nous venons d'approfondir la nature des fonctions $\theta(v)$.

Jusqu'à présent, nous avons laissé indéterminé l'entier n, assujetti seulement à rendre entier le produit $n^2 S$. Nous allons maintenant le prendre le plus petit possible. A cet effet, nous supposerons que S, réduit à sa plus simple expression, ait la forme

$$S = \frac{N}{pq^2}, \tag{15}$$

où N, p, q sont des entiers, mais où p n'est divisible par aucun carré. La plus petite valeur de n est alors pq; nS a pour dénominateur q, conformément à la notation dont on vient de faire usage en parlant des fonctions θ.

La transformée en z, suivant le théorème de M. Picard, admet au moins une intégrale doublement périodique (de première ou de deuxième espèce); soit $f(v)$ cette intégrale. Il y correspond, pour l'équation proposée, l'intégrale

$$y = \varphi\left(\frac{u}{n}\right) f\left(\frac{u}{n}\right).$$

Mais, la proposée ayant des coefficients doublement périodiques, nous avons, en même temps, les n^2 intégrales, comprises dans la formule

$$y_1 = \varphi\left(\frac{u+2\varpi}{n}\right) f\left(\frac{u+2\varpi}{n}\right).$$

Il en résulte, pour la même transformée en z, les n^2 intégrales qui s'en déduisent et qui, selon l'égalité (14), ont cette expression générale :

$$z_1 = \frac{y_1}{\varphi(v)} = \theta(v) f\left(v + \frac{2\varpi}{n}\right).$$

Toutes les fonctions $f\left(v + \frac{2\varpi}{n}\right)$ ont mêmes multiplicateurs, ceux de $f(v)$, qui est l'une d'elles. Les quotients $z_1 : z$ (et l'unité est l'un d'entre eux) se répartissent donc comme les fonctions θ

elles-mêmes, dont ils ont les multiplicateurs. En conséquence, *chaque intégrale doublement périodique* (de première ou de deuxième espèce) *de l'équation transformée fait partie d'un groupe comprenant* $n^2 = p^2 q^2$ *intégrales doublement périodiques. Dans ce groupe, il y a* q^2 *sous-groupes, comprenant chacun* p^2 *intégrales. Dans un même sous-groupe, les multiplicateurs sont les mêmes. D'un sous-groupe à l'autre, les multiplicateurs sont différents; ce sont, tous, des racines* $q^{\text{ièmes}}$ *de l'unité.*

La question importante qui se pose maintenant est de savoir si toutes ces intégrales sont distinctes. Elles le sont assurément d'un sous-groupe à l'autre, à cause de la différence des multiplicateurs. Si, dans un sous-groupe, il existe des relations linéaires entre les p^2 intégrales, pareilles relations, en même nombre, existeront évidemment dans chaque sous-groupe.

Pour résoudre cette question, imaginons que l'on construise l'équation différentielle linéaire qui admet les seules intégrales y_1, au nombre de $n^2 = p^2 q^2$. Cette équation, avec la variable v, aura des fonctions elliptiques pour coefficients; mais elle ne doit pas changer si l'on change v en $v + \frac{2\omega}{n}$; c'est ce qui résulte de la composition des intégrales y_1. Or la formule qui exprime $\sigma(nv)$ en produit (t. I, p. 198) fait voir que les coefficients sont alors des fonctions elliptiques de nv, c'est-à-dire de u. L'équation différentielle que nous considérons maintenant est donc, comme l'équation proposée elle-même, à coefficients elliptiques avec la variable u. De plus, les exposants $s, s', \ldots$ auxquels appartiennent les intégrales (à des nombres entiers près) y sont encore les mêmes pour les mêmes points singuliers. En effet, f est une fonction uniforme et ces exposants $s, s', \ldots$ sont tous amenés, dans y_1, par le facteur φ.

Soit maintenant n_1 le nombre des fonctions z_1 qui, dans un même sous-groupe, sont linéairement distinctes : alors $q^2 n_1$ est le nombre total des fonctions y_1, linéairement distinctes; c'est l'ordre de l'équation qui admet ces seules intégrales. En conséquence, $q^2 n_1 S$ est un nombre entier; n_1 est alors un multiple de p. Voici donc la conclusion :

Dans un même sous-groupe, le nombre des intégrales linéai-

rement distinctes est au moins égal à p et toujours multiple de p.

Enfin, pour ne négliger aucun cas, imaginons que la transformée en z ait aussi des intégrales non périodiques, dont nous avons précédemment (p. 542) étudié la forme. Les mêmes considérations s'y appliquent encore et, d'une manière générale, on peut dire que *chaque intégrale z fait partie d'un groupe comprenant des intégrales linéairement distinctes, en nombre égal à un multiple de pq^2. Ce groupe est partagé,* comme précédemment, *en q^2 sous-groupes, dont chacun comprend pareil nombre d'intégrales.*

Ces théorèmes facilitent singulièrement l'intégration des équations différentielles appartenant à cette seconde classe, que nous venons d'étudier, pour les exemples, du moins, qui s'offrent dès l'abord, et surtout par comparaison avec les équations de la première classe (1). C'est pourquoi nous donnerons d'abord des exemples pour cette seconde classe. Les exemples que nous choisissons se rapportent à des équations ayant un seul point singulier où les exposants s ne soient pas entiers. Ce sont les exemples les plus simples, mais ils sont aussi instructifs que si le nombre de ces points singuliers était quelconque. En ce dernier cas, si l'on pose effectivement

$$y = \mathrm{Y}\left[\frac{\sigma(u-\alpha)}{\sigma(u-a)}\right]^{s}\left[\frac{\sigma(u-\alpha')}{\sigma(u-a)}\right]^{s'}\cdots$$

et qu'on prenne Y pour nouvelle inconnue, on obtient une transformée dans laquelle la singularité est, si l'on peut dire, trans-

(1) Il y a un autre moyen de ramener à la première classe les équations de la seconde. Soit, en effet, $r = pq^2$ le dénominateur de S. Toute fonction homogène, et de degré r, formée avec les intégrales y, par exemple y^r, $y^{r-1}y_1$, ..., est uniforme. Ces diverses fonctions sont les intégrales d'une équation différentielle linéaire, qui appartient ainsi à la première classe. Cette dernière étant intégrée, on en déduira les intégrales y de l'équation proposée. Mais cette transformée est d'un ordre égal à $\frac{(r+1)(r+2)\ldots(r+m-1)}{1.2\ldots m}$. Son emploi effectif est impraticable. C'est donc là un procédé d'intégration purement théorique. Il a été indiqué par M. Appell (*Comptes rendus des séances de l'Académie des Sciences*, t. XCII, p. 1007) à un moment où ce savant géomètre ne pouvait connaître la théorie qu'on vient de lire, communiquée antérieurement à l'Académie, mais non publiée.

portée au seul point arbitraire $u = a$, avec l'exposant

$$S = s + s' + \ldots.$$

Voici encore une autre observation. Au lieu de $n = pq$, on aurait pu prendre $n = pq^2$. Les raisonnements subsistent et l'on trouve ainsi, comme précédemment, que chaque intégrale z appartient à un groupe comprenant des intégrales en nombre égal à un multiple de n, *ayant, de plus, les mêmes multiplicateurs*. La variable indépendante est alors $v_1 = \frac{u}{pq^2} = \frac{v}{q}\cdot$ C'est en employant, comme nous avons fait, la variable v, qu'on obtient la connaissance plus approfondie de la répartition en sous-groupes. En outre, l'emploi de v est plus simple ; mais il est bon de pouvoir aussi considérer la variable v_1.

Quelle que soit la variable, v ou v_1, dont on se serve, voici comment on obtient les exposants auxquels appartiennent les intégrales z, pour le cas, que nous supposerons, où il se trouve un seul point singulier à considérer dans l'équation en y, par exemple le point $u = 0$. D'après l'égalité (11), nous posons alors

$$y = z(\psi_n v)^s. \tag{16}$$

Il y a lieu de considérer, pour z, les divers points $v = \frac{2\varpi}{n}\cdot$ Pour le premier, $v = 0$, la fonction ψ_n est infinie, d'ordre $n^2 - 1$, en sorte que, les exposants des y étant s, $s + p$, $s + p'$, ..., ceux des z sont $n^2 s$, $n^2 s + p$, $n^2 s + p'$, ... Mais, pour les autres points, ψ_n est infiniment petit, du premier ordre, et les exposants des z sont 0, p, p', ... Si l'on a pris, pour s, le plus petit des exposants, en sorte que p, p', ... soient positifs, on voit que le premier point singulier, $v = 0$, peut, seul, être un pôle de z. Si, en outre, les y ne deviennent infinis pour aucune autre valeur de u, et ceci a lieu notamment quand l'équation proposée n'a aucun autre point singulier (où les exposants soient entiers) ; en ce cas, les fonctions z ont les seuls pôles $v = 0$.

Cas particuliers.

Voici un cas très remarquable des équations de la seconde classe : c'est celui où le dénominateur de S, qui est toujours un diviseur de l'ordre m, est précisément égal à cet ordre. Puisque chaque groupe comprend toujours des intégrales distinctes en nombre au moins égal à ce dénominateur et que ce dénominateur est justement l'ordre de l'équation différentielle, il y a un seul groupe. *Le rapport de deux intégrales quelconques est alors une fonction doublement périodique de première espèce, relativement à la variable* v_1. Avec la variable v, on peut distinguer les intégrales de manière que le rapport de deux quelconques ait pour multiplicateurs des racines $q^{\text{ièmes}}$ de l'unité. Mais on peut aller plus loin encore et *déterminer, par avance, les multiplicateurs des intégrales* z.

Pour ce but, considérons le déterminant

$$D = \left[z_1 \frac{dz_2}{dv} \frac{d^2 z_3}{dv^2} \cdots \frac{d^{m-1} z_m}{dv^{m-1}} \right],$$

dont chaque ligne contient les dérivées, d'un même ordre, des m intégrales distinctes, ayant, toutes, les mêmes multiplicateurs si la variable est v_1, ou des multiplicateurs qui diffèrent seulement par des racines $q^{\text{ièmes}}$ de l'unité, si la racine est v. Dans un tel déterminant, on peut mettre en facteur une des quantités z et écrire

$$D = z_1^m \left[1 \frac{dt_1}{dv} \frac{d^2 t_2}{dv^2} \cdots \frac{d^{m-1} t_{m-1}}{dv^{m-1}} \right], \qquad \left(t_k = \frac{z_{k+1}}{z_1} \right).$$

Que la variable soit v ou v_1, le nouveau déterminant est doublement périodique de première espèce; si, en effet, la variable est v_1, chaque élément t est une fonction de cette nature. Si la variable est v, ces éléments t ont pour multiplicateurs des racines $q^{\text{ièmes}}$ de l'unité; mais toutes les racines s'y trouvent pareil nombre de fois et leur produit fait l'unité. Si donc μ est un multiplicateur de z, μ^m est un multiplicateur de D.

Le même déterminant, formé avec les y, ne diffère de D que par le facteur $(\psi_n v)^{ms}$, suivant l'égalité (16), si nous supposons le seul point singulier $u = 0$, cas auquel on peut réduire tous les autres, comme on l'a précédemment observé, et pour lequel, S étant égal à s, ms est un nombre entier. Le déterminant D', formé avec les y, a donc aussi le multiplicateur μ^m. Si l'on revient à la variable u, le déterminant analogue diffère de D' par un simple facteur numérique. Mais D′, d'après les propriétés élémentaires des équations différentielles, s'exprime ainsi

$$D' = e^{-\int a_1\,du},$$

a_1 étant le premier coefficient de l'équation. Les résidus de a_1, comme on l'a vu (p. 543), diffèrent des nombres ms, pour chaque point singulier, par des nombres entiers seulement. Dans le cas présent, ils sont tous entiers et D′ est bien effectivement une fonction doublement périodique de seconde espèce, dont on peut trouver les multiplicateurs ν, ν'. De cette analyse résulte que les multiplicateurs de z_1 sont les racines $m^{\text{ièmes}}$ de ν et de ν'.

En particulier, *si l'équation proposée manque du second terme* ($a_1 = 0$), D′ est une constante et *les multiplicateurs des intégrales* z *sont des racines* $m^{\text{ièmes}}$ *de l'unité.*

Si, en outre, les coefficients de l'équation ne contiennent aucune irrationnelle, les intégrales z *sont des fonctions doublement périodiques de première espèce, la variable étant* v. En effet, elles ont mêmes multiplicateurs; le caractère rationnel de l'équation s'oppose alors à ce que ces multiplicateurs soient autres que l'unité.

Ce sont des équations présentant tous ces caractères que nous allons prendre pour exemples.

Équations différentielles linéaires, attachées à la division de l'argument par 3.

Prenons d'abord l'équation, du troisième ordre, suivante

$$y''' - \tfrac{1}{3}\,pu.y' - \tfrac{8}{27}\,p'u.y = 0, \tag{17}$$

dont le seul point singulier est $u = 0$. Les racines de l'équation déterminante (2) sont $-\frac{1}{3}$, $-\frac{1}{3}+1$, $-\frac{1}{3}+3$. A cause des lacunes qu'offrent les développements de pu et de $p'u$, on est assuré que les intégrales appartiennent effectivement à ces nombres, pris pour exposants (p. 535, note). C'est donc bien une équation de la seconde classe; elle présente toutes les particularités signalées dans le dernier paragraphe. En posant

$$z = y\left(\psi_3\,\frac{u}{3}\right)^{\frac{1}{3}},$$

on obtient, pour z, une fonction doublement périodique ordinaire de $v = \frac{1}{3}u$, appartenant à l'un des exposants -3, -2 ou zéro, pour $v = 0$. De plus, z a le seul pôle $v = 0$. C'en est assez pour conclure les trois intégrales

$$z = 1, \quad pv, \quad p'v,$$

et, par conséquent, l'intégrale complète

$$y = \left(\psi_3 \frac{u}{3}\right)^{-\frac{1}{3}} \left(c + c' p \frac{u}{3} + c'' p' \frac{u}{3}\right).$$

Par le changement de u en $u + \frac{2\bar{\omega}}{3}$, on obtient, pour y, de nouvelles formes, qui rentrent bien dans la précédente. Prenant, en effet, le rapport d'une de ces nouvelles intégrales à la première $(\psi_3 v)^{-\frac{1}{3}}$, on obtient, pour ce rapport, l'expression

$$\left[c + c' p\left(v + \frac{2\bar{\omega}}{3}\right) + c'' p'\left(v + \frac{2\bar{\omega}}{3}\right)\right] \left[\frac{\sigma(v + \frac{2}{3}\bar{\omega})}{\sigma v} e^{-\frac{2}{3}\bar{\eta} v}\right]^3.$$

On retrouve, dans le dernier facteur, le cube de la fonction générale, dont les multiplicateurs sont racines cubiques de l'unité (t. I, p. 234), et il est visible que le produit est linéairement exprimable par pv et $p'v$.

L'équation (17) est un cas particulier ($a = -1$) de la suivante, où a désignera un entier, positif ou négatif,

$$(18) \qquad y''' - \frac{4a^2}{3} pu . y' + \frac{2a(a-3)(4a+3)}{27} p'u . y = 0,$$

et à propos de laquelle on remarquera, en passant, qu'on obtient son *adjointe* par le simple changement de a en $-a$. Si donc y_1 et y_2 sont deux intégrales de cette équation, $y_1 y'_2 - y_2 y'_1$ est une intégrale de l'équation obtenue par ce changement de a. Il suffirait donc d'envisager, pour a, des valeurs d'un même signe.

L'équation déterminante (2), pour le seul point singulier $u = 0$,

$$F(s) = s(s-1)(s-2) - \frac{4a^2}{3} s - \frac{4a(a-3)(4a+3)}{27} = 0,$$

a pour racines

$$(19)\qquad -\frac{2a}{3},\quad -\frac{2a}{3}+2,\quad -\frac{2a}{3}+2a+1,$$

dont les différences sont entières. L'une de ces différences est impaire; la nature des coefficients de l'équation (18) assure que, à l'égard de cette différence, la condition subsidiaire est remplie (p. 535, en note); l'autre est paire, mais égale à 2; la lacune que possèdent, au début, les développements de pu et de $p'u$, assure également que la condition subsidiaire est remplie pour cette différence. Les nombres (19) sont donc effectivement les exposants auxquels appartiennent les intégrales.

Si a est un multiple de 3, ces exposants sont entiers; l'intégrale est uniforme. L'équation est alors de la première classe. Nous la laissons de côté.

C'est *lorsque a est premier avec* 3 que nous avons une équation de la seconde classe. Elle présente toutes les particularités signalées dans le dernier paragraphe.

Nous supposerons *a positif*. En posant

$$z = y\left(\psi_3 \frac{u}{3}\right)^{\frac{2a}{3}},$$

on obtient, pour z, une fonction doublement périodique de $v = \frac{1}{3}u$, avec le seul pôle $v = 0$, multiple de l'orde $6a$, $(6a-2)$ ou $(4a-1)$, suivant l'intégrale qu'on aura choisie. C'est ce qui résulte des exposants (18), suivant la règle établie (p. 551) pour déduire, des exposants auxquels appartiennent les y, ceux auxquels appartiennent les z. Déterminons la dernière de ces intégrales, qui est la plus simple.

A cet effet, on développera, au moyen de l'équation différentielle (18), l'intégrale correspondante, sous la forme suivante, où l'on suppose $s = -\frac{2a}{3} + 2a + 1$,

$$y = \left(\frac{u}{3}\right)^s\left[1 + A\left(\frac{u}{3}\right)^4 + B\left(\frac{u}{3}\right)^6 + C\left(\frac{u}{3}\right)^8 + \ldots\right].$$

Soit, d'autre part,

$$\left(\tfrac{1}{3}\psi_3 v\right)^{\frac{2a}{3}} = v^{-\frac{16a}{3}}(1 + \alpha v^4 + \beta v^6 + \gamma v^8 + \ldots);$$

on en conclut

$$z = \rho^{1-4a}[1+(A+\alpha)\rho^4+(B+\beta)\rho^6+(C+\gamma+A\alpha)\rho^8+\ldots],$$

et enfin

$$(20)\quad z_1 = \frac{1}{(4a-2)!}\mathrm{p}^{4a-3}\rho + \frac{A+\alpha}{(4a-6)!}\mathrm{p}^{4a-7}\rho + \frac{B+\beta}{(4a-8)!}\mathrm{p}^{4a-9}\rho + \ldots.$$

Soit, par exemple, $a = 1$. Cette formule (20) se borne au premier terme. On a donc l'intégrale

$$y = \left(\psi_3 \frac{u}{3}\right)^{-\frac{2}{3}} \mathrm{p}' \frac{u}{3}.$$

L'équation proposée est l'adjointe de la précédente (17) et y a bien effectivement la forme $y_1 y'_2 - y_2 y'_1$, composée avec

$$y_1 = \left(\psi_3 \frac{u}{3}\right)^{-\frac{1}{3}}, \qquad y_2 = \left(\psi_3 \frac{u}{3}\right)^{-\frac{1}{3}} \mathrm{p} \frac{u}{3},$$

qui sont deux intégrales de l'équation (17).

A titre d'exemple, nous allons faire le calcul du premier coefficient A dans le développement de y, en supposant, pour s, un quelconque des trois nombres (19). Ayant

$$\mathrm{p}u = \frac{1}{u^2} + \frac{1}{20} g_2 u^2 + \ldots,$$

$$\mathrm{p}'u = -\frac{2}{u^3} + \frac{1}{10} g_2 u + \ldots,$$

$$\tfrac{1}{3}\psi_3 \rho = \mathrm{p}^4\rho - \tfrac{1}{2} g_2 \mathrm{p}^2\rho - g_3 \mathrm{p}\rho - \tfrac{1}{48} g_2^2,$$

on obtient

$$\alpha = -\tfrac{1}{5} a g_2,$$

$$\frac{1}{3^4} A F(s+4) - \frac{4a^2}{3}\,\frac{1}{20} g_2 s + \frac{2a(a-3)(4a+3)}{27}\,\frac{1}{10} g_2 = 0,$$

$$A = -\frac{3}{5} a \,\frac{[(a-3)(4a+3) - 9as]}{F(s+4)}\, g_2,$$

c'est-à-dire, pour $s = -\frac{2}{3}a$,

$$A = \frac{3}{40}\, a(5a+3) g_2, \qquad A + \alpha = \frac{1}{40}\, a(15a+1) g_2;$$

pour $s = -\frac{2}{3}a + 2$,

$$A = \frac{1}{40}\,\frac{a(a-3)(10a+3)}{2a-5}\,g_2, \qquad A+\alpha = \frac{1}{40}\,\frac{a(10a^2-43a+31)}{2a-5}\,g_2;$$

pour $s = -\frac{2}{3}a + 2a + 1$,

$$A = \frac{3}{20}\,\frac{a(4a+3)}{2a+5}\,g_2, \qquad A+\alpha = \frac{1}{20}\,\frac{a(4a-11)}{2a+5}\,g_2.$$

En prenant $a=1$, on obtient pour l'intégrale z, qui répond au second exposant,

$$z = \frac{1}{v^4} + \frac{1}{60}g_2 + \ldots;$$

d'où résulte, sauf un facteur numérique, $z = p''v$, intégrale qui correspond aux valeurs 1 et $p'v$ de z dans l'équation (17). L'intégrale qui répond au premier exposant exigerait, pour être formée complètement par ce calcul direct, le calcul de $B+\beta$. Les deux premiers termes de son développement sont

$$z = \frac{1}{v^6} + \frac{2}{5}g_2\,\frac{1}{v^2} + \ldots;$$

d'où résulte

$$z = \frac{1}{5!}\,p^{\text{IV}}v + \frac{2}{5}g_2 p v + \text{const.} = \frac{1}{2}(p v p'' v - p'^2 v),$$

la constante étant prise égale à $\frac{3}{5}g_3$. Cette dernière correspond aux valeurs pv et $p'v$ de z pour l'équation (17).

Les calculs précédents suffisent à fournir une intégrale pour l'équation (18) dans le cas $a = 2$. La formule (20) nous donne (¹)

$$y = \left(\psi_3\,\frac{u}{3}\right)^{-\frac{2}{3}}\left[p^{\text{v}}\,\frac{u}{3} - 12 g_2 p'\,\frac{u}{3}\right] \qquad (a=2).$$

La même méthode s'applique à l'intégration directe de l'équation (18) quand on y suppose a négatif; mais, sauf le cas $a = -1$,

(¹) Dans le *Mémoire sur la réduction des équations linéaires*, déjà cité, cet exemple se trouve à la fin, p. 296; mais il s'y rencontre une faute de calcul : on avait mis $-(4a+11)$ au lieu de $4a-11$ dans l'expression de $A+\alpha$; de là un coefficient numérique erroné pour le terme en $g_2 p'\,\frac{u}{3}$.

le nombre des termes qu'il faut prendre dans le développement de y est, de suite, très grand et le calcul devient fort long ([1]).

Équation du quatrième ordre.

Dans l'équation du quatrième ordre

$$(21) \qquad y^{\text{IV}} - \mathrm{A}pu.y'' - \mathrm{B}p'u.y - (\mathrm{C}p''u - \mathrm{D}g_2)y = 0,$$

on peut déterminer les coefficients de manière que l'équation déterminante (2), pour le point singulier $u = 0$, ait les racines s, $s+2$, $s+4$, $-3s$. A l'égard des différences égales à 2, la condition subsidiaire est satisfaite grâce aux lacunes des développements des coefficients; mais la différence égale à 4 exige une condition, qui est la suivante :

$$\tfrac{1}{2}\mathrm{A}s(s-1) + \mathrm{B}s + \mathrm{C} - 10\mathrm{D} = 0.$$

Par là, les coefficients sont tous déterminés et l'on trouve

$$\begin{aligned}
\mathrm{A} &= 3(2s^2 + 2s + 1),\\
\mathrm{B} &= \tfrac{1}{2}(8s^3 + 24s^2 + 10^3 + 3),\\
\mathrm{C} &= \tfrac{1}{2}s^2(s+2)(s+4),\\
\mathrm{D} &= \tfrac{3}{4}s^2(s+1)^2.
\end{aligned}$$

Supposons donc les coefficients ainsi choisis et prenons $s = -\frac{1}{4}(2a+1)$, a étant un nombre entier positif. La différence des deux racines s et $-3s$ est alors entière; mais c'est un nombre impair, et il n'y a pas de condition subsidiaire à faire intervenir.

Le dénominateur de s est ici un carré. En posant, suivant la théorie (la fonction ψ_2 se confondant avec $-p'$),

$$(22) \qquad y = z\left(p'\frac{u}{2}\right)^s,$$

on a, pour z, une fonction uniforme; de plus, nous savons d'avance que, pour la variable $v = \frac{1}{2}u$, les intégrales z sont des fonctions doublement périodiques de deuxième espèce, dont les mul-

---

([1]) Dans le Mémoire qu'on vient de citer, l'intégration a été faite par une autre méthode pour le cas $a = -2$ (p. 292).

tiplicateurs reproduisent les quatre combinaisons des racines carrées de l'unité. En outre, les exposants auxquels appartiennent les z, pour le pôle $v = 0$, sont les suivants :

$$-(2a+1), \quad -(2a-1), \quad -(2a-3), \quad 0.$$

Les éléments simples sont les trois fonctions $\left(\frac{\sigma_\alpha v}{\sigma v}\right)$ et $\mathrm{p}v$. Seul, ce dernier élément simple peut donner une fonction qui ait une valeur finie, différente de zéro, pour $v = 0$. Les trois autres donnent toujours des fonctions impaires. Il résulte de là qu'une intégrale z se réduit à une constante. On a donc, pour l'équation proposée, l'intégrale

$$y = \left(\mathrm{p}'\frac{u}{2}\right)^s,$$

qui manifestement subsistera quand s sera quelconque, bien qu'on l'ait trouvée en supposant $s = -\frac{1}{4}(2a+1)$.

Rien, maintenant, n'est plus aisé que de trouver d'autres intégrales; il suffit de prendre

$$(23) \qquad y = \left[\mathrm{p}'\left(\frac{u}{2} + \tilde{\omega}\right)\right]^s,$$

$\tilde{\omega}$ étant une demi-période quelconque. Si l'on veut mettre une telle intégrale sous la forme (22), on se servira de la formule d'addition des demi-périodes

$$\mathrm{p}(v + \omega_\alpha) - e_\alpha = \frac{(e_\alpha - e_\beta)(e_\alpha - e_\gamma)}{\mathrm{p}v - e_\alpha},$$

d'où l'on conclut

$$\frac{\mathrm{p}'(v + \omega_\alpha)}{\mathrm{p}'v} = -\frac{(e_\alpha - e_\beta)(e_\alpha - e_\gamma)}{(\mathrm{p}v - e_\alpha)^2} = -(e_\alpha - e_\beta)(e_\alpha - e_\gamma)\left(\frac{\sigma v}{\sigma_\alpha v}\right)^4.$$

Une intégrale (23) peut donc s'écrire sous la forme

$$y = \left(\mathrm{p}'\frac{u}{2}\right)^s \left(\frac{\sigma_\alpha v}{\sigma v}\right)^{-4s},$$

en sorte que les intégrales z sont, outre l'unité, les trois fonctions $\left(\frac{\sigma_\alpha v}{\sigma v}\right)^{-4s}$.

L'emploi de la variable $v_1 = \frac{1}{4}u$ mène à des opérations différentes. En posant

$$y = z_1 \left(\psi_4 \frac{u}{4}\right)^s,$$

on obtient, pour z_1, une fonction doublement périodique ordinaire de v_1; ses exposants, pour $v_1 = 0$, sont $16s$, $16s + 2$, $16s + 4$, $12s$. On voit que l'emploi de la variable v_1 ne conduit pas à trouver immédiatement l'intégrale. Dans le seul cas $s = -\frac{1}{4}$, cependant, ces exposants sont -4, -2, 0, -3, et l'on a, de suite,

$$y = \left(\psi_4 \frac{u}{4}\right)^{-\frac{1}{4}} \left(c + c' p \frac{u}{4} + c'' p' \frac{u}{4} + c''' p'' \frac{u}{4}\right) \qquad (s = -\tfrac{1}{4}).$$

Pour comparer cette forme à la précédente, on devra se souvenir de la formule (t. I, p. 105)

$$\psi_4 \left(\frac{u}{4}\right) = -p' \frac{u}{2} \left(p' \frac{u}{4}\right)^4.$$

Équations différentielles linéaires attachées à la division de l'argument par un entier quelconque.

Considérons, en premier lieu, la fonction

$$y = \left(\psi_m \frac{u}{m}\right)^{-\frac{1}{m}} \left(c + c' p \frac{u}{m} + c'' p' \frac{u}{m} + \ldots + c^{(m-1)} p^{(m-2)} \frac{u}{m}\right),$$

où les coefficients c, c', ... sont arbitraires; cherchons l'équation différentielle linéaire, à variable u, dont y est l'intégrale complète.

En observant l'expression du premier facteur

$$\left(\psi_m \frac{u}{m}\right)^{-\frac{1}{m}} = \frac{\left(\sigma \frac{u}{m}\right)^m}{(\sigma u)^{\frac{1}{m}}},$$

on voit d'abord que, pour $u = 2\omega$, les diverses fonctions y appartiennent aux exposants $-\frac{1}{m}, -\frac{1}{m} + 1, \ldots, -\frac{1}{m} + m - 2, -\frac{1}{m} + m$, quelle que soit la période 2ω.

En second lieu, l'expression de la fonction ψ_m *en déterminant* (t. I, p. 222) montre que le déterminant, composé avec les m intégrales et leurs dérivées successives, est constant. Il n'y a donc pas d'autres points singuliers que ceux du premier facteur, c'est-à-dire $u = 2\tilde{\omega}$.

Si, enfin, on change u en $u + 2\tilde{\omega}$, le calcul qu'on a fait plus haut, pour le cas $m = 3$, étant répété ici, on trouve que la nouvelle fonction rentre dans la forme générale de y. L'équation ne change donc pas par ce changement. Par ces diverses raisons, on conclut, pour l'équation cherchée, la forme générale

$$(24) \quad y^{(m)} + \mathrm{A}\,p\,u\,y^{(m-2)} + \mathrm{B}\,p'u\,y^{(m-3)} + (\mathrm{C}\,p''u + \mathrm{D}\,g_2)\,y^{(m-4)} + \ldots = 0,$$

où les coefficients A, B, ... sont purement numériques. Telle nous avons vu l'équation (17), l'équation (21) avec $s = -\frac{1}{4}$, et, dans le Chapitre précédent, ce cas de l'équation de Lamé

$$y'' = \tfrac{3}{4}\,p\,u\,y.$$

Dans chacun des coefficients de l'équation (24), le premier terme intervient seul pour la formation de l'équation déterminante; il est par là connu. Il reste des coefficients non encore connus, en nombre 1, 2, 3, ... pour $y^{(m-4)}, y^{(m-6)}, y^{(m-8)}, \ldots$, et aussi en pareil nombre pour $y^{(m-7)}, y^{(m-9)}, y^{(m-11)}, \ldots$.

D'autre part, en ne tenant compte que des différences paires et supérieures à 2, entre les exposants, différences qui, seules, donnent lieu à des conditions subsidiaires, on a des conditions en nombre 1, 2, 3, ... pour les exposants $-\frac{1}{m} + 4$, $-\frac{1}{m} + 6$, $-\frac{1}{m} + 8, \ldots$, et aussi, en pareil nombre, pour les exposants $-\frac{1}{m} + 5$, $-\frac{1}{m} + 7$, $-\frac{1}{m} + 9, \ldots$. Comme il se trouve une lacune d'une unité entre les deux derniers exposants, le nombre des coefficients non connus est précisément égal au nombre des conditions. On le vérifiera aisément et l'on trouvera que ce nombre est $\left(\frac{m-3}{2}\right)^2$ ou $\left(\frac{m-3}{2}\right)^2 + \frac{3}{4}$, suivant la parité de m. Quant à la manière de déterminer les coefficients par les conditions, c'est ce que la méthode générale, rappelée précédemment (p. 535), nous apprend : si, par exemple, il s'agit de former les conditions relatives à l'exposant s, en tenant compte de l'existence des racines $s+4$, $s+6$, $s+8$, on écrira le développement de y sous la forme

$$y = u^s + \alpha u^{s+10} + \ldots;$$

puis, m étant l'ordre de l'équation, on égalera à zéro, dans le développement de son premier membre, les termes de degré $s-m+4$, $s-m+6$, $s-m+8$. Quant aux deux premiers, dont les degrés sont $s-m$ et $s-m+2$, ils manquent, l'un parce que s est racine de l'équation déterminante, l'autre à cause des lacunes que présentent les coefficients de l'équation différentielle.

On voit, par cet exemple, que les conditions subsidiaires donnent lieu, en ce cas, à des équations du premier degré entre les coefficients inconnus. On peut donc conclure que l'équation différentielle (24) est déterminée par ce moyen, sans ambiguïté.

Déjà, dans le cas du troisième et du quatrième degré, nous avons généralisé cette équation (24). Une telle extension s'offre d'elle-même, comme il suit : prenons les nombres $1, 2, \ldots, (m-2), m$, qui étaient, tout à l'heure, les différences entre les divers exposants et le premier d'entre eux : sans altérer ceux qui, parmi eux, sont pairs, augmentons tous les autres d'un même nombre pair $2a$; choisissons ensuite le premier exposant de manière à obtenir encore une somme égale à $\frac{1}{2}m(m-1)$. Par ce moyen, nous avons, au cas où m est pair, les exposants

$$(25)\quad \left\{\begin{matrix} s, \quad s+2, \quad s+4, \ldots, s+2\nu, \\ s+2a+1, \quad s+2a+3, \ldots, s+2a+2\nu-3, \end{matrix}\right\} m = 2\nu, \qquad s = -\frac{1+2a(\nu-}{2\nu}$$

et, pour le cas où m est impair,

$$(25a)\quad \left\{\begin{matrix} s, \quad s+2, \quad s+4, \ldots, s+2\nu-2, \\ s+2a+1, \quad s+2a+3, \ldots, s+2a+2\nu+1, \end{matrix}\right\} m = 2\nu+1, \quad s = -\frac{1+2a(\nu+}{2\nu+1}$$

Toutes les différences paires sont ici les mêmes que dans l'équation (24). On est donc assuré qu'en conservant la forme de cette équation on pourra calculer ses coefficients de telle sorte que les intégrales appartiennent effectivement à ces exposants (25, 25a). Mais nous ne voulons pas nous y arrêter plus longtemps et nous allons considérer une forme moins particulière.

Autres équations d'ordre quelconque.

Prenons toujours, pour coefficients, des fonctions entières de pu et $p'u$, alternativement paires et impaires, mais *sans lacunes :*

$$(26)\qquad \begin{cases} y^{(m)} + (A\,pu + \alpha)y^{(m-2)} + B\,p'u\,y^{(m-3)} \\ \quad + (C\,p''u + \beta\,pu + \gamma)y^{(m-4)} + \ldots = 0. \end{cases}$$

Les coefficients A, B, C, ..., qui interviennent dans l'équation déterminante, étant laissés de côté, il reste autant de coefficients arbitraires qu'il y en avait, dans l'équation (24), pour l'ordre $(m+2)$, c'est-à-dire $\left(\frac{m-1}{2}\right)^2$ ou $\left(\frac{m-1}{2}\right)^2 + \frac{3}{4}$. Nous choisissons les racines de l'équation déterminante sous la forme s, $s+p$, $s+p'$, ..., en prenant des nombres entiers p, p', ... positifs, à volonté, et s étant déterminée par la condition que la somme fasse $\frac{1}{2}m(m-1)$. En posant donc $s = -a : m$, on aura

$$(27)\qquad p + p' + p'' + \ldots = a + \tfrac{1}{2}m(m-1).$$

Soit n le nombre des termes impairs, parmi p, p', p'', ...; $m-n-1$ est celui des termes pairs. Le nombre des conditions subsidiaires provenant uniquement des différences paires est

$$\tfrac{1}{2}n(n-1) + \tfrac{1}{2}(m-n)(m-n-1) = \tfrac{1}{2}m(m-1) - n(m-n).$$

Le minimum, si m est impair, est $\left(\frac{m-1}{2}\right)^2$, qui est le nombre des coefficients arbitraires, et on l'obtient en prenant $n = \frac{1}{2}(m \pm 1)$.

Si m est pair, le minimum est $\frac{1}{2}m(m-2)$, inférieur d'une unité à celui des coefficients, et on l'obtient en prenant $n = \frac{1}{2}m$. Mais il faut observer qu'en ce cas, dans l'égalité (27), le premier membre est de même parité que $\frac{1}{2}m$; a est donc pair, et le dénominateur de s, réduit à sa plus simple expression, ne peut être m. Si l'on prend $n = \frac{1}{2}m - 1$, a sera impair et s pourra avoir effectivement m pour dénominateur. En ce cas, tous les coefficients de l'équation (26) se trouvent entièrement déterminés.

On a donc, de cette manière, un type général d'équation (26) dont les coefficients sont entièrement déterminés au moyen de $(m-1)$ nombres entiers p, p', ... arbitraires, quoique soumis à des restrictions, comme celle de parité ou d'imparité. Mais la détermination de ces coefficients n'a plus lieu par des équations du premier degré, comme dans le cas de l'équation (24). Il s'y trouve un seul point singulier; les rapports des intégrales sont uniformes et le dénominateur de s est égal à l'ordre. C'est à cette classe qu'appartient l'équation de Lamé

$$(28) \qquad y'' = [\tfrac{1}{2}a(\tfrac{1}{2}a+1)pu + \alpha]y,$$

dont nous avons parlé au Chapitre précédent et pour laquelle, a étant impair, on a vu directement la forme de l'intégrale. Une certaine équation, du degré $\frac{1}{2}(a+1)$, déterminait α : elle exprime la condition subsidiaire, relative à la différence des exposants, différence qui est paire, $a+1$.

A cette classe aussi appartient l'équation

$$y''' + (\mathrm{A}pu + \alpha)y' + \mathrm{B}p'uy = 0,$$

où l'on prend

$$\mathrm{A} = -\tfrac{1}{3}(\lambda^2 + \mu^2 - \lambda\mu - 3),$$
$$\mathrm{B} = -\tfrac{1}{54}(\lambda + \mu - 3)(2\lambda - \mu + 3)(2\mu - \lambda + 3),$$

λ et μ étant des nombres entiers, dont l'un, au moins, est impair, et dont la somme n'est pas divisible par 3. Cette dernière a, pour intégrale complète, $\left(\psi_3 \frac{u}{3}\right)^{-\frac{1}{3}(\lambda+\mu-3)}$ multiplié par un polynôme entier en $p\frac{u}{3}$ et $p'\frac{u}{3}$, pourvu que α satisfasse à la condition subsidiaire.

De même, l'équation (26), dans le cas général que nous venons de définir, a, pour intégrale complète, $\left(\psi_m \frac{u}{m}\right)^{-\frac{a}{m}}$ multiplié par un polynôme entier en $p\frac{u}{m}$ et $p'\frac{u}{m}$; mais il est nécessaire d'ajouter ici quelques mots pour le démontrer. Ces équations, en effet, ont toutes les propriétés signalées à la page 553, sauf la dernière : leurs coefficients contiennent des irrationnelles provenant des conditions subsidiaires. On est donc assuré, quant à présent, que l'équation admet m intégrales distinctes, ayant pour multiplicateurs des racines $m^{\text{ièmes}}$ de l'unité, les mêmes pour toutes les intégrales. Il faut prouver que ces multiplicateurs sont égaux à l'unité.

Quand m est impair, cette propriété résulte de ce que, en vertu de la forme de l'équation, à l'intégrale $f(u)$ correspond aussi l'intégrale $f(-u)$. Les multiplicateurs ne peuvent être donc que ± 1; ils sont donc ici égaux à $+1$.

Quand m est pair, il reste à savoir si les intégrales ont la forme annoncée ou si, au contraire, le produit $z = y\left(\psi_m \frac{u}{m}\right)^{\frac{a}{m}}$, ayant les multiplicateurs ± 1 pour la variable $v = \frac{u}{m}$, est décomposable en éléments simples, avec l'élément $\frac{\sigma(u-\omega)}{\sigma v} e^{\eta v}$, où ω est une des trois demi-périodes.

Admettons cette dernière hypothèse. Le quotient de z par l'élément simple est alors une fonction doublement périodique, qui, outre le pôle $v = 0$, a aussi le pôle $v = \omega$, ce dernier simple, puisque l'on sait (p. 551) que z n'a pas ce pôle. Ce quotient a donc la forme

$$F(pv) + p'v F_1(pv) + R[\zeta(v-\omega) - \zeta v + \eta], \tag{29}$$

R étant une constante, F et F_1 des polynômes entiers. Mais on a

$$\zeta(v-\omega) - \zeta v + \eta = \frac{1}{2}\frac{p'v}{pv - \omega} = -\frac{\sigma_2 v \sigma_3 v}{\sigma v \sigma_1 v}.$$

Multipliant par l'élément simple $\frac{\sigma_1 v}{\sigma v}$, on voit que l'on transforme le dernier terme (29) en

$$-R\frac{\sigma_2 v \sigma_3 v}{\sigma^2 v}. \tag{A}$$

L'avant-dernier terme devient aussi, par la multiplication,

$$-2\frac{\sigma_2 v \sigma_3 v}{\sigma^2 v}(pv - p\omega) F_1(pv), \tag{B}$$

tandis que le premier donne

$$\frac{\sigma_1 v}{\sigma v} F(pv). \tag{C}$$

Or ces trois formes se distinguent par la nature de la racine $v = \omega$, qui n'existe pas dans la première, est multiple d'ordre pair dans la seconde, d'ordre impair dans la troisième : en effet, $p'\omega$ étant nul, un polynôme entier en pv, comme F ou F_1, ne peut avoir la racine ω qu'avec un ordre pair de multiplicité. On pourra donc partager les quantités z en trois groupes, dont deux de la forme (B) ou de la forme (C), le troisième de la forme (A) où R sera remplacé par un polynôme entier en pv, ne contenant pas le facteur $pv - p\omega$.

On a vu (p. 551) que, pour $v = \frac{2\bar{\omega}}{m}$, les intégrales z appartiennent aux exposants o, $p, p', p'', \ldots$. Comme m est pair, ω est une de ces $m^{\text{ièmes}}$ parties de période et l'on peut appliquer ce résultat à $v = \omega$. L'intégrale z qui appartient à l'exposant zéro a donc la forme (A). La forme (B) convient aux intégrales qui appartiennent à des exposants pairs; leur nombre est $m - n - 1$; enfin la forme (C) convient aux autres intégrales dont le nombre est n.

Mais ce qu'on vient de dire pour le point $v = \omega$ s'applique aussi au point $v = \omega'$. Les intégrales qui appartiennent, pour ce point, à des exposants pairs sont nécessairement comprises dans la forme (C). Les n polynômes divers, dont la somme compose F, ne peuvent, d'ailleurs, être tous divisibles par $(pv - p\omega')$, sans quoi aucune intégrale z n'appartiendrait à l'exposant zéro pour $v = \omega'$. Les z appartenant à des exposants pairs sont donc en nombre $(n - 1)$. Mais ce nombre doit être, d'autre part, $m - n - 1$; donc $n = \frac{1}{2}m$. Or nous avons précisément, pour une autre raison, exclu cette valeur de n. La supposition est donc impossible.

En conclusion, toute équation du type (26), quel que soit son ordre, a, pour intégrale complète, le produit de $\left(\psi_m \frac{u}{m}\right)^{-\frac{a}{m}}$ par un polynôme entier en $p\frac{u}{m}$ et $p'\frac{u}{m}$.

Si l'on supprime la condition que a soit premier avec m, l'équation reste intégrable par les fonctions elliptiques, mais on ne peut plus assigner avec autant de précision la forme de la solution. Il convient alors d'admettre, m étant un nombre pair, la valeur $\frac{1}{2}m$ pour le nombre n des différences impaires. De cette manière, l'équation contient, outre les entiers $p, p', \ldots$, un paramètre tout à fait arbitraire. A cette classe spéciale appartient l'équation de Lamé, telle que l'a envisagée M. Hermite; c'est l'équation (28) où l'on suppose, pour a, un nombre pair : α est alors entièrement arbitraire.

Comme on l'a fait, dans le Chapitre précédent, pour l'équation de Lamé, on peut prendre, dans l'équation (26), $pu = t$ pour nouvelle variable indépendante. La transformée a, pour coefficients, des polynômes entiers en t. Toutes ces équations, à ce point de vue, sont *intégrables algébriquement* quand a est premier avec m, puisque effectivement $p\frac{u}{m}$ est une fonction algébrique de t. Cette considération est de nature à faire comprendre quel progrès on a ainsi réalisé dans le Calcul intégral.

Troisième groupe d'équations d'ordre quelconque.

Nous pouvons encore étendre la définition des équations auxquelles s'appliquent les considérations précédentes. Il nous suffira de prendre la forme suivante

$$(30)\quad y^{(m)} + (A p u + \alpha) y^{(m-2)} + (B p' u + \beta p u + \gamma) y^{(m-3)} + \ldots = 0,$$

où les coefficients sont des fonctions entières de pu et $p'u$, ayant successivement le pôle $u = 0$ double, triple, etc.

Ici l'on pourra choisir, pour les différences des racines de l'équation déterminante, des entiers quelconques; outre A, B, ..., il y a $\frac{1}{2}m(m-1)$ coefficients et l'on devra satisfaire à des conditions subsidiaires en pareil nombre. L'équation sera donc généralement déterminée. Mais nous savons, par des exemples antérieurs, qu'il se trouve des cas nombreux où il reste cependant des arbitraires.

Pour en donner un exemple bien frappant, revenons aux équations de la première classe et montrons, d'après M. Hermite [1], qu'il existe des types généraux d'équations d'ordre m, ayant la forme (30), dont les intégrales complètes sont uniformes, et qui renferment chacune m paramètres.

Considérons, à cet effet, m éléments simples de deuxième espèce, à multiplicateurs quelconques pour chacun d'eux. Ils ren-

---

(1) *Sur quelques applications des fonctions elliptiques*, p. 99.

ferment, chacun, deux arbitraires; donc, en tout, $2m$ arbitraires. Soient $y_1, y_2, \ldots, y_m$ ces fonctions. Tous les déterminants, composés avec ces fonctions et leurs dérivées, ont les mêmes multiplicateurs et le seul pôle $u = 0$. L'équation différentielle linéaire, dont ces fonctions fournissent l'intégrale complète, a donc, pour coefficients, des fonctions de première espèce; mais il se trouvera d'autres points singuliers que $u = 0$. Pour parvenir à la forme (30), il faut que le premier déterminant soit une constante, ce qui, en d'autres termes, peut s'exprimer simplement par cette condition : *Les divers exposants auxquels les combinaisons linéaires des y appartiennent, au point $u = 0$, doivent avoir pour somme* $\frac{1}{2}m(m-1)$. Cette condition est nécessaire dans la forme (30). Elle est suffisante aussi; car le déterminant, dont il s'agit, a le pôle $u = 0$ multiple d'un ordre égal à l'excès de $\frac{1}{2}m(m-1)$ sur la somme des exposants en question. Si cet excès est nul, la fonction est constante.

D'après les suppositions, le moindre exposant est -1. Si les fonctions sont quelconques, les autres exposants seront $0, 1, 2, \ldots, (m-2)$. Pour remplir la condition, il faut que ces exposants soient modifiés, que leur somme soit augmentée de m unités, ce qui exige m conditions et laisse subsister seulement m arbitraires dans l'équation dont il s'agit.

On pourra, par exemple, supposer les exposants $-1, 0, 1, 2, \ldots m-3, 2m-2$, ce qui est le cas pour l'équation de Lamé (avec $\frac{1}{2}a = 1$) où les exposants sont -1 et 2.

Si maintenant, dans l'équation ainsi construite, on suppose que quelques-unes des fonctions $y_1, y_2, \ldots$ coïncident, on aura, comme cas particulier, une équation où le pôle $u = 0$ sera d'ordre supérieur au premier dans l'intégrale.

Sans nous arrêter davantage à ces types généraux, nous allons, par des exemples simples, montrer les procédés d'intégration qu'on peut employer pour les équations de la première classe [1].

---

[1] On pourra trouver d'autres exemples dans le *Mémoire sur la réduction des équations différentielles linéaires aux formes intégrables*, déjà cité, et dans un autre Mémoire intitulé *Sur les invariants des équations différentielles linéaires du quatrième ordre* (*Acta mathematica*, t. III, p. 325).

Exemple d'équation de la première classe.

Voici un exemple où le premier coefficient n'est pas constant :

$$(31)\quad (pu - pa)y'' - p'u.y' - [n(n+1)(pu-pa)^2 - p''a]y = 0.$$

En l'un quelconque des deux points singuliers $u = \pm a$, les racines de l'équation déterminante sont zéro et 2, et il est facile de voir, par un calcul direct, que la condition subsidiaire, relative à leur différence entière, est satisfaite. Mais on le reconnaîtra tout à l'heure par un autre moyen. Quant au point singulier $u = 0$, les racines sont n et $-(n+1)$, entières et à différence impaire, si n est entier, comme nous le supposons. L'équation a donc, pour intégrale complète, une fonction uniforme. Exactement comme pour l'équation de Lamé, où n serait changé en $n+1$, une intégrale particulière aura la forme

$$y = f^{(n)} + A_1 f^{(n-2)} + A_2 f^{(n-4)} + \ldots,$$

f désignant l'élément simple. On pourra, pour déterminer cet élément, employer toutes les méthodes données à l'occasion de l'équation de Lamé. Toutefois, la dernière méthode, celle qui est fondée uniquement sur les lacunes du développement de y, ne suffirait pas ; car ici c'est seulement jusqu'au terme du degré $(n-1)$ en u que les lacunes existent.

En faisant intervenir les points singuliers $u = \pm a$, on obtient les deux équations de condition qui manqueraient dans cette dernière méthode. Soit $F(u)$ une intégrale, on a, par l'équation différentielle, $F(-u)$ étant aussi une intégrale,

$$\begin{aligned} F'(a)\,p'a - F(a)\,p''(a) &= 0,\\ F'(-a)\,p'a + F(-a)\,p''(a) &= 0. \end{aligned}$$

Prenons, par exemple, le cas $n = 0$, où F se réduit à l'élément simple. On a

$$\frac{F'(a)}{F(a)} = \frac{f'(a)}{f(a)} = \zeta(a+v) - \zeta a - \zeta v + x = \frac{1}{2}\,\frac{p'a - p'v}{pa - pv} + x;$$

on en déduit

$$x + \frac{1}{2}\frac{p'a - p'v}{pa - pv} = \frac{p''a}{p'a},$$

$$x - \frac{1}{2}\frac{p'a + p'v}{pa - pv} = -\frac{p''a}{p'a},$$

$$(32) \qquad 2x = \frac{p'v}{pa - pv}, \qquad pv - pa = -\frac{p'^2 a}{2p''a},$$

$$y = \frac{\sigma(u+v)}{\sigma u} e^{(x-\zeta v)u}.$$

L'équation est ainsi intégrée immédiatement. Voici maintenant une curieuse observation. De l'équation (31), on peut, par simple dérivation, en déduire une autre où les points $u = \pm a$ ne soient plus singuliers. Ce n'est pas là une circonstance fortuite : toutes les fois qu'il y a des points *à apparence singulière*, on peut les faire disparaître de cette manière; le nombre des dérivations nécessaires dépend des lacunes que présente la suite des racines des équations déterminantes pour ces points. Dans le cas actuel, où il y a une seule lacune, d'une unité seulement, une dérivation suffit. Effectivement, en mettant $6p^2 - \frac{1}{2}g_2$, au lieu de p'', on voit disparaître le facteur $pu - pa$, et il reste

$$(33) \quad y''' - [(n^2 + n + 6)pu - (n^2 + n - 6)pa]y' - 2n(n+1)p'uy = 0.$$

Au cas $n = 0$, cette équation devient

$$y''' = 6(pu + pa)y'.$$

C'est l'équation de Lamé, où l'on ferait $n = 2$ et où l'on mettrait y' au lieu de y.

Cette équation de Lamé

$$z'' = 6(pu + pa)z$$

a donc pour solution

$$z = \frac{d}{du}\frac{\sigma(u+v)}{\sigma u} e^{(x-\zeta v)u},$$

v et x étant donnés par les équations (32). Ici pa est précisément la constante b, employée dans le Chapitre précédent, et ces formules (32) coïncident effectivement avec les formules du Chapitre XII (p. 527).

Le cas $n = 1$ de l'équation (31) montre un autre lien avec l'équation de Lamé. La transformée (33) devient

$$y''' - (8\,\wp u + 4\,\wp a)y' - 4\,\wp' u y = 0;$$

elle coïncide avec l'équation aux carrés des intégrales (p. 499), relative à l'équation de Lamé,

$$z'' = (2\,\wp u + \wp a)z,$$

dont les solutions sont

$$z_1 = \frac{\sigma(u+a)}{\sigma u} e^{-u\zeta a}, \qquad z_2 = \frac{\sigma(u-a)}{\sigma u} e^{u\zeta a},$$

en sorte que l'équation (31), en ce cas $n = 1$, a pour intégrales z_1^2 et z_2^2. La troisième solution de l'équation (33) est alors $z_1 z_2$.

Autre exemple.

Dans l'équation suivante, on supposera les *fonctions elliptiques particulières,* pour lesquelles on a $g_2 = 0$:

(34) $$y''' + (1 - n^2)\,\wp u . y' + [\tfrac{1}{2}(1 - n^2)\,\wp' u - m]\,y = 0.$$

La lettre m désigne une constante *quelconque* et *n un nombre entier.*

Pour ces fonctions elliptiques particulières, on a, en désignant par α une racine cubique de l'unité (t. I, p. 82), $\wp(\alpha u) = \alpha\,\wp u$, en sorte que le développement de $\wp u$ contient seulement les termes de degré $-2, 4, 10, 16, \ldots$; celui de $\wp' u$ contient seulement les termes de degré $-3, 3, 9, 15, \ldots$. En un mot, $u^2 \wp u$ et $u^3 \wp' u$ se développent suivant les puissances de u^6, à exposants entiers et positifs. A cause de la constante m, les développements des coefficients de l'équation ont lieu suivant les puissances de u^3. Il s'ensuit que des différences entières, entre les racines de l'équation déterminante, n'entraînent aucune condition subsidiaire quand ces différences ne sont pas divisibles par 3. Pour l'équation (34), ces racines sont 1 et $(1 \pm n)$.

L'intégrale complète est donc uniforme quand n est premier avec 3.

La relation $\wp(\alpha u) = \alpha \wp u$ a pour conséquence $\wp'(\alpha u) = \wp' u$, d'où l'on voit que l'équation (34) est inaltérée par le changement de u en αu. Ayant donc une intégrale $F(u)$, on en conclura les intégrales $F(\alpha u)$ et $F(\alpha^2 u)$.

Soit $f(u)$ l'élément simple; $F(u)$ a la forme (n étant supposé positif)

$$F(u) = f^{(n-2)} + c_1 f^{(n-5)} + c_2 f^{(n-8)} + \ldots.$$

Pour obtenir une intégrale appartenant à un exposant plus grand que $(1-n)$, il faut faire la combinaison $F(u) - \alpha^{n-1} F(\alpha u)$. Tous les termes du développement qui ont des exposants négatifs disparaissent. En même temps, disparaissent aussi tous les termes dont les exposants sont congrus à $(1-n)$ (mod 3). Si $n-1$ est divisible par 3, la combinaison dont il s'agit appartient donc effectivement à l'exposant 1; mais, dans le cas opposé, pour qu'il en soit ainsi, il est nécessaire que $F(u)$ manque du terme constant.

Prenant ensuite, pour composer l'intégrale qui doit appartenir à l'exposant $(1+n)$, l'une ou l'autre des deux combinaisons

$$\begin{array}{ll} F(u) + \alpha F(\alpha u) + \alpha^2 F(\alpha^2 u), & \text{si } n - 1 \equiv 0 \pmod 3, \\ F(u) + F(\alpha u) + F(\alpha^2 u), & \text{si } n + 1 \equiv 0 \pmod 3, \end{array}$$

on voit que, dans le premier cas, $F(u)$ doit manquer des termes à exposants $2, 5, 8, \ldots, (n-2)$ et, dans le second, des termes à exposants $0, 3, 6, \ldots, (n-2)$.

Il résulte de là un procédé d'intégration tout pareil à celui qui, au Chapitre XII, a été exposé, en dernier lieu, pour l'équation de Lamé. Nous allons nous borner au cas le plus simple, $n = 2$. En ce cas, F se réduit à l'élément simple f et, comme le terme constant doit manquer dans le développement, on a

$$y = f(u) = \frac{\sigma(u+v)}{\sigma u} e^{-u\zeta v};$$

il reste seulement à déterminer v en fonction de la quantité m, ce qui se fera en égalant à zéro le coefficient du terme en $\frac{1}{u}$ dans le développement du premier membre (34). Nous avons (t. I, p. 231)

$$y = \frac{1}{u} - \frac{1}{2} pv.u - \frac{1}{6} p'v.u^2 \ldots,$$

$$y' = -\frac{2}{u^2} - \frac{1}{2} pv - \frac{1}{3} p'v.u \ldots,$$

d'après quoi, dans le premier membre, le coefficient de $\frac{1}{u}$ est

$$(p'v - \tfrac{1}{2} p'v - m) = \tfrac{1}{2} p'v - m = 0,$$

en sorte que, dans cette hypothèse $g_2 = 0$, l'équation

$$y''' - 3pu.y' - \tfrac{1}{2}(3p'u + p'v)y = 0$$

a l'intégrale complète

$$y = c\,\frac{\sigma(u+v)}{\sigma u}e^{-u\zeta v} + c'\,\frac{\sigma(u+\alpha v)}{\sigma u}e^{-\alpha^2 u\zeta v} + c''\,\frac{\sigma(u+\alpha^2 v)}{\sigma u}e^{-\alpha u\zeta v},$$

où α est une racine cubique de l'unité.

C'est principalement le cas d'exception que nous voulons signaler, celui où, pv étant nul, les trois intégrales viennent à se confondre en une seule.

En prenant, pour fixer les idées, $g_3 < 0$, nous avons (t. I, p. 83)

$$\omega_2 = -i\omega'_2\sqrt{3}, \qquad \omega_1 = \frac{\omega_2 - \omega'_2}{2}, \qquad \omega_3 = \frac{\omega_2 + \omega'_2}{2},$$

d'où résulte

$$\frac{2(\alpha - 1)\omega_2}{3} = -2\omega_1, \qquad \frac{2(\alpha^2 - 1)\omega_2}{3} = -2\omega_3.$$

L'argument v étant égal à $\frac{2}{3}\omega_2$, on a donc

$$\alpha v = v - 2\omega_1, \qquad \alpha^2 v = v - 2\omega_3,$$

$$\alpha^2\zeta v = \zeta(\alpha v) = \zeta v - 2\eta_1, \qquad \alpha\zeta v = \zeta(\alpha^2 v) = \zeta v - 2\eta_3,$$

et l'on voit qu'effectivement les trois intégrales se confondent. D'après les principes du Calcul différentiel, on aura, en ce cas, deux nouvelles intégrales en prenant les deux premières dérivées, par rapport à v, dans la première intégrale, par conséquent

$$y_1 = \frac{\sigma(u+v)}{\sigma u} e^{-u\zeta v},$$
$$y_2 = y_1[\zeta(u+v) + u\,\wp v],$$
$$y_3 = y_1\{-\wp(u+v) + u\,\wp' v + [\zeta(u+v) + u\,\wp v]^2\}.$$

Il faut maintenant supposer $v = \frac{2}{3}\omega_2$, c'est-à-dire (p. 276 de ce Volume) $\wp v = 0$, $\wp' v = -1$.

Si l'on veut ne laisser subsister que les fonctions de u lui-même, on emploiera les formules d'addition et l'on exprimera l'élément simple comme il a été fait déjà (p. 277); on obtiendra ainsi

$$y = \sqrt[3]{\wp' u - 1}\left\{c + c'\left(\frac{\wp' u + 1}{2\,\wp u} + \frac{2}{3}\eta_2 + \zeta u\right)\right.$$
$$\left. + c''\left[\wp u - u + \frac{\wp' u + 1}{\wp u}(\zeta u + \tfrac{2}{3}\eta_2) + (\zeta u + \tfrac{2}{3}\eta_2)^2\right]\right\},$$

intégrale complète de l'équation

$$y''' - 3\,\wp u . y' - \tfrac{1}{2}(3\,\wp' u - 1)y = 0$$

dans le cas particulier $g_2 = 0$, $g_3 = -1$.

CHAPITRE XIV.

FRACTIONS CONTINUES ET INTÉGRALES PSEUDO-ELLIPTIQUES (¹).

Préambule. — Équation récurrente. — Cas de périodicité. — Cas exceptionnel. — Fractions continues. — Addition d'une constante à l'indice. — Inversion de la fraction continue. — Fractions continues symétriques. — Forme des fractions continues dans le cas exceptionnel. — Développement de $\frac{\sqrt{X}-\sqrt{Y}}{x-y}$ en fraction continue. — Cas de la symétrie. — Développement de $\sqrt{X}-\sqrt{a_0}x^2$. — Premier développement de $\sqrt{X}$, X étant du troisième degré. — Développement de $\sqrt{X}$, X étant du quatrième degré. — Second développement de $\sqrt{X}$, X étant du troisième degré. — Retour aux polygones de Poncelet. — Calcul des quotients incomplets. — Formules explicites pour le développement de $\sqrt{X}$. — Cas où X est du troisième degré. — Expression générale des réduites. — Notions générales sur la convergence. — Étude de la convergence dans un cas particulier. — Ligne de convergence non uniforme. — Cas de la périodicité. — Remarques sur un autre cas particulier. — Les fractions continues, considérées comme des covariants. — Exemples. — Intégrales pseudo-elliptiques, en général. — Intégrales pseudo-elliptiques, tirées des fractions continues. — Intégrales pseudo-elliptiques d'Abel. — Recherche générale des intégrales pseudo-elliptiques. — Exemples. — Autres exemples. — Conclusion.

Préambule.

Nous traiterons, dans ce Chapitre, du développement de $\sqrt{X}$ en fraction continue, X étant un polynôme du quatrième degré. « En voulant effectuer, dit Jacobi (²), les calculs algébriques qu'exige la recherche des quotients complets et, par suite, celle des dénominateurs de la fraction continue cherchée, on se trouve

(¹) A consulter : ABEL, *Sur l'intégration de la formule différentielle* $\frac{\rho\,dx}{\sqrt{R}}$, R *et* ρ *étant des fonctions entières* (*Journal de Crelle*, t. I, et *Œuvres complètes*, t. I, p. 104).

(²) *Note sur une nouvelle application de l'analyse des fonctions elliptiques à l'Algèbre* (*Journal de Crelle*, t. 7, p. 41, et *Gesammelte Werke*, t. I, p. 329).

arrêté, dès les premiers pas, par la longueur rebutante du calcul. En effet, les expressions algébriques que l'on rencontre en opérant sur la racine proposée deviennent tellement embrouillées qu'il paraît être impossible d'y trouver une espèce d'ordre et de régularité. Et, comme il est extrêmement difficile de passer même au second ou troisième dénominateur, l'on ne pourra espérer d'autant moins de trouver par induction une loi générale. Toutefois, en approfondissant les relations qui lient entre eux les quotients complets successifs et en examinant, en même temps, la formation des expressions algébriques qui donnent la multiplication des fonctions elliptiques, on parvient à exprimer généralement, au moyen de ces dernières, par des formules simples et élégantes, un quelconque des quotients complets. » Après cette indication bien sommaire, Jacobi a donné, sans démonstration, des formules qui font effectivement connaître, par des fonctions elliptiques, la loi des quotients.

La considération des réduites, mieux que celle des quotients, montre immédiatement le lien qui unit cette théorie avec la multiplication de l'argument. Soit $\sqrt{X}$ développé suivant les puissances ascendantes de $x-\xi$, et déterminons deux polynômes G_m, H_m, le premier du degré $m+1$, le second du degré $m-1$, de manière que le développement de leur quotient $G_m : H_m$ coïncide, le plus loin possible, avec celui de $\sqrt{X}$. La coïncidence pourra aller jusqu'au terme de rang $2m+1$, en sorte que l'on aura

$$G_m - H_m\sqrt{X} = c(x-\xi)^{2m+1} + c'(x-\xi)^{2m+2} + \ldots.$$

Prenant ensuite le polynôme $G_m^2 - H_m^2 X$, on y devra trouver le facteur $(x-\xi)^{2m+1}$; mais, comme ce polynôme est du degré $2m+2$, on aura simplement

$$G_m^2 - H_m^2 X = (x-\xi)^{2m+1}(x-\xi_m).$$

C'est la loi suivie par cette fonction de m, ξ_m que l'on doit rechercher. Or le théorème d'Abel la fait connaître immédiatement : a et a_m étant les valeurs de l'intégrale de $1 : \sqrt{X}$, prise à partir d'une racine de X, avec les limites ξ ou ξ_m, on a, d'après ce théorème,

$$(2m+1)a \pm a_m = \text{une période}.$$

On le voit, a_m est une fonction linéaire de m : c'est la multiplication de l'argument qui seule est en question ici. Pour avoir maintenant des formules explicites, il n'y a qu'à composer l'expression de $G_m - H_m\sqrt{X}$ en termes elliptiques et dégager ensuite les autres éléments de la fraction continue. Ces explications guideront suffisamment le lecteur dans l'étude de ce Chapitre. Nous devons avertir que nous avons élargi le problème en introduisant un élément nouveau et considérant, au lieu de $\sqrt{X}$, la fonction

$$\frac{\sqrt{X}-\sqrt{Y}}{x-y}.$$

Les formules de Jacobi supposent X décomposé en ses facteurs linéaires. Cette supposition, entièrement superflue, est écartée ici. Après avoir étudié en détail les fractions continues, nous parlerons de leur convergence, question nouvelle et digne d'intérêt. Nous parlerons enfin des intégrales *pseudo-elliptiques,* que le génie d'Abel a su rattacher, de la manière la plus remarquable, aux fractions continues.

Équation récurrente.

L'étude que nous allons faire est basée sur la considération de la quantité

$$(1)\qquad V_m = C_m \frac{[\sigma(a-u)]^{2m-1}\sigma(u+2ma+mv-w)}{[\sigma u\,\sigma(u+v)]^m},$$

où u est envisagé comme variable, ainsi que l'indice entier m. Le coefficient C_m est supposé indépendant de u; il ne joue, pour ainsi dire, aucun rôle et pourrait être remplacé par l'unité. Les propriétés que nous avons à envisager ne reçoivent, du fait de ce coefficient, que des altérations de pure forme. Il est cependant utile de l'introduire et de le choisir comme nous allons faire, pour éviter quelques détails de discussion, vraiment étrangers au sujet. A cet effet, en désignant par u_1 un argument constant et arbitraire, nous poserons

$$(a)\qquad \frac{1}{C_m} = \frac{[\sigma(a-u_1)]^{2m-1}\sqrt{\sigma(u_1+2ma+mv-w)\,\sigma(-u_1-v+2ma+mv-w)}}{[\sigma u_1\,\sigma(u_1+v)]^m}.$$

L'argument u_1 sera supposé tel que C_m ne devienne ni nul ni infini, a, v, w restant fixes et m prenant toutes les valeurs entières.

Nous devons insister sur ce fait que le choix de C_m est simplement un moyen de faciliter l'analyse; il disparaîtra des résultats. On aperçoit immédiatement que, par ce choix, V_m devient une fonction doublement périodique, de deuxième espèce, relativement aux arguments a, v, w séparément, et que ses divers multiplicateurs sont indépendants de m. Comme, au surplus, les diverses fonctions V_m figureront par leurs rapports seulement, on pourra, à volonté, ajouter des périodes aux arguments sans rien changer aux fonctions elles-mêmes.

Par rapport à l'argument u, V_m est doublement périodique de deuxième espèce et ses multiplicateurs sont indépendants de l'entier m. En effet, il y a $2m$ fonctions σ en numérateur comme en dénominateur, et l'excès de la somme des racines sur la somme des pôles est $(w - a)$.

Soit, comme au Chapitre IV (p. 151), z la fonction type

$$z = \zeta(u + v) - \zeta u - \zeta v$$

et soit aussi z_a cette même fonction où u est remplacé par a, en sorte que $z - z_a$ ait les racines a et $-(a + v)$. Posons

$$\left\{\begin{aligned} \alpha_m &= \lambda_m + \mu_m(z - z_a), \\ \beta_m &= \nu_m(z - z_a)^2, \end{aligned}\right. \tag{2}$$

et entendons par λ_m, μ_m, ν_m trois quantités indépendantes de u; puis envisageons la fonction $\alpha_m V_{m-1} + \beta_m V_{m-2}$, qui a les multiplicateurs de V_m, les mêmes pôles avec le même ordre de multiplicité, et la racine $u = a$ multiple d'ordre $(2m - 3)$ seulement. En choisissant le rapport de λ_m et de ν_m, on peut augmenter d'une unité l'ordre de multiplicité de cette racine; puis, en choisissant encore le rapport de λ_m à μ_m, on peut obtenir l'ordre $(2m - 1)$ de multiplicité. Quand il en est ainsi, la fonction est proportionnelle à V_m; car la racine $u = a$, multiple d'ordre $(2m - 1)$, implique l'existence d'une dernière racine, commune avec V_m. En conséquence, *il existe trois fonctions de m, indépendantes de u, telles que si, les dénommant λ_m, μ_m, ν_m, on* *forme avec elles les quantités* (2), *on aura identiquement*

$$V_m = \alpha_m V_{m-1} + \beta_m V_{m-2}. \tag{3}$$

Nous calculerons plus tard les quantités λ_m, μ_m, ν_m.

Dans le cas particulier $a = 0$, l'analyse précédente est en défaut, z_a étant infini. On peut, en ce cas, poser

$$\left\{\begin{array}{l} \alpha_m = \lambda'_m z + \mu'_m, \\ \beta_m = \nu'_m, \end{array}\right. \qquad (a = 0) \tag{4}$$

avec des coefficients encore indépendants de u. La fonction $\nu'_m V_{m-2} + \lambda'_m z V_{m-1}$ a la racine $u = 0$, multiple d'ordre $m - 3$, et l'on peut élever cet ordre à $m - 2$ par le choix du rapport $\lambda'_m : \nu'_m$. Ajoutant $\mu'_m V_{m-1}$, qui a aussi la même racine, avec l'ordre $m - 2$, on peut, par le choix du rapport $\lambda'_m : \mu'_m$, porter cet ordre à $m - 1$, comme dans V_m. Il y a, dès lors, proportionnalité entre V_m et la fonction ainsi formée, puis égalité par le choix de λ'_m. Ainsi, dans ce cas $a = 0$, la relation (3) a encore lieu, si l'on prend α_m et β_m suivant les égalités (4). On prévoit ainsi, et le calcul permettra de le vérifier, que l'hypothèse $a = 0$ a pour conséquence de rendre infiniment petit ν_m, infiniment grand λ_m et de laisser fini μ_m, de telle sorte que $\nu_m z_a^2$, $\lambda_m - \mu_m z_a$ et μ_m aient des limites finies, ν'_m, μ'_m et λ'_m.

Le cas particulier $v = 0$ présente cette circonstance que z et z_a sont infinis. Mais $\frac{z - z_a}{v}$ a la limite finie $pa - pu$. Pour ce cas, on aura encore la relation (3), en supposant

$$\left\{\begin{array}{l} \alpha_m = \lambda''_m + \mu''_m(pa - pu), \\ \beta_m = \nu''_m(pa - pu)^2, \end{array}\right. \tag{5}$$

et λ''_m, μ''_m, ν''_m sont les limites de λ_m, $v\mu_m$, $v^2\nu_m$.

On doit observer enfin que, si notre analyse suppose m positif, les conséquences subsistent quel que soit m. Multipliant, en effet, V_m, V_{m-1}, V_{m-2} par un même facteur

$$\left[\frac{\sigma^2(a - u)\,\sigma u_1\,\sigma(u_1 + v)}{\sigma u\,\sigma(u + v)\,\sigma^2(a - u_1)}\right]^p,$$

on ramène ces trois fonctions aux hypothèses de la démonstration, et ce facteur disparaît dans l'équation récurrente.

Cas de périodicité.

Soit r un nombre entier et *supposons* $r(2a+v)$ *égal à une période*. Considérons V_m et V_{m+r} : en altérant w d'une période, on voit que, dans V_{m+r}, le second facteur σ du numérateur coïncide avec son homologue, pris dans V_m; il en est de même pour les facteurs semblables dans le coefficient C_{m+r}. Le quotient $V_{m+r} : V_m$ apparaît donc comme indépendant de m, en sorte que *les quantités* α_m *et* β_m *se reproduisent périodiquement*. La période est composée de r termes.

Les quantités V_m, V_{m+r}, V_{m+2r}, ... forment une progression géométrique. Si l'on supposait $r=1$, la raison serait

$$z - z_a : z_1 - z_a$$

et l'équation récurrente ne contiendrait plus que deux termes. On écartera ce cas, dénué d'intérêt.

Cas exceptionnel.

L'équation récurrente présente une circonstance exceptionnelle quand une des fonctions V admet la racine $u=a$ avec un ordre supérieur à celui qu'indique la forme générale (1). Supposons V_{m-1} dans ce cas, ce qui arrive si l'on a

$$m(2a+v)-a-v-w \equiv 0. \qquad (6)$$

Les coefficients ν_m et λ_m sont nuls. Ayant $V_m = \alpha_m V_{m-1}$, il est clair qu'on ne peut obtenir l'équation récurrente entre V_{m+1}, V_m et V_{m-1}. L'analyse précédente le montre; car la combinaison linéaire $\alpha_{m+1} V_m + \beta_{m+1} V_{m-1}$, qui doit avoir la racine a d'ordre supérieur à $2m-2$, se réduit identiquement à zéro. Si l'on regarde la relation (6) comme ayant lieu par la variation d'un des arguments, on voit que α_{m+1} et β_{m+1} sont infinis. Entre les fonctions ultérieures, l'équation récurrente (3) a lieu, sans autre exception.

Pour éviter d'interrompre l'enchaînement des termes successifs, il convient, en ce cas, de supprimer V_m, de considérer V_{m+1} et

V_{m-1} comme consécutifs. A cet effet, de l'équation (3), prise successivement pour m et $m+1$, on conclut, par élimination de V_m,

$$(7) \qquad V_{m+1} = \alpha' V_{m-1} + \beta' V_{m-2}.$$

On y joindra la relation

$$(8) \qquad V_{m+2} = \alpha_{m+2} V_{m+1} + \alpha_m \beta_{m+2} V_{m-1},$$

et les égalités (7), (8) remplaceront l'équation récurrente pour deux indices exceptionnels. Les deux coefficients β' et $\alpha_m \beta_{m+2}$ sont les produits de $(z - z_a)^3$ par des quantités indépendantes de z, et α' est un trinôme du second degré. Les coefficients α' et β' peuvent être obtenus directement par le procédé indiqué pour α_m et β_m. Si on les déduit de l'élimination, comme on vient de le dire, ils se présentent sous la forme

$$(9) \qquad \alpha' = \lim(\alpha_m \alpha_{m+1} + \beta_{m+1}), \qquad \beta' = \lim \alpha_{m+1} \beta_m.$$

Si le cas exceptionnel se présente deux fois, il y a périodicité. En effet, la relation (6) ayant lieu pour deux indices m et m', on en conclut que $(m - m')(2a + v)$ est une période. Quand il en est ainsi, on supprime, dans la suite des V, une série de termes équidistants.

Pour une période de trois termes, les suppressions en laissent subsister deux seulement; les V sont alternativement liés par les relations (7) et (8). Mais, pour une période de deux termes, c'est-à-dire si $2a + v$ est une demi-période, V_{m-2} doit être supprimé et l'équation (7) se remplace par celle-ci

$$(10) \qquad V_{m+1} = \alpha' V_{m-1} + \alpha_m \beta' V_{m-3},$$

où α_m est indépendant de m. La relation (8) disparaît, et les fonctions V dont les indices ont la même parité que m sont liées aussi par la même relation

$$V_m = \alpha' V_{m-2} + \alpha_m \beta' V_{m-4}.$$

En effet, dans l'un ou l'autre cas, les trois fonctions V sont des termes consécutifs dans deux progressions géométriques, de raison commune.

Il n'existe point d'autres cas où les quantités α, β puissent être nulles ou infinies : d'après notre analyse, fondée sur l'ordre de multiplicité de la racine a dans les fonctions V, une telle circonstance ne peut se produire que si cet ordre devient exceptionnel, et c'est justement ce cas que nous venons d'examiner. Ces exceptions s'offrent sous la même forme et avec les mêmes conséquences quand on suppose $a = 0$ ou $v = 0$.

Fractions continues.

Au lieu de la notation habituelle

$$\cfrac{a}{b + \cfrac{c}{d + \cfrac{e}{f + \ddots}}}$$

qui occupe trop de place, nous prendrons celle-ci :

$$a : b + c : d + e : f + \ldots.$$

De l'équation récurrente (3) on conclut

$$-\frac{V_{m-1}}{V_{m-2}} = \beta_m : \left(\alpha_m - \frac{V_m}{V_{m-1}}\right)$$

et, par conséquent,

$$(11) \qquad -\frac{V_{\mu-1}}{V_{\mu-2}} = \beta_\mu : \alpha_\mu + \beta_{\mu+1} : \alpha_{\mu+1} + \ldots + \beta_m : \left(\alpha_m - \frac{V_m}{V_{m-1}}\right).$$

Cette fraction continue peut être prolongée indéfiniment et, à ce point de vue, sa convergence sera ultérieurement étudiée. Indépendamment de la convergence, elle a une signification algébrique bien déterminée, qui la caractérise complètement. Les quantités V sont des fonctions de la variable z; le quotient $V_m : V_{m-1}$, qui a la racine double $u = a$, est infiniment petit du second ordre par rapport à l'infiniment petit $z - z_a$; enfin les dénominateurs et numérateurs successifs α, β ont les formes (2). La fraction continue (11) est donc celle qu'on trouve en prenant successivement des dénominateurs α du premier degré, de manière à obtenir, dans chaque opération, une *approximation* dont l'ordre croisse constamment de deux unités relativement à l'infiniment petit $z - z_a$.

Pour le cas où a est nul, la même conclusion doit être prise à l'égard de l'infiniment petit $\frac{1}{z}$.

De la même équation récurrente (3) on conclut aussi

$$\frac{V_m}{V_{m-1}} = \alpha_m + \beta_m : \frac{V_{m-1}}{V_{m-2}},$$

ce qui conduit encore à une fraction continue; les indices vont en diminuant. Mais cette fraction semble dépourvue de toute signification algébrique, puisque le terme $\beta_m : \frac{V_{m-1}}{V_{m-2}}$ reste fini pour $u = a$. Observons cependant que le changement de u en $-u-v$ n'altère pas z. Par ce changement, les V se changent en d'autres fonctions V', qui ne deviennent pas nulles pour $u = a$, et qui satisfont aussi à l'équation récurrente (3). Il y a donc lieu de considérer, au point de vue algébrique, la fraction

$$(12) \qquad \frac{V'_{\mu-1}}{V'_{\mu-2}} = \alpha_{\mu-1} + \beta_{\mu-1} : \alpha_{\mu-2} + \beta_{\mu-2} : \alpha_{\mu-3} + \ldots.$$

Comme la précédente, elle est caractérisée par les approximations successives qu'elle fournit, relativement à l'infiniment petit $z - z_a$, pour la fonction qui figure au premier membre (12).

La variable z acquiert une seule et même valeur pour deux valeurs différentes, u et $-u-v$, de l'argument. V est donc une fonction ambiguë de z. En prenant simultanément les deux fractions continues (11, 12), on doit entendre que les premiers membres sont les deux déterminations d'une seule et même fonction.

On doit maintenant comprendre comment le coefficient C_m n'a qu'une influence de pure forme. Ce coefficient, étant indépendant de u, modifie les premiers membres (11, 12) par des facteurs indépendants de z. L'altération qu'il produit sur les quantités α_m, β_m est donc de telle nature qu'on puisse la faire disparaître en multipliant la fraction continue par un facteur indépendant de z. Ainsi le choix de C_m est sans influence véritable sur la fraction continue.

Addition d'une constante à l'indice.

L'indice à partir duquel on fait commencer les fractions continues (11, 12) n'influe, en aucune façon, sur le caractère général de ces fractions. Moyennant un changement de l'argument w, on peut prendre l'indice à volonté; ou bien, si on laisse cet indice arbitraire, on peut limiter l'argument w.

Pour le montrer, à la place de m et w, mettons m_1 et w_1, en posant

$$(13) \qquad m_1 = m - h, \qquad w_1 = w - h(2a + v).$$

On aura

$$\frac{V_m(w)}{V_{m_1}(w_1)} = \left[\frac{\sigma^2(a-u)\sigma(u_1+v)\sigma u_1}{\sigma^2(a-u_1)\sigma(u+v)\sigma u}\right]^h,$$

rapport indépendant de m. On obtient donc, avec w_1 ou avec w, les mêmes fonctions α_m, β_m; leurs indices seulement sont diminués de h unités.

Voici un exemple où il est commode de limiter, par cette proposition, l'argument w. Supposons le cas exceptionnel où la relation (6) a lieu pour un indice k, c'est-à-dire

$$k(2a+v) - a - v - w = \text{une période}.$$

On en déduit

$$(k-h)(2a+v) - a - v - w_1 = \text{une période}.$$

Prenant $k = h$ et altérant w_1 d'une période, nous voyons que, sans aucune restriction, on peut caractériser toujours ce cas exceptionnel par la condition

$$(14) \qquad a + v + w = 0.$$

C'est ce que nous ferons désormais.

Inversion de la fraction continue.

Voici maintenant un autre changement de m et de w. Il consiste à prendre m' et w', liés à m et w par les relations

$$m + m' = n, \qquad w + w' + v = n(2a + v).$$

Dans l'une des fonctions V, on mettra l'argument u et, dans l'autre, l'argument $-u-v$, ce que nous indiquons, comme plus haut, par les notations V et V'. La somme des arguments

$$u+2ma+mv-w \quad \text{et} \quad -u-v+2m'a+m'v-w'$$

est nulle, en sorte que les deux fonctions ont déjà un facteur commun. C'est ce qui arrive aussi dans les deux constantes C_m et $C_{m'}$ pour les facteurs analogues. Ces facteurs supprimés, il reste

$$(15) \qquad V_m(w)=(-1)^m c t^{2m-1} V'_{m'}(w'),$$

t désignant la quantité $z-z_a$, à un facteur constant près indépendant de m, comme c l'est aussi :

$$(16) \qquad t=\frac{\sigma(u-a)\,\sigma(u+a+v)\,\sigma u_1\,\sigma(u_1+v)}{i\,\sigma(u_1-a)\,\sigma(u_1+a+v)\,\sigma u\,\sigma(u+v)}=\frac{z-z_a}{i(z_1-z_a)},$$

$$c=\frac{\sigma u\,\sigma(u+v)\,\sigma^2(u_1+a+v)}{i\,\sigma u_1\,\sigma(u_1+v)\,\sigma^2(u+a+v)}.$$

En mettant, dans l'équation récurrente, l'expression (15) de V_m, on a

$$t^4 V'_{m'}(w')+\alpha_m t^2 V'_{m'+1}(w')=\beta_m V'_{m'+1}(w').$$

Soient maintenant $\alpha'_{m'}$ et $\beta'_{m'}$ les quantités analogues à α_m et β_m, mais relatives à w' ; on devra avoir

$$V'_{m'+2}(w')=\alpha'_{m'+2}V'_{m'+1}(w')+\beta'_{m'+2}V'_{m'}(w');$$

de là résulte

$$\frac{\alpha'_{m'+2}}{\alpha_m}=\frac{t^2}{\beta_m}=\frac{\beta'_{m'+2}}{t^2}.$$

On en conclut cette inversion de la fraction continue :

$$\begin{aligned}\alpha'_{m'+1}&+\beta'_{m'+1}:\alpha'_{m'}+\beta'_{m'}:\alpha'_{m'-1}+\ldots\\&=\frac{t^2}{\beta_{m+1}}(\alpha_{m+1}+\beta_{m+2}:\alpha_{m+2}+\beta_{m+3}:\alpha_{m+3}+\ldots).\end{aligned}$$

Ainsi les fractions descendantes (11) ou ascendantes (12) ne sont pas essentiellement distinctes.

Fractions continues symétriques.

L'attention est ici appelée sur le cas $\varpi' = \varpi$. Ainsi, sous la condition

$$2\varpi + v = n(2a + v), \tag{17}$$

ont lieu les relations

$$\frac{\alpha_\mu}{\alpha_m} = \frac{t^2}{\beta_m} = \frac{\beta_\mu}{t^2}, \qquad m + \mu = n + 2, \tag{18}$$

$$\left\{\begin{aligned} &\alpha_\mu + \beta_\mu : \alpha_{\mu-1} + \beta_{\mu-1} : \alpha_{\mu-2} + \ldots \\ &= \frac{t^2}{\beta_m}(\alpha_m + \beta_{m+1} : \alpha_{m+1} + \beta_{m+2} : \alpha_{m+2} + \ldots). \end{aligned}\right. \tag{19}$$

Par la substitution (13), la relation (17) devient

$$2\varpi_1 + v = (n - 2h)(2a + v) = n_1(2a + v);$$

n_1 est un entier arbitraire, mais de même parité que n. Quand il est pair, on pourra le supposer égal à -2, de manière que les relations (18) s'écrivent sous la forme

$$\frac{\alpha_m}{\alpha_{-m}} = \frac{t^2}{\beta_{-m}} = \frac{\beta_m}{t^2}, \qquad \beta_0 = t^2.$$

D'après l'égalité (19), on a, en ce cas, μ étant supposé positif,

$$\left\{\begin{aligned} \frac{V'_\mu}{V'_{\mu-1}} &= \alpha_\mu + \beta_\mu : \alpha_{\mu-1} + \ldots + \beta_2 : \alpha_1 \\ &\quad + \beta_1 : \alpha_0 + \beta_1 : \alpha_1 + \beta_2 : \alpha_2 + \ldots + \beta_\mu : \alpha_\mu + \ldots. \end{aligned}\right. \tag{20}$$

La fraction commence par une partie symétrique, dont le milieu est le terme α_0.

Quand n est impair, on peut le supposer égal à -1; les relations (18) sont alors

$$\frac{\alpha_{1+m}}{\alpha_{-m}} = \frac{t^2}{\beta_{-m}} = \frac{\beta_{1+m}}{t^2}, \tag{21}$$

et l'on a

$$\left\{\begin{aligned} \frac{V'_\mu}{V_{\mu-1}} &= \alpha_\mu + \beta_\mu : \alpha_{\mu-1} + \ldots + \beta_2 : \alpha_1 \\ &\quad + \frac{\beta_1^2}{t^2} : \alpha_1 + \beta_2 : \alpha_2 + \ldots + \beta_\mu : \alpha_\mu + \ldots. \end{aligned}\right. \tag{22}$$

La partie symétrique a pour milieu le terme $\frac{\beta_1^2}{t^2}$. Pour ce dernier cas, il faut faire l'observation suivante : la relation (17), avec $n = -1$, devient

$$(22a) \qquad 2(a + v + w) \equiv 0,$$

ce qui peut avoir lieu de deux manières, $a + v + w$ étant une période ou une demi-période.

Dans la première hypothèse, on n'aura pas la forme (22), attendu que c'est alors le cas exceptionnel (14); il s'y présente une légère modification, que nous examinerons plus loin. La forme (22) appartient donc au cas où $a + v + w$ est une demi-période.

Quand la relation de symétrie (17) a lieu et que, en même temps, il y a périodicité, la symétrie est double; car, $r(2a + v)$ étant une période, la relation (17) a lieu avec le nombre $n + r$, comme avec le nombre n. Réciproquement, si la symétrie est double, il y a périodicité; car, la relation (17) ayant lieu avec n et n', on en conclut que $(n - n')(2a + v)$ est une période. Dans un tel cas, la période de la fraction continue est symétrique et les deux modes de symétrie (20) et (22) peuvent exister à la fois.

Forme des fractions continues dans le cas exceptionnel.

Le cas exceptionnel (14) nous offre la relation de symétrie (21); mais il faut observer que le terme V_0 doit être supprimé et qu'on doit faire intervenir les relations (7, 8) avec $m = 0$. Dans la relation (7),

$$V_1 = \alpha' V_{-1} + \beta' V_{-2},$$

remplaçons V_m par $(-1)^m c t^{2m-1} V'_{-1-m}$, conformément à l'égalité (15); il vient

$$V'_1 = \frac{t^2 \alpha'}{\beta'} V'_0 + \frac{t^6}{\beta'} V'_{-2}.$$

Se rappelant que l'on a $V'_0 = \alpha_0 V'_{-1}$, on conclut

$$\beta' = t^2 \alpha_0, \qquad \beta'^2 = t^6.$$

Le signe de t est à volonté; car on peut, dans l'égalité (16), mettre $-i$ au lieu de i; il est donc permis de prendre

$$\beta' = t^3, \qquad \alpha_0 = t.$$

Nous avons alors, par la formule (12),

$$\frac{V'_\mu}{V'_{\mu-1}} = \alpha_\mu + \beta_\mu : \alpha_{\mu-1} + \ldots + \beta_3 : \alpha_2 + t\beta_2 : \alpha' + t^3 : \frac{V'_{-1}}{V'_{-2}},$$

puis, suivant l'égalité (19),

$$\frac{V'_{-1}}{V'_{-2}} = \alpha_{-1} + \beta_{-1} : \alpha_{-2} \ldots = \frac{t^2}{\beta_2}(\alpha_2 + \beta_3 : \alpha_3 + \ldots).$$

Il en résulte

$$(23) \quad \left\{ \begin{aligned} \frac{V'_\mu}{V'_{\mu-1}} &= \alpha_\mu + \beta_\mu : \alpha_{\mu-1} + \ldots + \beta_3 : \alpha_2 \\ &\quad + t\beta_2 : \alpha' + t\beta_2 : \alpha_2 + \ldots + \beta_\mu : \alpha_\mu + \ldots. \end{aligned} \right.$$

Il y a donc encore, en ce cas, une symétrie : le terme du milieu est α', en sorte que ce mode de symétrie se rattache à la forme (20), bien que le nombre n soit impair.

Si, en outre, il y a périodicité, la période est symétrique. En la faisant commencer au quotient incomplet α', on trouve à cette période l'une ou l'autre des formes ci-après, suivant la parité du nombre r :

$$(24) \quad \left\{ \begin{aligned} &\left.\begin{aligned} &\alpha' + t\beta_2 : \alpha_2 + \ldots + \beta_{k-1} : \alpha_{k-1} + t^2 : \alpha_k \\ &\qquad + t^2 : \alpha_{k-1} + \ldots + t\beta_2 : \alpha' + \ldots \end{aligned}\right\} k = \tfrac{1}{2}(r+1); \\ &\left.\begin{aligned} &\alpha' + t\beta_2 : \alpha_2 + \ldots + \beta_{k-1} : \alpha_{k-1} + \beta_k : \alpha_k \\ &\qquad + t^2 : \alpha_k + \ldots + t\beta_2 : \alpha' + \ldots \end{aligned}\right\} k = \tfrac{1}{2} r. \end{aligned} \right.$$

Dans les cas extrêmes, $r = 3$ ou $r = 4$, on a

$$(24a) \quad \left\{ \begin{aligned} &r = 3, \quad \frac{V'_2}{V'_1} = \alpha_2 + t\beta_2 : \alpha' + t\beta_2 : \alpha_2 + t\beta_2 : \alpha' + \ldots; \\ &r = 4, \quad \frac{V'_2}{V'_1} = \alpha_2 + t\beta_2 : \alpha' + t\beta_2 : \alpha_2 + t^2 : \alpha' \\ &\qquad\qquad + t\beta_2 : \alpha' + t\beta_2 : \alpha_2 + t^2 : \alpha_2 + \ldots. \end{aligned} \right.$$

Le cas $r = 2$, ainsi qu'on l'a déjà fait observer par l'égalité (10), offre une forme différente, que l'on peut écrire ainsi

$$(24b)\qquad r=2,\qquad \frac{V'_2}{V'_0}=\alpha+\beta:\alpha+\beta:\alpha+\ldots;$$

α est du second degré et β, à un facteur constant près, est égal à $(x-\xi)^4$.

Développement de $\dfrac{\sqrt{X}-\sqrt{Y}}{x-y}$ en fraction continue.

Nous avons maintenant à rechercher les fonctions algébriques qui donnent lieu aux fractions continues précédentes.

Revenons aux formules de l'inversion (t. I, p. 118), d'après lesquelles, pour un polynôme quelconque X, du quatrième degré,

$$X=a_0x^4+4a_1x^3+6a_2x^2+4a_3x+a_4,$$

on a simultanément

$$x=-\frac{a_1}{a_0}+z,\qquad \sqrt{X}=\sqrt{a_0}\,[\wp u-\wp(u+v)].$$

Soit c_m un argument auxiliaire, défini par l'égalité

$$(25)\qquad c_m=(m-1)(2a+v)-v-w.$$

Les deux fonctions

$$A_m=\frac{\sigma^2(a-u)\,\sigma(u+2ma+mv-w)\,\sigma(u-c_m)}{\sigma^2u\,\sigma^2(u+v)},$$

$$B_m=\frac{\sigma[u+2(m-1)a+(m-1)v-w]\,\sigma(u-c_m)}{\sigma u\,\sigma(u+v)}$$

sont, toutes deux, doublement périodiques (de première espèce). Si l'on désigne par y_m la valeur de x qui répond à $u=c_m$, B_m n'est autre que $x-y_m$, à un facteur constant près. Quant à A_m, son expression algébrique a la forme $\gamma-\delta\sqrt{X}$, γ étant un polynôme du second degré et δ une constante.

Soit Y_m ce que devient X, pour $x=y_m$; comme A_m s'évanouit pour $u=c_m$, on a

$$(26)\qquad \gamma-\delta\sqrt{Y_m}=(x-y_m)\theta,$$

θ désignant un polynôme du premier degré en x. Soit K_m un coefficient indépendant de x; soit aussi ρ_m un polynôme du premier degré : on peut conclure à une égalité de cette forme

$$(27) \qquad \frac{K_m V_m}{V_{m-1}} = \rho_m - \frac{\sqrt{X} - \sqrt{Y_m}}{x - y_m};$$

car $A_m : B_m$ ne diffère de $V_m : V_{m-1}$ que par le facteur $C_m : C_{m-1}$, indépendant de x.

Soit ξ la valeur de x pour $u = a$. Les quantités β sont les produits de $(x - \xi)^2$ par des coefficients indépendants de x; les α sont des polynômes du premier degré en x, et la fraction continue (11), qui donne

$$(28) \qquad \frac{\sqrt{X} - \sqrt{Y_m}}{x - y_m} = \rho_m + K_m \beta_{m+1} : \alpha_{m+1} + \beta_{m+2} : \alpha_{m+2} + \ldots,$$

fournit le développement régulier du premier membre. Semblablement, la fraction continue (12) fournit le développement de la même fonction, mais prise avec sa seconde détermination, ou, si l'on veut, le développement de $\dfrac{\sqrt{X} + \sqrt{Y_m}}{x - y_m}$.

Ainsi, d'une manière générale, X étant un polynôme du quatrième degré et Y ce même polynôme où y remplace x, s'il s'agit de développer

$$\frac{\sqrt{X} - \sqrt{Y}}{x - y}$$

en une fraction continue dont la $n^{\text{ième}}$ réduite, avec un numérateur du degré n et un dénominateur du degré $n - 1$, reproduise, jusqu'à l'ordre $2n$ exclusivement, le développement de la fonction suivant les puissances ascendantes de $x - \xi$; cette fraction continue appartient à la classe que nous avons ici considérée. Quand nous aurons, un peu plus loin, donné l'expression des quantités α_m et β_m, il sera établi que le calcul des quotients incomplets, pour une telle fraction continue, coïncide avec celui des formules pour la multiplication de l'argument dans les fonctions elliptiques. Voici d'ailleurs une proposition générale qui peut déjà le faire comprendre.

Prenons deux indices différents m et n et déduisons, de la formule (25), celle-ci

$$c_m - c_n = (m-n)(2a+v).$$

Rappelons-nous que $-\frac{1}{2}v$ est l'argument qui correspond à une racine x_0 de X et, désignant par μ la différence $m-n$, mettons y et y', au lieu de y_m et y_n. La relation entre c_m et c_n peut s'écrire ainsi

$$(29) \qquad \int_{y'}^{y} \frac{dx}{\sqrt{X}} = 2\mu \int_{x_0}^{\xi} \frac{dx}{\sqrt{X}}$$

et nous voyons que *l'égalité* (29), *où* μ *désigne un nombre entier quelconque et* x_0 *une racine de* X, *exprime la condition sous laquelle les fractions continues* (précédemment définies), *qui servent à développer*

$$(30) \qquad \frac{\sqrt{X}-\sqrt{Y}}{x-y} \quad et \quad \frac{\sqrt{X}-\sqrt{Y'}}{x-y'},$$

se terminent par les mêmes quotients. On ne doit pas perdre de vue, dans un tel énoncé, la théorie des intégrales définies, d'après laquelle chacune des intégrales n'est déterminée qu'à une période près. C'est pourquoi le changement de la racine x_0 n'altère pas l'égalité (29). A peine est-il besoin d'ajouter que, dans les quantités (30), $\sqrt{Y}$ et $\sqrt{Y'}$ doivent être pris avec les signes qui sont supposés aux deux extrémités de l'intégrale (29).

Il y a diverses observations à faire à propos des valeurs particulières qu'on peut supposer pour les arguments. On a déjà vu que l'hypothèse $a = 0$ correspond à $\xi = \infty$; les numérateurs β des fractions continues sont alors des constantes. On ne peut supposer que $2a+v$ soit une période; les fractions continues disparaîtraient par cette hypothèse. Cette impossibilité apparaît nettement dans le problème algébrique : on ne peut, dans les approximations, remplacer la fonction (30) par des fonctions rationnelles quand ξ est une racine de X.

L'hypothèse $v = 0$ réduit X au troisième degré; elle est incompatible avec l'hypothèse $a = 0$, pour la même raison. Quand X est du troisième degré, on peut supposer x_0 infinie.

Le cas de périodicité peut être caractérisé par la condition

$$(31) \qquad 2r\int_{x_0}^{\xi}\frac{dx}{\sqrt{X}} = \text{une période};$$

si r est un nombre entier, à ce choix de ξ correspond, quel que soit y, une fraction continue périodique, où la période se compose de r termes.

Il y a maintenant à signaler d'autres cas qui offrent des particularités à l'égard de la quantité y. Nous allons les examiner.

Cas de la symétrie.

Voyons d'abord à quel choix de y correspond la symétrie *paire*, caractérisée par la relation (17), où n est un nombre pair, qu'on peut prendre égal à -2. Ayant alors

$$(32) \qquad 2w + v = -2(2a + v),$$

on en conclut, d'après (25),

$$2c_0 + v = -4a - 2w - 3v = 0.$$

Cette égalité montre que y_0 coïncide avec une racine x_0 de X, en sorte que Y_0 est alors nul. Mettons le développement (28) sous la forme

$$\frac{\sqrt{X}}{x - x_0} - \rho_0 + K_0\alpha_0 = K_0(\alpha_0 + \beta_1 : \alpha_1 + \beta_2 : \alpha_2 + \ldots).$$

Prenons aussi le développement (12), qui nous donne, avec $\mu = 1$,

$$\frac{\sqrt{X}}{x - x_0} + \rho_0 = K_0(\alpha_0 + \beta_0 : \alpha_{-1} + \beta_{-1} : \alpha_{-2} + \ldots).$$

Les deux fractions continues coïncident ici, comme il résulte de la relation de symétrie (19). Ainsi x_0 *étant une racine de* X, *le développement* (où K_0 est une constante)

$$(33) \qquad \frac{\sqrt{X}}{K_0(x - x_0)} = \tfrac{1}{2}\alpha_0 + \beta_1 : \alpha_1 + \beta_2 : \alpha_2 + \ldots$$

s'obtient en supposant w *choisi conformément à l'égalité* (32).

En second lieu, comme conséquence de la relation (29), nous voyons que, *si l'on choisit* y *par la condition*

$$\int_{x_0}^{y}\frac{dx}{\sqrt{X}}+2\mu\int_{x_0}^{\xi}\frac{dx}{\sqrt{X}}=0,$$

en supposant μ *entier et positif, la fraction continue* (28) *commence par une partie symétrique et l'on a,* suivant l'égalité (20),

$$(33\,a)\quad\left\{\begin{aligned}\frac{\sqrt{X}-\sqrt{Y}}{x-y}&=\alpha+\beta:\alpha_{\mu-1}+\beta_{\mu-1}:\alpha_{\mu-2}+\ldots\\&+\beta_2:\alpha_1+\beta_1:\alpha_0+\beta_1:\alpha_1+\ldots\\&+\beta_{\mu-1}:\alpha_{\mu-1}+\beta_\mu:\alpha_\mu+\ldots.\end{aligned}\right.$$

La symétrie *impaire*, caractérisée par l'égalité (22 a), doit être considérée comme définie par la condition que $a+v+w$ soit une demi-période; l'autre cas, où cette quantité est une période, devant être envisagé séparément. Ayant, suivant la relation (15),

$$\frac{V_0}{V_{-1}}=-t^2\frac{V'_{-1}}{V'_0},$$

on en conclut, C désignant une constante,

$$\left(\frac{\sqrt{X}-\sqrt{Y_0}}{x-y_0}-\rho_0\right)\left(\frac{\sqrt{X}+\sqrt{Y_0}}{x-y_0}+\rho_0\right)=K_0^2t^2=C^2(x-\xi)^2.$$

Désignons par f ce trinôme du second degré,

$$f=\sqrt{Y_0}+\rho_0(x-y_0).$$

C'est donc en mettant X sous la forme

$$X=f^2+C^2(x-\xi)^2(x-y_0)^2$$

qu'on trouve la quantité y_0. D'autre part, d'après (25), c_0+a+v est une demi-période; on en conclut cette autre forme pour la détermination de y_0

$$(34)\qquad\int_{x_0}^{y_0}\frac{dx}{\sqrt{X}}+\int_{x'_0}^{\xi}\frac{dx}{\sqrt{X}}=0;$$

x_0 et x'_0 désignent deux racines de X, *différentes* entre elles.

Ce choix de y_0 n'apporte d'ailleurs aucun caractère qu'il faille noter dans la fraction continue. Mais, en prenant y avec un indice négatif, nous trouverons une fraction commençant par une partie symétrique, comme l'indique cet énoncé : *si l'on choisit y par la condition*

$$\int_{x_0}^{y} \frac{dx}{\sqrt{X}} = 2\mu \int_{x_0'}^{\xi} \frac{dx}{\sqrt{X}},$$

où μ est entier et positif, on a cette forme de fraction continue (22)

$$(34a)\quad \left\{ \begin{aligned} \frac{\sqrt{X}-\sqrt{Y}}{x-y} &= \alpha + \beta : \alpha_\mu + \beta_\mu : \alpha_{\mu-1} + \ldots \\ &\quad + \beta_2 : \alpha_1 + \frac{\beta_1^2}{t^2} : \alpha_1 + \beta_2 : \alpha_2 + \ldots \\ &\quad + \beta_\mu : \alpha_\mu + \beta_{\mu+1} : \alpha_{\mu+1} + \ldots . \end{aligned} \right.$$

Dans cet énoncé, le signe de $\sqrt{Y}$ est fixé par le dernier élément de l'intégrale prise au premier membre; de même, $\sqrt{X}$, envisagé ici pour x infiniment voisin de ξ, a un signe déterminé, celui du dernier élément de l'intégrale qui figure au second membre.

A peine est-il besoin d'ajouter que la *symétrie* n'exclut pas la *périodicité;* ces deux caractères peuvent se rencontrer à la fois dans les fractions que nous venons d'envisager.

Développement de $\sqrt{X} - \sqrt{a_0}x^2$.

Supposons que l'argument c_m soit égal à zéro ou à $-v$, ce qui rend y_m infini. Au lieu de l'égalité (26), on a celle-ci :

$$\gamma - \delta\sqrt{a_0}x^2 = 0;$$

il en résulte, à la place de l'égalité (27), cette autre

$$\frac{K_m V_m}{V_{m-1}} = \rho_m - (\sqrt{X} - \sqrt{a_0}x^2).$$

Ainsi $\sqrt{X} - \sqrt{a_0}x^2$ est la forme analytique qui remplace la forme générale (30) quand on suppose y infini. Dès lors, nous savons interpréter les résultats précédents avec l'hypothèse $y = \infty$ et nous avons seulement à signaler le choix que l'on peut faire de l'argument ϖ pour obtenir la fraction continue correspondante. Il suffira de prendre $\varpi = 0$; on a, de la sorte, $c_1 = -v$. Mais ce développement offre un intérêt spécial quand X est du troisième degré. Le coefficient a_0 est alors nul; il s'agit donc d'un développement régulier de $\sqrt{X}$ en une fraction continue, conforme à la définition générale qu'on a vue précédemment. Nous allons nous y arrêter.

Premier développement de $\sqrt{X}$, X étant du troisième degré.

Au lieu de prendre $\varpi = 0$, il sera mieux de choisir $\varpi = -2a$, ce qui revient au même, comme on le sait par la règle (13) d'addition d'une constante à l'indice. C'est alors c_0 qui est nul, v étant nul lui-même.

On trouve ici la symétrie *paire* (32). En appliquant donc la formule (33), nous avons

$$\frac{\sqrt{X}}{K_0} = \tfrac{1}{2}\alpha_0 + \beta_1 : \alpha_1 + \beta_2 : \alpha_2 + \dots \tag{35}$$

Ce développement est périodique quand $2ra$ est égal à une période. Mais il faut ici faire une distinction : si le produit de a par un nombre *impair* est égal à une période, l'égalité (6) a lieu; on se trouve dans le cas exceptionnel qui comporte un changement de forme pour la fraction continue, et que nous examinerons page 599. Nous devons, pour le moment, exclure cette hypothèse et supposer ra égal à une *demi-période effective*. Quand il en est ainsi, la période de la fraction continue est symétrique. Suivant la parité de r, on trouve l'une ou l'autre de ces deux formes, à symétrie double :

$$(35\,a)\quad \left\{\begin{array}{ll} \dfrac{\sqrt{X}}{K_0} = \tfrac{1}{2}\alpha_0 + \beta_1 : \alpha_1 + \dots + \beta_{k-1} : \alpha_{k-1} + t^2 : \alpha_k & \\ \qquad + t^2 : \alpha_{k-1} + \dots + \beta_1 : \alpha_0 + \beta_1 : \alpha_1 + \dots & \Big\}\ k = \tfrac{1}{2} r; \\ \dfrac{\sqrt{X}}{K_0} = \tfrac{1}{2}\alpha_0 + \beta_1 : \alpha_1 + \dots + \beta_{k-1} : \alpha_{k-1} + \beta_k : \alpha_k & \\ \qquad + t^2 : \alpha_k + \dots + \beta_1 : \alpha_0 + \beta_1 : \alpha_1 + \dots & \Big\}\ k = \tfrac{1}{2}(r-1). \end{array}\right.$$

Développement de $\sqrt{X}$, X étant du quatrième degré.

Supposons maintenant $a + v + w = 0$, ce qui caractérise le *cas exceptionnel.* L'égalité (25) donne $c_1 = a$; donc $y_1 = \xi$ et, suivant (28),

$$\sqrt{X} = A + B : \alpha_2 + \beta_3 : \alpha_3 + \ldots.$$
$$A = \sqrt{Y} + \rho_1(x - \xi), \qquad B = K_1(x - \xi)\beta_2.$$

A est un polynôme du second degré; mais il est composé précisément de l'ensemble des trois premiers termes du développement de $\sqrt{X}$ suivant les puissances ascendantes de $x - \xi$, comme son origine le prouve et comme le montre aussi la composition du numérateur suivant, B, qui contient le facteur $(x - \xi)^3$. Nous avons donc ici un développement régulier de $\sqrt{X}$, où chaque réduite doit avoir un numérateur de degré supérieur, de *deux* unités, au degré du dénominateur et fournir la plus grande approximation possible. Dans les développements précédents, la différence des degrés était seulement d'*une* unité.

Pour connaître la liaison entre A et les quantités α, considérons l'égalité

$$(36) \qquad \frac{K_1 V'_1}{V'_0} = \rho_1 + \frac{\sqrt{X} + \sqrt{Y}}{x - \xi}$$

et, nous souvenant que l'on a, dans ce cas exceptionnel,

$$V'_0 = \alpha_0 V'_{-1} = \mu_0(x - \xi)V'_{-1},$$

concluons d'abord

$$\frac{K_1 V'_1}{\mu_0 V'_{-1}} = \sqrt{X} + \sqrt{Y} + \rho_1(x - \xi).$$

Prenant maintenant la fraction continue (23), en la faisant commencer au terme α', nous en déduisons

$$\sqrt{X} + \sqrt{Y} + \rho_1(x - \xi) = \frac{K_1}{\mu_0}(\alpha' + t\beta_2 : \alpha_2 + \beta_3 : \alpha_3 + \ldots).$$

Par comparaison avec le développement précédent, mettant C,

au lieu de $\frac{\mu_0}{K_1}$, nous conclurons.

$$C\sqrt{X} = \tfrac{1}{2}\alpha' + t\beta_2 : \alpha_2 + \beta_3 : \alpha_3 + \ldots. \tag{37}$$

Quand $r(2a + v)$ est une période, la fraction continue est périodique; sa forme nous est déjà connue par les développements (24), dans lesquels il faut mettre, au premier terme seulement, $\frac{1}{2}\alpha'$ au lieu de α'.

Le cas $r = 2$ offre une exception, mais le développement ($24b$) donne immédiatement, pour ce cas,

$$r = 2, \qquad \sqrt{X} = \tfrac{1}{2}\alpha + \beta : \alpha + \beta : \alpha + \ldots,$$

et l'on voit qu'on l'obtient en mettant X sous la forme

$$4X = \alpha^2 + 4c(x - \xi)^4, \qquad \beta = c(x - \xi)^4, \tag{38}$$

où α désigne un polynôme du second degré.

Pour le cas $r = 3$, nous avons, d'après ($24a$) et (37),

$$C\sqrt{X} = \tfrac{1}{2}\alpha' + t\beta_2 : \alpha_2 + t\beta_2 : (\tfrac{1}{2}\alpha' + C\sqrt{X}),$$

ce qui donne cette expression de $\sqrt{X}$,

$$2C\sqrt{X} = \sqrt{\alpha'^2 + 4t\beta_2 \frac{\alpha'}{\alpha_2}},$$

montrant que α' est divisible par α_2. Désignons par p, q deux binômes du premier degré, dont l'un sera α_2 et dont le produit sera pq. On voit que l'on résout l'équation (31), avec $r = 3$, par rapport à l'inconnue ξ, en mettant X sous la forme

$$X = p^2q^2 + p(x - \xi)^3. \tag{39}$$

Semblablement, c'est en mettant X sous la forme (38) qu'on trouve l'inconnue ξ de la même équation (31) pour $r = 2$.

Cette théorie des fractions continues fournit ainsi un moyen de trouver les formules de la multiplication de l'argument. Mais il n'y a pas lieu de s'y arrêter.

Pour le cas $r = 3$, à la forme (39) de X répond la fraction suivante :

$$\sqrt{X} = pq + (x - \xi)^3 : 2q + (x - \xi)^3 : 2pq + (x - \xi)^3 : 2q + \ldots. \tag{40}$$

La supposition $\xi = \infty$ donne

$$X = p^2 q^2 + p,$$
$$\sqrt{X} = pq + 1 : 2q + 1 : 2pq + 1 : 2q + \ldots.$$

Elle répond à la supposition que $3v$ soit une période. On peut vérifier la forme de X comme il suit. On a [t. I, p. 118, éq. (49)]

$$\frac{1}{a_0} X = (z^2 - 3\,p\,v)^2 + 2(2z\,p'v - p''v).$$

Dans le second membre, les deux termes ont une racine commune, d'après la condition

$$\psi_3(v) = 3\,p\,v\,p'^2 v - \tfrac{1}{4}\,p''^2 v = 0,$$

en sorte que X a effectivement la forme $p^2 q^2 + p$.

Revenons au développement (37) pour le cas où $r(2a + v)$ est une période, r étant impair. D'après la supposition $a + v + w = 0$, l'égalité (25) donne

$$2c_m + v = (2m - 1)(2a + v),$$

ce qui sera une période si l'on prend $m = \frac{1}{2}(r + 1)$. La quantité y_m correspondante est donc une racine de X. Ainsi, dans le cas de périodicité avec un nombre pair $(r - 1)$ de termes à la période, la fraction (37), commencée différemment, fournit l'un des développements (33).

Second développement de $\sqrt{X}$, X étant du troisième degré.

Les résultats du paragraphe précédent s'appliquent au cas où X est du troisième degré. C'est donc un second mode de développement pour la racine carrée d'un tel polynôme.

Dans le cas de périodicité, avec r impair, la remarque faite en dernier lieu s'applique ici. Mais l'une des racines de X étant infinie, il convient de distinguer le cas où y_m est cette racine même. Il se présente effectivement si ra est une période. Soit $k = \frac{1}{2}(r + 1)$. La fraction (37) a la forme périodique (24)

$$(41)\quad \left\{ \begin{array}{l} C\sqrt{X} = \frac{1}{2}\alpha' + t\beta_2 : \alpha_2 + \ldots + \beta_{k-1} : \alpha_{k-1} \\ \qquad + t^2 : \alpha_k + t^2 : \alpha_{k-1} + \ldots + t\beta_2 : \alpha' + \ldots. \end{array} \right.$$

L'égalité (25), où v est nul et $w = -a$, donne $c_k = ra \equiv 0$; donc

$$(42) \qquad \frac{1}{K_k}(\rho_k - \sqrt{X}) = \frac{V_k}{V_{k-1}} = -t^2 \frac{V'_{r-k-1}}{V'_{r-k}} = -t^2 \frac{V'_{k-2}}{V'_{k-1}}.$$

De là, suivant le développement (12), on conclut

$$(43) \quad \sqrt{X} = \rho_k + K_k t^2 : \alpha_{k-1} + \beta_{k-1} : \alpha_{k-2} + \ldots + t\beta_2 : \alpha' + t\beta_2 : \alpha_2 + \ldots.$$

Aux deux premiers termes près, c'est la fraction continue précédente, commencée au milieu de la période; c'est, en même temps, comme l'indique sa forme, la fraction que fournirait le premier mode de développement.

Dans le cas $r = 3$, les deux fractions continues coïncident complètement. Cette singularité n'est pas en désaccord avec les deux formules (41, 43), que l'hypothèse $k = 2$ met en défaut, comme on le savait déjà pour la première.

D'après les égalités (36, 42), nous avons ici

$$\frac{1}{K_2}(\rho_2 - \sqrt{X}) = -\frac{K_1 t^2}{\rho_1 + \dfrac{\sqrt{X} + \sqrt{Y}}{x - \xi}},$$

ce qu'on peut écrire sous la forme

$$\rho_1 + \frac{\sqrt{X} + \sqrt{Y}}{x - \xi} = \frac{c(x - \xi)^3(\sqrt{X} + \rho_2)}{X - \rho_2^2},$$

pour en conclure

$$X = \rho_2^2 + c(x - \xi)^3,$$

c étant une constante et ρ_2 un polynôme du premier degré. Nous avons, tout à l'heure, trouvé la forme (39) pour l'hypothèse $6a \equiv 0$; on voit maintenant que, pour obtenir le cas particulier $3a \equiv 0$, il faut supposer p réduit à une constante et prendre

$$(43\,a) \qquad X = q^2 + (x - \xi)^3.$$

On a ainsi l'unique fraction continue

$$\sqrt{X} = q + (x - \xi)^3 : 2q + (x - \xi)^3 : 2q + \ldots.$$

Retour aux polygones de Poncelet.

Le polygone X étant supposé du troisième degré, envisageons d'abord le premier développement (35). Soient G_n et H_n les deux termes de la $n^{\text{ième}}$ réduite. En développant suivant les puissances ascendantes de $x - \xi$, on a

$$G_n - H_n\sqrt{X} = \lambda(x-\xi)^{2n} + \ldots;$$

G_n est du degré n, H_n du degré $n-1$. Mais, si $(2k-1)a$ est une période, la fraction prend la forme (43); le numérateur $t\beta_2$, qui apparaît au rang $k-1$, montre que la réduite de ce rang fournit une approximation exceptionnelle et que l'on doit avoir

$$(44) \qquad G_{k-1} - H_{k-1}\sqrt{X} = \mu(x-\xi)^{2k-1} + \ldots, \qquad (2k-1)a \equiv 0,$$

G_{k-1} et H_{k-1} étant de degré $k-1$ et $k-2$.

Le second développement (37) donne, de même,

$$G_n - H_n\sqrt{X} = \lambda(x-\xi)^{2n+1} + \ldots,$$

G_n étant du degré $n+1$ et H_n du degré $n-1$. Mais, si $2ra$ est une période, la fraction prend la forme périodique et la réduite de rang $r-1$ fournit une approximation exceptionnelle, en sorte que l'on a

$$(45) \qquad G_{r-1} - H_{r-1}\sqrt{X} = \mu(x-\xi)^{2r} + \ldots, \qquad 2ra \equiv 0,$$

G_{r-1} et H_{r-1} étant de degré r et $r-2$.

Ces deux conditions (44, 45) sont précisément celles que, au Chapitre X (p. 389), nous avons, d'après M. Cayley, données déjà pour l'existence des polygones de Poncelet ayant, soit $2r$, soit $2k-1$ côtés. Dans l'analyse que nous rappelons, les notations étaient s et $F(s)$, au lieu de $x - \xi$ et X.

Calcul des quotients incomplets.

Nous possédons une expression analytique générale des quotients complets; c'est, pour la fraction (12), $V'_m : V'_{m-1}$. C'est donc un calcul bien facile que celui des quotients incomplets α_m et des numérateurs β_m. Pour obtenir α_m, la méthode naturelle est de développer $V_m : V_{m-1}$ suivant les puissances ascendantes de $u + a + v$ et de prendre les deux premiers termes.

Pour abréger l'écriture, posons

$$2a + v = b$$

et observons que le second facteur du numérateur (1) de V_m, quand on y suppose $u = -a - v$, devient

$$\sigma(mb - a - v - w) = \sigma[(m-1)b + a - w].$$

Voici les deux premiers termes du développement :

$$\frac{V_m}{V_{m-1}} = \frac{C_m \sigma^2(2a+v)\,\sigma[(m-1)b + a - w]}{C_{m-1}\sigma a\,\sigma(a+v)\,\sigma[(m-2)b + a - w]}\,[1 + R_m(u+a+v) + \ldots],$$

$$\begin{aligned} R_m = &+ \zeta[(m-1)b + a - w] \\ &- \zeta[(m-2)b + a - w] - 2\zeta(2a+v) + \zeta(a+v) + \zeta a. \end{aligned}$$

En réunissant un terme $-\zeta(2a+v) = -\zeta b$ avec les deux premiers et un autre avec les deux derniers, on peut écrire R sous l'une ou l'autre forme

$$\begin{aligned} R_m &= \frac{1}{2}\,\frac{p'b - p'[(m-2)b + a - w]}{pb - p[(m-2)b + a - w]} - \frac{1}{2}\,\frac{p'a - p'(a+v)}{pa - p(a+v)} \\ &= \frac{1}{2}\,\frac{p'b - p'[(m-1)b + a - w]}{pb - p[(m-1)b + a - w]} - \frac{1}{2}\,\frac{p'a - p'(a+v)}{pa - p(a+v)}. \end{aligned}$$

Soit posé

$$D_m = C_m\,\sigma[(m-1)b + a - w]\left[\frac{\sigma b\,\sigma a\,\sigma(a+v)}{\sigma v}\right]^m;$$

en se souvenant de la relation

$$pa - p(a+v) = \frac{\sigma v\,\sigma(2a+v)}{\sigma^2 a\,\sigma^2(a+v)},$$

on peut écrire l'expression de $V_m : V_{m-1}$ sous la forme suivante :

$$\frac{V_m}{V_{m-1}} = \frac{D_m}{D_{m-1}}\,[pa - p(a+v)]\,[1 + R_m(u+a+v) + \ldots].$$

Les deux premiers termes de ce développement doivent coïncider avec les analogues dans α_m, savoir (2) :

$$\alpha_m = \lambda_m + \mu_m(z - z_a) = \lambda_m + \mu_m[p(a+v) - pa](u+a+v)\ldots.$$

De là se conclut

$$(46) \qquad \alpha_m = \frac{D_m}{D_{m-1}}[pa - p(a+v) - R_m(z - z_a)].$$

Pour obtenir β_m, considérons l'égalité (3) et rappelons-nous qu'elle a été établie par cette condition que $\alpha_m V_{m-1} + \beta_m V_{m-2}$ doit avoir la racine $u = a$, multiple d'ordre supérieur à $2m - 3$. Nous en concluons donc

$$\nu_m[pa - p(a+v)]^2 = -\lambda_m \frac{C_{m-1}\sigma[(m-1)b + a - w]}{C_{m-2}\sigma[(m-2)b + a - w]\sigma a \sigma(a+v)};$$

puis, en y remplaçant λ_m par l'expression qu'on vient de trouver, introduisant D_{m-1} et D_{m-2}, au lieu de C_{m-1} et C_{m-2},

$$\begin{aligned} &-\nu_m[pa - p(a+v)] \\ &= \frac{D_m \sigma v \sigma b}{D_{m-2}\sigma^2 a \sigma^2(a+v)} \frac{\sigma[(m-1)b + a - w]\sigma[(m-3)b + a - w]}{\sigma^2 b \sigma^2[(m-2)b + a - w]}. \end{aligned}$$

Les deux facteurs du second membre sont transformables en différences de fonctions p. Cette transformation faite, il reste

$$(47) \qquad \nu_m = \frac{D_m}{D_{m-2}}\{p[(m-2)b + a - w] - pb\}.$$

Nous avons mis en évidence des facteurs D_m, D_{m-1}, D_{m-2}; ces facteurs doivent finalement disparaître. Posons, en effet,

$$\alpha_m = \frac{D_m}{D_{m-1}}\mathfrak{a}_m, \qquad \beta_m = \frac{D_m}{D_{m-2}}\mathfrak{b}_m, \qquad V_m = D_m U_m;$$

l'équation récurrente (3) devient

$$U_m = \mathfrak{a}_m U_{m-1} + \mathfrak{b}_m U_{m-2}.$$

On voit donc qu'en mettant, dans les fractions continues, $\mathfrak{a}_m$ et $\mathfrak{b}_m$, au lieu de α_m et β_m, on multipliera ainsi ces fractions par des facteurs indépendants de la variable x. Ce sont donc ces quantités qu'il convient d'envisager et, d'après le calcul précédent, voici leurs expressions :

$$(48)\qquad \begin{cases} \mathfrak{a}_m = pa - p(a+v) - R_m(x-\xi), \\ \mathfrak{b}_m = \{p[(m-2)b + a - w] - pb\}(x-\xi)^2. \end{cases}$$

On remarquera que, ayant posé

$$\sqrt{X} = \sqrt{a_0}\,[pu - p(u+v)],$$

si l'on désigne par Ξ la valeur de X où l'on fait $x = \xi$, on peut écrire $\mathfrak{a}_m$ sous la forme

$$(49)\qquad \mathfrak{a}_m = \sqrt{\frac{\Xi}{a_0}} - R_m(x-\xi).$$

D'une manière générale, la fraction continue (28) devient, avec ces notations,

$$(50)\qquad \frac{\sqrt{X} - \sqrt{Y_m}}{x - y_m} = \mathfrak{a} + \mathfrak{b} : \mathfrak{a}_{m+1} + \mathfrak{b}_{m+1} : \mathfrak{a}_{m+2} + \mathfrak{b}_{m+2} : \ldots.$$

Considérons la fraction (33). On y détermine immédiatement le coefficient constant qui reste au premier membre; il suffit, à cet effet, de considérer l'expression (49) de $\mathfrak{a}_0$. D'autre part, la valeur particulière de w, qui convient à ce cas, est donnée par l'égalité (32); il en résulte que, dans les expressions de R_m et $\mathfrak{b}_m$, on a

$$(m-2)b + a - w = (m - \tfrac{1}{2})b.$$

Avec les coefficients $\mathfrak{a}_m$ et $\mathfrak{b}_m$ ainsi particularisés, on a

$$(51)\qquad \frac{\xi - x_0}{2(x-x_0)}\sqrt{\frac{X}{a_0}} = \tfrac{1}{2}\mathfrak{a}_0 + \mathfrak{b}_1 : \mathfrak{a}_1 + \mathfrak{b}_2 : \mathfrak{a}_2 + \ldots.$$

En outre, d'après l'expression de $\mathfrak{b}_m$ et par la double forme de R_m, on a

$$\mathfrak{a}_m = \mathfrak{a}_{-m}, \qquad \mathfrak{b}_m = \mathfrak{b}_{1-m};$$

il en résulte que la symétrie du développement $(33a)$ n'est nullement altérée :

$$\frac{\sqrt{X} - \sqrt{Y}}{x - y} = \mathfrak{a} + \mathfrak{b} : \mathfrak{a}_{\mu-1} + \mathfrak{b}_{\mu-1} + \mathfrak{a}_{\mu-2} + \ldots + \mathfrak{b}_1 : \mathfrak{a}_0 + \mathfrak{b}_1 : \mathfrak{a}_1 + \ldots.$$

Dans le cas où y est défini par la condition (34), on a, pour $a+v+w$, une demi-période $\bar{\omega}$ et, par conséquent,

$$(m-2)b+a-w=(m-1)b-\bar{\omega},$$
$$\mathfrak{a}_m=\mathfrak{a}_{1-m}, \qquad \mathfrak{b}_m=\mathfrak{b}_{2-m}.$$

La symétrie impaire du développement (34 a) apparaît sous la forme

$$\frac{\sqrt{X}-\sqrt{Y}}{x-y}=\mathfrak{a}+\mathfrak{b}:\mathfrak{a}_\mu+\mathfrak{b}_\mu:\mathfrak{a}_{\mu-1}+\ldots+\mathfrak{b}_2:\mathfrak{a}_1+\mathfrak{b}_1:\mathfrak{a}_1+\mathfrak{b}_2:\mathfrak{a}_2+\ldots.$$

Si l'on veut supposer ξ infini, on posera

$$\mathfrak{a}_m=(\xi-x)\mathfrak{a}'_m, \qquad \mathfrak{b}_m=(\xi-x)^2\mathfrak{b}'_m.$$

Les valeurs limites, pour $\xi=\infty$, sont les suivantes :

$$\mathfrak{a}'_m=-z\,\mathrm{p}v+\frac{1}{2}\,\frac{\mathrm{p}'v-\mathrm{p}'[(m-2)v-w]}{\mathrm{p}v-\mathrm{p}[(m-2)v-w]}, \qquad z=x+\frac{a_1}{a_0},$$
$$\mathfrak{b}'_m=\mathrm{p}[(m-2)v-w]-\mathrm{p}v.$$

Ces coefficients remplacent $\mathfrak{a}_m$ et $\mathfrak{b}_m$ dans le développement général (50). La formule (51) se change ainsi en la suivante :

$$\frac{1}{2(x-x_0)}\sqrt{\frac{X}{a_0}}=\tfrac{1}{2}\mathfrak{a}'_0+\mathfrak{b}'_1:\mathfrak{a}'_1+\ldots.$$

Si le polynôme X doit se réduire au troisième degré, il faut prendre v infiniment petit; on posera, pour ce cas,

$$\mathfrak{a}_m=-v\,\mathfrak{a}''_m, \qquad \mathfrak{b}_m=v^2\mathfrak{b}''_m,$$

avec ces valeurs limites

$$(52)\quad \mathfrak{a}''_m=\mathrm{p}'a+\mathrm{R}_m(x-\xi), \qquad \mathfrak{b}''_m=\{\mathrm{p}[(2m-3)a-w]-\mathrm{p}2a\}(x-\xi)^2,$$
$$\mathrm{R}_m=\frac{1}{2}\,\frac{\mathrm{p}'2a-\mathrm{p}'[(2m-3)a-w]}{\mathrm{p}2a-\mathrm{p}[(2m-3)a-w)}-\frac{1}{2}\,\frac{\mathrm{p}''a}{\mathrm{p}'a}, \qquad x-\xi=\mathrm{p}a-\mathrm{p}u.$$

Si, dans le polynôme X, on a réduit le coefficient de x^3 à l'unité négative, la fraction (51) acquiert cette forme

$$\frac{\xi-x_0}{x-x_0}\sqrt{X}=\tfrac{1}{2}\mathfrak{a}''_0+\mathfrak{b}''_1:\mathfrak{a}''_1+\ldots \qquad (w=-2a+\bar{\omega}).$$

Il faut ici prendre, conformément à l'égalité (32), $2w \equiv -4a$, mais en observant qu'on en doit conclure $w = -2a + \bar{\omega}$, non pas $w = -2a$, sans quoi l'argument c_0 ne serait pas égal à une demi-période. En le rendant égal à une période, on obtient le développement (35), qui prend ainsi la forme

$$\sqrt{X} = \tfrac{1}{2}a''_0 + b''_1 : a''_1 + \ldots \qquad (w = -2a). \tag{53}$$

Nous avons enfin à envisager le cas $a + v + w = 0$, qui donne lieu au développement (37). Soit ε un infiniment petit, que nous mettrons d'abord à la place de $a + v + w$, en sorte qu'on ait

$$(m-1)b + a - w = mb - \varepsilon,$$

ce qui rend D_0 infiniment petit, R_0 et R_1 infiniment grands. Soit posé

$$\frac{p'a - p'(a+v)}{pa - p(a+v)} = 2f;$$

en employant successivement les deux formes de R_m, on obtient

$$R_1 + f = \frac{1}{2}\,\frac{p'b + p'\varepsilon}{pb - p\varepsilon}, \qquad R_0 + f = \frac{1}{2}\,\frac{p'b - p'\varepsilon}{pb - p\varepsilon},$$

et l'on en conclut

$$\lim(R_0 + R_1 + 2f) = \lim \frac{p'b}{pb - p\varepsilon} = 0,$$

$$(R_0 + f)(R_1 + f) = \frac{1}{4}\,\frac{p'^2 b - p'^2 \varepsilon}{(pb - p\varepsilon)^2} = -\,\frac{p^2\varepsilon + pb\,p\varepsilon + p^2 b - \frac{1}{4}g_2}{p\varepsilon - pb}.$$

D'autre part, l'égalité (47) donne

$$\frac{D_{-1}}{D_1}\nu_1 = p\varepsilon - pb,$$

et de ces deux dernières résulte

$$(R_0 + f)(R_1 + f) + \frac{D_{-1}}{D_1}\nu_1 = -\,\frac{3pb\,p\varepsilon - \frac{1}{4}g_2}{p\varepsilon - pb},$$

$$\lim\left(R_0 R_1 + \frac{D_{-1}}{D_1}\nu_1\right) = -3pb + f^2.$$

L'égalité (46) conduit à

$$\alpha_0\alpha_1 = \frac{D_1}{D_{-1}}[pa - p(a+v) - R_0(x-\xi)][pa - p(a+v) - R_1(x-\xi)].$$

Ayant d'ailleurs

$$\beta_1 = \nu_1(x-\xi)^2,$$

nous obtenons α', suivant la relation (9), de cette manière

$$\alpha' = \lim(\alpha_0\alpha_1 + \beta_1) = \frac{D_1}{D_{-1}}\Big\{[pa - p(a+v)]^2 + 2f[pa - p(a+v)](x-\xi) + (f^2 - 3pb)(x-\xi)^2\Big\}.$$

On a aussi

$$t\beta_2 = \alpha_0\beta_2 = \frac{D_2}{D_{-1}}[pa - p(a+v) - R_0(x-\xi)][p(b-\varepsilon) - pb](x-\xi)^2$$
$$= -\frac{D_2}{D_{-1}}(x-\xi)^3 p'b.$$

En posant

$$(54)\quad \begin{cases} \mathfrak{a} = [pa - p(a+v)]^2 \\ \qquad + [p'a - p'(a+v)](x-\xi) + (f^2 - 3pb)(x-\xi)^2, \\ \mathfrak{b} = -(x-\xi)^3 p'b, \end{cases}$$

on obtient le développement (37) sous la forme explicite

$$(55)\qquad \frac{1}{2a_0}\sqrt{\Xi X} = \tfrac{1}{2}\mathfrak{a} + \mathfrak{b} : \mathfrak{a}_2 + \mathfrak{b}_3 : \mathfrak{a}_3 + \ldots,$$

où l'on devra se souvenir de remplacer, dans les expressions des coefficients, $(m-1)b + a - \omega$ par mb.

Un calcul facile, et que l'on pourra faire, à titre de vérification, donnerait directement les premiers termes du développement du premier membre (55) suivant les puissances ascendantes de $x-\xi$. Ces premiers termes doivent fournir $\frac{1}{2}\mathfrak{a}$. Pour effectuer ce développement, on mettra le premier membre sous la forme

$$\tfrac{1}{2}[pa - p(a+v)][pu - p(u+v)],$$

et l'on développera suivant les puissances ascendantes de $u - a$.

Formules explicites pour le développement de $\sqrt{X}$.

Nous avons trouvé, sous une forme remarquablement simple, les expressions elliptiques des quotients incomplets. Pour revenir, de là, à des expressions algébriques, il faut employer la théorie de la multiplication de l'argument, qui exige, jusqu'à présent, le calcul de *proche en proche*. Mais, pour que le problème algébrique soit entièrement résolu, il faut que les éléments de ce calcul soient dégagés de toute formule elliptique, comme nous l'avons fait, par exemple, à propos des polygones de Poncelet. C'est ce que nous allons encore faire ici, nous bornant toutefois au développement de $\sqrt{X}$.

En posant

$$(56)\qquad \left\{\begin{array}{ll} x-\xi=s, & \mathrm{p}a-\mathrm{p}(a+v)=\mathrm{P}, \\ \mathfrak{a}_m=\mathrm{P}(1-\varphi_m s), & \mathfrak{b}_m=\mathrm{P}^2\theta_m s^2, \\ \mathfrak{a}=\mathrm{P}^2(1+q_1 s+q_2 s^2), & 2\mathfrak{b}=\mathrm{P}^3 q_3 s^3, \end{array}\right.$$

nous mettons la fraction continue (55) sous la forme

$$(57)\qquad \sqrt{\frac{X}{\Xi}}=(1+q_1 s+q_2 s^2)+q_3 s^3:(1-\varphi_2 s)+\theta_3 s^2:(1-\varphi_3 s)+\ldots.$$

Demandons les six premiers coefficients au calcul direct :

$$\sqrt{\frac{X}{\Xi}}=1+q_1 s+q_2 s^2+q_3 s^3+q_4 s^4+q_5 s^5+q_6 s^6+\ldots,$$

$$(58)\qquad \varphi_2=\frac{q_4}{q_3},\qquad \theta_3=\frac{q_4^2-q_3 q_5}{q_3^2},\qquad \varphi_3=\frac{q_4 q_5-q_3 q_6}{q_4^2-q_3 q_5}-\frac{q_4}{q_3}.$$

Quant aux coefficients q, on les trouve par l'extraction d'une racine carrée :

$$\frac{X}{\Xi}=1+4p_1 s+6p_2 s^2+4p_3 s^3+p_4 s,$$

$$(59)\qquad \left\{\begin{array}{ll} q_1=2p_1, & q_2=3p_2-2p_1^2, \\ q_3=2p_3-6p_1p_2+4p_1^3, & q_4=\frac{1}{2}p_4-q_1q_3-\frac{1}{2}q_2^2, \\ q_5=-q_1q_4-q_2q_3, & q_6=-\frac{1}{2}q_3^2-q_1q_5-q_2q_4. \end{array}\right.$$

Revenons maintenant aux expressions elliptiques des coefficients. Suivant la valeur actuelle de w, on a

$$R_m + f = \frac{1}{2}\,\frac{p'b - p'(m-1)b}{pb - p(m-1)b},$$

ce qui peut s'écrire aussi [t. I, p. 118, éq. (47)] sous la forme

$$(60)\qquad R_m + f - \frac{p''b}{2p'b} = -\frac{1}{p'b}[p(m-1)b - pb](pmb - pb).$$

En introduisant la fonction γ_m (t. I, p. 102), on conclut

$$R_m + f - \frac{p''b}{2pb} = -\frac{1}{p'b}\,\frac{\psi_m\psi_{m-2}}{\psi_{m-1}^2}\,\frac{\psi_{m+1}\psi_{m-1}}{\psi_m^2} = \frac{\gamma_{m-2}\gamma_{m+1}}{\gamma_{m-1}\gamma_m}(-p'b)^{\frac{1}{3}}.$$

Les expressions (54, 56) de $\mathfrak{b}$ donnent

$$2p'b = -P^3 q_3,$$

par quoi l'égalité précédente devient

$$\frac{1}{P}\left(R_m + f - \frac{p''b}{2p'b}\right) = \frac{\gamma_{m-2}\gamma_{m+1}}{\gamma_{m-1}\gamma_m}\left(\frac{q_3}{2}\right)^{\frac{1}{3}}.$$

En y prenant $m = 2$ et retranchant membre à membre, on obtient

$$\varphi_m - \varphi_2 = \frac{\gamma_{m-2}\gamma_{m+1}}{\gamma_{m-1}\gamma_m}\left(\frac{q_3}{2}\right)^{\frac{1}{3}}$$

ou, suivant la première égalité (58),

$$(61)\qquad \varphi_m = \frac{q_4}{q_3} + \frac{\gamma_{m-2}\gamma_{m+1}}{\gamma_{m-1}\gamma_m}\left(\frac{q_3}{2}\right)^{\frac{1}{3}}.$$

Les expressions (48, 56) de $\mathfrak{b}_m$ donnent aussi

$$(62)\qquad \theta_m = -\frac{\gamma_{m-2}\gamma_m}{\gamma_{m-1}^2}\left(\frac{q_3}{2}\right)^{\frac{2}{3}}.$$

Ayant introduit ainsi les seules fonctions γ, on n'a plus à connaître que les deux premières, γ_3 et γ_4, pour obtenir toutes les autres et, par suite, les coefficients φ_m, θ_m. Posons, comme au tome I (p. 103),

$$x = \gamma_3^3, \qquad y = \gamma_4;$$

en faisant $m = 3$ dans les équations (61, 62) et recourant aux expressions (58) de θ_3 et de φ_3, nous trouvons (¹)

$$(63)\quad \left\{ \begin{aligned} X &= \frac{4(q_3 q_5 - q_4^2)^3}{q_3^8}, \\ Y &= \frac{2(q_3^2 q_6 - 3 q_3 q_4 q_5 + 2 q_4^3)}{q_3^4} = \frac{2(q_4 - q_1 q_3)(q_4^2 - q_3 q_5)}{q_3^4} - 1. \end{aligned} \right.$$

En résumé, pour obtenir le développement

$$(64)\quad \left\{ \begin{aligned} &\sqrt{1 + 4p_1 s + 6p_2 s^2 + 4p_3 s^3 + p_4 s^4} \\ &\quad = (1 + q_1 s + q_2 s^2) + q_3 s^3 : (1 - \varphi_2 s) + \theta_3 s^2 : (1 - \varphi_3 s) + \ldots, \end{aligned} \right.$$

on calcule les quantités γ_m par les formules récurrentes (t. I, p. 103), qui donnent successivement

$$\gamma_5 = Y - X, \qquad \gamma_6 = Y - X - Y^2, \qquad \ldots.$$

Ces quantités servent à composer les coefficients φ_m et θ_m; les coefficients q sont d'ailleurs donnés par les égalités (59).

Si l'on veut supposer ξ infini, il suffira de changer s en $\frac{1}{x}$. On a donc le développement

$$\begin{aligned} &\sqrt{x^4 + 4p_1 x^3 + 6p_2 x^2 + 4p_3 x + p_4} \\ &\quad = (x^2 + q_1 x + q_2) + q_3 : (x - \varphi_2) + \theta_3 : (x - \varphi_3) + \ldots, \end{aligned}$$

avec les mêmes coefficients que dans le développement précédent.

(¹) De même qu'au Chapitre IX, désignons par Ψ et H le polynôme X et son hessien, en y mettant la variable ξ. On a ainsi (p. 360) $pb = -H : \Psi$. La lettre T représentant le même covariant qu'à la page 361, on trouve alors

$$X = \frac{(3H^4 - \frac{3}{2} C_2 H^2 \Psi^2 + 3 C_3 H \Psi^3 - \frac{1}{16} C_2^2 \Psi^4)^3}{(2T)^8}.$$

Cette forme de X, comparée à celle du texte, fournit, pour les covariants, des expressions simples par les coefficients q. On trouvera de semblables expressions dans un Mémoire intitulé : *Formules d'Algèbre, résolution des équations du troisième et du quatrième degré*, par M. G.-H. Halphen (*Nouvelles Annales de Math.*, 3ᵉ série, t. IV; janvier 1885).

Cas où X est du troisième degré.

Les formules qu'on vient de trouver s'appliquent, sans aucune modification, au cas où X est du troisième degré. Mais on peut, en ce cas, présenter ce même calcul autrement.

L'argument b est égal à $2a$, puisque v est nul. Considérons alors les fonctions γ_m pour l'argument a, au lieu de l'argument $2a$, et, afin de les distinguer, mettons γ'_m, au lieu de γ_m; x' et y', au lieu de x et y. Nous avons déjà calculé x' et y' au Chapitre X (p. 387) pour le polynôme mis sous la forme

$$s^3 - k_1 s^2 + k_2 s - k_3,$$

et nous avons trouvé

$$x' = \frac{(4k_1k_3 - k_2^2)^3}{2^8 k_3^4}, \qquad y' = \frac{4k_1k_2k_3 - k_2^3 - 8k_3^2}{2^3 k_3^2}.$$

En posant

$$4p_1 = -\frac{k_2}{k_3}, \qquad 6p_2 = \frac{k_1}{k_3}, \qquad 4p_3 = -\frac{1}{k_3},$$

nous ramenons le polynôme à la forme (64) employée ici. Ces changements faits, on obtient

$$(65) \qquad x' = \frac{q_2^3}{8p_3^2}, \qquad y' = -\frac{q_3}{2p_3}.$$

On peut, par cette voie, retrouver les expressions (63) de x et de y avec la simplification qu'y amène l'hypothèse $p_4 = 0$. Suivant un théorème de la page 106 (t. I), on a

$$x = \frac{x'(y' - x' - y'^2)^3}{y'^8},$$

$$y = \frac{(y' - x')(2x' - y') - x'y'^2}{y'^4} = \frac{(2x' - y' + y'^2)(y' - x' - y'^2)}{y'^4} - 1.$$

Le lecteur pourra faire cette vérification, en vue de laquelle la dernière formule est spécialement préparée.

Suivant le théorème de la page 106 (t. I), on a généralement

$$\gamma_m = \gamma'_{2m}\, y'^{-\frac{m^2-1}{8}};$$

les égalités (61, 62) se transforment donc en celles-ci :

$$\varphi_m = \frac{q_4}{q_3} + \frac{2\gamma'_{2m-4}\gamma'_{2m+2}}{q_3\gamma'_{2m-2}\gamma'_{2m}}\, p^{\frac{4}{3}}, \qquad \theta_m = -\frac{\gamma'_{2m-4}\gamma'_{2m}}{\gamma'^2_{2m-2}}\, p^{\frac{2}{3}}.$$

Telles sont les formules que l'on peut adopter pour le développement de la racine carrée d'un polynôme du troisième degré, suivant l'égalité (64). Il conviendrait assurément de leur préférer les précédentes, qui font intervenir x et y, au lieu de x′ et y′. Mais ces derniers éléments sont nécessaires pour l'autre mode (53) de développement.

Les fonctions de multiplication ψ_m vont maintenant s'appliquer à l'argument a. Voici d'abord une formule qui va servir. On a

$$\begin{aligned} \mathrm{p}2a - \mathrm{p}(2m-1)a &= \mathrm{p}a - \mathrm{p}(2m-1)a - (\mathrm{p}a - \mathrm{p}2a) \\ &= \frac{\psi_{2m}\psi_{2m-2}}{\psi^2_{2m-1}} - \frac{\psi_3}{\psi_2^2}; \end{aligned}$$

d'après l'égalité (15) de la page 102 (t. I), on en conclut

$$\mathrm{p}2a - \mathrm{p}(2m-1)a = \frac{\psi_{2m-3}\psi_{2m+1}}{\psi_2^2\psi^2_{2m-1}}.$$

Pour le cas du développement (53), nous avons ainsi (52)

$$\mathfrak{b}''_m = -\frac{\psi_{2m-3}\psi_{2m+1}}{\psi_2^2\psi^2_{2m-1}}(x-\xi)^2$$

et, par une transformation analogue à celle qui a déjà été faite (60),

$$\mathrm{R}_m + \frac{\mathrm{p}''a}{2\mathrm{p}'a} - \frac{\mathrm{p}''2a}{2\mathrm{p}'2a} = -\frac{\psi_{2m-3}\psi_{2m+3}}{\mathrm{p}'2a\,\psi_2^4\,\psi_{2m-1}\psi_{2m+1}}.$$

Les égalités (29) et (47) du tome I, Chapitre IV (p. 107 et 118) donnent

$$\frac{\mathrm{p}''a}{\mathrm{p}'a} = \frac{\mathrm{p}'a + \mathrm{p}'2a}{\mathrm{p}a - \mathrm{p}2a} = -\frac{\mathrm{p}''2a}{\mathrm{p}'2a} + \frac{2}{\mathrm{p}'2a}(\mathrm{p}a - \mathrm{p}2a)^2 = -\frac{\mathrm{p}''2a}{\mathrm{p}'2a} + \frac{2\psi_3^2}{\mathrm{p}'2a\,\psi_2^4}.$$

De ces deux dernières résulte

$$\mathrm{R}_m + \frac{\mathrm{p}''a}{\mathrm{p}'a} = \frac{1}{\mathrm{p}'2a\,\psi_2^4}\left(\psi_3^2 - \frac{\psi_{2m-3}\psi_{2m+3}}{\psi_{2m-1}\psi_{2m+1}}\right)$$

ou bien, suivant la même formule (15) de la page 102 (t. I),

$$R_m + \frac{p''a}{p'a} = \frac{1}{p'2a\psi_2^4}\,\frac{\psi_4\psi_2\psi_{2m}^2}{\psi_{2m-1}\psi_{2m+1}} = -\frac{\psi_2\psi_{2m}^2}{\psi_{2m-1}\psi_{2m+1}}.$$

Il ne reste plus à faire que des transformations très simples, toutes semblables à celles qu'on a vues précédemment, pour obtenir les formules suivantes :

$$\sqrt{1+4p_1s+6p_2s^2+4p_3s^3}$$
$$= (1+q_1s)+q_2s^2:(1-\varphi'_1s)+\theta'_2s^2:(1-\varphi'_2s)+\ldots,$$

$$\theta'_m = -\frac{\gamma'_{2m-3}\gamma'_{2m+1}}{\gamma'^2_{2m-1}}\,p_3^{\frac{2}{3}},\qquad \varphi'_m + q_1 = \frac{\gamma'^2_{2m}}{\gamma'_{2m-1}\gamma'_{2m+1}}\,p_3^{\frac{1}{3}}.$$

Expression générale des réduites.

Dans la fraction continue

$$(66)\qquad \beta_\mu:\alpha_\mu+\beta_{\mu+1}:\alpha_{\mu+1}+\ldots+\beta_m:\alpha_m+\ldots,$$

la réduite $G_m:H_m$, que l'on obtient en s'arrêtant au quotient incomplet α_m, se calcule, comme on sait, au moyen de l'équation récurrente (3), appliquée séparément à G_m et à H_m. De plus, cette loi de formation commence dès le début, si l'on suppose deux premières réduites fictives $\frac{1}{0}$ et $\frac{0}{1}$. Si donc on détermine quatre quantités a, b, a', b' par les équations

$$aV_{\mu-2}+a'V'_{\mu-2}=1,\qquad bV_{\mu-2}+b'V'_{\mu-2}=0,$$
$$aV_{\mu-1}+a'V'_{\mu-1}=0,\qquad bV_{\mu-1}+b'V'_{\mu-1}=1,$$

les deux réduites fictives seront

$$\frac{aV_{\mu-2}+a'V'_{\mu-2}}{bV_{\mu-2}+b'V'_{\mu-2}},\qquad \frac{aV_{\mu-1}+a'V'_{\mu-1}}{bV_{\mu-1}+b'V'_{\mu-1}}$$

et, par conséquent, la réduite générale S_m s'exprimera ainsi :

$$S_m = \frac{aV_m+a'V'_m}{bV_m+b'V'_m}.$$

Les équations ci-dessus donnent

$$(67)\qquad \frac{a'}{b'} = -\frac{V_{\mu-1}}{V_{\mu-2}},\qquad \frac{a}{b} = -\frac{V'_{\mu-1}}{V'_{\mu-2}},\qquad \frac{b}{b'} = -\frac{V'_{\mu-2}}{V_{\mu-2}} = -\lambda.$$

En posant

$$-\frac{V_{\mu-1}}{V_{\mu-2}} = P + Q\sqrt{X}, \qquad -\frac{V'_{\mu-1}}{V'_{\mu-2}} = P - Q\sqrt{X},$$

on aura cette expression de S_m,

$$(68) \qquad S_m = P + Q\sqrt{X}\,\frac{1+\lambda\dfrac{V_m}{V'_m}}{1-\lambda\dfrac{V_m}{V'_m}} = P + Q\sqrt{X}\,f_m.$$

La quantité $P + Q\sqrt{X}$ est précisément celle qui est développée par la fraction continue (66) considérée, comme il résulte de l'égalité (11). De cette quantité elle-même, on déduit ainsi la $m^{\text{ième}}$ réduite en multipliant le radical par la quantité f_m,

$$f_m = \frac{1+\lambda h_m}{1-\lambda h_m}, \qquad h_m = \frac{V_m}{V'_m},$$

où λ est une constante. C'est donc en faisant cette même opération qu'on aura l'expression générale de la réduite pour les diverses fractions continues qui ont été considérées ici. Celles notamment qui servent à développer $\sqrt{X}$ ont pour réduite $f_m\sqrt{X}$.

La formule (68) est encore valable pour les fractions du cas exceptionnel. On doit seulement supprimer la réduite S_m, en même temps que le terme V_m est supprimé.

Cette formule (68) est en défaut pour certaines valeurs de x, notamment quand x devient égal à une racine de X. Elle se présente alors sous une forme indéterminée, due à la coïncidence de V' avec V. Nous ne nous arrêterons pas à lever cette indétermination, ce qu'on pourrait faire en calculant la partie principale de $V - V'$. Un autre cas plus intéressant est celui où l'une des deux quantités $V_{\mu-2}$ ou $V'_{\mu-2}$ est nulle, où, par conséquent, l'une des deux quantités $P \pm Q\sqrt{X}$ est infinie. Comme on a

$$P \pm Q\sqrt{X} = \frac{\sqrt{X} \mp \sqrt{Y}}{x-y},$$

on voit qu'il s'agit ici de l'hypothèse $x = y$. Pour ce cas, on trouve

$$(69)\quad \begin{cases} \text{si } V'_{\mu-2} = 0, \text{ c'est-à-dire } x = y \text{ et } \sqrt{X} = \sqrt{Y}, & S_m = -\dfrac{V_{\mu-1}}{V_{\mu-2}}\left(1 - \dfrac{V'_{\mu-1}}{V_{\mu-1}}\dfrac{V_m}{V'_m}\right. \\ \text{si } V_{\mu-2} = 0, \text{ c'est-à-dire } x = y \text{ et } \sqrt{X} = -\sqrt{Y}, & S_m = -\dfrac{V'_{\mu-1}}{V'_{\mu-2}}\left(1 - \dfrac{V_{\mu-1}}{V'_{\mu-1}}\dfrac{V'_m}{V_m}\right. \end{cases}$$

Notions générales sur la convergence.

L'expression (68) de la réduite attire immédiatement l'attention sur le cas où la quantité h_m peut devenir nulle. Quand il en est ainsi, la réduite est égale à la fonction qu'on développe, $P + Q\sqrt{X}$. Si, au contraire, h_m devient infini, la réduite est égale à la fonction conjuguée, $P - Q\sqrt{X}$. Ces deux circonstances sont caractérisées par les conditions suivantes :

$$(70)\quad \begin{cases} h_m = 0, & \text{pour } u + m(2a + v) - w = 0, \\ h_n = \infty, & \text{pour } u - n(2a + v) + v + w = 0. \end{cases}$$

Elles peuvent se rencontrer en même temps, si l'on a

$$2w + v = (m + n)(2a + v),$$

ce qui est justement la *condition de symétrie* (17), donnant lieu aux fractions continues (33a) et (34a). Les deux réduites en question sont alors de part et d'autre par rapport au centre de symétrie; cette circonstance ne peut donc se présenter dans les fractions (35) et (37) qui servent à développer $\sqrt{X}$, et qui commencent au centre de symétrie. Mais, dans ces dernières fractions, la même circonstance vient s'offrir, s'il y a périodicité. En ce cas, on le voit, il y a des valeurs de u, de x, par conséquent, pour chacune desquelles les réduites sont périodiquement égales à $\sqrt{X}$, tandis que d'autres réduites, périodiquement aussi, sont égales à $-\sqrt{X}$. Ainsi, dans les fractions (35a), si l'on prend $u = 2na$, les réduites de rang n, $n + r$, $n + 2r$, ... sont égales à $-\sqrt{X}$, tandis que les réduites de rang $r - n$, $2r - n$, ... sont égales à $+\sqrt{X}$ (dans l'évaluation du rang de ces réduites, on a tenu compte de ce que la première est $\frac{1}{2}\alpha_0$). Dans la fraction (37), si

$r(2a+v)$ est une période et que l'on prenne u de telle sorte que h_n soit infini, les réduites de rang n, $r-1+n$, $2(r-1)+n$, ... sont égales à $-\sqrt{X}$, et celles de rang $r-1-n$, $2(r-1)-n$, ... égales à $+\sqrt{X}$. Il faut observer que l'on doit écarter ici les cas où les rangs des deux classes de réduites coïncideraient entre eux; on aurait alors, suivant (70), $2u+v\equiv 0$; $\sqrt{X}$ serait nul; mais, on l'a dit précédemment, la formule (68) ne donne pas immédiatement S_m. Ainsi, la fraction (40), où l'on a $r=3$, ne présente, en aucun cas, cette *oscillation* des réduites.

Nous avons donc un cas, nettement défini, celui de l'oscillation, où l'absence de convergence est bien claire. Il se présente dans les fractions à période symétrique et pour des valeurs particulières de x. Ces valeurs de x étant réservées, les fractions continues périodiques convergent, en général. On a, en effet,

$$(71)\quad h_m = \left[\frac{\sigma(a-u)}{\sigma(a+u+v)}\right]^{2m-1} \frac{\sigma(mb-w+u)}{\sigma(mb-w-u-v)}, \qquad b=2a+v.$$

Si rb est une période, h_m, h_{m+r}, h_{m+2r}, ... forment une progression géométrique. Les quantités h_m se répartissent donc entre quelques progressions géométriques (en nombre r ou $r-1$), de même raison, dont les termes, sauf pour des valeurs particulières de u, deviennent ou infiniment petits ou infiniment grands. Ainsi, en général, dans les cas de périodicité, les fractions continues convergent vers la fonction ou sa conjuguée, sauf pour des valeurs particulières de x.

Au contraire, lorsque $b=2a+v$ est quelconque, les fractions continues ne convergent point, et cela quel que soit x. On peut, en effet, trouver m de telle sorte que $mb-w+u$ ou $mb-w-u-v$ soit aussi voisin d'une période $2n\omega+2n'\omega'$ que l'on voudra, n et n' n'étant point donnés. Il y a donc indéfiniment, pour h_m, des valeurs aussi petites et aussi grandes que l'on voudra, et S_m ne tend vers aucune limite.

Mais, si b, sans être commensurable avec une période, est, avec une période, dans un rapport réel, la convergence apparaît. C'est ce qu'on va faire voir en se bornant, pour être plus précis, au cas où le discriminant est réel et positif et b réel.

Étude de la convergence dans un cas particulier.

Si, dans l'expression (71) de h_m, on considère la somme des carrés des arguments des fonctions σ du numérateur et qu'on en retranche la somme des carrés analogues du dénominateur, on obtient une quantité indépendante de m :

$$\begin{aligned}(2m-1)(a-u)^2+(mb-w+u)^2\\-(2m-1)(a+u+v)^2-(mb-w-u-v)^2=2(a-w)(2u+v).\end{aligned}$$

Si donc on met $\mathfrak{S}_1$, au lieu de σ, il y a simplement à diviser chaque argument (t. I, p. 251) par 2ω et à multiplier h_m par un facteur exponentiel, indépendant de m. Il s'agit de reconnaître comment varie h_m avec m; on peut donc faire abstraction de ce facteur.

La substitution de $\mathfrak{S}_1$ à σ a pour effet d'introduire des fonctions ayant la période 2ω. A l'égard du second des deux facteurs qui composent h_m, si l'on met, à la place de mb, une variable t, il suffira donc d'envisager, pour t, les valeurs comprises entre zéro et 2ω. Il est, dès lors, évident que, *si la partie imaginaire de* $w+u+v$ *n'est pas nulle, le second facteur de* h_m (après substitution de $\mathfrak{S}_1$ à σ) *conserve toujours une valeur finie, au module de laquelle on peut assigner une limite supérieure et une limite inférieure.* Le cas particulier, où $w+u+v$ est réel, est plus difficile. Nous savons déjà ce qui se produit quand b est commensurable avec la période 2ω; la difficulté disparaît alors : il faut donc supposer b et ω incommensurables entre eux. La théorie arithmétique des fractions continues nous apprend (t. I, p. 456) que l'on peut trouver les entiers m et n, de telle sorte que $mb+2n\omega-w-u-v$ approche de zéro autant que l'on voudra. On peut donc, dans tout intervalle réel, si petit qu'il soit, trouver une valeur de $w+u+v$ telle que, dans un rang supérieur à un nombre M donné, si grand soit-il, on rencontre *une* réduite rigoureusement égale à $P-Q\sqrt{X}$. C'est, en effet, la valeur de la réduite quand h_m est infiniment grand. Au delà de ce rang, il y a ensuite des quantités h_m, en nombre indéfini, où le second facteur est supérieur à toute quantité donnée; mais il est comparable à m^2.

Examinons maintenant le premier facteur de h_m; c'est la puissance $(2m - 1)$ de la quantité h,

$$(72) \qquad h = \frac{\mathfrak{S}_1(\beta - \upsilon)}{\mathfrak{S}_1(\beta + \upsilon)}; \qquad \beta = \frac{2a + v}{4\omega} = \frac{b}{4\omega}, \qquad \upsilon = \frac{2u + v}{4\omega}.$$

Par hypothèse, β est réel; υ doit être supposé imaginaire quelconque :

$$\upsilon = \upsilon_1 + i\upsilon_2, \qquad u + \tfrac{1}{2}v = u_1 + iu_2, \qquad u_1 = 2\omega\upsilon_1, \qquad u_2 = 2\omega\upsilon_2.$$

Nous supposerons d'abord β et υ_1, compris tous deux entre zéro et $\frac{1}{2}$, *en excluant ces deux limites;* dans ces conditions, nous allons prouver que la valeur absolue (module) de h est inférieure à l'unité. Pour ce but, nous emploierons l'expression de la fonction σ, où sont mis en évidence l'argument et la valeur absolue de la quantité complexe $\sigma(a + i\alpha)$.

Dans cette expression [t. I, p. 173; éq. (19)]

$$\sigma(a + i\alpha) = \pm\, \sigma a . i\sigma i\alpha \sqrt{pa - pi\alpha}\, \Psi(a, \alpha),$$

tous les facteurs sont réels, sauf le dernier Ψ, qui est égal à $e^{\frac{1}{2}i\Phi}$, Φ étant un angle réel (t. I, p. 163). Ce facteur, par conséquent, ne jouera aucun rôle dans la recherche de la valeur absolue. Pour employer cette formule, faisons des transformations successives, en ne prenant que la valeur absolue $|h|$ de h, laissant donc de côté les facteurs Ψ :

$$\pm\, |h| = \frac{\sigma(a - u)}{\sigma(a + u + v)}\, |e^{8\eta\omega\beta\upsilon}|$$

$$= \frac{\sigma(\frac{1}{2}b - u_1)}{\sigma(\frac{1}{2}b + u_1)} \sqrt{\frac{p(\frac{1}{2}b - u_1) - piu_2}{p(\frac{1}{2}b + u_1) - piu_2}}\, e^{8\eta\omega\beta\upsilon_1},$$

$$(73) \qquad \pm\, |h| = \frac{\mathfrak{S}_1(\beta - \upsilon_1)}{\mathfrak{S}_1(\beta + \upsilon_1)} \sqrt{\frac{p(\frac{1}{2}b - u_1) - piu_2}{p(\frac{1}{2}b + u_1) - piu_2}}.$$

Nous allons avoir à considérer la valeur de $|h|$ en supposant, soit $u_2 = 0$, soit $iu_2 = \omega'$. Pour le premier cas, on a immédiatement, piu_2 étant infini,

$$(74) \qquad \pm\, |h_0| = \frac{\mathfrak{S}_1(\beta - \upsilon_1)}{\mathfrak{S}_1(\beta + \upsilon_1)}, \qquad u_2 = 0.$$

Pour le second cas, piu_2 étant égal à e_3, on a

$$\sqrt{p(\tfrac{1}{2}b \pm u_1) - e_3} = \frac{\sigma_3(\tfrac{1}{2}b \pm u_1)}{\sigma(\tfrac{1}{2}b \pm u_1)}$$

et, en employant les formules (59A) de la page 266 du tome I,

$$|h_1| = \frac{\Im_0(\beta - \upsilon_1)}{\Im_0(\beta + \upsilon_1)}, \qquad iu_2 = \omega'.$$

Dans la formule (74), le signe doit être pris de manière que $|h_0|$ soit une quantité positive. Ce sera donc le signe de $\beta - \upsilon_1$.

Le discriminant étant positif, les fonctions $\Im$ sont construites avec une quantité q réelle. Les deux fonctions $\Im_1$ et $\Im_0$, d'argument t, réel et variant de zéro à $\frac{1}{2}$, sont alors constamment positives et croissantes (t. I, p. 286). Chacune d'elles prend une seule et même valeur pour les deux arguments $\frac{1}{2} + t$ et $\frac{1}{2} - t$.

Deux arguments, compris entre zéro et l'unité, étant mis dans une même fonction, $\Im_1$ ou $\Im_0$, c'est donc l'argument le plus voisin de $\frac{1}{2}$ qui donne à la fonction la valeur la plus grande. Or des deux arguments $\pm(\beta - \upsilon_1)$ et $\beta + \upsilon_1$, compris, d'après les hypothèses, entre zéro et l'unité, c'est le second qui est le plus voisin de $\frac{1}{2}$. Donc $|h_0|$ et $|h_1|$ sont tous deux inférieurs à l'unité.

Si maintenant, dans la quantité $|h|^2$, on considère piu_2 comme une variable réelle, il existe une valeur unique, z, de cette variable, qui donne $|h|^2 = 1$. Mais les valeurs extrêmes de piu_2 sont $-\infty$ et e_3. Comme on vient de le voir, elles donnent, toutes deux, $|h|^2 < 1$. La quantité z n'est donc point entre $-\infty$ et e_3, et l'on a constamment $|h|^2 < 1$.

La quantité h ayant une valeur absolue inférieure à l'unité, le premier facteur de h_m est le terme général d'une progression géométrique convergente. Le second facteur, quand $w + u + v$ n'est pas réel, est compris entre deux limites fixes; h_m est alors le terme général d'une série *uniformément* convergente. Nous reviendrons tout à l'heure sur le cas où $w + u + v$ est réel, et l'on verra que h_m est encore le terme général d'une série convergente. Ceci admis, dans les hypothèses faites, h_m converge vers zéro et la fraction continue converge vers $P + Q\sqrt{X}$. Nous allons examiner la signification algébrique de nos hypothèses.

Le discriminant étant réel et positif, X, à coefficients réels, a ses racines, ou toutes réelles, ou toutes imaginaires (t. I, p. 122). Supposons-les réelles et, de même qu'à la page 127 du tome I, rangeons-les par ordre de grandeur :

$$x_0 > x_3 > x_2 > x_1.$$

Distinguons quatre intervalles limités par ces racines, savoir :

$$(75)\quad \left\{\begin{array}{lll} A_0 & \text{s'étendant de } x_0 \text{ à } +\infty & \text{et de } -\infty \text{ à } x_1, \\ A_2 & \quad\text{»} & x_2 \text{ à } x_3, \\ A_1 & \quad\text{»} & x_1 \text{ à } x_2, \\ A_3 & \quad\text{»} & x_3 \text{ à } x_0. \end{array}\right.$$

A l'endroit cité (t. I, p. 128), on a vu que, l'argument d'une quantité réelle x étant désigné par $-\frac{1}{2}v + t$, t est réel quand x est dans l'intervalle A_0, $t - \omega'$ est réel pour l'intervalle A_2, t est purement imaginaire pour l'intervalle A_3; enfin, $t - \omega$ est purement imaginaire pour l'intervalle A_1. En passant à l'argument double et négligeant les périodes, 2ω ou $2\omega'$, on peut dire que $2t$ est réel pour les intervalles A_0 et A_2, purement imaginaire pour A_1 et A_3.

On a supposé $b = 2a + v$ réel; a est l'argument de ξ. L'hypothèse est donc que ξ se trouve dans l'un des intervalles *pairs*, A_0 ou A_2. On a supposé β compris entre zéro et $\frac{1}{2}$, restreint, par conséquent, $a + \frac{1}{2}v$ dans l'étendue d'une demi-période. Mais ceci n'apporte aucune restriction; car le changement de $a + \frac{1}{2}v$ en $2\omega - (a + \frac{1}{2}v)$ n'altère pas ξ : il change seulement le signe de $\sqrt{\Xi}$. En laissant ξ constant, on peut admettre, sans restriction, que la valeur *initiale* de $\sqrt{X}$, pour x voisin de ξ, correspond à un choix de l'argument a, tel que β soit, en effet, compris entre zéro et $\frac{1}{2}$. Enfin, on a trouvé que la convergence disparaît pour $\beta = 0$ ou pour $\beta = \frac{1}{2}$, ce qui a lieu quand ξ est une racine de X. Ainsi, ξ ne doit pas être placé à l'*extrémité* d'un intervalle, A_0 ou A_2.

La convergence disparaît aussi quand v_1 est zéro ou $\frac{1}{2}$, c'est-à-dire quand la partie réelle de $u + \frac{1}{2}v$ est zéro ou ω. Ceci a lieu quand x est réel et compris dans l'un des intervalles A_1 ou A_3. Si l'on représente la variable complexe x par un point du plan, ces deux intervalles, A_1 et A_3, sont figurés par deux segments ou *cou-*

pures, situés sur l'axe des quantités réelles. Ces coupures sont interdites à x, si l'on veut que la fraction continue converge.

En supposant υ_1 compris entre zéro et $\frac{1}{2}$, on n'a point limité x. Comme on vient de l'expliquer pour ξ, on a seulement précisé le signe de $\sqrt{X}$: de quelle manière? Et d'abord, pour x voisin de ξ, ce signe est celui que nous venons de nommer *initial* et qui a servi à calculer la fraction continue. Interdisant à υ_1 de sortir des limites zéro et $\frac{1}{2}$, on interdit à υ_1 de passer par ces valeurs zéro et $\frac{1}{2}$; on interdit donc au point x de franchir les coupures. Ainsi, la fraction continue converge et représente la fonction $P + Q\sqrt{X}$ quand x varie d'une manière arbitraire, sans franchir les coupures. Ce fait est d'accord avec ce que nous apprend la théorie élémentaire des quantités complexes : $\sqrt{X}$, en effet, devient une fonction *uniforme* moyennant ces coupures, c'est-à-dire qu'elle a, en chaque point x, une seule valeur, quand on a choisi, une première fois, en un point arbitraire, l'une de ses deux valeurs. Toutefois, pour rendre $\sqrt{X}$ uniforme, on peut prendre, en guise de coupures, deux lignes arbitraires, dont les extrémités coïncident avec les quatre points racines. Ici les coupures sont déterminées.

Au lieu de supposer b réel, si on l'eût supposé purement imaginaire, on eût pu faire tous les mêmes raisonnements en échangeant les périodes. Les conclusions subsistent donc, sauf échange des intervalles pairs avec les intervalles impairs, c'est-à-dire que les coupures sont composées des deux intervalles de parité opposée à celle de l'intervalle où ξ se trouve. Voici donc nos conclusions :

X étant un polynôme du quatrième degré à racines réelles, x la variable, y et ξ deux constantes, dont la seconde est réelle, on considère, pour la fonction

$$f(x) = \frac{\sqrt{X} - \sqrt{Y}}{x - y},$$

le développement régulier en fraction continue (à quotients incomplets du premier degré), *qui se déduit du développement en série, suivant les puissances ascendantes de $x - \xi$. Si ξ est réel, la fraction continue converge et représente, dans tout le* *plan (où est représentée la variable complexe x), la fonction $f(x)$, rendue uniforme au moyen de deux coupures rectilignes. Ces coupures sont formées par les deux segments, non contigus, qui, limités aux points-racines de X, ne contiennent pas le point représentatif de ξ. Sur les coupures, la fraction est divergente.*

Ces conclusions, bien entendu, s'appliquent au cas où X est du troisième degré; une des racines (x_0) doit être alors supposée à l'infini. Elles s'appliquent aussi aux divers cas particuliers qu'on a distingués relativement à y. Le rôle véritable de cette dernière quantité va maintenant apparaître par l'étude des circonstances qui se rapportent au cas où $u + v + w$ est réel.

Ligne de convergence non uniforme.

Il faut d'abord se rendre compte de la condition imposée à x par cette supposition que $u + w + v$ soit réel, ou mieux, pour embrasser à la fois les deux cas, b réel ou purement imaginaire, que le rapport de $u + w + v$ et de b soit réel. La formule (25) donne l'argument c de la quantité y; elle montre que $u + w + v$, sauf un multiple de b, coïncide avec $u - c$, différence des arguments de x et de y. L'hypothèse consiste donc en ce que cette différence soit dans un rapport réel avec b. D'après la supposition faite sur b, $\wp(u - c)$ sera réel.

Soit $X = F(x)$ et, comme au Chapitre IX, soit F_x^y la seconde polaire. La formule de la page 359 fournit, pour exprimer cette condition, l'égalité

$$\text{partie imaginaire de } \frac{F_x^y + \sqrt{F(x)F(y)}}{(x-y)^2} = 0,$$

où l'on suppose réels les coefficients de F, hypothèse permise puisque les racines sont réelles.

Si l'on met, pour x et y, des quantités complexes, représentées par deux points, l'un fixe, l'autre mobile, cette équation définit une courbe algébrique, lieu du point x, pour lequel $\wp(u - c)$ est réel. Mais cette courbe ne convient pas, dans son entier, à la question proposée. Elle se partage en quatre branches, savoir

B_0, lieu du point x, pour lequel $u-c$ est réel; B_3, lieu du point x, pour lequel $u-c$ est purement imaginaire; B_2 et B_1, lieu du point x, pour lequel $u-c-\omega'$ est réel ou $u-c-\omega$ purement imaginaire. Les deux premières seules passent au point y. C'est une des deux premières branches qui convient à la question, celle dont l'indice est de même parité que l'intervalle A où se trouve ξ.

Cette branche de courbe, B_0 ou B_3, nous l'appellerons la *ligne de convergence non uniforme;* on va en voir la raison. Mais il convient, avant tout, de noter un cas où cette ligne est immédiatement connue : *si y est réel et situé sur le segment* A *qui contient ξ, ou bien encore sur le segment non contigu, la ligne de convergence non uniforme est le segment* A *qui contient y.* Cela est évident. En particulier, si y coïncide avec une des racines de X, on se trouve dans ce cas; on s'y trouve aussi quand on prend $y=\xi$, ce qui est le cas du développement (37) de $\sqrt{X}$. On ne s'y trouve point toujours quand y est infini; mais, si X est du troisième degré, l'infini est une racine : pour les deux développements de $\sqrt{X}$, quand X est du troisième degré, la ligne de convergence non uniforme est donc toujours un segment A.

Le calcul direct de la fraction continue, si on l'effectuait, donnerait la ligne de convergence non uniforme. En effet, les différences $c_{m+1}-c_1=mb$ (25) montrent qu'en prenant $x=y_{m+1}$, quel que soit m, on obtient une valeur de x qui appartient à cette ligne. Il en est de même, si l'on admet pour m des valeurs négatives. D'après l'égalité (27), en considérant les deux fractions continues (11) et (12), on est conduit à cette conclusion :

Si, dans le calcul des fractions continues, servant à développer les deux fonctions

$$\frac{\sqrt{X}\pm\sqrt{Y}}{x-y},$$

on s'arrête à un quotient incomplet quelconque, le reste est de forme

$$A(x-\xi)^2:\left(\frac{\sqrt{X}-\sqrt{Y_m}}{x-y_m}-\rho_m\right).$$

Toutes les quantités y_m, prises pour valeurs de x, appartiennent à la ligne de convergence non uniforme.

Dans le calcul de la fraction continue, cette ligne se trouve ainsi *tracée par points* et, circonstance remarquable, *par points indéfiniment rapprochés*. En effet, $mb + 2n\omega$, où m et n sont des entiers quelconques, approche, autant qu'on veut, de toute quantité donnée, de même espèce (réelle ou purement imaginaire) que b et ω. Sauf donc le cas où b est commensurable avec ω, la suite indéfinie des quantités y_m fait entièrement connaître la ligne de convergence non uniforme.

Sur toute cette ligne, la convergence est non uniforme : la fraction converge vers $P + Q\sqrt{X}$, puisque h^{2m-1} est le terme général d'une progression géométrique convergente et que le second facteur de h_m, en dépassant toute limite, reste comparable à m^2. Mais, dans un intervalle donné, si petit soit-il, pris sur la ligne considérée, on peut trouver une position de x telle que, dans un rang supérieur à M, donné, si grand qu'il soit, on rencontre une réduite rigoureusement égale à $P - Q\sqrt{X}$. Il n'y a donc aucune limite assignable au rang de la réduite capable de représenter $P + Q\sqrt{X}$ avec une approximation donnée à volonté. C'est la définition même de la convergence non uniforme.

Cas de la périodicité.

La convergence non uniforme disparaît dans le cas où la fraction continue est périodique. Le second facteur de h_m a, en ce cas, un nombre limité de valeurs. Si aucune d'elles n'est infinie, la convergence reste donc uniforme. Si une ou plusieurs valeurs de h_m sont infinies, la convergence disparaît. C'est ce qui a lieu pour des valeurs particulières de u, entièrement déterminées. Ainsi, *dans le cas de périodicité, la convergence reste uniforme sur la ligne de convergence non uniforme* (qui n'est pas modifiée, ne dépendant que de x et de y, non de ξ), *à l'exception de certains points, où la convergence disparaît*. Ces points, comme le raisonnement du paragraphe précédent le met en évidence, répondent précisément aux valeurs de y_m, qui, vu la périodicité, sont en nombre limité.

Remarques sur un autre cas particulier.

Nous avons, pour préciser, supposé le cas où le discriminant est positif et où les racines de X sont réelles. L'hypothèse relative au discriminant était essentielle; elle entraîne pour les fonctions $\mathfrak{S}_1$ et $\mathfrak{S}_0$ des propriétés sans lesquelles la démonstration ne pouvait se faire; nous restons, pour les autres cas, dans une complète incertitude sur les moyens de vaincre les grandes difficultés du problème. Mais la supposition de réalité des racines peut être écartée. Les coefficients de X étant supposés réels, ces racines peuvent aussi être imaginaires toutes les quatre.

Notre analyse a porté sur les arguments $u+\frac{1}{2}v$, $a+\frac{1}{2}v$. C'est l'argument $u+\frac{1}{2}v=t$ qui figure seul, comme variable, dans les formules de la page 131 (t. I), et l'on aurait, par ces formules, un moyen de raisonner directement sur ce cas, absolument comme sur le cas précédent. Il faut seulement observer que $p\frac{1}{2}v$ n'est plus une quantité réelle. Le lieu des points x correspondant à des valeurs réelles de pt, d'après la formule

$$(76)\qquad x-x_0=\frac{-p'\frac{1}{2}v}{pt-p\frac{1}{2}v},$$

n'est donc plus une ligne droite, l'axe des quantités réelles; c'est un *cercle*.

Allons plus loin et donnons, dans cette formule (76), à x_0 et v des valeurs imaginaires quelconques. Alors la quantité

$$p't:(pt-p\tfrac{1}{2}v)^2,$$

suivant la formule (68) de la page 132 (t. I), représentera la racine carrée d'un polynôme du quatrième degré X, à coefficients imaginaires, transformé d'un polynôme à racines réelles par une substitution linéaire et fractionnaire. *Le caractère de ce polynôme, c'est que ses racines sont représentées par des points situés sur un cercle.* A un tel polynôme, les résultats précédents s'appliquent, si la quantité ξ est représentée par un point de ce cercle.

La circonférence du cercle est partagée par les quatre racines en quatre arcs consécutifs. Les deux arcs, contigus à celui sur lequel se trouve le point ξ, constituent les *coupures*.

Pour définir *la ligne de convergence non uniforme,* prenons alors une variable z, représentée par un point quelconque de la circonférence et posons

$$\frac{F_x^y + \sqrt{F(x)F(y)}}{(y-x)^2} + \frac{2H(z)}{F(z)} = 0.$$

En supposant, pour y, une quantité complexe fixe et, pour x, une quantité complexe variable, cette équation définit le point x au moyen du paramètre z. Par la variation de ce paramètre, le point x décrit un lieu : c'est la courbe dont il s'agit. En outre, sur deux arcs non contigus, le rapport $H(z) : F(z)$ a les mêmes valeurs, de sorte que la courbe se partage en deux branches, dont l'une correspond aux coupures, l'autre à l'arc où se trouve ξ. Cette dernière branche, seule, constitue la ligne de convergence non uniforme. C'est ce que l'on démontrera très aisément au moyen de la formule de duplication de M. Hermite (p. 360).

Les fractions continues, considérées comme des covariants.

Considérons la fraction continue

$$\frac{\sqrt{X}-\sqrt{Y}}{x-y} = \alpha + \beta_1 : \alpha_1 + \beta_2 : \alpha_2 + \ldots,$$

où α est du premier degré en x et β_n de la forme $\nu_n(x-\xi)^2$, ν_n étant indépendant de x.

Envisageons maintenant une substitution linéaire et fractionnaire, appliquée à x, à y et à ξ :

$$x = \frac{ax'+b}{cx'+d}, \qquad y = \frac{ay'+b}{cy'+d}, \qquad \xi = \frac{a\xi'+b}{c\xi'+d},$$

$$cx'+d = p, \qquad cy'+d = q, \qquad c\xi'+d = r, \qquad ad-bc = \delta;$$

$$x-y = \frac{\delta(x'-y')}{pq}, \qquad x-\xi = \frac{\delta(x'-\xi')}{pr}.$$

Soit X' le transformé du polynôme X ; Y' ce polynôme X' où x' est remplacé par y'; on a

$$p^4 X = X', \qquad q^4 Y = Y',$$

$$\frac{\sqrt{X}-\sqrt{Y}}{x-y} = \frac{q}{\delta p}\,\frac{\sqrt{X'}-\sqrt{Y'}}{x'-y'} - \frac{c(p+q)}{\delta pq}\sqrt{Y'}.$$

D'autre part, soient α'_n et β'_n les transformés de α_n et β_n par la substitution, opérée sur x et ξ seulement, on aura

$$(77) \qquad p\alpha_n = \alpha'_n, \qquad p^2\beta_n = \frac{\delta^2 \nu_n (x'-\xi')^2}{r^2} = \beta'_n = \nu'_n(x'-\xi')^2.$$

Si l'on met α', β'_1, α'_1, ..., au lieu de α, β_1, α_1, ..., la fraction se reproduit, divisée seulement par p. On a donc

$$\frac{\sqrt{X'}-\sqrt{Y'}}{x'-y'} - \frac{c(p+q)}{q^2}\sqrt{Y'} = \frac{\delta}{q}(\alpha'+\beta'_1 : \alpha'_1 + \beta'_2 : \alpha'_2 + \ldots).$$

Si l'on pose

$$\frac{c(p+q)}{q^2}\sqrt{Y'} + \frac{\delta}{q}\alpha' = A, \qquad \frac{\delta}{q}\beta'_1 = B,$$

A est un polynôme du premier degré en x', B est le produit d'une constante par $(x'-\xi')^2$, et l'on retrouve le développement

$$(78) \qquad \frac{\sqrt{X'}-\sqrt{Y'}}{x'-y'} = A + B : \alpha'_1 + \beta'_2 : \alpha'_2 + \ldots,$$

analogue au développement précédent. Ainsi, à l'exception du premier terme, la fraction qui développe la fonction transformée s'obtient par la substitution linéaire exécutée sur la fraction elle-même, conformément aux égalités (77). Pour avoir un résultat précis, il convient d'envisager le quotient $\alpha_n^2 : \beta_n$ qui, seul, est bien déterminé, puisque l'on peut multiplier α_n et β_n par ρ et ρ^2, ρ étant une arbitraire, sans altérer la fraction autrement qu'en la multipliant par ρ.

Soient a_0, a_1, ... les coefficients de X et a'_0, a'_1, ... ceux de X'. On a

$$\frac{\alpha_n^2}{\beta_n} = \varphi(x, y, \xi, a_0, a_1, \ldots) = \frac{\alpha'^2_n}{\beta'_n}.$$

Mais, d'après le développement (78),

$$\frac{\alpha_n'^2}{\beta_n'} = \varphi(x', y', \xi', a_0', a_1', \ldots);$$

on conclut donc

$$\varphi(x, y, \xi, a_0, a_1, \ldots) = \varphi(x', y', \xi', a_0', a_1', \ldots),$$

c'est-à-dire que φ est un covariant du polynôme X, avec trois variables x, y, ξ. La fraction continue elle-même, sauf son premier terme, peut ainsi être envisagée comme un covariant. C'est la raison pour laquelle, dans le paragraphe précédent, les résultats, démontrés pour un cas particulier, se sont étendus à un cas plus général, mais qui se ramène au premier par une substitution linéaire.

A ce point de vue, les développements où ξ est infini peuvent être considérés comme les types les plus généraux. Si, au contraire, on laisse ξ indéterminé, on peut fixer y à volonté, le supposer infini, par exemple, et prendre alors pour type le développement de $\sqrt{X} - \sqrt{a_0}x^2$.

Exemples.

Nous donnerons des exemples de fractions périodiques; on peut prendre les autres au hasard.

I. $\qquad r = 3, \qquad X = x(x-1)(x-4)(x-9),$

$$\sqrt{X} = x(x-7) - 18 : (x-7) - 18 : [x(x-7) + \sqrt{X}],$$

$$\frac{\sqrt{X}}{x} = (x-7) - 36 : [x(x-7) + \sqrt{X}]$$

$$\frac{\sqrt{X}}{x-1} = (x-6) - 6 : (x-4) - 9 : (x-4) - 6 : \left(x - 6 + \frac{\sqrt{X}}{x-1}\right),$$

$$\frac{\sqrt{X}}{x-4} = (x-3) - 24 : (2x-11) - 9 : (2x-11) - 24 : \left(x - 3 + \frac{\sqrt{X}}{x-4}\right),$$

$$\frac{\sqrt{X}}{x-9} = (x+2) + 18 : (x-8) - 18 : (x-8) + 18 : \left(x + 2 + \frac{\sqrt{X}}{x-9}\right).$$

Ces fractions continues convergent toujours, sauf si x est réel et compris entre 0 et 1, ou bien entre 4 et 9; sauf aussi aux points d'oscillation, qui existent seulement pour les trois dernières; ce sont $x = 3$ pour la troisième, $x = \frac{3}{2}$ pour la quatrième, $x = -1$ pour la cinquième, comme on le pourra vérifier. Pour la dernière, par exemple, les réduites, avec $x = -1$, sont 1, -1, $-\frac{41}{40}$, 1, -1, $-\frac{3281}{3280}$, 1, -1, ... Les réduites de rang 3, 6, ... convergent rapidement vers -1.

II. $r = 4$, $\quad X = (x^2 + ax + b)^2 - 4abx = (x^2 - ax + b)^2 + 4ax^3.$

C'est un exemple de transformation par substitution linéaire :

$$\begin{aligned}\sqrt{X} &= (x^2 + ax + b) - 2ab : (x + a) \\ &\quad + b : (x + a) - 2ab : (x^2 + ax + b + \sqrt{X}), \\ \sqrt{X} &= (b - ax + x^2) + 2ax^3 : (b - ax) \\ &\quad + bx^3 : (b - ax) + 2ax^3 : (b - ax + x^2 + \sqrt{X}).\end{aligned}$$

La première oscille pour $x = 0$; elle donne périodiquement les réduites b, $-b$, suivies d'une fraction qui converge vers $\pm b$, selon que, en valeur absolue, on a $b > a^2$ ou $b < a^2$. Pour la seconde, le point d'oscillation est à l'infini.

III. $\qquad r = 5, \quad X = (1 - x - 8x^2)(1 - 9x).$

$$\begin{aligned}\sqrt{X} &= (1 - 5x - 12x^2) - 24x^3 : (1 - 8x) \\ &\quad + 12x^2 : (1 - 4x) + 12x^2 : (1 - 8x) - 24x^3 : (1 - 5x - 12x^2 + \sqrt{X}). \\ \sqrt{X} &= (1 - 5x) - 12x^2 : (1 - 2x) - 12x^2 : (1 - 4x) \\ &\quad - 4x^2 : (1 - 4x) - 12x^2 (1 - 2x) - 12x^2 : (1 - 5x + \sqrt{X}).\end{aligned}$$

Ce sont les deux développements de la racine carrée du polynôme du troisième degré suivant les puissances ascendantes de x. Le second développement diffère entièrement du premier; l'argument a, qui correspond à $x = 0$, est donc un *dixième* de période.

Les coupures sont, l'une comprise entre $-\frac{1}{16}(\sqrt{33} + 1)$ et $-\infty$, l'autre entre $\frac{1}{9}$ et $\frac{1}{16}(\sqrt{33} - 1)$. Pour la première fraction, il y a un point d'oscillation, $x = -\frac{1}{3}$; les réduites de rang $4n + 1$ convergent vers $+\sqrt{X}$ et celles de rang $4n+3$, vers $-\sqrt{X}$. Pour la seconde fraction, il y a deux points d'oscillation, $x=\frac{1}{3}$ et $x=1$.

Intégrales pseudo-elliptiques, en général (¹).

Soit R une fonction rationnelle de x. Après l'*inversion*, elle devient une fonction doublement périodique de u, qui reste, comme x, inaltérée par le changement de u en $-u-v$. Voici donc sous quelle forme elle se décompose en éléments simples :

$$(79)\quad \left\{\begin{aligned} R = c &+ \Sigma\, l_1\ [\zeta(u-u_1)-\zeta(u+u_1+v)]\\ &+ \Sigma\, m_1\,[p(u-u_1)+p(u+u_1+v)]\\ &+ \Sigma\, m'_1\,[p'(u-u_1)-p'(u+u_1+v)]\\ &+ \Sigma\, m''_1\,[p''(u-u_1)+p''(u+u_1+v)]\\ &+\ldots\ldots\ldots\ldots\ldots\ldots\ldots\ldots \end{aligned}\right.$$

Les signes de sommation s'appliquent à divers termes correspondant aux divers pôles u_1, u_2, ...

Dans chaque crochet de la seconde ligne, ajoutons

$$-pu-p(u+v),$$

et, pour compenser, adjoignons le terme

$$(80)\qquad m\,pu+m\,p(u+v),\quad m=\Sigma\, m_1.$$

Ce terme réservé, la seconde ligne ne contient plus que des différences de fonctions p. L'intégrale se compose de différences de fonctions ζ; elle est donc doublement périodique, fonction rationnelle de x et de $\sqrt{X}$, par conséquent. Elle se reproduit, changée de signe, par le changement de u en $-u-v$; elle est donc de la forme $P\sqrt{X}$, où P est rationnelle. Les termes des lignes suivantes sont aussi les dérivées de fonctions ayant cette même forme. Il existe donc une fonction rationnelle P, telle que la différence $R-\frac{d}{du}(P\sqrt{X})$ se réduise aux termes de la première ligne et aux termes (80). En mettant $dx:\sqrt{X}$, au lieu de du, on peut énoncer ainsi ce résultat :

(¹) *Voir* t. I, p. 209.

R *étant une fonction rationnelle de* x *et* X *un polynôme du quatrième degré, on peut trouver une autre fonction rationnelle* P, *telle que la différence*

$$S = R - \sqrt{X}\frac{d}{dx}(P\sqrt{X}),$$

également rationnelle, ait uniquement, en dénominateur, des racines simples, que ces racines diffèrent, toutes, de celles de X, *et que le degré du numérateur surpasse de deux unités, au plus, le degré du dénominateur.* Tels sont, en effet, les caractères d'une fonction rationnelle dont la décomposition fournit seulement les termes de la première ligne (79) avec les termes (80). Ces derniers, dans l'intégration, fournissent la *somme* de deux fonctions ζ, réductible à une seule fonction ζ, mais qui ne peut disparaître. Pour que l'intégrale de R : $\sqrt{X}$ soit pseudo-elliptique, il faut d'abord que ce terme manque. De là, cette conséquence : *pour que l'intégrale de* R : $\sqrt{X}$ *soit pseudo-elliptique, il faut, en premier lieu, que le degré du numérateur de la fonction réduite surpasse d'une unité, au plus, le degré du dénominateur.*

Supposons remplie cette dernière condition et raisonnons sur la fonction réduite S. L'intégrale se borne maintenant à celle des termes de la première ligne :

$$(81)\qquad \int S\,du = \log e^{cu} \prod \left[\frac{\sigma(u-u_1)}{\sigma(u+u_1+v)}\right]^{l_1}.$$

Prenons quelques-uns des facteurs soumis au signe logarithmique et mettons l'ensemble des termes correspondants sous la forme $\frac{1}{\mu}\log f$, en posant

$$f = e^{\mu\rho u} \prod \left[\frac{\sigma(u-u_1)}{\sigma(u+u_1+v)}\right]^{l_1\mu}.$$

Pour que f soit doublement périodique, rationnelle, par conséquent, en x et $\sqrt{X}$, il faut que les exposants $l_1\mu$ soient entiers et que la somme des racines égale la somme des pôles, sauf une période. On doit donc avoir, en tenant compte d'un terme où u_1 serait nul,

$$(82)\qquad nv + n_1(2u_1+v) + n_2(2u_2+v) + \ldots = 2\bar{\omega},$$

$n, n_1, n_2, \ldots$ étant des nombres entiers; en outre,

$$\frac{l}{n} = \frac{l_1}{n_1} = \frac{l_2}{n_2} = \ldots = \frac{\rho}{2\eta}. \tag{83}$$

Pour que l'intégrale (81) soit pseudo-elliptique, il faut et il suffit qu'elle se compose de la somme de plusieurs pareils termes $\frac{1}{\mu}\log f$. La fonction S est alors la somme de plusieurs autres, L, satisfaisant séparément aux conditions (82, 83). Soit x_1 la valeur de x qui répond à l'argument u_1 ; on a

$$\frac{\mathrm{p}u_1 - \mathrm{p}(u_1+v)}{x - x_1} = \zeta(u-u_1) - \zeta(u+u_1+v) + \zeta u_1 + \zeta(u_1+v),$$

formule de décomposition en éléments simples, qui s'établit par les procédés habituels. Rappelons-nous maintenant les formules d'inversion (t. I, p. 120)

$$\sqrt{\mathrm{X}} = \sqrt{a_0}[\mathrm{p}u - \mathrm{p}(u+v)], \qquad \frac{du}{dx} = \frac{\sqrt{a_0}}{\sqrt{\mathrm{X}}},$$

pour conclure

$$\sqrt{a_0}\,\frac{d}{du}\log\left[\frac{\sigma(u-u_1)}{\sigma(u+u_1+v)}\right]^{n_1} = \frac{n_1\sqrt{\mathrm{X}_1}}{x-x_1} + k_1;$$

k_1 désigne une constante, dont l'expression est la suivante :

$$k_1 = -\,n_1\sqrt{a_0}\,[\zeta u_1 + \zeta(u_1+v)].$$

Les divers facteurs de f fournissent à L des termes analogues, dont il faut excepter celui qui correspond à $u_1 = 0$:

$$\sqrt{a_0}\,\frac{d}{du}\log\left[\frac{\sigma u}{\sigma(u+v)}\right]^{n} = -\,n\sqrt{a_0}\,x + k.$$

Le type général de la fonction est donc ([1])

$$\mathrm{L} = -\,n\sqrt{a_0}\,x + \frac{n_1\sqrt{\mathrm{X}_1}}{x-x_1} + \frac{n_2\sqrt{\mathrm{X}_2}}{x-x_2} + \ldots + \mathrm{K}. \tag{84}$$

([1]) A propos de cette forme (84), *voir* dans les *Œuvres de Jacobi*, t. II, p. 494. Le *facteur de l'intégrale de troisième espèce,* suivant la désignation adoptée par Jacobi, est, pour chaque partie de L, le nombre n, ou n_1 ou n_2, etc.

La constante K pourrait être exprimée explicitement par des fonctions elliptiques; mais son expression ne serait pas utile.

Avec une fonction L, de cette forme (84), où les arguments $u_1, u_2, \ldots$ satisfont à la condition (82), et la constante K étant convenablement choisie, le quotient $L : \sqrt{X}$ est la dérivée logarithmique d'une fonction rationnelle en x et $\sqrt{X}$.

La somme de diverses fonctions analogues L, multipliées par des constantes, constitue, de la manière la plus générale, la fonction réduite S.

Intégrales pseudo-elliptiques tirées des fractions continues.

Considérons la fraction continue générale (28)

$$\frac{\sqrt{X}-\sqrt{Y_1}}{x-y_1} = \rho_1 + K_1\,\beta_2 : \alpha_2 + \beta_3 : \alpha_3 + \ldots$$

et sa $m^{\text{ième}}$ réduite $S_m = G_m : H_m$, obtenue en s'arrêtant au quotient α_m. Suivant l'égalité (68), on a

$$(85)\qquad \lambda h_m = \frac{G_m(x-y_1)+H_m\sqrt{Y_1}-H_m\sqrt{X}}{G_m(x-y_1)+H_m\sqrt{Y_1}+H_m\sqrt{X}}.$$

D'ailleurs, λh_m, par les égalités (67, 71), est exprimé sous forme elliptique. En y introduisant les arguments c_1 et c_{m+1} de y_1 et de y_{m+1}, d'après la relation (25), nous avons

$$(86)\qquad \lambda h_m = -\left[\frac{\sigma(u-a)}{\sigma(u+a+v)}\right]^{2m} \frac{\sigma(u+c_{m+1}+v)\,\sigma(u-c_1)}{\sigma(u-c_{m+1})\,\sigma(u+c_1+v)}.$$

Nos fractions continues fournissent ainsi, par leurs réduites, des intégrales pseudo-elliptiques à volonté. La fonction $\log\lambda h_m$ est, par rapport à x, l'intégrale de $L : \sqrt{X}$, et L a l'expression suivante, conforme à l'égalité (84) :

$$(87)\qquad L = \frac{2m\sqrt{\Xi}}{x-\xi} + \frac{\sqrt{Y_1}}{x-y_1} - \frac{\sqrt{Y_{m+1}}}{x-y_{m+1}} + C.$$

Il nous faut déterminer la constante C, ce qui se fait immédiatement, si l'on observe que L se réduit à C pour $x=\infty$. Soit donc, suivant les puissances descendantes de x,

$$\frac{(x-y_1)G_m}{H_m} = Ax^2 + Bx + \ldots, \tag{88}$$

il en résulte

$$C = \frac{4Aa_1 - 2Ba_0}{A^2 - a_0}. \tag{89}$$

Il n'est pas besoin d'insister sur ce fait que $\sqrt{\Xi}$, $\sqrt{Y_1}$ ont, dans ces formules, mêmes signes que dans le calcul de la fraction continue. Quant à $\sqrt{Y_{m+1}}$, son signe est fixé aussi par le calcul de la fraction. Nous avons déjà vu que le quotient incomplet α_m est complété par un *reste,* dont l'expression, sauf un facteur constant, est

$$\frac{(x-\xi)^2(x-y_{m+1})}{\sqrt{X} - \sqrt{Y_{m+1}}}.$$

Ce reste, suivant l'égalité (11), demeure fini quand on prend, pour $\sqrt{Y_{m+1}}$, la valeur de $\sqrt{X}$ qui correspond à $u = c_{m+1}$. C'est justement celle qui figure dans la formule (87). Ainsi, *y_{m+1} est donné par le numérateur du $m^{ième}$ reste et $\sqrt{Y_{m+1}}$ par son dénominateur.*

Il convient d'observer particulièrement le cas $y_1 = \xi$, qui est celui du développement de $\sqrt{X}$. Pour ce cas, les formules (88) et (89) sont valables, à la condition qu'on y remplace

$$(x - y_1)G_m + H_m\sqrt{Y_1} \quad \text{par} \quad G_m.$$

Plusieurs cas particuliers exigeraient quelques modifications à ces formules; ce sont les cas où quelques-unes des quantités ξ, y, y_{m+1} sont infinies. La fraction correspondante, dans L, se change alors en un binôme du premier degré. Pour éviter d'augmenter le nombre des formules, voici un moyen général de déterminer la partie entière. En posant

$$G = G_m + H_m\frac{\sqrt{Y_1}}{x - y_1}, \qquad H = \frac{1}{x - y_1}H_m$$

(ou simplement $G = G_m$, $H = H_m$ au cas $y_1 = \infty$), envisageons la quantité

$$N = G^2 - H^2X,$$

dont les deux facteurs $G \pm H\sqrt{X}$ composent les deux termes de λh_m. Cette fraction N a simplement pour dénominateur $x - y_1$, car $G - H\sqrt{X}$ ne devient pas infini pour $x = y_1$. Son numérateur est du degré $2m + 1$ et l'on voit immédiatement sa forme, savoir

$$N = A(x - \xi)^{2m} \frac{x - y_{m+1}}{x - y_1}. \tag{90}$$

Par le moyen de N, il est aisé de trouver l'expression de L, que définit la relation

$$L = \sqrt{X} \frac{d}{dx} \log \frac{z - 1}{z + 1}, \qquad z = \frac{G}{H\sqrt{X}}.$$

On en déduit effectivement

$$\frac{L}{\sqrt{X}} = \frac{2z'}{z^2 - 1}, \qquad \frac{HL}{G} = \frac{2z'}{z(z^2 - 1)}.$$

Mais on a aussi

$$N = G^2\left(1 - \frac{1}{z^2}\right), \qquad \frac{N'}{N} = \frac{2G'}{G} + \frac{2z'}{z(z^2 - 1)}.$$

De là, par conséquent,

$$L = \frac{G}{H}\left(\frac{N'}{N} - \frac{2G'}{G}\right). \tag{91}$$

On pourrait retrouver par là les numérateurs des fractions, tels qu'ils sont déjà connus. Pour avoir la partie entière, il suffira d'envisager les deux premiers termes de G et de H.

Il convient enfin d'observer que, dans l'expression (90) de N, les facteurs qui répondent à une racine infinie pour un des binômes doivent être supprimés.

Intégrales pseudo-elliptiques d'Abel.

Supposons la fraction continue *périodique* et prenons m égal au nombre des termes de la période. On a, en ce cas,

$$y_{m+1} = y_1, \qquad \sqrt{Y_{m+1}} = \sqrt{Y_1},$$

et L, suivant (87), se réduit à deux termes. N devient $(x - \xi)^{2m}$

et se réduit à une constante si l'on a pris $\xi = \infty$. Dans cette hypothèse (qui ne restreint pas la généralité à cause des propriétés d'invariance), L devient un binôme du premier degré, dont l'expression (91) est simplement

$$L = -\frac{2G'}{H}.$$

En outre, puisque N est une constante, on a

$$\log\frac{G - H\sqrt{X}}{G + H\sqrt{X}} = -2\log(G + H\sqrt{X}) + \text{const.},$$

ce qui permet de simplifier l'expression de l'intégrale.

Le choix de y_1 est indifférent; la formule (87) le montre : quel que soit y_1, on obtient une seule et même intégrale. On pourra donc prendre $y_1 = \infty$, ce qui répond au développement régulier de $\sqrt{X}$, où la période, on ne doit pas l'oublier, comprend un terme de moins. G et H sont les deux termes de la dernière réduite de la première période.

Dans l'exemple I (p. 627), on a

$$X = x(x-1)(x-4)(x-9),$$
$$G = x^3 - 14x^2 + 49x - 18, \qquad H = x - 7, \qquad G' = (3x-7)H,$$
$$\int (3x-7)\frac{dx}{\sqrt{X}} = \log(G + H\sqrt{X}).$$

Dans l'exemple II,

$$X = (x^2 + ax + b)^2 - 4abx,$$
$$G = x^3 + 3ax^3 + (3a^2 + 2b)x^2 + a(a^2 + b)x + b(b - a^2),$$
$$H = x^2 + 2ax + a^2 + b, \qquad G' = (4x + a)H,$$
$$\int (4x + a)\frac{dx}{\sqrt{X}} = \log(G + H\sqrt{X}).$$

L'exemple III, si l'on y change x en son inverse, donne

$$X = x(x^2 - x - 8)(x - 9),$$
$$G = x^5 - 17x^4 + 72x^3 + 64x^2 - 512x - 288,$$
$$H = x^3 - 12x^2 + 24x + 64, \qquad G' = (5x - 8)H,$$
$$\int (5x - 8)\frac{dx}{\sqrt{X}} = \log(G + H\sqrt{X}).$$

Dans les intégrales d'Abel, on peut se borner au calcul de réduites moins éloignées. Quand la période est impaire (r impair), on a déjà observé que, pour l'indice $n = \frac{1}{2}(r+1)$, y_n est racine de X. En s'arrêtant donc à la réduite de rang $\frac{1}{2}(r-1)$, on borne encore L à deux termes. C'est ainsi que, dans le dernier exemple, on a aussi

$$X = x(x^2 - x - 8)(x - 9),$$
$$G_2 = x^3 - 13x^2 + 28x + 72, \qquad H_2 = x - 8,$$
$$\int (5x - 8)\frac{dx}{\sqrt{X}} = \log\frac{G_2 + H_2\sqrt{X}}{G_2 - H_2\sqrt{X}}.$$

Quand la période est paire (r pair), les y d'indices $\frac{1}{2}r+1$ et $\frac{1}{2}r+2$ sont égaux, à cause de la symétrie; mais les deux quantités $\sqrt{Y}$ correspondantes sont égales et de signes opposés. En prenant donc deux intégrales, relatives aux réduites de rang $\frac{1}{2}r$ et $\frac{1}{2}r+1$, et les ajoutant entre elles, on retrouve l'intégrale d'Abel.

Pour ces fractions périodiques, l'expression (86) de λh_r a un grand intérêt au point de vue des fonctions elliptiques. Soit $rb = 2\bar{\omega}$. On a $c_{r+1} = c_1 + 2\bar{\omega}$; par conséquent,

$$\lambda h_r = -\left[\frac{\sigma(u-a)}{\sigma(u+a+v)}\right]^{2r} e^{2\bar{\eta}(2u+v)} = -\left[\frac{\sigma(u-a)}{\sigma(u-a+b)}e^{\frac{2\bar{\eta}}{r}(u+\frac{1}{2}v)}\right]^{2r}.$$

Nous retrouvons ici ces fonctions doublement périodiques, de seconde espèce, dont il a été déjà parlé (t. I, p. 224) et dont les multiplicateurs sont des racines de l'unité :

$$\varphi(u) = \frac{\sigma(u+b)}{\sigma u\, \sigma b}e^{su}, \qquad b = \frac{2\bar{\omega}}{r}, \qquad s = -\frac{2\bar{\eta}}{r},$$
$$\frac{1}{\lambda h_r} = C[\varphi(u-a)]^{2r}.$$

Nous avons donc (en changeant la constante C)

$$C[\varphi(u-a)]^r = \frac{1}{(x-\xi)^r}\left(G_r + H_r\frac{\sqrt{X}+\sqrt{Y_1}}{x-y_1}\right).$$

Ainsi les fractions périodiques fournissent les expressions algébriques de ces fonctions spéciales, dont on verra, dans le tome III, le rôle important. L'expression, qu'on vient de trouver, contient

y_1 en apparence; mais la fonction ne dépend point de cette variable; on peut la calculer par une fraction particulière. C'est, au surplus, ce qu'on vient de voir déjà pour les intégrales correspondantes. Si l'on prend le développement de $\sqrt{X}$, on doit s'arrêter à la réduite de rang $r-1$, puisque c'est au rang r qu'il se trouve une fonction V supprimée. On a, en ce cas,

$$C[\varphi(u-a]^r = \frac{1}{(x-\xi)^r}(G_{r-1} + H_{r-1}\sqrt{X}).$$

C'est ainsi que les deux fractions de l'exemple III (p. 628) donnent, toutes deux, par la dernière réduite de la première période,

$$C[\varphi(u-a)]^5 = \frac{1}{x^5}\big[1 - 17x + 72x^2 + 64x^3 - 512x^4$$
$$- 288x^5 + (1 - 12x + 24x^2 + 64x^3)\sqrt{X}\big].$$

En appliquant la formule (87) successivement aux diverses réduites d'une fraction continue, on trouve autant d'intégrales pseudo-elliptiques. Mais, quand la fraction est périodique, le nombre des intégrales distinctes est limité. C'est ainsi que la première fraction de l'exemple III donne seulement deux intégrales :

$$X = (1 - x - 8x^2)(1 - 9x),$$
$$G_1 = 1 - 5x - 12x^2, \qquad G_2 = 1 - 13x + 28x^2 + 72x^3,$$
$$H_1 = 1, \qquad H_2 = 1 - 8x;$$
$$\int\left(\frac{3}{x} + \frac{4}{3x+1} - 6\right)\frac{dx}{\sqrt{X}} = \log\frac{G_1 - \sqrt{X}}{G_1 + \sqrt{X}},$$
$$\int\left(\frac{5}{x} - 8\right)\frac{dx}{\sqrt{X}} = \log\frac{G_2 - H_2\sqrt{X}}{G_2 + H_2\sqrt{X}}.$$

Semblablement, la seconde fraction de l'exemple III donne aussi deux intégrales :

$$\int\left(\frac{2}{x} + \frac{2}{1-3x} - 5\right)\frac{dx}{\sqrt{X}} = \log\frac{1 - 5x - \sqrt{X}}{1 - 5x + \sqrt{X}},$$
$$\int\left(\frac{4}{x} + \frac{8}{x-1} + 1\right)\frac{dx}{\sqrt{X}} = \log\frac{1 - 7x - 2x^2 - (1-2x)\sqrt{X}}{1 - 7x - 2x^2 + (1-2x)\sqrt{X}}.$$

Les fractions non périodiques donnent une infinité d'intégrales;

c'est de cette source que nous allons tirer la solution complète du problème général qu'offre cette théorie.

Recherche générale des intégrales pseudo-elliptiques.

Le problème général consisterait en ceci : la fonction L étant définie par l'égalité (84), traduire en termes algébriques l'expression elliptique de la constante K et la relation (82) entre $x_1, x_2, \ldots$, moyennant quoi L : $\sqrt{X}$ est la dérivée logarithmique d'une fonction rationnelle en x et $\sqrt{X}$. Résolvons d'abord le problème suivant :

Étant donnée une fonction rationnelle L, *de la forme* (84), *on peut en trouver une autre* T, *ne comprenant que deux fractions, avec des numérateurs égaux à l'unité,*

$$T = \frac{\sqrt{Z}}{x - z} - \frac{\sqrt{Z'}}{x - z'} + k,$$

de telle sorte que $(2L + T) : \sqrt{X}$ *soit la dérivée logarithmique d'une fonction rationnelle en* x *et* $\sqrt{X}$. *On demande de trouver* T.

Il doit être entendu que z ou z' peuvent être infinis; la fraction correspondante se change alors en $\sqrt{a_0}\,x$. On va voir que z est *ad libitum*.

Ayant pris z à volonté, considérons la fraction continue qui sert à développer

$$\frac{\sqrt{X} - \sqrt{Z}}{x - z},$$

suivant les puissances ascendantes de $x - x_1$ et prenons la réduite de rang n_1. Elle fournit l'expression explicite de l'intégrale pseudo-elliptique formée avec la quantité (87), que nous appellerons L_1, de même que nous mettrons z_1 au lieu de y_{m+1} :

$$L_1 = \frac{2n_1\sqrt{X_1}}{x - x_1} + \frac{\sqrt{Z}}{x - z} - \frac{\sqrt{Z_1}}{x - z_1} + C_1.$$

Considérons ensuite la fraction continue qui développe

$$\frac{\sqrt{X}-\sqrt{Z_1}}{x-z_1}$$

suivant les puissances ascendantes de $x-x_2$ et prenons la réduite de rang n_2; elle fournit l'expression de l'intégrale pseudo-elliptique, formée avec L_2,

$$L_2=\frac{2n_2\sqrt{X_2}}{x-x_2}+\frac{\sqrt{Z_1}}{x-z_1}-\frac{\sqrt{Z_2}}{x-z_2}+C_2,$$

et ainsi de suite. Si L contient le premier terme $-n\sqrt{a_0}\,x$, on considérera, de même, à tel rang qu'on voudra, le développement d'une quantité analogue aux précédentes suivant les puissances descendantes de x. Ajoutant ensemble les fonctions $L_1, L_2, \ldots$, on obtient $2L+T$; car il ne reste, des fractions $\sqrt{Z}:x-z$, que la première et la dernière. L'existence de T est prouvée et son mode de formation nous est maintenant connu.

Le problème de compléter L par une fonction simple, comme T, se trouve, au moyen du théorème précédent, résolu sans l'introduction d'aucune irrationnelle. Effectivement, $\sqrt{a_0}, \sqrt{X_1}, \sqrt{X_2}, \ldots$ sont des données, et l'on pourra toujours choisir z de manière que $\sqrt{Z}$ soit rationnelle; par exemple, on pourra prendre $z=x_1$.

On peut choisir, pour z, une racine de X; en ce cas, T ne comprend qu'une seule fraction; mais cette opération exige la résolution de l'équation $X=0$. C'est cependant, pour le cas où une racine de X est rationnelle, le meilleur procédé à suivre; au point de vue théorique, d'ailleurs, il importe de mentionner cette conséquence :

Moyennant la connaissance d'une racine de X, *on peut réduire* T *à la forme*

$$T=k-\frac{\sqrt{Z}}{x-z}.$$

C'est, en particulier, ce qui peut se faire, en prenant z' infini, quand X est du troisième degré. La première fraction continue que l'on doit alors employer est celle du développement de $\sqrt{X}$ sous la première forme (35).

Pour revenir maintenant au premier problème, il suffit d'observer que, *si* $L:\sqrt{X}$ *est la dérivée logarithmique d'une fonction rationnelle en* x *et* $\sqrt{X}$, T *est nul identiquement.*

En effet, les intégrales partielles sont les logarithmes de diverses fonctions λh_m, dans lesquelles, suivant l'égalité (86), la somme des racines est égale à la somme des pôles. On a donc, par leur ensemble, au lieu de la relation (82), celle-ci

$$2nv + 2n_1(2u_1 + v) + 2n_2(2u_2 + v) + \ldots + (2c + v) - (2c' + v) = 0.$$

De là, d'après la relation (82), qui doit avoir lieu suivant les hypothèses et c, c' étant les arguments de z et de z',

$$2c - 2c' = 4\bar{\omega}, \qquad c - c' = 2\bar{\omega}.$$

Les arguments c et c' diffèrent donc d'une période; donc $z = z'$, $\sqrt{Z} = \sqrt{Z'}$. Mais l'intégrale de $T:\sqrt{X}$ devant être pseudo-elliptique, T ne peut être une constante; donc T est nul identiquement.

Exemples.

En appliquant la proposition précédente, on peut parfois apporter quelques simplifications au calcul, comme on va voir dans l'exemple suivant. Ayant

$$X = x^4 + 2x + 1, \qquad L = 5x + \frac{2}{x},$$

on demande de trouver T.

Prenons le développement de $\sqrt{X}$ suivant les puissances *descendantes* de x, en nous arrêtant à la deuxième réduite et calculant le reste :

$$\sqrt{X} = x^2 + 2 : \left(2x - 1 + \frac{2x+3}{2\sqrt{X} + 2x^2 - 1}\right),$$

$$L_1 = -5x - \frac{5}{2} + \frac{7}{2(2x+3)},$$

$$\int L_1 \frac{dx}{\sqrt{X}} = \log \frac{2x^3 - x^2 + 2 - (2x-1)\sqrt{X}}{2x^3 - x^2 + 2 + (2x-1)\sqrt{X}}.$$

Prenons le développement de

$$\frac{7-4\sqrt{X}}{3+2x},$$

suivant les puissances *ascendantes* de x, en nous arrêtant à la première réduite :

$$\frac{7-4\sqrt{X}}{3+2x}=1-2x+\frac{4x^2}{1+x+x^2+\sqrt{X}}.$$

Ici z_2 est infini, et l'on a

$$L_2=\frac{2}{x}+\frac{7}{2(2x+3)}-x-\frac{1}{2},\qquad \int L_2\frac{dx}{\sqrt{X}}=\log\frac{1+x+x^2-\sqrt{X}}{1+x+x^2+\sqrt{X}}.$$

En retranchant L_1 de L_2, on obtient

$$L=L_2-L_1+x-2,\qquad \tfrac{1}{2}T=2-x,$$

ce qui fournit l'intégrale pseudo-elliptique

$$\int(L_2-L_1)\frac{dx}{\sqrt{X}}=2\int\left(\frac{1}{x}+2x+1\right)\frac{dx}{\sqrt{X}}.$$

Cette dernière résulte plus facilement du développement (suivant les puissances descendantes de x)

$$\frac{\sqrt{X}+1}{x}=x+\frac{2(x+1)}{\sqrt{X}+x^2-1}.$$

Ce développement, que nous bornons ici à la première réduite, donne $y_2=-1$, ce qui est une racine de X, en sorte que la fonction L a deux termes, au lieu de trois :

$$\int\left(\frac{1}{x}+2x+1\right)\frac{dx}{\sqrt{X}}=\log\frac{x^2-1+\sqrt{X}}{x^2-1-\sqrt{X}}.$$

Autres exemples.

Prenons, sous le radical, le polynôme

$$X=1+x^3$$

et supposons connue une intégrale pseudo-elliptique

$$\int f(x)\frac{dx}{\sqrt{X}} = F(x).$$

Soit θ une racine cubique imaginaire de l'unité. On aura deux nouvelles intégrales par le changement de x en θx; puis, par addition, en posant

$$\varphi(x) = f(x) + f(\theta x) + f(\theta^2 x),$$
$$\chi(x) = f(x) + \theta^2 f(\theta x) + \theta f(\theta^2 x),$$

on aura les intégrales

$$\int \varphi(x)\frac{dx}{\sqrt{X}} = F(x) + \theta^2 F(\theta x) + \theta F(\theta^2 x),$$
$$\int \chi(x)\frac{dx}{\sqrt{X}} = F(x) + \theta F(\theta x) + \theta^2 F(\theta^2 x).$$

Nous omettons la combinaison

$$F(x) + F(\theta x) + F(\theta^2 x),$$

pour laquelle la différentielle aurait la forme

$$f_1(x^3)\frac{x^2\,dx}{\sqrt{X}}$$

et ne présenterait aucun intérêt, tandis que, par leur définition, φ et χ ont la propriété

$$\varphi(\theta x) = \varphi(x), \qquad \chi(\theta x) = \theta\chi(x),$$

en sorte que l'on a

$$\varphi(x) = \varphi_1(x^3), \qquad \chi(x) = x\chi_1(x^3),$$

φ_1 et χ_1 désignant des fonctions rationnelles. Nous allons former des exemples. Soient

$$(92) \qquad g_2 = 0, \qquad g_3 = -4, \qquad x = p u, \qquad \sqrt{X} = \tfrac{1}{2}p' u.$$

On en conclut (t. I, p. 96)

$$\psi_3(u) = 3x(x^3+4).$$

Soit $x_1 = -\sqrt[3]{4}$, répondant ainsi à un tiers de période. Prenons l'intégrale pseudo-elliptique correspondante. A cet effet, écrivons X sous la forme (43 *a*)

$$X = -3[1 - \tfrac{1}{2}x_1^2(x - x_1)]^2 + (x - x_1)^3,$$

qui donne

$$G = i\sqrt{3}[1 - \tfrac{1}{2}x_1^2(x - x_1)], \qquad H = 1, \qquad N = (x - x_1)^3,$$

et, suivant la formule (89),

$$(93)\qquad \begin{cases} L = -i\sqrt{3}\left(\dfrac{1}{2}x_1^2 - \dfrac{3}{x - x_1}\right), \\ \displaystyle\int L\frac{dx}{\sqrt{X}} = \log\frac{G - \sqrt{X}}{G + \sqrt{X}} = F(x). \end{cases}$$

De là se concluent les deux intégrales

$$-3i\sqrt{3}\sqrt[3]{2}\int\frac{x^3 - 2}{x^3 + 4}\frac{dx}{\sqrt{X}} = F(x) + \theta^2 F(\theta x) + \theta F(\theta^2 x),$$

$$-\tfrac{9}{2}i\sqrt{3}\sqrt[3]{4}\int\frac{x}{x^3 + 4}\frac{dx}{\sqrt{X}} = F(x) + \theta F(\theta x) + \theta^2 F(\theta^2 x).$$

On a déjà vu (p. 279) qu'avec les invariants $g_2 = 0$ et $g_3 = -1$ on a

$$p\tfrac{1}{3}\omega_2 = \sqrt[3]{2}.$$

En vertu de l'homogénéité, on conclut, pour le cas actuel, que x est égal à 2 pour un argument égal à un sixième de période. Effectivement, X s'écrit aussi sous la forme (39),

$$9X = (x + 1)^4 - (x - 2)^3(x + 1);$$

d'où résulte l'intégrale

$$(94)\qquad \int\left(\frac{1}{x - 2} + \frac{1}{3}\right)\frac{dx}{\sqrt{X}} = \log\frac{(1 + x)^2 - 3\sqrt{X}}{(1 + x)^2 + 3\sqrt{X}} = \Phi(x).$$

On en conclut

$$\int\frac{x^3 + 4}{x^3 - 8}\frac{dx}{\sqrt{X}} = \Phi(x) + \theta^2\Phi(\theta x) + \theta\Phi(\theta^2 x),$$

$$6\int\frac{x}{x^3 - 8}\frac{dx}{\sqrt{X}} = \Phi(x) + \theta\Phi(\theta x) + \theta^2\Phi(\theta^2 x) \quad (^1).$$

(1) Cet exemple remonte à Euler. (*Voir*, dans le *Bulletin de la Société mathématique de France*, un article de M. Günther, t. X, p. 88; 1882.)

Rien ne serait plus aisé que de former, avec ce même polynôme X, d'autres exemples analogues, au moyen des racines de $\psi_4(u)$, $\psi_5(u)$, ... Ne nous y arrêtons pas.

Le dernier exemple a exercé souvent la sagacité des géomètres. Parmi les artifices employés pour calculer cette intégrale, le plus simple est fondé sur une remarque intéressante, faite par M. Goursat (¹). Soit f une fonction rationnelle; l'intégrale

$$\int f(x^3)\,\frac{dx}{x\sqrt{x^3+1}}$$

est pseudo-elliptique, comme il est évident si l'on prend x^3 pour variable. Elle rentre, d'ailleurs, dans notre théorie; car, l'inversion (92) étant faite, la fonction R de l'égalité (79), où ν est nul, a la propriété exprimée par les relations

$$R(\theta u) = \theta^2 R(u), \qquad R(\theta^2 u) = \theta R(u),$$

où θ est encore une racine cubique imaginaire de l'unité. En se souvenant que, pour le cas actuel, on a

$$\zeta(\theta u) = \theta^2 \zeta u, \qquad p(\theta u) = \theta p u,$$

on en conclut que, dans la seconde ligne (79), la somme des coefficients est nulle; que la première ligne se compose de termes

$$\begin{aligned} l_1[\zeta(u-u_1)+\zeta(u-\theta u_1)+\zeta(u-\theta^2 u_1) \\ -\zeta(u+u_1)-\zeta(u+\theta u_1)-\zeta(u+\theta^2 u_1)], \end{aligned}$$

où la somme des pôles $u_1+\theta u_1+\theta^2 u_1$ est nulle; enfin, que la constante c est nulle aussi. Ces conditions sont suffisantes pour que R donne lieu à une intégrale pseudo-elliptique. Il est donc vérifié que la fonction $R(u)$, provenant de $f(x^3):x$, satisfait aux conditions requises. Il en est donc autant de $R(u+\omega)$, ω étant une demi-période. Soit y la variable dont l'argument est $u+\omega$; soit aussi $-\alpha$ la racine de X qui répond à ω, c'est-à-dire que α est une racine cubique de l'unité. La formule d'addition des demi-périodes donne la relation

$$(x+\alpha)(y+\alpha) = 3\alpha^2,$$

(¹) *Bulletin de la Société mathématique de France*, t. XV, p. 115; 1887.

c'est-à-dire

$$y = \alpha \frac{2\alpha - x}{\alpha + x}.$$

En conséquence, l'intégrale

$$\int f(y^3) \frac{dx}{y\sqrt{x^3+1}}$$

est pseudo-elliptique. On voit, de plus, qu'on rend le fait évident en prenant pour variable y^3; en effet, on est assuré par avance de l'égalité

$$\frac{dx}{\sqrt{x^3+1}} = \frac{dy}{\sqrt{y^3+1}}.$$

Par ce moyen, l'intégrale (94) est immédiatement connue. On verra aisément que ce même moyen réussirait pour les intégrales analogues, relatives aux quarts, aux sixièmes, aux huitièmes de période, etc.; mais il échoue pour les intégrales relatives aux tiers, aux cinquièmes de période, etc., comme il apparaît déjà par l'intégrale (93).

Une autre remarque de la même nature a été faite encore par M. Goursat et par M. Raffy [1], relativement à des intégrales où X est un polynôme quelconque du quatrième degré. Par les mêmes raisons que tout à l'heure, on voit que $R(u)$ donne lieu à une intégrale pseudo-elliptique, si l'on a

$$R(\omega + u) = -R(u).$$

Les variables x et y, qui répondent aux arguments u et $\omega + u$, sont liées par une relation doublement linéaire ou, en d'autres termes, se déduisent l'une de l'autre par une substitution linéaire (fractionnaire). C'est une quelconque des trois substitutions qui échangent les racines de X par couples et dont nous avons donné la forme (p. 362). En conséquence, si une fonction rationnelle f a, pour deux variables x et y, liées par une de ces trois substitutions, la propriété

$$f(x) + f(y) = 0,$$

---

(1) *Bulletin de la Société mathématique de France*, t. XII, p. 51.

l'intégrale de $f(x):\sqrt{X}$ est pseudo-elliptique. Supposons, par exemple,

$$X=(x-a)(x-b)(x-c),$$

et soit φ une fonction rationnelle; on pourra choisir

$$f(x)=\varphi(x-a)-\varphi\left[\frac{(a-b)(a-c)}{x-a}\right].$$

En prenant alors pour variable

$$\left[\frac{x-a-\sqrt{(a-b)(a-c)}}{x-a+\sqrt{(a-b)(a-c)}}\right]^2,$$

on mettra en évidence la possibilité d'effectuer l'intégration. Il n'y a pas lieu d'insister plus longuement sur ces cas particuliers.

Conclusion.

Par l'analyse qui précède, nous avons donné, de la manière la plus générale, le moyen de construire *directement* les intégrales pseudo-elliptiques. A ce sujet, on peut proposer, sous des formes diverses, des problèmes précis. Abel avait ainsi posé et résolu le problème de *trouver toutes les différentielles de la forme* $R\,dx:\sqrt{X}$, *où* R *et* X *sont des fonctions entières de* x, *dont les intégrales puissent s'exprimer par une fonction de la forme*

$$\log\frac{G-H\sqrt{X}}{G+H\sqrt{X}}=\log f. \tag{95}$$

En nous restreignant au cas où X est du quatrième degré, nous avons résolu le même problème, R étant une fonction *rationnelle*. La solution consiste à prendre arbitrairement une fonction L, de la forme (84), et à calculer la fonction simple T; on a alors $R=2L+T$.

Voici maintenant un autre problème : R *étant donné* (*ainsi que* X), *reconnaître si l'intégrale de* $R:\sqrt{X}$ *est pseudo-elliptique*. Nous avons d'abord montré que, dans le cas de l'affirmative, R se décompose ainsi :

$$R=\sqrt{X}\,\frac{d}{dx}(P\sqrt{X})+\nu L+\nu_1 L_1+\ldots,$$

de telle sorte que, pour chaque partie L, l'intégrale de $L : \sqrt{X}$ ait la forme (95). Si cette décomposition était faite, le problème serait entièrement résolu : pour chaque partie L, on calculerait la fonction T que l'on devrait trouver identiquement nulle. Mais il n'en est point ainsi. La séparation de la première partie de R est assurée et l'on obtient la fonction réduite

$$S = \nu L + \nu_1 L_1 + \dots. \tag{96}$$

Il faudrait y trouver les fonctions partielles $L, L_1, \dots$. Eu égard aux conditions que doivent remplir les numérateurs des fractions simples dans une même fonction L, de la forme (84), la répartition des diverses fractions de S entre diverses fonctions L ne peut, il est vrai, être faite que d'un nombre limité de manières; mais chacune de ces fonctions L n'est ensuite déterminée, elle-même, qu'à un facteur entier près. Si l'on écrit, en effet,

$$S = \frac{\nu}{m} m L + \frac{\nu_1}{m_1} m_1 L_1 + \dots,$$

et que $m, m_1, \dots$ soient des entiers, les fonctions $mL, m_1 L_1, \dots$ ont, comme $L, L_1, \dots$, la forme exigée (84).

Le problème n'est donc pas actuellement résolu; il faut s'y arrêter.

Supposons, dans le second membre (96), le nombre des parties L réduit au minimum, ce qui a lieu lorsqu'il ne se trouve point deux coefficients ν, ν_1, dont le rapport soit commensurable. Par l'analyse employée (p. 630), on voit que, pour chaque partie L, le quotient $L : \sqrt{X}$, multiplié par un entier inconnu m, doit être la dérivée de $\log f$. Il doit donc en être autant pour le quotient $T : \sqrt{X}$, où T est la fonction complémentaire de L, et cette condition est suffisante aussi.

On est donc ramené au problème proposé, mais pour de nouvelles intégrales qui, séparément, doivent être pseudo-elliptiques : dans chacune de ces dernières, la fonction rationnelle a la forme simple T, qu'on peut réduire à *une fraction dont les deux termes soient du premier degré*, ou encore (par une substitution linéaire) *à un binôme du premier degré*.

Ici s'arrête la solution. Pour chaque nombre entier m, à volonté, on pourra bien, par des opérations limitées, reconnaître si, oui ou non, $mT : \sqrt{X}$ est la dérivée de $\log f$. Mais, tant que ces opérations auront fourni des réponses négatives, la solution ne sera point acquise.

N'est-il donc point possible de résoudre ce problème par des opérations dont la fin soit assurée? C'est, en effet, la conclusion qui semble devoir être admise. La condition que doit remplir la racine du dénominateur de T, c'est que l'argument correspondant soit commensurable avec une période. En général, deux nombres étant donnés, que l'on peut calculer avec une approximation indéfinie, le problème de reconnaître si leur rapport est commensurable présente ces mêmes circonstances : on ne peut assigner aucune limite au nombre des opérations nécessaires pour qu'il soit permis de conclure négativement.

FIN DE LA DEUXIÈME PARTIE.

ERRATA.

Tome I.

Page.	Ligne.	Au lieu de :	Lisez :
38,	2, en descendant,	$e_1, e_2, e_3,$	$e_1, e_3, e_2.$
43,	5, en descendant, en dénominateur,	$e_2,$	$e_3.$
70,	5, en remontant,	te,	et.
101,	23, en descendant, corrigez le texte qui est inexact depuis « $\psi_n^2 = \psi_m^2$ » jusqu'à la ligne 26 inclusivement et substituez le texte suivant : « $\wp nu = \wp mu$; le second polynôme se réduit donc à zéro, d'après » l'égalité (14). Ce second polynôme a donc toutes les racines du » premier. »		
129,	2, en descendant,	$\omega_1,$	$2\omega_1.$
171,	1, en remontant, au premier membre,	$\sigma u,$	$\bar{\sigma} u.$
205,	4, en descendant,	$+ 2\wp v,$	$- 2\wp v.$
225,	5, en descendant,	donc,	dont.
263,	7, en descendant, au dernier membre,	$e_2,$	$\varepsilon_2.$
269,	10, en remontant (3ᵉ éq. 59 D),	$\vartheta_1,$	$\vartheta_2.$
312,	11, en descendant,	$e^{-(n\eta_1+n'\eta_1'u)},$	$e^{-(n\eta_1+n'\eta_1')u}.$
411	4, en remontant,	$\frac{v}{\omega},$	$\frac{\eta_1 v}{\omega}.$
427,	13, en descendant, au dénominateur,	$\vartheta,$	$\vartheta_1.$
451,	4, en remontant, à la fin,	$q^{\frac{1}{2}nn},$	$q^{\frac{1}{2}nn'}.$

Tome II.

Page.	Ligne.	Au lieu de :	Lisez :
128,	8, en descendant,	$(6\omega x^2,$	$6(\omega x^2.$
132,	7, en descendant,	$a,$	$x.$
132,	9, en descendant, en numérateur,	$\wp' a - \wp' a_1,$	$\frac{1}{2}(\wp' a - \wp' a_1)$
302,	8, en descendant,	$s' - s'',$	$\frac{1}{4}(s' - s'').$
386,	16, en descendant, après discriminant, *ajoutez* de.		
387,	6, en remontant, *rectifiez ainsi les deux équations :*		

$$x = \frac{(4k_1k_3 - k_2^2)^3}{2^8 k_3^4}, \qquad y = -\frac{8k_3^2 + k_2^3 - 4k_1k_2k_3}{2^3 k_3^2}.$$

403,	4, en remontant,	$Y = \frac{\mathfrak{F}_2}{2^4 \mathfrak{F}^2},$	$Y = -\frac{\mathfrak{F}_2}{2^4 \mathfrak{F}^2}.$
432,	6, en remontant,	multipliées,	multipliée.
558,	15, en descendant,	$10^3,$	$10s.$

TABLE DES MATIÈRES.

DEUXIÈME PARTIE.

APPLICATIONS A LA MÉCANIQUE, A LA PHYSIQUE, A LA GÉODÉSIE, A LA GÉOMÉTRIE ET AU CALCUL INTÉGRAL.

CHAPITRE I.

Formules elliptiques pour la rotation des corps.

CHAPITRE II.

Les mouvements à la Poinsot.

CHAPITRE III.

Rotation d'un corps grave de révolution, suspendu par un point de son axe. — La courbe élastique gauche.

CHAPITRE IV.

Mouvement d'un corps solide dans un liquide indéfini, en l'absence de force accélératrice.

CHAPITRE V.

La courbe élastique plane sous pression normale uniforme.

CHAPITRE VI.

Lignes géodésiques des surfaces de révolution du second degré.

CHAPITRE VII.

Problèmes de Géodésie.

CHAPITRE VIII.

Attraction d'un anneau elliptique.

CHAPITRE IX.

Équation d'Euler.

CHAPITRE X.

Les polygones de Poncelet.

CHAPITRE XI.

Les courbes du premier genre; la cubique plane.

CHAPITRE XII.

Équation de Lamé.

CHAPITRE XIII.

Équations différentielles linéaires.

CHAPITRE XIV.

Fractions continues et intégrales pseudo-elliptiques.

13206 Paris. — Imprimerie Gauthier-Villars et Fils, quai des Grands-Augustins, 55.

www.ingramcontent.com/pod-product-compliance
Lightning Source LLC
Chambersburg PA
CBHW031450210326
41599CB00016B/2169
* 9 7 8 2 0 1 2 7 7 3 9 4 3 *